Die große Enzyklopädie der

JAGDGEWEHRE

A. E. Hartink

Die große Enzyklopädie der JAGDGEWEHRE

DÖRFLER
WAFFENTECHNIK

Über den Verfasser:

Der niederländische Autor A. E. Hartink wuchs praktisch mit Waffen auf. Sowohl sein Vater als auch sein Großvater waren bei der Königlich Niederländischen Marine mit Waffen beschäftigt. In seiner Jugend fing Hartink mit seinem ersten Diana-Luftdruckgewehr an, um dann nach und nach bestens mit Kleinkalibergewehren und später mit allen großkalibrigen Schusswaffen vertraut zu werden. Während seiner eigenen Militärkarriere war er Waffenausbilder. Im Alter von 28 Jahren ging Hartink zur Holländischen Staatspolizei und kam dort bald zur Kriminalpolizei, wo er sein ohnehin bereits großes Wissen über Waffen weiter vertiefte und für ballistische und waffentechnische Gutachten herangezogen wurde. Nach der Reorganisation der holländischen Polizeien wurde A.E. Hartink Kripo-Waffentechniker und Waffensachverständiger bei einer regionalen Polizeieinheit, seit 1995 leitet er eine regionale holländische Waffenbehörde. Es gab bereits viele Veröffentlichungen von Hartink über Waffen, er schrieb unter verschiedenen Pseudonymen und übersetzte diverse Waffen-, Munitions- und Wiederladefachbücher aus anderen Sprachen in Niederländische. Außerdem fungiert Hartink auch als Autor in verschiedenen Fachzeitschriften. Sowohl beruflich als auch privat ist er hinsichtlich aller Aspekte von Schusswaffen und Munition engagiert.

Text und Fotos: A. E. Hartink
Umschlaggestaltung: Minkowsky Graphics, NL-Enkhuizen
Übersetzung aus dem Englischen und Überarbeitung: Gernot F. Chalupetzky

1 2 3 4 5 9 8 7 6 5

Inhalt

Danksagung

Autor und Herausgeber möchten sich für ihre Kooperation bei den nachfolgenden in alphabetischer Reihenfolge genannten Firmen herzlich bedanken.

- AKAH: Albrecht Kind GmbH & Co. (Deutschland)
- Anschütz (Deutschland)
- Arrieta (Spanien)
- Aya (Spanien)
- Baikal Izhevsky Mekhanichesky Zavod (Russland)
- Battaglia (Italien)
- Benelli Armi SA (Italien)
- Beretta (Italien)
- Bernardelli (Italien)
- Blaser Jagdwaffen (Deutschland)
- Bold-Action Zwijndrecht BV (Niederlande)
- Breda (Italien)
- Browning S.A. (Belgien)
- Browning International
- Caesar Guerini (Italien)
- CZ/Ceska Zbrojovka A.s. (Tschechische Republik)
- Dakota Arms (USA)
- Daly, Charles/KBI (USA)
- Fair Techni-Mec (Italien)
- Fausti (Italien)
- Franchi (Italien)
- Francotte (Belgien)
- Frankonia (Deutschland)
- Fuchs (Österreich)
- Hambrusch (Österreich)
- Heym (Deutschland)
- Huglu (Türkei)
- Investarm (Italien)
- Krico (Deutschland)
- Krieghoff (Deutschland)
- Lebeau-Courally (Belgien)
- Marlin Firearms (USA)
- Mauser (Mauser/SIG) (Deutschland/Schweiz)
- Merkel (Deutschland)
- Molot (Russland)
- Pedersoli-Davide (Italien)
- Pietta (Italien)
- Powell (Großbritannien)
- Purdey (Großbritannien)
- Remington Arms Company (USA)
- Rigby (Großbritannien)
- Rizzini, Emilio (Italien)
- Ruger (USA)
- Sabatti (Italien)
- Sako (Finnland)
- Sarsilmaz Arms Ltd (Türkei)
- SIG Schweizerische Industrie Gesellschaft (Schweiz)
- Springfield Armory (USA)
- Steyr-Daimler-Puch AG (Österreich)
- Stoeger Industries (USA)
- Sturm, Ruger & Company Inc (USA)
- Tula – Tulsky Oruzheiny Zavod (Russland)
- Umarex Sportwaffen GmbH (Deutschland)
- Weatherby (USA)
- Westley Richards (Großbritannien)
- Winchester (USA)
- Wischo Jagd- und Sportwaffen (Deutschland)
- Yildiz (Türkei)

... sowie möglicherweise andere, die versehentlich nicht genannt wurden.

Vorwort

Durch dieses ausführliche Nachschlagewerk soll jeder, der sich für die Jagd und die zugehörigen Waffen interessiert, die beste und aktuellste Information erhalten.
Dem kurzen Einführungskapitel über die Geschichte der Jagd allgemein folgt eine detaillierte Beschreibung der bekanntesten und gebräuchlichsten Marken und Modelle, alphabetisch aufgelistet nach den Herstellern der jeweiligen Büchsen, Flinten und kombinierten Jagdwaffen. Es wird dabei zunächst sowohl auf die Entwicklung jeder einzelnen Waffe eingegangen, als auch dann auf sämtliche relevanten technischen Details. Hervorragende Farbfotos und -illustrationen runden das Ganze ab.
Zwar wurde versucht, alle gebräuchlichen Marken und Hersteller in dem Werk aufzunehmen und besonders auch auf aktuelle Neukonstruktionen einzugehen, aufgrund der Vielfalt des Angebots auf dem Gebiet der weltweit jagdlich genutzten Langwaffen war es jedoch leider nicht möglich, auf wirklich alles Vorhandene einzugehen.
Die vorliegende Enzyklopädie, jagdliche Büchsen, Flinten und kombinierte Waffen betreffend, wurde mit viel Enthusiasmus und Motivation geschaffen. Ich hoffe, dass auch dieses Werk seine Leser begeistern wird.

A.E. (Ton) Hartink
a.hartink@tip.nl

Die Entwicklung der Jagdwaffen

Zu Jagen ist gleichzeitig Passion, Verantwortung und Freude. Vom Jäger wird Respekt vor der wild lebenden Kreatur und vor traditionellen, über Jahrhunderte gewachsenen Werten und Gebräuchen abverlangt. Ursprünglich war die Jagd überlebenswichtig, lebensessentiell – ohne zu jagen hätte die Nahrung der Menschen nur aus Kräutern und Beeren bestanden. Landwirtschaft in der Form von großflächigem Anbau von Kulturen und von Rinderhaltung musste erst noch erfunden werden. Unsere Vorfahren mussten Tiere jagen um durch deren Verzehr ihren Proteinbedarf zu decken.

Um den Tieren nachzustellen und sie töten zu können, bediente sich der frühe Mensch schnell und mehr und mehr diverser Werkzeuge. Gegenstände für jagdliche Zwecke, also die primitiven Jagdwaffen, zählten wohl sogar zu den ersten Werkzeugen der Menschheit.

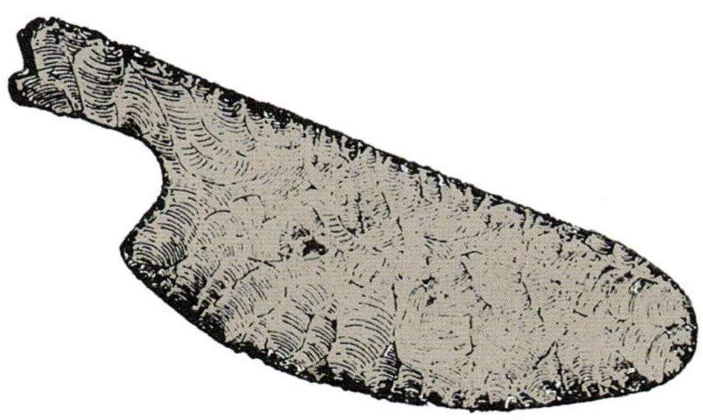

Steinernes Messer aus der Mittelsteinzeit (Zeichnung: Victorinox)

Die Urmenschen verwendeten noch primitive Schlag-, dann aber schon Wurfinstrumente, als Jagd- und Verteidigungswaffen. Man hatte bald erkannt, dass an Laufkraft und auch hinsichtlich der Wahrnehmungssinne besser ausgestattete Tiere nur mittels Geschossen heranzukommen ist, die Distanzen schneller zurücklegen, als der Mensch selbst. Über die zur aktuellen Zeit bahnbrechende Neuerung des Bogens und Pfeils, später der Armbrust, kam man schließlich zu den Feuerwaffen – nachdem man erkannt hatte, dass Schießpulver, wie der Name schon sagt, nicht nur zum Abbrennen von Feuerwerken „gut" ist. War die Tötungskapazität durch Schleudern, aber auch durch Pfeil und Bogen und durch Armbrust, noch auf verhältnismäßig kleine, weniger wehrhafte Tiere und auf relativ kurze Distanzen beschränkt, so änderten sich die Möglichkeiten durch die Erfindung der Feuerwaffen auf einen Schlag immens.

Bekannt ist, dass die Chinesen bereits im 11. Jahrhundert die Zusammensetzung von Schwarz- oder Schießpulver kannten, es damals aber nur zur Herstellung von Feuerwerksartikeln nutzten. Wahrscheinlich kam das Wissen über die Erzeugung von Schießpulver mit arabischen Händlern nach Europa. Andere Quellen sind der Meinung, Marco Polo brachte das Schießpulver zwischen 1271 und 1292 von seinen Reise nach China mit. Eine dritte Theorie ist, dass das Schießpulver separat in Europa entdeckt oder zumindest wiederentdeckt wurde. In diesem Zusammenhang tauchen die Namen von Roger Bacon und Berthold Schwarz, einem Mönch aus Freiburg, auf; der Name „Schwarzpulver" stammt von ihm ab. Jedenfalls entdeckte man nun, dass man durch den Pulver-Abbrand auch Geschosse antreiben konnte.

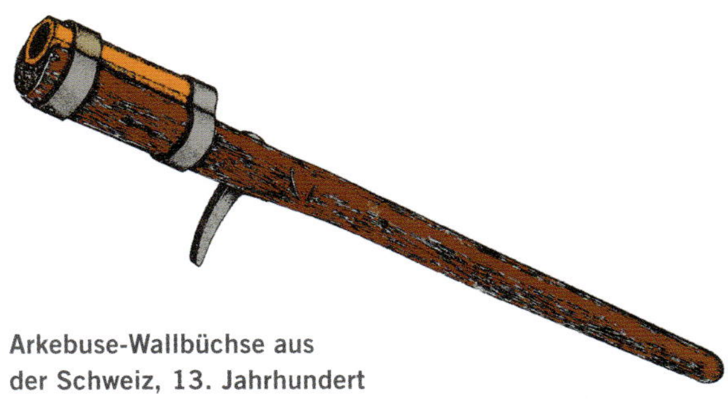

Arkebuse-Wallbüchse aus der Schweiz, 13. Jahrhundert

Die anfänglichen tragbaren Feuerwaffen, überdimensionierte Wallbüchsen und andere Lunten-, Rad- und Steinschloss- und später Perkussionswaffen, waren für die Jagd noch nicht sonderlich geeignet. Bereits ab dem 18. Jahrhundert sollte sich dies mit der Einführung immer handlicherer und leichterer Vorderladerwaffen aber bald geändert haben. Das Prinzip des Schießens damals und heute ist eigentlich immer noch das Gleiche. Eine Metallrohr dient als Lauf. Die Pulverladung und ein Geschoss werden in diesen Lauf geladen. Das Pulver wird entzündet und der entstehende Gasdruck presst das Geschoss aus dem Lauf.

Ein bedeutender weiterer Schritt war dabei die

Steinschlosswaffe von Kirchberger, circa 1720

Entwicklung einer Patrone zum Laden der Waffen von hinten. Zunächst gab es Patronenhülsen aus Papier oder Pappe, insbesondere solche mit empfindlicher Stiftzündung, erst später auch aus Metalllegierungen und mit Rand- oder Zentralfeuerzündung. Die Patrone verband zunächst nur die Komponenten Geschoss und Pulverladung, später auch die Zündung. Zum Laden der Patronen musste die Möglichkeit bestehen, das Laufrohr von hinten zur Beschickung mit der Patrone zu öffnen. Andererseits musste wegen des entstehenden, hohen Gasdruckes bei der Schussabgabe sichergestellt sein, dass die Kammer, der hintere Teil des Laufes, in den die Patrone eingeführt wird, zumindest während der eigentlichen Schussabgabe sicher geschlossen ist. Mit der Einführung der Patronenmunition verschwanden nach und nach die Vorderladerwaffen, und für die Hinterlader entwickelte man, ausgehend von einfachen Klapp- und Scharnier- oder T-Verschlüssen, die verschiedensten, modernen Verschlusssysteme, welche immer mehr Gasdruck standhielten.

Eine weitere tragende Säule in der Entwicklung der Schusswaffen war auch die Einführung chemisch zusammengesetzten Nitrozellulosepulvers. Mit diesem Treibladungspulver konnte der Gasdruckaufbau und die Gasdruckstärke viel besser beeinflusst und auf weit höhere Werte gebracht werden. Manipulationen mit dem entstehenden Gasdruck führten schließlich auch zur Möglichkeit, damit die Waffenfunktionen (Nachladen, Spannen etc.) ablaufen zu lassen. Dies bedingte erst die Ära der halb- und vollautomatischen Waffen heutiger Tage, unter anderem also auch der Selbstladeflinten und -büchsen.

Bezüglich Jagdwaffen war die Vorgabe schon immer, das Wild möglichst rasch und schmerzlos zu töten. Dieses Ziel hing menschlich egoistisch zunächst wohl mehr damit zusammen, dass der Jäger Angriffe von angeschweißten, verletzten Tieren vermeiden wollte. Erst in der Neuzeit

Hellmann Perkussions-Doppelbüchse
aus dem Jahr 1770

begann man, die rasche und schmerzlose Tötung des Wildes jagdlich mehr im Sinne des Tieres zu sehen. Die zu beachtenden Grundsätze der Waidgerechtigkeit führten dazu, dass die Einführung immer neuer, technisch weiterentwickelter Jagdwaffen, Büchsen und Flinten, vor allem aber Innovationen auf dem Gebiet der Patronen- und Geschosstechnik dafür sorgten, dass die Jagd, richtig ausgeübt, kein Leiden und kaum Schmerz für das Beutetier bedeutet.

So genannter T-Verschluss einer Hinterlader-Kipplaufbüchse mit Stiftzündung

Erst im 20. Jahrhundert wurde damit begonnen, den Besitz und das Führen von Waffen mehr oder weniger sinnvoll konkret zu regeln. Und seit gesetzliche Bestimmungen Tun und Unterlassen vorschreiben, gibt es leider auch viele wenig nachvollziehbare Vorschriften. Dem rechtschaffenen Bürger, der gewillt ist, sich an die Bestimmungen zu halten, scheint man nur Knüppel zwischen die Beine werfen zu wollen; die „bösen Buben“ aber, die rüsten sich ohnehin illegal auf. Die Vorschrift, dass etwa eigentlich bis zu achtschüssige Selbstladebüchsen und -flinten jagdlich nur verwendet werden dürfen, wenn nur zwei Patronen in ihr Magazin passen, ist ja noch verständlich. Man will dem Wild eine Chance geben. Anders sieht es schon mit der Bestimmung aus, dass unter anderem auch auf Jagdwaffen keine Schalldämpfer und keine Geräte montiert sein dürfen, die mittels einer Lichtquelle das Ziel oder auch die Zieleinrichtung anstrahlen oder mit denen das Ziel anderweitig besser zu sehen ist (Nachtzielgeräte). Solche Mittel sind zwar auch für den illegalen Gebrauch, zur Wilderei, geeignet und in dieser Hinsicht natürlich abzulehnen. Aber gerade für legale erforderliche Jagdmaßnahmen in besonderen Situationen sollten Schalldämpfer, Lampen auf Zielfernrohren und auch die Verwendung von Zielgeräten mit Infrarot- oder Restlichtaufhelltechnik keinesfalls tabuisiert werden.

Beim genehmigten Nachtansitz zur dringend notwendigen Reduzierung von Schwarzwild wird man der Waidgerechtigkeit sicherlich mehr gerecht, wenn man nicht nur auf die vagen Umrisse eines Wildschweins anlegen kann, sondern mit Hilfe einer Ziellampe oder auch eines Nachtsichtzielgerätes einen sicheren, wirklich schnell tötenden Schuss anbringen kann. Und auch die notwendige Jagd auf Wildkaninchen in besiedelten Bereichen, etwa auf Friedhöfen und in Parks, wird erheblich einfacher und ist mit erheblich weniger kontroversen Diskussionen verbunden, wenn die Anwohner erst gar nicht mitbekommen, dass Kaninchenreduzierungsmaßnahmen durchgeführt werden, weil mit Kleinkaliber-Schalldämpfergewehren geschossen wird. Vorschriften und Bestimmungen werden, wenn sie für den rationell denkenden Menschen nicht mehr nachzuvollziehen sind, auch leicht nicht mehr ernst genommen.

Moderne Querflinte, handgearbeitet im traditionellen Stil

Nachfolgend werden – außer in einigen speziellen Fällen, zumeist bei Waffen aus den USA, in denen die englischen beziehungsweise amerikanischen Maßeinheiten üblicher sind – die entsprechenden Maße metrisch angegeben. Nötigenfalls werden beide Maße bezeichnet, zunächst metrisch in cm und kg, und dann in Inch, Feet und Pounds.

A

Anschütz

www.anschuetz-sport.com

Das Anschütz-Markenzeichen

Anschütz wurde um 1850 von Julius Gottfried Anschütz und seiner Frau Luise gegründet. Die Firma, bekannt als J. G. Anschütz oder kurz J.G.A., hatte ihren Sitz zunächst in Zella-Mehlis, Thüringen. Bis 1896 beschäftigte das Unternehmen bereits mehr als 75 Mitarbeiter. Die beiden Söhne des Firmengründers, Otto und Fritz Anschütz, wurden auch Büchsenmacher und die Firma ist seitdem in Familienbesitz geblieben. Julius Gottfried Anschütz starb 1901 und die Söhne führten die Firma weiter. 1906 vergrößerten sie die Betriebsstätten maßgeblich, es arbeiteten nun 175 Leute dort. Nachdem Otto Anschütz 1923 gestorben war, übernahmen Fritz und dessen Söhne Rudolf und Max die Leitung der Firma. Während der Kriegsjahre war die Firma voll in die Kriegswaffenproduktion für das Naziregime integriert.

Nach dem Ende des Zweiten Weltkriegs wurde das Anschütz-Werk von den Alliierten stillgelegt. Erst im Oktober 1950 gründete man dann im westdeutschen Ulm eine neue Firma Anschütz. Man stellte mit zunächst sieben Mitarbeitern Luftdruckpistolen her. Dann wurde die Palette auf Flobertgewehre und schließlich Kleinkaliberbüchsen erweitert. Die Mitarbeiterzahl wuchs auf mehr als 250. Anschütz-Matchgewehre traten bei internationalen Wettkämpfen einen wahren Siegeszug an, wodurch der Firmenname für jeden Sportschützen ein Begriff wurde.

1968 übernahm mit Dieter Anschütz die vierte Familiengeneration das florierende Unternehmen, 1992 kam Jochen Anschütz hinzu. Anschütz bietet heute eine große Zahl diverser sportlicher Wettkampfgewehre und Jagdgewehre an. Im westlichen Europa wird in praktisch allen Schützenvereinen mit Kleinkaliber-Matchbüchsen von Anschütz geschossen. Die meisten dieser Waffen basieren auf dem Anschütz Match 54-Zylinderverschlusssystem. Es war ein Gewehr mit diesem System, das 1953 als erste Waffe das neue Anschütz-Werk in Ulm verließ. Die aktuellen Anschütz-Matchwaffen haben immer noch den Match 54-Zylinderverschluss. Die Firma bietet inzwischen ihre Waffen auch in Baukastenweise an, so dass sich der Schütze sein individuelles Gwehr selbst zusammenstellen kann. Neben Sportwaffen fertigt Anschütz auch spezielle Match-Luftdruckwaffen, die einschüssige „Exemplar“ Silhouettenpistole sowie jagdlich so genannte Schonzeitbüchsen in den Kalibern .22 l.r., .22 WMR, .22 Hornet und .222 Remington.

Modell 64 MP mit Lauf aus Stainless-Stahl

ANSCHÜTZ MODELL 64 MP (MULTI PURPOSE RIFLE)

Das Modell 64 wurde ursprünglich zum Silhouetten-Scheibenschießen auf 100 m Entfernung entwickelt. Die Büchse im Kaliber .22 l.r. basiert auf dem bekannten Anschütz 64-Verschlusssystem. Wegen ihres präzisen, schweren Matchlaufes ist die Waffe, kombiniert mit einem guten Zielfernrohr, auch bestens für die Jagd auf Kleinwild sowie Raubzeug und Raubwild geeignet. Das Modell 64 MP wird in drei Variationen gefertigt, als Anschütz 64 MP regulär für Rechts-Schützen, als Anschütz 64 L-MP mit Links-Schaft und Links-System für Links-Schützen und als Modell 64 MP-Sts mit einem besonders schweren Lauf aus rostträgem Stainless-Stahl. Alle drei Versionen haben einen 65 cm langen Lauf und sind insgesamt 110 cm lang. Mit jeweils 4,1 kg sind sie wegen ihres dicken Laufes und ihres massiven Schaftes relativ schwer. Die Waffe hat ein Magazin für fünf Patronen, dessen Schacht sich vor dem Abzugsbügel befindet. Der Widerstand des Abzugs beträgt gerade einmal 230 g, er kann bis zum weiter sehr geringen Widerstand von 280 g verstellt werden. Der Schaft der Waffe ist aus Buchenholz.

ANSCHÜTZ MODELL 525

Das Modell 525 ist eine Weiterentwicklung der halbautomatischen Anschütz-Kleinkaliberbüchse Modell 520 aus dem Jahre 1961. Die Deluxe-Version hiervon, das Modell 522, wurde bis 1973 hergestellt. Zwischen 1973 und 1985 gab es eine spezielle Variante des Modells 520/525, bei dem der hölzerne Vorderschaft den Lauf komplett umgab. Da die Waffe so wie ein Militärgewehr aussah, kam sie ausschließlich in den Export. Das eigentliche halbautomatische .22er-Modell 525 baut die Firma Anschütz seit 1983 in vier Versionen. Das Modell 525 KL hat ein einfaches Klappvisier und einen Korntunnel, das Modell 525 KL-G besitzt eine Mündungsbremse auf die, wo dies erlaubt ist, auch ein Schalldämpfer aufgeschraubt werden kann. Das Modell 525 KV hat ein verstellbares Schiebevisier, einstellbar für die Entfernungen 50 m, 75 m und 100 m. Die gleiche Waffe mit Mündungsbremse samt Schraubgewinde ist dann das Modell 525 KV-G.
Die Waffe hat einen reinen Feder-Masse-Verschluss und verwendet den entstehenden Rückstoß zum halbautomatischen Nachladen der Patronen. Die Magazinkapazität beträgt 10 Patronen, es sind jedoch auch 2-Schuss-Magazine für die Jagd lieferbar. Ein Sicherungsknopf befindet sich vorne am Abzugsbügel; die Sicherung blockiert lediglich das Abzugssystem. Vor dem Abzugsbügel befindet sich der Magazinhalteknopf. Das Modell 525 weist einen Abzugs-

Das halbautomatische Büchsenmodell 525 in der Standardversion (oben) und als Modell 525 KV-G mit Schiebevisier und Mündungsbremse (unten)

Anschütz Modell 1365 Flobertgewehr

widerstand von 1500 g auf. Der Lauf der Waffe ist 61 cm lang und die Gesamtlänge beträgt 109 cm. Die Waffe wiegt 3,1 kg und auch ihr Schaft ist aus Buchenholz.

ANSCHÜTZ MODELL 1365 FLOBERT

Das Modell 1365 basiert auf dem vorhergehenden Modell 1363, einer der ersten Waffen der Firma Anschütz. Das aktuelle Modell 1365 stammt aus dem Jahr 1976. Das Gewehr hat, wie Schrotwaffen, einen glatten Lauf und ist eingerichtet für das Kaliber 9 mm Flobert, von dem es sowohl Schrotpatronen als auch Patronen mit einer 9 mm Bleikugel gibt. Die sehr einfache, einschüssige Kammerverschlusskonstruktion hat einen 65-cm-Lauf und eine Gesamtlänge von 110 cm. Die Waffe, ausgestattet mit einem Buchenschaft, wiegt 2,1 kg. In der Kammer befindet sich auf dem Verschlusszylinder ein Patronenauszieher, der die abgeschossene Patronenhülse, wenn der Verschluss zurückgezogen wird, zwar auszieht, aber nicht auswirft. Der Abzugswiderstand des Gewehres liegt bei 2000 g, der Abzug ist nicht einstelbar. Oben links neben der Kammer ist ein einfacher Schiebesicherungshebel angebracht, der lediglich den Abzug blockiert.

Anschütz Kleinkaliberstutzen Modell 1418

Anschütz Modell 1416 D KV (oben) und 1416 D KV-G (unten)

ANSCHÜTZ MODELL 1416

Dieser .22-l.r.-Zylinderverschlussrepetierer von 1966 mit einem herausnehmbaren Stangenmagazin für fünf Patronen basiert auf dem Anschütz Match 64-System und wird mit drei Abzugsmechanismen angeboten. Das Standardmodell hat einen Druckpunktabzug mit einem Abzugswiderstand von regulär 800 g, ist aber zwischen 600 g und 900 g einstellbar. Das Modell 1416 D weist einen Flintenabzug auf, dessen Standardabzugswiderstand bei 1200 g liegt, der jedoch zwischen 1000 g und 2000 g verstellbar ist. Das Modell 1416 ST hat einen Doppelzüngelstecherabzug, bei dem mittels „Einstechen" des hinteren Abzugszüngels der Abzugswiderstand des eigentlichen, vorderen Abzugs auf lediglich 100 g reduziert wird. „Eingestochen" kann der Schuss extrem leicht brechen. Neben der Wahl der Abzugsarten ist beim Modell 1416 auch die Art der Visierung recht individuell wählbar, unterschiedliche Klapp- und Schiebekimmen sowie Korne, mit und ohne Korntunnel, werden dafür angeboten. Der Schaft aller Varianten ist aus Nussbaumholz, die Lauflänge beträgt 57 cm, die Waffengesamtlänge je 104 cm. Das Modell 1416 D-HB weist einen massigen Matchlauf auf, der das Gewicht der Waffe auf 2,7 kg bringt, alle anderen Varianten wiegen nur 2,5 kg. 1416-Modelle, bei denen ein Buchstabe G angehängt ist, sind mit einer Mündungsbremse mit Schraubgewinde zur Anbringung eines Schalldämpfers ausgestattet. Schalldämpfer sind jedoch in den meisten europäischen Ländern verboten oder separat erlaubnispflichtig und dürfen jagdlich zumeist nicht verwendet werden. Das Modell 1417 G, basierend auf dem 1416, hat lediglich einen 36-cm-Lauf, so dass die Waffenlänge mit aufgeschraubtem Schalldämpfer nicht wesentlich zunimmt; die Gesamtlänge des Gewehrs liegt bei 83 cm und es wiegt nur 2,4 kg. Das Standardmodell 1416 ist sportlich und jagdlich weit verbreitet; als Variante im Kaliber .22 WMR wird es als Modell 1516 bezeichnet.

ANSCHÜTZ MODELL 1418

Das Anschütz 1418 ist ein Kleinkaliberstutzen. Die Stutzenschäftung ist zur jagdlichen Verwendung sehr beliebt, da die Waffe so führig und kompakt wirkt. Auch dieses Anschütz-Gewehr

Anschütz Modell 1432

basiert auf dem Match 64-Verschlusssystem. Es wird im Kaliber .22 l.r. als Modell 1418 mit einem herausnehmbaren 5-Schuss-Stangenmagazin angeboten, und im Kaliber .22 WMR als Modell 1518 mit einem 4-Schuss-Magazin. Als Abzug sowohl des 1418 als auch des 1518 wird die D-Variante, also der „direkte" Flintenabzug, mit einer Standard-Abzugsgewichteinstellung von 1200 g, verstellbar zwischen 1000 und 2000 g, angeboten, sowie ebenso die ST-Variante mit Doppelzüngelstecher, bei der durch das Einstechen der Abzugswiderstand auf nur 100 g reduziert wird. Die Modelle 1418 und 1518 haben beide einen 50 cm langen Lauf, eine Gesamtlänge von 96 cm und ein Gewicht von 2,5 kg.

ANSCHÜTZ MODELL 1432

Die Büchsenmodellreihen 1432 und 1742 wurden ursprünglich zum jagdlichen Wettkampfschießen nach den Regeln des Deutschen Jagdschutzverbandes DJV entwickelt. Sie weisen den bekannten Match 54-Verschluss auf. Das Modell

Das einfache Modell 1451

1432 A stammt aus dem Jahr 1965 und wurde bis 1973 hergestellt. Ende 1972 wurde es durch die Modelle 1432 D und 1432 ST ersetzt. Diese beiden Varianten wurden bis 1988 gebaut. Das abgebildete Modell stammt aus der späteren, ab 1989 produzierten Serie. Die moderneren Varianten haben einen schweren Matchlauf und einen speziell ausgeformten Nussbaum-Matchschaft.

Während die Modellbezeichnung 1432 Waffen im Kaliber .22 Hornet vorbehalten ist, besitzen die identischen Gewehre im Kaliber .222 Remington die Modellbezeichnung 1742. Sämtliche Varianten weisen keine Visierung auf, sind aber für eine Zielfernrohr-Montage vorbereitet. Die Waffen sind in fünf verschiedenen Abzugsvarianten lieferbar. Der Direkt- oder Flintenabzug Typ D ist standardmäßig mit einem Abzugsgewicht von 500 g eingestellt, kann aber bis auf 700 g verstellt werden. Der Druckpunktabzug Typ E-U3 ist auf einen Widerstand von 350 g eingestellt, wobei individuell zwischen 300 und 500 g justiert werden kann. Zudem gibt es den Doppelzüngel-Stecherabzug EST-U4; dieser hat ungestochen einen Abzugswiderstand von 100 g und der Doppelzüngelstecherabzug 5039 E einen von 200 g. Eingestochen reduziert sich der Widerstand bei beiden Abzugsvarianten auf minimale 30 g. Die fünfte Abzugsvariante wird für das Modell 1742 verwendet, welches nur ein Magazin für 3 Patronen aufweist. Der Widerstand kann hier zwischen 280 g und 350 g variiert werden, ist standardmäßig aber auf 280 g eingestellt. Sowohl das Modell 1432 als auch das Modell 1742 sind insgesamt 108 cm lang, beide haben einen 60-cm-Lauf und wiegen 3,9 kg. Die Modelle 1432 E-KST und 1732 E-KST besitzen Läufe aus rostträgem Stainless-Stahl.

ANSCHÜTZ MODELL 1451

Bei diesem Modell handelt es sich um eine einfache, auf dem Verschlusssystem des Modells 1365 basierende Waffe. Sie wird nur in .22 l.r. und mit Stangenmagazinen für fünf oder 10 Patronen gefertigt. Das Modell 1451 E ist eine Einzelfeuerversion davon. Die Standardvarianten sind 104 cm lang und haben eine Lauflänge von 57 cm. Die Modellserie gibt es in diversen Versionen, wahlweise mit unterschiedlichen Schäften und sowohl mit einem Direkt- oder Flintenabzug, eingestellt auf einen Abzugswiderstand von 1360 g, als auch mit einem Druckpunktabzug, eingestellt auf einen Widerstand von 1300 g. Die Waffe wird wahlweise auch mit drei unterschiedlichen Visierungen ausgeliefert. Das Modell 1451 Classic besitzt lediglich ein einfaches, nicht verstellbares Kimmenblatt, während das Modell KL Classic ein Klappvisier und die KV-Version ein fein verstellbares Schiebevisier hat. Im Jahr 2000 stellte Anschütz sein 10-schüssiges Sport- bzw. Target-Modell 1451 R vor, das einen 56 cm langen,

Modell 1466 Sporter D Luxus

schweren Matchlauf besitzt. Die Gesamtlänge dieser Variante liegt bei 100 cm und sie wiegt 2,9 kg. Ebenso wurde das Modell 1451 R Beavertail auf den Markt gebracht, eine 5-schüssige Variante, die 102 cm lang ist und 3 kg wiegt. Das Modell 1448 D Claybird erschien ebenfalls im Jahr 2000; es handelt sich dabei um eine Waffe, bei der mittels .22er-Schrotpatronen auf spezielle, kleine Wurfscheiben, Miniatur-Tontauben, geschossen wird. Dieses Modell hat ein fünf Patronen fassendes Stangenmagazin, eine Gesamtlänge von 104 cm und einen 57 cm langen Lauf. Es wiegt 2,5 kg und hat einen Flintenabzug mit einem Abzugswiderstand von 1360 g.

ANSCHÜTZ MODELL 1466

Das Modell 1466 ist eine Rarität. Die ebenfalls auf dem Verschluss des Match 64 basierende Waffe wurde 1996 vorgestellt, um im selben Jahr auch gleich wieder in der Versenkung zu verschwinden, möglicherweise weil sie mit dem Modell 1416 praktisch identisch war. Das Modell 1466 Sporter D hatte einen Direkt-/Flintenabzug mit einem Abzugswiderstand von 1360 g. Die Lauflänge betrug 58 cm, die Gesamtlänge 107 cm. Die KK-Büchse wog 2,9 kg. Anschütz baute die Waffe nur im Kaliber .22 l.r. und mit einem herausnehmbaren 5-Schuss-Magazin. Sie hatte ein Klappkimmenvisier und einen Korntunnel. Der Nussbaumholz-Schaft im Monte-Carlo-Stil hatte eine den Hinterschaft oben umrundende Wangenauflage.

ANSCHÜTZ MODELL 1516

Bei dem Modell 1516 handelt es sich eigentlich um das Modell 1416, allerdings im Kaliber .22 WMR (Winchester Magnum Rimfire). Die Waffe hat ein 4 Patronen fassendes, herausnehmbares Magazin. Anschütz baut davon fünf Varianten. Alle haben eine Gesamtlänge von 104 cm und eine Lauflänge von 57 cm; normalerweise wiegen sie 2,5 kg. Das Modell 1516 KL weist ein Klappvisier und ein durch einen Korntunnel geschütztes Korn auf. Diese Waffe ist mit einem Flintenabzug mit einem Abzugswiderstand von 1200 g ausgestattet, der jedoch auch individuell zwischen 1000 und 2000 g eingestellt werden kann. Zudem gibt es eine Variante mit Druckpunktabzug, einstellbar zwischen 600 g und 950 g Abzugswiderstand, standardmäßig jedoch eingestellt auf einen Widerstand von 800 g. Die gleiche Abzugsart steht auch beim Modell KV zur Verfügung, das ein fein einstellbare Schiebevisierung aufweist. Das Modell 1516 ST-KL hat einen Stecherabzug mit einem Abzugswiderstand von 100 g, das Modell 1516 D-HB einen schweren Matchlauf, der das Gesamtgewicht dieser Variante auf 2,7 kg bringt. Im Weiteren sind die Spezifikationen aller Varianten identisch.

Anschütz Modell 1710 in Versionen mit bayerischem und Monte-Carlo-Hinterschaft sowie mit schwerem Stainless-Matchlauf (von oben)

Modell 1516 im Kaliber .22 WMR

Modell 1712, Kaliber .22 l.r., mit Kunststoffschaft

ANSCHÜTZ MODELL 1710

Das 1988 vorgestellte Modell 1710 wird mit einem Magazin zur Aufnahme von fünf Patronen im Kaliber .22 l.r. produziert, der Schaft ist aus Nussbaumholz. Das Modell 1710 D besitzt einen Flintenabzug mit einem Abzugswiderstand von eingestellten 1300 g, welcher individuell zwischen 1000 g und 2000 g verstellt werden kann. Diese Variante wird sowohl mit Klappkimme, Schiebekimme als auch komplett ohne Visier ausgeliefert. Es gibt auch eine 1710 D-HB-Variante mit schwerem Matchlauf. Die Lauflängen betragen 60 cm, bei einer Gesamtlänge von 109 cm. Das Gewicht variiert zwischen 3,3 kg und 3,6 kg. Die Version 1710 ST hat einen Stecherabzug, dessen Abzugswiderstand standardmäßig bei 100 g liegt. Die Version 1710 HB gibt es sowohl mit brüniertem als auch Stainless-Stahl-Matchlauf.

ANSCHÜTZ MODELL 1712

Die Büchse 1712 D-FWT ist eine Variation des Modells 1710 und nur ohne Visierung und mit einem Kunststoffschaft erhältlich. Sie hat ein herausnehmbares 5-Schuss-Magazin. Ihr Lauf ist 60 cm lang, was sie insgesamt 109 cm lang macht. Wegen des Kunststoffschaftes ist das Gewehr mit 3 kg minimal leichter als das Modell 1710. Der Flintenabzugswiderstand ist auf 1300 g eingestellt, kann jedoch zwischen 1000 g und 2000 g verstellt werden.

ANSCHÜTZ MODELL 1717

Das Unternehmen stellte diese fünfschüssige, Büchse im neuen Kaliber .17 HMR (Hornady Magnum Rimfire) 2002 vor. Als Modell 1717 D-HB wird die Waffe mit einem schweren Matchlauf und als Modell 1717 D-Classic mit einem regulären Lauf ausgeliefert. Beide haben einen Direkt-/Flintenabzug mit einem werkseitig auf 1300 g eingestellten Abzugswiderstand, der jedoch individuell zwischen 1000 g und 2000 g verstellt werden kann. Das Modell 1717 D-HB hat einen 60 cm langen Lauf, ist insgesamt 109 cm lang und wiegt 3,6 kg, das Modell 1717 D-Classic hat die gleichen Abmessungen, wiegt aufgrund des leichteren Laufes jedoch nur 3,4 kg. Der Schaft beider Varianten, die keine Visierung besitzen und zur Aufnahme von Zielfernrohren zum Schießen auf weitere Distanzen vorbereitet sind, ist aus Nussbaumholz.

ANSCHÜTZ MODELL 1730

Das Modell 1730 aus dem Jahr 1989 ist eigentlich identisch mit dem Modell 1710, basiert also auch auf dem Match 54-Verschlusssystem, hat aber das Kaliber .22 Hornet. Es gibt die fünfschüssige Waffe in verschiedenen Varianten. Als 1730 D-HB hat sie einen 60 cm langen, schweren Matchlauf, eine Gesamtlänge von 109 cm und ein Gewicht von 3,6 kg. Die Waffe wird entweder mit brünierten oder mit rostträgen Läufen aus Stainless-Stahl angeboten. Der Widerstand des Flintenabzugs ist auf 1300 g eingestellt, kann aber individuell zwischen 1000 und 2000 g verstellt werden. Das Modell 1730 D-HB hat keine Visierung, seine Kammer ist aber mittels einer Montageschiene und vorgebohrten Schraublöchern zur Anbringung eines Zielfernrohres vorbereitet. Das

Anschütz Modell 1730 Classic, .22 Hornet

Modell 1717 aus dem Jahr 2002 im Kaliber .17 HMR

Modell 1730 D Classic hat einen traditionellen Schaft und verfügt ebenso über keine Visierung, aber eine Zielfernrohr-Montagevorbereitung. Diese Waffe wiegt mit ihrem dünneren Lauf etwas unter 3,3 kg. Die weiteren Angaben entsprechen denen der Standardversion. Die Alternativ-Varianten des Anschütz 1730 haben eine Klappkimme (KL) oder wahlweise eine Schiebekimme (KV) oder als 1730 ST einen Stecherabzug mit 100 g Abzugswiderstand. Es gibt die 1730 Kleinkaliberbüchse auch mit einem Nussbaumschaft mit Monte-Carlo-Hinterschaft.

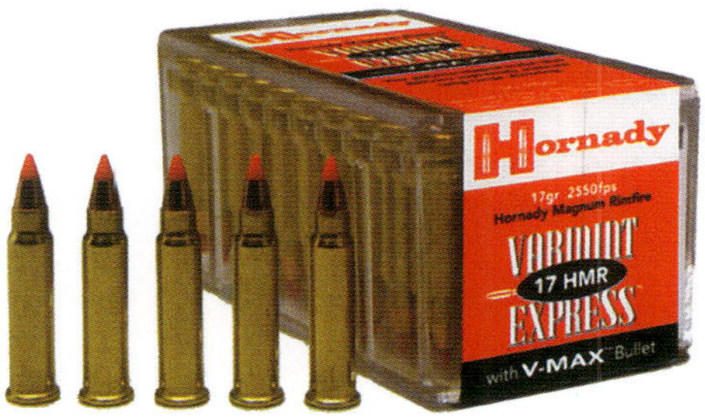

Kaliber .17 HMR, 2002 auf den Markt gekommen

ANSCHÜTZ MODELL 1733/1743

Der fünfschüssige Stutzen Modell 1733 hat das Kaliber .22 Hornet. Im Kaliber .222 Rem. und lediglich mit 3-Schuss-Magazin, eingeführt im Jahr 1989, wird die Repetierbüchse als Modell 1743 bezeichnet. Als Stutzen haben die Gewehre jeweils einen 50-cm-Lauf und eine Länge von 96 respektive 97 cm, beide Varianten sind circa 3,1 kg schwer und mit zwei unterschiedlichen Abzugsvarianten erhältlich. Die D-Varianten haben einen Direkt- beziehungsweise Flintenabzug mit einem werkseitig eingestellten Abzugswiderstand von 1300 g, wobei der Widerstand aber individuell zwischen 1000 g und 2000 g verstellbar ist.

Modell 1733 Stutzen

Die ST-Varianten haben einen Doppelzüngelstecherabzug mit einem eingestochenen Abzugswiderstand von nur 100 g. Als Modell 1733 D-KL oder 1733 ST-KL beziehungsweise im Kaliber .222 Rem. als Modell 1743 D-KL oder 1743 ST-KL verfügen die Waffen über eine Klappkimme und mit dem Zusatz KV über eine Schiebekimme als Visierung.

ARRIETA

Markenzeichen des spanischen Unternehmens Arrieta

Die spanische Firma Arrieta baut seit 90 Jahren Doppelflinten mit Seitenschlossen. Der Firmengründer Avelino Arrieta begann seine Karriere in der bekannten Waffenregion Eibar in Spanien. 1916 machte er sich selbstständig und begann, seine eigenen Flinten zu bauen. Bald hatte er sich einen Namen gemacht, so dass unter anderem der spanische König Alfonso VIII. bei ihm bestellte; eine damals vom König georderte, reich gravierte Waffe wird heute unter der Modellbezeichnung 600 Imperial angeboten. Avelinos Söhne José und Víctor traten 1940 in die Firma ein; unter dem Namen Avelino Arrieta & Hijos, wurde der Firmensitz nach Elgoibar ins Baskenland verlegt. 1970 wurde das Unternehmen unter dem Namen Manufacturas Arrieta zu einer GmbH, 1981 änderte sich deren Name in Arrieta & Cia. Das Unternehmen wird nun geführt von den Enkeln des Firmengründers, Juan Carlos und Asier Arrieta. Arrieta baut ausschließlich traditionelle Seitenschloss-Querflinten und -Doppelbüchsen und beschäftigt 20 Büchsenmacher. Die Firma exportiert vornehmlich nach England, USA, Italien und Deutschland. Jede Waffe wird auf Bestellung nach den Kundenwünschen großteils von Hand gefertigt. Der Kunde kann sowohl die Lauf- und Gesamtlänge der Waffe bestimmen als auch ihre Chokebohrung und ihre Gravur. Die Schäfte werden ebenfalls handgearbeitet. Die edlen Nussbaumhölzer für die Schäfte werden vornehmlich in den Pyrenäen, in Galizien und in Andalusien eingekauft. Für den Lauf verwendet man Bellota-Qualitätsstahl. Freunde und Liebhaber traditioneller, handgearbeiteter Seitenschloss-Doppelflinten treffen mit Arrieta-Waffen eine hervorragende Wahl.

ARRIETA MODELL 557 STANDARD

Hierbei handelt es sich um das Basismodell von Arrieta, erhältlich in den Schrotkalibern 12, 16, 20, 28 und 36 (.410) mit wahlweise einer Patronenlagerlänge für 70 mm oder 76 mm lange Patronenhülsen. Die Querflinte mit zwei nebeneinanderliegenden, glatten Flintenläufen hat bereits herausnehmbare echte Seitenschlossplatten. Dies ist an der Waffenbasküle gut an den

Verschraubungen der Platten zu erkennen. Während der Laufherstellung wird jeder der beiden Läufe zunächst einzeln an einen Laufblock geschmiedet, dann erst werden die beiden Blöcke

Arrrieta
Modell 557 Querflinte

zusammengefügt. Diese Herstellungsmethode wird manchmal als Demi-Block bezeichnet. Die Läufe aus Bellota-Stahl werden außen tiefblau brüniert und innen hartverchromt. Die Seitenplatten und die Baskülaußenseite werden buntgehärtet. Das Modell 557 verfügt werkseitig über eine schlanke englische Schäftung ohne Pistolengriff, kann jedoch auf Wunsch auch mit einem Hinterschaft mit Pistolengriff geliefert werden. Die Waffe ist mit einem Doppelzüngelabzug und einem selektiven automatischen Auswerfer im Holland & Holland-Stil ausgestattet: abgeschossene Patronenhülsen werden ausgeworfen während noch nicht abgeschossene Patronen lediglich etwas aus der Kammer herausgeschoben werden. Die Gesamt- und Lauflänge der Flinte sowie auch ihr Gewicht richten sich nach den individuellen Wünschen des Kunden; in der Regel wiegt das Modell zwischen 3,1 und 3,3 kg. Der Schieber der manuellen Sicherung der Arrieta-Flinte, welche den Abzug und die Abzugsstange blockiert, befindet sich oben auf dem Kolbenhals.

Arrieta Modell 570
Lieja (Liège)

ARRIETA MODELL 570 LIEJA

Der Zusatz Lieja zur Modellbezeichnung bezieht sich auf die im belgischen Stil gehaltene Verschlussachse. „Lieja“ steht dabei für die bekannte belgische Waffenbau-Stadt Liége. Das Querflintenmodell wird in den Kalibern 12, 16, 20, 28 und 36 (.410) und mit Patronenlagern entweder für 70 oder 76 mm lange Hülsen angeboten. Die Lieja-Flinten haben Seitenschlosse im Holland & Holland-Stil, welche jedoch nicht so einfach abzunehmen sind, wie beim Modell 557. Sie sind aus Stahl und reich graviert. Die Flinten sind mit Doppelzüngelabzügen, Laufquerverriegelungen und selektiven Auswerfern ausgestattet. Die Lauf- und Gesamtlänge sowie auch die Chokebohrung kann der Kunde individuell wählen. Die Läufe sind wie üblich außen tiefblau brüniert und innen hartverchromt. Der Schaft im englischen Stil ist aus edlem Nussbaumholz. Auch beim Modell 570 Lieja befindet sich die Schiebesicherung oben am Kolbenhals.

ARRIETA MODELL 578 VICTORIA

Bei diesem Modell leitet sich der Zusatz „Victoria“ von der im englischen Stil gehaltenen Gravur der Seitenplatten ab. Kaliber und Ausstat-

Arrieta Modell 578 Victoria

tung sind wie bei den vorgenannten Modellen. Die Gesamt- und Lauflänge sowie die Chokebohrungen der Läufe der Querflinte sind individuell bestimmbar. Die manuelle Schiebesicherung sitzt oben auf dem Kolbenhals. Wie bei allen Arrieta-Doppelflinten ist eine Gasaustrittsbohrung unten im Laufblock ein weiteres Sicherheitsfeature. Durch Betätigen des Züngels des Einabzugs der Arrieta 578 wird zunächst das Schloss für den rechten und dann für den linken Lauf ausgelöst; einen Doppelzüngelabzug gibt es hier nur auf Wunsch. Die Waffe hat einen schlanken englischen Hinterschaft aus edlem Nussbaumholz, ist aber auf Wunsch auch mit einem Pistolengriff-Schaft lieferbar.

ARRIETA MODELL 600 IMPERIAL

Die Doppelflinte 600 Imperial basiert auf der Waffe, die der Firmengründer für den damaligen spanischen König Alfonso VIII. gebaut hat. Die

Arrieta 600 Imperial, wie einst für den spanischen König hergestellt

Seitenplatten der Seitenschlosse sind im aufwändigen Holland & Holland-Stil hergestellt. Die Waffe hat ursprünglich einen Einabzug (nur ein Abzugszüngel), kann jedoch auch mit einem Doppelzüngelabzug geliefert werden. Kaliber, Patronenlager, Schäftung und Auswerfer wie bei den vorher beschriebenen Waffen. Gesamt- und Lauflänge sowie Chokebohrungen können vom Kunden individuell bestimmt werden. Die manuelle Schiebesicherung befindet sich wie üblich oben auf dem Kolbenhals, eine Gasaustrittsbohrung unten im Laufblock sorgt für eine zusätzliche Sicherung.

ARRIETA MODELL 601 TIRO

Diese Querflinte wurde speziell für Wurfscheibenschützen, ehemals „Tontaubenschützen", entwickelt. Die Waffe besitzt einen Nussbaum-Hinterschaft mit Pistolengriff sowie einen besonders breiten Biberschwanz-Vorderschaft, ebenfalls aus Nussbaumholz. Die Stahl-Basküle der Flinte ist lediglich dahingehend graviert, dass die Seitenplatten und die Bodenplatte eine feine Rahmengravur aufweisen. Das Modell ist in den Kalibern 12, 16, 20 und 28, jedoch nur mit einer Patronenlagerlänge von 76 mm lieferbar. Das Gewicht der Waffe hängt vom gewählten Kaliber ab und variiert zwischen 3,2 kg und 3,4 kg. Der Kunde kann Lauf- und Gesamtlänge sowie auch die einzubringende Chokebohrung wählen. Die Waffe wird vom Werk mit einem Einabzug versehen ausgeliefert, ist jedoch auf Wunsch auch mit einem Doppelzüngelabzug erhältlich.

Arrieta 601 Tiro Wurfscheibenflinte

ARRIETA MODELL 801 CHURCHILL

Die Arrieta 801 Querflinte/Doppelflinte besitzt abnehmbare Seitenschlosse. Sie ist wahlweise in den Kalibern 12, 16, 20, 28 und 36 (.410) mit einer Patronenlagerlänge für 70 mm oder 76 mm lange Patronenhülsen erhältlich. Standardmäßig wird sie mit einem Doppelzüngel-Stecherabzug sowie Holland & Holland-Auswerfer ausgeliefert. Der Zusatz Churchill kommt durch die verwendete, besonders feine englische Arabeskengravur zustande. Als Form für den Nussbaumschaft wird die englische

Arrieta Modell 801 mit klassischer, englischer Arabeskengravur

Schaftform verwendet, die Waffe kann wunschgemäß aber auch mit einem Pistolengriff-Schaft geliefert werden. Gesamt- und Lauflänge sowie auch die zu verwendende Chokebohrung der Läufe bleibt den Kundenwünschen überlassen.

ARRIETA MODELL 802 HOLLAND

Hier hat der Zusatz Holland nichts mit den Niederlanden zu tun, sondern bezieht sich auf die für das Modell verwendete klassische englische Gravurart im Holland & Holland-Stil. Das Modell 802 ist in allen gängigen Schrotkalibern sowie mit Patronenlagerlängen von 70 mm und 76 mm erhältlich. Die brünierten Läufe aus

Arrieta 802 Holland

Bellota-Stahl sind wie üblich innen hartverchromt. Standardmäßig ist die Waffe mit einem Einabzug ausgestattet, der erst das Schloss für den rechten und dann das für den linken Lauf auslöst. Die Waffe, welche über einen selektiven automatischen Holland & Holland-Auswerfer verfügt, ist aber auch mit einem Doppelzüngelabzug lieferbar. Der Kunde kann die Gesamt- und Lauflänge seiner Flinte selbst wählen, ebenso deren Chokebohrung. Die Arrieta 802 Holland hat eine englische Nussbaumschäftung ohne Pistolengriff.

Die Querflinte Arrieta Modell 803 mit englischer Arabeskengravur

Arrieta Modell 803

Eine Waffe mit herausnehmbaren Seitenschlossen, bei der die Schlossplatten reich im Purdey-Stil graviert sind. Kaliber wie bei Arrieta üblich. Die Bellota-Stahl-Läufe sind tiefblau brüniert und innen zum besseren Schutz gegen den Abrieb durch die Schrote hartverchromt. Der aus spanischem Nussbaumholz bestehende Schaft der Waffe ist im englischen Stil ohne Pistolengriff gehalten und sie verfügt über einen selektiven automatischen Auswerfermechanismus nach Holland & Holland.

Arrieta Modell 871

Die Arrieta 871 Doppelflinte ist eine weitere fein gravierte Seitenschlosswaffe, bei der hinsichtlich der Gravur Pflanzenmotive verwendet werden. Kaliber und Läufe sind wie bei den anderen Waffen. Das Modell 871, bestückt mit einem edlen Nussbaumschaft im englischen Stil, verfügt ebenfalls über ein automatisches, selektives Holland & Holland-Auswerfersystem und ist standardmäßig mit einem Doppelzüngelabzug ausgestattet; es kann jedoch auch wahlweise mit einem Einabzug geordert werden.

Arrieta 871

Arrieta Modell 872

Auch die Baskülteile des Modells 872 sind außen mit einer englischen Arabeskengravur versehen. Die Waffe ist in den üblichen Kalibern lieferbar. Die Querflinte wird mit einem Abzug mit Doppelzüngeln ausgeliefert, kann aber auch mit Einabzug bestellt werden. Das englisch geschäftete Gewehr hat einen Schaft aus Nussbaumholz und einen Holland & Holland-Ejektor.

Arrieta Modell 873

Dieses Modell wird standardmäßig mit einem Nussbaum-Hinterschaft mit Pistolengriff hergestellt. Die Waffe besitzt einen Einabzug und

Arrieta Flinte 872 mit teurer Arabeskengravur auf den Seitenschlossplatten

einen automatischen Holland & Holland-Ejektor. Gesamt- und Lauflänge kann der Kunde selbst bestimmen. Kaliberauswahl wie bei Arrieta

Arrieta 873 Querflinte

üblich. Die Gravur der Seitenschlossplatten besteht aus Jagdmotiven mit fliegenden Enten.

ARRIETA MODELL 874

Eine Doppelflinte mit gerader englischer Schäftung und einem Doppelzüngelabzug. Ihre polierten brünierten Seitenschlossplatten weisen einen dünnen gravierten und mit Gold eingelegten Rahmen auf. Die in den üblichen Kaliberkonfigurationen gelieferte Flinte hat wie üblich einen Holland & Holland-Auswerfer.

Arrieta Modell 874, einfach aber teuer gehalten

ARRIETA MODELL 875

Das Modell 875 basiert ebenfalls auf der für den spanischen König Alfonso VIII. hergestellten Doppelflinte. Es hat abnehmbare Seitenschlosse, deren Platten reich graviert und mit Goldeinlagen versehen sind. Die Waffe verfügt über einen Doppelzüngelstecher und einen Nussbaumschaft im geraden, englischen Stil. Die Abbildung zeigt so genannte „Schwesternflinten" des Modells 875, welche als Set identischer Waffen mit der Nummerierung 1 und 2 auf der Laufschiene angeboten werden. Ein solches Paar wurde 2003 für circa 40000 Dollar verkauft.

Schwesternflintenpaar des Modells 875

ARRIETA MODELL 931

Hierbei handelt es sich um eines der absoluten Edelstücke der Firma. Die abnehmbaren Seitenschlossplatten sowie die gesamte Basküle weisen eine hervorragende, feine Gravur mit Pflanzenmotiven auf. Die im Demi-Block-Verfahren zusammengefügten Läufe aus Bellota-Stahl sind außen tiefblau brüniert und innen hartverchromt. Der Schaft der englisch geschäfteten Waffe, welche einen Doppelzüngelabzug und einen Holland & Holland-Ejektor besitzt, besteht aus ausgesuchtem Nussbaum-Wurzelmaserholz. Die edle Flinte wird in den üblichen Kalibern angeboten, Dimensionen und Chokebohrung sind individuell wählbar.

Die sehr teure Flinte Arrieta 931

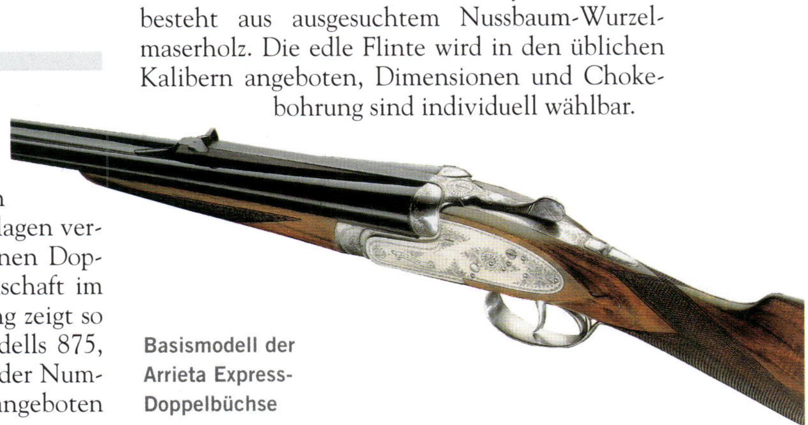

Basismodell der Arrieta Express-Doppelbüchse

ARRIETA EXPRESS R-1

Außer Doppelflinten stellt die Firma Arrieta auch einige Doppelbüchsen zur Bejagung von Großwild her. Diese Büchsen werden oft auch als Express-Doppelbüchsen bezeichnet; sie verfügen über ein so genanntes Express-Klappvisier, können jedoch auch mit einer Montage für ein Zielfernrohr versehen werden. Um dem Gasdruck der Büchsenpatronen – standardmäßig Kaliber 7x65R, 8x57JRS oder 9,3x74R – standzuhalten, ist der Kipplaufverschlussmechanismus des mit Seitenschlossen ausgestatteten Modells verstärkt und verfügt über eine doppelte Laufhakenverriegelung. Als Lauflänge kann 60 oder 65 cm gewählt werden, was eine Gesamtlänge von circa 104 oder 108 cm sowie je nach Kaliber ein Waffengewicht von 3,3 kg oder 3,5 kg ergibt. Die Waffe ist mit einer geraden englischen Schäftung und einem Doppelzüngelabzug ausgestattet.

ARRIETA EXPRESS R-2

Beim Modell R-2 handelt es sich im Endeffekt um die gleiche Doppelbüchse wie beim Modell R-1, allerdings sind die Seitenschlossplatten und die Basküle der R-2 Express-Büchse feiner graviert und der Nussbaum-Hinterschaft weist einen

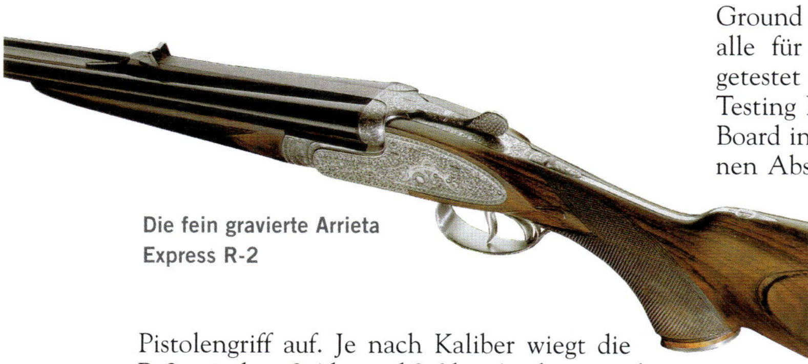

Die fein gravierte Arrieta Express R-2

Pistolengriff auf. Je nach Kaliber wiegt die R-2 zwischen 3,4 kg und 3,6 kg. Auch sie wird standardmäßig in den Kalibern 7x65R, 8x57JRS und 9,3x74R angeboten.

ARRIETA EXPRESS R-3

Dieses Modell ist wiederum zum größten Teil baugleich mit den Modellen R-1 und R-2. Die

Arrieta Express R-3

Waffe weist eine hochwertige Arabeskengravur mit Tiermotiven auf den Seitenschlossplatten auf, hat ansonsten jedoch die gleichen Details wie die beiden anderen Doppelbüchsen.

A-SQUARE

www.a-squarecompany.com

A-SQUARE

Das Markenzeichen der Firma A-Square

Die US-Firma A-Square wurde 1979 von Arthur B. Alphin, welcher damals gleichzeitig auch noch Lieutenant Colonel der US-Army war, gegründet. Bereits 1975 hatte der passionierte Großwildjäger Alphin eine eigene Patrone für diese Jagd entwickelt. Bei der Army war er in der Militärwaffenentwickung und als Ausbilder und Waffentester tätig und erfolgreich. 1970 hatte er in West Point der Abschluss als militärischer Waffeningenieur gemacht und war dann dorthin als Ausbilder zurückgekehrt. Dann hatte man ihn zum Leiter des bekannten Jefferson Proving Ground Wissenschafts-Centers ernannt, in dem alle für die US-Armee vorgesehenen Waffen getestet werden. Zudem war er Chef der Armor Testing Division des US Army Armor Engineer Board in Fort Knox. Nachdem Alphin 1990 seinen Abschied aus der Armee genommen hatte, florierte seine Firma A-Square bis Ende 1996. Da ein wegen Diebstahls entlassener, ehemaliger Mitarbeiter zum US Bureau of Alcohol, Tobacco and Firearms (BATF) ging und dort Alphin in Zusammenhang mit Waffenschmuggel, Geldwäsche und Drogen brachte, wurde das A-Square-Firmengelände in Kentucky und Alphins Privathaus in Indiana am 19. Dezember 1996 durchsucht. Das BATF beschlagnahmte sämtliche Firmenunterlagen und -computer, was zu einem Stopp der Produktion führte. Nach und nach stellten sich dann zwar alle Anschuldigungen als falsch heraus, wie so oft wollte das BATF seinen Fehler aber nicht eingestehen und behielt diverse Gegenstände ein. All das wirkt leider noch bis heute nach und ist sehr schade. Eine von Alphins bekanntesten Entwicklungen war die der so genannten Geschosstriade der Projektile Monolithic Solid, Dead Tough Soft Point und Lion Load Soft Point. Die Verwendung dieser drei Geschosstypen von A-Square mit ihren sehr unterschiedlichen wundballistischen Wirkungen erbringen im gleichen Kaliber und mit dem gleichen Geschossgewicht jeweils eine nahezu identische Trefferlage.

Das Monolithic Solid-Geschoss, links in abgeschossenem Zustand mit gut sichtbaren Abdrucken der Züge und Felder des Laufes

Das Monolithic Solid-Geschoss hat keinen Bleikern, sondern ist komplett aus einer speziellen Aluminiumlegierung gedreht, weshalb das Projektil beim Durchdringen des Wildkörpers nahezu formstabil bleibt und sich nicht zerlegt. So wird für eine maximale Penetration und ein besonders tiefes Eindringen in den Großwildkörper und dafür gesorgt, dass das Geschoss auf jeden Fall die lebenswichtigen Organe erreicht. Weil die Oberfläche dieses Geschosses weicher ist als die eines regulären Mantelgeschosses führt die Verwendung des Monolithic Solid-Projektils zu weniger Reibungswiderstand im Lauf und weniger Laufabnutzung.

Das universelle Dead Tough Soft Point-Teilmantelgeschoss ist derart konstruiert, dass es sowohl aufpilzt als auch noch relativ tief in den Wildkörper eindringt. Durch eine kontrollierte Expansions- und Zerlegungskonstruktion wird dafür gesorgt, dass das Projektil sowohl auf kurze als auch auf lange Distanzen und mit hohen und bereits niedrigeren Geschwindigkeiten immer in etwa gleich aufpilzt und sich zerlegt. Aufgepilzt im Wildkörper ist das Geschoss dann stets ein Viertel bis ein Drittel kürzer als ursprünglich. Mindestens zwei Drittel der Geschossmasse sorgen aber immer noch für hinreichend Penetration und einen Ausschuss.

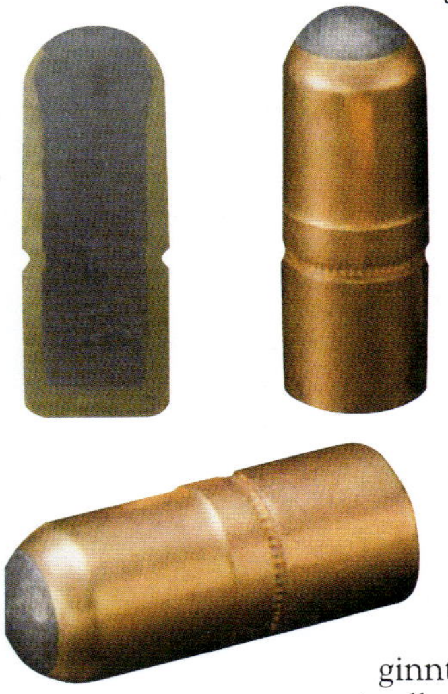

Dead Tough Soft Point mit starkem Mantel und Bleikern

Das Lion Load Soft Point-Teilmantelgeschoss von A-Square steht im direkten Gegensatz zum Monolithic Solid-Projektil. Bei diesem Projektil wird Eindringtiefe zugunsten von Zerlegung und damit maximaler Gewebezerstörung geopfert. Aufgrund der Gestaltung des sehr dünn gehaltenen Geschossmantels beginnt das Geschoss bereits unmittelbar nach dem Eindringen in den Wildkörper aufzupilzen und sich unter Bildung weit ausladender Mantelfahnen, die für eine immense Zerstörung sorgen, zu zerlegen. Wenn überhaupt, so sorgt nur das letzte, verbliebene Drittel des Lion Load Soft Point-Projektils für einen Ausschuss. Ohne dabei von Knochen oder der massigen Dickhäuter-Haut behindert zu werden dringt das Lion Load-Geschoss insgesamt maximal circa 60 cm in Gewebematerial von Säugetieren ein. Wie bereits die Bezeichung erkennen lässt, wird es besonders gerne zur Bejagung von Löwen verwendet. A-Square liefert seine Geschosse unter anderem an die Namibia Professional Hunting Association, die Zimbabwe Professional Hunters' and Guides' Association und die Professional Hunters' Association of South Africa. Die Firma ist auch eines der 19 Mitglieder des Sporting Arms and Ammunition Manufacturers Institute SAAMI; bekannte Unternehmen wie etwa Browning, Colt, Federal, Winchester und Remington, sind ebenfalls SAAMI-Mitglieder. Das Institut wurde bereits vor dem Zweiten Weltkrieg zur Standardisierung der Waffenindustrie gegründet.

Lion Load Soft Point-Geschosse mit ihrem dünnen Mantel

Die schlichten aber qualitativ hochwertigen Repetierbüchsen der Firma A-Square verfügen über ein besonders sicheres, den Schlagbolzen und die Abzugsstange blockierendes Sicherungssystem. Der Abzug jeder A-Square-Büchse kann individuell verstellt und eingestellt werden. Das Verschlusssystem der Modelle Hannibal und Hamilcar basiert auf dem des Enfield 1914-Militärgewehrs, welches einen ungemein massiven Verschluss aufweist. Die rostfreien Läufe der Waffen werden bei ihrer Herstellung einer aufwändigen Spezialbehandlung unterzogen, die für eine extreme Schusspräzision sorgt. Der Schaft der A-Square-Repetierer geht in einen geraden Rücken über; so wird der Rückstoß auch bei stärksten Kalibern gemildert. Die Waffen werden in 48 verschiedenen Kalibern angeboten und sind nicht nur in den klassischen A-Square-Großwildkalibern erhältlich.

A-Square Caesar Left-Hand

Bei dieser Repetierbüchse handelt es sich um eine Waffe für Linkshänder mit Links-Schaft und Links-System. Als System wird das des finnischen Herstellers Sako verwendet. Die Sicherung der Waffe unterscheidet sich von den anderen A-Square-Büchsen, da hier die Drei-Stellungs-Flügelsicherung von Mauser verwendet wird. Auch diese Sicherung blockiert sowohl den Schlagbolzen als auch den Verschluss. Da die Caesar Left-Hand nach den speziellen Vorgaben der Kunden gefertigt wird, erübrigt es sich, dafür spezifische Dimensionen anzugeben, allgemein liegen die Lauflängen aber zwischen 51 cm und 66 cm und die Gesamtlängen zwischen 99 cm und 117 cm; die Gesamtgewichte variieren zwischen 3,9 kg und 5,1 kg. Die Waffe gibt es in den Kalibern 7 mm Rem.Mag. (4), 7 mm STW (4), .300 Win.Mag. (4), .300 Wby.Mag. (4), 8 mm Rem.Mag. (4), .338 Win. (4), .340 Wby.Mag. (4), .338 A-Square Mag. (3), .358 Norma (4), .358 STA (4), 9,3x64 mm (4), .375 H&H Mag. (4), .375 Wby.Mag. (4), .375 JRS (4), .375 A-Square (3), .416 Taylor (4), .416 Hoffman (4), .416 Rem.Mag. (4), .404 Jeffery (4), .425 Express (4), .458 Win.Mag. (4), .458 Lott (4), .450 Ackley (4), .460 Short A-Square (3), .470 Capstick (4) und .495 A-Square (3) (Magazinkapazität in Klammern).

A-SQUARE HAMILCAR

Der Hamilcar-Repetierer ist, wie dessen großer Bruder, das Modell Hannibal, eine besonders robuste Waffe. Die Hamilcar ist im Vergleich dazu leichter und für schwächere Kaliber ausgelegt.

Da A-Square unverständlicherweise aber noch eine Anfangsenergie von 5500 Joule erreichende Kaliber als „schwächer" einstuft, zählt allerdings auch etwa die .300 Wby.Mag. Patrone hierzu. Das Hamilcar-Modell wird in diversen, „schwachen" Kalibern hergestellt, in .25-06 Rem (6), .257 Wby.Mag. (4), 6,5x55 mm (6), 6,5-06 A-Square (4), .264 Win. (4), .270 Win. (6), .270 Wby.Mag. (4), 7x57 mm (6), 7 mm Rem.Mag. (4), 7 mm Wby.Mag. (4), 7 mm STW (4), .280 Rem. (6), .30-06 Springfield (6), .308 Norma (4), .300 WSM (Winchester Short Magnum) (4), .300 Win.Mag. (4), .300 Wby.Mag. (4),

Bei dem Modell Hamilcar handelt es sich um eine leichtere Version des Hannibal-Repetierers von A-Square, ausgelegt für „schwächere" Kaliber im Sinne der Firma

8x57 mm (4), .338-06 A-Square (3), und 9,3x62 mm (4) (Magazinkapazität in Klammern). Es hat Lauflängen zwischen 56 cm und 66 cm und Gesamtgewichte von 3,6 kg bis 3,9 kg.

Die A-Square-Büchse Caesar LH, speziell eingerichtet für Links-Schützen

Das relativ geringe Waffengewicht wird weder durch die Verwendung von Kunststoffschäften noch von Alu-Metallteilen erreicht. Die Waffe verfügt über einen Stahl-Magazinkasten und einen abklappbaren Magazindeckel aus Stahl. Da das Gewehr zur Jagd auf Kleinwild bis mittelgroßes Wild auf weite Distanzen konzipiert ist,

Das großkalibrige Modell Hannibal von A-Square, komplett montiert mit einem Drückjagd-Zielfernrohr

hat man versucht, ihre Zündzeitverzögerung möglichst kurz zu halten. Der Schlagbolzen ist dazu bereits im noch nicht komplett verriegelten Zustand gespannt. Ansonsten verfügt die Hamilcar über die gleiche Sicherung und das gleiche verstellbare Abzugssystem wie das Modell Hannibal.

A-SQUARE HANNIBAL

Diese Büchse wurde für extrem starke Kaliber mit Mündungsenergien von bis zu 13 750 Joule entwickelt, etwa für die .460 Weatherby Magnum mit 500 grains (32,4 g) Geschossgewicht, einer Anfangsgeschwindigkeit von 785 m/s und einer Anfangsenergie von über 10 000 Joule, für die .500 A-Square-Patrone mit 600 grains (38,9 g) Geschoss, Anfangsgeschwindigkeit von 750 m/s und Anfangsenergie von 11 000 Joule oder sogar die .577 Tyrannosaur mit einem 750 grains (48,6 g) Geschoss, einer Geschwindigkeit von 730 m/s und der überwältigenden Mündungsenergie von 12 950 Joule. Das Modell Hannibal verfügt über ein überarbeitetes Enfield P 14-System und über das spezielle, den Schlagbolzen blockierende Sicherungssystem von A-Square. Da die Waffe nur auf Vorbestellung gebaut wird, ergeben sich die Waffendimensionen aus den individuell vorgebrachten Kundenwünschen. Allgemein ist das Gewehr zwischen 102 cm und 122 cm lang, hat eine Lauflänge zwischen 56 cm und 71 cm und wiegt zwischen 4,3 und 5,1 kg.
Die Waffe, vorbereitet wie alle A-Square-Repetierbüchsen für die Montage eines Zielfernrohres, wird ausgeliefert in den Kalibern .300 Pegasus (3), .300 Petersen (3), 8 mm Rem.Mag. (4), 8X68S (4), .338 Win. (4), .340 Wby.Mag. (4),

Die Büchse A-Square Hannibal mit montiertem Zielfernrohr zum Tageslicht-Gebrauch

.338 A-Square (3), .338 Excalibur (3), .358 Norma (4), .358 STA (4), 9,3x64 mm (4), .375 H&H Mag. (4), .375 Wby.Mag. (4), .375 JRS (4), .375 A-Square (3), .378 Wby.Mag. (3), .400 Pondoro (4), .416 Taylor (4), .416 Hoffman (4), .416 Rem.Mag. (4), .416 Rigby (3), .416 Wby.Mag. (3), .404 Jeffery (4), .425 Express (4), .458 Win.Mag. (4), .458 Lott (4), .450 Ackley (4), .460 Short A-Square (3), .460 Wby.Mag. (3), .470 Capstick (4), .495 A-Square (3), .500 A-Square (3), and .577 Tyrannosaur (3) (Kapazität des wie bei A-Square üblich nicht herausnehmbaren, internen Magazins in Klammern).

AYA

www.aya-fineguns.com

Markenzeichen der Firma Aya

Die spanische Waffenfabrik Aya hat ihren Sitz in Eibar in der nördlichen Baskenregion Spaniens. Die Stadt Eibar ist einer der bekanntesten spanischen Waffenherstellungsorte. Dort sind noch diverse weitere, bekannte Waffenhersteller beheimatet; zudem residiert in Eibar auch das staatliche spanische Beschussamt. Die Kurzbezeichnung Aya steht für Aguirre y Aranzábal. Die Firma wurde 1917 von Nicolás Aranzábal und Miguel Aguirre gegründet, um zunächst lediglich Läufe und Waffenkleinteile und später auch Waagen herzustellen. Heute produziert Aya vornehmlich traditionelle Seitenschloss-Doppelflinten. Flinten aus Spanien sind schon immer wegen ihrer hervorragenden Qualität bekannt; da der Produktionsfaktor Arbeit dort billig war, waren sie auch preislich sehr günstig. Viele Firmen aus Eibar stellten daher Flinten nicht nur unter dem eigenen Namen her, sondern produzierten unter Fantasienamen wie Habicht oder Forest auch für verschiedene europäische Generalimporteure. Nach dem Zweiten Weltkrieg verkaufte Aya Flinten etwa mit der Bezeichnung Matador; diese wurden bis 1963 hergestellt. Zwischen 1957 und 1984 wurden weitere Aya-Flinten auch unter dem Namen Bolero vertrieben. Das eigentliche Aya-Modell Iberia von 1970 wird immer noch produziert. Die Firma Aya baut vornehmlich traditionelle Querflinten. Die meisten davon haben Seitenschlosse, sind teils reich und aufwändig graviert, zumindest bei den teureren Modellen mit einem ausgesuchten Nussbaumholz-Schaft im englischen Stil und generell mit einem Laufhakenverschluss, zumeist kombiniert mit einem Kersten-Verschluss, ausgestattet. Das Preis-Leistungs-Verhältnis der Aya-Waffen ist hervorragend. Die besonderen Stücke, etwa das Modell Churchill XXV/SL mit Holland & Holland-Seitenschlossen, haben jedoch ihren

Baslküle mit abnehmbaren Seitenschlossplatten des Flintenmodells Aya No. 1

Preis. Die Churchill-Flinte basiert auf den Plänen des englischen Büchsenmachers Robert Churchill, sie hat einen nur 64 cm langen Lauf und Churchill-typisch eine relativ hohe Laufschiene zwischen den Schrotläufen. Vor kurzem hat die Firma auch damit angefangen, Bockdoppelflinten zum sportlichen Schießen zu bauen. Die Firma Aya beschäftigt derzeit etwa 300 Mitarbeiter und produziert jährlich mehr als 30000 Waffen in den unterschiedlichsten Modellen. Auch die Standardmodelle können individuell mit Lauflängen, Gesamtlängen und Chokebohrungen nach den Vorgaben der Kunden bestellt werden.
1968 begann eine lang anhaltende Produktionskooperation zwischen der spanischen Firma Aya und dem deutschen Unternehmen Sauer. Aya stellte für Sauer deren Doppelflintenmodell Sauer VIII-E her und verwendete dazu von Sauer gelieferte, in Deutschland produzierte Krupp-Stahl-Läufe. 1985 schlossen sich mit Aya und den kleineren Unternehmen Arizaga, Crucelegui, Danok, Larranaga, Muguruza und Sarriguarte auch mehrere rein baskische Waffenhersteller zum DIARM-Konsortium zusammen, welches unter dieser Bezeichnung ebenfalls gemeinsam produzierte spanische Flinten vertreibt.

AYA MODELL NO. 1

Hierbei handelt es sich um das Aya-Topmodell, welches Lieferzeiten von vielen Monaten hat. Die Flinte hat einen schlanken Schaft im englischen Stil aus ausgesuchtem Nussbaumholz. Ihre zunächst separat aus speziellem Chrom-Nickel-Stahl gefertigten, beiden Läufe samt Patronenlager sind im Demi-Block-Verfahren zusammengefügt. Die abnehmbaren Seitenschlossplatten sind fein mit einem Rosettenmuster graviert. Die Waffe wird in den Kalibern 12, 16, 20, 28 und 36 (.410) ausgeliefert, hat standardmäßig eine für 70 mm lange Hülsen ausgerichtete Patronenlagerlänge und ist, je nach individuell vom bestellenden Kunden gewählter Chokebohrung wahlweise mit einer Lauflänge zwischen 64 cm und 76 cm erhältlich. Sie verfügt über einen Ejektormechanismus im Holland & Holland-Stil und hat eine doppelte Laufhaken-Verriegelung. Der Purdey-Verschluss besteht aus der so genannten Purdey-Nase hinten oben zwischen den beiden Läufen, die im geschlossenen Zustand der Kipplaufwaffe in eine korrespondierende Aussparung im Stoßboden der Basküle eingreift. In Kombination mit der doppelten Laufhakenverriegelung ist dies ein sehr robuster Verschluss.

AYA MODELL NO. 2

Das Modell No. 2, ebenfalls eine exquisit gravierte Querflinte im englischen Stil, stellte die Firma 1984 vor. Die Waffe wird in den Kalibern 12, 16, 20, 28 und 36 (.410) mit einer Patronenlagerlänge für 70 mm lange Schrotpatronenhülsen produziert. Je nach gewählter Chokebohrung beträgt die Lauflänge zwischen 66 cm und 71 cm,

Aya No. 2 Querflinte

was eine Waffengesamtlänge ergibt, die zwischen 109 cm und 114 cm liegt. Das Gewicht der Flinte liegt zwischen 3,1 kg und 3,4 kg. Auch dieses hochwertige Aya-Produkt hat einen Purdey-Verschluss und eine doppelte Laufhakenverriegelung, einen Holland & Holland-Auswerfer und eine automatische Sicherung. Sobald der Verschlusshebel der Kipplaufwaffe betätigt wird, ist sie automatisch gesichert; zum Schießen muss sie manuell entsichert werden. Aufgrund eines speziellen Federsystems lässt sich die Flinte sehr leicht brechen (öffnen). Der gerade englische Hinter- sowie natürlich auch der Vorderschaft bestehen aus ausgesuchtem Nussbaumholz; die Fischhaut darauf ist handgeschnitten.

Die Modelle No. 4 (oben) und die luxuriösere Variante No. 4 Deluxe (unten)

AYA Modell No. 4/Modell No. 4 Deluxe

In der Basküle dieser Doppelflinte sind die Schlossteile in einem so genannten Kastenschloss untergebracht; diese Schlossart wurde von Anson & Deeley entwickelt. Der Verschluss der Kipplaufwaffe wird durch doppelte Laufhaken, kombiniert mit einem Greener-Querriegel bewirkt. Die Demi-Block-Läufe sind 66 cm bis 76 cm lang und oben mit einer konkav ausgeformten Laufschiene verbunden, über die das Ziel besser aufgenommen werden kann. An Kalibern kann gewählt werden entweder 12, 16, 20, 28 oder 36 (.410). Das Patronenlager der zwischen 109 cm und 124 cm langen und zwischen 3,1 kg und 3,4 kg schweren Waffe ist für 70 mm lange Hülsen bestimmt. Standard ist auch ein automatischer Ejektor und eine automatische Sicherung; der zugehörige Sicherungsschieber befindet sich oben auf dem Schaftkolbenhals. Das Modell No. 4 hat eine buntgehärtete Basküle und einen Nussbaumschaft im englischen Stil. Das Modell No. 4 Deluxe ist lediglich reicher graviert.

AYA Modell No. 37/Super

Das Modell No. 37, eine Bockdoppelflinte mit übereinander liegenden Läufen, gibt es lediglich im Kaliber 12 für 70 mm lange Hülsen. Die Waffe hat einen Kersten- beziehungsweise Doppelgreener-Verschluss, kombiniert mit doppelten Laufhaken. Beim Kersten-Verschluss befinden sich auf beiden Seiten des oberen Patronenlagers Verschlussstangen, die beim Schließen der Waffe von oben in den Stoßboden eingreifen und dort mit einem Querriegel verriegelt werden. Die Läufe der Flinte sind aus Chrom-Nickel-Stahl, haben eine Länge von 71 cm und sind oben mit einer ventilierten Laufschiene versehen. Die Gesamtlänge des 3,7 kg schweren Modells No. 37 beträgt 113 cm. Der ungewöhnliche Vorderschaft der Flinte ist horizontal zweigeteilt, der obere Teil ist ebenfalls ventiliert. Der Pistolengriff-Hinterschaft ist mit einer Wangenauflage ausgebildet. Die Gravur der Waffe ist frei wählbar.

AYA Modell No. 53

Hierbei handelt es sich wieder um eine Querflinte mit Seitenschlossen und einem Greener-Verschluss, verbunden mit doppelten Laufhaken. Ihre Laufschiene kann flach oder konkav ausgeformt geordert werden. Die Waffe verfügt über einen automatischen Ejektor und eine automatische Sicherung und ist in den Kalibern 12, 16 oder 20 für Patronenhülsenlängen von 70 oder 76 mm erhältlich.
Sie hat Lauflängen zwischen 66 cm und 76 cm und ist insgesamt 109 cm bis 124 cm lang. Ihr Gewicht kann zwischen 3,1 kg und 3,4 kg variieren. Ihr Sicherungsschieber befindet sich auf dem Kolbenhals und sie verfügt neben dem Verschlusshebel über Signalstifte, die herausstehend

Aya Modell No. 37 Bockdoppelflinte mit Seitenschlossen

Querflinte Modell No. 53

anzeigen, wenn die Schlosse der Waffe gespannt sind. Die Basküle der mit einer englischen Schäftung versehenen Flinte ist buntgehärtet und mit einer Pflanzenmuster-Gravur versehen.

AYA MODELL NO. 56

Das Modell No. 56 ist eine erstklassige Seitenschloss-Querflinte mit Greener-Verschluss und Laufhaken. Ihre Läufe sind aus Chrom-Nickel-Stahl und im Mono-Block-Verfahren verbunden. Die Waffe ist nur im Kaliber 12/70 erhältlich und speziell zum sportlichen Tontaubenschießen entwickelt. Auch sie verfügt über automatische Ejektoren (Auswerfer) und über eine automatische Sicherung. Ihr Sicherungsschieber befindet sich auf dem Kolbenhals und sie ist bei einer zwischen 66 cm und 71 cm liegenden Lauflänge insgesamt zwischen 109 cm und 114 cm lang und wiegt zwischen 3,1 kg und 3,4 kg.

Modell No. 56 des spanischen Herstellers

Die Basküle ist gehärtet und mit einem Rosettenmuster graviert. Der Nussbaumschaft kann entweder im englischen Stil oder mit Pistolengriff bestellt werden.

AYA MODELL XXV/BL

Diese Waffe hat ein Kastenschloss nach Anson & Deeley; dies erkannt man auch an dem Bezeichnungszusatz BL für „Box Lock". Das Laufbündel der Flinte ist 64 cm lang, insgesamt misst sie 109 cm. Sie wird im Kaliber 12 mit einem Patronenlager für 70 mm lange Hülsen, im Kaliber 20 aber mit einem 76-mm-Patronenlager ausgeliefert. Die Waffe basiert auf der „Kurzflinte" des englischen Büchsenmachers Robert Churchill. Die Laufschiene zwischen den nebeneinander liegenden Läufen ist ebenfalls im Stil von Churchill gehalten. Als Verschluss wird ein Greener-Verschluss mit Laufhaken verwendet. Die Waffe wird beim Brechen automatisch gesichert, ihr Sicherungsschieber befindet sich oben

Querflinte Aya Modell XXV/BL

auf dem Kolbenhals. Die Basküle des in gerader, englischer Schaftform gelieferten Modells XXV/BL enthält eine feine Gravur mit Pflanzenmotiven.

Modell XXV/SL mit Seitenschlossen

AYA MODELL XXV/SL

Im Gegensatz zur BL-Variante hat dieses Modell Seitenschlosse („Side Lock"), sämtliche Schlossteile sind auf den Innenseiten der leicht ein- und auszubauenden Seitenschlossplatten angebracht.
Die Waffe ist mit automatischen Ejektoren und einer automatischen Sicherung ausgestattet.

Die Augusta-Bockdoppelflinte von Aya

Beim Brechen sichert das System selbsttätig, zum Schießen muss dann der oben auf dem Kolbenhals befindliche Sicherungsschieber wieder nach vorne geschoben werden. Mit ihrem kurzen, 64 cm langen Laufbündel, versehen mit einer speziell erhabenen Laufschiene ist die Waffe im Churchill-Stil gehalten. Sie ist entweder im Kaliber 12/70 oder im Kaliber 20/70 erhältlich. Die Chokebohrung kann der Kunde individuell wählen. Die Waffe hat ein Greener-Querriegelschloss, kombiniert mit Laufhaken, eine reich gravierte Basküle und ihr Nussbaumschaft ist gerade, also im englischen Stil, gehalten.

AYA MODELL AUGUSTA

Hierbei handelt es sich um das Topmodell im Bereich der Bockdoppelflinten von Aya. Es hat einen Kersten-Verschluss und zusätzlich doppelte Laufhaken. Oben auf den Chrom-Nickel-Stahl-Läufen ist eine ventilierte Laufschiene angebracht und die Waffe ist mit automatischen Ejektoren ausgestattet, sie hat keine automatische Sicherung, sondern ist rein manuell mittels des Sicherungsschiebers auf dem Kolbenhals zu sichern. Es gibt die Waffe nur im Kaliber 12/70, sie kann jedoch wahlweise mit Einabzug oder mit Doppelzüngelabzug geordert werden. Die Lauflänge beträgt 66 cm oder 71 cm, die Gesamtlänge bei einem Gewicht von 3,1 kg respektive 3,4 kg 109 cm oder 114 cm. Die Basküle und Seitenplatten des Gewehrs sind brüniert und graviert und der Pistolengriff-Schaft ist aus Nussbaumholz. Auch ihr Vorderschaft ist zweigeteilt.

AYA MODELL CORAL/CORAL DELUXE

Diese Bockdoppelflinte (übereinander liegende Läufe) wurde 1970 vorgestellt. Sie verfügt über einen Kersten-Verschluss mit Verschlussstücken rechts und links neben dem oberen Lauf. Das Modell Coral gibt es in den Kalibern 12 oder 20 mit einer Lauflänge von 71 cm zum Skeet-

Schießen und 74 bzw. 76 cm zum Trap-Schießen. Die Waffe hat dann eine Gesamtlänge von 114, 117 oder 119 cm. Bis 1997 wurde im Übrigen auch eine Version mit einem nur 66 cm langen Lauf angeboten. Die Flinte ist wahlweise entweder mit frei zu wählenden festen Chokebohrungen oder mit einschraubbaren Wechselchoke-Einsätzen lieferbar. In der Variante mit Einabzug kann mittels eines Schiebers oben auf dem Abzugszüngel eingestellt werden, welches Schloss für welchen Lauf zuerst auslösen soll. Das Modell Coral Deluxe verfügt zwar über eine dekorativ gravierte Basküle, hat aber wie das Standardmodell keine Seitenschlosse und Seitenschlossplatten, sondern einen Kastenverschluss.

Die klassische Doppelflinte Aya Countryman

Aya Coral (oben) und Coral Deluxe (unten)

AYA MODELL COUNTRYMAN

Die Countryman-Doppelflinte ist eine klassische Seitenschlossflinte, erhältlich in den Kalibern 12 und 20 für 70 mm lange Hülsen und im Kaliber 20 wahlweise auch für 76 mm lange. Die im Mono-Block-Verfahren verbundenen Läufe verfügen unten im Bereich der Patronenlager über eine doppelte Laufhakenverriegelung. Die Schiene der 66 cm respektive 71 cm langen Läufe ist konkav ausgeformt. Die Waffe ist damit 109 cm oder 114 cm lang, wiegt 3,1 kg/3,3 kg, und verfügt über einen automatischen Auswerfer und eine automatische Sicherung, die sich aktiviert, wenn das Laufbündel abgekippt (gebrochen) wird. Der Sicherungsschieber befindet sich oben auf dem Kolbenhals. Die Seitenschlossplatten der Countryman sind einfach graviert und sie hat einen schlanken Nussbaumschaft im englischen Stil.

AYA MODELL EXCELSIOR

Bei diesem Modell handelt es sich um eine Deluxe-Variante des Modells Coral. Im Gegensatz zu diesem hat es herausnehmbare, auf den Platten außen reich gravierte Seitenschlosse. Die Excelsior-Bockdoppelflinte ist in den Kalibern 12 und 20 sowie in verschiedenen jagdlichen und sportlichen Varianten lieferbar. Wie das Modell Coral hat sie eine Kersten-Verriegelung mit zwei durch einen Querriegel fixierten Verschlussstücken, Lauflängen von 71, 74 oder 76 cm, ist insgesamt entweder 119, 122 oder 125 cm lang und wiegt zwi-

Aya Excelsior

schen 3,3 kg und 3,7 kg. Auch das Modell Excelsior gab es bis 1997 mit einer Lauflänge von 66 cm. Die Waffe wird entweder mit festen Chokebohrungen oder mit Wechselchoke-Einsätzen

Die Aya-Doppelflinte Iberia

sowie mit Ein- oder Doppelzüngelabzug angeboten. Jede Variante hat einen selektiven, automatischen Ejektor und ist mit einem Pistolengriff-Schaft aus Nussbaumholz ausgestattet.

AYA MODELL IBERA

Die Querflinte Iberia verfügt über ein Kastenschloss, einen Greener-Verschluss, verbunden mit einer doppelten Laufhakenverriegelung, und über einen reinen Patronenauszieher, der die leeren Patronenhülsen beim Brechen der Waffe nicht auswirft, sondern wie die nicht abgeschossenen Patronen lediglich zum besseren Ergreifen etwas nach hinten schiebt; nur das Modell Iberia/E ist mit einem Auswerfer (Ejektor) ausgestattet. Das Modell hat eine automatische Sicherung und ihr manueller Sicherungsschieber befindet sich wie üblich oben auf dem Kolbenhals. Die Waffe wird nur im Kaliber 12/70 angeboten, hat entweder einen 66 cm oder einen 71 cm langen Lauf und ist zwischen 109 cm und 122 cm lang; ihr Gewicht variiert zwischen 2,7 kg und 3,4 kg. Der Verschlusskasten (die Basküle) ist graviert und zwischen den brünierten Chrom-Nickel-Stahl-Läufen befindet sich eine erhöhte Laufschiene. Der Hinterschaft aus Nussbaumholz ist englisch, also gerade gehalten.

AYA MODELL MD

Die neue Modellreihe MD ist derzeit das Vorzeigestück der Firma. MD-Waffen besitzen ein Kastenschloss und eine spezielle dem Kersten-System ähnliche, so genannte Boss-Verriegelung. Auch dabei greifen Verschlussstücke in den Stoßboden und werden durch einen Querriegel fixiert. Die einfachste MD-Variante ist das Modell MD2. Dieses ist nur im Kaliber 12 und mit Lauflängen von 71, 76 oder 81 cm erhältlich; die Gesamtlänge kann vom bestellenden Kunden bestimmt werden und das Waffengewicht variiert zwischen 3,6 kg und 3,8 kg. Die Läufe sind innen mit einer Schutzschicht aus Hartchrom überzogen. Das Gewehr verfügt über einen Einabzug mit Schlosswahl-Umschalter, kann aber auch mit einem Doppelzüngelabzug bestellt werden. Es wird mit festen Chokebohrungen nach Wahl oder mit Briley-Wechselchokes ausgeliefert. Alle Varianten davon haben einen selektiven automatischen Ejektor und sichern sich beim Brechen automatisch, so dass vor der Schussabgabe erst der auf dem Kolbenhals befindliche Sicherungsschieber nach vorne geschoben werden muss. Der mit Fischhautverschnitt versehene Waffenschaft ist aus geöltem Nussbaumholz. Bei der Flinte MD6 handelt es sich um ein luxuriöser ausgestattetes Modell der Reihe. Deren Bas-

Aya Modell MD2

Aya MD6-S

küle ist mit einer Nitrat-Schutzschicht überzogen und handgraviert. Die Waffe ist mit 71, 76 und 81 cm langen Läufen erhältlich und hat einen Einabzug mit Schlosswahl-Umschaltmöglichkeit; regulär wird wie bei einer Bockdoppelflinte üblich zunächst das Schloss für den unteren Lauf ausgelöst. Vorder- und Hinterschaft der Flinte sind aus ausgesuchtem, geöltem und mit einer handgeschnittenen, feinen Fischhaut versehenen Nussbaumholz. Auch die MD6-Flinte gibt es entweder mit festen Chokebohrungen oder mit Wechselchoke-Einsätzen der bekannten US-Firma Briley.

Die Aya-Flinte MD6-S stellt die Krönung der MD-Baureihe dar. Ihre ebenfalls schutzbeschichtete Basküle, welche ein

Aya Modell MD6

Kastenschloss enthält, ist superb von Hand graviert. Es gibt die Waffe nur im Kaiber 12/70, aber wahlweise mit einer Länge der innen hartverchromten und entweder mit festen Chokebohrungen oder mit Briley-Wechselchoke-Einsätzen versehenen Läufe von 71, 76 oder 81 cm.

Die MD6-S hat entweder einen einfachen Einabzug oder einen solchen mit Schlosswahl-Umschalter sowie einen automatischen Auswerfer und eine automatische Sicherung. Ihr Nussbaum-Schaftholz ist noch ausgesuchter als das der regulären MD6.

AYA MODELL YEOMAN

Bei dieser Querflinte handelt es sich um ein schlichteres Modell. Sie besitzt ein Anson & Deeley-Kastenschloss und eine doppelte Laufhakenverriegelung. Es gibt die Waffe nur im Kaliber 12/70 und in den Lauflängen 66 cm oder 71 cm, Gesamtlängen 109 cm oder 122 cm, Gewicht 2,7 kg und 3,4 kg. Sie hat einen automatischen Patronenauswerfer und das Aya-typische automatische Sicherungssystem. Ihre Basküle ist buntgehärtet und nur minimal graviert. Der Nussbaumholz-Schaft ist im geraden, englischen Stil gehalten.

Die Querflinte Yeoman

B

Baikal/Izhevsky Mekhanichesky Zavod

www.baikalinc.ru

Der geschützte Namenszug und die Markenzeichen der Firma Baikal bzw. Izhevsky Mekhanichesky Zavod

Der Bau von Waffen durch das russische Unternehmen Izhevsky Mekhanichesky Zavod hat seinen Ursprung im Jahr 1885. Damals gab die russische Regierung unter Zar Alexander III. den Auftrag, in Tula, Izhevsky und Sestroretsk mit der Produktion von militärischen und zivilen Schusswaffen zu beginnen. Die russische Revolution von 1917 bereitete der Firma turbulente Zeiten. Dann wollte die neue Rote Armee die alten zaristischen Waffen- und Munitionsarsenale erneuern und modernisieren und man forcierte die Kapazitäten in Izhevsky. Das Unternehmen baute zwischen 1918 und 1920 fast 1,3 Millionen Waffen, davon 15000 Maschinengewehre und 175000 Nagant-Revolver, zudem wurden etwa 840 Millionen Patronen unterschiedlicher Kaliber hergestellt. Die riesigen Produktionskapazitäten von Izhevsky nutzte man dann auch im Zweiten Weltkrieg aus. 1949 begann das inzwischen zu Izhevsky Mekhanichesky Zavod umfirmierte Staatsunternehmen schließlich, vornehmlich unter der Bezeichnung Baikal, wieder mit dem Bau von Zivilwaffen, unter anderem auch von sportlichen Schrotflinten. Die doppelläufige IZH-49 basierte auf dem Sauer-Modell 9. 1954 brachte Izhevsky mit dem Modell IZH-54 eine Eigenkonstruktion heraus, die von den Waffeningenieuren Leonid Pugachyev und Anatoly Klimov entwickelt wurde. Die bekannteste Flinte der Firma, die IZH-27, kam 1973 auf den Markt. Das Unternehmen produziert unter dem russischen Kürzel IZH und im Westen allgemein unter dem Markennamen Baikal inzwischen eine größere Anzahl verschiedener jagdlicher und sportlicher Flinten und kombinierter Gewehre. Zudem baut es unter der Bezeichnung Izhevsky auch Sport- und Gebrauchspistolen, Signalpistolen und Luftdruckwaffen. Auf der Shot Show 1999 in Atlanta bekam Baikal für seine IZH-Flinten den „Industry Award". Alle Baikal-Waffen gelten als ausnehmend preisgünstig, sehr robust und zuverlässig. Die Firma, einer der größten Waffenhersteller Russlands, ist Teil eines Unternehmskonsortiums, das unter anderem Auto- und Elektronikteile herstellt.

BAIKAL IZH-18M/IZH-18MH

Die Einlaufflinte Baikal IZH-18M besitzt ein einfaches, aber dennoch sehr robustes Verschlusssystem. Ein einzelner, unter dem Patronenlager angebrachter Laufhaken wird durch einen starken Querriegel gehalten, der mittels eines Entriegelungshebels vor dem Abzugsbügel herausgezogen wird. Hinten oben auf der Basküle befndet sich ein Signalstift zur Anzeige des Spannzustandes. Als Sicherung fungiert eine einfache, nur den Abzug blockierende Druckknopfsicherung. Die Standardversion der Waffe verfügt lediglich über einen Patronenauszieher, keinen Ejektor, nur das Modell IZH-18EM hat einen automatischen Auswerfer, der die leeren Patronenhülsen beim Brechen der Waffe auswirft. Das Modell IZH-18MK ist keine Selbstspannerwaffe, sondern mittels eines Hahns von Hand zu spannen. Das Modell 18M wird in den Kalibern 12, 16, 20, 28, 32 und 36 (.410) hergestellt. Die Waffe im Kaliber 12 besitzt eine Patronenlagerlänge von 70 mm und ist in Lauflängen von 66, 67, 71, 72, 75 und 76 cm erhältlich. Chokebohrungen sind wahlweise fest oder als Wechselchoke-Einsätze erhältlich; die Wechselchoke-Einsätze gibt es in den Varianten Modified, Improved Modified, Cylindrical, Improved Cylindrical und Full Choke. Ebenfalls im Kaliber 12, aber mit einem 76-mm-Patronenlager, ist die Waffe mit 56, 72, 75 und 76 cm langen Läufen erhältlich. Im Kaliber 16 ist das Patronenlager der IZH-18M für eine Patronenhülsenlänge (im abgeschossenen Zustand) von 70 mm ausgelegt und die Läufe sind 66, 67, 71, 72, 75 und 76 cm lang. Im Kaliber 20, mit einem 76-mm-Patronenlager, gibt es die Flinte lediglich mit einer Lauflänge von 67 cm oder 71 cm, für ein 70-mm-Patronenlager steht die 20er-Waffe aber wiederum mit 66, 67, 71, 72, 75 und 76 cm langen Läufen zur Verfügung. Auch die Variante im Kaliber 28 verfügt über die Lauflängen-Optionen. Die 32er-Flinte wird dagegen wieder nur mit einem 67 cm oder einem 71 cm langen Lauf produziert, ebenso wie die IZH-18M im Kaliber 36 (.410). Das Gewicht der Einlaufflinte variiert zwischen 2,6 kg und 2,8 kg. Als einläufige Kipplaufbüchse mit einem gezogenen Lauf zum Abschießen von Büchsenpatronen wird die Waffe als Modell IZH-18MH bezeichnet. Dieses Gewehr hat einen 60 cm langen Lauf, ist insgesamt 102 cm lang und wiegt 3,2 kg. Die Firma Baikal stellt die einläufige Kipplaufbüchse in den Kalibern .22 WMR, 5,6x50R, .222 Rem., .223 Rem., 7x57R, 7x65R, 7,62x39 mm, .308 Win., 7,62x53R, 7,62x54 mm, 8x57 mm, .30-06 Springfield und 9,3x74R her. Alle Varianten der IZH-18 von Baikal besitzen einen Vorder- und Hinterschaft aus einfachem Buchenholz.

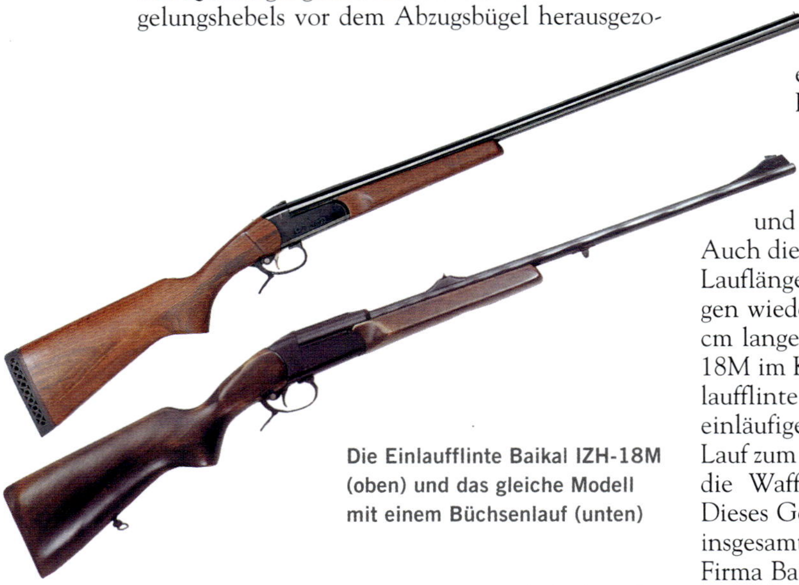

Die Einlaufflinte Baikal IZH-18M (oben) und das gleiche Modell mit einem Büchsenlauf (unten)

BAIKAL IZH-27M

Das von den Baikal-Konstrukteuren Anatoly Klimov und Sergei Khuzyakhmetov entwickelte Bockdoppelflintenmodell IZH-27M mit seiner üblichen Greener- und Laufhakenverriegelung (in der Magnumversion mit 76-mm-Patronenlager sind die Laufhaken verstärkt) wurde 1973 vorgestellt; es ist eine der populärsten Doppelflinten weltweit. Baikal stellt die Waffe standardmäßig mit einem Doppelzüngelabzug her, als

Die Baikal IZH-27M Bockdoppelflinte

Modell IZH-27M-1C gibt es sie aber auch mit einem selektiven Einabzug. Alle Varianten der IZH-27M verfügen über eine automatische Sicherung, die beim Brechen der Läufe automatisch aktiviert wird, wobei zum Schießen dann stets die Sicherung wieder manuell deaktiviert werden muss. Die Standardwaffe hat nur ein Patronenausziehersystem, während das Modell IZH-27EM über – allerdings händisch zu deaktivierende – Ejektoren verfügt. Es gibt das Modell IZH-27M in den Schrotkalibern 12, 16, 20, 28, 32 und 36 (.410) und Baikal baut die Flinte in den Lauflängen 67, 71, 72, 75 und 76 cm sowohl mit festen Chokebohrungen als auch wahlweise mit Wechselchoke-Einsätzen. Ihr Gewicht liegt zwischen 3,1 kg und 3,4 kg. Es werden auch spezielle sportliche Trap- und Skeet-Varianten der Waffe angeboten, allerdings nur in den Kalibern 12/70 oder 12/76; diese sind mit Ein- oder Doppelzüngelabzug und wahlweise mit Patronenauszieher- oder -auswerfersystem erhältlich. Die Skeet-Variante besitzt einen 67-cm-Lauf und die Trap-Variante eine 75-cm-Lauf, welcher jeweils auch geportet, mit Kompensatorbohrungen versehen, geliefert werden kann. Das Gesamtgewicht der Sportvarianten variiert zwischen 3,4 kg und 3,6 kg. Die Baikal-Waffen Modell IZH-27M gibt es mit Nussbaum- oder Buchenschaft.

Die hervorragend verarbeitete Basküle der Bockdoppelflinte IZH-39

BAIKAL IZH-39

Bei diesem Modell handelt es sich eigentlich lediglich um eine schwerere Version der IZH-27M-Doppelflinte. Es ist zwar speziell für das sportliche Trap- und Skeet-Schießen bestimmt, aufgrund seiner auswechselbaren Choke-Einsätze aber durchaus auch jagdlich geeignet. Die mit einem aus Nussbaumholz bestehenden Schaft ausgelieferte Waffe ist lediglich im Kaliber 12/70 erhältlich und hat in der Skeet-Version einen 67 cm und in der Trap-Version einen 75 cm langen Lauf sowie stets einen automatischen Ejektor sowie eine automatische, beim Brechen (Öffnen des Verschlusses) aktivierte Sicherung.

Die Querfinte IZH-43 (oben) und darunter als Modell IZH-43K mit externen Spannhähnen

BAIKAL IZH-43

Die Firma Baikal stellt dieses Modell in einer Vielzahl von Varianten her. Die Querflinte verfügt über einen Greener-Verschluss, verbunden mit doppelten Laufhaken, einen Doppelzüngelabzug und ein Ausziehersystem. Zudem haben alle Varianten der Flinte eine automatische, nur den Abzug blockierende Sicherung. Die IZH-43E hat statt einem Patronenauszieher

Die bemerkenswerte Pump-Action-Flinte IZH-81MK mit zwei Magazinsystemen

einen selektiven -auswerfer (Ejektor). Die IZN-43-1C-Version hat einen Einabzug mit kombiniertem Laufwahlschieber. Beim Modell IZH-43K handelt es sich um eine Waffe mit außenliegenden Spannhähnen, welche nur mit Doppelzüngelabzug, aber als IZH-43KE auch mit automatischen Ejektoren und automatischer

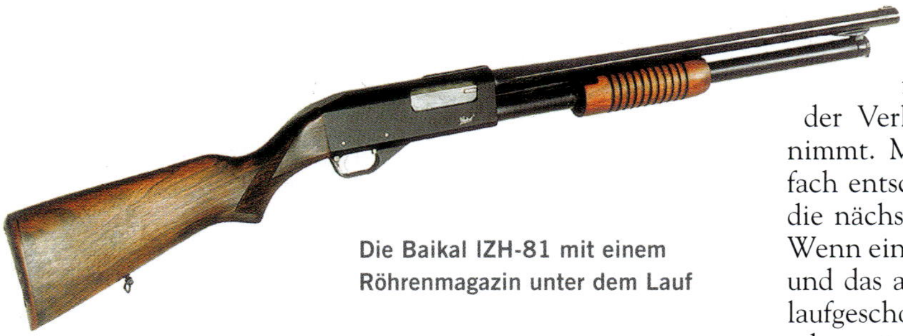

Die Baikal IZH-81 mit einem Röhrenmagazin unter dem Lauf

Sicherung lieferbar ist. Die Waffen werden in den Kalibern 12, 16, 20, 28, 32 und 36 (.410) und eingerichtet für 70-mm- oder wahlweise auch 76-mm-Hülsen angeboten. Die 12er-Flinte gibt es in den Lauflängen 51, 67, 71, 72 und 75 cm und mit zwischen 3,3 kg und 3,6 kg liegenden Gesamtgewichten. Im Kaliber 16 wird die IZH-43 nur mit einem 72 cm langen Lauf hergestellt, in den Kalibern 20 bis 36 gibt es sie aber wieder mit 67, 71 oder 76 cm langen Läufen und mit Gewichten zwischen 3,0 kg und 3,2 kg. Als Material für den Schaft des Modells wird wahlweise Nussbaum, Buche oder Birke verwendet.

Das doppelläufige Modell IZH-94, oben als Bockbüchsflinte mit Büchsen- und Flintenlauf und unten als Express-Version mit zwei gezogenen Büchsenläufen

BAIKAL IZH-81

Diese einläufige Vorderschaft-Repetierflinte im Kaliber 12/76 sieht eher wie eine Militär-, als eine Jagdwaffe aus. Dieser Eindruck wird vornehmlich durch ihr herausnehmbares 4-Schuss-Stangenmagazin hervorgerufen. Baikal baut das Gewehr in den Lauflängen 56, 60 und 70 cm, alle für die Aufnahme von Wechselchoke-Einsätzen vorbereitet. Die Gesamtlänge der Waffe beträgt 109, 113 oder 123 cm und ihr Gewicht variiert zwischen 3,2 und 3,4 kg. Beim Baikal-Modell MP-131K handelt es sich um eine abgeleitete Variante der IHZ-81 Pump-Action-Flinte. Diese, mit 3,7 kg relativ schwer, verfügt sowohl über ein Stangenmagazin für drei Patronen als auch ein Röhrenmagazin, das fünf oder mit entsprechender Verlängerung sogar sieben Patronen aufnimmt. Mittels eines Wahlschiebers kann einfach entschieden werden, aus welchem Magazin die nächsten Patronen zugeführt werden sollen. Wenn ein Magazin mit regulärer Schrotmunition und das andere etwa mit Patronen mit Flintenlaufgeschossen geladen wird, ist das jagdlich eine sehr gute Sache. Ein weiteres Pump-Action-Modell ist die Baikal-Flinte IZH-81M, welche, wie zumeist bei entsprechenden Flinten üblich, rein über ein Röhrenmagazin, verlängert für maximal sieben Patronen verfügt und nur in den Kalibern 12/70 oder 12/76 hergestellt wird. Die Vorderschaft-Repetierflinte IZH-81M gibt es, mit einem zwischen 3,2 kg und 3,4 kg variierenden Gesamtgewicht 110, 114 oder 124 cm lang in den Lauflängen 56, 60 oder 70 cm. Ihr Vorder- und Hinterschaft ist entweder aus Nussbaumholz, Buche oder Birke.

BAIKAL IZH-94

Bei der IZH-94 Sever handelt es sich um eine so genannte kombinierte Waffe, eine Bockbüchsflinte. Unten ist ein Schrotlauf im Kaliber 20 und der obere, dünnere Lauf ist ein gezogener Büchsenlauf. Baikal baut die IZH-94 in vier verschiedenen Versionen, entweder im Schrotkaliber 20/70, kombiniert mit einem Kugellauf für das Kaliber .22 l.r. oder im Schrotkaliber 20/76, kombiniert wiederum mit .22 l.r.; zudem gibt es die beiden Schrotvarianten noch jeweils kombiniert mit dem Büchsenkaliber .22 WMR. Alle Varianten haben wahlweise einen 50-cm- oder 60-cm-Lauf und damit eine Gesamtlänge von 105 cm oder 115 cm; sie wiegen circa 3 kg. Bei dem Modell IZH-94P befindet sich der Schrotlauf oben und der Büchsenlauf unten. Der vordere, den Kugellauf bedienende Abzug ist mit einem Rückstecher versehen. Als Büchsenkaliber für diese Waffe stehen zur Verfügung .222 Rem., .223 Rem., 5,6x50R, 6,5x55SE, 7x57R, 7x65R, 7,62x39 mm, .308 Win., .30-06 Springfield, 7,62x53R oder 7,62x54R. Die Modelle IZH-94 und -94P haben entweder einen Buchen- oder einen Nussbaum-Vorder- und -hinterschaft. Eine besondere Variante des Modells ist die Baikal IZH-94 Express, bei der es sich um eine Bockdoppelbüchse mit zwei übereinander liegenden Büchsenläufen, entweder im gleichen oder auch in unterschiedlichen Kalibern handelt. Die Trefferlage der beiden Läufe kann mittels einer dazwischen befindlichen, speziellen Einstellschraube justiert werden. Das Modell Express wird ausschließlich mit einem Doppelzüngelabzug in den Kalibern .308 Win., .30-06 Springfield, 8x57, 9x53R und 9,3x74R angeboten, hat eine automatische Sicherung und einen damit verbundenen manuellen Sicherungsschieber, der sich auf dem Kolbenhals befindet. Auch die IZH-94 Express gibt es entweder mit einem Buchen- oder Nussbaumschaft.

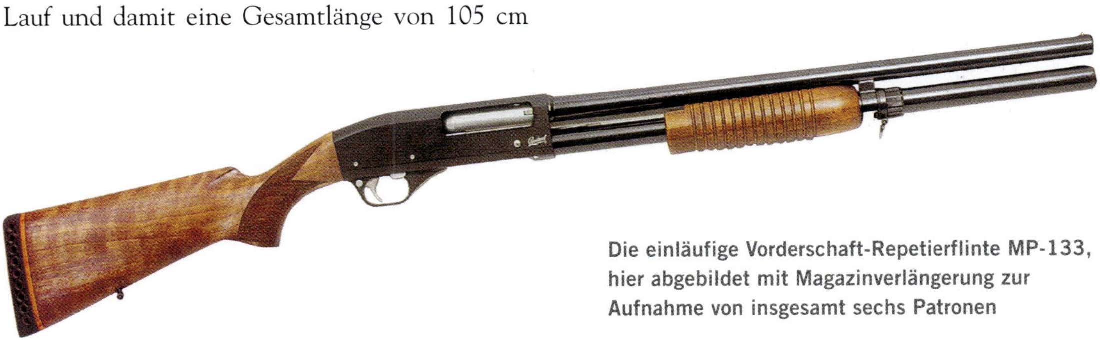

Die einläufige Vorderschaft-Repetierflinte MP-133, hier abgebildet mit Magazinverlängerung zur Aufnahme von insgesamt sechs Patronen

BAIKAL MP-133

Diese Vorderschaft-Repetierflinte (Pump-Action) wird nur in den Kalibern 12/76 oder 12/89 hergestellt. Von den 76-mm-Patronen passen vier ins reguläre und sechs ins verlängerte Röhrenmagazin. Bei den im abgeschossenen Zustand immensen 89 mm langen Patronen passen drei respektive fünf ins Magazin für die entsprechende Waffe. Baikal produziert beide Varianten wahlweise mit 51, 54, 61, 66 oder 71 cm langen Läufen, was zu Gewichten der Flinte führt, die zwischen 3,2 kg und 3,4 kg liegen. Die Waffe hat einen Fallblockverschluss und eine Verschlusssicherung, welche dafür sorgt, dass nur bei komplett geschlossenem Verschluss geschossen werden kann. Die Pump-Action-Flinte wird mit ein- und ausschraubbaren Wechselchokes ausgeliefert und hinsichtlich des Schaftmaterials kann Nussbaum, Buche oder Birke gewählt werden.

BAIKAL MP-153

Beim Modell MP-153 handelt es sich um eine einläufige, halbautomatische Gasdrucklader-Flinte. Zur Bewerkstelligung des halbautomatischen Nachlade- und Repetiervorgangs wird ein Teil des bei der Schussabgabe entstehenden Gasdruckes verwendet. Durch eine kleine Bohrung im Lauf wird ein Teil des Gasdruckes in einen unter dem Lauf befindlichen Druckzylinder abgeleitet. Bei dieser Waffe sorgt ein Gasdruckregulationssystem aus Stainless-Stahl dafür, dass problemlos Patronen mit unterschiedlichen Gasdrucken verschossen werden können. Alle mit den Pulvergasen in Verbindung kommenden Waffenteile sind hartverchromt. Als Verschluss wird bei der Baikal-Flinte, die es nur in den Kalibern 12/76 und 12/89 gibt, nicht der bei vielen

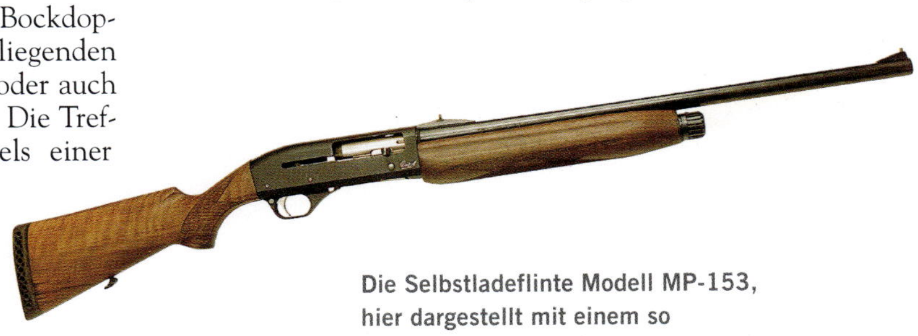

Die Selbstladeflinte Modell MP-153, hier dargestellt mit einem so genannten Slug-Lauf

Selbstladeflinten übliche Drehkammerverschluss verwendet, sondern ein modifizierter Fallblockverschluss. Das Röhrenmagazin der 12/76er-Variante fasst vier Patronen (sechs mit Magazinverlängerung) und das der 12/89er-Veriante lediglich drei respektive fünf. Mit einem speziellen Hebel kann das automatische Zuführen einer Patrone aus dem Magazin verhindert und so manuell eine andere Patrone zugeführt werden. Die Waffe, etwa 3,6 kg wiegend und erhältlich in Lauflängen von 61, 66 oder 76 cm, verfügt auch über einen Schlittenfanghebel; nach dem Abschießen der letzten Patrone bleibt der Verschluss offen. Als Schaftmaterial steht Nussbaum, Buche oder Birke zur Verfügung.

Baikal MP-213, eine Deluxe-Version des Modells IZH-43

BAIKAL MP-213

Diese Querflinte ist die Luxusvariante der Baikal-Flinte IZH-43. Die Besonderheiten der MP-213 sind dabei insbesondere ein besseres Finish und ein herausnehmbares Abzugssystem; die Abzugsteile können als Einheit einfach zur Reinigung oder zur Sicherheitsverwahrung aus dem Systemkasten entnommen werden. Standardmäßig wird die Waffe mit einem Doppelzüngelabzug ausgeliefert, der beim Modell MP-213B hinsichtlich der Bedienung der einzelnen Läufe individuell eingestellt werden kann; als Modell MP-213A verfügt die aber über einen Einabzug mit Laufwahlschieber. Die Doppelflinte besitzt eine automatische Sicherung und ein Patronenauszieher-system. Als Modell MP-213EC hat sie ein Auswerfersystem und wird mit zwei unterschiedlichen, austauschbaren Abzugseinheiten ausgeliefert.

Die Flinte ist insgesamt in den Kalibern 12, 16, 20, 28, 32 und 36 (.410) erhältlich, in 12 wahlweise mit Patronenlagerlängen für 70-mm- und 76-mm-Hülsen. Die verfügbaren 12er-Lauflängen betragen 51, 67, 71, 72 oder 75 cm. Im Kaliber 16/70 gibt es die Waffe nur mit einem 72,5 cm langen Lauf. Beim Kaliber 20 kann wieder zwischen 20/70 und 20/76 sowie zwischen Lauflängen von 67, 71 und 76 cm gewählt werden. In den Kalibern 28 und 32 gibt es nur Patronenlager für 70 mm lange Patronenhülsen, an Lauflängen stehen hier jedoch ebenfalls 67, 71 und 76 cm zur Verfügung, ebenso für das Kaliber 36 (.410), welches aber nur mit einem Patronenlager für Hülsen von 76 mm Länge (in abgeschossenem Zustand) existiert. Die MP-213 ist je nach Ausführung zwischen 3 kg und 3,6 kg schwer und wird ebenfalls mit Nussbaum-, Buchen- oder Birkenschaft angeboten.

BAIKAL MP-233

Diese Bockdoppelflinte ist die verbesserte Edelversion des Baikal-Modells IZH-43. Die Waffe verfügt über eine herausnehmbare Abzugseinheit und wie das Modell MP-213 über entweder einen Doppelzüngelabzug, mit und ohne manuelle Laufwahlmöglichkeiten, oder über einen einstellbaren Einabzug. Normalerweise schlägt beim ersten Betätigen eines Einabzugs bei einer Bockdoppelflinte zunächst das den unteren Lauf bedienende Schloss ab, hier kann dies geändert werden. Als Modell MP-233EC hat die Einabzugswaffe zusätzlich ein Patronenauswerfersystem (Ejektoren).

Die Flinte MP-233 ist eine verbesserte Variante des Modells IZH-27

Sämtliche Mitglieder der Baureihe sind mit einer automatischen Sicherung ausgestattet, müssen also nach dem Brechen stets wieder entsichert werden. Die Waffe wird in den üblichen Kalibern, 12, 16, 20, 28, 32 oder 36 (.410) ausgeliefert. In wahlweise 12/70 oder 12/76 betragen die Lauflängen-Optionen jeweils 67 cm, 72 cm oder 75 cm, in Kaliber 16, nur als 16/70 erhältlich, gibt es die Waffe nur mit einem 72 cm langen

Lauf und in Kaliber 20, wieder als 20/70 oder 20/76 verfügbar, mit Läufen mit einer Länge von 67 cm oder 71 cm. In den Kalibern 28/70 und 32/70 bietet die Firma Baikal die MP-233-Doppelflinte in Lauflängen von 67, 71 oder 76 cm an und das Kaliber 36 (.410), konkret 36/76 beziehungsweise .410/76, ist mit Lauflängen von 67,5 cm, 71 cm oder 76 cm verbunden. Auch diese Baikal-Flinte gibt es nach Wahl mit Schäften aus Nussbaum, Buche oder Birke.

MAURO BATTAGLIA

www.maurobattaglia.com

Logo der Firma Mauro Battaglia

Mauro Battaglia wurde im Oktober 1954 im norditalienischen Ravenna geboren und er lebt und arbeitet dort weiterhin. Mauro besaß von Kindheit an immense technische Fähigkeiten. Seine Passion für die Jagd und das Schießen hatte er von seinem Vater geerbt. Dahingehend war es eine logische Konsequenz, dass er seine Interessen miteinander verband. Für ihn ist ein Gewehr viel mehr als nur ein Technikgegenstand – es ist gleichzeitig ein Kunstwerk. 1983 begann Battaglia zunächst hobbymäßig damit, Gewehrschäfte zu bauen. Er dachte sich die notwendigen Werkzeuge dafür selbst aus. Und seine entsprechenden Fertigkeiten wurden schnell verschiedenen berühmten italienischen Büchsenmachern bekannt. Er wurde in die Büchsenmachergilde von Brescia aufgenommen und eröffnete 1992 seine eigene Büchsenmacherwerkstatt. Alle Experten und Waffenenthusiasten bewunderten Battaglias Kunstfertigkeit, der zwar nie eine Meisterprüfung ablegte, aber dennoch als ein Künstler mit einem instinktiven Gefühl für seine Arbeit zu bezeichnen ist. Seine Bekanntheit erhöhte sich noch 1998, als er ein bekanntes unvollständiges Werk des berühmten italienischen Büchsenmachers Arnoldo Zaccaria vollendete. Zaccaria, 1882 in Ravenna geboren, hatte in seiner Jugend in den Werkstätten der zeitgenössischen Büchsenmacher-Größen Zanotti und von Toschi gearbeitet und dann in Ravenna seine eigene Werkstatt eröffnet. Seine handgefertigten Jagdwaffen hatten ihm ein legendäres Renommee eingebracht. 1959 war er gestorben, ohne eine großartige Doppelflinte vollendet zu haben. Schließlich gelang es Mauro Battaglia, dieses unfertige Gewehr zu erwerben, um es nach seinen Vorstellungen zu vollenden. Das Resultat wurde 1998 auf der jährlich in Brescia stattfindenden Waffenmesse EXA ausgestellt. Es trug erheblich zum nationalen und internationalen Renommee Mauros bei.

Heute verlassen nur mehr die feinsten handgearbeiteten Doppelflinten auf Vorbestellung Battaglias Unternehmen. Diese Gewehre sind Beispiele der Kunstfertigkeit der alten Romagna-Büchsenmachermeister, die durchaus mit den besten Büchsenmachern von England und von Belgien konkurrieren können. Ein Großteil der Battaglia-Flinten geht dahingehend nach Großbritannien. Battaglia arbeitet häufig mit Massimiliano (Max) Gobbi zusammen, einem jungen italienischen Graveur mit wirklich außergewöhnlichen Fähigkeiten.

BATTAGLIA MODELL ANGEL

Battaglias Modell Angel ist eine klassische Kipplauf-Querflinte mit einem Anson-Schloss und einem Purdey-Verschluss, verbunden mit einer doppelten Laufhakenverriegelung. Beim Purdey-Verschluss greift die hinten aus dem Laufbündel herausstehende Purdey-Nase in eine Aussparung des Patronenstoßbodenteils der Basküle und wird dort verriegelt. Die Läufe der Waffe samt der Patronenlagerbereiche werden separat gefertigt und erst zum Schluss des Fertigungsprozesses zusammengefügt. Die Flinte, ausgestattet mit automatischen Ejektoren, gibt es entweder mit

Battaglia-Doppelflinte Angel, graviert von Massimiliano (Max) Gobbi

Modell History, ebenfalls mit Gravuren des meisterlichen Max Gobbi

Einabzug oder mit Doppelzüngelabzug. Der schlanke Schaft im englischen Stil ist aus Nussbaumholz. Die Waffe in den Kalibern 12/70 oder 20/70 beziehungsweise 12/76 oder 20/76 ist in sämtlichen Chokebohrungs-Optionen erhältlich. Sie hat Lauflängen zwischen 66 cm und 76 cm und Gesamtlängen, die zwischen 109 und 127 cm liegen und wiegt circa 2,9 kg.

Battaglia Modell History

Bei diesem Modell handelt es sich um eine superb verarbeitete Doppelflinte mit Zanotti-Seitenschlossen, die in den gleichen Kalibern wie das Modell Angel angeboten wird. Auch diese Waffe besitzt einen Purdey-Verschluss und auch ihre Läufe sind im so genannten Demi-Block-Verfahren zusammengefügt. Das nur auf Vorbestellung ausgelieferte edle Modell verfügt wieder über automatische Ejektoren und einen feinen, ausgesuchten Nussbaumschaft. Die Lauflängen betragen zwischen 66 und 76 cm und die Gesamtlängen 109 cm bis 127 cm. Die Waffe wiegt je nach Ausführung zwischen 2,9 kg und 3,3 kg.

Battaglia Modell Manuela

Auch diese Waffe ist eine Querflinte, welche allerdings Seitenschlosse im Holland & Holland-Stil aufweist und als spezielle Damenflinte nur im Kaliber 20 hergestellt wird. Die Verriegelung erfolgt wiederum mittels in den Stoßboden eingreifender Purdey-Nasen, verbunden mit doppelten Laufhaken, die der Waffe beim Schuss zusätzliche Stabilität verleihen. Das knapp 3 kg schwere Gewehr ist mit automatischen Auswerfern (Ejektoren) ausgestattet und wird mit Chokebohrungen nach Wahl und wiederum mit einem besonders ausgesuchten Nussbaum-Schaftholz ausgeliefert. Die Lauflängen betragen 66 cm oder 71 cm und die Gesamtlänge 102 cm, respektive 119 cm.

Flinte Battaglia Manuela, graviert von Max Gobbi, speziell für Damen

BATTAGLIA MODELL MERCEDES

Die Mercedes-Flinte verfügt über Holland & Holland-Seitenschlosse und einen Purdey-Verschluss, verbunden mit einer doppelten Laufhakenverriegelung. Wie alle Battaglia-Flinten sind auch ihre Läufe im Demi-Block-Verfahren zusammengefügt. Die Flinte wird nur auf Vorbestellung in den Kaliber 12, 16, 20, 28 oder 36 (.410) und mit Lagerlängen für 70-mm- und für 76-mm-Hülsen geliefert. Verfügbar sind sowohl Varianten mit einem Ein- als auch mit einem Doppelzüngelabzug. Die Waffe, mit 66-cm- oder 76-cm-Lauf, ist zwischen 109 cm und 127 cm lang, wiegt je nach Kalibern zwischen 2,9 kg und 3,2 kg und kann alle erdenklichen Chokebohrungs-Variationen erhalten. Ihr englisch gehaltener Schaft besteht aus ausgesuchtem Nussbaumholz.

Flinte Monia; die Gravurarbeiten stammen von Massimiliano Gobbi

BATTAGLIA MODELL MONIA

Auch hierbei handelt es sich um eine doppelläufige Querflinte mit Holland & Holland-Seitenschlossen und einer mit einer Laufhakenverriegelung kombinierten Purdey-Verriegelung. Als Kaliber dafür sind erhältlich 12, 16, 20, 28 oder 36 (.410), die Wahl der für die 66 cm oder 76 cm langen Läufe und der einzubringenden Choke- beziehungweise Würgebohrungen darin bleibt dem bestellenden Kunden überlassen. Das Gewehr, dessen Baskülteile wie bei allen Battaglia-Produkten fein graviert ist, ist zwischen 109 cm und 127 cm lang und wiegt circa 3 kg.

Mercedes-Doppelflinte, graviert von Silvano Venzi

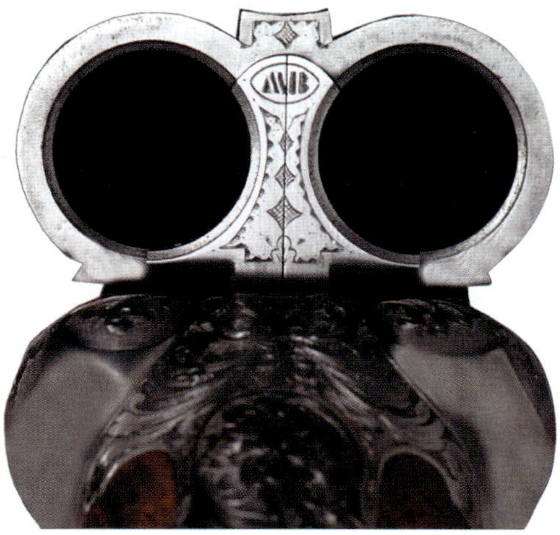

Blick in die Patronenlager der abgekippten Läufe einer Mauro Battaglia-Doppelflinte

BATTAGLIA MODELL MORENA

Dieses Modell ist eine Doppelflinte mit Seitenschlossen, auf deren Seitenplatten sich außenliegende Hahne befinden. Der Verschluss der in den Kalibern 12/70, 20/70, 12/76 oder 20/76 erhältlichen Waffe ist wie üblich ein mit Laufhaken kombinierter Purdey-Verschluss. Die Waffe wird nur mit einem Patronenausziehersystem und einem Doppelzüngelabzug gebaut. Ihre Lauflängen liegen zwischen 66 und 76 cm und ihre Gesamtlängen zwischen 109 und 127 cm; ihr Gewicht beträgt in etwa 3,3 kg. Wie bei den anderen Flinten des Unternehmens sind die Chokebohrungen frei wählbar und der Nussbaumschaft von ausgesuchter Qualität.

BENELLI

www.benelli.it

Benelli

Markenzeichen der Firma Benelli

Die italienische Firma Benelli, gegründet am Anfang des 20. Jahrhunderts durch die Brüder Filippo und Giovanni Benelli, hat ihren Sitz in Urbino in den Ausläufern des umbrischen Apenninengebirges. Urbino wurde bereits 285 vor Christus von den Römern besiedelt. Nachdem es später Teil der Lombardei und dann Protektorat im Ottonischen Reich geworden war, kam es im frühen 14. Jahrhundert unter den Einfluss des Papstes, rebellierte aber 1375 gegen ihn. Dann wurde die Stadt vom Adelsgeschlecht der Familie Montefeltro geführt, kam im 16. Jahrhundert aber unter den Einfluss der Familie Della Rovere. Bereits in der Montefeltro-Ära hatte man in der Stadt eine Büchsenmachergilde gegründet. Waffen aus dem Großraum Urbino sind seither berühmt für ihre Qualität. Berühmte, aus Urbino stammende Meister des Büchsenmacherhandwerks aus dem 16. und 17. Jahrhundert sind etwa Piani, Domenico Santi und Giovanni Tommaso. Begnadete Handwerker aus der damaligen Zeit stellten nicht nur Waffen, sondern auch Uhren, Kompasse und andere feinmechanische Instrumente her. Es war üblich, dass sich ganze Familien mit ein und dem selben Handwerk befassten. Auch die alte Familie Benelli stellte zunächst feinmechanische Geräte her. Anfang des 20.

Sportpistole Benelli MP5E Kromo

Jahrhunderts, 1911, gründeten die Brüder Filippo und Giovanni Benelli das heutige Unternehmen Benelli. Dieses war zunächst vornehmlich bekannt als Produzent von Motor- und Fahrrädern, baute aber auch andere Maschinen. Ab 1923 engagierte sich die Firma im Bereich der Motorradrennen und war dank bekannter Fahrer wie Ambrosini, Tonino Benelli, Mellors, Pasolini und Provini recht bekannt. Aber bereits damals beschränkte sich die Familie Benelli nicht allein auf den Bau von Fahrzeugen. Giovanni Benelli stellte schon 1920 spezielle Doppelflinten mit außen liegenden Hahnen, einem Greener-Verschluss und Läufen aus deutschem Krupp-Stahl her. 1941 baute er den Prototyp einer 12er-Selbstladeflinte mit Leichtmetall-Systemkasten. Ihr Mechanismus basierte zwar auf dem Browning-System, Benelli verbesserte dies im Bezug auf den Systemkasten, einen variablen Rückstoß-Regulator, einen Rückstoßminderer und eine Druckknopfsicherung aber mit vier Patenten. Die entsprechenden Prototypen führten aber immer noch nicht dazu, dass Benelli größer in den Waffenbau einstieg. Dafür war das Unternehmen damals noch viel zu sehr mit der Herstellung von Motorrädern beschäftigt. Und dies sollte sich erst in den 1960er-Jahren ändern. 1967 stellte der Waffenkonstrukteur Bruno Civolani der Firma eine interessante Idee für eine Selbstladeflinte mit einem einfachen, aber sehr effektiven Verschluss- und Nachladesystem vor. Civolani war damit bereits auf verschiedene eigentliche Waffenhersteller zugegangen, diese waren allerdings nur weiter an ihren herkömmlichen Gasdruck- und Rückstoßladersystemen für halbautomatische Flinten interessiert gewesen. Die Familie Benelli erkannte Civolanis bahnbre-

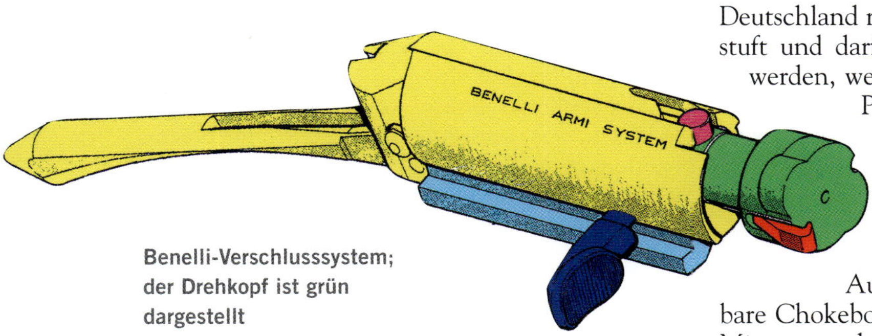

Benelli-Verschlusssystem; der Drehkopf ist grün dargestellt

chende Neuerungen jedoch und gründete eigens die Firma Benelli Armi als selbstständiges Waffenherstellungsunternehmen. 1969 brachte Benelli dann mit dem Modell Extralusso seine erste Selbstladeflinte auf den Markt. Bereits 1975 baute man im spanischen Vitoria ein Tochterunternehmen auf. Die Läufe der Flinten von Benelli werden sowohl in Brescia, Italien, als auch in Saint-Etienne in Frankreich produziert.

Benelli baut heute eine Reihe hervorragender Selbstladepistolen und auch -büchsen, ist jedoch vor allem weiter durch seine diversen Modelle halbautomatischer Schrotflinten bekannt. Die

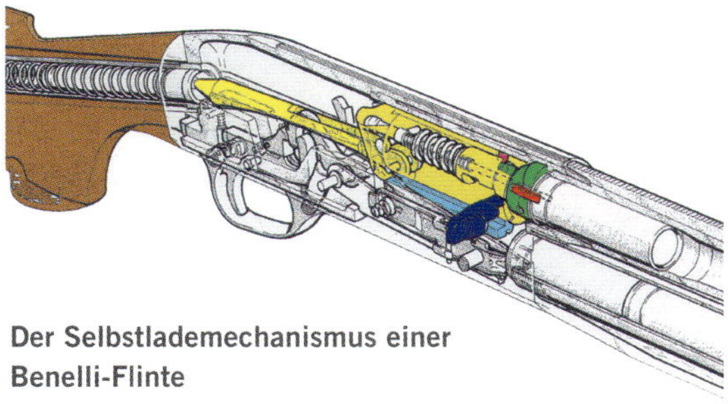

Der Selbstlademechanismus einer Benelli-Flinte

technisch interessanteste der Benelli-Selbstladeflinten ist zweifelsohne das Modell M-3 Super 90. Diese Waffe kann von Selbstlade- auf manuellen Vorderschaft-Repetiermechanismus umgestellt werden. Dazu muss der Schütze lediglich einen Stahlring vor dem Vorderschaft um eine halbe Umdrehung drehen. Trotzdem die Flinte auch eine manuelle Repetierwaffe ist, wird sie in Deutschland rechtlich als Selbstladeflinte eingestuft und darf deshalb zur Jagd nur verwendet werden, wenn ihre Magazinkapazität auf zwei Patronen beschränkt ist.

Viele Benelli-Flinten werden mit Wechselchoke-Einsätzen angeboten; bei dieser Firma wird dieses System „Varichoke“ genannt. Da einige andere Hersteller diesen Ausdruck für ihre manuell verstellbare Chokebohrung verwenden, kann es hier zu Missverständnissen kommen. Benelli bietet als Varichoke auswechselbare Chokeeinsätze mit $^{1}/_{4}$-, $^{1}/_{2}$-, $^{3}/_{4}$-, Voll- und Zylinderchoke-Würgebohrung an.

BENELLI MODELL ARGO

Die auf diversen neuen technischen Konzepten und Ideen basierende Selbstladebüchse Argo wurde 2002 vorgestellt. Bei der Waffe, zu deren Herstellung einige sonst für die Raumfahrt vorbehaltene Materialien verwendet wurden, handelt es sich um einen Gasdrucklader. Der Lauf der Büchse ist mit der aus gehärtetem Stahl hergestellten Basküle, dem Systemkasten, fest und

Benelli Argo (oben) und die Delux-Ausführung Argo Special (unten)

spielfrei verbunden. Auf dem Systemkasten sind bereits Bohrungen zum Aufschrauben der Montageteile für ein Zielfernrohr angebracht. Der Vorderschaft der Waffe ist ausschließlich mit dem Systemkasten und nicht mit dem Lauf verbunden, was der Schusspräzision erheblich zuträglich ist. Ihr aus hochzähem Carbon-Kunststoff gefertigtes, festes Kimmenteil kann einfach gegen ein verstellbares Kimmenteil aus dem gleichen Material ausgetauscht werden. Ihr Hinterschaft lässt sich durch Schaftkappenstücke verlängern oder verkürzen. Als Verschluss wurde der von den Benelli-Selbstladeflinten bekannte und erprobte Drehkopfverschluss verwendet. Das Gewehr kam in den Kalibern .30-06 Springfield (mit herausnehmbarem Magazin für 2 oder 4 Patronen) und .300 Win.Mag. (mit festem Magazin für 3 Patronen) heraus. Beide Varianten verfügen über einen 51-cm-Lauf, sind gesamt 110 cm lang und wiegen 3,25 kg. Die Standardversion der Argo-Büchse hat einen schwarzen Kunststoffschaft und schwarze Metallteile. Das luxuriöser ausgestattete Modell Argo Special, nur erhältlich im Kaliber .30-06 Springfield, verfügt über einen silberfarbenen Systemkasten. Die Argo wird von Benelli sowohl mit einem Monte-Carlo-Schaft als auch mit einem so genannten Schweinsrücken-Schaft angeboten. Schaftmaterial ist Nussbaumholz.

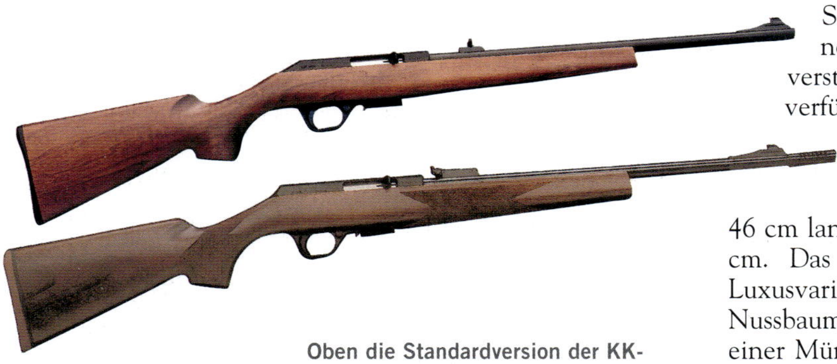

Oben die Standardversion der KK-Selbstladebüchse Benelli Athena und darunter die Ausführung „Elegant" mit Mündungsfeuerdämpfer

BENELLI MODELL ATHENA

Ab 1995 bestand die Benelli-Produktpalette auch für einige Jahre aus zwei Versionen eines halbautomatischen .22-l.r.-Kleinkaliberkarabiners, dessen Nachladesystem ein reines Rückstoßladersystem mit Feder-Masse-Verschluss ist. Die Athena KK-Büchse ist mit einem herausnehmbaren 10-Schuss-Magazin ausgestattet. Der Magazinlöseknopf befindet sich zwischen Abzugsbügel und Magazinschacht, innerhalb des Abzugsbügels befindet sich vorne ein Sicherungsknopf. Die Standardversionen der Waffe haben eine einfache, aber verstellbare Klappkimme und das Gewehr verfügt über eine Prismaschiene zur Anbringung einer Zielfernrohr-Montage. Der Lauf der mit einem Hartholzschaft versehenen Athena-Büchse ist 46 cm lang, die 2,95 kg schwere Waffe selbst 97 cm. Das .22-l.r.-Modell Athena Elegant als Luxusvariante verfügt über einen Schaft aus Nussbaum und hat einen 53-cm-Lauf – inklusive einer Mündungsbremse, welche jedoch offenbar lediglich aus optischen Gründen angebracht wurde und keinen eigentlichen, technisch nachvollziehbaren Sinn ergibt. Die Athena Elegant, mit einem fein einstellbaren Schiebevisier ausgestattet, ist damit 104 cm lang und wiegt 3,6 kg. Auch diese Waffe ist für die Aufnahme einer Zielfernrohr-Montage vorbereitet.

BENELLI MODELL CENTRO

Diese 1996 vorgestellte, sowohl zum sportlichen Flintenschießen als auch jagdlich einzusetzende Waffe ist von den Benelli-Modellen Super 90 und 121 abgeleitet. Sie verfügt über eine Carbon-Laufschiene, die sowohl die Balance der Waffe verbessert als auch ihr Gewicht verringert. Die Schiene gibt es in drei unterschiedlichen Ausführungen, eine jagdliche, eine zum Trap-Schießen und eine zum Skeet-Schießen, die jedoch leicht untereinander ausgetauscht werden können. Das besondere an der Centro-Flinte ist aber deren Lauf mit seinem Patronenlager für 76-mm-Hülsen, ausgestattet mit einem Varichoke-System mit Wechselchoke-Einsätzen mit wahlweise 1/4-, 1/2-, 3/4-, Voll- oder Zylinderchoke-Wür-

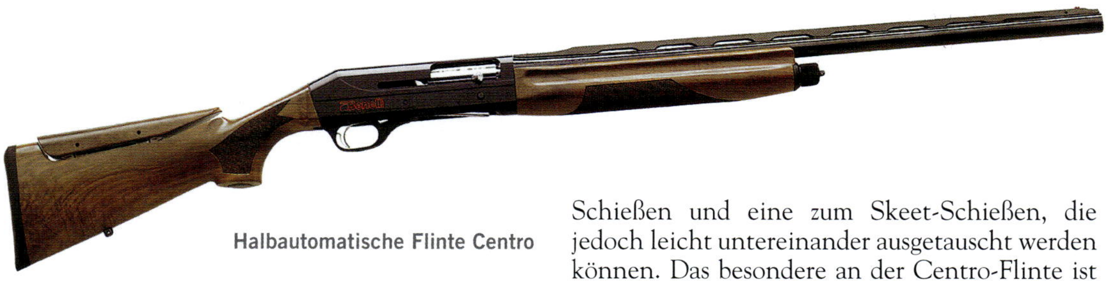

Halbautomatische Flinte Centro

gebohrung. Zu jagdlichen Zwecken gibt es einen 66 cm oder 71 cm langen Lauf mit spezieller Carbon-Laufschiene und einem fluoreszierenden Korneinsatz in einem Stahl-Kornhalter. Zudem gibt es verschiedene spezielle Skeet- und Trapläufe. Die jagdliche Variante der Waffe wiegt 3 kg und das abgebildete Modell Centro Super Sport 3,1 kg. Der Nachlademechanismus der Flinte funktioniert mit 12er-Patronen mit Schrotgewichten zwischen 24 g und 55 g einwandfrei. Für einen möglichst auf einen gleichbleibenden Patronengasdruck angewiesenen Rückstoßlader ist dies recht beeindruckend.

Benelli Modell Executive

Diese Waffe basiert auf der Flinte Modell Raffaello und wird in limitierter Auflage mit einem besonders ausgesuchten Nussbaumholz-Schaft, tiefblau brüniert, graviert und mit Goldeinlage versehen produziert.

Die meisten Benelli-Flinten besitzen einen Systemkasten aus Leichtmetall, das nur eine einfache Gravur zulässt; da die Executive einen Stahl-Systemkasten aufweist, kann dieser viel feiner graviert werden. Die Waffe wird mit drei Gravurmustern des bekannten Künstlers Bottega di Giovanelli angeboten, standardmäßig mit Flugwildmotiven, umrahmt von Pflanzenranken. In der besten Gravur, Level 3 genannt, beinhalten die Wildmotive auf beiden Seiten des Systemkastens hochwertige Goldeinlagen. Zudem ist der Hinter- und Vorderschaft der Waffe aus bestem Nussbaum-Wurzelholz. Aufgrund des Stahl-Systemkastens ist das Modell Executive mit 3,5 kg recht schwer.

Verschiedene Versionen der Benelli Executive; von oben nach unten das Basismodell und danach die Gravurvarianten 1, 2 und 3

Die edle, von Benelli bewusst aus ausgesuchten Materialien und auch teils noch von Hand hergestellte Flinte ist nicht unbedingt eine Alltagswaffe für die Jagd, aufgrund ihres Magnum-Patronenlagers (76 mm) aber durchaus auch für einen härteren Einsatz geeignet.

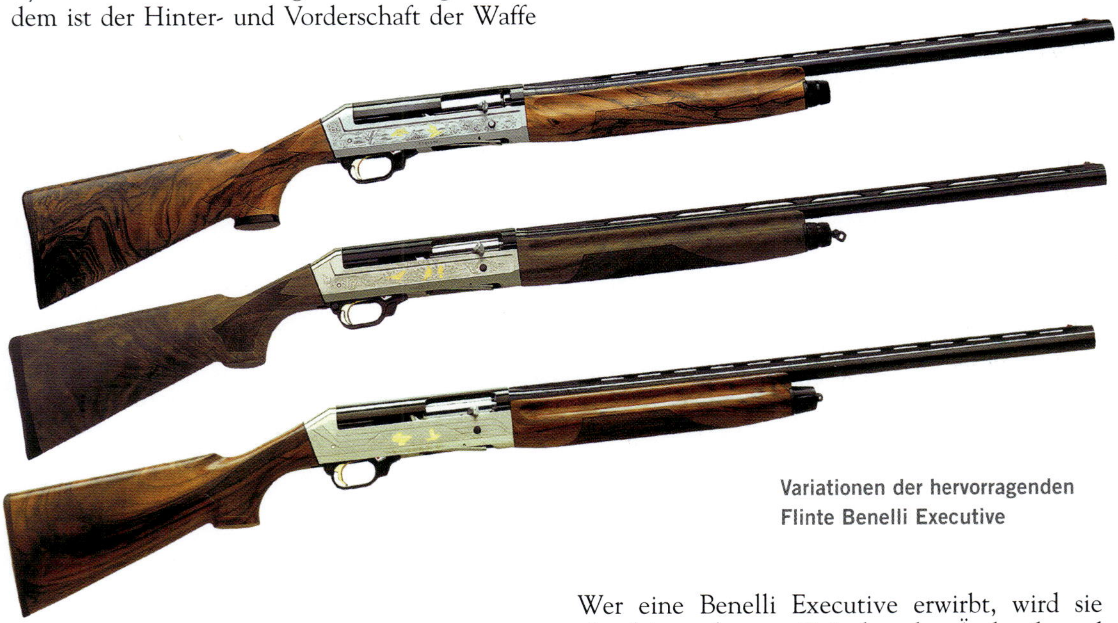

Variationen der hervorragenden Flinte Benelli Executive

Wer eine Benelli Executive erwirbt, wird sie ohnehin mehr aus Gründen der Ästhetik und wegen ihrer Optik erwerben, weniger als reines Werkzeug zur Jagdausübung. Die Waffe im Schrotkaliber 12 wird sowohl mit Läufen mit 70-mm als auch mit 76-mm-Magnum-Patronenlagern angeboten. Der Lauf mit dem 70-mm-Patronenlager ist 66 cm oder 71 cm lang und hat frei zu bestimmende, feste Chokebohrungen oder alternativ mit einer Lauflänge von 61 cm austauschbare Varichoke-Einsätze. Die Version mit dem 76-mm-Patronenlager ist in den Lauflängen 53, 61, 66 und 71 cm erhältlich, in deren Mündungen allesamt verschiedene Varichoke-Würgebohrungseinsätze eingeschraubt werden können. Die Gesamtgewichte der einzelnen Varianten der Waffe schwanken zwischen 3,5 kg und 3,7 kg. Benelli baut die Flinte auch als so knapp 3,5 kg. Wie alle Benelli-Selbstladeflinten ist auch die M1 Super 90 mit dem bekannten Benelli-Drehkopfverschluss ausgestattet und es handelt sich dabei um einen Gasdrucklader. Als spezielles Slug-Modell hat die Waffe einen 47 cm oder 50 cm langen Lauf, der mit einer verstellbaren Büchsenvisierung ausgerüstet ist. Eine alternative Slug-Variante ist die M1 Super 90 Rifle, deren 61 cm langer, ebenfalls mit einem verstellbaren Büchsenvisier versehener Lauf Züge und Felder aufweist. Wie erwähnt baut Benelli, etwa mit den Modellen Tactical und Practical, auch

M1 Super 90 Mancino, eine Waffe speziell für Linkshänder

genannte Slug-Flinte mit einem 50, 55 oder 61 cm langen, zylindrischen Slug-Lauf zum reinen Verschießen von 12/76er-Flintenlaufgeschossen. Diese verfügt über ein verstellbares Büchsenvisier und ist für die Montage eines Zielfernrohres vorbereitet.

Benelli M1 Super 90

Diese robuste halbautomatische Allround-Selbstladeflinte wird sowohl jagd- und sportlich als auch etwa von der Polizei verwendet. Sie hat einen schwarzen oder auch in Camouflage erhältlichen Kunststoffschaft und wird ausschließlich im Kaliber 12/76 hergestellt. Ihr entweder 53, 61, 66 oder 71 cm langer Lauf ist für die Aufnahme von auswechselbaren Varichoke-Einsätzen in allen möglichen Würgebohrungsvarianten, von Zylinderchoke über 1/4-, 1/2- und 3/4- bis hin zu Vollchoke, vorbereitet und sie wiegt einige spezielle Polizei-Versionen der M1 Super 90, diese sind aber nicht Gegenstand des vorliegenden Buches.

Benelli M3 Super 90

Hierbei handelt es sich um ein neueres Benelli-Modell, das sehr innovativ ist und erstmals bei der Benelli SPAS Riot Gun Verwendung fand. Wie die SPAS ist auch die M3 Super 90 gleichzeitig Selbstlade- und Vorderschaft-Repetierflinte (Pump-Action-Flinte). Zur Umstellung muss lediglich ein Ring, der sich vor dem Vorderschaft und dem vorderen Riemenbügel befindet, gedreht und eingerastet werden. Obwohl die Waffe gerade zur Sportdisziplin des praktischen Flintenschießens sehr beliebt ist, ist sie in einigen europäischen Ländern entweder nur jagdlich oder auch grundsätzlich verboten. Da die Gesamtlänge des Gewehrs auch mit kurzem Lauf

Oben die Benelli M1 Super 90 Slug und die Comouflage-Version darunter

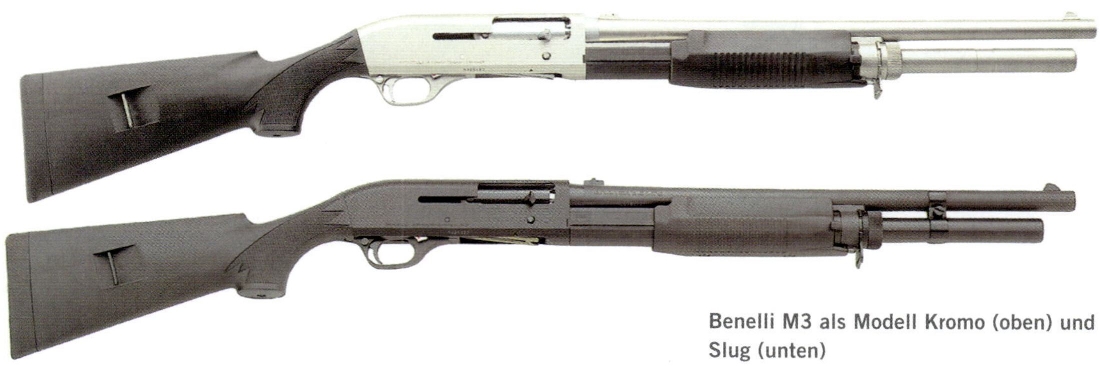

Benelli M3 als Modell Kromo (oben) und Slug (unten)

über 60 cm liegt, kann es in Deutschland entweder auf Grund einer Waffenbesitzkarte mit Erwerbsberechtigungseintrag oder, mit auf zwei Patronen begrenztem Magazin, auf Grund eines Jagdscheins erworben werden. Es gibt die M3 Super 90 nur im Kaliber 12/76. Die jagdliche Variante davon hat einen 66 cm langen Lauf mit Varichoke-Einsätzen in den Varianten Zylinderchoke, 1/4-, 1/2-, 3/4- und Vollchoke. Benelli baut die Waffe wie auf Seite 49 oben abgebildet auch in zwei Slug-Versionen. Die vernickelte M3 Super 90 Kromo, ausgestattet mit einem höhenverstellbaren Büchsenvisier, verfügt über einen 50 cm langen Zylinder-Lauf und wiegt 3,3 kg; die Variante in mattschwarzer Ausführung hat ebenfalls einen 50-cm-Lauf. Von dieser Flinte gibt es auch spezielle polizeiliche und militärische Sondermodelle, die teils einen Klappschaft oder lediglich einen Pistolengriff ohne Hinterschaft besitzen und so ebenfalls in einigen Ländern Europas verboten sind.

Unten die Flinte Montefeltro 20 und darüber die Luxusausführung 20E

BENELLI MODELL MONTEFELTRO

Diese Selbstladeflinte, Kaliber 20, wurde 1983 als möglichst kostengünstige Benelli-Waffe vorgestellt. Ursprünglich gab es sie nur mit einem 65 cm langen, mit einer ventilierten Laufschiene versehenen Lauf mit fester Chokebohrung und mit einem Patronenlager für 70-mm-Hülsen. Später stellte man auch eine Variante mit auswechselbaren Varichoke-Einsätzen vor. Dieses Modell wird standardmäßig mit einem schwarzen Systemkasten ausgeliefert. Als Montefeltro 20E gibt es nun auch eine Luxusversion mit einer einfachen Stichgravur seitlich am Kasten. Die Lauflängen dieser beiden Varianten betragen 61 cm oder 66 cm und sie sind für das Kaliber 20/76 ausgelegt. An Varichoke-Einsätzen stehen solche mit Zylinderchoke, 1/4-, 1/2-, 3/4- und Vollchoke zur Verfügung. Zudem sind in 3/4- und Vollchoke auch extern aufschraubbare Choke-Aufsätze lieferbar, die die etwa 2,7 kg schwere Waffe dann 5 cm länger machen.

BENELLI MODELL NOVA

Die Selbstladeflinte Nova ist die neueste Benelli-Entwicklung. Es handelt sich dabei um eine Pump-Action-Waffe im immensen Kaliber 12/89

Benelli Nova Slug, Rilsan und Camo (von oben)

Magnum, bei der der Nachladevorgang durch Zurück- und Vorschieben des Vorderschaftes bewerkstelligt wird (Vorderschaft-Repetiermechanismus). Mittels eines Hebels vorne unter dem Schaft kann dafür gesorgt werden, dass das System zwar gespannt und eine Patronenhülse aus dem Lager gezogen wird, dass aber beim Vorschieben des Vorderschafts keine Patrone aus dem Röhrenmagazin zugeführt wird. So können nötigenfalls andere Patronensorten manuell „zwischengeladen" werden. Für die circa 3,15 kg schwere Slug-Variante der Waffe werden Zylinderläufe mit Längen von 47, 50 und 61 cm mit verstellbaren Visierungen angeboten. Die Modelle mit eigentlichem Flintenlauf, die einen Kunststoffschaft in schwarz oder in camouflage aufweisen, gibt es mit allen erdenklichen Wechselchoke-Einsätzen und mit Gewichten, die zwischen 3,4 kg und 3,5 kg variieren.

Benelli Modell SL 80

Die ersten, von Benelli 1967 vorgestellten Selbstladeflinten wurden 1978 durch die SL 80-Baureihe abgelöst, bei der der Repetiermechanismus verbessert worden war, die ein neues Abzugssystem besaß und die nun in einer größeren Modellvielfalt angeboten wurde. So gibt es etwa die jagdliche Caccia, Kaliber 12, selbst wieder in verschiedenen Ausführungen und Spezifikationen. Das Modell 121 SL 80 hat einen mattschwarzen Systemkasten, während etwa das Modell 123 einen einfach gravierten und das Modell Special 80 einen metallfarbig belassenen Alu-Systemkasten aufweist. Alle drei Variationen sind wiederum wahlweise mit 60, 65 und 70 cm langen Läufen, mit und ohne ventilierter Laufschiene, und mit diversen festen Chokebohrungen erhältlich. Je nach Lauflänge wiegen sie 3 bis 3,1 kg, ihr Röhrenmagazin fasst jedoch stets maximal fünf Patronen. Die Flinte 201 SL 80 mit mattschwarzem Kasten bietet Benelli auch im Kaliber 20 an. Diese Waffe hat einen 65 cm langen Lauf, keine Laufschiene, nur $^{3}/_{4}$-Choke und wiegt 2,55 kg. Die 12er Trap-Version der SL 80, ebenfalls in den 3 verschiedenen Systemkasten-Optionen, hat nur einen 70-cm-Lauf mit einer 10 mm breiten ventilierten Laufschiene und ist nur mit einer Vollchoke-Würgebohrung erhältlich. Das lichtdurchlässige, farbige Korn dieser 3,45 kg schweren Waffe war für die damalige Zeit sehr bemerkenswert. Die SL 80 Skeet gibt es ebenfalls in den Versionen 121 SL, 123 SL und Special 80. Standardlauflänge ist bei dieser mit einer 10 mm breiten Laufschiene versehenen und 3,3 kg schweren Waffe 65 cm. Das 3,25 kg schwere Slug-Modell hat einen 55 cm langen Zylinderlauf, eine verstellbare Büchsenvisierung und einen Schaft mit Pistolengriff und einer dicken Gummi-Schaftkappe. 1979 stellte die Firma Benelli unter der Bezeichnung 121 M1 eine SL 80-Baureihe speziell für den polizeilichen und militärischen Einsatz vor. Diese verfügte über einen 50-cm-Lauf ohne Laufschiene, eine einfache Flintenvisierung und ein verlängertes Magazin zur Aufnahme von sieben oder acht Patronen. Später wurden diese Waffen durch die Modelle M1 und M3 Super 90 von Benelli abgelöst.

Die Benelli-Flinte SL 80

Benelli Modell Super 90

Diese Waffe wurde 1985 im Kaliber 12 vorgestellt. Da sie auf dem Modell Montefeltro basierte, war ihr Konzept nicht unbedingt neu. Die Super 90 gab es in den Versionen Jagd, Slug, Magnum, Varichoke, Mancino (für Linkshänder), Mancino E (Luxusausführung) und später Super 90 Duca. Die neueren Modelle Centro, M3 und M4 basieren wiederum auf der Technik der Super 90-Selbstladeflinte. Deren aus leichtem Ergal-Aluminium hergestellter Systemkasten ist in der Standardausführung mattschwarz und verfügt in den Luxusvarianten über eine einfache Ätzgravur. Das Super 90-Röhrenmagazin fasst fünf Patronen. Je nach den rechtlichen Anforderungen in den einzelnen Ländern gibt es auch reine 2- oder 3-Schuss-Magazine. Je nach Ausführung wiegt die Waffe zwischen 2,9 kg und 3,3 kg. Ihre Druckknopfsicherung befindet sich hinten am Abzugsbügel. Auch sie verfügt über einen Hebel, mittels dem die Repetierzuführung einer neuen Patrone verhindert wird, wodurch eine andere, einzelne Patrone manuell nachgeladen warden kann. Der entsprechende Hebel dient gleichzeitig als Spannzustandsanzeige; bei sichtbarer roter Markierung ist das Schloss gespannt. Das Jagdmodell Super 90 Caccia wird mit Läufen von 65 cm (mit $^1/_4$-, $^1/_2$-, $^3/_4$- und Vollchoke-Bohrungen) oder von 70 cm (mit $^1/_4$-, $^1/_2$-, und $^3/_4$-Choke-Bohrungen) angeboten

Benelli Super 90 mit 70 cm langem runden Lauf (oben) und Lauf mit ventilierter Schiene (unten)

und ist jeweils mit einer ventilierten Laufschiene mit einem durchsichtigen, farbigen Korn ausgestattet. Zuerst hatte es von dieser Waffe auch eine Variante ohne Laufschiene gegeben. Die Jagdvariante mit Varichoke-Wechselchoke-Einsätzen gab es ursprünglich nur mit einer mit einem fluoreszierenden, durchsichtigen Plastikkorn versehenen ventilierten Laufschiene in den Lauflängen 53, 66 und 71 cm. Sie hat einen Lauf mit einem Patronenlager für 76 mm lange Hülsen und wurde daher auch als Modell Super 90 Magnum bezeichnet. Mit der Möglichkeit, vorne externe Choke-Aufsätze anzuschrauben hat die wiederum mit einer Laufschiene versehene Waffe samt des jeweiligen Aufsatzes eine Lauflänge von 61 cm. Das ehemalige Modell Super 90 Slug verfügt über einen 50 cm langen, zylindrischen Lauf und ein 76-mm-Patronenlager. Diese ältere Variante hatte auf dem Lauf hinten eine kurze Schiene zur Anbringung eines Zielfernrohrs; spätere Versionen davon verfügten stattdessen über ein verstellbares Büchsenvisier. Die neue Ausführung der Super 90 Slug gibt es mit 50, 55 oder 61 cm langem Lauf und nur mehr im Kaliber 12/76. Standardmäßig hat sie einen mattschwarzen Systemkasten. Das Luxusmodell davon, die Flinte Duca di Montefeltro, weist auf beiden Seiten des Kastens eine Ätzgravur auf. Die Bezeichnung des Modells Super 90 Duca di Montefeltro, graviert mit Jagdszenen und nur im Kaliber 12 erhältlich, lehnt sich an den Namen der Aristokratenfamilie an, die im 14. Jahrhundert die Stadt Urbino regiert hat. Als Schaftmaterial dafür wird besonders ausgesuchtes Nussbaumholz verwendet. Eine Variante dieser Waffe mit festen Chokebohrungen hat einen mit einer ventilierten Laufschiene versehenen Lauf von 66 cm oder 71 cm Länge und ist mit $^1/_4$-, $^1/_2$- und $^3/_4$-Choke-Bohrungen für den kürzeren und mit $^1/_2$-, $^3/_4$- und Vollchoke-Bohrungen für den längeren Lauf erhältlich. Die Ausführung mit Varichoke-

Benelli Super 90 Slug (oben) und Super 90 Duca de Montefeltro Slug (unten), beide mit 55-cm-Lauf

Einsätzen gibt es nur im Kaliber 12/76 und mit Lauflängen (mit ventilierter Schiene) von wahlweise 53, 61, 66, 71 oder 75 cm. Und es gibt auch eine reine 12/70er-Variante mit der Möglichkeit, vorne externe Choke-Aufsätze anzuschrauben; diese hat komplett ausschließlich eine Lauflänge von 61 cm.

Das Kaliber 12-Modell Super 90 Extraleggero oder Ultra-Light wird nur in drei unterschiedlichen Basisvarianten angeboten, mit fester Chokebohrung, mit Varichoke-Einsätzen oder mit mit vorne anzuschraubenden, externen Choke-Aufsätzen. Erstere Variante hat einen 66 cm oder 71 cm langen Lauf und nur das Kaliber 12/70. Die Varichoke-Variante gibt es ebenso wie die mit externen Choke-Aufsätzen nur im Kaliber 12/76,

Oben die Flinte Super 90 Duca de Montefeltro mit 70-cm-Lauf und unten das Modell Extraleggero mit 65-cm-Lauf

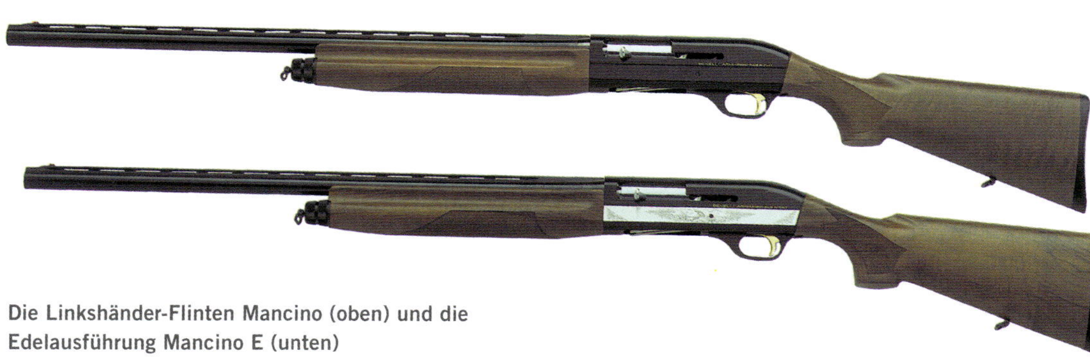

Die Linkshänder-Flinten Mancino (oben) und die Edelausführung Mancino E (unten)

aber mit Lauflängen von 53, 61, 66 oder 71 cm. Das Modell Ultra-Light wiegt knapp 3 kg. Die Engen der Würgebohrungen entsprechen bei allen Varianten denen des Modells Montefeltro. Speziell für Linksschützen ist das Modell Benelli Super 90 Mancino, Kaliber 12, konzipiert. Auch hiervon gibt es die unterschiedlichsten Varianten, als Mancino E etwa auch eine Luxusausführung, wie abgebildet mit beiden Systemkastenseiten graviert. Die Läufe sowohl der Standard- als auch der Luxusversion der Mancino-Selbstladeflinte haben wiederum entweder eine feste Chokebohrung, Varichoke-Einsätze oder können vorne mit externen Choke-Aufsätzen versehen werden; zudem gibt es auch eine spezielle Slug-Version zum Verschießen von Flintenlaufgeschossen. Die Lauflängen der regulären Mancino betragen entweder 66 oder 71 cm mit Chokebohrungsoptionen von 1/4-, 1/2-, 3/4- bis hin zu Vollchoke. Die Variante mit externen, aufzuschraubenden Choke-Aufsätzen gibt es, wie üblich mit ventilierter Laufschiene, nur mit der Lauflänge 61 cm und für Patronen des Kalibers 12/70. Die Slug-Version hat ein Patronenlager für 76 mm lange (abgeschossene) Hülsen und es gibt sie wahlweise mit einem 55 cm oder 61 cm langen, natürlich mit einem verstellbaren Büchsenvisier ausgestatteten Lauf. Alle Mancino-Linkshänder-Flinten haben ein Gewicht von 3,0 bis 3,2 kg.

BENELLI MODELL RAFFAELLO

Diese wiederum halbautomatische Flinte, deren Bezeichnung an Urbinos großen Maler Raphael erinnern soll, stellte das Unternehmen 1987 vor. Die Waffe beinhaltet die Technik des Modells Super 90, einen Drehkopfverschluss, einen Hebel, mittels dem manuell die Repetierzuführung der nächsten, im Röhrenmagazin befindlichen Patrone verhindert werden kann und eine spezielle Schienenführung des Verschlusses im Systemkasten. Wie bei der Flinte Super 90 sorgt ein Gasdruckventilsystem dafür, dass auch das Modell Raffaello 12er-Schrotmunition mit recht

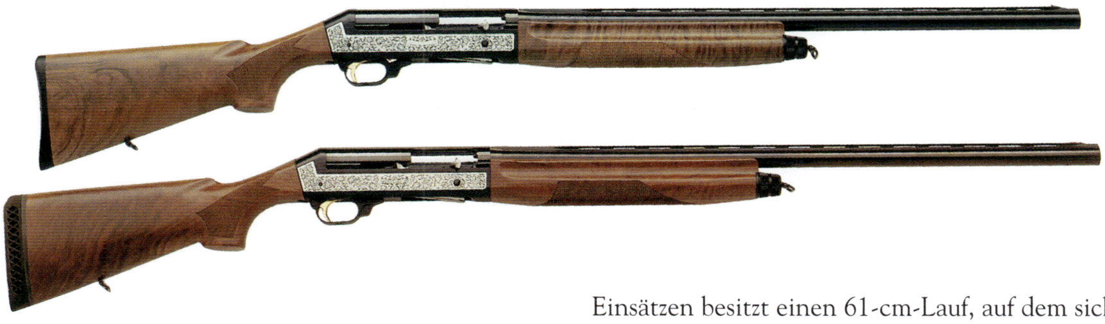

Raffaello 123 Lusso, oben mit normaler und unten mit dicker Gummi-Schaftkappe

unterschiedlichen Gasdrucken problemlos „verdaut" und so universell eingesetzt werden kann. Besonderheiten des nur im Kaliber 12/70 erhältlichen Modells Raffaello 123 Lusso sind ein vergoldeter Abzug und ein heller Systemkasten, dessen Seiten eine Rahmengravur aufweisen. Der 66 cm oder 71 cm lange, mit einer ventilierten Schiene versehene Lauf dieses Modells kann mit $^1/_4$-, $^1/_2$-, $^3/_4$- und Vollchoke-Würgebohrungen geordert werden. Die Variante mit Varichoke-Einsätzen besitzt einen 61-cm-Lauf, auf dem sich ebenfalls eine ventilierte Laufschiene befindet; auch hinsichtlich der Varichoke-Einsätze stehen $^1/_4$-, $^1/_2$-, $^3/_4$- und Vollchoke zur Verfügung. Die mit einem Nussbaumschaft ausgestattete Flinte kann statt mit der dünnen Kunststoff-Schaftkappe auch mit einer dickeren Gummi-Kappe bestellt werden. Ihr Röhrenmagazin fasst standardmäßig fünf Patronen, sie ist jedoch auch mit einer Kapazität von nur zwei oder drei Patronen lieferbar.
Das Modell Raffaello Special Lusso ist die Luxusausführung der obigen Waffe. Deren Systemkasten ist matt vernickelt und mit einer umfangreichen Ätzgravur versehen. Als Schaftholz wird ausgesuchtes Nussbaumholz verwendet. Auch diese Flinte hat mit festen $^1/_4$-, $^1/_2$-, $^3/_4$- und Vollchoke-Würgebohrungen entweder einen 66 cm oder einen 71 cm langen Lauf und mit Varichoke-Einsätzen einen 61-cm-Lauf; auch sie wird wahlweise mit Standard- oder mit dicker Gummi-Schaftkappe angeboten. Die Raffaello Special gibt es auch in den Kalibern 20/70 und 20/76. Eine 20/70er-Variante davon besitzt einen 65 cm langen Lauf mit fester $^1/_2$-Choke-Bohrung, Laufschiene und einem fluoreszierendem, durchsichtigen Kunststoffkorn. Mit austauschbaren

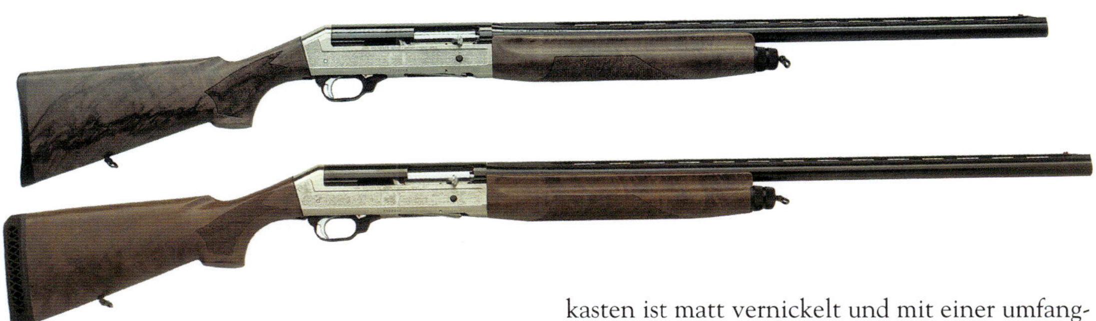

Raffaello Special Lusso, ebenfalls oben mit normaler und unten mit dicker Gummi-Schaftkappe

Oben die Flinte Raffaello 20 Special und unten die 12er Raffaello Spezial

Raffaello Black Eagle (oben) und
Black Eagle Magnum (unten)

Varichoke-Einsätzen hat die Waffe das Kaliber 20/76 und wahlweise einen 61 cm oder einen 66 cm langen Lauf. Beide Versionen wiegen circa 2,7 kg.

Die Raffaello-Flinte in den Versionen Elegant, Standard und Crio (von oben nach unten)

Bei dem Modell Raffaello Black Eagle handelt es sich um eine etwas ältere Ausführung. Als Modell Super Black Eagle wurde es bereits 1995 vorgestellt, wird aber immer noch produziert. Das „einfache" Modell Black Eagle hat das Kaliber 12/70 und wird mit Varichoke-Einsätzen mit $^1/_4$-, $^1/_2$-, $^3/_4$- und Vollchoke-Bohrungen und mit Lauflängen von 53, 61, 66 oder 71 cm angeboten. Als Black Eagle Magnum gibt es die ansonsten gleiche Waffe, wie die 12/70er ebenfalls mit ventilierter Laufschiene und einem durchsichtigen Kunststoffkorn versehene Selbstladeflinte auch im Kaliber 12/76.

In der Abbildung sind unterschiedliche Ausführungen des Modells Raffaello zu sehen. Der Aluminium-Systemkasten der mit einem Schaft aus ausgesuchtem Nussbaumholz versehenen Variante Raffaello Elegant verfügt über eine spezielle, von Hand ausgeführte Ätzgravur mit Pflanzenmotiven.

Die Standardausführung (Mitte) hat einen mattschwarzen Systemkasten und einfacheres Holz und zur Herstellung der neuen Flinte Raffaello Crio werden verschiedene Materialien der Raumfahrttechnik verwendet. So ist ihre Lauf-

Oben die Selbstladeflinte Raffaello Black Eagle Slug mit normaler und darunter mit dicker Gummi-Schaftkappe

schiene etwa aus Carbon-Kunststoff und kann leicht gegen Schienen anderer Art ausgewechselt werden.
Die nur im Kaliber 12/76 erhältliche halbautomatische Selbstladeflinte Crio gibt es mit einem 66 cm oder 71 cm langen Lauf und mit $^1/_4$-, $^1/_2$-, $^3/_4$- und Vollchoke-Varichoke-Einsätzen. Je nach Lauflänge und Ausführung hat die Waffe ein Gewicht von etwa 3 kg.

Waffe wahlweise mit einer dünnen Kunststoff-Schaftkappe oder mit einer Kappe aus dickem Gummi an.
Die edelste Ausführung der Slug-Versionen der Raffaello-Flinte ist das Modell Special Lusso Slug. Sie verfügt seitlich auf dem Systemkasten über eine spezielle, von Hand ausgeführte Ätzgravur und über ausgesuchtes Nussbaum-Schaftholz und wird nur im Kaliber 12/76 hergestellt.

Oben die Flinte Raffaello Special Slug, darunter mit dickerer Schaftkappe

Das Modell Raffaello Black Eagle Slug ist speziell für die Verwendung von Flintenlaufgeschossen konzipiert und hat daher einen zylindrischen Lauf. Die Waffe hat das Kaliber 12/76, mit fester Flintenvisierung eine Lauflänge von 50 cm und mit verstellbarer Büchsenvisierung wahlweise eine Lauflänge von 55 cm oder 61 cm. Auch diese Waffe kann mit einer Standard-Schaftkappe oder mit einer dicken Gummi-Schaftkappe bestellt werden.

Die Version mit 50 cm langem Lauf hat eine feste Flintenvisierung und Varianten mit 55 oder 61 cm langen Läufen verfügen über eine verstellbare Büchsenvisierung. Entsprechende Modelle von vor 1990 hatten wie unten auf der Abbildung zu sehen ausschließlich ein Flintenkorn vor der Laufmündung.

Benellis Raffaello Slug mit verstellbarem Büchsenvisier (oben) und als ältere Variante mit einfachem Flintenvisier (unten)

Eine ähnliche Waffe ist das Modell Raffaello Special Slug. Es besitzt ebenfalls ausschließlich das Kaliber 12/76, hat mit fester Flintenvisierung einen gezogenen 50-cm-Slug-Lauf und mit verstellbarer Büchsenvisierung eine Option für gezogene Slug-Läufe, die 55 cm oder 61 cm lang sind. Die Firma Benelli bietet die 3,15 kg schwere

Benelli Modell Super Black Eagle

Dieses relativ neue Modell war eine der ersten Benelli-Waffen im Magnumkaliber 12/89, ausgelegt für Hülsenlängen von 89 mm. Von dieser, etwa 3,3 kg schweren Flinte gibt es Ausführungen mit regulärem Holzschaft, mit einem in Camouflage lackiertem Schaft und mit matt-

Benelli Super Black Eagle mit Holz- (oben) und Camouflage-Kunststoffschaft (unten)

schwarzem Kunststoffschaft. Die 61, 66 oder 71 cm langen Läufe der Waffe verfügen standardmäßig über die Benelli-üblichen Varichoke-Einsatzmöglichkeiten. Mit Kunststoffschaft gibt es von der Waffe auch eine spezielle Linkshänder-Version, die aber nur mit 66 cm oder 71 cm langen Läufen angeboten wird. Eine 12/76er-Slug-Version davon hat zum Verschießen von Flintenlaufgeschossen (Slugs) einen 61 cm langen, gezogenen Lauf mit acht Zügen und Feldern.

der Gegend zu fertigen. Sein Sohn, Giovanni, trat dann in seine Fußstapfen und entwickelte sich zu einem der bekanntesten italienischen Büchsenmacher. Er fertigte sowohl hervorragende Flinten als auch Büchsen. Im 18. Jahrhundert nahm Pietro Beretta das Fimenzepter in die Hand. Er erhielt Großaufträge zur Belieferung der napoleonischen Armeen. Nach der Schlacht von Waterloo, als der Militärwaffenmarkt zusammengebrochen war, beschäftigte sich Beretta vornehmlich mit dem Bau von Jagd- und Sportwaffen. Pietros Sohn, Giuseppe, hatte diesbezüglich ein gutes Gespür und Beretta war besonders in

Die Linkshänder-Waffe Super Black Eagle Mancino mit Kunststoffschaft

BERETTA

www.beretta.com

Beretta-Markenzeichen

Beretta ist eine der ältesten Waffenfirmen Europas. Die Geschichte der italienischen Firma Pietro Beretta aus Brescia reicht bis ins 15. Jahrhundert zurück, als Bartolomeo Beretta im norditalienischen Gardone in der Republik Venezien eine kleine Waffenwerkstatt errichtete. Er begann, damit, Gewehrläufe für andere Waffenhersteller

der Phase von 1840 bis 1865 groß im Jagdwaffengeschäft. Guiseppes Sohn, wieder ein Pietro Beretta, begann Anfang des 20. Jahrhunderts damit, die Firma auf moderne Produktionstechniken umzustellen. Die auf ihn folgende Familiengeneration, Giuseppe und Carlo, machten aus Beretta ein echtes multinationales Unternehmen mit Tochterfirmen und Niederlassungen in den USA, in Frankreich, in Griechenland und in Brasilien. Heute hat Beretta einen großen Namen auf dem Gebiet der Militärwaffen, aber auch der sportlichen und jagdlichen Flinten und Büchsen sowie der Selbstladepistolen. Bei den Pistolen hatte man den Durchbruch 1986 mit der Einführung der Beretta 92 F als neue Dienstwaffe der amerikanischen Armee geschafft. Da die Amerikaner die Produktion der Waffe in den USA gefordert hatten, gründete Beretta dort die Firma Beretta USA Corp. mit Sitz in Accokeek,

Maryland. Die italienische Armee ersetzte dann nach und nach auch ihr BM59-Armeegewehr durch das moderne Beretta M70/90-Sturmgewehr im Kaliber 5,56x45 mm.
Neuere Schrotflinten von Beretta sind nun mit Wechselchokes ausgestattet und ihre Läufe zur Verwendung von Stahlschroten geeignet. Die Firma hat ihre eigene Forschungs- und Entwicklungsabteilung; neue Modelle werden computerunterstützt auf modernsten CAD-CAM-Systemen entworfen und mittels neuester Technologie auf CNC-Maschinen der neuesten Generation gefertigt. Pro Tag verlassen circa 1500 Schusswaffen die Beretta-Produktionsstätten. Ungefähr 75 Prozent davon sind Jagd- und Sportwaffen, von denen wiederum etwa 70 Prozent in über 100 Länder exportiert werden. Seit 1990 hat Beretta auch diverse andere Unternehmer und Mitbewerber übernommen. Dies ist bemerkenswert, weil viele Waffenhersteller in der ganzen Welt große Schwierigkeit haben, noch einen brauchbaren Gewinn zu erzielen. 1991 erwarb Beretta 50 Prozent der Anteile des weltbekannten Flintenproduzenten Perazzi und 1999 erwarb man die überwiegenden Anteile von Sako und Benelli. 2000 folgte die Übernahme des italienischen Unternehmens Uberti, bekannt für seine Vorderlader-Replikas, sowie dann von Franchi und Zoli und des türkischen Waffenherstellungsunternehmens Hug-San, bekannt durch seine Büchsenmarken Huglu und Luger.

Einblick in eine Produktionsstätte von Beretta

BERETTA MODELL 426

Die Doppelflinte 426E ist Teil der Baureihe 424, 426 und 427, die Beretta ab 1950 herstellte. Die Basküle der Waffe (bzw. deren Systemkasten), an der sich vorne unten das Scharnier zum Abkippen der nebeneinander liegenden, beiden Schrotläufe befindet, ist aus einem Stück Nickelstahl gefräst. Dies gibt dem System eine besondere Stabilität. Die in der Basküle befindlichen beiden Schlosse werden durch das Abkippen des Laufbündels gespannt (Selbstspannersystem) und verfügen über eine so genannte Semi-Spann-Position. Wenn das gespannte Gewehr unbeabsichtigt zu Boden fällt, kann sich dadurch kein Schuss lösen. Nachfolgend die Unterschiede zwischen den verschiedenen Modellen: Das Modell 424 hat außen eine glatte, unbehandelte Basküle, die Basküle des Modells 426E ist dagegen reich graviert (Pflanzenmotive) und auf der Basküle des Modell 427 sind rein zur Dekoration handgravierte

Beretta-Querflinten 451 EELL und 426E

Seitenplatten befestigt. Aus allen drei Varianten können sowohl 12/70er- als auch 12/76er-Patronen verschossen werden. Ihr Greener-Verschluss ist mit einem einfachen Laufhaken kombiniert. Bis vor einigen Jahren gab es sie sowohl mit einem Doppelzüngelabzug als auch mit selektivem Einabzug. Bei letzterem fungiert die auf dem Kolbenhals befindliche Sicherung gleichzeitig auch als Laufwahlschieber. Die Optionen für die Lauflängen sind 67, 71 oder 76 cm, was zu Gesamtlängen zwischen 111 und 121 cm führt. Die Chokekombinationen sind beim 67-cm-Lauf 3/4–1/4-, 3/4–1/2-, und Voll–1/2, beim 71-cm-Lauf 1/2–1/4, 3/4–1/4- und Voll–1/2 und bei dem langen 76-cm-Lauf 1/2–1/4 oder 3/4–1/4. Das Gewicht liegt zwischen 3 kg und 3,3 kg. Die Varianten 426E und 427E verfügen über automatische Ejektoren, während die 424er-Flinte nur ein Auszieher-system aufweist. Als Schaftholz wird Nussbaum verwendet. Die bei den Flinten 426E und 427E im Verschlusshebel eingelassene silberne Taube erinnert an die späteren so genannten Silver Pigeon-Modelle.

Beretta 455-Doppelbüchse in der Standard- (oben) und in der Deluxe-Version 455 EELL (unten)

Beretta Modell 451

Diese Waffe vereint altehrwürdige Büchsenmacherkunst mit aktuellster Technologie. Ihre Basküle besteht aus einem Stück gehärtetem Nickelstahl, wodurch beim Schießen sehr hohe Gasdrücke bewältigt werden können. Die teils noch handangepasste Waffe hat geringste Fertigungstoleranzen. Ihr Holland & Holland-Seitenschlosssystem wurde von Beretta noch mit einem patentierten Sicherungssystem verbessert. Die Seitenschlossplatten sind aus Stainless-Stahl und ihre Läufe aus Böhler-Antinit-Anticorro-Stahl gefertigt und außen von Hand poliert. Die konkav ausgeformte Laufschiene ist, um Reflexionen zu verhindern, oben zusätzlich mit einer feinen Rippenfräsung versehen. Der schlanke Schaft der nur im Kaliber 12/70 hergestellten, edlen Waffe ist aus ausgesuchtem Nussbaumholz und im Baskülenbereich nahtlos angepasst. An Lauflängen stehen 66, 68, 71 oder 75 cm zur Verfügung, was zu Gesamtlängen von 111 cm bis 121 cm und einem Gesamtgewicht von 3,0 kg bis 3,3 kg führt. Die feste Chokebohrung in den Läufen kann frei gewählt werden, ebenso wie entweder ein Einabzug – mit oder ohne Laufwahlmöglichkeit – oder ein Doppelzüngelabzug. Die Laufwahl wird gegebenenfalls gleichzeitig mittels des oben auf dem Kolbenhals befindlichen Sicherungsschiebers bewerkstelligt. Die Modelle 451E und EELL verfügen über automatische Ejektoren. Die mit doppelten Laufhaken ausgestattete Doppelflinten-Baureihe wurde später vom Modell 452 abgelöst.

Beretta Modell 455

Zum Abschuss der mächtigen Büchsenkaliber .416 Rigby, .458 Win.Mag. oder .500 NE (Nitro

Zwei Gravur-Beispiele der Seitenplatten der 455 EELL-Flinte

Express) wird eine besonders stabile Waffe benötigt und dies ist die 1990 vorgestellte Doppelbüchse 455 Express von Beretta. Sie wurde in diese Richtung entwickelt, ohne dabei auch nur irgendwelche Kompromisse einzugehen. Allerdings schlug sich dies auch in ihrem Preis nieder, der 2003 bei 36000 $ für die Standard- und 47000 $ für die Luxusausführung EELL lag. Und Waffe wiegt etwas mehr als 5 kg und wird heute immer noch lediglich in den oben genannten Großwildkalibern produziert. Ihr Pistolengriff-Schaft besteht aus ausgesuchtem Nussbaumholz und in der noch edleren Version 455 EELL aus ausgesuchtem Nussbaum-Wurzelholz.

Doppelflinte 470 EL (oben) und 471 Silver Hawk (unten)

diese Preise sind sogar seit 10 Jahren gleich geblieben. Die Großwildbüchse hat einen Greener-Verschluss, bei dem ein im Bereich der Laufschiene und darunter verlängertes Stahlteil beim Schließen der Waffe von oben in den Stoßboden eingreift und dann von einem soliden Querriegel gehalten wird, verbunden mit einer massiven doppelten Laufhakenverriegelung. Die Holland & Holland-Seitenschlosse der Büchse sind durch die patentierte Beretta-Fallsicherung sowie durch ein weiteres Sicherungssystem verbessert, welches verhindert, dass gleichzeitig zwei Schüsse

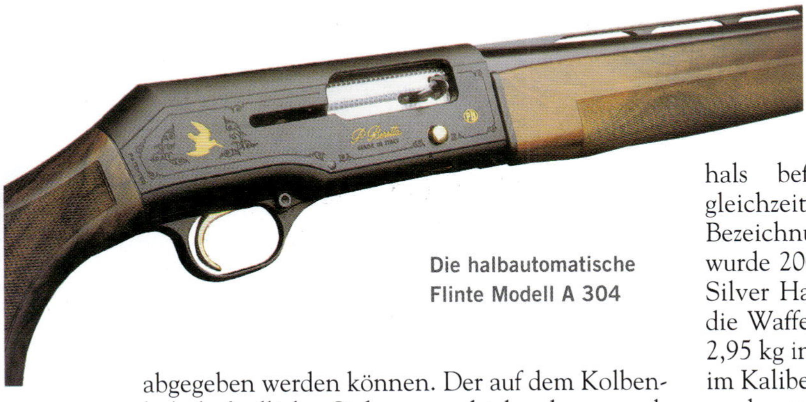

Die halbautomatische Flinte Modell A 304

abgegeben werden können. Der auf dem Kolbenhals befindliche Sicherungsschieber kann auch derart bestellt werden, dass beim Brechen der Waffe stets automatisch gesichert wird und manuell wieder zu entsichern ist. Die gezogenen Läufe der Doppelbüchse bestehen aus Böhler-Spezialstahl und sind mit einer Laufschiene verbunden, die eine Großwild-Klappkimme aufweist. Die Gesamtlänge der Büchse wird mit 101 cm oder 106 cm angegeben, je nachdem ob als Lauflänge 60 cm oder 65 cm gewählt werden. Die

BERETTA MODELL 470/471

Die Firma stellte die klassischen Doppelflintenmodelle 470 Silver Hawk und 470 EL 1997 vor, basierend auf den älteren Beretta-Querflinten 425, 426 und 427, mit denen sie das Verschlusssystem (Greener, Laufhaken) gemein haben. Allerdings wurde die Produktion auf das so genannte EDM-Verfahren (Electric Discharge Machining) umgestellt, wodurch ein viel präziseres Fräsen möglich ist. Zudem benutzt Beretta nun eine spezielle, neue Schweißmethode zum im so genannten Mono-Block-Verfahren bewerkstelligten Zusammenfügen der Läufe. Die Waffen, beide entweder im Kaliber 12/76 oder 20/76 und wahlweise mit frei zu bestimmenden festen Chokebohrungen oder mit Wechselchoke-Einsätzen erhältlich, haben einen Einabzug und ihre auf dem Kolbenhals befindliche Schiebesicherung fungiert gleichzeitig als Laufwahlschieber. Während die Bezeichnung der Flinte 470 EL gleich blieb, wurde 2002 das Modell 470 Silver Hawk in 471 Silver Hawk umbenannt. Im Kaliber 12 gibt es die Waffen mit Gewichten zwischen 2,8 kg und 2,95 kg in den Lauflängen 61, 66 oder 71 cm und im Kaliber 20 das Modell 471 nur mit 66 oder 71 cm langen Läufen. Die Luxusausführung 470 EL verfügt über gravierte Seitenplatten und hat in beiden Kalibern 66 cm oder 71 cm lange Läufe. Ihr Vorder- und Hinterschaft besteht aus ausgesuchtem Nussbaumholz.

BERETTA MODELL A 304

Das ursprüngliche Selbstladeflintenmodell 300 dieser Baureihe stammt aus den 1950er-Jahren.

1977 wurde es durch das Modell 301, 1980 durch das Modell 302 und schließlich 1993 vom Modell 304 abgelöst. Die Flinte ist ein Gasdrucklader, bei dem der Nachladevorgang unter Zuhilfenahme eines Teils des beim Schießen entstehenden Gasdrucks abläuft. Der Gasdruck wird dabei durch eine Bohrung im Lauf „abgezapft" und in einen unter dem Lauf befindlichen Zylinder geleitet, in dem sich ein spezieller Kolben befindet. Der Verschluss der Waffe als solcher ist ein Fallblockverschluss. Ihr aus hochzähem Stahl gefertigter Lauf ist innen hartverchromt und ihr Systemkasten besteht aus Dural-Aluminium.
Es gab und gibt für alle Modelle Wechselläufe in unterschiedlichen Längen und mit unterschiedlichen Chokevarianten, sowohl fest als auch auswechselbar. Das alte Modell 302 gab es nur im Kaliber 12/76, aber beim Nachfolgemodell ist man wieder auf die Option von wahlweise 12/76 oder 12/70 zurückgekommen. Der Sicherungsknopf sämtlicher Flintenvarianten befindet sich vorne im Abzugsbügel, mittels eines weiteren Knopfes kann das Zuführen der nächsten Patrone aus dem Röhrenmagazin manuell verhindert werden; letzterer Knopf befindet sich bei den Modellen 300 und 302 am Vorderschaft und bei den Modellen 303 und 304 links am Systemkasten. Rechts am Systemkasten steht stets der Verschlusshebel heraus, mittels dessen der Verschluss hinten arretiert werden kann. Das Röhrenmagazin der halbautomatischen Flinte fasst drei und in der neuen Variante 304 vier Patronen; in Deutschland ist aber ja ohnehin nur eine Magazinkapazität von zwei zulässig. Die angebotenen Lauflängen können zwischen 61 cm und 76 cm variieren, die Gesamtlängen zwischen 111 und 126 cm und die Gewichte zwischen 2,9 kg und 3,3 kg. Eine spezielle Slug-Version der Waffe verfügt entweder über einen 51 cm langen, gezogenen oder über einen 56 oder 61 cm langen glatten Lauf.

Beretta A 391 Xtrema Camo Realtree Hardwoods (oben) und Xtrema Camo Advantage Wetlands (unten)

Selbstladeflinte Beretta A 391 Xtrema Synthetik

BERETTA MODELL A 391 XTREMA

Diese spezielle Variante einer halbautomatischen Selbstladeflinte wurde 2002 als Modell A 391 3.5 Xtrema vorgestellt. 3.5 steht dabei für die Auslegung für 89 mm, also 3,5-Zoll-Patronenhülsen. Die Waffe, welche es nur im Kaliber 12 und mit Lauflängen von 61, 66, 71 oder 76 cm gibt, verfügt standardmäßig über einen Schaft mit Pistolengriff mit Einsätzen aus nicht rutschendem Weichkunststoff.
Die verschiedenen Varianten davon sind die Flinten:

- Xtrema Synthetic mit komplettem, glasfaserverstärktem Kunststoffschaft;
- Xtrema Camo Realtree mit Hartholzschaft mit aufgebrachtem althergebrachtem Camouflage-Muster;
- Xtrema Camo Advantage Wetlands mit Kunststoffschaft mit aufgebrachtem speziellem Camouflage-Muster mit Bushland-Motiven;
- Xtrema Camo Advantage Timber mit Kunststoffschaft mit aufgebrachtem speziellem Camouflage-Muster mit Herbstwald-Motiven.

Die Gesamtlänge dieser Waffen vaiiert zwischen 103 und 118 cm und sie wiegen alle etwa 3,6 kg. Der Abzugsgruppen-Kasten und der Abzugsbügel sind aus hochzähem Kunststoff. Vorne am Abzugsbügel befindet sich der Sicherungsknopf der gasdruckgeladenen Selbstladeflinte. Wie üblich wird auch bei der Xtrema-Flinte aus dem

Lauf abgezapfter, beim Schießen entstehender Druck der Pulvergase dazu benutzt, die leere Patronenhülse auszuziehen, das Schloss zu spannen und eine neue Patrone aus dem Röhrenmagazin ins Patronenlager zuzuführen. Auch diese Waffe hat einen Drehkopfverschluss mit zwei Verschlusswarzen.

BERETTA MODELL AL 391 TEKNYS

Die aus dem Jahr 2002 stammende, neue AL 391 Teknys-Jagdflinte basiert auf dem Modell AL 391 von 2000. Sie wurde im Vergleich damit in diversen Punkten verbessert, so ist sie nun etwa in der Lage, problemlos Patronen mit Schrotgewichten von 24 g bis 57 g zu verschießen. Auch bei ihr wird entstehender Gasdruck aus einer Bohrung unten im Lauf entnommen, der nach seiner Verwendung aus einem Ventil vorne im Gaszylinder wieder entweicht. 2002 wurde auch die Flinte AL 391 Teknys Gold vorgestellt, die eine recht ungewöhnliche, vom Systemkasten zum Kolbenhals verlaufende Verzierung aufweist. Die Baureihe wird sowohl im Kaliber 12/76 als auch 20/76 hergestellt und ist wahlweise mit Läufen erhältlich, die 61, 66, 71 oder 76 cm lang sind und regulär mit Wechselchoke-Einsätzen ausgeliefert werden, aber auch feste Chokebohrungen sind erhältlich. Die Modelle Teknys Slug und Gold Slug haben zylindrische 56-cm- oder 61-cm-Läufe und wiegen zwischen 2,6 und 3 kg. Als Schaftmaterial der Teknys-Waffen wählte Beretta ausgesuchtes Nussbaumholz aus, in der Gold-Ausführung Wurzelnussbaum.

BERETTA MODELL AL 391 URIKA

Auch diese Waffe wurde 2002 vorgestellt. Wie bei den Modellen Xtrema und Teknys handelt es sich dabei um eine halbautomatische Gasdrucklader-Selbstladeflinte. Auch bei ihr befindet sich im hinteren Teil des Systemkastens ein Rückstoßabsorber, der dem zurückschleudernden Verschluss etwas den Effet nimmt.

Die AL 391 Urika, ein echtes jagdliches und sportliches „Arbeitspferd", Kaliber 12/76, gibt es in den folgenden Jagd-Ausführungen:

Beretta AL 391 Teknys 12 und Teknys 20

- AL 391 Urika Camo Hardwood, mit Hartholzschaft, 61-cm-Lauf und einem Gewicht von 3,25 kg;
- AL 391 Urika Camo Waterfowl, mit Hartholzschaft, 71-cm-Lauf und 3,3 kg Gewicht;
- AL 391 Urika Synthetic, mit Kunststoffschaft, 61, 66, 71 oder 76 cm langem Lauf;

Teknys-Selbstladeflinten in der Version Gold, Kaliber 12 und Kaliber 20

- AL 391 Urika U, mit Nussbaumschaft, 61, 66, 71 oder 76 cm langem Lauf;
- AL 391 Urika U Gold, eine Luxusvariante der Urika U mit golden eingelegten Entenmotiven auf beiden Seiten des Systemkastens, Schaft aus ausgesuchtem Nussbaum-Wurzelholz, mit Lauflängen von 61 cm, 66 cm oder 71 cm.

Berettal AL 391 Urika Camo Hardwoods (oben) und Camo Waterfowl (unten)

Zudem bietet die Firma Beretta die AL 391 Urika Selbstladeflinte noch in den nachfolgend genannten Sportvarianten an:

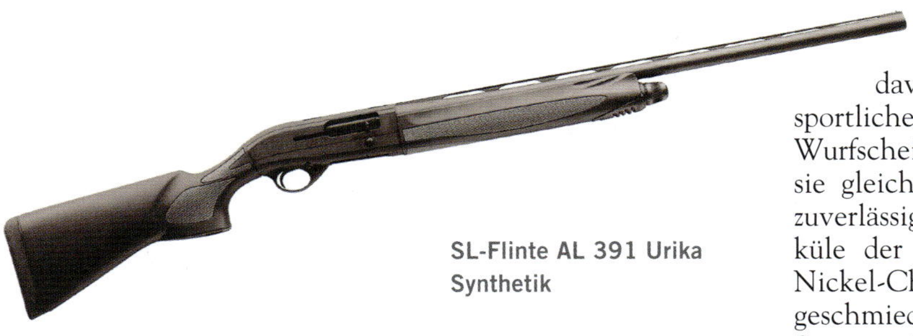

SL-Flinte AL 391 Urika Synthetik

- AL 391 Urika Sporting, mit Nussbaumholz-Schaft, in den Kalibern 12/76 und 20/76, mit Lauflängen von 71 cm oder 76 cm;
- AL 391 Urika Target, mit Nussbaumholz-Schaft, im Kaliber 12/76, mit Lauflängen von 71 cm oder 76 cm und 3,45 kg Gewicht;
- AL 391 Urika Trap, mit Nussbaumholz-Schaft, im Kaliber 12/76, mit Lauflängen von 76 cm oder 81 cm und einem Gewicht von etwa 3,5 kg.

Beretta AL 391 Urika Sporting, Target und Trap Optima (von oben nach unten)

BERETTA MODELL ASE

Diese auf dem Vorgängermodell SO4 basierende Bockdoppelflinte wurde 1987 vorgestellt. Sie verfügt über ein herausnehmbares Abzugssystem mit auswechselbarem Abzugszüngel. Wie üblich gibt es davon Ausführungen für die Jagd und das sportliche Schießen. Gerade weil die ASE unter Wurfscheibenschützen weit verbreitet ist, stellt sie gleichzeitig auch für jagdliche Zwecke ein zuverlässiges und robustes Werkzeug dar. Die Basküle der Waffe ist aus besonders gehärtetem Nickel-Chrom-Molybdän-Stahl gefräst. Die kaltgeschmiedeten Läufe sind aus vorgebohrten Stangen „Titania"-Stahl oder auch aus dem noch teureren Böhler-Antinit-Stahl hergestellt. Der Verschluss der Flinte basiert auf seitlichen Stiften, die sich oben beidseitig des Laufbündes befinden und im geschlossenen Zustand der Waffe in den Stoßboden eingreifen, es handelt sich dabei um den von Beretta patentierten, so genannten Flankenverschluss. Der Einabzug ist auch mit einem Laufwahlschieber zu bestellen. Das Modell war zunächst nur im Kaliber 12/70 erhältlich, seit 1998 wird es aber auch für 76-mm-Patronen im Kaliber 12/76 angeboten. Je nach gewünschter Lauflänge, zwischen 71 und 86 cm, liegt die Gesamtlänge der Bockdoppelflinte bei 119 cm bis 131 cm und das Gesamtgewicht zwischen 3,4 kg und 4 kg. Die Läufe werden standardmäßig mit Mobilchoke-Wechselchoke-Einsätzen ausgeliefert, speziell zum Trap- und Skeet-Schießen können sie aber auch mit festen Chokebohrungen bestellt werden. Der mit einem Pistolengriff versehene Hinter- und der Vorderschaft der Flinte sind aus Nussbaumholz. 1992 änderte man deren Bezeichnung in ASE 90 Gold, seitdem wird sie weiterhin in den genannten Varianten hergestellt. Zusätzlich brachte man mit den Modellen ASE 90

Beretta-Bockdoppelflinte ASE Gold Trap (oben) und ASE Deluxe (unten)

Die ASE Gold-Bockdoppelflinte mit dem herausnehmbaren Abzugssystem

Gold-X Ausführungen mit einer höheren Visierschiene und einem Schaft mit Monte-Carlo-Effekt heraus. 1996 ließ man bei den Waffenbezeichnungen, sowohl bei der regulären ASE Gold als auch bei der Gold-X die „90" wieder weg und die Waffe wurde zur Flinte ASE Gold Skeet, Sporting oder Trap. Die aktuellste Variante der ASE besitzt eine korrosionsresistente, so genannte Greystone-Beschichtung auf der Basküle.

Beretta Modell DT10 Trident

Diese Bockdoppelflinte ist ein weiteres Modell, das Beretta insbesondere zum sportlichen Wurfscheibenschießen entwickelt hat. Besonderes Augenmerk wurde dabei auf die Verwendung haltbarer Materialien und auf eine gute Balance der Flinte gerichtet. Bei den Läufen verwendete man ein neues, als Optima-Bore bezeichnetes Würgebohrungs-Konzept, welches ähnlich auch bei den so genannten „back-bored"-Läufen von

Beretta DT10 Trident Sporting (oben) und X-Trap (unten)

Browning Verwendung fand. Dabei ist der Innendurchmesser der entsprechenden Läufe einige Hundertstel Millimeter größer als Normal. Im Zusammenhang mit der engeren, so genannten Würgebohrung vor dem Bereich der Laufmündung, welche Beretta in Form von auswechselbaren „Optima-Chokes" anbietet, verbessert dies die Deckung der Schrote erheblich. „DT" steht bei der Waffenbezeichnung für „Detachable Trigger", auch hier kann also die Abzugsgruppe herausgenommen werden. Zudem kann die Position des Abzugszüngels verstellt werden. Die Flinte DT10 Trident gibt es in unterschiedlichen Variationen, so hat das Modell Skeet das Kaliber 12/70, eine brünierte Basküle und einen 71-cm-Lauf mit festen Skeet-Chokebohrungen, mit verstellbarem Hinterschaft wird es jedoch auch mit 71 oder 76 cm langem Laufbündel und wechselbaren Optima-Chokes angeboten. Das Modell Sporting, Kaliber 12/76, hat 71, 76 oder 81 cm lange Läufe. Die Baureihe der Waffe zum Trap-Schießen umfasst die Modelle Trap, Double Trap und X-Trap mit zwischen 71 cm und 96 cm langen Läufen und einem Gewicht zwischen 3,7 kg und 4,1 kg. Die DT10 Trident-Serie verfügt ebenfalls über den typischen Beretta-Flankenverschluss und ist durchwegs mit Holzschäften aus Nussbaumholz ausgestattet.

Detailansicht des Flankenverschlusses der DT10 Trident

Beretta Modell ES100

Die ES100, eine einfache Rückstoßlader-Selbstladeflinte, die den alten Fallblockverschluss der Beretta-Modelle 1200/1201 verwendet, wurde 1999 vorgestellt. Es gibt die Waffe nur im Kaliber 12/76. Das Standardmodell davon besitzt einen Holzschaft und Lauflängen von wahlweise 66 cm oder 71 cm. Das Modell ES 100 Slug hat einen 61 cm langen, gezogenen Lauf mit

Beretta-Flinten Modell ES100 in den Versionen Synthetik Slug, Camo Hardwoods und Camo Wetlands (von oben nach unten)

Zügen und Feldern, während die Modelle ES 100 Camo Hardwood und Camo Wetlands, mit Holzschäften im Camouflage-Muster, wiederum mit nur 71 cm langen glatten Flintenläufen ausgestattet sind. Hinten am Abzugsbügel befindet sich eine einfache Druckknopfsicherung.

Beretta Modell Giubileo

Diese Bockdoppelflinte ist Teil der so genannten Premium-Reihe von Beretta – diese Waffen werden von Hand zusammengebaut. Ihre Basküle und Seitenplatten sind edel graviert, ihre Schäfte bestehen aus ausgesuchtem Nussbaumholz und unten am Vorderschaft ist eine vergoldete Platte eingelassen, die das Firmenkürzel „PB" beinhaltet. Das Modell Giubileo wird in den Kalibern 12/76, 20/76, 28/70 und .410/76 hergestellt und die Länge seiner Läufe variiert je nach Ausführung; so gibt es die 12/70er-Waffe mit 67 cm, 71 cm oder auf Bestellung auch mit 76 cm langen Läufen. Im Kaliber 20/76 werden 67-cm- und 71-cm-Läufe angeboten, für das Kaliber .410/76 allerdings nur ein 67 cm langes Laufbündel. Das Waffengewicht variiert so zwischen 2,5 kg und 3,2 kg. Auch diese feine Beretta-Flinte wird wahlweise mit festen Chokebohrungen oder mit auswechselbaren Mobilchoke-Einsätzen ausgeliefert. Das Modell Giubileo verfügt über das bekannte Verschlusssystem der Modelle 686 und 687, bei dem zwei konische Stahlnasen in beidseitig des oberen Laufes befindliche Aussparungen eingreifen und so die Waffe bei der Schussabgabe spielfrei verschließen.

Beretta Giubileo Premium

Beretta Modell Giubileo II

Durch die Kombination ihres altehrwürdigen, geraden englischen Schaftes mit der Verwendung modernster Stähle bilden bei dieser Doppelflinte Tradition und Innovation eine Einheit. Die gediegen wirkende Waffe gibt es in den Kalibern 12/76 oder 20/76 und ihre Läufe „verdauen" auch Stahlschrote. Auf ihren Seitenplatten sind sämtliche Schlossteile befestigt. Die Flinte Giubileo II hat in beiden erhältlichen Kaliber Läufe, welche wahlweise entweder 66 cm oder 71 cm lang sind. Die Läufe sind bei der 12er-Waffe entweder mit festen Chokebohrungen oder Optima-Wechselchokes und bei der 20er mit festen oder Mobilchoke-Wechselchokes erhältlich. Die Schäfte sind aus Nussbaumholz.

Bockdoppelflinten Giubileo, Kaliber 20 (oben) und 28 (unten)

Beretta Modell Mato

Diese Repetierbüchse, basierend auf dem Mauser-System, kam 1998 auf den Markt. Mit der Mato-Büchse erinnerte sich Beretta an eine erfolgreiche Baureihe aus den 1980er-Jahren, an die 1984 vorgestellten und bis 1990 produzierten Modelle Beretta 500. Diese gab es regulär nur im Kaliber .222 Rem. und .223 Rem. sowie als 500 Sniper in .308 Win.; in den Kalibern .243 Win. und .308 Win. gab es sie nahezu baugleich auch als Modelle 501 und luxuriöser 501 DL beziehungsweise 501 S. Eine Variante mit einem längeren Verschlusssystem, bezeichnet

Repetierbüchse Mato aus dem Jahr 1998

als Modell 502, wurde in .270 Win., 7 mm Rem.Mag., .30-06 Springfield und .375 H&H Mag. angeboten. Die Bezeichnung Mato leitet sich von dem Wort Bär in der Sprache der Dakota-Indianer ab. Die qualitativ sehr hochwertige Waffe, deren System aus einem Stück geschmiedet ist, erhielt diverse Neuerungen. So hat ihr Patronenausziehersystem eine extra große Auszieherkralle und es wurde besonderer Wert auf eine stets einwandfreie Patronenzuführung ins Lager gelegt. Eine zusätzliche Sicherheit wird dadurch erzielt, dass Patronen aus dem Magazin herausrepetiert werden können, ohne dabei jeweils den Verschlusshebel zu schließen. Die eigentliche Sicherung ist die typische Drei-Stellungs-Sicherung von Mauser. Die Mato-Büchse verfügt über ein herausnehmbares Magazin, ihr Magazinlöseknopf befindet sich wie üblich vor dem Abzugsbügel. An Kalibern werden angeboten .270 Win., .280 Win., 7 mm Rem.Mag., .30-06 Springfield, .300 Win.Mag., .338 Win.Mag. und .375 H&H Mag.; die Magazinkapazität ist vier beziehungsweise drei bei den Magnumpatronen. Die Waffe ist insgesamt 113 cm lang, hat einen 60-cm-Lauf und ein Gewicht von circa 3,6 kg. Der Lauf der Büchse, die es entweder mit einem Flinten- oder einem Stecherabzug gibt, ist kaltgeschmiedet und daher besonders haltbar. Die Standardausführung besitzt einen Schaft aus amerikanischem oder europäischem Nussbaumholz. Für das Modell Mato Deluxe X-Tra Wood wird ausgesuchtes Nussbaum-Wurzelholz verwendet, ebenso für das Modell Mato Deluxe Extra, dessen Metallteile zudem noch reich graviert sind. Sämtliche Mato-Varianten sind auch mit einem montierten Mündungsfeuerdämpfer erhältlich.

Beretta Modell Olimpia X

Die Büchse Olimpia wurde zwischen 1962 und 1978 hergestellt. Unter den Bezeichnungen Olimpia X und Olimpia Super Sport X kamen 1985 Weiterentwicklungen davon heraus. Diese Waffen werden nur im Kaliber .22 l.r. und mit herausnehmbaren 5- oder 10-Schuss-Magazinen hergestellt. Der Magazinlöseknopf befindet sich vorne am Abzugsbügel. Die KK-Büchsen können interessanterweise mittels einer einfachen Hebelbewegung von Handrepetiersystem auf halbautomatisches System umgestellt werden und umgekehrt. Halbautomatisch kommt ein reiner Feder-Masse-Verschluss zum Zuge und das Nachladen wird durch die Rückstoßkräfte bewerkstelligt. Hinten im Abzugsbügel der Waffe befindet sich eine einfache Druckknopfsicherung, die nur den Abzug blockiert. Der schwere Match-Lauf der Olimpia X ist aus Nickel-Chrom-Stahl, die Variante Super Sport X hat einen Lauf, ebenfalls 53 cm lang, aus dem gleichen Material, allerdings dünner. Die Gesamtlänge der Olimpia X mit ihrem verstellbaren Visier mit Korntunnel beträgt 107 cm, die der mit einem Visier im Williams-Stil ausgestatteten Super Sport X 108 cm; erstere Ausführung ist 3,75 kg schwer, zweitere 3,35 kg. Der Schaft der Waffen ist grundsätzlich aus Nussbaumholz.

Variante der Kleinkaliber-Büchse Beretta Olimpia

BERETTA MODELL S682

Diese Waffe wurde 1988 als Nachfolgemodell der Bockdoppelflinte S680 eingeführt. Als Verschluss verfügt sie über die patentierte, beim Modell Giubileo beschriebene, spezielle Beretta-Verschlussart. Die Basisvariante der Baureihe hatte diverse Lauf-Finishes. 1988 war die Basküle entweder unbehandelt oder matt brüniert, 1990 war sie mit einem matt grauen Greystone-Überzug versehen. 1994 erschien mit dem Modell S682 Gold E eine Variante mit automatischen Ejektoren. Zudem gab es eine Version Gold EX, wobei das X einen Monte-Carlo-Schaft und eine erhöhte Laufschiene signalisierte. Die aktuellsten Ausführungen besitzen Optima-Bore-Läufe mit Optima-Choke-Einsätzen. Sowohl die älteren als auch neueren Ausführungen wurden bis 1995 im Kaliber 12/70 in Trap-, Skeet- und Sporting-Versionen hergestellt und erhielten ab dann 76er-Patronenlager für das Kaliber 12/76. Die S682 Gold E Trap-Flinten, wie etwa die Modelle Double Trap und X-Trap haben 76 oder 81 cm lange Läufe und wiegen zwischen 3,65 kg und 4 kg. Ihre aktuellen Optima-Läufe weisen eine 10 mm breite Laufschiene auf und kommen entweder mit festen oder mit wechselbaren Mobilchoke-Würgebohrungen. Für das Modell S682 Gold E Skeet, das eine Lauflänge von 71 oder 76 cm hat und etwa 3,5 kg wiegt, gibt es entweder einen verstellbaren oder einen festen Hinterschaft. Die Gold E Sporting-Varianten haben 71, 76 oder 81 cm lange Läufe und wiegen 3,45 bis 3,7 kg. Als Schaftmaterial wird für alle Varianten Nussbaumholz verwendet. Der Abzugsmechanismus besteht aus einem Einabzug mit Laufwahlmöglichkeit mittels des auf dem Kolbenhals befindlichen Sicherungshebels. Die Super Trap-Modelle wurden bis etwa 1999 auch mit Kompensatorbohrungen in der Laufwandung im Bereich der Mündung produziert.

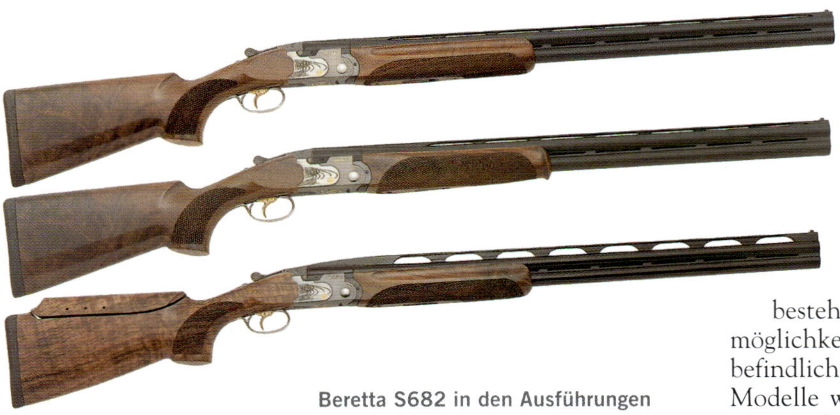

Beretta S682 in den Ausführungen Double Trap, Electrocibles und X-Trap (von oben nach unten)

Beretta S682 Gold E: Double Trap, Skeet und Skeet USA (von oben nach unten)

Bockdoppelflinte S682 Gold E als Variante Sporting und als Trap

BERETTA MODELL S686

Auch dieses Bockdoppelflintenmodell hat den patentierten Beretta-Verschluss mit den konischen Verschlussstiften. Zudem verfügt es über ein automatisches Auswerfersystem und wahlweise einen Ein- oder einen Doppelzüngelabzug.

Beretta S686 Silver Pigeon Sporting (oben), Skeet (Mitte) und Trap (unten)

Die aus Nickel-Chrom-Molybdän-Spezialstahl gefertigten Läufe der Waffe sind innen verchromt. Aus unterschiedlichen Gründen wird die Basküle der Waffe aus verschiedenen Materialien gefertigt. So hat etwa die Variante S686 Ultralight, die es nur in 12/70 gibt, eine Basküle

S687 Diamond Pigeon Sporting (oben) und Super Skeet (unten)

aus Leichtmetall, die hinten titanverstärkt ist. Die Flinte Ultralight ist 112 oder 116 cm lang, hat entweder 67 cm oder 71 cm lange Läufe und wiegt zwischen 2,6 und 2,7 kg. Die Baureihe 686 Essential hat eine matt schwarz gehaltene Basküle aus Nickel-Chrom-Molybdän-Stahl während die S686 Silver Pigeon eine blank belassene Stahl-Basküle aufweist, deren Seitenteile graviert sind. Diese Ausführungen sind 117 cm beziehungsweise 120 cm lang, haben einen 71-cm- oder 75-cm-Lauf und bringen etwa 3,1 kg auf die Waage. Das Modell S686 Onyx hat eine dunkel brünierte Basküle, auf deren Seiten die Signatur Pietro Beretta in Gold eingelassen ist. Das Onyx-Modell gibt es sowohl im Kaliber 12/76 als auch im Kaliber 20/76, zudem gibt es auch noch eine Magnumversion davon im Kaliber 12/89. Alle Onyx-Ausführungen haben wahlweise einen 67 cm oder 71 cm langen Lauf, können auf Wunsch aber auch mit einem 76-cm-Lauf geordert werden. Ihr Gewicht variiert zwischen 2,8 kg und 3,15 kg. Die Magnumversion im Kaliber 12/89 wurde insbesondere für die Jagd auf sehr hoch fliegendes Wild, etwa Gänse, auf den Markt gebracht. Das aus dem Jahr 2002 stammende Modell S686 Onyx X-tra Wood ist eine spezielle Version davon. Als Schaftmaterial wurde hier besonders ausgesuchtes Nussbaum-Wurzelmaserholz verwendet. 2002 kamen diverse neue Varianten der S686-Flinte heraus, so etwa auch die S686 Whitewing-Bockdoppelflinte in den Kalibern 12/76 oder 20/76. Diese Waffe hat 67 cm oder 71 cm lange Läufe, ist 112 oder 116 cm lang und wiegt zwischen 2,6 und 3,1 kg. Sie ist grundsätzlich mit Mobilchoke-Würgebohrungseinsätzen ausgestattet und ihre Stahl-Basküle ist unbehandelt, einfach graviert und auf der Oberseite matt gehalten. Ihre Läufe sind nicht auf die volle Länge hin zusammengelötet, sondern lediglich in einer ventilierten Art miteinander verbunden.

BERETTA MODELL S687

Hierbei handelt es sich um die Luxusausführung der S686, welche daher technisch und hinsichtlich der angebotenen Kaliber die gleichen Grunddetails aufweist. Die Standardvariante der

Waffe gibt es in den Kalibern 12, 20 und 28, die Modelle Gold und Diamond Pigeon auch in .410; die Kunden können zwischen 70er- und 76er-Patronenlagern wählen. Die Flinte S687 Silver Pigeon hat eine silberfarbene, mit Jagdszenen gravierte Basküle. Bei der Gold Pigeon verfügt das Kastenschloss seitlich über mit Tiermotiven gravierte und mit Gold eingelegte Seitenplatten. 2002 brachte Beretta das Modell Gold Pigeon II heraus. Dieses hat reliefartig gravierte Jagdszenen auf den Seitenplatten, bei denen der Graveur das Material um die Motive abgehoben hat. Die Seitenplatten der Bockdoppelflinte S687 Diamond Pigeon sind sogar noch aufwändiger graviert und als Schaftholz wird hier besonders ausgesuchtes Nussbaum-Wurzelmaserholz verwendet.

Die Modelle S687 Silver Pigeon und Silver Pigeon II mit ihrer Reliefgravur werden in den Kalibern 12/76 und 20/76 hergestellt; seit 1998 sind sie zudem auch in 28/76 erhältlich. Die Lauflänge der Waffen beträgt entweder 67 cm oder 71 cm, zudem auf Sonderbestellung auch 75 cm. Die Gesamtlänge der Waffe liegt bei 112 cm oder 116 cm und ihr Gewicht beträgt 2,4 bis 3,1 kg. Die Läufe aller Varianten gibt es wahlweise entweder mit einschraubbaren Mobilchokes oder mit festen Chokebohrungen. Der Einabzug ist mit einem Sicherungs-/Laufwahlschieber verbunden, als Option ist die Waffe aber auch mit einem Doppelzüngelabzug lieferbar. Die S687 Gold Pigeon und Gold Pigeon II gibt es in 12, 20, 28 und .410, alle außer der 28er-Flinte (28/70) mit einem Patronenlager für Hülsen mit einer Länge von 76 mm. Die 67 cm oder 71 cm langen Läufe gibt es entweder mit Mobilchokes oder mit festen, frei zu bestimmenden Würgebohrungen; für Waffen im Kaliber 12 und 20 kann auch ein 75-cm-Lauf bestellt werden. Die Waffengewichte variieren zwischen 2,4 und 3,1 kg. Das Modell S687 Diamond Pigeon, das ansonsten die Features der vorher beschriebenen Flinte Gold Pigeon aufweist, ist lediglich noch kostbarer graviert.

Beretta S687 Silver Pigeon II Sporting (oben), Kaliber 12 Gold Pigeon Sporting (Mitte) und Kaliber 20 Gold Pigeon Sporting (unten)

BERETTA MODELL SO5

Die SO5 ist die aktuelle Weiterentwicklung der ursprünglich bereits 1932 vorgestellten Modelle SO2, SO3 und SO4. Sie sind mit Beretta-Seitenschlossen mit abnehmbaren Schlossplatten sowie einem Beretta-Flankenverschluss ausgestattet.

Beretta SO5-Bockdoppelflinten in den Versionen Skeet, Sporting und Trap (von oben nach unten)

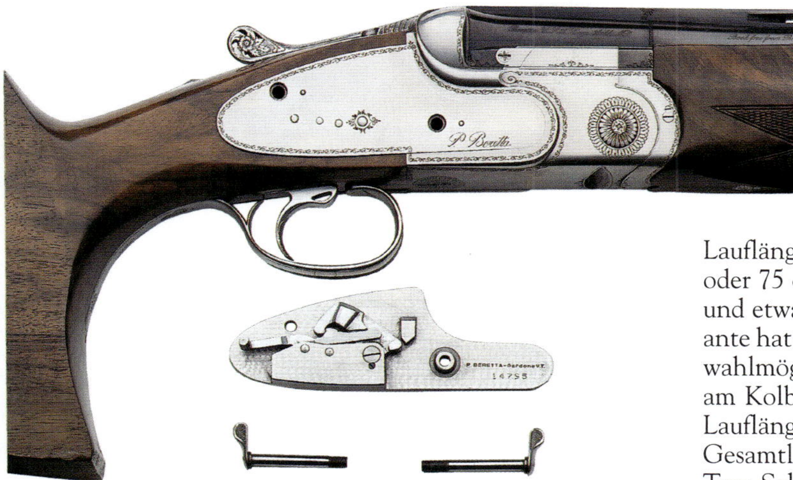

Seitenschlossplatte der SO5-Flinte mit den darauf befindlichen Schlossteilen

Die Beretta-Seitenschlosse sind im Holland & Holland-Stil gehalten, jedoch durch verschiedene patentierte Ideen von Beretta verbessert. Die handpolierten und handangepassten Läufe der Bockdoppelflinte sind aus Böhler-Antinit-Anticorro-Stahl, der Schaft der Waffe aus besonders ausgesuchtem Nussbaumholz.

Beretta-Flinte SO6 in den Varianten EESS, EL und EELL (von oben nach unten)

Die edle, zur Premium-Linie von Beretta zählende und daher sehr teure Flinte ist insgesamt zu einem großen Teil handgefertigt und von Meistern ihres Faches graviert. Sie wird sowohl in Skeet-, Sporting- und Trap-Varianten hergestellt, allesamt im Kaliber 12/70.

Die SO5 Skeet verfügt über wahlweise einen 67 cm oder einen 71 cm langen Lauf, lediglich mit festen Chokebohrungen, und hat einen nicht umstellbaren Einabzug. Die Lauflänge der SO5 Sporting beträgt entweder 71 oder 75 cm, was die Waffe 115 oder 119 cm lang und etwa 3,4 kg schwer macht. Auch diese Variante hat einen Einabzug, hier allerdings mit Laufwahlmöglichkeit durch den Sicherungsschieber am Kolbenhals. Das Trap-Modell gibt es in den Lauflängen 71, 75 oder 81 cm und mit den Gesamtlängen 114, 119 oder 124 cm. Die zum Trap-Schießen konzipierte Flinte ist damit zwischen 3,4 kg und 3,7 kg schwer.

BERETTA MODELL SO6

Diese exklusive Bockdoppelflinte wird nur in den Kalibern 12/70 oder 12/76 gebaut. Die Läufe werden im Monoblock-Verfahren zusammengefügt und verriegeln mit dem Stoßboden der Basküle mittels des bekannten Flankenverschlusses von Beretta. Die seitlichen Platten der von Beretta speziell verbesserten Holland & Holland-Seitenschlosse sind leicht zu entfernen. Die Waffe wird von erfahrenen Büchsenmachern immer noch zum großen Teil von Hand gefertigt. Ihr schön gemasertes Schaftholz wird aus europäischem Nussbaum-Wurzelholz selektiert. Ausführungen der SO6 gibt es mit 67, 71 oder 76 cm langen Läufen und standardmäßig mit Gesamtlängen zwischen 111 cm und 121 cm sowie einem Gewicht von etwa 3,4 kg; die bestellenden Kunden können jedoch jederzeit Wünsche für Sonderanfertigungen vortragen, die zumeist erfüllt

Unterschiedlich gravierte Seitenschlossplatten der Beretta SO6

werden können. Es gibt die mit einem geraden englischen Schaft versehene Waffe wahlweise mit festen oder Mobilchokes. Ihre Seitenplatten sind im englischen Stil mit Rosenmotiven handgraviert, die Luxusausführung SO6 EELL ist mit

Beretta-Flinte SO9

goldeingelegten Tiermotiven graviert. Der bei dieser Variante mit einem Pistolengriff versehene Hinterschaft sowie auch der Vorderschaft bestehen aus handangepasstem und ölpoliertem Wurzelmaserholz aus Nussbaum. Die aktuellste SO6-Variante EESS besitzt Seitenschlossplatten, die mit farbigen Emaille-Einlagen in den Farbrichtungen dunkelrot, dunkelblau und smaragdgrün verziert sind. Dies klingt zwar einfach, das aus der Schmuckherstellung bekannte, hinsichtlich Waffen von Beretta patentierte Verfahren erfordert jedoch eine große Kunstfertigkeit.

BERETTA MODELL SO9

Diese bereits 1985 herausgebrachte Flinte hat im Laufe der Zeit schon diverse Modifikationen erlebt. Es gab sie zunächst bis 1990 in den Kalibern 12, 20, 28 und .410 und lediglich ausgelegt für 70-mm-Hülsen; die folgenden Modelle hatten dann schon die Kaliber 12/76, 20/76 und .410/76. Bei der SO9 werden die Künste hervorragender Büchsenmacher- und Graveurmeister miteinander vereint. Jede Waffe wird mit den geringsten Toleranzen zum überwiegenden Teil noch von Hand gefertigt. Wie die SO6 hat auch die Flinte SO9 einen Flankenverschluss und echte Seitenschlosse. Jede Variante der SO9 wurde individuell entwickelt und hat automatische Ejektoren. Ihre Läufe sind aus vorgebohrten Blöcken Böhler-Antinit-Stahl kalt geschmiedet. Sie sind zwar relativ dünn und leicht, aufgrund der Qualität der Verarbeitung und des verwendeten Materials aber ungemein robust und komplett rost-resistent. Der Schaft der Waffe, die jeweils in einer eigenen, zugehörigen Leder-Waffentasche ausgeliefert wird, ist ebenfalls handgefertigt und handpoliert und aus besonders ausgesuchtem Nussbaum-Wurzelholz. Lauflängen-Optionen von 67, 71 oder 76 cm ergeben potenzielle Gesamtlängen von 111 cm bis 121 cm und Gewichte, die zwischen 2,25 kg für die .410er und 3,25 für die größeren Kaliber variieren. Im Kaliber 12 besteht die Wahlmöglichkeit zwischen festen und Mobilchokes, ansonsten gibt es nur feste Chokebohrungen. Norm ist ein selektiver Einabzug, ein Doppelzüngelabzug ist jedoch optional auf Sonderbestellung erhältlich.

Verschieden gravierte Baskülen der SO9

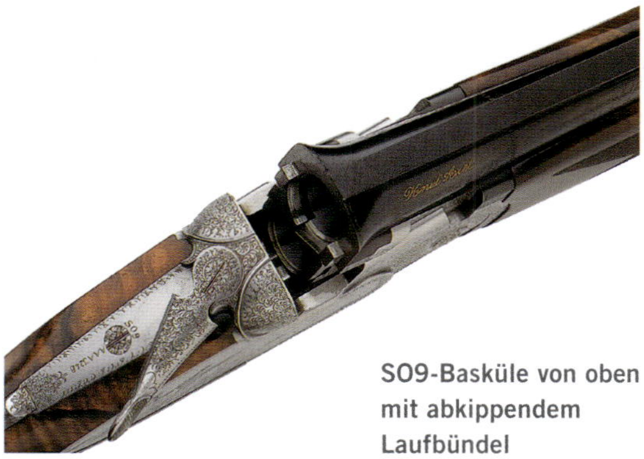

SO9-Basküle von oben mit abkippendem Laufbündel

BERETTA MODELL SSO6 EXPRESS

Bei dieser ebenfalls mit herausnehmbaren Seitenschlossen ausgestatteten Waffe handelt es sich um eine Bockdoppelbüchse, die jedoch auf der Flinte SO6 basiert. Sie stammt aus dem Jahr 1984 und wurde zunächst für die Kaliber .375 H&H Mag., 9,3x74R und .458 Win.Mag. gebaut. 1988 wurde das Kaliber 9,3x74R aufgegeben, um allerdings nur ein paar Jahre später wieder aufgenommen zu werden. Die feine Waffe wird nach den speziellen Wünschen des ordernden Kunden fast ausschließlich von Hand hergestellt. Dahingehend sind jegliche Optionen, wie etwa Auswerfer oder Auszieher oder offene oder geschlossene Visierung sowie natürlich auch die Art der Gravur, offen. Bis 1994 war die Standard-Lauflänge der Waffe 65 cm, danach wurde sie auf 62 cm reduziert. Die Gesamtlänge liegt damit bei 108 cm und das Gewicht bei 5 kg. Das kalt geschmiedete Laufbündel ist aus Böhler-Spezialstahl. Die Waffe hat eine Sicherung, die beim Brechen automatisch aktiviert wird; man muss dann erst den Sicherungsschieber nach vorne schieben, um wieder schießen zu können. Standardmäßig wird die Bockdoppelbüchse mit einer Express-Klappkimme ausgeliefert, sie kann jedoch auch mit einer Montage zur Anbringung eines speziell dafür konzipierten Zeiss-Zielfernrohres geliefert werden. Der Waffenschaft ist aus ausgesuchtem Nussbaum-Wurzelmaserholz und verfügt über eine handgeschnittene, feine Fischhaut. Im ausgehöhlten Pistolengriff können unterschiedliche Korne für die Waffe untergebracht werden. Standardmäßig ist die Basküle der SSO6 buntgehärtet, in der Luxusvariante SSO6 EELL enthält sie aktuell beidseitig jedoch einen kunstvollen, goldenen Büffelkopf. Frühere Varianten hatten statt dessen ein Löwen-, Tiger-, Elefanten- oder Nashornmotiv.

Die SSO6 Bockdoppelbüchsen in Standard- (oben) und Luxusausführung (unten)

BERETTA MODELL ULTRALIGHT

Bereits die Bezeichnung dieses Modells deutet darauf hin, dass man sein Gewicht möglichst minimieren wollte. Die Basküle der Bockdoppelflinte ist daher aus einem Stück Spezial-Aluminium aus der Raumfahrttechnik gefräst. Dies ist fast so stark wie Stahl, verringert aber das Gewicht um fast 65 Prozent. Die Waffe wird nur im Kaliber 12/70 und in den Lauflängen 62 cm, 67 cm oder 71 cm hergestellt. Sie wiegt dann 2,7 kg. Als Ausführung Ultralight Deluxe hat sie ein besseres Schaftholz und ihre Basküle ist graviert

Basküle der Beretta SSO6 Express-Bockdoppelbüchse

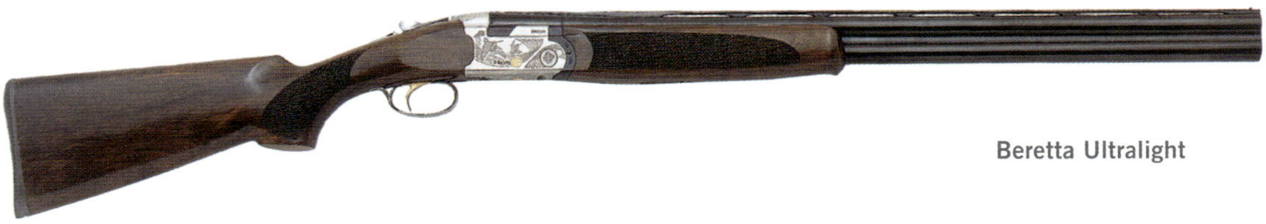
Beretta Ultralight

und mit Goldeinlagen mit Enten- und Fasanenmotiven versehen. Die dazu erhältlichen Lauflängen sind die gleichen wie bei der Standardversion, die Luxusausführung ist mit 2,8 kg aber etwas schwerer. Die Ultralight SR ist eine Waffe, bei der interessanterweise ein oben liegender glatter Flintenlauf mit einem unten liegenden, gezogenen Flintenlauf mit Zügen und Feldern kombiniert ist, was mit Flintenlaufgeschossen ein Beschießen von weiter entfernten Wildschweinen etc. zulässt. Die SR ist nur mit einem 62-cm-Lauf erhältlich und hat ein Gewicht von 2,7 kg. Alle Versionen der Waffe haben einen Einabzug mit Laufwahlmöglichkeit durch den auf dem Kolbenhals befindlichen Sicherungsschieber.

BERNARDELLI

www.bernardelli.com

Markenzeichen von Bernardelli

Die ebenfalls norditalienische Firma Bernardelli begann bereits 1721 in Gardone mit dem Bau von Waffen. 1865, nach der Vereinigung Italiens, ließ der Nachfahre der beiden Gründerbrüder, Vincenzo Bernardelli, sein Unternehmen offiziell registrieren. Die Firma ist vor allem wegen ihrer prachtvollen Schrotflinten bekannt, die es auf die verschiedensten Arten graviert gibt, z. B. die bekannten Modelle Saturn, Hemingway oder

Bernardelli Combi 2000-Bockbüchsflinte

Holland. Ein erheblicher Teil der Flintenpalette besteht aus traditionellen Querflinten. Bernardelli baut sogar noch zwei davon mit außenliegenden Hahnen, die Modelle Italia und Italia Extra. Ein Teil der Bernardelli-Flinten besitzt Pseudo-Seitenplatten, die den Anschein erwecken sollen, dass die Waffen mit Seitenschlossen ausgestattet sind. Die Firma baut aber auch echte, feine Seitenschlosswaffen, etwa die Holland-Serie. Für die Jagd auf Großwild fertigt Bernardelli auch eine namhafte Serie von Express-Doppel- und -Bockdoppelbüchsen. Meistens haben sie eine spezielle Art von Klappvisier mit drei oder mehr klappbaren Kimmenblättern für die unterschiedlichen Entfernungen. 2001 geriet die Firma Bernardelli in finanzielle Schwierigkeiten, konnte sich Mitte 2002 aber wieder fangen, nachdem sie eine Kooperation mit dem bekannten türkischen Waffenherstellungsunternehmen Sarsilmaz eingegangen war.

BERNARDELLI MODELL COMBI 2000 BOCKBÜCHSFLINTE

Die kombinierte Kipplaufwaffe Bernardelli Combi 2000 besitzt oben einen glatten Kaliber 12- oder 16-Schrotlauf mit auswechselbaren Choke-Einsätzen und unten einen Büchsenlauf mit Zügen und Feldern, der in den folgenden Kalibern zur Verfügung steht: .22 Hornet, .222

Bernardelli Modell Dream

Rem., 5,6x50R, .243 Win., 6,5x55, 6,5x57R, .270 Win., 7x57R, 7x65R, .308 Win., .30-06 Springfield, 8x57JRS oder 9,3x74R. Das Büchsenschloss wird durch das vordere und das Schrotschloss durch das hintere der beiden vorhandenen Abzugszüngel ausgelöst; der vordere Abzug ist zudem mit einem Rückstechersystem versehen. Die Waffe ist 104 cm lang, hat 60-cm-Läufe und wiegt 3,1 kg. Sie hat nur einen Auszieher, keinen Auswerfer. Ihr Sicherungschieber befindet sich oben auf dem Schaftkolbenhals. Das Visier besteht aus einem Korn und einer Klappkimme. Auf der teilweise erhöhten Laufschiene kann auch eine Zieloptik angebracht werden. Die Basküle des immer noch in Produktion befindlichen Gewehrs ist leicht graviert. Der Schaft weist einen Pistolengriff auf.

Bernardelli Modell Dream Field

Die Produktion dieser 1990 vorgestellten Bockdoppelflinte wurde inzwischen bereits wieder eingestellt. Die Waffe war in den Kalibern 12/76 und 20/76 erhältlich. An Lauflängen wurden 66, 71 oder 75 cm angeboten, was die Waffe zwischen 112 cm und 122 cm lang machte und zu einem Gewicht führte, das zwischen 3 und 3,2 kg lag. Die Flinte Dream Field hatte eine einfache Laufhakenverriegelung, automatische Ejektoren und eine 11 mm breite ventilierte Laufschiene. Sie konnte entweder mit festen oder auswechselbaren Chokes bestellt werden und hatte eine automatische, unmittelbar beim Abkippen der Läufe wirkende Sicherung. Ihr Schaft war aus Nussbaumholz und sie wurde in vier verschiedenen Ausführungen geliefert, jagdlich als Dream Field (oder Caccia) mit 66, 71 oder 75 cm langem Laufbündel, als Dream Skeet mit einem 71-cm-Lauf, als Dream Sporting, ebenfalls mit einem 71 cm langen Lauf und als Dream Trap mit einem 75-cm-Lauf.

Bernardelli Hemingway

Express 2000 mit Doppelzüngel- und Einabzug

Bernardelli Modell Express 2000

Hier handelt es sich um eine Bockdoppelbüchse für die Kaliber .30-06 Springfield, 7x65R, 8x57JRS oder 9,3x74R. Die Waffe ist entweder mit einem Einabzug oder mit einem Doppelzüngelabzug mit Rückstecher beim vorderen Abzug erhältlich. Sie hat einen Verschluss mit Laufhaken und ein Patronenausziehersystem. Ihre Lauflänge beträgt wahlweise 55 oder 60 cm und sie ist daher 103 oder 108 cm lang. Die 3,1 bis 3,3 kg schwere Express 2000 hat eine Klappkimme, kann aber auch mit einem Zielfernrohr bestückt werden. Ihr Nussbaumschaft hat einen Pistolengriff und eine Wangenplatte.

Bernardelli Italia Hahn-Doppelflinte

BERNARDELLI MODELL HEMINGWAY

Diese Querflinte soll an Ernest Hemingway erinnern, der ja ein begeisterter Jäger war. Sie hat die Kaliber-Optionen 12, 20 und 28 sowie seit 1990 auch 16, einen Greener-Verschluss und wahlweise einen Ein- oder einen Doppelzüngelabzug. In der Standardausführung verfügt sie über ein Anson & Deeley-Kastenschloss. Die abgebildete Version zeigt die Waffe auch mit Kastenschloss, verbunden aber mit Seitenplatten, die aufgrund ihrer eingearbeiteten Querstiftköpfe ein Seitenschlosssystem „vorgaukeln". Die Gesamtlänge liegt bei 112 bis 122 cm, ihr Gewicht bei 2,8 bis 3,2 kg. Sie verfügt über automatische Ejektoren, einen auf dem Kolbenhals befindlichen Sicherungsschieber und ist nur mit festen Chokebohrungen erhältlich. Die Flinte mit einem englischen Schaft aus Nussbaum wurde einige Jahre lang in den Kalibern 12, 16 und 20 auch als Hemingway Lightweight produziert. Diese Variante war 109 cm oder 114 cm lang, hatte 66 cm oder 71 cm lange Läufe und wog lediglich 2,8 kg.

Modell Holland mit feinster Gravur der Schlossplatten

BERNARDELL MODELL HOLLAND VB

Wie bereits die Bezeichung ausdrückt besitzt diese Querflinte Holland & Holland-Seitenschlosse. Die Seitenschlossplatten der Waffe, die immer noch, allerdings nur im Kaliber 12/70, in Produktion ist, können mit floralen oder Arabeskenmotiven oder wie abgebildet mit weit extravaganteren Motiven graviert bestellt werden. Es gibt wahlweise Einabzug oder Doppelzüngelabzug, mit oder ohne automatische Sicherung und automatische Ejektoren sowie gerade englische Schäftung oder Hinterschaft mit Pistolengriff. Die Flinte hat eine Lauflänge von 66 cm oder 71 cm, ist 109 cm oder 114 cm lang und wiegt zwischen 3,2 kg und 3,4 kg.

BERNARDELLI MODELL ITALIA

Bernardelli ist eines der wenigen Unternehmen, das noch Seitenschloss-Kipplaufwaffen mit außenliegenden Hahnen herstellt. Die Doppelflintenmodelle Italia und Italia Extra gibt es nur mit Patronenausziehern und festen Chokebohrungen in $^1/_2$- und Vollchoke sowie in den Kalibern 12, 16 oder 20. Die Lauflänge der mit einem Purdey-Verschluss, kombiniert mit einer doppelten Laufhakenverriegelung, ausgestatteten Waffe beträgt 70 cm, ihre Gesamtlänge 122 cm und ihr Gewicht circa 3,2 kg. Sie hat einen Doppelzüngelabzug und als Hahn-Gewehr keine Sicherung, jedoch eine Sicherungsrast der Hahne. Ihr englischer Schaft ist aus Nussbaumholz.

BERNARDELLI MODELL LUCK

Hierbei handelt es sich um eine einfache Standard-Bockdoppelflinte mit matt brüniertem (Luck Blue) oder vernickeltem (Luck Argent) Systemkasten. Die Waffe wird nur für das Kaliber 12/70 hergestellt und hat einen üblichen Laufhakenverschluss. Sie ist mit automatischen Ejektoren und Wechselchokes ausgestattet und kann wahlweise mit einem Einabzug oder mit einem Doppelzüngelabzug bestellt werden; beim Einabzug besteht keine Laufwahlmöglichkeit. Die Gesamtlänge des Modells beträgt 109 bis 119 cm und bei einem Waffengewicht von etwa 3,2 kg stehen zwischen 66 und 76 cm lange Läufe zur Verfügung.

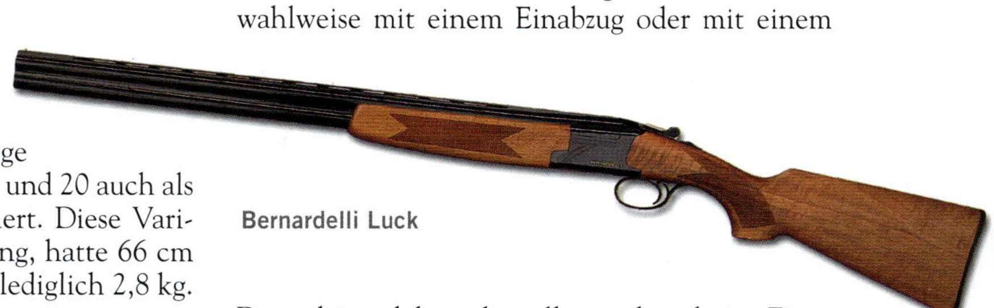

Bernardelli Luck

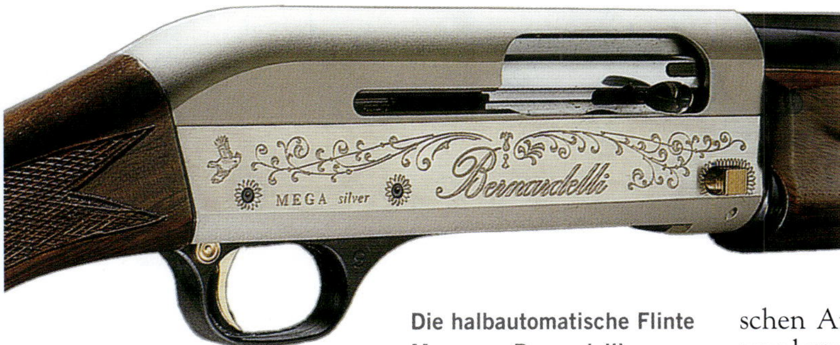

Die halbautomatische Flinte Mega von Bernardelli

BERNARDELLI MODELL MEGA

Diese halbautomatische Flinte wird von der türkischen Firma Sarsilmaz für Bernardelli produziert. Vorher hatte Bernardelli mit dem Modell Vincent auch eine eigene Selbstladeflinte gebaut, deren Produktion aber bereits vor einigen Jahren eingestellt. Die Flinte Mega ist ein Gasdrucklader mit variabler Gasdruckregulierung. Sie hat einen Drehkopfverschluss und ihr Sicherungsknopf befindet sich hinten im Abzugsbügel. Mit dem Hebel rechts am Systemkasten beim Auswurffenster kann die Patronenzuführung aus dem Magazin blockiert werden. Das Röhrenmagazin der nur im Kaliber 12/76 erhältlichen Waffe fasst zwischen zwei und fünf Patronen. Der Systemkasten der sehr robusten Flinte, die mit 61, 66 oder 71 cm langen Läufen ausgeliefert wird und circa 3,1 kg wiegt, ist aus dem Leicht-Aluminium Ergal.

Bernardelli-Bockdoppelflinte Modell Pull

BERNARDELLI MODELL PULL

Die Bockdoppelflinte Pull ist eine einfache Waffe zur Jagd und zum Wurfscheibenschießen. Für letzteres wird sie mit den entsprechenden Chokebohrungen in den Versionen Skeet, Sporting und Trap hergestellt. Ihre Lauflänge schwankt je nach vorgesehener Verwendung zwischen 71 und 76 cm, ihre Länge zwischen 114 und 119 cm. Die zwischen 3,2 kg und 3,6 kg schwere Flinte hat einen Einabzug mit Laufwahlmöglichkeit sowie ein Ejektoren(Auswerfer)-System.

BERNARDELLI MODELL ROMA

Die Baureihe dieser Doppelflinten, deren Modellbezeichnung eine die Gravur angebende Zahlenbeifügung aufweisen, ist recht umfangreich. Das Modell Roma 5 hat ein Kastenschloss mit Seitenschlossplatten-Imitaten, die mit einer feinen englischen Arabeskengravur versehen sind. Die Seitenplatten der Roma 6 haben eine extensive Gravur mit Pflanzen- und Jagdmotiven, die der 7 eine feine Rahmengravur, die der 8 eine Tierszenengravur mit einem fliegenden Fasanenhahn und die des Modells Roma 9 eine Gravur mit Goldeinlagen. Die Roma-Flinten werden weiterhin in den Kalibern 12, 20 und 28 hergestellt, verfügen wahlweise über einen selektiven Ein- oder einen Doppelzüngelabzug und haben als Verschluss einen Purdey-Verschluss, bei dem sich die so genannte Purdey-Nase in eine korrespondierende Aussparung im Patronenboden einfügt. Die Gesamtlänge der Flinte beträgt bei Lauflän-

Die Flinten Roma 5 und Roma 6

Modell Roma 9-Querflinte

gen von 66 bis 76 cm zwischen 112 cm und 122 cm und sie wiegt zwischen 2,7 kg und 3 kg. Alle Roma-Waffen verfügen über eine Sicherung, die die auf dem Hals des geraden, englischen Hinterschafts befindliche Schiebesicherung beim Brechen automatisch sichert. Als feste Chokebohrungskombinationen stehen zur Verfügung 1/2 und Voll oder 3/4 und 1/4.

Bernardelli Saturno

Bernardelli Modell Saturno

Die Saturno-Bockdoppelflinte, Kaliber 12 oder 20, erweckt aufgrund ihrer gravierten Seitenplatten den Eindruck, als ob sie mit Seitenschlossen ausgestattet wäre, sie hat aber ein Kastenschloss. Gesamtlänge zwischen 109 und 118 cm, Lauflängen zwischen 65 cm und 75 cm, Gewicht etwa 2,8 kg. Das Gewehr ist wahlweise mit Läufen mit festen Chokebohrungen oder mit Wechselchokes und mit einem Einabzug oder einem Doppelzüngelabzug lieferbar.

Bernardelli Modell Slug 200

Diese insgesamt 106 cm lange und 3,2 kg schwere Querflinte verfügt über zylindrische, 60 cm lange, glatte Schrotläufe. Sie ist vornehmlich zum Verschießen von Flintenlaufgeschossen, etwa auf Wildschweine, konzipiert. Die Waffe ist mit einem Greener-Verschluss und ausschließlich einem Doppelzüngelabzug ausgestattet. Ihr Büchsen-Klappvisier befindet sich auf der Laufschiene, auf der auch ein Zielfernrohr montiert werden kann.

Bernardelli Slug 200 (oben) und Express (unten)

Bernardelli Modell Uberto

Die Uberto ist eine relativ einfache Doppelflinte mit einem Anson & Deeley-Kastenschloss. Sie wird in den Kalibern 12, 20 und 28 und sowohl für Patronenlängen von 70 mm als auch 76 mm hergestellt. Sie hat einen Purdey-Verschluss, eine einfache Laufhakenverriegelung und wahlweise einen Ein- oder einen Doppelzüngelabzug. Die Gesamtlänge der Waffe liegt zwischen 109 cm und 127 cm, die Lauflängen zwischen 65 cm und 75 cm und das Gewicht bei 3,2 bis 3,4 kg. Zum Entfernen der Patronen aus dem Lager kann zwischen einem Auswerfer- oder Ausziehersystem gewählt werden. Die Chokebohrungen $^{1}/_{2}$ und Voll oder $^{3}/_{4}$ und $^{1}/_{4}$ sind fest und der englische Schaft ist aus Nussbaumholz.

BERNARDELLI MODELL VINCENT

Bernardelli stellte die Produktion dieser halbautomatischen 12/76er-Gasdrucklader-Flinte mit Fallblockverschluss vor einigen Jahren ein. Ihr im Vorderschaft integriertes Röhrenmagazin fasste drei Patronen und ihre hinten am Abzugsbügel befindliche Druckknopfsicherung blockierte lediglich den Abzugsmechanismus. Der 55 cm bis 75 cm lange Lauf der dadurch 102 cm bis 122 cm langen Flinte hatte eine ventilierte Laufschiene und die Möglichkeit, Wechselchoke-Einsätze einzuschrauben. Das Waffengewicht betrug 3,1 kg bis 3,5 kg. Das Standardmodell der Vincent hatte einen brünierten Systemkasten, während dieser bei dem abgebildeten Modell Vincent Deluxe verchromt war.

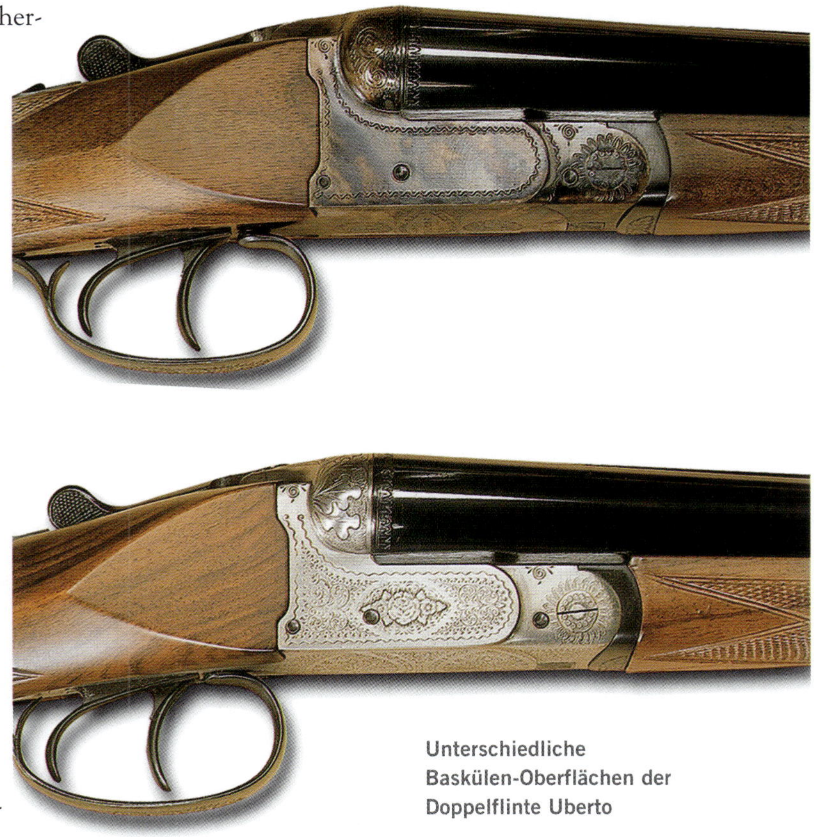

Unterschiedliche Basküle-Oberflächen der Doppelflinte Uberto

Bernardelli Target Carbine in unterschiedlichen Variationen

BERNARDELLI MODELL VB-TARGET CARBINE

Hierbei handelt es sich um eine Kleinkaliber-Selbstladebüchse mit Feder-Masse-Verschluss; ihr Rückstoß wird zum Nachladen der Patronen verwendet. Bernardelli stellt dieses Gewehr mit einem Magazin für fünf oder für 10 Patronen, Kaliber .22 l.r., her, unter der Bezeichnung Giardino baut man die 103 cm lange und 2,3 kg schwere Waffe, deren Lauflänge 53 cm beträgt, interessanterweise aber auch im Kaliber 9 mm Flobert. Das Modell VB-Target Carbine hat eine verstellbare Schiebevisierung, verfügt aber auch über eine Prismaschiene zur Anbringung einer Zielfernrohr-Montage. Hinten am Abzugsbügel befindet sich ein einfacher Sicherungsknopf. Als Schaftmaterial wurde Hartholz verwendet.

Basküle der Selbstladeflinte Bernardelli Vincent

BLASER

www.blaser.de

Markenzeichen-Schriftzug der Firma Blaser

Die Blaser Jagdwaffen GmbH hat ihren Sitz in Isny im Allgäu in Baden-Württemberg. Die Firma wurde 1977 von Horst Blaser gegründet. 1986 übernahm sie deren leitender Büchsenmacher Gerhard Blenk. Blaser spezialisiert sich auf den Bau hervorragender Jagdwaffen, die teilweise reich graviert auch in Luxusausführungen angeboten werden. Anfänglich handelte es sich bei den Gewehren von Blaser ausschließlich um Kipplaufwaffen, Büchsen, Flinten und kombinierte Gewehre, mit Baskülverschlüssen. Blaser bietet seine Büchsen auch komplett mit montierten Zielfernrohren an; man verwendet ausschließlich Markenzielfernrohre, etwa solche von Zeiss, Swarowski, Schmidt & Bender oder auch von Leupold. Die meisten der Blaser-Waffen, die alle auf modernsten CNC-Maschinen gefertigt werden und deshalb keinerlei Fertigungstoleranzen aufweisen, können unmittelbar ab Werk mit dem Mag-Na-Port-Rückstoßdämpfungssystem ausgerüstet oder mit einer speziellen Rückschlagverminderungskonstruktion im Hinterschaft ausgeliefert werden.

1993 stellte Blaser auf der Internationalen Waffen-Messe IWA in Nürnberg eine neue Repetierbüchse vor, das Modell Blaser R-93. Diese Waffe gibt es zum sportlichen Schießen auf 300 Meter unter anderem auch als Einzelladerbüchse (Modell R-93 UIT Standard) und als 10-schüssigen Repetierer (Modell R-93 CISM). Die R-93 hat ein komplett neu entwickeltes Geradezug-Repetiersystem, das besonders sicher ist. Auf der IWA 2003 wurde bereits die 100000ste Blaser R-93 vorgestellt; diese von dem berühmten Graveurmeister Jürgen Göser speziell gravierte, sündhaft teure Waffe ging an den belgischen Importeur N.V. Pletsers.

Blaser hat übrigens auch eine spezielle Technik entwickelt, um dem Rosten der Waffen entgegenzuwirken. In einem speziellen Fertigungsprozess werden die verwendeten Stähle mittels der so genannten Blaser-Q-Technik behandelt. Dabei werden die Stahloberflächen mit Stickstoffgas in Verbindung gebracht, das tief (ca. 0,2 mm) in den Stahl eindringt und ihn vor Korrosion schützt. Heute ist die Firma Blaser Teil der Lüke & Ortmeier-Gruppe, welche daneben auch im

Einzelstück: die 100000ste Blaser R 93-Repetierbüchse

Linke Seite des Systemkastens der Waffe

Rechte Systemkastenseite des Unikats

Blaser Bergstutzen B 750/88 mit abgekipptem Laufbündel

Besitz der Waffenfirmen Sauer & Sohn, Hämmerli, Mauser und SAN Swiss (ehemals SIG) ist und im Juli 2003 auch die bekannte Waffenhandelsfirma Kettner übernommen hat.

BLASER B 750/88 BERGSTUTZEN

Die doppelläufige Büchse Blaser B 750 stammt bereits aus den 1980er-Jahren. 1988 wurde sie intensiv verbessert und hat seitdem die Bezeichnung B 750/88. Eine Kipplaufwaffe mit zwei übereinanderliegenden, „aufgebockten", Büchsenläufen – bezeichnet als Bockdoppelbüchse, soweit die Büchsenkaliber identisch sind – wird mit unterschiedlichen Kalibern „Bergstutzen" genannt. In der Regel, wie auch bei dieser Blaser-Waffe, befindet sich der Lauf für das kleinere Kaliber bei einem Bergstutzen oben. Wie bei einer Bockdoppelbüchse befinden sich auch hier die Patronenlager als der der Laufmündung gegenüberliegende Teil des Laufes in einem massiven Laufblock, der in die Basküle eingreift. Die Besonderheit des Blaser-Bergstutzens liegt darin, dass sein oberer Lauf mittels spezieller Schrauben an der Laufmündung verstellt werden kann, so dass die Schüsse aus den beiden Läufen möglichst eng zusammenliegen, und dass die Waffe einen Spannschieber auf dem Kolbenhals besitzt, mit dem die Schlosse erst vor der Schussabgabe manuell gespannt werden, nicht wie üblich bereits beim Abkippen des Laufbündels. Mittels des Spannschiebers sind die Schlosse übrigens auch wieder manuell zu entspannen, falls nötig. Dieses System ist ungemein handhabungssicher. Die B 750/88 besitzt einen speziellen Abzugsmechanismus, der es Büchsenmachern erlaubt, die Abzüge individuell einzustellen. Der vordere Abzug bedient das Schloss für den unteren, größerkalibrigen Lauf und der hintere den für den kleinkalibrigeren, oberen Lauf. Die Verriegelung der 102 cm langen Waffe wird mittels zwei massiven Einhakblöcken hinten unter dem Patronenlagerbereich des 60 cm langen Laufbündels bewerkstelligt. Die Waffe wiegt etwa 3,1 kg und hat ein festes, nicht verstellbares Kimmenblatt; in der Regel wird mit der bekannten, robusten Blaser-Schwenkmontage ohnehin ein Zielfernrohr montiert. Blaser bietet die Waffe von vornherein gleich mit den Zieloptiken Schmidt & Bender (3–12x50 LM) oder Zeiss (2,5–10x48 oder 3–12x56) komplett montiert und eingeschossen an. Der Bergstutzen wurde im Laufe der Jahre in diversen Kalibern hergestellt, viele Kaliber und Kombinationen wurden aber inzwischen auch wieder aufgegeben. Aktuell stehen für den oberen Lauf die Kaliber .17 Rem., .22 Hornet, .22 Rem., 5,6x50R Mag., 5,6x52R, .222 Rem. oder .222 Rem.Mag. zur Verfügung und für den unteren .17 Rem., .222 Rem., .222 Rem. Mag., 5,6x50R Mag., 5,6x52R, .243 Win., .25-06 Rem., 6x62R Frères, 6,5x57R, 6,5x65R RWS, .270 Win., 7x57R, 7x65R, .308 Win., .30-06 Springfield, .30R Blaser, 8x57JRS, 8x75RS oder 9,3x74R. Die Basküle, ein kompaktes Kastenschloss beinhaltend, ist je nach Ausführung mehr oder minder graviert; in der Version Royal verfügt sie über reich gravierte Seitenplatten, die den Anschein erwecken sollen, dass das Gewehr über Seitenschlosse verfügt. Für die Waffe mit ihrem aus ausgesuchtem Nussbaumholz gefertigten Schaft bot Blaser bis zur Einführung der eigentlichen Bockbüchsflinte BBF 95 auch Bockbüchsflinten-Wechsellaufbündel an.

Doppelläufige Büchse Blaser B 810

BLASER B 810 BOCKDOPPELBÜCHSE

Hierbei handelt es sich um eine Kipplaufwaffe mit zwei übereinander liegenden, gezogenen Büchsenläufen in identischen Kalibern, in Dickhäuterkalibern oft auch als Express-Büchse bezeichnet. Die Waffe hat den üblichen, massiven Blaser-Baskülverschluss, bei dem im Bereich des oberen Laufes mittels des am Kolbenhals befindlichen Verschlusshebels ein halbmondförmiger Riegel vorwärts und zurück bewegt wird und im geschlossen Zustand des Systems in eine korrespondierende Aussparung im Stoßbodenbereich der Basküle eingreift. Durch die hohe Verriegelungsanordnung widerstehen entsprechende Konstruktionen den höchsten Gasdrücken.

Bockdoppelbüchse B 860/88

Auch am Kolbenhals der B 810 befindet sich zusätzlich der Schieber für die typische Blaser-Handspannung; auch bei dieser Waffe wird also sehr zugunsten der Sicherheit erst kurz vor der Schussabgabe von Hand gespannt. Das Gewehr hat einen Einabzug, der beim ersten Durchziehen das Schloss für den unteren Lauf abschlagen lässt. Der Abzug verfügt gleichzeitig über ein Rückstechersystem. Auch bei dieser Waffe kann der obere Lauf mittels zweier Schräubchen an der Laufmündung eingestellt werden. Sie wird in den Kalibern 6,5x57R, 7x65R, .30-06 Springfield, .300 Win.Mag., .375 H&H Mag. und 9,3x74R angeboten, ist 103 cm lang, hat 60-cm-Läufe und wiegt ungefähr 3,2 kg.

BLASER B 860/88 BOCKDOPPELBÜCHSE

Dieses Modell ist praktisch ein Bergstutzen für noch größere Kaliber. Die Waffe verfügt über einen von Blaser patentierten Kippblockverschluss, der auf der entsprechenden Abbildung deutlich zu erkennen ist. Wie bei Handspannern üblich wird auch bei dieser Waffe das Schloss erst vor dem Schuss durch Vorschieben des Spannschiebers auf dem Kolbenhals gespannt. Da für beide Läufe lediglich ein Schlossmechanismus existiert, ist das System nach der Abgabe des ersten Schusses wieder entspannt und es muss zum Abschießen des weiteren Laufes neu von Hand gespannt werden. Auch hier kann der obere Lauf mittels zweier Einstellschrauben so eingestellt werden, dass die beiden 60 cm langen Läufe „zusammenschießen". Die Gesamtlänge der Büchse beträgt 103 cm und ihr Gewicht variiert zwischen 3,2 kg und 3,4 kg. Sie hat ein nicht verstellbares Klappkimmenblatt und ist wie üblich mit einer Montage für ein Zielfernrohr ausgestattet. Ihr Schaft ist aus ausgesuchtem Nussbaum. Für den oberen Lauf stehen die Kaliber .222 Rem., .222 Rem.Mag., 5,6x50R Mag., 5,6x52R, 6x62R Frères, .243 Win., .270 Win., 6,5x57R, 6,5x68R, 7x57R, 7x65R, 7mm Rem.Mag., .308 Win., .30-06 Springfield, .300 Win.Mag., .300 Wby.Mag. und 8x75RS. Der untere Lauf der Waffe kann in den folgenden Kalibern geordert werden: 7x65R, 7 mm Rem.Mag., .30-06 Springfield, .30R Blaser, .300 Win.Mag., .300 Wby.Mag., 8x57JRS, 8x68S, 8x75RS, .375 H&H Mag., 9,3x62, 9,3x64 und 9,3x74R.

BLASER B 97 BOCKDOPPELBÜCHSE/ BOCKBÜCHSFLINTE

Die B 97 ist mit unterschiedlichen Lauf- und Kaliberkombinationen erhältlich. In der Bockbüchsflintenversion BBF hat der obere Lauf stets das Schrotkaliber 12 oder 20 mit Kammerlängen für 70-mm- oder 76-mm-Hülsen oder auch 16, hier allerdings nur mit einem 70er-Patronenlager. Für den unteren Büchsenlauf stehen als Kaliber zur Verfügung .22 Hornet, .222 Rem., 5,6x50R Mag., 5,6x52R, .243 Win., 6x62R Frères, 6,5x57R, 6,5x65R RWS, .270 Win., 7x57R, 7x65R, .308 Win., .30-06 Springfield, .30R Blaser, 8x57JRS oder 9,3x74R. Die Gesamtlänge der BBF beträgt bei einer Länge der Läufe von 60 cm 102 cm und sie wiegt 2,8 bis 3,2 kg.
In der Bergstutzenvariante mit gezogenen Büchsenläufen in unterschiedlichen Kalibern stehen zur Verfügung für den unteren Lauf 5,6x50R Mag., 5,6x52R, .243 Win., 6x62R Frères, 6,5x57R, 6,5x65R RWS, .270 Win., 7x57R, 7x65R, .308 Win., .30-06 Springfield, .30R Bla-

Blaser B 97, hier als Bockbüchsflinte

ser, 8x57JRS oder 9,3x74R, und oben .22 Hornet, .222 Rem., 5,6x50R Mag., 5,6x52R, .243 Win. oder 6,5x57R. Auch diese Waffe hat ein 60 cm langes Laufbündel und eine Gesamtlänge von 102 cm; ihr Gewicht liegt bei 2,8 bis 3,2 kg.
Als dritte Variante der Baureihe gibt es eine Bockdoppelbüchsen- oder Express-Version mit

identischen Büchsenkalibern oben und unten. Diese gibt es in 7x57R, 7x65R, .30-06 Springfield, .30R Blaser, 8x57JRS und 9,3x74R. Sie hat zwischen 2,8 und 3 kg. Der Schaft, hinten mit Pistolengriff und Wangenauflage (Backe), ist aus ausgesuchtem Nussbaumholz.

Blaser BBF 95 Bockbüchsflinte

einen 56-cm-Lauf und ist daher mit 98 cm etwas kürzer als die beiden anderen Varianten.
Auch die B 97 verfügt über den Blaser-typischen Handspannschieber am Kolbenhals. Hier werden allerdings beim Spannen die beiden vorhandenen Schlosse gleichzeitig gespannt, so dass zwei Schüsse schnell hintereinander ohne erneutes Spannen abgegeben werden können. Wie abgebildet gibt es die Waffe auch mit einem Einabzug; dieser löst zuerst das Schloss für den unteren und dann das für den oberen Lauf aus. Auch diese Gewehrfamilie ist mit der bekannten Blaser-Laufhakenverriegelung ausgestattet.

Blaser BBF 95 Bockbüchsflinte

Der obere Lauf dieser 1995 vorgestellten Bockbüchsflinte der Firma Blaser hat wahlweise die Schrotkaliber 12/70, 12/76, 20/70, 20/76 oder 16/70. Der untere Kugel- beziehungsweise Büchsenlauf ist erhältlich in den Kalibern .22 Hornet, .222 Rem., 5,6x50R Mag., 5,6x52R, .243 Win., 6,5x57R, 6,5x65R RWS, .270 Win., 7x57R, 7x65R, .308 Win., .30-06 Springfield, .30R Blaser, 8x57JRS oder 9,3x74R; zudem stehen hier als Magnumkaliber auf Wunsch auch 7 mm Rem.Mag., .300 Win.Mag. oder .338 Win.Mag. zur Verfügung. Zwischen den beiden separaten Läufen der Waffe befindet sich eine schwarze Verbindungsschiene aus Kunststoff, die optisch genau die Farbe der Laufbrünierung hat.
Das Gewehr ist wie üblich mit dem Blaser-Handspannersystem und dem bekannten, massiven Blaser-Verriegelungssystem ausgerüstet. Seine offene Visierung besteht aus einem Korn und einem Klappkimmenblatt. Mittels der Blaser-Schwenkmontage, für die es vorbereitet ist, kann ein Zielfernrohr montiert werden. Die Baureihe ist 102 cm lang und hat 60 cm lange Läufe. Ihr Gewicht variiert je nach den gewählten Kalibern

Blaser BBF 700/88 Bockbüchsflinte

Diese klassische traditionelle Bockbüchsflinte stammt aus dem Jahr 1977 und wurde 1988 modifiziert. Der obere Schrotlauf kann in den Kalibern 12/70, 16/70, 20/70 oder auch in 20/76 geordert werden und der untere, gezogene Büchsenlauf ist erhältlich in .17 Rem., .22 l.r., .22 WMR, .22 Hornet, 222 Rem., .222 Rem.Mag., 5,6x50R Mag., 5,6x52R, 6x62R Frères, .243 Win., .25-06 Rem., .270 Win., 6,5x57R, 6,5x65R RWS, 7x57R, 7x65R, .308 Win., .30-06 Springfield,

Blaser BBF 700/88 als Variante Super Exklusiv (oben) und Exklusiv (unten)

8x57JRS, 8x75RS oder 9,3x74R. Die Verriegelung erfolgt mittels des massiven, unter dem unteren Lauf im Bereich des Patronenlagers befindlichen Laufblocks. Ab 1988 wurde die Waffe mit dem Blaser-Handspannsystem ausgestattet, so dass auch bei ihr erst unmittelbar vor dem Schuss von Hand gespannt werden muss.

Auch ihr Spannschieber entspannt nötigenfalls das System umgekehrt. So können sich bei entspannter Waffe sicher Patronen im Patronenlager befinden. Das Abzugssystem dieser Waffe besteht aus einem Doppelzüngelabzug, dessen Abzugswiderstand von einem Büchsenmacher eingestellt werden kann. Sie hat eine Klappkimme, ist jedoch für die Anbringung einer Zielfernrohr-Montage vorbereitet. Die Gesamtlänge beträgt 103 cm, die Lauflänge 60 cm und das Gewicht 2,6 kg bis 3,2 kg. Die Basküle ist seitlich mit einer Gravur versehen. In der Version Super Exklusiv befinden sich seitlich an der Basküle reich gravierte Seitenplatten.

BLASER BL 820 FALLBLOCKBÜCHSE

Diese Waffe wurde 1982 vorgestellt und bis 1992 produziert. Ihr Verschluss funktioniert mittels eines Verschlussblocks, der dadurch vertikal bewegt wird, dass der Abzugsbügel des Gewehrs nach unten geschwenkt wird. Die einschüssige BL 820 muss nach jedem Schuss neu geladen werden. Das Abzugsschloss wird nur gespannt, wenn der Abzugsbügel nach dem Laden noch weitere etwa 8 mm in die Basküle gedrückt wird. Wenn kein Schuss abgegeben werden soll, ist darauf zu achten, dass das Schloss auch jeweils wieder entspannt wird. Der Achtkantlauf des insgesamt 98 cm langen und etwa 3 kg schweren Gewehres ist 60 cm lang. Es hat ein Korn und ein Klappkimmenblatt, kann aber auch mit einem Zielfernrohr bestückt werden. Hergestellt wurde es für die Kaliber .222 Rem., .222 Rem.Mag., 5,6x50R Mag., .22-250 Rem., 5,6x52R, 6x62R Frères, .243 Win., 6,5x57R, 6,5x65R RWS, 6,5x68R, 7x57R, 7x65R, 7 mm Rem.Mag., .308 Win., .30-06 Springfield, .300 Win.Mag., .300 Wby.Mag., 8x68S, .338 Win.Mag., 9,3x74R oder 10,3x60R. Schaftmaterial war natürlich Nussbaumholz.

BLASER D 99 DRILLING

Diese klassische dreiläufige Waffe stellte die Firma Blaser 1999 vor. Die Standardausführung davon hat oben einen gezogenen Büchsen- und unten zwei nebeneinander liegende glatte

Drilling D 99 von Blaser

Schrotläufe, Kaliber 20/70 oder 20/76. Die Ausführung Duo, ein so genannter Bockdrilling, hat diagonal platzierte, wie die erste Ausführung 57 cm lange Büchsenläufe und den 20er-Schrotlauf unter dem oberen dieser beiden. Als Büchsen-

Die Ausführung Royal des D 99-Drillings

kaliber für die 101 cm lange und ohne Zielfernrohr und Montage etwa 3,4 kg schwere Waffe stehen zur Verfügung .222 Rem., 5,6x50R Mag., 5,6x52R, .243 Win., 6,5x57R, 6,5x65R RWS,

BL 820 mit Fallblockverschluss

.270 Win., 7x57R, 7x65R, .308 Win., .30-06 Springfield, .30 R Blaser, 8x57JRS und 9,3x74R. Auch der D 99-Drilling ist mit dem Blaser-Handspannsystem ausgestattet. Entspannt wird entweder ebenfalls mittels des dazu nach hinten zu ziehenden Spannschiebers oder durch das Brechen der Waffe. Die Verriegelung des Drillings ist mehr oder weniger mit der des alten Modells B 810 von 1977 und der des Modells B 860/99 identisch. Seitlich am Kolbenhals befindet sich ein Schiebeknopf zur Wahl des jeweils abzuschießenden Laufes. Mit einem weiteren, vorne beim

Blaser K 95 in den Varianten Baronesse (oben) und Stutzen (unten)

Abzugsbügel befindlichen Schieber ist zu wählen, ob durch Betätigen des vorderen Abzugs der Büchsenlauf und durch Betätigen des hinteren Abzugs der linke Schrotlauf abgeschossen wird oder durch Betätigen des vorderen Abzugs der rechte Schrotlauf und durch Betätigen des hinteren Abzugs weiterhin der linke Schrotlauf abgeschossen wird. Alle drei Läufe des Blaser-Drillings sind nur im Bereich der Patronenlager fest miteinander verbunden und ansonsten frei schwingend, so dass sie sich beim Schießen nicht durch die Hitze der heißen Gase verziehen. Die Waffe hat eine Klappkimme und ein fluoreszierendes Korn, wird aber zumeist natürlich mit einem montierten Zielfernrohr verwendet.
Der D 99-Drilling ist in verschiedenen Ausführungen erhältlich. Standardmäßig hat er eine brünierte, kaum verzierte Basküle. Bei der Deluxe-Variante ist die Basküle ebenfalls brüniert, gleichzeitig aber auch mit einer Basisgravur versehen. Zudem gibt es die Ausführungen Super Luxus, Exklusiv, Super Exklusiv und Royal, bei denen sich die Art der Gravur und Ausführung und somit auch der Preis kontinuierlich steigern; die Royal weist etwa eine extrem aufwändige Reliefgravur auf, was die Waffe natürlich auch extrem teuer macht.

Blaser K 95 Kipplaufbüchse

Die einschüssige K 95, im Endeffekt das Nachfolgemodell der K 770- und K 77-Büchsen, wird seit 1995 gebaut. Die Waffe besitzt den typischen Blaser-Kippverschluss der früheren Modelle. Wie üblich wird die Waffe stets ungespannt jagdlich geführt und erst unmittelbar vor der beabsichtigten Schussabgabe vom Schützen gespannt. Unter Zuhilfenahme des entsprechenden Spannschiebers kann nötigenfalls auch wieder entspannt werden.
Das Standardmodell hat eine unverzierte Basküle. Je nach Ausführung und gewünschter Exklusivität ist die Waffe aber auch mit hochwertigen Tiermotiv-Reliefgravuren erhältlich. Die Blaser K 95 hat einen 60 cm langen Achtkantlauf, der für die nachfolgend genannten Kaliber erhältlich ist: .22 Hornet, .222 Rem., 5,6x50R Mag., 5,6x52R, .243 Win., 6x62R Frères, 6,5x57R, 6,5x65R RWS, .270 Win., 7x57R, 7x65R, .308 Win., .30-06 Springfield, .30R Blaser, 7,5x55 mm, 8x57JRS und 9,3x74R. Mit einem 65-cm-Lauf ist die Waffe auch für die Kaliber 6,5x68R, 7 mm Rem.Mag., .300 Win.Mag., .300 Wby.Mag., 8x75RS und 8x68S lieferbar. Weitere Varianten der K 95-Büchse haben entweder einen 68-cm-Lauf, der aber nur für das Kaliber 10,3x60R hergestellt wird, oder – wieder in allen Kaliber-Optionen – einen kurzen, führigen 56 cm langen Lauf. Die Gesamtlängen der Baureihe variieren dahingehend zwischen 98 cm und 110 cm; ihr Gewicht liegt ohne Zielfernrohr und Montage bei 2,3 kg bis 2,8 kg.

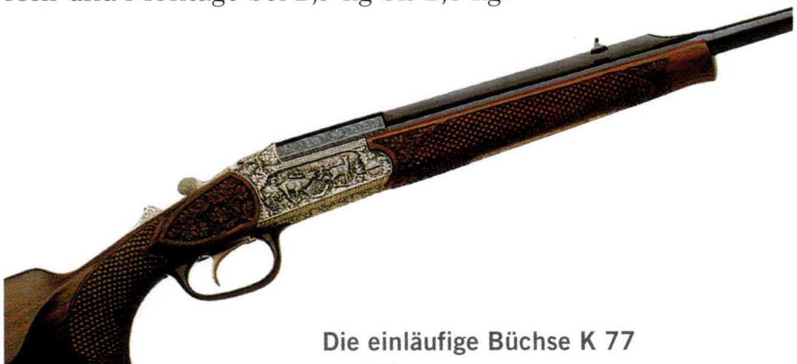

Die einläufige Büchse K 77 von Blaser

Die K 95 Kipplaufbüchse hat eine feste Kimme und standardmäßig ein Korn mit roter, fluoreszierender Spitze. Vorder- und Hinterschaft sind je nach Ausführung – Standard, Prestige, Luxus, Grand Luxus und Baronesse – aus mehr oder weniger ausgesuchtem Nussbaum- oder Nussbaum-Wurzelholz.

Blaser K 770/K 77 Kipplaufbüchse

Die ältere, einschüssige Büchse K 770 wurde von Blaser zwischen 1977 und 1994 hergestellt; etwa

Blaser K 770 in der Ultra Light-Variante

1992 änderte man ihre Bezeichnung in K 77 um. Wie auch die K 95 verfügt die Waffe über den robusten Blaser-Kippverschluss und auf dem Schaftkolbenhals den typischen Spannschieber. Dieser ist absolut lautlos zu betätigen, was jagdlich sehr hilfreich ist. Die ungespannte Waffe kann problemlos mit einer im Patronenlager befindlichen Patrone geführt werden. Soweit von Hand gespannt, entspannt sie sich nicht nur selbst, wenn der Lauf abgekippt wird, sondern auch, wenn sie etwa zu Boden fallen sollte. Der teils achtkantige und teils runde Lauf der insgesamt 103 cm langen und ungefähr 2,7 kg schweren Standardausführung ist 60 cm lang.
Die Magnumversion hat einen 65-cm-Lauf und wiegt 3 kg. An Kalibern kann gewählt werden zwischen .22 Hornet, .222 Rem., .222 Rem.Mag., .22-250 Rem., 5,6x50R Mag., 5,6x52R, 6,5x57R, 6x62R Frères, .243 Win., 6,5x68R, 7x57R, 7x65R, 7 mm Rem.Mag., .30-06 Springfield, .300 Win.Mag., .300 Wby.Mag., 7,5x55 mm, 8x57JRS, 8x68S, 9,3x74R oder 10,3x60R. Das Folgemodell, die Blaser-Kipplaufbüchse K 77, war auch in den Kalibern 6,5x65R RWS und 8x75RS erhältlich.

BLASER K 770 ULTRA LIGHT KIPPLAUFBÜCHSE

Die K 770 UL (Ultra Light) basiert auf den Modellen K 770 und K 77. Sie hat einen komplett runden Lauf und interessanterweise auch eine Stahlbasküle. Das Geheimnis ihrer Gewichtsreduzierung liegt vornehmlich am verwendeten Schaftholz, einer zwar sehr ansehnlichen, gleichzeitig aber auch extrem leichten Nussbaumart. Ohne Zielfernrohr und Montage wiegt die Ultra Light damit je nach Ausführung nur zwischen 2 und 2,5 kg. Zur Verwendung der stärkeren Kaliber wird von Blaser ein Mag-Na-Port-Laufbohrungssystem zur Verringerung des Rückschlags empfohlen. Die K 770 UL ist mit dem regulären 60-cm-Lauf 103 cm lang und wird in den folgenden Kalibern angeboten: .222 Rem., 5,6x50R Mag., .243 Win., 6x62R Frères, .257 Wby.Mag., .25-06 Rem., .270 Win., 6,5x57R, 6,5x68R, 7x65R, 7 mm Rem.Mag., .308 Win.

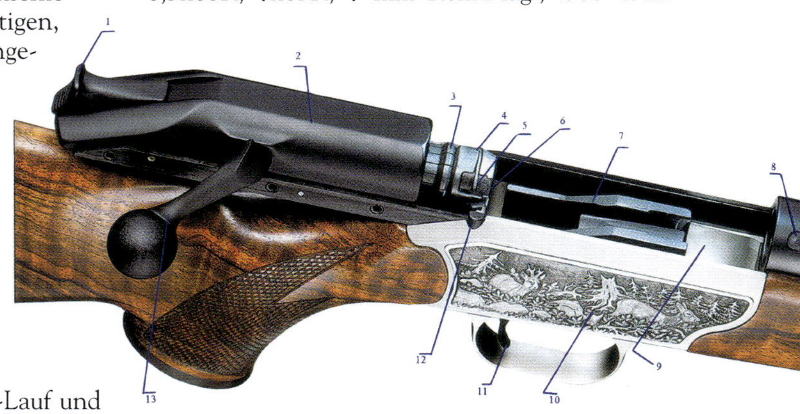

Blaser R 93-Repetierer (Nummern-Beschreibung im Text)

und .30-06 Springfield. Eine führige Variante mit 56-cm-Lauf und 99 cm Gesamtlänge wurde in den Kalibern .222 Rem., 5,6x50R, .243 Win. und .308 Win. hergestellt. Die Waffe verfügt über den von den anderen Modellen, etwa der K 770- und K 77-Büchse, bekannten Kippverschluss.

Blaser R 93, Ausführung Attaché

Blaser R 93 Jagdmatch

BLASER R 93 REPETIERBÜCHSE

Die so genannte Geradezug-Zylinderverriegelung des R 93-Repetierers ist sehr innovativ. Der Verschlusszylinder wird zum Entriegeln des Systems zurückgezogen ohne dabei gleichzeitig gedreht zu werden. Der Verschluss wird mittels einer 360-

R 93 Off Road mit Kunststoffschaft

Grad-Verriegelung im Hülsenkopf arretiert. Als Verriegelungswarzen dienen dabei insgesamt 18 federgelagerte Segmente die ringförmig um den Vorderteil des Verschlusszylinders angebracht sind. Bei der R 93 ist durch Auswechseln des Laufes und nötigenfalls Verschlusses ein einfacher Kaliberwechsel möglich. Zur Möglichkeit, schnell und einfach einen Laufwechsel vorzunehmen ist der Lauf frei und nicht mit dem Vorderschaft verbunden.
Nachfolgend die Begriffserklärung zur Illustration: 1. Spannschieber; 2. Zylinder; 3. Zylindervorderteil mit Verriegelungssegmenten; 4. Verschlusskopf; 5. Patronenauszieher; 6. Auswerfer; 7. Magazinzuführung; 8. Aussparungen zur Zielfernrohr-Montageanbringung; 9. Magazin; 10. Verschlussgehäuse; 11. Abzug; 12. Zylinder-Entriegelungsknopf; 13. Kammerstängel.
Auch die R 93 verfügt über das seit 1977 von Blaser verwendete Handspannersystem, weshalb auch sie mit einer Patrone im Lager sicher geführt werden kann. Eine Schussabgabe ist erst nach dem Spannen des Schlosses von Hand möglich. Mittels des zurückgezogenen Schiebers kann dann auch entspannt werden. Eine manuelle, weitere Sicherung ist daher nicht nötig. Die Büchse wird in einer Vielzahl von Ausführungen angeboten, vom Modell Standard bis zur Exklusivvariante Royal, deren auf dem Systemkasten angebrachte Seitenplatten reich mit Relief-Tiermotiven graviert sind.
Die verschiedenen Ausführungen der Waffe sind:

- R 93 Standard: kurze Waffe mit 52-cm-Lauf, einer Gesamtlänge von 96 cm und einem Gewicht von 2,9 kg, Kaliber .243 Win., 6,5x57 mm, .308 Win. und 9,3x62 mm; eine Variante davon, in den Kalibern .222 Rem., .243 Win., 6x62R Frères, 6,5x55 mm, 6,5x57 mm, 6,5x65 RWS, .270 Win., 7x57 mm, 7x64 mm, .308 Win., .30-06 Springfield, 8x57 mm und 9,3x62 mm erhältlich, hat einen 58 cm langen Lauf, eine Länge von 102 cm und wiegt 3 kg.
- R 93 Medium: mit 63 cm langem Lauf und einer Waffengesamtlänge von 107 cm, Gewicht 3,2 kg, hergestellt in den Kalibern 6,5x68 mm, 7,5x55 mm, 8x68S und 9,3x64 mm.
- R 93 Magnum: insgesamt 111 cm lang, mit einem 67 cm langen Lauf und einem Gesamtgewicht ohne Zieloptik von 3,2 kg in den Kalibern 7 mm Rem.Mag., .300 Win.Mag., .300 Wby.Mag., .300 Rem. UltraMag, .338 Win. Mag und .375 H&H Magnum.
- R 93 Attaché: als stutzenähnliche, insgesamt

Blaser R 93 Timber-Repetierbüchse

nur 96 cm lange Version mit 52 cm langem Lauf und einem Gewicht von 2,8 kg, angeboten in den Kaliber-Optionen .243 Win., 6,5x57 mm, .308 Win. und 9,3x62 mm. Die Standardvariante der R 93 Attaché ist 102 cm lang, hat einen 58-cm-Lauf und wiegt 2,9 kg. Diese gibt es in den Kalibern .222 Rem., .243 Win., 6x62R Frères, 6,5x55 mm, 6,5x57 mm, 6,5x65 RWS, .270 Win., 7x57 mm, 7x64 mm, 7 mm Rem.Mag., .308 Win., .30-06 Springfield, .300 Win.Mag., .300 Wby.Mag., 8x57 mm und 9,3x62 mm.

- R 93 Jagd-Match (Hunting Match): diese Waffe hat in allen Kalibern einen 63 cm langen Lauf und eine Gesamtlänge von 107 cm. Sie wiegt 4,4 kg und Blaser baut sie in den Kalibern .222 Rem., .243 Win. und .308 Win.
- R 93 Off Road: Schaftmaterial dieser robusten, Büchse, die standardmäßig 101 cm lang ist und einen 58-cm-Lauf hat, ist Kunststoff. Der R 93 Off Road-Repetierer ist erhältlich in den folgenden Kalibern: .222 Rem., .243 Win., 6x62R Frères, 6,5x55 mm, 6,5x57 mm, 6,5x65 RWS, .270 Win., 7x57 mm, 7x64 mm, .308 Win., .30-06 Springfield, 8x57 mm und 9,3x62 mm. Die Variante R 93 Off Road Medium ist 106 cm lang, hat einen 63 cm langen Lauf und die Kaliber 6,5x68 mm, 7,5x55 mm, 8x68S und 9,3x64 mm. Die Off Road-Magnum besitzt einen 67-cm-Lauf, eine Gesamtlänge von 110 cm und wird von Blaser produziert in 7 mm Rem.Mag., .300 Win.Mag., .300 Wby.Mag., .300 Rem. UltraMag, .338 Win.Mag. und .375 H&H Magnum. Die mächtigste Off Road-Ausführung ist das Modell Safari, eingerichtet für die Kaliber .375 H&H Mag. und .416 Rem. Magnum. Diese Büchse hat einen 63-cm-Lauf, eine Waffengesamtlänge von 106 cm und wiegt 4,3 kg.
- R 93 Safari: ebenfalls mit 63 cm langem Lauf, aber 107 cm Gesamtlänge und mit einem Nussbaumschaft ausgestattet ist das reguläre R 93 Safari-Modell. Dieser schwere Repetierer wiegt 4,4 kg und ist auch nur in den Kalibern .375 H&H Mag. und .416 Rem.Mag. erhältlich.

R 93 in der edlen Ausführung Royal Safari

Interessanterweise gibt es auch eine seltene, spezielle R 93-Schrot-Variante mit einem 60 cm langen, glatten Schrotlauf im Kaliber 28/70. Dieses Gewehr ist 104 cm lang und wiegt 2,7 kg.

Blaser S2 Doppelbüchse oder Büchsflinte

Die Firma Blaser stellte diese Doppelbüchse (mit nebeneinander liegenden, gezogenen Büchsenläufen) 1999 praktisch als Retro-Stil-Waffe zur Erinnerung an alte Doppelbüchsenzeiten vor. Als Verriegelung verwendete man wie in der Abbildung zu sehen den aus den K 770-Modellen bekannten und bewährten Kippverschluss. Die S 2 hat einen 57-cm-Lauf und ist 101 cm lang. Auf dem S 2-Grundstock basierend gibt es das Gewehr nicht nur als Doppelbüchse mit identischen oder auch nicht identischen Büchsenkalibern, sondern auch als Büchsflinte mit einem Büchsen- und einem Schrotlauf. Für die Doppelbüchse sind die Kaliber-Optionen .222 Rem., 5,6x50R Mag., 5,6x52R, .243 Win., 6,5x57R, 6,5x65R RWS, .270 Win., 7x57R, 7x65R, .308 Win., .30-06 Springfield, .30R Blaser, 8x57JRS, 8x75RS und 9,3x74R. Die Büchsflinten-Variante hat stets das Schrotkaliber 20/76 und wahlweise wiederum die oben genannten Büchsenkaliber. Blaser beabsichtigt, auch noch eine klassische Safari-Ausführung in althergebrachten Dickhäuter-Kalibern herauszubringen. Für die Bockdoppelbüchse

Die S 2 Luxus-Doppelbüchse von Blaser

als Grundwaffe sind neben Büchsflinten-Wechselläufen auch reine Querflinten-Wechselläufe lieferbar. Die S2 besitzt ein Korn mit leuchtend roter Spitze und auf der erhöhten Laufschiene eine verstellbare Kimme. Die Laufschiene geht

Blaser SR 850/88-Repetierbüchse in den Ausführungen Royal (oben) und Luxus (unten); in Position 1 des Kammerstängels ist die Waffe ent- und in Position 2 gespannt

unmittelbar in den verstärkten Bereich über den Patronenlagern über, wo sich auch Bohrungen zur Anbringung einer Zielfernrohr-Montage befinden. Die Waffe verfügt über einen Doppelzüngelabzug, dessen Schlosse aufgrund des üblichen Blaser-Spannschiebersystems stets entspannt sind. Nachdem von Hand gespannt wurde, kann von Hand wieder entspannt werden oder das Entspannen erfolgt automatisch beim Abkippen des Laufbündels.

BLASER SR 850/88 REPETIERBÜCHSE

Diese exzellente Waffe, die 1993 vom Repetierer R 93 abgelöst wurde, gab es zwischen 1988 und 1993. Die SR 850/88 besitzt einen Verschlusszylinder mit drei massigen Verriegelungswarzen; damit diese in die korrespondierenden Aussparungen eingreifen konnten, musste der Zylinder um nur 60 Grad gedreht werden. Beim Schließen des Zylinders verbleibt das Schloss ungespannt; es wird erst dadurch gespannt, indem der Kammerstängel nach vorne gedrückt wird (vgl. Abbildung). Erst dann ist der Verschluss auch komplett verriegelt. Durch einen rechts über dem Kammerstängel befindlichen Knopf kann dieser auch in der ungespannten Position festgestellt werden, so dass die Waffe nicht etwa beim Anschlagen an ein Hindernis unbeabsichtigt gespannt wird. Wurde durch Vorschieben des Kammerstängels gespannt, so kann leicht auch wieder entspannt werden, indem er wieder zurückgezogen wird. Wie alle anderen Blaser-Waffen ist auch dieses System als Handspannersystem zu bezeichnen. Der Abzug kann als Flintenabzug, mit Rückstecher oder mit Doppelzüngelstecher bestellt werden. Das Abzugsgewicht kann stets auch manuell eingestellt werden. Der Lauf der Waffe ist frei schwingend und nicht mit dem Vorderschaft verbunden. In der Standardvariante hat die Büchse eine Länge von 106 cm, einen 60-cm-Lauf, wiegt ohne Zieloptik und Montage circa 3 kg und wird ausgeliefert in den Kalibern .22-250 Rem., 5,6x57 mm, .25-06 Rem., 6x62R Frères, .243 Win., 6,5x55 mm, 6,5x57 mm, 6,5x65R RWS, 6,5x68 mm, .270 Win., .280 Rem., 7x57 mm, 7x64 mm, 7,5x55 mm, .308 Win., .30-06 Springfield, 8x57 mm, 8x68S und 9,3x64 mm. In den Kalibern .243 Win. und .308 Win. gab es auch einen Stutzen mit bis zur Laufmündung reichendem Vorderschaft und 50-cm-Lauf. Die Magnumvariante SR 850/88 mit einem System für längere Patronen hatte einen 65 cm langen Lauf, war insgesamt 111 cm lang und wog ohne Zielfernrohr und Montage 3,2 kg. Die hierfür zur Verfügung stehenden Kaliber waren 6x66 SE v. Hofe, 7 mm Rem.Mag., .300 Win.Mag., .300 Wby.Mag., .338 Win.Mag., .375 H&H Mag. und .457 Win.Magnum.

BREDA

www.bredafucili.com

Markenzeichen der italienischen Firma Breda

Das italienische Unternehmen Breda hat eine bis zum Anfang des zwanzigsten Jahrhunderts zurückreichende Geschichte. Während des

Ersten Weltkriegs baute die Firma von Ernesto Breda zusammen mit Fiat das Maschinengewehr Modell 14. Nach dem Krieg beschloss Breda, selbst Waffen zu entwickeln. Diese beinhalteten die bekannten Maschinenpistolen Modell 30

Externe, aufschraubbare Wechselchokes für Flinten von Breda

und 31 sowie auch das Modell 37, die Standardwaffe der italienischen Armee während des Zweiten Weltkriegs. Nach 1945 entschied Ernesto Breda, sich auf die Produktion der Jagdwaffen zu konzentrieren. Während der 1960er-Jahre exportierte das Unternehmen viele halbautomatische Schrotflinten in die USA, die unter den Namen der verschiedenen Importeure verkauft wurden. Eines von diesen war die Baureihe Novomatic, die auch als „Charles Daly" bezeichnet wurde. Andere Bezeichnungen der Waffen von Breda waren damals etwa Andromeda, Apollo, Vega und Sirio. Zu dieser Zeit baute die Firma auch Schrot-Gasdrucklader wie die Modelle Altair, Aries und Pegasus. Diese älteren Breda-Waffen hatten einen Fallblockverschluss während die meisten heutigen ein Rückstoßlader-Verschlusssystem mit Drehkopfverschluss aufweisen. Das manuelle Laden der ersten Patrone funktioniert bei allen Gasdrucklader-Selbstladeflinten derart, dass zunächst durch komplettes Zurückziehen und Loslassen des seitlich aus dem Systemkasten herausragenden Spannhebels das Schloss gespannt und aus dem vorgeladenen Röhrenmagazin die erste Patrone nach oben ins Patronenlager zugeführt wird. Wenn der Verschlusszylinder wieder seine vordere Position erreicht hat, dreht sich dessen Kopf um 90 Grad und seine Verriegelungswarzen greifen in hinten im Bereich des Patronenlagers befindliche, korrespondierende Aussparungen; so sind Zylinder und Lauf fest miteinander verbunden. Die heute als Unita Breda Meccanica Bresciana bezeichnete Firma bietet für ihre Waffen auch verschiedene Wechselchoke-Möglichkeiten an, sowohl zum ein- als auch zum anschrauben. Zum Justieren verfügen die Läufe der halbautomatischen Breda-Flinten über eine spezielle Kunststoffhülse mit Zwischenstücken.

BREDA MODELL ANTARES GOLD

Die im Kaliber 12/76 produzierte Selbstladeflinte Breda Antares Gold hat einen Systemkasten aus extrem hartem und widerstandsfähigem 38NCD4 Nickel-Chrom-Molybdän-Stahl. Ihr Verschlusszylinder und weitere damit zusammenhängende bewegliche Metallteile sind aus normalem Chrom-Molybdän-Stahl; nach dem Härten werden diese Teile noch zusätzlich verchromt. Breda bietet für die Waffe diverse Wechselläufe sowohl mit internen als auch externen Wechselchoke-Ein- und -Aufsätzen an. Die Läufe sind aus Chrom-Vanadium-Stahl hergestellt und innen hartverchromt, weshalb grundsätzlich auch dauerhaft Stahlschrote daraus verschossen werden können. Die Läufe zur Verwendung von Wechselchokes sind durchwegs 63 cm lang. An Läufen mit festen Chokebohrungen stehen 65-cm- oder 70-cm-Läufe zur Verfügung, in entweder 1/4-, 1/2- oder 3/4-Choke. Hinter- und Vorderschaft der Flinte sind aus ausgesuchtem Nussbaumholz. Das unter dem Lauf im Vorderschaft verlaufende Röhrenmagazin fasst maximal vier Patronen. Der Sicherungsknopf der Waffe befindet sich rechts am Systemkasten, diagonal über dem Abzug. Mittels eines Knopfes unter dem Spannhebel kann die Zuführung einer neuen Patrone aus dem Magazin blockiert und so nötigenfalls manuell geladen werden.

Die halbautomatische Flinte Breda Antares Gold

Breda Modell Argus Gold

Auch hierbei handelt es sich um eine halbautomatische Flinte im Kaliber 12/76. Deren wiederum aus Nickel-Chrom-Molybdän-Stahl gefertigter Systemkasten ist nicht oberflächenbeschichtet. Ihr Lauf ist wie der des Modells Antares aus Chrom-Vanadium-Stahl; die Abbildung zeigt die Waffe mit einem Lauf, auf dem ein externer Choke-Aufsatz aufgeschraubt ist. Die Länge des wie bei der Antares mit einer Laufschiene versehenen Laufes beträgt standardmäßig 63 cm, kann aber auch 72 cm lang bestellt werden. Die Laufoptionen mit festen ¼-, ½- oder ¾-Choke-Bohrungen sind wahlweise 65 oder 70 cm lang. Verschluss und Abzugsmechanismus sind aus Chrom-Molybdän-Stahl, der Waffenschaft aus ausgesuchtem Nussbaumholz. Der Sicherungsknopf sowie der Knopf zur Verhinderung einer Patronenzuführung aus dem Magazin befindet sich rechts am Systemkasten. Auch ins Röhrenmagazin dieser Flinte passen maximal vier Patronen, nötigenfalls kann es aber auch für die Aufnahme von nur zwei Patronen blockiert werden.

Breda Argus Gold

Breda Modell Astro

Die Selbstladeflinte Breda Astro wird in 12/76 und 20/76 gebaut. Auf ihrem brünierten Leichtmetall-Systemkasten befindet sich, goldfarben eingelassen, die Modellbezeichnung. Der Drehkopfverschluss des Verschlussstücks ist hartverchromt und der – wiederum aus Chrom-Molybdän-Stahl – gefertigte Lauf ist innen, um seine Lebensdauer zu verlängern, hartverchromt und verfügt über eine ventilierte Laufschiene. Hinter- und Vorderschaft sind aus Nussbaumholz. Der manuelle Sicherungsknopf der Astro-Flinte befindet sich hinten am Abzugsbügel. Eine vorne rechts am Abzugsbügel befindliche Anzeige zeigt eine rote Markierung, wenn die Abzugsfeder und damit auch die Waffe gespannt ist. Direkt unter dem auf der rechten Systemkasten-Seite befindlichen Spannhebel befindet sich auch der Knopf zur Verhinderung der Patronenzuführung aus dem Magazin. Das Röhrenmagazin der Flinte fasst maximal vier Patronen. An Lauf-Optionen stehen bei dieser Waffe zur Verfügung im Kaliber 12 ein Slug-Lauf von 61 cm Länge, Läufe mit Wechselchoke-Einsätzen, die wahlweise 62 cm, 66 cm oder 70 cm lang sind, und 65 oder 70 cm lange Läufe mit festen ¼-, ½- oder ¾-Choke-Bohrungen. Die Variante im Kaliber 20/76 gibt es lediglich mit einem 65 cm langen Lauf, entweder zur Aufnahme interner Wechselchoke-Einsätze oder mit einer festen ¾-Choke-Bohrung.

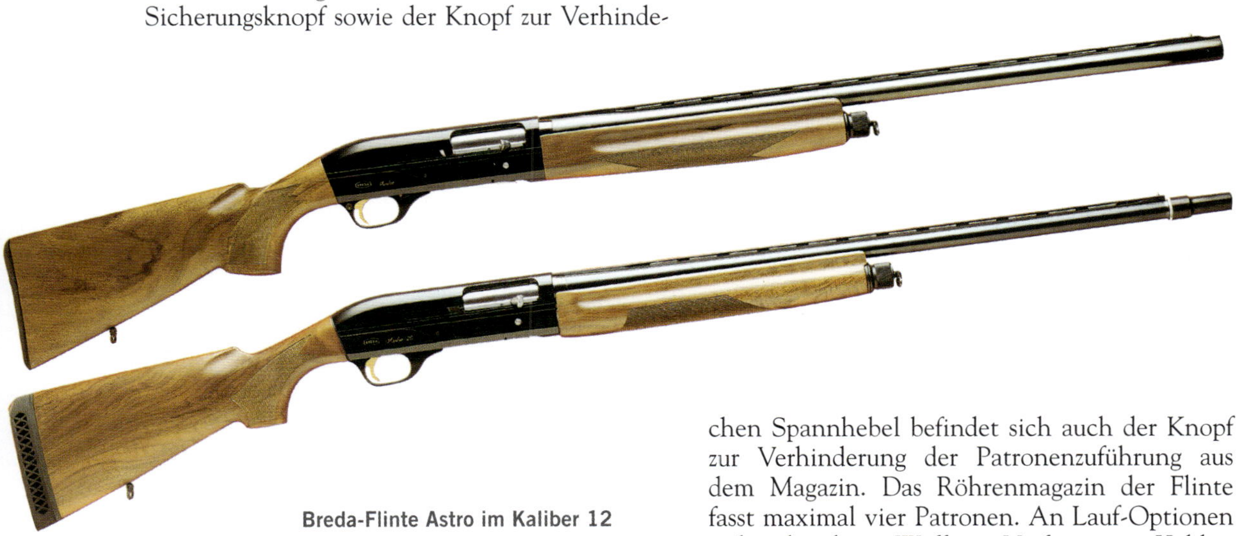

Breda-Flinte Astro im Kaliber 12 (oben) und 20 (unten)

Breda Ermes in den Varianten 2000, 2000 L, Silver und Gold (von oben nach unten)

BREDA MODELL ERMES

Diese Rückstoßlader-Flinte von Breda wird wieder nur im Kaliber 12/76 hergestellt und hat wie die vorgenannten Modelle einen vorne auf dem Verschlussstück befindlichen Drehkopfverschluss. Ihr Systemkasten ist aus speziellem Leichtmetall (Aluminium), nur brüniert und nicht irgendwie verziert. Der Chrom-Molybdän-Stahl-Lauf der Selbstladeflinte ist wie üblich leicht wechselbar und in Varianten mit festen Chokebohrungen, mit ein- oder mit anschraubbaren Wechselchokes lieferbar. Der Sicherungsknopf der Ermes befindet sich hinten am Abzugsbügel; die Sicherung blockiert wie bei den anderen Modellen auch nur den Abzug. Auch wie bei den anderen Breda-Flinten befindet sich direkt unter dem Spannhebel des Modells Ermes rechts am Systemkasten ein Knopf, der im gedrückten Zustand verhindert, dass aus dem Magazin eine Patrone ins Patronenlager des Laufes zugeführt wird. Als Lauflängen für die mit Wechselchokes ausgestatteten Läufe stehen 61, 62, 66 oder 70 cm zur Verfügung, die festen, mit $^1/_4$-, $^1/_2$- oder $^3/_4$-Choke-Bohrungen zu bestellenden Läufe gibt es nur 65 cm oder 70 cm lang. Die Einzelbezeichnungen der Baureihe haben sich im Laufe der Zeit geändert. Das aktuelle Standardmodell ist die Ermes 2000. Die Luxusausführung hiervon, mit metallfarbenem Systemkasten, ist die 2000 L. Die Variante, bei der der ansonsten unbehandelte Systemkasten graviert ist, wird als Ermes Silver bezeichnet und die, bei der die Gravur noch Goldeinlagen aufweist, heißt Modell Ermes Gold. Während die

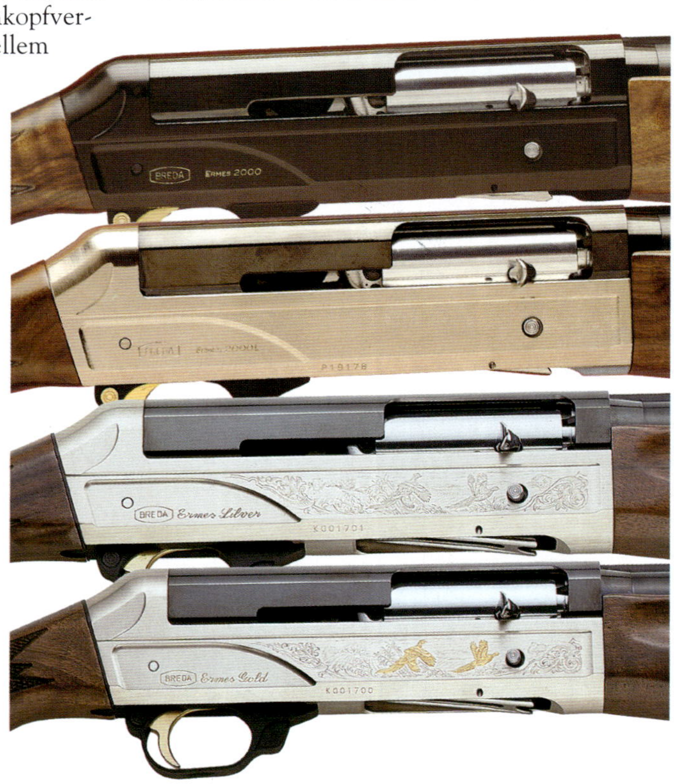

Detailansicht der verschiedenen Systemkasten-Varianten der Ermes-Flinte: Ermes 2000, Ermes 2000 L, Ermes Silver und Ermes Gold

Versionen 2000 und 2000 L nur einfaches Nussbaumholz als Schaftmaterial aufweisen, sind die Schäfte der Silver und Gold aus ausgesuchtem Nussbaumholz. Das eigentlich vier Schuss fassende Röhrenmagazin kann für die Länder, in denen dies Vorschrift ist, auf eine Kapazität von zwei Patronen blockiert werden.

Breda-Selbstladeflinte Mira mit Holzschaft (oben) und in den Schaft-Ausführungen Synthetik (Mitte) und Camo (unten)

Breda Modell Mira

Eines der neuesten Modelle der Firma Breda ist die halbautomatische Gasdrucklader-Flinte Mira. Beim Gasdrucklader-System wird eine geringe Menge des bei der Schussabgabe entstehenden Gasdrucks durch eine Bohrung im Lauf in einen Zylinder unter dem Lauf abgeleitet. Eine solche Gasableitung ist nur in dem kurzen Moment möglich, in dem der Lauf beidseitig verschlossen ist und sich deshalb darin überhaupt ein sehr hoher Gasdruck aufbaut. Beidseitig verschlossen ist der Lauf nur, wenn ihn unmittelbar nach der Schussabgabe nach hinten die nun leere Patronenhülse und nach vorne das hinter den Schroten durch den Lauf getriebene Plastik- oder Filz-Zwischenmittel abdichtet. Sobald die Schrote und das Zwischenmittel den Lauf verlassen haben, fällt der Gasdruck sofort wieder. Das also in dieser kurzen Zeit in den Gaszylinder unter dem Lauf abfließende Gas füllt diesen, bewegt dadurch einen Kolben, der sich im Zylinder befindet, und dieser wiederum treibt das Verschlussstück zurück, dessen Drehkopf gleichzeitig entriegelt wird. Der Systemkasten, in dem sich das Verschlussstück befindet, ist beim Modell Mira aus Leichtmetall und verfügt in seinem Oberteil, das wie bei den anderen Breda-Selbstladeflinten aus Stahl gefertigt ist, über eine Prismaschiene zur Anbringung einer Zieloptik. Der Sicherungsknopf der Waffe befindet sich vorne im Kunststoff-Abzugsbügel. Der Mira-Lauf ist mit einer Laufschiene versehen und kann wie üblich ausgetauscht werden; es gibt Wechselläufe – mit Wechselchokes – in Längen von 61, 66, 71 oder 75 cm. In der Standardausführung hat das Gewehr einen brünierten Systemkasten und einen Nussbaumschaft. Das Modell Mira Synthetic hat einen matt schwarzen Systemkasten und ebenso wie das Modell Camo einen Schaft aus Kunststoff, bei letzterer Variante ist dieser aber in Tarnfarbenoptik gehalten. Das Magazin der Mira fasst zwei oder vier Patronen des Kalibers 12/76.

Breda Modell Pegaso

Kürzlich stellte Breda mit dem neuen Modell Pegaso auch eine Bockdoppelflinte vor. Diese wird in den Kalibern 12/76 und 20/76 angeboten

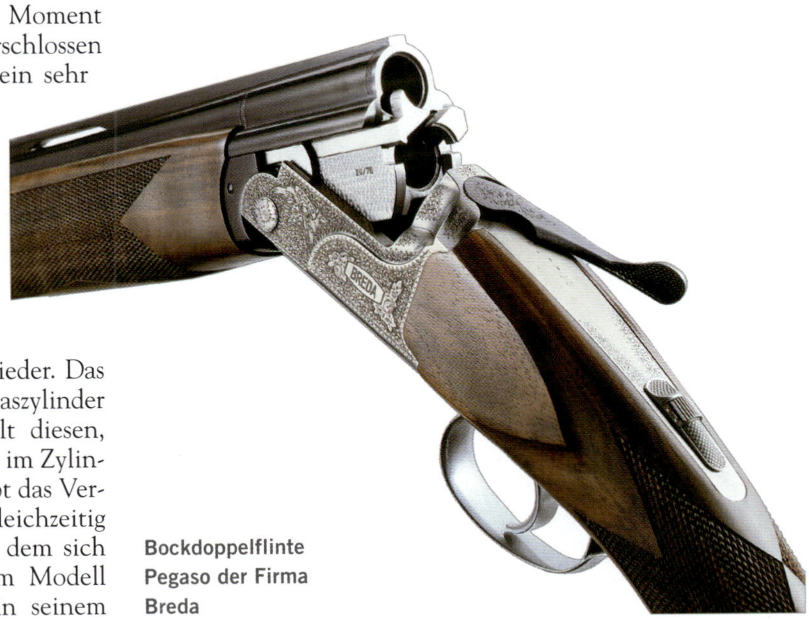

Bockdoppelflinte Pegaso der Firma Breda

und hat im Kaliber 12 entweder ein 67 oder ein 71 cm langes Laufbündel mit einschraubbaren Wechselchoke-Einsätzen oder im Kaliber 20 nur ein 67 cm langes Laufbündel. Die Läufe verfügen über eine wahlweise 7 mm oder 11 mm breite ventilierte Laufschiene. Die Pegaso-Flinte wird ausschließlich mit einem selektiven Einabzug hergestellt; die Laufwahl erfolgt über den am Kolbenhals befindlichen Sicherungsschieber. Die beiden Läufe laufen in einem Monoblock zusammen. Die Verriegelung des Laufbündels erfolgt mittels einem Kersten-Verschluss mit seinen beidseitig des oberen Laufes angeordneten Verriegelungsplatten, durch die ein im Stoßbodenbereich befindlicher Querriegel geführt wird. Die Waffe ist mit automatischen Ejektoren ausgestattet. Ihr gesamtes Abzugssystem kann interessanterweise, etwa zur Reinigung, einfach herausgenommen werden. Der Hinter- und Vorderschaft der Waffe besteht aus ausgesuchtem Nussbaumholz. Ihre Basküle ist in „Alt-Silber" gehalten und von Meistern ihres Faches hervorragend im englischen Stil graviert.

BROWNING

www.browningint.com

Markenzeichen der Firma Browning

Das belgische Waffenherstellungsunternehmen Fabrique National (FN) aus dem in der Nähe von Liège liegenden Ort Herstal wurde 1889 gegründet um ein neues Armeegewehr zu produzieren. Dabei handelte es sich um die Infantry Rifle 1889 im Kaliber 7,65x53 mm, die von Mauser entwickelt worden war und nun unter Lizenz von FN hergestellt werden sollte. Der Gründer des aktuellen Browning-Imperiums war John Moses Browning (1855 bis 1926), der ab 1883 verschiedenste Schusswaffen entwickelte und 44 seiner Entwürfe an die Firma Winchester verkaufte. Unter anderem entwickelte er auch ein Maschinengewehr und erhielt insgesamt sechs Patente für Selbstladepistolen. 1900 meldete Browning seine Konstruktion einer ersten halbautomatischen Flinte, des Modells „Automatic 5", zum Patent an. Browning wollte die Rechte zur Produktion der Waffe an Winchester verkaufen, aber der damalige Direktor von Winchester, T.G. Bennett, lehnte den Kauf ab. Einerseits hatte Browning einen zu hohen Preis gefordert, andererseits sprach man auch davon, dass die Produktionsmaschinen von Winchester nicht für den Bau der komplizierten Waffe ausreichten. John M. Browning nahm Kontakt mit Remington auf. Am Tag, als das Geschäft klar gemacht werden sollte, starb der verantwortliche Remington-Direktor, Marcellus Hartley, an einem Herzanfall. So ging Browning schließlich nach Europa und bot seinen Entwurf dort an. Er war in Europa ohnehin bekannt, da die Firma Fabrique National (FN) in Herstal schon verschiedene Pistolenentwürfe von Browning fertigte; FN zögerte jedenfalls nicht, auch mit seinem Projekt „Automatic 5" an den Start zu gehen. 1926 stellte Browning schließlich seine ein Jahr vorher entwickelte B25-Flinte vor, mit dem damals revolutionären Konzept zweier übereinander liegender Läufe. Diese feine Waffe wird heute noch gebaut. Im gleichen Jahr, 1926, starb John Moses Browning überraschend an den Folgen eines in seinem Büro in Belgien erlittenen Herzanfalls. Sein Sohn, Val Browning, führte darauf seine Tradition fort und kam mit weiteren Waffenentwürfen auf den Markt. Besonders bekannt wurde die Firma FN auch durch John M. Brownings berühmte erste Selbstladepistole mit zweireihigem Magazin, mit der Pistole High Power (HP-35). Diese hatte Browning zwar schon 1926 entwickelt und die Rechte daran erst kurz vor seinem Tod an FN verkauft. Die Waffe wurde aber erst, nachdem sie 1935 neue Waffe der belgischen Armee geworden war, in Serie produziert.

Der Browning-Konzern beinhaltet heute die Waffenherstellungsfirmen Winchester, Miroku und FN und unterhält Produktionsstätten in Belgien, Kanada, Japan, Portugal und in den USA; er arbeitet zudem sehr eng mit dem marktbeherrschenden Munitionsherstellungsunternehmen Winchester zusammen. Browning ist heute einer der renommiertesten Produzenten von Flinten und Büchsen für jagdliche und sportliche Zwecke. Einen Teil seiner Büchsen und Flinten lässt FN/Browning inzwischen in Japan von Miroku fertigen; vor allem die renommierten FN/Browning-Bockdoppelflinten aber werden weiterhin in Belgien und in den USA und teils mit prachtvollen Gravuren auf den Systemkästen produziert. 1992 begann man bei Browning, die Flintenläufe im Vergleich zu den Kaliberwerten minimal weiter herzustellen, so genannte „back-bored"-Läufe zu bauen. Während etwa reguläre 12er-Läufe einen Durchmesser von 18,4 mm haben, haben die Flinten mit Browning-„back-bored"-Läufen einen Durchmesser von etwa 18,9 mm. Die Firmenentwickler hatten festgestellt, dass ein etwas größerer Laufdurchmesser gewisse Vorteile bringt. Einerseits soll die Energie der Schrotgarbe vergrößert werden weil die Reibung der Schrote an der Laufwandung etwas verringert wird. Und andererseits soll es wegen der minimal geringeren Tendenz zu einer Deformation der Schrote im Lauf beim Schuss zu weniger auswandernden Randschroten kommen.

Browning 1885 Modell BPCR Schwarzpulver-Büchse (oben) und Modell 1885 High Wall (unten)

BROWNING 1885

Diese Fallblockverschluss-Büchse basiert auf einem der ersten Patente von John Moses Browning aus dem Jahr 1878. Bei ihr handelt es sich gleichzeitig auch um die einzige Waffe, die die Gebrüder Browning gemeinsam herstellten. Die einschüssige Waffe funktioniert folgendermaßen: Die Verlängerung des Abzugsbügels kann von Hand nach unten geschwenkt werden. Dadurch wird gleichzeitig ein massiver, das Patronenlager verdeckender Verschlussblock nach unten gezogen und gibt das Lager frei, so dass eine Patrone eingeführt werden kann. Durch Zurückschwenken des Bügels gleitet der Verschlussblock wieder nach oben und dichtet die Kammer beim Schuss nach hinten ab. Die Ursprungswaffe, deren Lauf die Aufschrift „Browning Ogden, Utah" trug, gab es in verschiedenen Kalibern. Browning verkaufte das Design später an Winchester, so dass das Gewehr als Winchester Modell 1885 High Wall angeboten wurde. 1985 stellte die Firma Browning dann das eigene Retro-Modell 1885 High Wall vor. Es hat einen 71 cm langen Achtkantlauf, ist insgesamt 110 cm lang und wiegt 3,9 kg. Es ist in den Kalibern .22-250 Rem., .270 Win., .30-06 Springfield, 7 mm Rem.Mag. und .45-70 Govt. erhältlich; nur letztere Variante hat ein offenes Visier, die anderen sind für Zielfernrohre vorbereitet. Die Waffe hat einen englischen Nussbaum-Hinterschaft. 1997 kam unter der Bezeichnung 1885 Model Traditional Hunter eine Edelvariante davon auf den Markt, die ein besseres Finish und eine Dioptervisierung besitzt und nur in .30-30 Win., .38-55 Win. und .45-70 Govt. angeboten wird. Das Modell 1885 Low Wall von 1995 ist eine weitere Ausführung. Diese leichtere Waffe gibt es nur in den schwächeren Kalibern .22 Hornet, .223 Rem. und .243 Win. Sie hat ebenfalls einen Achtkantlauf, der 61 cm lang ist, eine Gesamtlänge von 100 cm und ein Gewicht von 2,8 kg. 1996 stellte Browning auch noch die Variante 1885 Modell BPRC vor, wobei BPRC für Black Powder Cartridge Rifle steht und die Waffe für die alten Schwarzpulver-Patronen .45-70 Govt. und .45-65 ausgelegt ist. In .45-70 kann die Büchse problemlos sowohl mit Schwarzpulver- als auch mit modernen Nitropulverpatronen geladen werden. Sie hat einen halb runden und halb achtkantigen Lauf von 76 cm Länge, ist insgesamt 112 cm lang und wiegt 5 kg. Sie ist mit einem verstellbaren Korn und einem Klapp-Diopter ausgestattet. 2000 wurde die Reihe durch die Büchse 1885 Modell BPCR Creedmore für das Schwarzpulverkaliber .45-90 sowie um die 1885 Traditional Hunter Low Wall ergänzt, letztere in den Kurzwaffenkalibern .357 Mag., .44 Mag. und .45 Colt.

BROWNING A 500

Die 1987 vorgestellte halbautomatische Selbstladeflinte A 500 wurde in Belgien entwickelt. Die Optik der Waffe lehnt sich sehr an die der Browning Auto 5 an, ihre Technik ist aber komplett anders. Die Waffe ist zwar auch ein Rückstoßlader, ihr Lauf bewegt sich aber nur mehr minimal nach hinten. Der Drehkopfverschluss wird durch den Rückstoß um ein Viertel gedreht, so dass sich die vier Verschlusswarzen aus den die das Lager umgebenden Aussparungen drehen. Dieses System funktioniert mit praktisch allen Patronenvarianten, sowohl mit 28 g Schrotgewicht als auch 76er-Magnumpatronen mit Stahlschroten. Die Rückstoßladeridee basiert auf dem Gedanken, so wenig Bauteile als möglich einzusetzen. Alle zum Repetieren, Nachladen und Auswerfen nötigen Teile befinden sich im Systemkasten. Der Schaft, dadurch im Kolbenbereich robuster, muss deshalb nicht ausgehöhlt werden um etwa eine Verschlussfeder aufzunehmen. Bei einem Rückstoßlader benötigt man auch keinen anfälli-

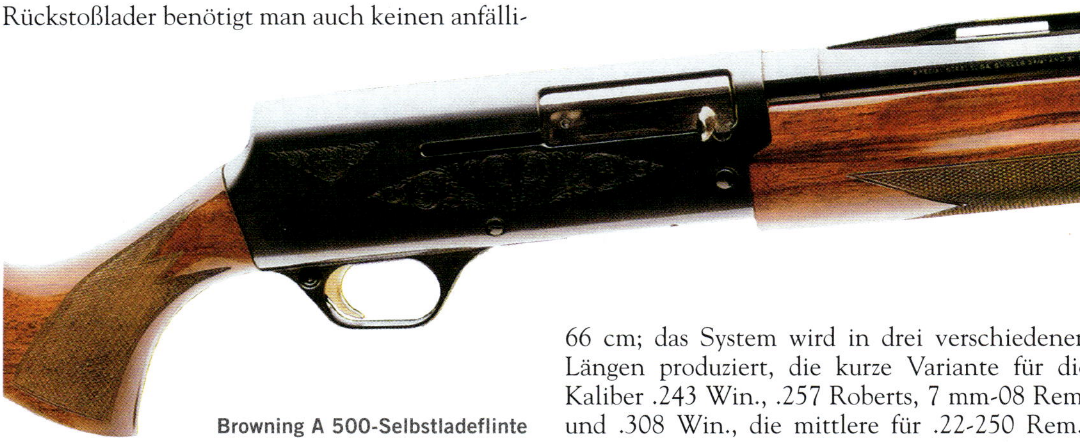

Browning A 500-Selbstladeflinte

gen Gaskolben und verstopfte Gasentnahme-Bohrungen gibt es auch nicht.
Die A 500-Flinte wurde nur im Kaliber 12 gebaut. Die US-Version hatte ein Patronenlager für 76-mm-Hülsen während die europäische Variante nur im Kaliber 12/70 erhältlich war. An Lauflängen gab es 61, 66, 71 und 76 cm, was die Waffe damit insgesamt 116, 121, 126 oder 131

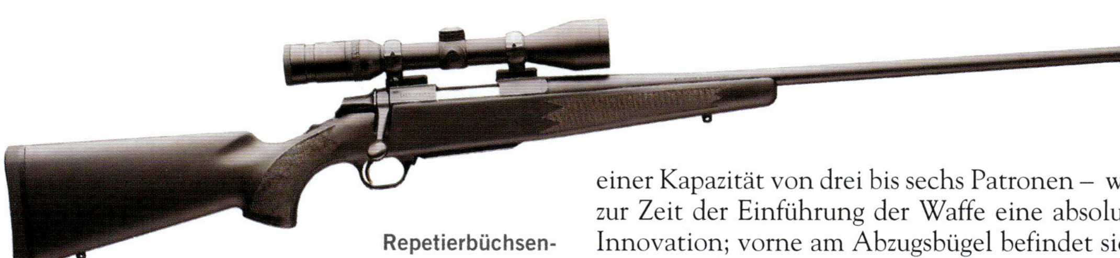

Repetierbüchsen-Modell A-Bolt Composite Stalker

cm lang machte. Das Gewicht lag zwischen 3,2 und 3,5 kg. Seit ihrer Einführung wurden die Selbstladeflinten mit so genannten Invector Wechselchoke-Einsätzen ausgeliefert. 1990 brachte Browning mit dem Modell 500 G eine spezielle Jagd- und Wurfscheiben-Variante der Waffe heraus. Der Zusatz G bedeutet, dass man damit auf das Gasdruckladersystem umgeschwenkt ist. Die Einführung des Gasdruckladers Browning Gold 1994 führte dann endgültig zum Ende der Rückstoßlader-Flinte Browning A 500.

BROWNING A-BOLT

Die jagdliche Repetierbüchse Browning A-Bolt Hunter stammt aus dem Jahr 1985. Die Waffe wird in Japan von Miroku in den unterschiedlichsten Varianten und Kalibern hergestellt. Je nach Kaliber betragen die Lauflängen 56, 61 oder 66 cm; das System wird in drei verschiedenen Längen produziert, die kurze Variante für die Kaliber .243 Win., .257 Roberts, 7 mm-08 Rem. und .308 Win., die mittlere für .22-250 Rem., 6,5x55 mm, .270 Win., .280 Rem. und .30-06 Springfield und das massive, lange Magnumsystem für 7 mm Rem.Mag., .300 Win.Mag. und .338 Win.Mag. Die Kammer der A-Bolt muss lediglich um 60 Grad gedreht werden um zu repetieren; dadurch hat die Waffe einen entscheidenden Vorteil. Die Kammer besitzt drei massive Verschlusswarzen die in entsprechende Aussparungen der Systemhülse eingreifen. Das Magazin mit abklappbarem Boden – je nach Kaliber mit einer Kapazität von drei bis sechs Patronen – war zur Zeit der Einführung der Waffe eine absolute Innovation; vorne am Abzugsbügel befindet sich ein Druckknopf, mittels dem die Magazin-Bodenkappe freigegeben und nach unten geschwenkt werden kann, so dass noch im Magazin befindliche Patronen gefahrlos nach unten entnommen werden können, ohne risikoreich herausrepetiert werden zu müssen. Inzwischen gibt es auch A-Bolt-Versionen mit herausnehmbarem Kastenmagazin. Das relativ leichte Gewicht des Browning-Repetierers, 2,8 kg bis 3,5 kg, macht die Waffe besonders führig. Auf dem Schaftkolbenhals befindet sich der Schieber für die manuelle Sicherung der Waffe. Hinten an der Kammer befindet sich ein Stift der anzeigt, ob die Waffe gespannt oder nicht gespannt ist.

Die Modelle A-Bolt Composite Stalker und Stainless Stalker wurden 1987 vorgestellt. Diese Waffen verfügen über einen Kunststoffschaft und werden in den gleichen Kalibern angeboten wie der Hunter-Repetierer. Das Modell Camo Stalker, welches einen Schichtholzschaft mit unterschiedlich eingefärbten Holzplatten besitzt, erschien unmittelbar nach den beiden anderen Modellen. Diese Waffe wird nur in .270 Win., 7 mm Rem.Mag. und .30-06 Springfield angeboten. Die Ausführung A-Bolt Medallion, 1988 vorgestellt, ist eine kleinere Variante, die einen nur 51 cm langen Lauf hat, 99 cm lang ist und nur 2,7 kg wiegt; sie wurde in den Kalibern .22-250 Rem., .243 Win., .257 Roberts, 7mm-08 Rem. und .308 Win. angeboten. Die Deluxe-Ausführung davon ist die A-Bolt Gold Medallion, auch aus 1988 und gebaut in den Kalibern .270 Win., 7 mm Rem.Mag. und .30-06 Springfield. Ab 1986 war mehrere Jahre lang auch eine .22-l.r.-Waffe Bestandteil der A-Bolt-Baureihe. Diese hatte einen Nussbaumschaft, ein herausnehmbares Magazin für fünf oder 15 Patronen, einen 56-cm-Lauf, ein Gewicht von 2,6 kg und war im Ganzen 102 cm lang. Auch bei ihr befand sich der Sicherungsschieber am Kolbenhals und auch sie hatte in Form eines Stiftes hinten am Verschlusszylinder eine Spannzustandsanzeige. Ihr Abzug war vergoldet und wies ein Abzugsgewicht von 1800 g auf. 1989 erschien auch eine A-Bolt-Repetierbüchse im Kaliber .22 WMR.

Werbung der Firma Browning für die A-Bolt-Baureihe

1994 stellte die Firma Browning dann ihre Baureihe A-Bolt II vor. Diese verbesserten Modelle waren mit einem modifizierten Verschlusszylinder ausgestattet und hatten eine geänderte Verschlusshülse mit Führungen für die Verschlusswarzen. Auch der Abzugsmechanismus war verbessert worden; einige Teile davon waren nun verchromt. Die verbesserte Baureihe besteht praktisch aus den gleichen Waffenvarianten wie die vorhergehende, allerdings erweiterte man das Kaliberangebot noch. Das Kurzsystem gibt es nun für .22 Hornet, .22-250 Rem., .223 Rem., .243 Win., 7 mm-08 Rem. und .308 Win., das mittlere für die Kaliber .25-06 Rem., .270 Win., .280 Rem. und .30-06 Springfield sowie seit 2002 für .270 Win. Short-Magnum, 7 mm Win. Short-Magnum und .300 Win. Short-Magnum, und das lange Magnumsystem für die Kaliber 7 mm Rem.Mag., .300 Win.Mag., .338 Win. Mag. und .375 H&H Mag. Nahezu alle Browning A-Bolt-Repetierbüchsen können mit dem Browning-eigenen Boss-System zur Verminderung des Rückstoßes geordert werden.

BROWNING ACERA

Das ebenfalls in Japan von der Firma Miroku produzierte Modell Acera wurde 1999 vorgestellt. Es hat einige ungewöhnliche Features. Bei der Büchse handelt es sich erstens um einen so genannten Geradezug-Repetierer, bei dem der Kammerstängel nicht wie sonst üblich hochgeschwenkt werden muss. Zum Repetieren ist der Stängel lediglich nach hinten zu ziehen und wieder vorzuschieben. Der Verschluss besteht aus sieben Warzen. Zweitens besitzt die Waffe ein herausnehmbares Magazin, dessen Bodenplatte zudem auch noch abgeschwenkt werden kann. Und drittens kann bei der Waffe erstmals relativ einfach ein Laufwechsel durchgeführt werden. Bei den meisten Acera-Varianten ist die Kimme rot leuchtend eingelassen. Die Verschlusshülse ist oben mit vorgefertigten Bohrungen für die Anbringung einer Zielfernrohr-Montage versehen. Innen ist die Hülse mit Teflon beschichtet,

Browning Acera-Stutzen

so dass der Verschlusszylinder besonders gut darin gleitet. Der Nussbaumschaft hat einen Schweinsrücken und eine bayerische Backe. Die Standardausführung wird in den Kalibern .270 Win., 7x64 mm, 7 mm Rem.Mag., .30-06 Springfield und .300 Win.Mag. hergestellt. Sie hat einen 51-cm-Lauf, ist 105 cm lang und wiegt je nach Kaliber 3,1 bis 3,2 kg. Die Magazinkapazität beträgt drei Patronen in den Standard- und zwei in den Magnumkalibern. Der Waffenschaft ist aus Nussbaumholz. Bei der Acera Elita handelt es sich um die Luxusausführung der Waffe; sie ist in den gleichen Kalibern und Dimensionen erhältlich. Der Schaft dieser Variante ist aus ölpoliertem Nussbaumholz und hat einen Vorderschaft- und Pistolengriff-Abschluss aus Rosenholz. 2001 brachte Browning zwei neue Acera-Varianten auf den Markt. Eine davon ist der abgebildete Acera-Stutzen, der zwar die Länge der Standardwaffe, aber einen bis an die Laufmündung vorgezogenen Vorderschaft hat und deshalb mit circa 3,3 kg etwas schwerer ist. Der Stutzen wurde ebenfalls in den Kalibern 7x64 mm, .30-06 Springfield und .300 Win.Mag. hergestellt, unverständlicherweise aber bereits ein Jahr nach seiner Vorstellung wieder aus dem Programm genommen. Das andere neue Modell war die Büchse Acera Pirsch, speziell für Drückjagden entwickelt. Diese Waffe hat einen 58-cm-Lauf, 112 cm Gesamtlänge und wiegt zwischen 3,1 und 3,2 kg. Es gibt die Variante nur in den Kalibern 7x64 mm, .30-06 Springfield und .300 Win.Mag. und sie hat wie der abgebildete Stutzen eine erhöhte Visierschiene mit verstellbarer Kimme sowie einen schützenden Korntunnel.

BROWNING BSS/ANSON

Die Querflinte BSS stammt bereits aus dem Jahr 1971. In Nordamerika wurde die Waffe mit einem Kastenschloss als Modell BSS (Abkürzung für „Browning Side-by-Side") verkauft und hatte einen Hinterschaft mit Pistolengriff. In Europa bot Browning die Waffe unter der Bezeichnung Anson mit geradem, englischen Hinterschaft an.

Zwischen 1971 und 1988 wurden die Teile für die Flinte BSS/Anson in Korea bei Daewoo gefertigt, nach Belgien transportiert und dort erst in Herstal zusammengebaut. Der Schaft der Waffe ist aus französischem Nussbaum. Ihre Läufe werden im Demi-Block-Verfahren hergestellt, bestehen aus Chrom-Molybdän-Stahl und sind mit einer Hartsilber-Lötung verbunden. Zwischen den Läufen befindet sich eine ebenfalls aufgelötete, erhöhte Laufschiene. Die Waffe ist mit selektiven, automatischen Ejektoren im Holland & Holland-Stil ausgestattet und hat eine automatische Sicherung, das heißt beim Brechen wird automatisch gesichert. Zuerst wurde das Gewehr nur in den Kalibern 12/70 und 20/76 gebaut und nur in den Lauflängen 66 cm oder 71 cm und mit

Browning Anson Doppelflinte

festen $^{1}/_{4}$- und $^{1}/_{2}$- oder $^{3}/_{4}$- und Vollchoke-Bohrungs-Kombinationen angeboten. 1976 kam eine Variante mit 76 cm langem Lauf und beidseitiger Vollchoke-Bohrung hinzu. Die Abzüge des Doppelzüngelabzugs haben einen Abzugswiderstand von circa 2000 g. Je nach Lauflänge wog die Waffe zwischen 3,1 und 3,2 kg. 1977 wurde die Variante BSS beziehungsweise Anson Sporter,

Kaliber 20, mit englischem Schaft, vorgestellt. Diese hatte einen selektiven Einabzug mit Laufwahlschieber hinten im Abzugsbügel. Zwischen 1983 und 1988 gab es auch eine BSS-Flinte mit Seitenschlossen, Kaliber 12 oder 20, mit 66 oder 71-cm-Lauf. Nach der Einstellung der Herstellung wurde die Waffe 1995 kurzfristig nochmals vorgestellt. Viele Teile der neuen, letztendlich in Herstal in Belgien endgefertigten Flinten stammten noch aus der alten Fertigung, benötigte neue Teile wurden nun von Miroku in Japan produziert. Das besondere an den neuen Anson-Flinten von Browning, angeboten jetzt in den Kalibern 12, 16 und 20, war, dass ihre Seitenplatten nun reich graviert waren. Die klassische Anson-Flinte hatte nun einen 72-cm-Lauf, eine Gesamtlänge von 116 cm und wog 3 kg. Ihr Abzugsgewicht lag zwischen 1800 g und 2300 g. Ihr gerader, englischer Schaft war aus Nussbaum und ölpoliert. Ab 2000 wurde die Waffe nur noch im Kaliber 12 vom Browning Custom Shop auf Bestellung produziert und 2002 wurde die gesamte Baureihe eingestellt.

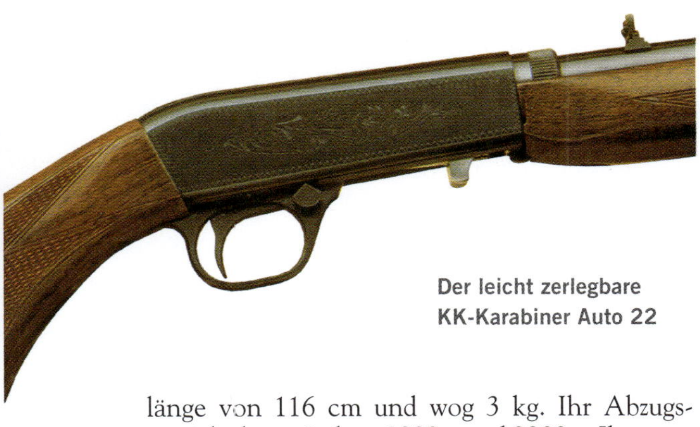

Der leicht zerlegbare KK-Karabiner Auto 22

BROWNING AUTO 22

Diese halbautomatische Kleinkaliber-Selbstladebüchse geht auf ein Originalpatent von John M. Browning aus dem Jahre 1912 zurück. Die Waffe im Kaliber .22 l.r. wurde 1914 von FN in Herstal gebaut. 1922 verkaufte FN die Lizenzrechte für Nordamerika an die Firma Remington, welche das Gewehr dann bis 1951 als ihr Modell 24 und 241 verkaufte. 1956 brachte FN eine leicht modifizierte Version davon auf den Markt, welche bis 1974 in Herstal in Belgien gebaut wurde. Das Röhrenmagazin der Auto 22 fasste im Kaliber .22 l.r. 11 und in .22 kurz 15 Patronen. Das Magazin wurde durch eine Öffnung rechts am Schaft geladen. Zum Nachladen bediente man sich ausschließlich der Rückstoßkräfte und eines einfachen Feder-Masse-Verschlusses. Der Verschlusshebel der Waffe befand sich unten am Systemkasten. Lauf und Vorderschaft sind mit dem Systemkasten nur mit einer Art Bajonettverschluss verbunden. Mittels eines Hebels unten am Vorderschaft und indem der Lauf dann eine Viertel Umdrehung im Uhrzeigersinn gedreht wird, kann die Waffe sehr leicht zerlegt werden, was sie unter anderem auch in Deutschland zu einem verbotenen, nicht legalen Gegenstand macht. Das Modell Auto 22 wurde im Laufe der Jahre auch in diversen Luxusvarianten hergestellt, so etwa auch als Grade I bis Grade VI, letzteres mit einer hochwertigen Tierstückgravur mit Goldeinlagen. 1976 verlagerte Browning die Produktion der Waffe zu dem japanischen Hersteller Miroku. Die Lauflänge der 2,3 kg schweren Auto 22 betrug 49 cm, ihre Gesamtlänge 93 cm und ihr Abzugsgewicht lag bei 1800 g bis 2500 g. Bis 2001 konnte die Waffe über den Browning Custom Shop Belgien in unterschiedlichen Luxusvarianten geordert werden, etwa als Auto 22 Millenium, Grade II, Grade III und Grade IV, die Produktion dieser Varianten wurde jedoch 2003 komplett eingestellt.

BROWNING AUTO 5

John M. Browning entwickelte diese Selbstladeflinte bereits 1898. Im Februar 1900 erhielt er dafür das erste Patent. Das erste Versuchsmodell davon nannte er No. 43. Dieses sowie der darauf folgende Prototyp (No. 44) hatten den Verschlusshebel noch statt rechts am Systemkasten unten vor dem Abzugsbügel. Ein großes Problem bezüglich Selbstladewaffen war damals der sehr unterschiedliche Gasdruck der diversen Schrotpatronen, was auch damit verbunden war, dass um die Jahrhundertwende alle Patronen von Schwarz- auf Nitropulver umgestellt wurden und man mit den Gasdrücken von Nitropulverpatronen noch kaum Erfahrungen hatte. Browning löste dieses Problem bei seiner Flinte, indem er ein Rückschlag-Unterdrückungssystem verwendete. Dieses absorbiert einen eventuell zu

Systemkasten der Auto 5-Selbstladeflinte

heftigen Rückschlag ohne dass dadurch der Nachlademechanismus gestört wird. Bei dem System laufen der Lauf und der Verschluss nach der Schussabgabe noch ein Stück gemeinsam zurück. Dieser Umstand führte auch zum Spitznamen „Humpback" der Auto 5, weil ihr Systemkasten hinten zu einem scharfen „Buckel" ausgeformt ist. Das Röhrenmagazin unter dem Lauf der 3,5 kg schweren Flinte fasst fünf Patronen. 1905 erwarb die Firma Remington das Recht, die Flinte unter Lizenz für den nordamerikanischen Markt zu bauen. Diese Remington-Waffe wurde bis 1948 in den USA als Remington Modell 11 Automatic verkauft und hatte einen Hinterschaft mit Pistolengriff. Zu dieser Zeit war die eigentliche Browning Auto 5 nur im Kaliber 12/70 und im damals noch recht üblichen Kaliber 16/65 erhältlich und die Lauflängen-Optionen waren 66, 71, 76 oder 81 cm. FN stellte die Waffen zunächst zwischen 1903 und 1939 her. Während des Zweiten Weltkriegs wurde die Produktion komplett eingestellt, allerdings baute Remington für Browning zwischen 1940 und 1942 eine Sonderserie für den nordamerikanischen Markt, welche den Namen Browning trägt und in den Kalibern 12, 16 und 20 hergestellt wurde. Insgesamt produzierte man in der kurzen Periode immerhin eine Stückzahl von 45000. Nach dem Krieg nahm FN 1952 die eigene Produktion von Auto 5-Flinten wieder auf. Diese Waffen, Kaliber 12 oder 16, hatten 66 cm oder 81 cm lange Läufe, die mit unterschiedlichen festen Chokebohrungen versehen waren. Sie wurden so bis 1976 hergestellt und sind heute leicht an ihrer Schaftkappe zu erkennen, die die Aufschrift „Browning Automatic" und das FN-Zeichen in einem Oval trägt. Das Modell Auto 5 Lightweight wurde von FN zwischen 1952 und 1976 gebaut, ursprünglich nur im Kaliber 12, ab 1958 dann aber auch in 20. Zwischen 1903 und 1976 wurden insgesamt etwa 2,75 Millionen Auto 5-Flinten hergestellt. 1976 wurde die Produktion nach Japan zu Miroku verlegt. Während der vielen Jahre der Existenz des Selbstladers gab es unzählige Varianten davon, inklusive einiger edler Luxusausführungen. Unter der Bezeichnung „Sweet Sixteen" kam 1987 eine komplett neue Variante heraus. Bis 2000 hatte Browning noch einige Auto 5-Versionen im Programm. Es handelte sich dabei etwa um die Auto 5 Light, Kaliber 12 und 20, mit 66, 71 oder 76 cm langem Lauf, Invector-Wechselchoke-Einsätzen und einem Gewicht von 3,3 kg, oder auch um die Auto 5 Magnum, 12/76 oder 20/76, oder um die Auto 5 Stalker von 1992, die ein matt schwarzes Finish und einen schwarzen Kunststoffschaft aufwies. 2001 übernahm der Browning Custom Shop die Produktion, der auf Einzelbestellung nur mehr Auto 5 Magnum-Waffen herstellt.

Browning B 25-Bockdoppelflinte

BROWNING B 25

Beim Modell B 25 handelt es sich um das Nachfolgemodell der ersten, 1926 vorgestellten FN-Bockdoppelflinte Modell „Superposé", die dann verbessert die Bezeichnung B 25 erhielt und bis 1940 nur im Kaliber 12 produziert wurde. Die Seriennummer dieser Variante reicht von 1 bis etwa 17000. FN baute sie in als Modell Diana, Grade I, Midas und Pigeon bezeichneten Varianten. Die zweite Baureihe der Doppelflinte gab es zwischen 1947 und 1959 in den Kalibern 12 und 20; 1959 kamen Ausführungen in Kaliber 28 und .410 hinzu. Waffen aus dieser Periode haben unter anderem die Modell-Zusatzbezeichnungen Grade I, II, III, IV und V; je höher die römische Zahl desto luxuriöser waren Ausstattung und Finish. Zwischen 1957 und 1959 wurde unter dem Name Grade IV noch eine spezielle Kleinserie gefertigt. Die dritte Generation von B 25-Flinten baute man zwischen 1960 und 1976; diese hatten wieder die ersten Bezeichnungen Diana, Grade I, Midas und Pigeon sowie nunmehr auch neu Pointer und es gab sie in Kaliber 12, 20, 28 und .410. Von der Edelausführung Midas gab es die noch wertvollere Kleinserie „Exhibition Grade". Waffen dieser Serie besitzen den Buchstaben C vor der Seriennummer; einige wenige ohne den vorangestellten Buchstaben gebaute Flinten sind heute extrem rare Sammlerstücke. Die B 25 hat ein Kastenschloss und einen Einabzug. Ihr auf dem Schaftkolbenhals befindli-

Browning B 26

cher Sicherungsschieber fungiert gleichzeitig auch als Laufwahlschieber. Als Verschluss dient ein einziger, allerdings extrem breiter Laufhaken. Die B 25 wird in den unterschiedlichsten Variationen hergestellt, all diese sind bis heute aber nur mit festen Chokebohrungen erhältlich. Die Modelle Special Chasse und Special Game sind jeweils in 12/70 und 20/70 erhältlich und haben im Kaliber 12 einen 70 cm und in 20 einen 67 cm langen Lauf. Im unteren Lauf ist eine 1/4- oder 1/2-Choke-Bohrung und im oberen wahlweise eine 3/4- oder Vollchoke-Bohrung. Für jagdliche Zwecke gibt es die Modelle B 25 Duck, Game und Special Woodcock. Zudem existieren diverse B 25-Varianten zum Wurfscheibenschießen, etwa die Modelle Super Trap, Special Skeet und Sporting Clay. Seit 2000 gibt es die Flinte nur mehr als Sonderbestellung vom Browning Custom Shop.

BROWNING B 26/LIÈGE

Die Geschichte der B 26 beginnt 1972. Der hohe Preis der B 25 hielt viele Jäger und Schützen davon ab, sie zu kaufen. Aus diesem Grunde entschloss sich FN dazu, unter der Bezeichnung Liège eine einfachere, günstigere Variante zu entwickeln. Diese Bockdoppelflinte wurde ausschließlich im Kaliber 12/70 hergestellt. Durch die Verwendung neuer, modernerer Maschinen war es FN möglich, die Herstellungskosten der dann ab dem Jahr 1978 als B 26 bezeichneten Flinte niedrig zu halten. Die Kunden konnten zwischen Läufen in 67, 71 oder 76 cm Länge sowie zwischen unterschiedlichen Kombinationen der festen Chokebohrungen wählen. Die Waffe hat ein Kastenschloss, einen nicht-selektiven Einabzug und automatische Ejektoren. Ihre Basküle und ihr Laufbündel sind einfach brüniert und sie hat einen einfachen Nussbaumschaft. Zwischen 1973 und 1978 baute FN in Herstal mehr als 10 000 dieser Flinten, die damals etwa halb so viel kosteten, wie die einfachste Variante der B 25. In den USA wurde die Flinte als Modell B 27 vorgestellt. 1979 erhielt die sportliche B 26-Flinte den Zusatz MK I und die jagdliche Variante hieß fortan B 26 MK II Chasse. Letztere Waffe, nur im Kaliber 12/70 hergestellt, hat einen 71 cm langen Lauf und eine 7 mm breite, ventilierte Laufschiene. Ihr unterer Lauf hat eine

$^{1}/_{4}$- oder $^{1}/_{2}$-Choke-Bohrung und der obere eine $^{3}/_{4}$- oder Vollchoke-Bohrung. Ihr aus französischem Nussbaumholz hergestellter Schaft weist einen Pistolengriff auf, der Vorderschaft ist tulpenförmig. Die B 26 MK I Trap, ebenfalls nur in 12/70 erhältlich, hat einen 76 cm langen Lauf und auch eine 7 mm breite Laufschiene, auf die jedoch noch eine 14 mm breite Schiene aufgesteckt werden kann. Der untere Lauf weist eine

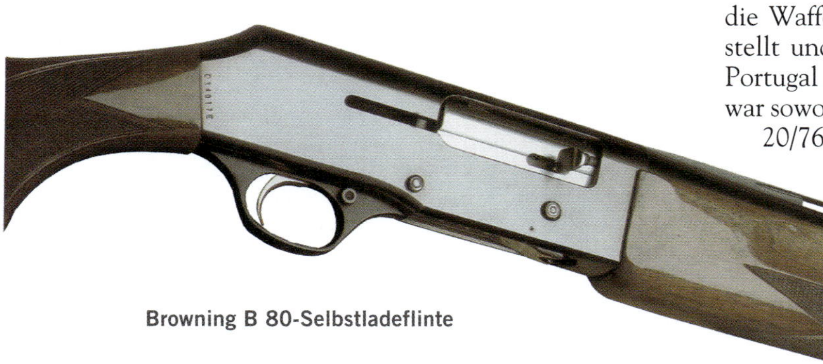

Browning B 80-Selbstladeflinte

feste $^{3}/_{4}$-Choke- und der obere eine feste Vollchoke-Bohrung auf. Die Flinte B 26 MK I Skeet hat einen 71-cm-Lauf; auch auf diesen ist eine 14 mm breite Laufschiene aufzustecken. Ab 1980 wurden die B 26-Varianten nicht mehr hergestellt. Die Unterschiede in den ansonsten technisch identischen Modellen B 26, B 26 MK I und B 26 MK II lagen bei den zuletzt gebauten Waffen nicht mehr in der Verwendung, sondern nur noch in den unterschiedlich hochwertigen Ausführungen. Während die Bockdoppelflinte B 26

Browning Modell B 125-Bockdoppelflinte

MK II Chasse eine brünierte Basküle mit leichter, einfacher Gravur hat, ist die Basküle der Chasse Luxe silberfarben nitratbeschichtet und weist eine feine Rosettengravur auf. Der Lauf der 107 cm langen Chasse ist 71 cm lang und sie wiegt 3,1 kg. Eine besondere Variante der sportlichen B 26 MK II ist das Modell Super Skeet, welches – mit einem 71 cm langen Lauf, einer Gesamtlänge von 106 cm bis 109 cm und einem Gewicht von circa 3,4 kg – einen anatomischen Pistolengriff mit feiner Fischhaut und eine verstellbare Schaftkappe sowie eine Backe mit kurzer Schulterauflage besitzt. Das Modell B 26 MK II Trap hat einen 76-cm-Lauf, ist 112 cm lang und wiegt 3,4 kg, das Modell MK II Skeet hat einen 71-cm-Lauf, eine Gesamtlänge von 107 cm und ein Gewicht von 3,2 kg.

BROWNING B 80

Die Browning-Selbstladeflinte B 80 wurde zwischen 1980 und 1988 angeboten. Die Teile für die Waffe wurden von Beretta in Italien hergestellt und in einem Browning-Unternehmen in Portugal zusammengebaut. Der Gasdrucklader war sowohl in den Kalibern 12/70, 12/76 als auch 20/76 erhältlich und sein Röhrenmagazin wurde, wie das der meisten halbautomatischen Flinten, über die Öffnung der Unterseite des Systemkastens geladen. In das Röhrenmagazin passten maximal vier Patronen. Der Gasdruckzylinder umgibt einen Teil des Magazins. Beim Schießen entstehender Gasdruck wird aus dem Lauf abgezapft und in den Zylinder geleitet, dort drückt er einen im Zylinder befindlichen Kolben zurück wodurch der halbautomatische Nachlademechanismus bewerkstelligt wird. Danach entweicht das Gas durch ein Ventil im Zylinder im Bereich des Vorderschaft-Vorderteils. Am Abzugsbügel befindet sich vor dem Abzug die Druckknopfsicherung der Waffe. Der darüber befindliche Knopf ist der Verschlussfang. Durch Drücken des Knopfes unter dem Spannhebel kann nötigenfalls verhindert werden, dass aus dem Magazin die nächste Patrone ins Lager zugeführt wird. So kann ohne gleichzeitig nachzuladen eine Patrone aus dem Lauf repetiert werden; der Verschluss nimmt keine Patrone aus dem Magazin mit nach vorne oben ins Patronenlager. Bis 1985 verfügte der Lauf der Waffe nur über eine feste Chokebohrung, ab dann wurde sie mit Invector-Wechselchokes angeboten. Von Anfang an bot Browning die Flinte in einer Vielzahl von Variationen an. Im Kaliber 12/70 gab es einen 67 cm langen Lauf mit folgenden Choke-Optionen: Skeet, $^1/_4$-, $^1/_2$-, $^3/_4$- und Vollchoke. Den 71-cm-Lauf der B 80 gab es in den gleichen Choke-Varianten, allerdings nicht in Skeet, und den 76-cm-Lauf nur mehr in $^1/_4$-, $^1/_2$- und Vollchoke. Die gleiche Waffe, aber in 12/76, gab es mit 71-cm- oder 76-cm-Läufen mit Vollchoke-Bohrung. Im Kaliber 20/70 hatte die B 80 einen 67 cm langen Lauf mit $^1/_4$- und $^1/_2$-Choke-Bohrung oder einen 71-cm-Lauf mit $^1/_2$- und Vollchoke-Bohrung. Die Variante in 20/76 stand lediglich mit einem 71-cm-Lauf und $^1/_2$-Choke-Bohrung zur Verfügung. Die Standardausführung der B 80-Selbstladeflinte, Kaliber 12 oder 20, hatte einen brünierten Systemkasten aus Stahl, eine Gesamtlänge von 118 cm, 122 cm oder 127 cm und wog 2,8 kg bis 3,4 kg. Kurz nach der Einführung der Waffe brachte Browning auch eine Kaliber 12-Leichtversion mit Aluminium-Systemkasten, ansonsten aber den gleichen Details, heraus. 1982 stellte man auch eine 12er-Variante mit 81 cm langem Lauf vor. Schaft und Vorderschaft der B 80 sind aus Nussbaumholz.

Flinte B 325 von Browning

Browning B 125

Die Bockdoppelflinte B 125 ist direkt aus John M. Brownings Design von 1925 hervorgegangen, das zunächst die Bezeichnung Superposè und später B 25 trug. Das Modell B 125 wurde 1984 vorgestellt. Ursprünglich war vorgesehen, dass es die alte B 25 ersetzen sollte, aufgrund massiver Kundenproteste sah man dann aber von dieser Idee schnell wieder ab. Die B 125 hat einen selektiven Einabzug, automatische selektive Ejektoren und einen festen Vorderschaft. Die Teile der Waffe wurden für FN zunächst etwa von Miroku in Japan gefertigt und letztendlich erst in Herstal, Belgien, im Browning Custom Shop, endmontiert. Die Custom Shop-Büchsenmacher sorgten hier dafür, dass die Waffe, deren Schaft aus ausgesuchtem französischem Nussbaumholz ist, nur minimalste Toleranzen aufweist. Auf der fein gravierten Basküle der B 125 ist die Aufschrift „Custom Made in Belgium" zu finden. Die ursprüngliche Bockdoppelflinte wurde nur im Kaliber 12/70 gefertigt. Das jagdliche Modell B 125 Special Chasse hat ein 70 cm langes Laufbündel, eine Gesamtlänge von 106 cm und ein Gewicht von 3 kg. Ihre ventilierte Laufschiene ist 6 mm breit. Die B 125 Parcour de Chasse hat einen 71 cm langen Lauf, ist 108 cm lang, wiegt 3,4 kg und hat eine 13 mm breite Laufschiene. Bis Ende 1984 wurden die Läufe der B 125-Flinten mit festen $^1/_4$- und $^3/_4$- oder $^1/_2$- und Vollchoke-Bohrungen versehen; seit 1985 werden die Läufe mit auswechselbaren Invector-Choke-Einsätzen ausgeliefert. Bis 1988 kamen immer neue B 125-Varianten hinzu. Das Modell B 125 Special Chasse Europe wurde etwa nur im Kaliber 12/70 und in den Lauf- und Gesamtlängen 66 cm oder 71 cm und 108 cm oder 113 cm angeboten. Die B 125 Superlight, Kaliber 20/70, hat einen 66-cm-Lauf und ist insgesamt nur 102 cm lang. Das Gewicht dieser Variante liegt bei lediglich 2,6 kg. Das Modell B 125 Sporting Europe wiegt dagegen stattliche 3,4 kg, ist 108 cm lang und hat einen 71-cm-Lauf. Das letzte neue Modell war die Bockdoppelflinte B 125 Trap F1 mit ihrem 76 cm langen Lauf, ihrer Gesamtlänge von 113 cm und ihrem Gewicht von 3,7 kg; sie hatte lediglich eine feste $^3/_4$-Choke-Bohrung. Ab 1995 fing man dann an, die B 125 Modellpalette nach und nach zu verkleinern. Bis zum Jahr 2000 verblieb noch die Trap F1 in der Produktion, 2001 wurde aber auch der Verkauf und die Herstellung dieser Waffe eingestellt.

Browning B 325

Die B 325 stellt im Prinzip die dritte Generation der alten B 25-Bockdoppelflinte dar. Die B 325 wurde 1985 für den europäischen Markt vorgestellt. Für Nordamerika lautete die Bezeichnung der Waffe Citori, bestehend aus einer Citori Superlight und einer Citori Sporting. Die B 325 wurde in Belgien von den FN-Browning-Spezialisten entwickelt, die sich dabei an das alte Patent von John Moses Browning für seine B 25 anlehnten. Die Metallteile der B 325 wurden in

Japan von der Firma Miroku gefertigt und dann in Liège, Belgien, bei FN zusammengebaut, handangepasst und mit den entsprechenden Nussbaumschäften versehen. Die B 325 Superlight gab es in den Kalibern 12/70 und 20/70. Die 20er-Variante stellte Browning 1990 auch im Kaliber 20/76 vor. Für die 12er standen wahlweise 66 cm oder 70 cm lange Laufbündel zur Verfügung. Als Choke-Optionen gab es entweder feste Bohrungen in $^1/_4$-, $^1/_2$-, $^3/_4$- und Vollchoke oder Invector-Wechselchokes. Die Gesamtlänge der Waffe betrug zwischen 111 und 115 cm und

Oben Browning B 425 Elite Light, Kaliber 28, und unten Kaliber .410

ihr Gewicht 2,9 kg oder 3,1 kg. Die 20er-Flinte B 325 Superlight hat 66-cm- oder 71-cm-Läufe, ist 111 cm respektive 116 cm lang und wiegt circa 2,8 kg. Die B 325 Sporting stellte man nur im Kaliber 12/70 und mit 71-cm- oder 76-cm-Läufen in einer Gesamtlänge von 116 cm oder 121 cm her. Das Bockdoppelflinten-Modell B 325 Sporting SP1 verfügte über Invector-Wechselchoke-Einsätze, die Läufe der Variante SP2 haben feste Chokebohrungen, entweder $^1/_4$ und

Browning B 425 Esprit Deluxe

$^3/_4$ oder $^1/_2$ und Voll. Die Versionen B 325 SP3 und SP4 weisen 76 cm lange Laufbündel und wahlweise Invector-Wechselchokes oder die festen, oben bezeichneten Choke-Kombinationen auf. Die Sporting-Flinten sind allesamt leichter als die jagdlichen Superlight-Modelle und wiegen zwischen 3,3 kg und 3,5 kg. Bis Ende 1994 wurden der B 325-Baureihe noch einige weitere Varianten hinzugefügt. Dabei handelte es sich etwa um 20/76er-Versionen der SP1- und SP2-Flinte mit 71 cm langen Läufen und einem 76 cm langen Laufbündel als SP3 und SP4. Der Unterschied der verschiedenen SP-Varianten liegt in der Verwendung von festen oder Invector-Wechselchoke-Einsätzen. Es gab auch B 325 SP5- und SP6-Flinten im Kaliber 12/70 mit 81 cm langen Läufen und festen oder Wechselchokes, die 126 cm lang waren und 3,5 kg wogen. Zudem produzierte die Firma Browning ab den frühen 1990er-Jahren auch die B 325-Modelle Trap und Skeet. 1995 wurde die Produktion des Bockdoppelflinten-Modells eingestellt; die Waffe wurde durch die Browning B 425 ersetzt.

BROWNING B 425

Wie seinerzeit die B 325 wird auch das Modell B 425 in Nordamerika als Browning Citori verkauft; bei Browning ist es ohnehin üblich, dass in unterschiedlichen Märkten unterschiedliche Modellbezeichnungen verwendet werden. Die B 425 stammt von 1993 und ist das Nachfolgemodell der Flinte B 325. Die Teile der Waffe werden sowohl von Fremdfirmen wie Miroku als auch von Browning selbst hergestellt; die Endfertigung erfolgt jedoch stets in Liège in Belgien. Die Basküle der B 425 ist aus einem Stück Spezialstahls gefräst. Die Waffe verfügt über die üblichen Features: automatische Ejektoren, einen selektiven Einabzug und ein dreifaches Sicherungssystem. Hierbei versteht man den manuellen Sicherungshebel am Kolbenhals, die Laufhakenverriegung und die Fallsicherung. Zur Einführung bestand die B 425-Baureihe 1995 aus vier Jagd-Varianten. Da gibt es das Modell 425 Hunter, Kaliber 12/70, mit wahlweise einem 66 oder einem 71 cm langen Lauf mit Invector-Wechselchoke-Einsätzen oder auf Wunsch auch mit festen Chokebohrungen. Die ventilierte Laufschiene dieser Variante ist 6 mm breit, die Waffe ist 112 oder 116 cm lang und wiegt 2,9 oder 3 kg. Die 20er-Hunter hat das Kaliber 20/76 und ebenfalls einen 66 cm oder 71 cm langen Lauf. Ihre Gesamtlänge beträgt 110 cm oder 115 cm und sie wiegt 2,8 kg respektive 2,9 kg. Der Schaft der Waffe – ihr Vorderschaft ist tulpenförmig gehalten – besteht aus Nussbaumholz. Das Züngel ihres selektiven Einabzugs ist vergoldet; der Abzugswiderstand liegt bei 1800 g bis 2100 g.

Die 12er B 425 Sporter-Modelle haben 71 cm, 76 cm oder 81 cm lange Läufe und sind entweder 116 cm, 121 cm oder 126 cm lang. Ihr Gewicht liegt zwischen 3,4 kg und 3,6 kg. Die 20er B 425 Sporter, deren Patronenlager für 76-mm-Hülsen vorbereitet sind, verfügen über 71-cm- oder 76-cm-Läufe, haben eine Gesamtlänge von 116 cm oder 121 und wiegen 3,1 kg oder 3,2 kg. Alle Sporting-Versionen haben eine 10 mm breite, ventilierte Laufschiene. Browning stellte dann natürlich auch Skeet- und Trap-Varianten der B 425 vor. 1996 wurde der Baureihe ein spezielles Modell für die Wasserjagd, das Modell Waterfowl, hinzugefügt. Weil mehr und mehr Länder die Verwendung von Bleischroten zur Wasserjagd verbieten, ist diese Waffe speziell für eine dauerhafte Verwendung von Stahlschroten konzipiert. Die robuste B 425 Waterfowl-Bockdoppelflinte hat das Kaliber 12/76 und wahlweise eine Lauflänge von 71 oder 76 cm, sie ist aber in beiden Varianten 116 cm lang und wiegt circa 3,25 kg. Die Läufe der Waterfowl-Flinte verfügen über Invector-Wechselchoke-Einsätze.

Die Flinten B 425 Elite Light (oben), Light Progress (Mitte) und Light M 20 (unten)

2000 stellte Browning für viele unterschiedliche Modelle ein spezielles Luxus-Oberflächen-Finish der Metallteile, genannt Opaline, vor. Browning-Produkte mit Opaline-Finish besitzen allesamt zusätzlich 10 spezielle weitere Besonderheiten. Diese sind:

1. mindestens 150 Jahre altes, ausgesuchtes Nussbaumholz als Schaftmaterial;
2. Schaftherstellung von Hand und Ölpolitur;
3. handgeschnittene Fischhaut am Schaft, am Pistolengriff und am Vorderschaft;
4. Hinter- und Vorderschaft werden von Hand an die Metallteile angepasst;
5. die Verbindung des Laufbündels mit der Basküle wird von Hand angepasst;
6. genaueste Kontrolle sämtlicher Passerarbeiten auf minimalste Toleranzen;
7. elektronische Einmessung der ballistischen Charakteristika und genaueste Abstimmung des Schussverhaltens;
8. toleranzfreies Einpassen des stets gleich dicken und langen Schlagbolzens;
9. präzise, gleich bleibende Einstellung des Abzugs und des Abzugswiderstands;
10. Auslieferung der Waffe in einem edlen Kunststoffbehältnis.

Die spezielle Metalloberflächenbeschichung Opaline gibt es zum Beispiel für die Modelle B 425 Ultimate Hunter, Prestige Hunter und Privilege Hunter. Letztgenannte Waffe besitzt fein gravierte Seitenplatten, ist aber wohlgemerkt keine Seitenschlossflinte. Die überaus edle und damit auch teure Browning-Waffe gibt es in den Kalibern 12/70 und 20/76 mit jeweils 71 cm oder 76 cm langem Laufbündel. Die Läufe sind traditionell mit festen Chokebohrungen, nur ¼- und ¾-Choke (oben/unten) versehen. Die ventilierte Laufschiene des Gewehrs ist 6 mm breit und das verwendete Nussbaum-Schaftholz von der Maserung her speziell ausgesucht.

Die edle Browning-Flinte B 425 Privileg

Im Jahr 2000 stellte man auch diverse neue Versionen der B 425 vor. Dabei war etwa auch die Flinte Elite Light in den Kalibern 28 und .410. Die 28er-Waffe hat ein Patronenlager für 70-mm-Hülsen und die .410er für 76-mm-Hülsen (in abgeschossenem Zustand). Beide Variationen, die 2,6 beziehungsweise 2,7 kg wiegen, gibt es mit 71-cm- und 76-cm-Läufen.

BROWNING B 2000

Die halbautomatische Flinte Browning B 2000 stammt aus dem Jahr 1974. Damals wurden die Einzelteile der Waffe noch in Liège in Belgien produziert und die Endfertigung erfolgte dann in einem Browning-Werk in Portugal. Das Nachladen der B 2000 erfolgt mittels Gasdruck. Ein Teil des bei der Schussabgabe entstehenden Gasdrucks wird zur Bewerkstelligung des Nachladevorgangs verwendet. Durch eine Bohrung im Lauf ungefähr im Bereich des Vorderschaftendes wird Gasdruck in einen unter dem Lauf befindlichen Druckzylinder abgeleitet. Das Gas drückt einen hierin befindlichen Kolben zurück, wodurch mittels einer mechanischen Hebelverbindung wiederum der Verschluss zurückbewegt und der Nachlade- und Repetiervorgang durchgeführt wird. Danach entweichen noch vorhandene Pulvergase aus einem Ventil, das sich im Bereich des vorderen Teils des Vorderschafts befindet. Zur Möglichkeit, Patronen mit unterschiedlichen Energien verwenden zu können, kann das Gasdruckvolumen im Gaszylinder mittels einer Einstellschraube am Ende des Röhrenmagazins in einem gewissen Maß manuell reguliert werden. Das Magazin, vier Patronen aufnehmend, wird bei der B 2000 nicht wie üblich durch eine Öffnung des Systemkastens von unten sondern durch ein seitliches Einschubfenster am Systemkasten geladen. Die Waffe wurde im Lauf der Jahre in diversen Ausführungen angeboten. So gab es die B 2000 Chasse, Kaliber 12/70, etwa mit einem 66, 71, 76 und 81 cm langen Lauf. Der 66-cm-Lauf war zu haben mit sämtlichen festen Choke-Möglichkeiten, Skeet, ¼-, ½-, ¾- und Vollchoke. Der 71-cm-Lauf und auch der 76-cm-Lauf war mit ½-, ¾- und Vollchoke-Bohrung erhältlich. Im Kaliber 12/76 gab es 76 cm oder 81 cm lange Läufe, allerdings nur mit einer festen Vollchoke-Bohrung. Im Kaliber 20 bot man nur Läufe mit einer Länge von 66 oder 71 cm an, jedoch wieder mit ¼-, ½-, ¾- oder Vollchoke-Bohrung; zudem gab es hier auch einen zylindrischen, 61 cm langen Slug-Lauf. Neben den Jagd-Modellen gab es von der ab Ende 1983 gefertigten Flinte auch spezielle sportliche Skeet- und Trap-Varianten. Im Endeffekt wurde die B 2000 durch den bereits 1980 erschienenen Gasdrucklader B 80 ersetzt.

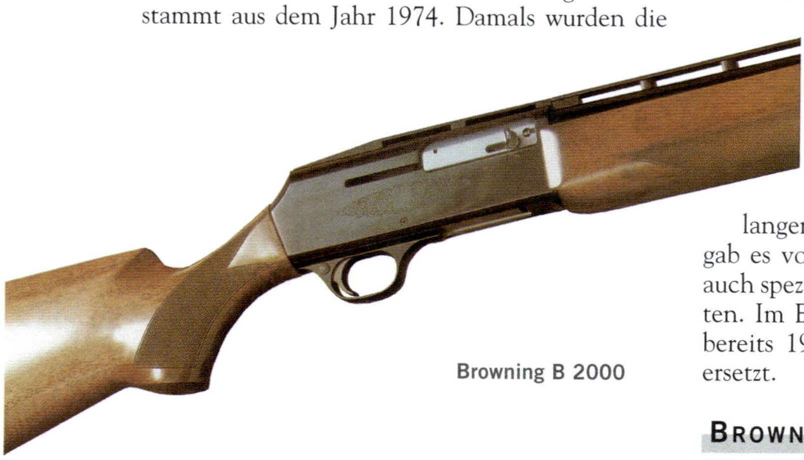

Browning B 2000

BROWNING BAR

BAR steht für Browning Automatic Rifle, obwohl es sich dabei ja nur um ein halbautomatisches Gewehr handelt. Die technische Idee für die Büchse stammt von Val Browning, dem Sohn

von John Moses Browning. Die Vorgängerwaffe der BAR war die „Patent 1900 High Power Rifle“ im Kaliber .35 Rem., die die Firma Browning zwischen 1910 und 1931 herstellte. Während das Patent von 1900 noch einen reinen Masseverschluss hatte, wird bei der BAR Gasdruck zum Nachladen verwendet. Aus einer Gasaustrittsbohrung, die sich ungefähr auf Höhe der Laufmitte befindet, wird ein Teil der entstehenden Pulvergase in einen Druckzylinder geleitet, wo damit ein Kolben bewegt wird. Der Kolben ist über mehrere Umlenkungen mit dem Verschluss der Waffe verbunden, weshalb dieser zunächst festgehalten und dann mit der Bewegung des Kolbens nach hinten geschoben wird. Vorher haben sich die sieben Warzen des Drehkopfverschlusses aus den korrespondierenden Aussparungen der Verschlusshülse gedreht und der Nachladevorgang kann ablaufen. Die hinten im Abzugsbügel der Büchse befindliche Druckknopfsicherung blockiert lediglich den Abzug. Bei dem Knopf vorne am Abzugsbügel handelt es sich um den Löseknopf für das herausnehmbare, vier Patronen aufnehmende Magazin. Der heutige BAR-Selbstlader kam 1967 ursprünglich als „Browning High Power Auto Rifle“ auf den Markt und wurde anfänglich ausschließlich in Liège in Belgien produziert. Nach 1976 baute man dort nur mehr die Teile und ließ das Gewehr in Portugal endfertigen. Die ersten Kaliberoptionen dafür waren .243 Win., .270 Win., .308 Win. und .30-06 Springfield. Die Waffe hat einen 56 cm langen, schlank zulaufenden Lauf, ist insgesamt 110 cm lang und wiegt 3,35 kg.
1968 stellte man die Browning Magnum Auto Rifle, Kaliber 7 mm Rem.Mag. und .300 Win.Mag. vor, gefolgt ab 1970 auch von einer Variante in .338 Win.Mag. Die Magnum-Versionen, die nur eine Magazinkapazität von drei Patronen hatten, besaßen einen 61-cm-Lauf, ein Gewicht von 3,9 kg und waren 115 cm lang. Die Produktion der .338 Win.Mag.-Waffe wurde 1977 eingestellt, 1988 aber wieder aufgenommen. Ab 1978 baute man zwei BAR-Ausführungen, die Drückjagdbüchse BAR Battue mit kurzer Visierschiene und Klappkimme sowie die BAR Affut, welche eine komplett verstellbare Kimme und einen Korntunnel aufweist. Beide Varianten sind durch vorgebohrte Bohrungen zur Aufnahme einer Zielfernrohr-Montage vorbereitet. 1983 stellte Browning die BAR auch als Modell Big Game, allerdings nur im Kaliber .30-06 Springfield, vor. Von dieser limitierten Sonderserie mit ihrem gravierten, silberfarbenen Systemkasten wurden nur 600 Stück hergestellt. Die

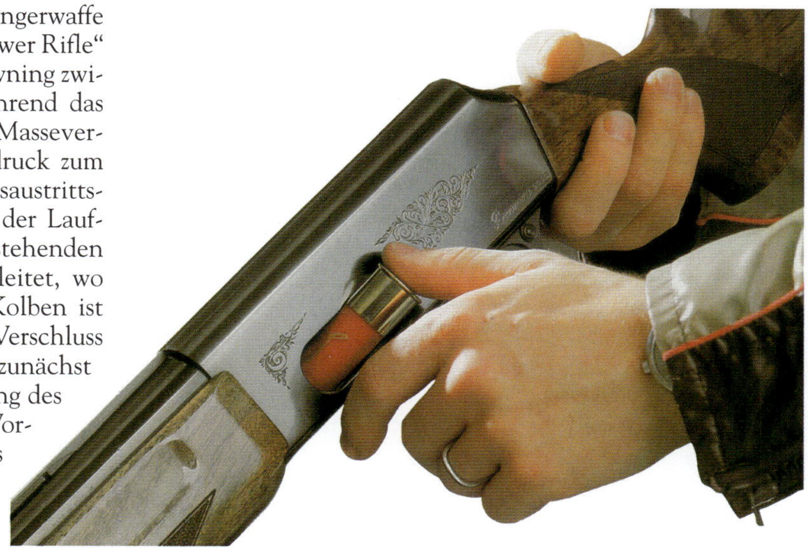

Die B 2000 wird durch ein Ladefenster seitlich am Systemkasten geladen

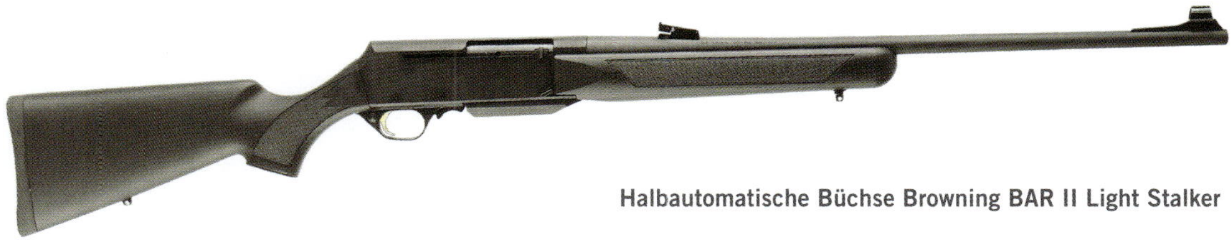

Halbautomatische Büchse Browning BAR II Light Stalker

Büchse Browning BAR II Evolve

dargestellte Waffe hat die Nummer „009 von Sechshundert".
1988 stellte man eine BAR-Variante im Kaliber .280 Rem. vor, die einen 56-cm-Lauf und eine Gesamtlänge von 109 cm hatte. Mehrere Serien der Waffe wurden als spezielle Jubiläums-Edition auf den Markt gebracht. Eine davon war etwa das Modell BAR Europe aus dem Jahr 1993 aus Anlass der Gründung der Europäischen Union am 31.12.1992. 1993 erschien mit der BAR II auch gleichzeitig die zweite, verbesserte Version der Selbstladebüchse. Diese verfügte über ein weiterentwickeltes Gasdruck-Repetiersystem und ein neues Rückstoß-Minderungssystem. Außerdem hatte die BAR II einen neu gestalteten Verschlusshebel und ein herausnehmbares Abzugssystem. Als Variante Affut gab es die BAR II ab 1993 in .243 Win., .270 Win., .280 Rem., .308 Win. und .30-06 Springfield. Sie hatte einen 56-cm-Lauf, eine Gesamtlänge von 110 cm und wog 3,4 kg. Die Magazinkapazität blieb bei vier Patronen. Eine Magnum-Abart mit einer Magazinkapazität von nur drei Patronen in den Kalibern 7 mm Rem.Mag., .300 Win.Mag. und .338 Win.Mag. mit 61-cm-Lauf, 3,7 kg Gewicht und einer Gesamtlänge von 115 cm wurde als Modell BAR II Affut 24 bezeichnet. Die Drückjagdvariante BAR II Battue gab es in .270 Win., .280 Rem., 7 mm Rem.Mag., .30-06 Springfield, .300 Win.Mag. und .338 Win.Mag. mit einem 56 cm langen Lauf, 110 cm Gesamtlänge und dem Gewicht von 3,4 kg in den Standard- und 3,6 kg in den Magnumkalibern. Als Affut Boss kam die BAR II 1995 auf den Markt. Beim Boss-System wird der beim Schießen entstehende Gasdruck dazu verwendet, der Laufvibration und den Laufschwingungen entgegenzuwirken und damit die Schusspräzision zu verbessern. Die Vibration ist von Schuss zu Schuss mimimal unterschiedlich, was dazu führt, dass die Schussgruppen weniger eng beieinander liegen. Je dünner der Lauf, desto mehr tritt dieses Phänomen auf, deshalb stattet man besondere Präzisionsbüchsen auch stets mit besonders dicken Läufen aus. Mittels des an der Laufmündung angebrachten Boss-Systems wird versucht, die Vibrationsfrequenz der einzelnen Schüsse so „einzustellen", dass sie und dadurch auch die minimale Geschossablenkung durch die Vibration stets einigermaßen gleich ist. Verbunden mit dieser Idee ist regelmäßig durch die Laufbohrungen des Boss-Systems auch eine integrierte, kompensatormäßige Rückstoßbremse, die durch den Gasaustritt aus den entsprechenden Bohrungen für eine Rückstoßminderung um 30 bis 50 Prozent sorgt. 1996 brachten die Firmen Browning und Winchester unter der Bezeichnung Boss CR gemeinsam bereits ein verbessertes Boss-System heraus; dieses wirkt wie das normale Boss-System, ist aber leichter individuell einstellbar. 1996 kam auch die BAR-Variante BAR II Safari auf den Markt. Diese Waffe, Kaliber 7 mm Rem.Mag., .300 Win.Mag. oder .338 Win.Mag., hat einen 61-cm-Lauf, eine Gesamtlänge von 114 cm und ein Gewicht von 3,8 kg. Sie wurde mit und ohne Boss-System angeboten. 1997 wurde das 104 cm lange Modell BAR II Lightweight vorgestellt, welches einen Systemkasten aus Aluminium und einen kurzen, 51 cm langen Lauf besitzt. Diese Büchse wurde in den Kalibern .243 Win., .270 Win., .308 Win. und .30-06 Springfield angeboten und wog nur 3,1 kg. 2000 folgte in dieser Reihe – mit den gleichen Details wie bei der Standard Lightweight – die BAR II Lightweight Magnum in 7 mm Rem.Mag., .300 Win.Mag. und .338 Win.Mag. 2001 erschien die Selbstladebüchse BAR II Light Battue Prima, Kaliber .270 Win., 7x64 mm, 7 mm Rem.Mag., .30-06 Springfield und .300 Win.Mag., und 2002 verschiedene Sonder- und Jubiläums-Ausführungen, etwa die BAR Evolve in den Kalibern .270 Win., 7x64 mm, 7 mm Rem.Mag., .30-06 Springfield und .300 Win.Mag. sowie die BAR Light Stalker mit dunkelgrauem Kunststoffschaft in den Kalibern 7 mm Rem.Mag., .30-06 Springfield und .300 Win.Magnum.

Luxusausführung der BAR in der Jubiläumsversion von 1983

BROWNING BAR 22

Zwischen 1977 und 1985 baute die japanische Firma Miroku für Browning die halbautomatische Kleinkaliberbüchse BAR 22. Diese hat unter dem Lauf ein Röhrenmagazin, in das 15 .22-l.r.-Patronen passen. Die Waffe besitzt ein Klappkimmenblatt und ein goldfarben eingelassenes Perlkorn. Die Oberseite des Aluminium-Systemkastens ist mattiert um Lichtspiegelungen zu verhindern. Hinten am Abzugsbügel des Gewehrs befindet sich dessen Druckknopfsicherung, die jedoch nur den Abzug blockiert. Dessen Widerstand ist standardmäßig auf 2300 g eingestellt. Als weitere, automatische Sicherung verfügt die 97 cm lange und 2,85 kg schwere Waffe, welche einen 51-cm-Lauf besitzt, auch über eine Verschlusssicherung. Browning verkaufte mit der BAR 22 Grade II zwischen 1981 und 1985 auch eine Luxusausführung der Büchse. Diese hatte einen silberfarben gehaltenen, gravierten Systemkasten und ihr Schaft war aus ausgesuchtem Nussbaumholz.

Halbautomatische Kleinkaliberbüchse BAR 22

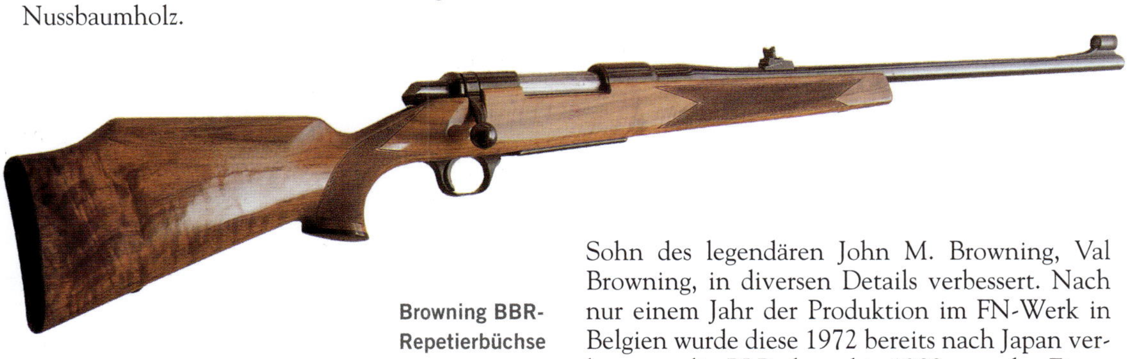

Browning BBR-Repetierbüchse

BROWNING BBR

Die Initialen BBR stehen hier für Browning Bolt-Action Rifle. Diese Repetierbüchse wurde zwischen 1978 und 1984 von Miroku in Japan gefertigt. Ihr System ist so konstruiert, dass der Kammerstängel lediglich um 60 Grad gedreht werden muss, um den Verschluss zu öffnen. Dessen Verschlusswarzen sind so massiv, dass die BBR-Büchse den stärksten Gasdrücken standhält. Vor dem Abzugsbügel befindet sich ein Druckknopf mittels dessen man den Magazindeckel lösen und abschwenken kann um das Magazin nach unten zu entleeren. Die Magazinkapazität beträgt vier Patronen und bei den Magnumkalibern drei. Der Abzugswiderstand der Waffe ist zwischen 1500 g und 3000 g verstellbar. Ihr Sicherungshebel befindet sich hinter dem Verschlusszylinder und das Verschlussgehäuse ist für die Anbringung einer Zielfernrohr-Montage vorbereitet. Der Schaft der Büchse ist aus amerikanischem Nussbaum gefertig und hat einen Monte-Carlo-Abschluss. Der komplett frei schwingende und nirgends, insbesondere nicht am Schaft anliegende Lauf ist nur hinten mit der Verschlusshülse verschraubt und kann in den Kalibern .270 Win., 7 mm Rem.Mag., .30-06 Springfield, .300 Win.Mag. und .25-06 Rem., welches später hinzugefügt wurde, geliefert werden. Für die Standardkaliber ist er 56 cm lang und gibt der Waffe damit eine Gesamtlänge von 108 cm und ein Gewicht von 3 kg. Die Lauflänge für die Magnumkaliber beträgt 61 cm, wodurch die Büchse dann 113 cm lang und 3,1 kg schwer wird.

BROWNING BLR

Diese Waffe ist, wie die Bezeichnung BLR für Browning Lever-Action Rifle aussagt eine Unterhebel-Repetierbüchse. Die BLR basiert auf dem Modell 1881 von Winchester, wurde jedoch vom Sohn des legendären John M. Browning, Val Browning, in diversen Details verbessert. Nach nur einem Jahr der Produktion im FN-Werk in Belgien wurde diese 1972 bereits nach Japan verlegt, wo die BLR dann bis 1982 von der Firma Miroku gebaut wurde. Für einen Unterhebel-Repetierer unüblich verfügt die BLR über ein herausnehmbares Stangenmagazin; normalerweise verwendet man bei entsprechenden Waffen ja Röhrenmagazine. Der Vorteil des Stangenmagazins der BLR ist der, dass darin nun auch problemlos Patronen mit Spitzgeschossen geladen werden können. In einem Röhrenmagazin ist dies zu gefährlich, weil ein Spitzgeschoss das Zündhütchen der davor in der Röhre befindlichen, nächsten Patrone eindrücken und so die Patrone zum Zünden bringen könnte. Das manuelle Repetieren erfolgt mittels der als Hebel ausgebildeten Verlängerung des abklappbaren Abzugsbügels. Durch Vor- und Zurückschwenken des Hebels wird nachgeladen. Damit die leeren Hülsen leicht herauszurepetieren sind, ist das Patronenlager der Waffe, die einen außenliegenden Hahn mit Hahnrast-Sicherung besitzt, innen hartverchromt. Die BLR-Büchse stand zunächst in den Kalibern .243 Win. und .308 Win. zur Verfügung. Der Lauf dieser Variante war 51 cm lang, sie hatte ein Gewicht von 3,15 kg und eine Gesamtlänge von 101 cm. 1981 wurde die Waffe von der Ausführung BLR 81 abgelöst, deren nun mit sechs beziehungsweise sieben Verschlusswarzen versehenes Verschlusssystem überarbeitet worden war. Die Variante BLR 81 Long-Action

Unterhebel-Repetierer
Browning BLR

gab es mit 56 cm langem Lauf in .270 Win. und .30-06 Springfield und in 7 mm Rem.Mag. mit einem 51-cm-Lauf. Die Gesamtlängen betrugen 108 respektive 113 cm und das Gewicht lag zwischen 3,7 und 3,9 kg. Die Variante Short-Action wurde in den Kalibern .222 Rem., .223 Rem., .22-250 Rem., .243 Win., .284 Win., .257 Roberts, 7 mm-08 Rem., .308 Win. und .358 Win. hergestellt und hatte einen 51-cm-Lauf, eine Länge von 101 cm und ein Gewicht von etwa 3,1 kg. 1996 folgte mit dem Modell Browning BLR Lightning eine Waffe mit einem aus Leichtmetall gefertigten Systemkasten. Der Schaft dieser Büchse wies einen Pistolengriff auf. Die Lightning, welche weiterhin produziert wird, gibt es in den gleichen Kalibern wie das Modell 81, allerdings steht die BLR Lightning Long-Action, mit 61-cm-Lauf und 114 cm Gesamtlänge, nur in den Kalibern 7 mm Rem.Mag. oder .300 Win.Mag. zur Verfügung. Diese Waffe hat ein Gesamtgewicht von 3,5 kg.

BROWNING BL 22

Zwar handelt es sich bei dieser Waffe um ein recht altes Konzept, als Unterhebel-Repetierer Browning BL 22 wurde sie aber erst 1970 vorgestellt; seitdem wird sie von Miroku für Browning gefertigt. Die BL 22 ist eine verkleinerte Ausführung des Winchester-Modells 1881, das im 19. Jahrhundert von Browning verfeinert wurde. Die Kleinkaliberbüchse hat ein Röhrenmagazin unter dem Lauf, in das 24 .22-short-, 17 .22-Long- oder 15 .22-l.r.-Patronen passen. Die unterschiedlichen Kaliber können im Magazin sogar „gemixt" untergebracht werden. Ursprünglich hatte die BL 22 einen 46 cm langen Lauf und war insgesamt 93 cm lang. 1972 veränderte man die Lauflänge zu 50 cm, was die Gesamtlänge dann auf 98 cm brachte. Das Gewicht verblieb bei circa 2,3 kg. Auch der Hahn der BL 22 ist mit einer Hahnsicherheitsrast ausgestatttet. Oben auf dem Systemkasten befindet sich eine Prismaschiene zur Zielfernrohr-Montage. 1972 brachte Browning auch eine Grade I- und Grade II-Version der Waffe heraus. Die Grade I hat einen gravierten, brünierten Systemkasten und die Grade II einen silberfarbenen Kasten, der ebenfalls graviert ist. Beide Spezialvarianten wurden 2002 wieder vom Markt genommen.

Browning BL 22
Kleinkaliber-Unterhebel-Repetierer

BROWNING BMM/BMS

BMS steht hierbei für Browning-Mauser-System. Dieses Konzept stammt aus dem Jahr 1959. Die Waffe wurde bis 1974 gebaut, 1993 nahm man die Produktion dann erneut auf. Der Browning-Mauser-Repetierer wird in Liège vornehmlich in Handarbeit hergestellt. Seine kaltgehämmerten

Browning BMS-Repetierbüchse, basierend auf dem Mauser-Modell 98

Läufe werden für die Kaliber .270 Win., .30-06 Springfield, 7 mm Rem.Mag., .300 Win.Mag., .308 Norma-Magnum, .338 Win.Mag. und .375 H&H Mag. produziert; Verschlusshülse und Verschlusszylinder sind aus Vollstahlblöcken gefräst. Die Flügelsicherung der Waffe hat drei Positionen und blockiert in zwei davon sowohl den Abzug als auch den Schlagbolzen. In der Mittelstellung des Sicherungshebels kann in gesichertem Zustand der Verschluss geöffnet werden. Mittels des vor dem Abzugsbügel befindlichen Knopfes kann die Magazinplatte abgeschwenkt werden. Das Magazin selbst fasst vier oder bei den Magnumkalibern drei Patronen. Der .270er-Lauf ist 56 cm lang, der der anderen Kaliber 61 cm. Die Gesamtlänge der ersten Variante lag bei 109 cm, die der anderen bei 114 cm. Das Gewicht der BMS-Büchse liegt bei etwa 3,1 kg. 1995 wurde der Baureihe eine Waffe in .457 Win.Mag. hinzugefügt, die Gesamtlänge auf 111 cm für die .270 Win. und auf 116 cm für die restlichen Varianten erhöht und auch das Gewicht auf 3,5 respektive 4,1 kg heraufgesetzt; das Standardmagazin fasste nun fünf statt bisher vier Patronen. Die Produktion der BMS mit .457 Win.Mag. wurde bereits 2000 wieder eingestellt. Die Verschlusshülse der Waffe verfügt über Bohrungen zur Befestigung einer Optikmontage. Die Bezeichnung BMM bedeutet Browning-Mauser-Magnum. Diese Abart der BMS kam 1999 für die Großwild-Kaliber .416 Rigby, .500 Jeffery und .505 Gibbs auf den Markt. Sie hat einen 64 cm langen Lauf, ist 119 cm lang und wiegt stattliche 4,7 kg. In Anbetracht der Energiewerte dieser Kaliber ist das zusätzliche Gewicht aber notwendig um zumindest zu einem gewissen Teil den immensen, beim Schießen entstehenden Rückstoß zu absorbieren.

BROWNING BPR

1997 stellte die Firma Browning mit dem Modell BPR (Browning Pump-Rifle) eine etwas atypische Vorderschaft-Repetierbüchse vor. Optisch erinnert die BPR an den Selbstlader BAR, allerdings liegt hier eben keine halbautomatische Selbstladewaffe, sondern ein Handrepetierer vor. Ungleich wie bei regulären Vorderschaft-Repetierern wird zum Repetieren der Vorderschaft zunächst nach unten und dann erst nach hinten gezogen, danach wird er – insgesamt fast wie in einer Kreisbewegung – nach oben gedrückt und wieder nach vorne gezogen. Die ersten beiden Bewegungen öffnen den Verschluss, schieben den Verschlusszylinder nach hinten, spannen das Schloss und ziehen und werfen gegebenenfalls eine Patrone oder Hülse aus dem Patronenlager. Mit den weiteren beiden Bewegungen das Schaftes wird dann die nächste Patrone aus dem Magazin zugeführt und der Verschluss wieder nach vorne geführt und verriegelt. Die Verriegelung erfolgt mittels sieben im Verschlusskopf befindlichen Verschlusswarzen. Während der Schussabgabe kann der Vorderschaft nicht bewegt werden, ein spezieller Verriegelungsknopf für den Vorderschaft befindet sich

Die Browning Pump-Rifle BPR im schnellen Repetiervorgang

diagonal über dem Abzug auf der rechten Seite des aus Leichtmetall gefertigten Systemkastens der BPR-Büchse. Der Knopf vor dem Abzugsbügel ist der Magazinlöseknopf, hinten am Abzugsbügel befindet sich eine Druckknopfsicherung. Die Waffe hat einen 50 cm langen Lauf, ist gesamt 105 cm lang und wiegt in den Standardkalibern 3,2 kg und in den Magnumvarianten 3,4 kg. Das herausnehmbare Stangenmagazin fasst vier Standard- oder drei Magnumpatronen. Zur Einführung wurde das Gewehr angeboten in .270 Win., .308 Win., .30-06 Springfield und .300 Win.Mag., 1998 fügte man noch die Kaliber .243 Win. und 7 mm Rem.Mag. hinzu und verlängerte den Lauf der Magnumkaliber allgemein auf 61 cm, was so für eine Gesamtlänge von 114 cm sorgte. In Europa ersetzte 2001 das nahezu baugleiche Modell Dualis mit seinem etwas abgerundeterem Systemkasten die BPR-Büchse. In Nordamerika wurde die BPR bis 2003 verkauft.

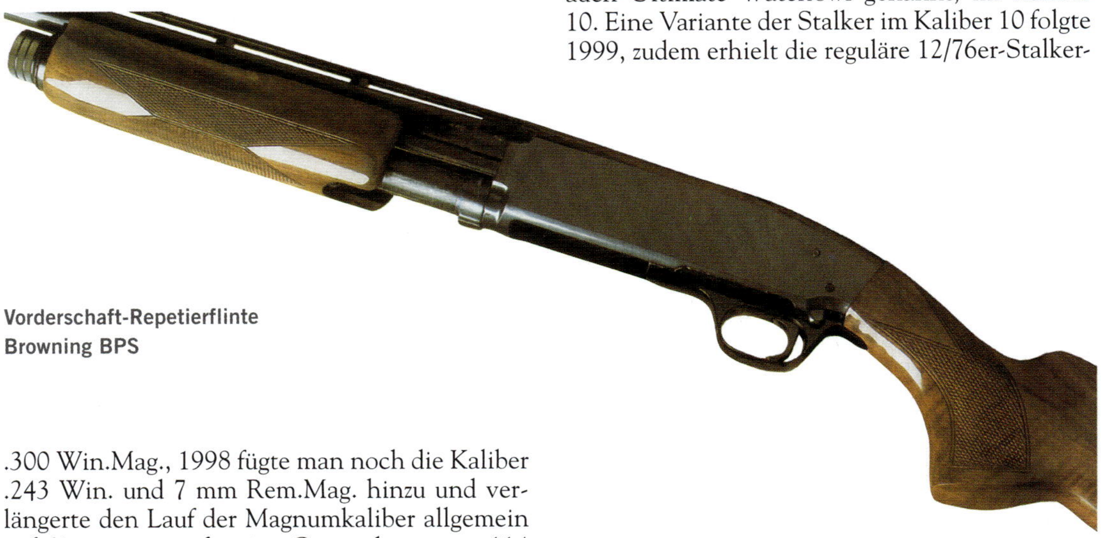

Vorderschaft-Repetierflinte Browning BPS

Browning BPS

Bei der 1977 beziehungsweise in Europa erst 1980 unter dem Spitznamen „Posaune" vorgestellten Browning Pump-Action Shotgun handelt es sich um eine Vorderschaft-Repetierwaffe im eigentlichen Sinne, hier aber eben um eine Flinte. Diese wurde von Anfang an von Miroku in Japan gefertigt. Seit 2000 gibt es die BPS in Europa nicht mehr, sie wird allerdings in Nordamerika weiter in der gesamten Modellpalette angeboten. Zuerst gab es die Waffe nur im Kaliber 12/76 und mit den Lauf-Optionen 61 cm mit zylindrischem Lauf, 66 cm mit ½- oder ¼-Choke, 71 cm mit Voll- oder ¾-Choke oder 76 cm mit Voll- oder ¾-Choke. Das Röhrenmagazin unter dem stets mit einer ventilierten Laufschiene versehenen Lauf, das von unten durch den Systemkasten zu laden ist, fasst drei Patronen 12/76 oder vier 12/70. Ein auf dem Schaftkolbenhals befindlicher Sicherungsschieber blockiert nur den Abzug. 1984 wurde das Röhrenmagazin der Waffe derart verlängert, dass nun sieben 12/76er-Patronen zu laden waren. 1984 wurde auch das Modell BPS HP (für „Home Protection"), Kaliber 12/70, auf den Markt gebracht. Diese Waffe hat einen 61-cm-Lauf ohne Laufschiene und eine Gesamtlänge von 113 cm, sie wiegt 3,3 kg. Eine weitere BPS-Variante folgte 1987 mit einem schwarzen Kunststoffschaft, sie hat die Bezeichnung BPS Stalker und einen 71-cm-Lauf, Invector-Wechselchoke-Einsätze, war 124 cm lang und wiegt 3,5 kg. 1988 folgte die Flinte BPS Super-Magnum, auch Ultimate Waterfowl genannt, im Kaliber 10. Eine Variante der Stalker im Kaliber 10 folgte 1999, zudem erhielt die reguläre 12/76er-Stalker-Baureihe noch weitere Laufoptionen, einen 56-cm-Slug-Lauf und 71 und 76 cm lange Läufe mit ventilierten Laufschienen. Im gleichen Jahr wurde eine Stalker im Kaliber 12/89 herausgebracht. Und auch im Laufe der kommenden Jahre erschienen noch weitere Sonderversionen der BPS-Flinte, etwa das Modell BPS Game Gun Deer Special mit einem 52 cm langen Lauf zum Verschießen von Flintenlaufgeschossen, das Modell BPS Game Gun Turkey Special oder 1992 die BPS-Luxusvariante BPS Pigeon Grade.

Browning BSL

Querflinten ohne Seitenschlosse verkaufte Browning nach 1971 unter der Bezeichnung BSS („Browning Side-by-Side"). Diese Waffen wurden zwischen 1971 und 1988 hergestellt. Ihre Einzelteile wurden bei Daewoo in Korea gefertigt und dann in Herstal, Belgien, endmontiert. In Europa verkaufte man die BSS leicht modifiziert unter der Bezeichnung Anson. Die Waffe mit ihren Original-Seitenschlossen war deshalb ursprünglich auch unter dem Namen BSS Sidelock bekannt. Daewoo baute diese Flinte zwischen 1983 und 1988 für Browning. Es gab sie in den Kalibern 12 und 20 mit 66 oder 71 cm langem Laufbündel und englischem Hinterschaft. Eleganz und eine klare Linienführung zeichneten die Doppelflinte aus. Eine teure Waffe mit Seitenschlossen ist erheblich einfacher zu warten und hat üblicherweise auch eine bessere Abzugscharakteristik. Die gesamten Schlossteile sind bei ihr auf den leicht herausnehmbaren seitlichen Abdeckplatten der Basküle montiert. Wenn die Kipplaufwaffe geöffnet („gebrochen") wird, schiebt dadurch der interne Spannhebel die innenliegenden Schlaghahne entgegen der Kraft der Hahnfedern zurück. Dadurch greifen die Auslösernut und die Nut der Sicherung in die korrespondierenden Aussparungen im Bereich der Basis der Hahnteile. Die Sicherungsnut ist eine zusätzliche Sicherung um definitiv zu verhindern, dass sich ein Schuss löst wenn die Waffe etwa hinunterfällt. Durch manuelles Betätigen des Abzugs und die dadurch entstehende Hebelwirkungskraft löst sich das Auslöserteil aus der Nut und nun treibt die Hahnfeder den innenliegenden Schlaghahn nach vorne wo er auf den Schlagbolzen auftrifft. Das neue BSL-Modell besitzt Seitenschlosse im Holland & Holland-Stil; BSL steht dabei für „Browning Side Lock". Die BSL-Flinte wurde 1992 erneut auf den Markt gebracht. Ihre Teile wurden dann teils von Miroku in Japan als auch von FN in Belgien entsprechend waren die Varianten 116 beziehungsweise 112 cm lang und wogen 3 respektive 2,8 kg. Die BSL ist mit einer automatischen Sicherung ausgestattet, die dafür sorgt, dass die manuelle Sicherung durch das Abkippen des Laufbündels aktiviert wird; so muss nach dem Brechen jedes Mal der Sicherungsschieber auf dem Kolbenhals wieder nach vorne geschoben werden um zu schießen. Der Abzugswiderstand des Doppelzüngelabzugs der Waffe liegt bei 1800 g. Der gerade englische Hinter- und der schlanke Vorderschaft sind aus ausgesuchtem Nussbaum und ölpoliert. Die BSL-Baureihe wurde 1995 durch diverse Gravur-Optionen ergänzt. Neben der oben erwähnten Standardgravur gibt es nun die Flinte als Grade D2 BSL mit landenden Enten auf den Seitenplatten oder als BSL Royal mit einer feinen Floralgravur. Seit 1999 liegt die Produktion der Flinte in den Händen der bekannten belgischen Firma Lebeau Courally und Browning vertreibt sie nur mehr durch den Browning Custom Shop. Die Daten der neuen BSL-Versionen sind gleich geblieben, allerdings können sie nun auch mit Patronenlagern für 12/76er- und 20/76er-Flintenpatronen bestellt werden. Das Modell LC1 als einfachste Variante besitzt nur eine brünierte Basküle, die LC2 dann allerdings bereits wieder eine Enten-Tierstückgravur. Interessanterweise hat Browning nie den Versuch unternommen, die hochwertige BSL-Baureihe auch in Nordamerika zu vermarkten.

Browning BSL-Querflinte, in zwei Ausführungen, hergestellt von Lebeau Courally

selbst produziert. Endgefertigt, geprüft und angepasst wurden sie stets in Belgien von den Spezialisten in Herstal. Die Seitenschlossplatten der Waffen sind üblicherweise unterschiedlich graviert. Die standardmäßige BSL aus der damaligen Zeit hatte links die Gravur einer fliegenden Ente und rechts eines stehenden Fasans; auf der Basküle-Unterseite befand sich eine Schnepfe. Die Flinte wurde seinerzeit in den Kalibern 12/70 und 20/70 hergestellt und hatte als 12er einen 71 cm langen und als 20er einen 69 cm langen Lauf;

Browning Buck Mark Sporter

Der so genannte Pistolenkarabiner wurde 2001 von Browning vorgestellt. Da es sich dabei lediglich um die Kleinkaliberpistole Modell Buck Mark handelt, die man mit einem langen Lauf, einem Anschlag- und einem Vorderschaft versehen hat, handelt es sich hier nicht unbedingt um eine ernsthafte Sportwaffe und es wäre wohl besser gewesen, wenn Browning die Zusatz-Accessoires für die Pistole separat angeboten hätte. Einige andere Pistolenhersteller haben diesen

Weg eingeschlagen, etwa Walther oder Glock. Der Buck Mark Carbine hat wie die entsprechende Pistole das Kaliber .22 l.r. und ein 10-Schuss-Magazin. Er besitzt einen 46 cm langen Lauf, ist insgesamt 85 cm lang und bringt knapp 2 kg auf die Waage. Sein Korn ist leuchtend rot eingelassen und er hat eine zu verstellende, einfache Kimme. Der Sicherungshebel der Waffe befindet sich links am Griffstück über dem Pistolengriff, der Magazinlöseknopf ist hinten im Abzugsbügel. 2003 brachte die Firma Browning eine ganze Baureihe der Pistolenkarabiner auf den Markt. Das Modell Classic Carbon hat einen 23 mm dicken Lauf aus Carbon-Material und ansonsten die gleichen Features wie das ursprüngliche Sporter-Modell, allerdings ist es mit 1,65 kg etwas leichter und hat einen grauen Schaft aus Schichtholz. Das Modell Buck Mark Classic Target hat einen Stahl-Lauf, der ebenso einen Durchmesser von 23 mm hat und ebenso einen grauen Schichtholzschaft. Diese Waffe wiegt aufgrund des schweren Laufes 2,5 kg. Mit einem Holzschaft wie das Modell Sporter heißt der Karabiner mit dem dicken Lauf aus Stahl nur mehr Buck Mark Target.

Der Buck Mark Sporter-Pistolenkarabiner

BROWNING CITORI

Die Browning Citori stammt direkt von der ersten Bockdoppelflinte ab, die FN 1926 ursprünglich mit der Bezeichnung Superposè und später als die berühmte B 25-Flinte herausbrachte. Bis 1940 war diese Waffe nur im Kaliber 12 erhältlich, die zweite Serie wurde zwischen 1947 und 1959 sowohl im Kaliber 12 als auch 20 gebaut. 1959 kamen noch die Kaliber 28 und .410 hinzu. Als man ab 1970 einen merklichen Rückgang im Verkauf der teuren B 25-Bockdoppelflinten notierte, suchte Browning nach einer billigeren Alternative. Japan hatte damals noch ein sehr niedriges Lohnniveau, gleichzeitig aber einen hervorragenden Ruf in Bezug auf Technik- und Stahlverarbeitung. FN entschloss sich daher, von der Firma Miroku in Japan für sich Flinten bauen zu lassen. Diese Waffen wurden 1973 vorgestellt und trugen nun die Bezeichnung Citori. Die Citori hat den gleichen massiven und breiten Laufhakenverschluss wie die klassische B 25-Flinte. Die ersten Serien davon wurden in den Ausführungsstufen Grade I, III und IV hergestellt, wobei Grade I als Standardvariante ursprünglich ohne Baskülen-Gravur war und erst später auch eine einfache Gravur erhielt. Die Grade III-Ausführung weist eine extensive Gravur, bestehend aus Wildvogelmotiven, auf und die Grade IV noch weiter gehende, goldeingelegte Gravuren. Natürlich steigt auch die Qualität und das Aussehen des für den Schaft verwendeten Nussbaumholzes mit den Ausführungsstufen. Die Waffen wurden in den Kalibern 12, 20, 28 und .410 hergestellt. Ab 1987 gab es sowohl in der Standard- als auch später in der Lightning-Version der Waffe auch das Kaliber 16. Die Citori-Flinte wird mit Lauflängen zwischen 66 und 76 cm, alle mit ventilierter Laufschiene und automatischen Ejektoren, angeboten. Ihr Kastenschloss beinhaltet einen selektiven Einabzug. Im Laufe der Zeit gab es die unterschiedlichsten Versionen der Waffe, ausführungsmäßig üblicherweise etwa bezeichnet als Grade I, II usw. Ab 1987 ließ Browning in Italien mit dem Modell „Medalist" auch für einige Jahre eine spezielle Version für den englischen Markt

Fein gravierte Bockdoppelfinte Browning Citori

herstellen, die es aber nur im Kaliber 20 gab. Die Variante Lightning, Kaliber 12, 16, 20, 28 und .410, wurde 1988 vorgestellt. Die Lauflängen dieses etwas schlankeren und damit leichteren Gewehrs waren identisch mit der der Standardausführung, auch sie waren mit Invector-Wechselchoke-Einsätzen bestückt. Für die Lightning gab es die Ausführungsvarianten Grade I, Grade III und Grade VI. 1990 erschien mit der Flinte Citori Trap eine spezielle Trap-Waffe mit 76-cm-Lauf. Die Variante Hunting gab es in den Kalibern 12/76, 12/89 und 20/76 mit den Lauflängen 66, 71 oder 76 cm und damit den Gesamtlängen von 109, 114 oder 119 cm; sie wog zwischen 3,6 und 3,9 kg. Die Hunting-Version der Lightning gab es in den Kalibern 12/76, 20/76, .410/76 sowie 28/70. Sie war verfügbar mit einem 66 cm oder 71 cm langen Laufbündel und nur im Kaliber 20 auch mit einem nur 61 cm langen Lauf. Die Gesamtlänge beträgt somit 104, 109 oder 114 cm und das Gewicht der Waffe variiert zwischen 2,9 und 3,6 kg. Weitere Versionen der Bockdoppelflinte Citori beinhalten unter anderem etwa die Variante Superlight mit 66 und 71 cm langen 12er-Läufen, 66 cm 20er- und 28er-Lauf und wiederum 66- und 71-cm-Läufen für das Kaliber .410. Die Superlight wiegt nur 2,8 bis 3,1 kg. Eine recht atypische Variante ist das Modell Citori Upland Special, das nur im Kaliber 12 und 20, nur mit einem 61 cm langen Lauf, einer Gesamtlänge von 104 cm und einem Gewicht von 2,7 kg produziert wurde. Die Modellbezeichnung Citori wurde in Europa zwar auch für einige Zeit verwendet, in Nordamerika jedoch verwendete man den Namen als Überbegriff für fast alle Bockdoppelflinten von Browning, also sowohl für die Flinte B 125, als auch etwa die Modelle B 325, B 425, GTI, GTS und die neue Ultra. Diese Ungereimtheit, unterschiedliche Modellbezeichnungen für unterschiedliche Märkte zu verwenden, ist bei der Einordnung der Browning-Flinten leider recht verwirrend.

Browning Dualis

Unter der Bezeichnung Dualis brachte die Firma Browning 2001 eine neue Vorderschaft-Repetierflinte heraus. Mit Ausnahme der anders geformten Rückseite des Systemkastens sieht diese Waffe exakt wie das 1997 vorgestellte Modell BPR aus. Das Modell Dualis ersetzte auch die frühere Büchse BPR. Die Position der Sicherung, des Magazinlöseknopfs und des Verschlusshebels sind ebenso identisch wie der etwas atypische Vorderschaft-Repetiermechanismus. Auch bei der Dualis-Waffe muss der Vorderschaft zunächst nach unten gedrückt und dann erst nach hinten gezogen werden um so die Verriegelung zu lösen, den Verschluss nach hinten zu bewegen und gegebenenfalls eine Patrone oder Patronenhülse aus dem Patronenlager zu ziehen und durch das Auswurffenster auszuwerfen. Wenn dann der Vorderschaft wieder nach vorne und nach oben geschoben wird, wird eine neue Patrone ins Lager zugeführt und der Verschluss wieder verriegelt. Die Dualis-Büchse hat einen 51-cm-Lauf und ist 104 cm lang. In der Standardversion ist sie in den Kalibern .270 Win., .308 Win. und .30-06 Springfield erhältlich. Ihr Magazin fasst dann vier Patronen und sie wiegt 3,2 kg. Die ebenfalls erhältliche Magnumversion für die Kaliber 7 mm Rem.Mag. und .300 Win.Mag. hat eine Magazinkapazität von nur drei Patronen und wiegt 3,4 kg; ansonsten sind ihre Dimensionen mit denen der Standardwaffe identisch. Die Dualis verfügt über eine abschraubbare Visierschiene, auf der sich eine Klappkimme befindet; ihr Korn ist leuchtend rot eingelassen. Der Leichtmetall-Systemkasten des Gewehrs besitzt vier vorgebohrte Bohrungen zur Anbringung einer Zielfernrohr-Montage. Der Schaft hat einen leichten Schweinsrücken, einen großen Pistolengriff und ist aus Nussbaumholz gefertigt.

Vorderschaft-Repetierbüchse Browning Dualis

Browning Eurobolt

Bei der Eurobolt-Repetierbüchse handelt es sich eigentlich um ein Modell A-Bolt, das speziell für den europäischen Markt gefertigt wurde. Die Waffe kann sowohl mit verstellbarer Einzelkimme als auch mit einer Drückjagd-Visierschiene bestellt werden. Ihre Verschlusshülse ist oben für die Anbringung einer Optik-Montage vorbereitet. Es gibt die Eurobolt in zwei Varianten, in der Kurzsystem-Variante in 6,5x55 mm, .270 Win., 7x64 mm oder .30-06 Springfield mit einer Magazinkapazität von vier Patronen und in der Magnumsystem-Variante in 7 mm Rem. Mag.

und .300 Win.Mag., mit einem 3-Schuss-Magazin. Beide Varianten haben einen 56-cm-Lauf, eine Gesamtlänge von 106 cm und ein Gewicht von circa 3,2 kg. Auf dem Kolbenhals der Waffe befindet sich ihr manueller Sicherungsschieber. Mittels des vor dem Abzugsbügel befindlichen Magazinlöseknopfs wird die Arretierung des

Browning Eurobolt-Repetierer

Magazinbodendeckels gelöst und er kann nach unten abgeschwenkt werden. Im Gegensatz zu der Original-A-Bolt-Waffe hat die Eurobolt einen Abzug mit Rückstecher; beide werden in Japan von Miroku gefertigt. Durch Vordrücken des Abzugszüngels wird der Abzugswiderstand um mehr als 75 Prozent verringert.

Browning European Standard (oben) und Battue (unten)

Browning European

Browning hat öfter die Tendenz, existierende Modelle den unterschiedlichen Vorlieben und Präferenzen der Kunden aus verschiedenen Teilen der Welt anzupassen. So verhält es sich auch mit der Repetierbüchse Browning European, die 1992 vorgestellt wurde. Sie wurde ursprünglich mit drei unterschiedlich langen Systemen in den Kalibern .270 Win., 7x64 mm, .30-06 Springfield und .300 Win.Mag. gefertigt, es folgten aber noch weitere Kaliber nach. Das lange Magnumsystem war anfangs nur für das Kaliber .300 Win.Mag. konzipiert; die .300er hat einen 66-cm-Lauf, ist 114 cm lang und wiegt 3,3 kg. Das mittellange System verwendet man nun für die Kaliber .270 Win., .30-06 Springfield, 6,5x55 mm und 7x64 mm und das kurze für .22-250 Rem., .243 Win., .257 Roberts, 7 mm-08 Rem. und .308 Win.. Die Waffe in der Standardversion hat einen 56 cm langen Lauf, eine Gesamtlänge von 111 cm und ein Gewicht von 3,2 kg. Mittels des vor dem Abzugsbügel befindlichen Magazinlöseknopfs wird die Magazinbodenplatte entriegelt; nachdem sie dann nach unten geschwenkt wurde, können die oberhalb der Magazinfeder befindlichen Patronen nach unten aus der Waffe entfernt werden. Die Magazinkapazität beträgt vier Patronen in den Standard- und drei in den Magnumkalibern. Wie das nordamerikanische Pendant A-Bolt hat auch die European einen Verschluss mit drei Verriegelungswarzen. Ihr Unterschied besteht vornehmlich darin, dass das hintere Ende des Verschlusszylinders runder gehalten ist. Das Modell European wurde bis 2000 hergestellt und für Browning von Miroku in Japan gebaut.

Browning Express CCS

Die Bockdoppelbüchse Browning Express hat eine lange Geschichte. Erstmals wurde sie ab 1931 von FN in Liége, Belgien, produziert. Die Büchse basiert auf der B 25-Flinte, hat aber einen noch robusteren Verschluss und auch die Basküle ist, um den erheblich stärkeren Gasdrücken von Büchsenpatronen standzuhalten, massiver gebaut. Ursprünglich wurde die Browning Express wahlweise in den Kalibern 7x65R oder 9,3x74R hergestellt. Die Läufe dieses frühen, insgesamt 107 cm langen Modells waren 65 cm lang und die mit einem Einabzug ausgestattete Waffe brachte ein Gewicht von 3,5 kg auf die Waage. Die Läufe

Bockdoppelbüchse Browning Express

wurden im Kalthämmer-Verfahren aus Chrom-Molybdän-Stahl hergestellt. Die Läufe und auch die Laufschiene sind mittels Silberlot miteinander verbunden. Durch Verkürzen eines vorne zwischen den Läufen herausstehenden Stahlteils kann der Büchsenmacher je nach verwendeter Munition versuchen, dass die beiden Läufe auf eine bestimmte Schussentfernung genau „zusammenschießen". Auf dem oberen Lauf befindet sich eine erhöhte Laufschiene, die eine einfache Klappkimme enthält. Die Variante Express Grande Luxe hatte zunächst einen geraden Hinterschaft im englischen Stil, Browning brachte 1955 aber auch eine Grand Luxe mit Hinterschaft mit Pistolengriff heraus. Sowohl Hinter- als auch Vorderschaft des Gewehrs sind aus ausgesuchtem Nussbaum-Wurzelholz. Die Seitenplatten der abgebildeten Express-Büchse sind zwar reich graviert, es handelt sich dabei aber um keine abnehmbaren Seitenschlossplatten, da die wie üblich mittels eines Schiebers auf dem Kolbenhals zu sichernde Waffe ein Kastenschloss besitzt.

Zwischen 1978 und 1994 gab es von der Waffe auch eine Bockbüchsflinten-Variante. Diese, bezeichnet als Modell Continental, hatte das Schrotkaliber 20 und entweder .30-06 oder 9,3x74R als Büchsenkaliber. Ein kurzfristig angebotenes Set im edlen Lederkoffer mit dem Bockbüchsflinten- und dem Bockdoppelbüchsen-Laufbündel ist heute ein rares Sammlerstück. 1987 stellte Browning die reguläre Express in den Kalibern 9,3x62 mm und .375 H&H Mag. vor. Erstere hatte die gleichen Dimensionen wie die anderen Varianten, zweitere hatte einen 60-cm-Lauf, war 104 cm lang und wog 4,2 kg. 1992 kamen gleichzeitig diverse neue Express-Versionen auf den Markt. So hat das Modell Europa, Kaliber 7x65R oder 9,3x74R, einen 65-cm-Lauf, ist 110 cm lang und wiegt 3,4 kg. Die Versionen in .270 Win., .30-06 Springfield und 9,3x62 mm haben einen 61-cm-Lauf, 105 cm Länge und das gleiche Gewicht. 1996 kamen dann noch mehr Kaliber-Optionen hinzu. Das Modell Express CCS European Classic – wie eine weitere Bezeichnung heißt – wird in den Kalibern 8x57JRS oder 9,3x74R angeboten. Es hat einen 56 cm langen Lauf, ein Gesamtgewicht von 3,3 kg und ist 101 cm lang. Das Modell CCS Herstal Express gibt es seit 1996 für die Kaliber 8x57JRS oder 9,3x74R. Diese Variante hatte zuerst einen 60-cm-Lauf, der allerdings 1999 auf 59 cm verkürzt wurde; als Gewicht sind 3,4 kg zu verzeichnen und als Gesamtlänge 104 cm. Auch die CCS Herstal besitzt einen Schaft aus Nussbaumholz mit Pistolengriff. Eine weiteres neues Modell war 1996 auch die CCS 25 für die Kaliber .270 Win., 7x65R, .30-06 Springfield, .30R Blaser, 8x57JRS, 9,3x62 mm und 9,3x74R. Wahlweise gab es hierfür ein 61 cm oder ein 65 cm langes Laufbündel, was zu einer Gesamtlänge von 105 oder 110 cm führt. Die CCS 25 hatte je nach Kundenpräferenz entweder einen englischen Schaft oder einen solchen mit Pistolengriff mit oder ohne Schweinsrücken. Dieses Modell wurde 2000 wieder vom Markt genommen. Die Variante CCS 375 African, Kaliber .375 H&H Mag., hat einen 60-cm-Lauf, eine Länge von 104 cm und wiegt 4,3 kg. In Anbetracht der Kräfte, die beim Abschuss einer solch starken Patrone wirken, ist das hohe Gewicht durchaus nützlich. 2001 wurden der Express-Baureihe erneut zwei Modelle hinzugefügt. Die Express Erice besitzt zwischen den beiden Läufen auswechsel- und verschiebbare Zwischenstücke. Dadurch kann, ähnlich wie mit dem wie oben beschrieben zwischen den Läufen vorne herausstehenden Metallblock dafür gesorgt werden, dass die Trefferlage der beiden Läufe aufeinander abgestimmt wird. Die metallisch belassene Basküle des Modells Erice ist mit einer goldeingelassenen Randgravur versehen und der feine Wurzelholzschaft der Waffe ist ölpoliert. Die Erice wird in den Kalibern 8x57JRS und 9,3x74R angeboten, hat ein 56 cm langes Laufbündel, ist insgesamt 101 cm lang und wiegt 3,1 kg. Die weitere Neuvorstellung war das Modell Erice Duo, wobei es sich um eine verbesserte Ausführung der Bockbüchsfline Continental aus dem Jahr 1978 handelte. Die Erice Duo weist die Kaliber 20/76 und 8x57JRS oder 9,3x74R auf und ist auch als Set mit einem Bockbüchsflinten- und einem Bockdoppelbüchsen-Laufbündel erhältlich.

Die Repetierbüchse Browning FN-Sauer

BROWNING FN-SAUER

Zwischen 1977 und 1982 stellte Browning auch eine Repetierbüchsen-Baureihe her, die auf dem Modell 80 von Sauer basierte. Der Hunterschaft dieser Waffe verläuft in einem speziellen Schweinsrücken, was ideal für die Verwendung eines Zielfernrohrs ist. Mit Ausnahme des Verschlusszylinders sind alle Metallteile der Browning FN-Sauer tief blau brüniert. Der Verschluss verfügt über drei Verriegelungswarzen. Beim Öffnen des Verschlusses klappen die Warzen wie bei Sauer üblich nach innen. Im Gegensatz zur Sauer 80 teilt bei der Browning-Waffe ein Systemkasten den Schaft in Hinter- und Vorderschaft. So ist gleichzeitig sichergestellt, dass der Vorderschaft so eingestellt werden kann, dass er nicht mit dem kaltgehämmerten Lauf in Berührung kommt. Der Abzug der Waffe ist als Rückstecherabzug ausgestaltet. Durch Vordrücken des Abzugszüngels verringert sich der Abzugswiderstand auf einstellbare 350 bis 150 g; der normale Abzugswiderstand ohne Verwendung des Stechers liegt bei 1700 g. Standardmäßig ist die Büchse mit einer voll verstellbaren Williams-Kimme und einem goldfarbenen Perlkorn umgeben von einem Korntunnel ausgestattet. Sie hat mehrere Sicherungssysteme. So werden der Abzug und auch der Schlagbolzen automatisch blockiert wenn der Verschluss geöffnet wird. Zudem hat die Waffe auch eine manuelle Sicherung, deren Sicherungsknopf sich rechts am Systemkasten hinter dem Kammerstängel befindet. Die FN-Sauer wurde in den Kalibern .270 Win., 7x64 mm, 7 mm Rem.Mag., .30-06 Springfield und .300 Win.Mag. hergestellt. Ihr herausnehmbares Magazin hat in all diesen Kalibern eine Magazinkapazität von vier Patronen. Der Lauf der 108 cm langen und 3,5 kg schweren Standardvariante ist 56 cm lang. In den Magnumkalibern beträgt die Lauflänge 61 cm, die Gesamtlänge 113 cm und das Gewicht ohne Montage und Optik 3,6 kg.

Selbstladeflinte Fusion in den Versionen Combo (oben), Ultimate (Mitte) und Hunter (unten)

BROWNING FUSION

Diese halbautomatische Selbstladeflinte wurde in Europa im Jahr 2000 vorgestellt. Sie ist ein weiteres Beispiel für die Produktdifferenzierung von Browning zwischen dem nordamerikanischen und dem europäischen Markt; in Amerika ist die Waffe nämlich Teil der Browning Gold-Baureihe. Die Fusion ist ein Selbstlader, bei dem die entstehenden Pulvergase zur Bewerkstelligung des Nachladevorgangs verwendet werden. Ein spezielles Gasentlastungsventil ermöglicht die Verwendung von Schrotpatronen mit einem Gewicht der Schrote von 24 bis 57 g. Eine Besonderheit des europäischen Modells ist der ergonomisch geformte Pistolengriff des Hinterschafts sowie die Möglichkeit, den Schaft mittels Zwischenstücken zu verkürzen oder zu verlängern. Der schlanke Vorderschaft gibt dem Gewehr eine gewisse Eleganz.
Eine weitere Besonderheit ist der extra große Sicherungsknopf hinten am Abzugsbügel. Es handelt sich dabei um eine Durchschiebesicherung, die auch leicht für die Verwendung durch Links-Schützen umzubauen ist. Etwa zur besseren Reinigung kann das Abzugssystem aus dem Systemkasten herausgenommen werden. Vorne auf der 6 mm breiten, ventilierten Laufschiene befindet sich ein selbstleuchtendes, auswechselbares Kunststoffkorn, das in sechs unterschiedlichen Farben mitgeliefert wird. Links am Systemkasten der Flinte ist ein Hebel, mit dem die Zuführung der nächsten Patrone aus dem Magazin ins Patronenlager blockiert werden kann, so dass etwa eine anders geartete Patrone von Hand zu laden ist. Bei den verwendeten Läufen für die Fusion handelt es sich um die typischen „back-bored"-Flintenläufe, die Browning bereits seit 1992 für alle seine Flinten verwendet; sie sind alle mit Invector-Wechselchokes ausgestattet. Anfänglich wurde die Fusion-Selbstladeflinte nur im Kaliber 12/76 und mit den Lauflängen 66, 71 oder 76 cm angeboten, was sie zwischen 2,9 und 3 kg schwer machte. Die Luxusausführung Fusion Golden Clays gab es nur mit 71-cm- oder 76-cm-Läufen bis sie in Fusion Ultimate umbenannt wurde und auch einen 66-cm-Lauf erhielt. Die Magazinkapazität des Röhrenmagazins beträgt drei 12/76er-Patronen.
Die Variante Fusion Combo wird mit einem 71 cm langen Flinten- und einem 61 cm langen gezogenen Büchsenlauf zum Verschießen von 12/76er Slug-Patronen ausgeliefert, der eine verstellbare Büchsenvisierung besitzt. Browning stellte auch ein Modell Fusion Hunter vor, das das Kaliber 20/76 und einen 66 oder 71 cm langen Lauf besitzt und nur 2,8 kg wiegt. Alle Fusion-Flinten weisen einen ölpolierten, ausgesuchten Nussbaumschaft auf.

BROWNING GOLD

Bereits 1993 wurde die neue Gasdrucklader-Flinte Modell Gold vorgestellt, die nordamerikanische Variante des später in Europa als Fusion verkauften Selbstladers. Vereinfacht ausgedrückt wird auch bei dieser Waffe beim Schießen Gasdruck aus dem Lauf abgezapft, in einen darunter befindlichen Druckzylinder geleitet und dort dann dazu verwendet, dass ein in dem Zylinder befindlicher Kolben bewegt wird, der umgelenkt wiederum den Verschluss öffnet und das Verschlussstück nach hinten schiebt.
Wie bei der Fusion liegt die Besonderheit beim Modell Gold in dem integrierten Regulationsventil, welches dafür sorgt, dass auch bei der Verwendung von recht unterschiedlich stark geladenen Patronen immer ein einwandfreies, automatisches Nachrepetieren gewährleistet ist. Es können so sogar gleichzeitig unterschiedlich starke Patronen ins Magazin geladen und einwandfrei nacheinander verschossen werden. Auch beim Modell Gold kann das Abzugssystem lediglich durch Entfernen von zwei Stiften aus dem Systemkasten entnommen werden. Auch diese Flinte verfügt über einen großen Sicherungs-Durchschiebeknopf hinten am Abzugsbügel, der für Linkshänder umbaubar ist. Links am aus Aluminium hergestellten Systemkasten befindet sich der übliche Hebel, mit dem die Patronenzuführung aus dem Magazin blockiert werden kann.

Die halbautomatische Flinte Modell Gold Hunter

Browning Gold Light im immensen Kaliber 10

Ursprünglich wurde die Browning Gold für verschiedene Schrotkaliber hergestellt, unter anderem auch in 10/89. Der Lauf der insgesamt 122, 127 oder 132 cm langen 10/89er hat wahlweise eine Länge von 66, 71 oder 76 cm. Die Waffe hat ein Röhrenmagazin für fünf Patronen und ihr Lauf, mit einer 6 mm breiten, ventilierten Laufschiene, ist mit Invector-Wechselchokes ausgestattet. Die Variante im Kaliber 12/70 war zunächst nur mit einem 71-cm-Lauf und damit in einer Länge von 124 cm und einem Gewicht von 3,1 kg erhältlich. Das Modell Gold Hunter im Kaliber 12/76 hatte wahlweise einen 71 cm oder 76 cm langen Lauf, war 124 oder 130 cm lang und wog 3,1 beziehungsweise 3,2 kg. Browning stellte auch eine Version im Kaliber 20/76 her, die 2,85 kg schwer und 124 cm lang war und einen 71-cm-Lauf hatte. Vorder- und Hinterschaft der Selbstladeflinte sind aus Nussbaumholz und lackiert. Seit 1996 liefert Browning alle Gold-Modelle mit Zwischenstücken aus, die einfach zwischen der Schaftkappe und dem Hinterschaft installiert werden können, so dass die Schaftlänge individuell jedem Schützen anzupassen ist.

1996 kam auch eine Browning Gold im Kaliber 12/76 auf den Markt, die ein nur 66 cm langes Laufbündel hatte. Diese Waffe war 119 cm lang und wog 3,05 kg. Ab 1997 entschied man sich dafür, nur mehr das Modell Hunter im Kaliber 12/76 herzustellen. Zudem stellte man in dem Jahr das Modell Gold Sporting Clays im Kaliber 12/70 und mit 71 cm oder 76 cm langen Läufen vor. Dieses hat mit einer 8 mm breiten, ventilierten Laufschiene eine etwas breitere Schiene. Die Gesamtlänge der Sporting Clays beträgt 124 oder 129 cm und sie wiegt circa 3,4 kg. Ihre Läufe sind mit Wechselchoke-Einsätzen des Typs Invector Plus ausgerüstet, an der Laufmündung sind Kompensator-Bohrungen angebracht.

Das Angebot echter Gold-Flintenmodelle in Europa war in Anbetracht der Existenz der Flinte Fusion stets beschränkt, dafür gab es aber auf dem nordamerikanischen Markt immer ein sehr weites Angebotssortiment des Modells. Beispiele dafür sind unter anderem das Modell Gold Deer Hunter von 1997 mit einem 56 cm langen gezogenen Lauf zum Abschießen von Slugs und das Modell Gold Stalker mit seinem schwarzen Kunststoffschaft und ebenfalls einem 56 cm langen Büchsenlauf.

Weitere Varianten der Flinte sind etwa die Modelle:

- Gold Sporting Golden Clays von 1999 mit silberfarbenem Systemkasten und goldeingelegter Gravur,

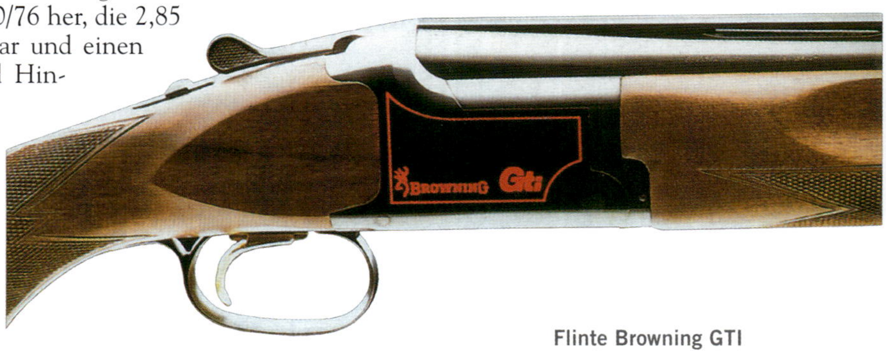

Flinte Browning GTI

- Gold Ladies und Gold Youth Sporting Clays mit kürzerem Schaft, stammend aus dem Jahr 1999,
- Gold Waterfowl in Camouflage von 1999 im atypischen Kaliber 12/89,
- Gold Classic Hunter von 1999 mit altmodischem, kantigem Systemkasten,
- Gold Classic Stalker mit Vorder- und Hinterschaft aus Kunststoff,
- Gold Turkey von 1999 in Camouflage mit 61-cm-Lauf und speziellem Hi-Viz-Kunststoffkorn und
- Gold Camouflage in den Camo-Mustern Mossy Oak und Shadow Grass von 2002.

2001 stellte Browning auch noch das Modell Gold Light im Kaliber 10 vor. Dabei handelt es sich um die gleiche Waffe wie die reguläre in diesem maximalen Schrotkaliber, allerdings mit Leichtmetall-Systemkasten und deshalb einem um 450 g reduzierten Gewicht.

BROWNING GTI

Das Bockdoppelflintenmodell Browning GTI kam 1987 heraus. In Nordamerika wurde es als Citori GTI vorgestellt und in Europa als Variante der B 325-Baureihe. Die GTI-Flinte wurde speziell für das sportliche Trap- und Skeet-Schießen entwickelt, eignet sich aber durchaus auch als Jagdwaffe. Sie wurde nur im Kaliber 12/70 gebaut, hat ein modifiziertes Anson-Kastenschloss und die automatischen Ejektoren der B 325. Die Versionen Sporting und Skeet davon besitzen einen 71-cm-Lauf, sind 115 cm lang und haben ein Gewicht von 3,7 kg. Die Trap-Version hat einen 76 cm langen Lauf und eine Gesamtlänge von 119 cm. Die ventilierte Laufschiene, welche alle Varianten besitzen, ist 13 mm breit, der Zwischenraum zwischen dem oberen und unteren Lauf ist ebenfalls ventiliert. Die Waffe hat einen Einabzug mit Laufwahlmöglichkeit und seit 1992 auch den Browning-typischen „back-bored"-Lauf; damit hieß sie fortan GTI Plus. Die GTI Plus Sporting gab es mit wahlweise einem 71 cm oder 76 cm langen Laufbündel und damit korrespondierend einer Lauflänge von 116 cm oder 121 cm sowie einem zwischen 3,5 kg und 3,6 kg variierenden Gewicht. Das Modell GTI Plus Sporter Ultra hatte eine Lauflänge von 71, 76 oder 81 cm, eine Länge von 116, 121 oder 126 cm und ein Gewicht zwischen 3,5 und 3,6 kg. Die GTI Plus Trap hatte 76 oder 81 cm lange Läufe und ansonsten die Dimensionen und Gewichte des Modells Skeet. In Europa wurde die Bockdoppelflinte GTI ab 1995 dann durch das Modell Browning Ultra ersetzt, das in Nordamerika die Bezeichnung Citori Ultra erhielt.

BROWNING T-BOLT .22

Die Büchse Browning T-Bolt wurde bereits 1965 vorgestellt. Ihre Bezeichnung rührt von ihrem unüblichen T-förmigen Verschluss beziehungsweise Verschlusshebel her. Im Gegensatz zu den vier Bewegungen, mittels denen bei einem regulären Kammerstängel-Repetierer nachzuladen ist, wird der Verschlusshebel der T-Bolt-Büchse nur nach hinten gezogen und wieder nach vorne geschoben, ohne ihn dabei anheben oder senken zu müssen. Der Schütze kann daher während des Schießens viel besser seine Position beibehalten. Die damals sehr atypische Waffe ist praktisch ein direkter Vorfahre der heute so modernen Geradezug-Repetierer. Der kaltgehämmerte Präzisionslauf der Waffe ist 61 cm lang, hat eine versenkte Laufmündung und ist mit einem verstellbaren Williams-Visier ausge-

Alte Bedienungsanleitung von 1965
und Detail des T-Bolt-.22-Verschlusshebels

Die moderne Version der Flinte
Browning Ultra XS Sporter, Kaliber 20

Browning Ultra XS Ported (oben)
Ultra XSH (unten)

stattet. Das herausnehmbare Magazin fasst fünf Patronen des Kalibers .22 l.r., es kann jedoch auch blockiert werden, um die Waffe zu einem reinen Einzellader zu machen. Als echte Sportwaffe kann die T-Bolt .22 auch mit einem Diopter versehen werden. Als Variante T-1 gab es das Gewehr mit Buchen- und als T-2 mit Nussbaumschaft. Das Modell wurde in Nordamerika nur bis 1974 verkauft, blieb in Europa aber bis 1984 in der Produktpalette der Firma Browning.

BROWNING ULTRA

Diese Bockdoppelflinte wurde in Europa 1994 als Nachfolgemodell der GTI Plus vorgestellt, in Nordamerika wurde sie als Citori Ultra angeboten. In der ursprünglichen Ausführung gab es die Ultra nur im Kaliber 12 mit einem Patronenlager für 70 mm lange (abgeschossene) Hülsen und mit den Lauflängen 71 cm, 76 cm oder 81 cm und damit 116 cm, 121 cm oder 126 cm lang; das Gesamtgewicht variierte je nach Ausführung zwischen 3,5 und 3,6 kg. Als Modell Ultra Sporter waren die Waffen mit Invector-Wechselchoke-Einsätzen ausgestattet. Als Modell Sporting gab es sie ebenfalls mit 71, 76 oder 81 cm langen Läufen und ebenfalls einer Gesamtlänge von 116 cm, 121 cm oder 126 cm, allerdings mit festen Chokebohrungen. Das Modell Ultra Trap war wahlweise mit einem 76 cm oder 81 cm langem Laufbündel mit festen Chokebohrungen und das Modell Ultra Skeet mit einem 71-cm-Lauf ausgestattet. Bei allen Läufen handelte es sich bereits um die etwas weiteren, so genannten „back-bored“-Läufe von Browning. 1997 brachte die Firma ihr neues Modell Ultra Skeet auf den Markt, das aufgrund der geänderten internationalen UIT-Wettkampfregeln nunmehr Invector-Wechselchokes besaß. 2001 kam mit den Modellen Ultra XT, XTR, XS und XSH dann die zweite Generation der Ultra-Flinten heraus. Hiervon hat etwa die Variante XS Sporter einen 71 oder 76 cm langen, mit Kompensator-Bohrungen versehenen Lauf und das spezielle Midas-Wechselchoke-System von Briley. Die XT – wobei „T“ für Trap steht – hat dagegen einen 76 cm oder 81 cm langen Lauf mit festen Chokebohrungen.

C

Caesar Guerini

www.caesarguerini.it

Logo der italienischen Waffenfirma

Die italienische Firma Caesar Guerini ist ein verhältnismäßig unbekanntes Waffenherstellungsunternehmen mit Sitz in Marcheno im Herzen der bekannten italienischen Waffenbau-Region um Brescia. Caesar Guerini setzt auf eine ultramoderne Fertigung, kombiniert mit jahrhundertealten Büchsenmachertraditionen. Caesar-Flinten werden mit festen Chokebohrungen nach den Wünschen der bestellenden Kunden hergestellt, sie können aber auch mit den firmeneigenen Selecta-Wechselchokes geordert werden. Für seine halbautomatische Flinte Roman bietet Caesar neben der Selecta-Choke-Option sogar noch eine weitere Art von Wechselchokes an. Der Hebel zum Entfernen des Vorderschafts bei den doppelläufigen Flinten befindet sich als Druckknopf an der Schaftvorderseite. Als Schaftmaterial wird durchwegs feines Nussbaumholz verwendet, die Hinterschaftform ist entweder die englische Prince of Wales-Form oder eine Form mit Pistolengriff. Die Gravurarbeiten an der Basküle werden von Hand gefertigt; teilweise sind die Tierstückgravuren mit Gold eingelegt. Die Bockdoppelflinten haben normalerweise einen selektiven Einabzug; generell schlägt dabei zunächst das Schloss für den unteren Abzug ab, mittels des Sicherungsschiebers am Kolbenhals kann dies aber geändert werden. Auf Einzelbestellung liefert die Firma ihre Kipplaufwaffen aber auch mit einem Doppelzüngelabzug aus. Deren Verriegelung erfolgt mittels eines breiten Laufhakens unter dem Laufbündel. Alle Caesar-Bockdoppelflinten verfügen über automatische Ejektoren und ihre Läufe aus Chrom-Molybdän-Stahl sind innen hartverchromt, weshalb sie gut zur Verwendung von Stahlschroten geeignet sind.

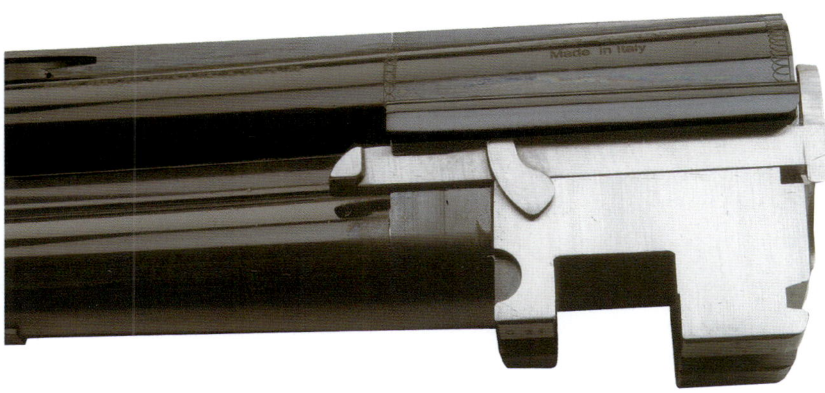

Laufbündel einer Caesar-Bockdoppelflinte, gut sichtbar dabei der Ejektor und der Laufhaken

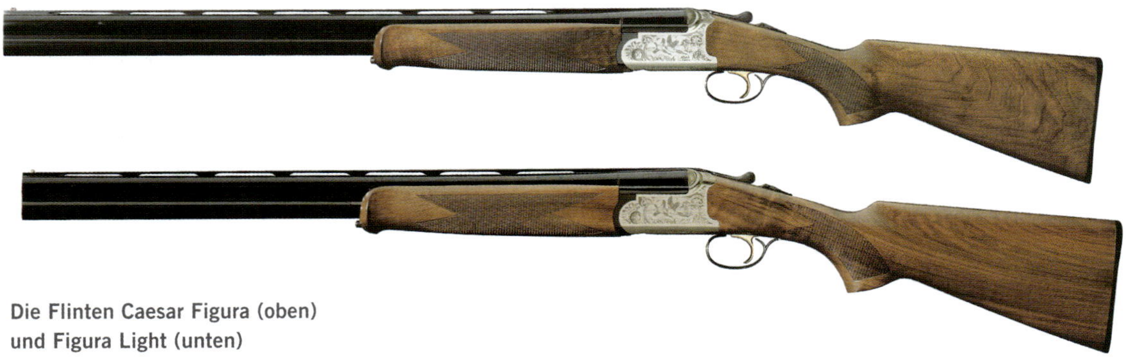

Die Flinten Caesar Figura (oben) und Figura Light (unten)

CAESAR FIGURA

Die Bockdoppelflinte Caesar Figura wird nur im Kaliber 12 hergestellt, allerdings kann wahlweise ein Patronenlager für 76 mm oder 89 mm lange Hülsen geordert werden. Als Lauflängen-Optionen stehen 61, 66 oder 71 cm zur Verfügung. Der Nussbaum-Hinterschaft ist 37 cm lang und das Gewicht der Waffe variiert zwischen 3 und 3,15 kg. Die Läufe sind aus Chrom-Molybdän-Stahl hergestellt und zugunsten einer längeren Haltbarkeit innen hartverchromt. Die ventilierte Laufschiene ist 7 mm breit; das daran befestigte Korn ist aus durchleuchtendem Kunststoff. Die Läufe sind entweder mit festen Chokebohrungen

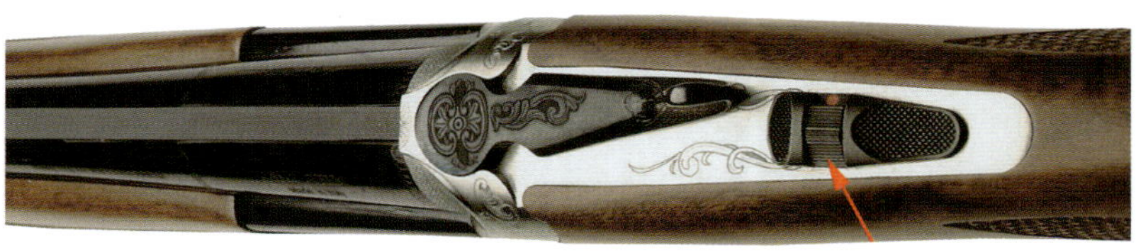

Kombinierter Sicherungs- und Laufwahlschieber

oder mit einem Set Caesar Selecta-Wechselchokes in Voll-, $^3/_4$-, $^1/_2$-, $^1/_4$- und Zylinderchoke zu bestellen. Die verchromte Basküle ist mit Jagdszenen verschönert.

Die Figura-Flinte ist zwar auch mit einem Doppelzüngelabzug erhältlich, wird standardmäßig aber mit einem selektiven Einabzug ausgeliefert; ihr Sicherungsschieber auf dem Kolbenhals dient gleichzeitig für die Laufwahl. Normalerweise schlägt bei einem Einabzug beim ersten Abziehen das Schloss für den unteren Lauf ab und beim zweiten das für den oberen; dies kann mittels eines in den Sicherungsschieber integrierten Querschiebers umgekehrt werden. Die Waffe verfügt standardmäßig auch über automatische Ejektoren. Die Variante Figura Light gibt es nur im Kaliber 12/76. Diese Waffe hat eine vernickelte Basküle aus Aluminium und wiegt daher nur 2,6 kg. Wie die Standard-Figura gibt es sie in den Lauflängen 61, 66 und 71 cm. Für beide Ausführungen gibt es auch ein Wechsellaufbündel zum Verschießen von Flintenlaufgeschossen, bei denen die Läufe in den letzten 15 cm vor der Laufmündung Züge und Felder aufweisen.

CAESAR MAGNUS

Die Bockdoppelflinte Magnus besitzt ein Kastenschloss mit imitierten Seitenschlossplatten; diese sind jedoch nur eine optische Dekoration und haben nichts mit denen echter Seitenschlosswaffen zu tun. Sowohl bei der Standard- als auch der Light-Variante der Magnus sind die Seitenplatten verchromt und mit gravierten Jagdszenen versehen. Das Modell Magnus Jaspe besitzt buntgehärtete Seitenplatten, in deren Zentrum sich ein vergoldeter Fasan oder eine vergoldete Ente befindet. Die Magnus-Flinte hat einen selektiven Einabzug und ihr Sicherungsschieber auf dem Schaftkolbenhals fungiert wieder auch als Lauf-

Caesar Magnus-Bockdoppelflinte in den Ausführungen Standard (oben), Jaspe (Mitte) und Light (unten)

Die in den Lauf einzuschraubenden Selecta-Wechselchoke-Einsätze

wahlschieber. Die Chrom-Molybdän-Stahl-Läufe der Waffe, erhältlich in den Kalibern 12, 20, 28, 36 und 36 (.410) und nur in 28 mit einem 70-mm-Patronenlager versehen, ansonsten jeweils mit einem 76-mm-Patronenlager, sind innen hartverchromt und wahlweise 61, 66 oder 71 cm lang. Ausschließlich in der Standardversion der Magnus und der Magnus Jaspe gibt es auch das

Halbautomatische Flinten Roman (oben), Roman Battue (Mitte) und Gladius (unten)

Kaliber 12/89. Die Hinterschaftlänge beträgt üblicherweise 37 cm und die Varianten im Kaliber 12 haben eine 7 mm breite, die Varianten in allen anderen Kalibern eine 6 mm breite ventilierte Visierschiene. Zwar können die Läufe auch mit jeglichen Kombinationen von festen Chokebohrungen bestellt werden, regulär wird die Waffe aber mit Läufen mit Wechselchoke-Einsätzen ausgeliefert. Die Selecta-Wechselchokes von Caesar Guerini gibt es dahingehend in Voll-, 3/4-, 1/2-, 1/4- und Zylinderchoke. Die Standardausführungen der Bockdoppelflinten Caesar Magnus und Magnus Jaspe wiegen je nach Kaliber und Lauflänge zwischen 2,7 und 3,1 kg. Die Variante Magnus Light ist aufgrund der Verwendung einer Basküle aus Aluminium mit 2,3 bis 2,7 kg etwas leichter. Vorder- und Hinterschaft der Waffe sind aus ausgesuchtem Nussbaumholz. Der Hinterschaft besitzt einen unten abgerundeten Pistolengriff, bekannt auch als Prince of Wales-Griff.

Caesar Roman MMI

Bei dieser aus dem Jahr 2001 stammenden einläufigen halbautomatischen Selbstladeflinte von Caesar Guerini handelt es sich um einen Rückstoßlader. Das Modell Roman wird nur im Kaliber 12 und mit einer Patronenlagerlänge für 76-mm-Hülsen hergestellt. Die verfügbaren Lauflängen sind 61, 66 oder 71 cm und die Standardlänge des Hinterschafts beträgt 37 cm. Sowohl die reguläre Flinte Roman als auch ihre Luxusversion Gladius besitzen eine 6 mm breite, ventilierte Laufschiene und wiegen zwischen 2,9 und 3,05 kg. In das Röhrenmagazin passen fünf Patronen, die Magazinkapazität kann jedoch durch mitgelieferte Einschübe auch auf zwei oder drei Patronen begrenzt werden. Auch der Lauf des Modells Roman ist aus Chrom-Molybdän-Stahl und innen hartverchromt. Standardmäßig wird es mit Selecta-Wechselchokes ausgeliefert, kann jedoch auch mit festen Chokebohrungen nach Wahl oder sogar mit externen Wechselchokes, die die Gesamtlänge des Laufes dann um 10 cm verlängern, bestellt werden. Vorder- und Hinterschaft der Waffe sind aus Nussbaum; der Hinterschaft ist mit einem Pistolengriff im Prince of Wales-Stil ausgestattet. Die Version Roman

Spezielle externe Wechselchokes für die Flinte Roman; der silberne, hintere Teil wird in den Lauf eingeschraubt und der vordere, brünierte steht heraus

Battue ist speziell als Drückjagdwaffe konzipiert und besitzt daher eine, allerdings relativ kurze, Drückjagd-Visierschiene. Sie hat einen 61 cm langen, glatten Lauf, kann aber auch mit einem gezogenen Wechsellauf versehen werden. Die Roman Battue wiegt 2,95 kg. Allgemein hat die Roman-Flinte einen Abzugsbügel aus Aluminium, an dessen Hinterseite sich eine nur den Abzug blockierende, manuelle Sicherung befindet. Vorne am Abzugsbügel ist ein Knopf angebracht, mittels dem die Patronenzuführung aus dem Magazin blockiert werden kann.

Sportflinte Caesar Summit in den Varianten Standard und Dual

Caesar Summit

Diese Bockdoppelflinte ist als Wettkampfwaffe konzipiert und daher weniger zur Jagd geeignet. Sie wird in diversen Variationen hergestellt und hat stets ein Kastenschloss, eine verchromte Basküle und einen Einabzug. Bei den Unterarten Trap und Skeet ist dieser nicht selektiv, bei der Sporting-Flinte kann mittels des Sicherungsschiebers auch gleichzeitig eine Laufwahl getroffen werden. Alle Summit-Varianten besitzen automatische Ejektoren und ihre Läufe sind aus Chrom-Molybdän-Stahl und innen hartverchromt sowie mit ventilierten Laufschienen versehen. Zwischen den Läufen befinden sich ebenfalls Ventilationsöffnungen. Die Waffe ist auf Wunsch zwar auch mit festen Chokebohrungen lieferbar, wird standardmäßig aber mit Selecta- oder auch anderen, speziellen Wechselchokes zum sportlichen Schießen angeboten. Bei der Version Summit Dual ist die Basküle mattiert. Summit und Summit Dual werden in Skeet-, Trap- und Sporting-Variationen offeriert. Die mit einer 10 mm breiten, mittig mit einer Längsnut versehenen, ventilierten Laufschiene bestückten Läufe der 12/70er- oder 20/70er-Skeet-Waffe sind 71 cm lang, die Waffe wiegt 3,3 kg bis 3,4 kg und hat einen 37 cm langen Hinterschaft, der jedoch auch kürzer oder länger bestellt werden kann. Die Modelle Summit Sporting und Dual Sporting, Kaliber 12/76 oder 20/76, besitzen ein 71, 76 oder 81 cm langes Laufbündel und haben regulär ebenfalls einen 37 cm langen Hinterschaft. Die Summit Sporting wiegt 3,3 kg bis 3,4 kg. Die Flinten Summit Trap und Dual Trap, wieder nur mehr im Kaliber 12/70 und 20/70, haben nur ein 76 cm langes Laufbündel und wiegen circa 3,7 kg. Auch ihr Hinterschaft ist normalerweise 37 cm lang.

Caesar Tempio

Das Modell Tempio ist die Spitzenwaffe von Caesar Guerini. Als Verschluss für die Bockdoppelflinte wurde die breite, auch für das Modell Figura verwendete Laufhakenverriegelung gewählt. Die Tempio-Flinte wird in den Kalibern 12, 20, 28, 36 und 36 (.410) hergestellt, überraschenderweise nicht im Kaliber 16. Die 28er-Waffe hat ein 70-mm-Patronenlager, während die Tempio in allen anderen Kalibern 76-mm-Patronenlager aufweist; für das Kaliber 12 wird auch ein Patronenlager für 89 mm lange Patronenhülsen angeboten. Alle Varianten verfügen

Bockdoppelflinte Caesar Tempio in den Ausführungen Standard (oben), Jaspe (Mitte) und Light (unten)

wahlweise über 61, 66 oder 71 cm lange Läufe und haben eine Standard-Schaftlänge von 37 cm. Wie bei Caesar üblich sind auch die Tempio-Läufe aus Chrom-Molybdän-Stahl und innen hartverchromt. Die Baskülenseiten sind von Hand graviert und verfügen teilweise über goldeingelegte Tierstückgravuren. Die Standardausführung der Waffe wiegt 2,7 bis 3,1 kg. Als Tempio Light mit Aluminium-Basküle wiegt sie nur 2,3 bis 2,7 kg. Die Variante Tempio Jaspe hat eine brünierte Basküle mit seitlich einem in Gold eingelegten Fasanen- oder Entenmotiv und wiegt zwischen 2,7 kg und 3,1 kg. Die Bockdoppelflinten-Varianten werden üblicherweise mit Selecta-Wechselchokes ausgeliefert, sind auf Sonderbestellung aber auch mit festen Chokebohrungen erhältlich. Der Schaft ist aus Nussbaum und hat einen Prince of Wales-Pistolengriff.

Waffenkoffer für die Caesar Roman-Selbstladeflinte

CZ (BRÜNNER)

www.czub.cz

Markenzeichen des tschechischen Unternehmens CZ

Die Firma CZ, was abgekürzt für „Ceska Zbrojovka" steht, hat ihren Sitz nicht, worauf der häufig in Deutschland verwendete Firmenname „Brünner" schließen ließe, im tschechischen Brünn, sondern in Uhersky Brod, einem kleinen tschechischen Ort am Fuße der Karpaten. Die frühere Tschechoslowakei hat eine lange Tradition im Bau von Schusswaffen. Seit dem Ersten Weltkrieg baute man vornehmlich in den dortigen Firmen Zbrojovka Brno, Ceska Zbrojovka Strakonice und Zavody Skoda auch Militärwaffen. Die erstgenannte, direkt in Brno (Brünn) beheimatete Firma wurde durch die Entwicklung des leichten Maschinengewehrs 2-GB-33 bekannt. Bezüglich dieser Waffe verkaufte man eine Produktionslizenz an den englischen Staatsbetrieb Enfield

CZ 550 Magnum-Repetierbüchse mit Schaftverschneidungen

Ordnance Factory, der das Maschinengewehr dann unter dem Namen „Bren Gun" weltberühmt machte. Die eigentliche Firma CZ entstand im Juli 1936 zunächst als Subunternehmen von Ceska Zbrojovka (CZ) Strakonice, was wiederum zu Zbrojovka Brno gehörte.
Einer der Gründe, weshalb man Uhersky Brod als Produktionssitz auswählte, war, dass es außerhalb der Reichweite deutscher Bomber war. Man baute zunächst monatlich 500 Stück der Pistole CZ 38 sowie dann die Kleinkaliber-Gewehrmodelle 242, 243 und 247. 1939 wurde die Tschechoslowakei von den Deutschen eingenommen und man baute bei CZ fortan unter dem Namen Böhmische Waffenwerke vornehmlich die Maschinengewehre LK-30 und MG-17 für die deutsche Armee. Nach dem Zweiten Weltkrieg war das Land von den Russen besetzt und CZ baute zunächst militärische Kalaschnikow-Sturmgewehre und dann verschiedene Luftdruckgewehre und auch die Selbstladeflinte CZ 241 sowie nach und nach Selbstladepistolen und jagdliche Repetierbüchsen. Außerdem produzierte das Unternehmen Teile für das Motorrad CZ 125 und für Nähmaschinen. Zwischen 1950 und 1958 baute man diverse Gebrauchspistolen, wie etwa das bekannte 6,35-mm-Modell Duo, und die Luftdruckwaffen-Palette wurde um die 5,5-mm-Modelle 802 und die Baureihe 600 ausgeweitet.
Etwa 1956 wurde ein Teil der Firma abgespalten; dieser Teil stellte unter der Bezeichnung Ceska Zavody Motocyclove nur mehr Motorräder her.
1958 begann man beim verbliebenen Waffenherstellungsunternehmen mit dem Bau des Sturmgewehrs Modell 58, der tschechischen Variante der AK-47 Kalaschnikow. 1958 wurde die Firma Teil eines riesigen, unter der Bezeichnung „October Revolution Works" bekannten Staatsunternehmens; dabei wurde der Name CZ für einige Zeit in „Factory No. 5 Uhersky Brod" abgeändert. Aus dieser Periode stammt unter anderem etwa die Produktbezeichnung „Slavia". 1961 begann man mit der Produktion der berühmten Scorpion-Maschinenpistole und die Firma wurde Teil der staatlichen „Precision Machine-Tooling Company", welche 1965 selbst Teil der Staatsfirma „VHJ Zbrojovka Brno" wurde. In der Zeit bis 1975 baute CZ große Stückzahlen diverser Jagd- und Sportwaffen. Beispiele hierfür sind etwa der Revolver Grand im Kaliber .38 spec. und .22 l.r., die Repetierbüchsen ZKK 600, 601 und 602 oder die Doppelflinten-Modelle 581 und 584. Zudem wurden natürlich auch das Sturmgewehr 58, die MPi Scorpion und diverse Luftdruckgewehre weitergebaut und zusätzlich auch Flugzeugteile und Hydraulikteile für den tschechischen Zetor-Traktor hergestellt. 1975 stellte CZ die inzwischen weltbekannte Pistole CZ-75 vor; allein deren immenser Erfolg sorgte für ein weiteres Wachsen der Firma. Eine weitere Reorganisation erfolgte 1983 als CZ Teil der Agrozet Brno Group wurde.
Erst im Juli 1988 wurde CZ dann ein unabhängiges, allerdings noch in Staatseigentum stehendes Unternehmen. Nach dem Fall des Eisernen Vorhangs wurde CZ am 1. Mai 1992 zur unabhängigen Firma Ceska Zbrojovka. Heute ist Ceska Zbrojovka, kurz CZ, einer der weltweit größten Produzenten von Hand- und Faustfeuerwaffen. Die Firma exportiert ihre Produkte in mehr als 100 Länder rund um den Erdball. Die aktuelle Verkaufspalette von CZ besteht aus Repetierbüchsen aller Kaliber, aus verschiedenen halbautomatischen Selbstladepistolenmodellen, Flinten und Luftdruckwaffen. In der Zeit des Kalten Kriegs waren die CZ-Produkte zwar in der westlichen Welt wenig bekannt, inzwischen sind sie aber wegen ihres besonders guten Preis-Leistungs-Verhältnisses äußerst populär und werden sehr gerne gekauft.

CZ 452-2E ZKM

Die Repetierbüchse CZ 452-2E ZKM ist nahezu identisch mit der alten ZKM 451 aus dem Jahre 1946. Die Waffe wurde von den Brüdern Josef und Frantisek Koucky entwickelt, die in Brünn ein eigenes technisches Büro unterhielten. Das Modell 452 wird seit 1963 gebaut. Es hat ein herausnehmbares Magazin für fünf oder 10 Patronen, Kaliber .22 l.r.; eine .22-WMR-Variante besitzt nur ein 5-Schuss-Magazin. Der Magazinlöseknopf befindet sich vorne am Magazinschacht, der Sicherungshebel rechts hinter dem Kammerstängel. Das Modell 452 besitzt einen Mauser-ähnlichen Verschluss und einen Abzug, dessen Widerstand verstellt werden kann. Durch eine Gasentlastungsbohrung rechts vorne an der Verschlusshülse können im Falle eines Überdruckes bei der Zündung problemlos Pulvergase entweichen. Die meisten Modelle der Baureihe können auf Wunsch mit einem Laufmündungsgewinde zur Anbringung eines Schalldämpfers bestellt werden. 2000 wurde die lange Modellbezeichnung CZ 452-2E ZKM in CZ 452 ZKM umgewandelt.

CZ 452-2E ZKM American/Classic

Diese Repetierbüchse, wiederum in den Kalibern .22 l.r. und .22 WMR, wurde 1999 vorgestellt und speziell konzipiert für den nordamerikanischen und australischen Markt. Ihr Lauf ist mit 57 cm etwas kürzer, da sie dort häufig in Geländewagen transportiert wird. Die Gesamtlänge beträgt daher nur 102 cm und das Gewicht liegt bei 2,78 kg. Auch dieses Modell hat als .22-l.r.-Version ein 5- oder 10-Schuss-Magazin und als .22 WMR nur ein 5-Schuss-Magazin. CZ änderte die Modellbezeichnung 2001 allgemein in 452 ZKM Classic und in Nordamerika in American

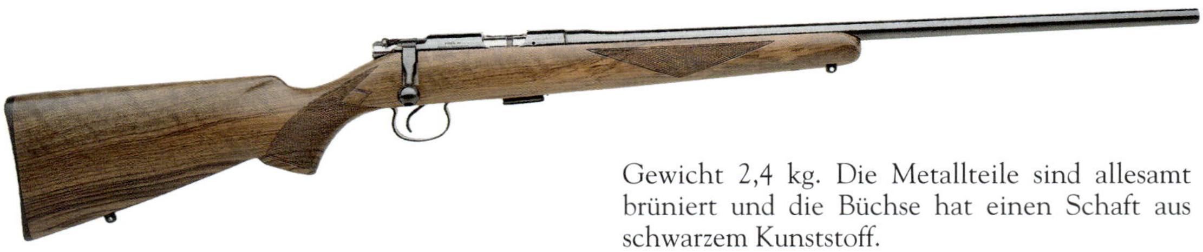

CZ 452-2E ZKM American-Repetierbüchse

Classic. Die Waffe besitzt keine offene Visierung sondern hat lediglich eine 10 mm breite Prismaschiene auf dem Verschlussgehäuse, auf der die Montage für ein Zielfernrohr zu befestigen ist. Der Nussbaumschaft der Waffe endet in einer Schaftkappe aus Kunststoff.

CZ 452-2E ZKM Silhouette

Der 452 ZKM Silhouette-Repetierer von CZ wurde ebenfalls speziell für den nordamerikanischen Markt entwickelt, wo das so genannte Silhouetten-Schießen mit Kleinkalibergewehren sehr populär ist. Dabei wird auf relativ weite

452-2E ZKM Silhouette (oben) und 452-2E ZKM Style (unten)

Distanzen auf kleine Metallscheiben in der Form von Tieren geschossen. Aufgrund der großen Distanzen hat die Waffe auch keine offene Visierung, sondern lediglich eine Prismaschiene zur Anbringung eines Zielfernrohrs. Die Waffe hat nur das Kaliber .22 l.r. und ein fünf Patronen fassendes Magazin; allerdings kann auch das 10-Schuss-Magazin anderer 452er-Modelle verwendet werden. Die Gesamtlänge des Gewehrs beträgt 104 cm, die Lauflänge 57 cm und das Gewicht 2,4 kg. Die Metallteile sind allesamt brüniert und die Büchse hat einen Schaft aus schwarzem Kunststoff.

CZ 452-2E ZKM Style (vorher bezeichnet als Modell Synthetic)

Die CZ-Repetierbüchse 452 ZKM Style hatte bis 1997 die Modellbezeichnung 452 ZKM Synthetic. Die Waffe wird in den Kalibern .22 l.r. und .22 WMR hergestellt; als .22 l.r. hat sie ein 5- oder 10-Schuss-Magazin und als .22 WMR nur ein 5-Schuss-Magazin. Verschlussgehäuse und Lauf wirken, als wären sie aus unbehandeltem Stainless-Stahl, tatsächlich ist ihre Oberfläche jedoch vernickelt. Der Kunststoffschaft der wiederum ohne Visier und daher nur für die Verwendung mit Zielfernrohr ausgelieferten Waffe ist hinten erhöht und hat eine Backe. Bis 2000 hat das Modell einen 57-cm-Lauf und war 104 cm lang, ab dann betrug die Lauflänge 63 cm und die Gesamtlänge 108 cm. Das Gewicht liegt bei 2,7 kg.

CZ 452-2E ZKM Standard

Eine erste Variante dieses Modells war die Ausführung CZ 452-2E ZKM Lux von 1963. Diese hatte einen Schaft aus ausgesuchtem Nussbaumholz und CZ baute sie in den Kalibern .22 l.r. (mit 5- und 10-Schuss-Magazin) oder .22 WMR (mit 5-Schuss-Magazin). Ihre Gesamtlänge lag bei 108 cm, die Lauflänge bei 63 cm und das Ge-

Der CZ-Repetierer 452-2E ZKM oben in der Luxus- und unten in der Standardausführung

wicht bei 3 kg. Die darauf befindliche, robuste Schiebekimme ist zwischen den Entfernungen 25 m und 200 m verstellbar. Das Basismodell davon war dann die KK-Büchse 452 ZKM Standard, welche bis etwa 1997 die Modellbezeichnung 452-2E ZKM Special trug. Diese Waffe hat einen einfacheren Buchenschaft und wird ebenfalls in den Kalibern .22 l.r. und .22 WMR mit den angegebenen Magazinoptionen hergestellt. Die Gesamtlänge des Standardmodells liegt bei 108 cm und es hat einen 63-cm-Lauf. Das Gewicht beträgt etwa 3 kg. Auch das Visier des Standardmodells ist zwischen 25 m und 200 m Schussentfernung einstellbar. Sowohl die Variante Lux als auch Standard verfügen über einen Korntunnel.

CZ 452-2E ZKM Scout (oben) und Stutzen (unten)

CZ 452-2E ZKM Scout/ CZ 452-2E ZKM Junior

Das aktuelle Modell 452 ZKM Scout hieß bis 1997 452 ZKM Junior. Die nur mit einem 41-cm-Lauf versehene und damit lediglich 82 cm lange und 1,8 kg schwere Waffe wird dahingehend auch als Carbine bezeichnet. Wie üblich hat sie im Kaliber .22 l.r. ein 5 oder 10 Schuss fassendes Magazin und in .22 WMR nur ein 5-Schuss-Magazin. Das Korn am Laufende verfügt über einen Kornschutz und die Kimme ist eine einfache nur höhenverstellbare Blattkimme. Der Schaft der Waffe ist aus Buchenholz und hinten mit einer Kunststoff-Schaftkappe versehen.

CZ 452-2E ZKM FS

Der Stutzen CZ 452-2E ZKM FS stammt aus dem Jahr 1996 und wird nur im Kaliber .22 l.r. und mit einem herausnehmbaren 5- oder 10-Schuss-Magazin hergestellt. Die mit einem 53 cm langen Lauf ausgestattete Waffe ist 100 cm lang und wiegt 2,9 kg. Wie bei einem Repetierstutzen üblich ist der Vorderschaft des Gewehrs bis zur Laufmündung vorgezogen, was letztendlich bei rauem Einsatz den Lauf schützt.

CZ 452-2E ZKM Varmint

Die Firma CZ entwickelte dieses Modell für den nordamerikanischen Markt, wo mit so genannten Varmint-Büchsen auf den Prärien über weite Entfernungen auf kleines Schadwild geschossen wird. Die Waffe wird nur in .22 l.r. gebaut und hat ein 5- oder 10-Schuss-Magazin. Ihre Gesamtlänge beträgt 100 cm, sie hat einen 53-cm-Lauf

CZ 452-2E ZKM Varmint

und ist 3,17 kg schwer. Dieses relativ hohe Gewicht kommt vor allem durch den dicken, schweren Lauf zustande. Die Waffe hat keine offene Visierung, ihr Verschlussgehäuse ist jedoch oben mit einer Prismaschiene zur Anbringung eines Zielfernrohrs ausgestattet. Ihr Nussbaumschaft ist hinten mit einer Gummi-Schaftkappe versehen.

CZ 511

Bei Modell 511 handelt es sich um eine .22-l.r.-Selbstladebüchse. Das vor dem Abzugsbügel befindliche, herausnehmbare Magazin hat eine Kapazität von acht Patronen. Der zugehörige Magazinlöseknopf befindet sich zwischen dem Magazinschacht und dem Abzugsbügel. Der Durchschiebe-Sicherungsknopf der Waffe befindet sich hinten am Abzugsbügel und ihr Verschlusshebel rechts am Systemkasten direkt unter dem Auswurffenster. An der Laufmündung ist das Korn durch einen Korntunnel geschützt. Die Kimme ist eine Klappkimme mit einem Kimmenblatt für 50 m und einem für 100 m. Zudem verfügt auch das Modell CZ 511 über eine Prismaschiene zur Anbringung einer Zielfernrohr-Montage. Die Waffe wird in zwei Versionen angeboten: das Standardmodell hat einen Buchenschaft, während das Modell 511-Lux einen Nussbaumschaft aufweist. Beide Versionen sind insgesamt 98 cm lang, haben einen 56-cm-Lauf und wiegen 2,45 kg. Zudem gibt es eine spezielle Subsonic-Variante. Deren Technik ist auf die Verwendung von Subsonic-Munition mit deren niedrigerem Gasdruck eingestellt. Mit aufgeschraubtem Schalldämpfer ist mit Subsonic-Munition kaum ein Schussknall zu hören.

Die Halbautomaten CZ 511 Lux (oben) und Standard (oben)

CZ 513 Farmer

Das Modell CZ 513 Farmer ist ein echtes Arbeitsgerät, benötigt wenig Pflege und Wartung und tut dennoch seinen Job, am besten als Waffe, die Landwirte, Jäger oder Forstleute ständig als Wegbegleiter mit sich führen. Als einfaches und robustes Werkzeug hat das Gewehr ein simples, nicht verstellbares Abzugssystem und eine Basis-Blattkimme, die nur höhenverstellbar ist. Auch die Ausführung des Korns und des Korntunnels sind entsprechend einfach. Das Repetierermodell CZ 513 Farmer gibt es nur im Kaliber .22 l.r. Es hat eine Magazinkapazität von fünf oder 10 Patronen, der entsprechende Magazinlöseknopf befindet sich vor dem Magazin und die manuelle Sicherung hinter dem Kammerstängel. Die mit einem Buchenschaft ausgestattete Waffe ist 99 cm lang, hat einen 41-cm-Lauf und wiegt 1,8 kg.

Basismodell des Repetierer CZ 513 Farmer

CZ 527 American

Die Büchse CZ 527 American stammt aus dem Jahr 1999 und wurde speziell für Nordamerika entwickelt, vornehmlich zum Beschießen von Kleinwild auf mittlere und größere Entfernungen. Die Waffe wird in den Kalibern .22 Hornet, .222 Rem. und .223 Rem. angeboten und hat jeweils ein Magazin für fünf Patronen. Zur Verbesserung der Schusspräzision ist der 56 cm lange Lauf des 2,7 kg schweren Repetierers frei schwingend und an der Mündung eingesenkt. Das Gewicht der Waffe beträgt ohne Zielfernrohr-Montage und Zieloptik 2,7 kg. Als Schaftholz verwendet CZ Nussbaumholz; der Hinterschaft ist mit einer Gummi-Schaftkappe versehen.

CZ 527 American

CZ 527/527 Excellent

Die Standardversion des Modells 527 wurde 1990 auf den Markt gebracht. Sie hat einen Mauser-ähnlichen Verschluss mit zwei Verschlusswarzen vorne am Verschlusszylinder und den charakteristischen Patronenauszieher. Ursprünglich, bis 1993, gab es das Gewehr auch mit einem Doppelzüngel-Stecherabzug. Der aktuell verwendete Abzug ist ein einstellbarer Druckpunktabzug. Bis 1995 wurde das Standardmodell nur mit einem Buchenschaft hergestellt, seit 1996 sind alle Varianten der Baureihe mit einem Schaft aus Nussbaumholz ausgestattet. Die Standardvariante ist 108 cm lang, hat einen 60-cm-Lauf und ein Gewicht von 2,8 kg. Die Repetierbüchse besitzt ein festes Visier, ihr Korn ist durch einen so genannten Korntunnel geschützt, und ihre Verschlusshülse ist oben zur Befestigung einer Montage für ein Zielfernrohr vorbereitet. Rechts hinter dem Kammerstängel befindet sich der Sicherungshebel; wenn dieser auf „gesichert" steht, ist ein roter Punkt zu sehen. Im gesicherten Zustand sind sowohl der Verschluss als auch der Abzug blockiert. Der Magazinlöseknopf des Gewehrs ist rechts neben dem Magazinschacht. Bis 1999 hieß die Luxusausführung der Waffe CZ 527 Lux, seither allerdings CZ 527 Excellent.

CZ 527-Standardmodell (oben) und die Luxusausführung 527 Excellent (unten)

Diese Büchse hat einen Schaft aus sorgfältig ausgesuchtem Nussbaum-Maserholz. Die CZ 527 Excellent wird nur in den Kalibern .222 Rem. und .223 Rem. hergestellt. Insgesamt ist die CZ 527 108 cm lang, hat einen 60 cm langen Lauf und ein Gewicht von circa 2,8 kg. Diesbezüglich sind das Standard- und das Excellent-Modell gleich.

CZ 527 FS

Der CZ 527 FS-Repetierer ist auch unter der Bezeichnung 527 Stutzen bekannt, weil sein Vor-

CZ 527 FS Stutzen

derschaft bis zur Laufmündung vorreicht. CZ stellte diese 527er-Variante auf der IWA (Internationale Waffen Ausstellung) 1991 vor. Die Waffe ist technisch in vielen Punkten mit den anderen Modellen der Baureihe identisch. Sie wird in den Kalibern .22 Hornet, .222 Rem. und .223 Rem. hergestellt und hat in allen Varianten ein 5-Schuss-Magazin. Ihre Gesamtlänge liegt bei 98 cm, sie hat einen 52 cm langen Lauf und wiegt 2,7 kg. Eine Besonderheit ist ihre dicke,

CZ 527 M Carbine in zwei Militärkalibern

ventilierte Gummi-Schaftkappe. Bis 1996 war das Schaftmaterial Buchenholz, erst ab dann wurde Nussbaum verwendet.

CZ 527 M Carbine

Dieser spezielle, kurze Karabiner wurde insbesondere für die Nachsuche auf angeschossenes Kleinwild konzipiert. Ansonsten ist er den anderen 527er-Modellen sehr ähnlich. CZ baut den Nachsuche-Karabiner in den Kalibern .223 Rem. (dem NATO Kaliber 5,56x45 mm) und in 7,62x39 mm (dem russischen Militärkaliber). In beiden Kaliber-Optionen hat die Waffe ein 5-Schuss-Magazin. Ihre Gesamtlänge beträgt 95 cm, die des Laufes nur 47 cm. Das Gesamtgewicht der Waffe, die eine feste Blattkimme und das von dem bekannten CZ-Korntunnel geschützte Korn besitzt, liegt bei 2,7 kg.

CZ 527 Varmint

Wie das Kleinkaliber-Modell CZ 452-2E ZKM Varmint ist auch diese Waffe, Kaliber .222 Rem. oder .223 Rem., zur Jagd auf relativ kleines Wild auf weitere Entfernungen gedacht. Sie hat ein herausnehmbares Magazin für fünf Patronen, ihre Gesamtlänge beträgt 112 cm und sie hat einen 65-cm-Lauf. Dieser ist nicht nur länger als die Läufe der anderen Versionen sondern auch dicker und damit schwerer; das Waffengesamtgewicht beträgt daher 3,3 kg. Der Abzugswiderstand des Druckpunktabzugs ist zwischen 18 N und 24 N verstellbar. CZ liefert die Büchse auf Wunsch auch mit einem Flintenabzug aus, der einen Abzugswiderstand von nur 5 N aufweist. Das Modell 527 Varmint hat keine offene Visierung und wie die Büchse 527 American eine eingesenkte Laufmündung. Die Oberseite ihres Verschlussgehäuses ist für die Aufnahme einer Zielfernrohr-Montage vorbereitet.

Büchse 527 Varmint von CZ, hier abgebildet mit Optalens-Zielfernrohr

CZ 537

Die Markteinführung dieses CZ-Modells erfolgte 1991. Es handelte sich dabei um eine Großkaliber-Ausführung der CZ 527 und die Waffe wurde bis 1997 in verschiedenen Varianten hergestellt. Die Standardausführung hat ein herausnehmbares 4-Schuss-Magazin und als Kaliber-Optionen .243 Win. oder .308 Win.; in den Kalibern .270 Win., 6,5x55 mm, 7x57 mm, 7x64 mm und .30-06 Springfield hatte sie ein 5-Schuss-Magazin.

Die Büchse CZ 537

Die Gesamtlänge der Repetierbüchse beträgt 114 cm, die Lauflänge 60 cm und das Gewicht liegt bei 3,3 kg. Das Gewehr hat eine feste Blattkimme und den bekannten Korntunnel von CZ. Sein Verschlussgehäuse ist für die Aufnahme einer Zielfernrohr-Montage vorbereitet. Der Sicherungshebel befindet sich rechts am Verschluss hinter dem Kammerstängel; die Sicherung blockiert den Abzug und den Schlagbolzen. Als Schaftmaterial wurde Buche verwendet; der Hinterschaft ist mit einer dicken, ventilierten Schaftkappe versehen. Zusätzlich zu dieser jagdlichen Variante bot CZ mit dem .308-Win.-Modell CZ 537 Sport einige Jahre lang auch eine spezielle Sport-Ausführung an. Diese hatte einen Diopter und einen erhöhten Korntunnel im Anschütz-Stil. Eine weitere Variante war das .308er-Modell 537 Sniper mit einschwenkbarem Zweibein. Die Baureihe 537 wurde 1997 von dem Modell CZ 550 ersetzt.

CZ 537 FS-Stutzen mit bis zur Laufmündung vorgezogenem Vorderschaft

CZ 537 FS

Diese Stutzen-Ausführung des Modells 537 wurde in den gleichen Kalibern und Magazindetails wie die Standardvariante angeboten. Sie hatte eine Gesamtlänge von 105 cm, eine Lauflänge von 52 cm und ein Gewicht von 3,1 kg.

CZ 550

Die Repetierbüchse CZ 550 stammt aus dem Jahr 1997 und ersetzte die Modellreihe 537. Die neue Baureihe hat standardmäßig ein festes, nicht herausnehmbares Magazin und ist in fast allen jagdlich üblichen Kalibern erhältlich, unter anderem etwa in .270 Win., 7x57 mm, 308 Win., .30-06 Springfield und 9,3x62 mm. Soweit die Waffe wunschgemäß mit einem herausnehmbaren Magazin bestellt wird, sind die Kaliber-Optionen auf .22-250 Rem., .243 Win. und .308 Win. beschränkt. Die Verschlusshülse der Waffe ist wie bei vielen Großkaliber-Repetierbüchsen mit einer Gasaustrittsbohrung versehen, so dass potenzieller Überdruck entweichen kann. Der Sicherungshebel des Modells 550 befindet sich wieder rechts am Verschlussgehäuse unmittelbar hinter dem Kammerstängel. Der Verschlusszylinder weist vier Verriegelungswarzen auf und unterscheidet sich dahingehend vom üblichen Mauser-System. Die unterschiedlichen Varianten des Modells 550 sind nachfolgend beschrieben.

CZ 550 Luxus, graviert und mit Schaftverschneidungen

CZ 550 American

Als dieses Modell 1999 vorgestellt wurde hatte es zunächst die Bezeichnung 550 Minnesota; erst 2000 wurde der Name geändert. Es gibt die Repetierbüchse in zwei Ausführungen. Mit einem herausnehmbaren 4-Schuss-Magazin ist sie in den Kalibern .22-250 Rem., .243 Win. und .308 Win. erhältlich. In .270 Win., 6,5x55 mm, 7x57 mm,

CZ 550 American Kammerstängel-Repetierer

7x64 mm, .308 Win., .30-06 Springfield und 9,3x62 mm hat das nur feste Magazin eine Kapazität von fünf Patronen. Ursprünglich hatte die

CZ 550 Battue (oben) und Battue Stutzen (unten)

American einen 65 cm langen Lauf, 2001 wurde er allerdings auf 60 cm gekürzt. Gesamtlänge des aktuellen Modells sind 114 cm; es hat ein Gewicht von 3,4 kg. Die reguläre CZ 550 American besitzt einen Schaft aus Nussbaumholz und keine offene Visierung; dafür kann auf dem Verschlussgehäuse ein Zielfernrohr angebracht werden.

CZ 550 Battue/Battue FS Stutzen

Die Modelle CZ 550 Battue und Battue FS Stutzen sind kurze Gewehre, die speziell für den schnellen Schuss bei Drückjagden konzipiert sind. Dazu besitzen sie als Visier eine so genannte Drückjagdschiene auf dem hinteren Teil des Laufes. Die Büchse Battue FS Stutzen hat einen zur Laufmündung vorgezogenen Vorderschaft, was den Lauf schützt, so dass sie auch gut zur Nachsuche zu verwenden ist. Der Lauf beider Varianten ist 52 cm lang und die Waffengesamtlänge liegt bei 105 cm, das Gewicht der regulären Battue liegt bei 3,1 kg und das des Stutzens bei 3,15 kg. CZ stellt beide Varianten nur in den Kalibern .243 Win. und .308 Win. mit einem herausnehmbaren 4-Schuss-Magazin her, ein festes Magazin für fünf Patronen besitzen die Waffen in den Kalibern .270 Win., 6,5x55 mm, 7x57 mm, 7x64 mm, .30-06 Springfield und 9,3x62 mm. Schaftmaterial ist jeweils Nussbaum.

CZ 550 FS Stutzen (Carbine)

Mit der Vorstellung der 550er-Baureihe kam 1997 auch das Modell CZ 550 FS Stutzen auf den Markt. Wie die meisten 550er-Repetierer ist auch diese Waffe mit einem herausnehmbaren 4-Schuss-Magazin in den Kalibern .243 Win. und .308 Win. erhältlich und mit festem Magazin und einer Kapazität von fünf Patronen in .270 Win.,

Die kurze CZ-Repetierbüchse 550 FS Stutzen

6,5x55 mm, 7x57 mm, 7x64 mm, .308 Win., .30-06 Springfield und 9,3x62 mm. Die Lauflänge der Waffe beträgt 52 cm, die Gesamtlänge 105 cm und das Gewicht 3,3 kg. Der Nussbaumschaft, wie bei einem Stutzen üblich bis zur Laufmündung vorgezogen, weist eine dicke, ventilierte Schaftkappe aus Gummi auf. Die Kimme des CZ 550 FS Stutzen ist verstellbar und das Korn CZ-typisch mit einem Korntunnel geschützt.

CZ 550 Excellent

Hierbei handelt es sich im Endeffekt um eine spezielle Version der CZ 550 Lux. Als Schaftmaterial wurde hier besonders ausgesuchtes Nussbaum-Wurzelmaserholz verwendet. Der Verschlusszylinder ist kreiselpoliert und die Magazin-Bodenplatte vernickelt. Wie üblich ist der Lauf der Waffe frei schwingend montiert und liegt nicht am Vorderschaft an. Das Excellent-Modell wird nur mit festem 5-Schuss-Magazin und in den Kalibern 7x64 mm und .30-06 Springfield hergestellt. Es hat einen 60-cm-Lauf, eine Gesamtlänge von 114 cm und wiegt 3,3 kg. Auch seine Visierung besteht aus einem Korntunnelgeschütztem Korn und einer Williams-Kimme.

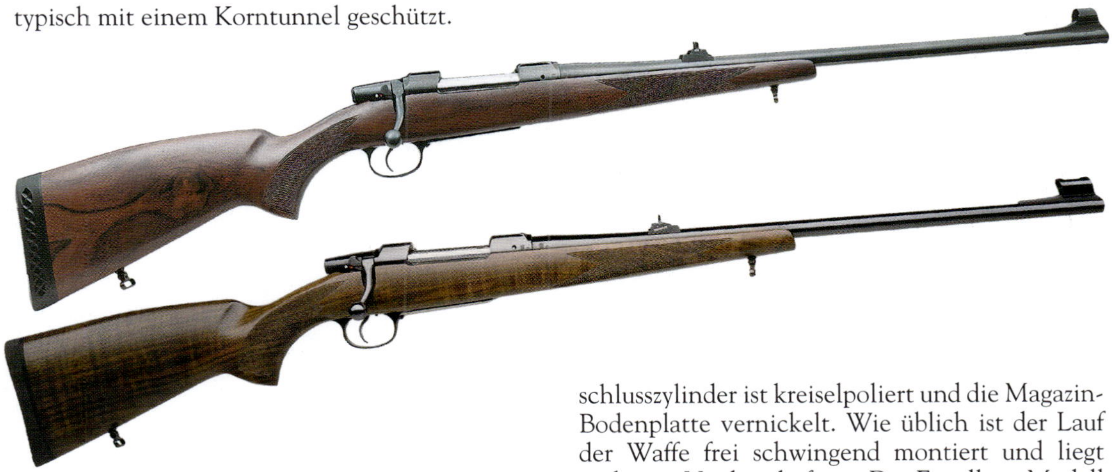

CZ 550 Lux (oben) und die aktuellere Ausführung 550 Excellent (unten)

CZ 550 Lux

1998 wurde diese edlere Ausführung der 550er-Baureihe vorgestellt. Sie hat in den Kalibern .22-250 Rem., .243 Win. und .308 Win. ein herausnehmbares Magazin für vier Patronen und in .270 Win., 6,5x55 mm, 7x57 mm, 7x64 mm, .30-06 Springfield und 9,3x62 mm ein festes Magazin für fünf Patronen. Ihre Gesamtlänge beträgt 114 cm, ihr Lauf ist 60 cm lang und sie hat ein Gewicht von 3,3 kg. Das Korn der CZ 550 Lux umgibt ein schützender Korntunnel und die im Williams-Stil gehaltene Kimme ist höhen- und seitenverstellbar. Der Schaft mit bayerischer Backe ist aus Nussbaumholz und das Verschlussgehäuse ist zur Anbringung einer Zielfernrohr-Montage vorbereitet.

CZ 550 Magnum

Dieser Großkaliber-Repetierer zur Jagd auf starkes und wehrhaftes Wild wurde zusammen mit der gesamten CZ 550-Baureihe vorgestellt. Ursprünglich war die Büchse in den Kalibern 7 mm Rem.Mag., .300 Win.Mag., .375 H&H Mag. (alle drei mit 5-Schuss-Magazin), .416 Rem.Mag. (4-Schuss-Magazin) und .458 Win.Mag. (3-Schuss-Magazin) verfügbar, einige Jahre später wurde der Reihe noch .416 Rigby, mit 3-Schuss-Magazin, hinzugefügt. Im Kaliber .416 Rem.Mag. wurde die Waffe, die 118 cm lang ist, einen 64-cm-Lauf hat und etwa 4,2 kg wiegt, dann ab 1999 nicht mehr weiter gebaut. Ihr Schaft ist aus Nussbaumholz und hat zur Absorbierung des starken

Die mächtige Büchse CZ 550 Magnum

Rückstoßes entsprechender Patronen eine dicke Schaftkappe aus Gummi. Das Korn ist mittels eines Korntunnels geschützt und bei der Kimme handelt es sich um ein Express-Visier mit einem festen Blatt für 100 m und zwei Klappvisieren für 200 und 300 m. Das Verschlussgehäuse-Oberteil ist für die Aufnahme einer Zielfernrohr-Montage vorbereitet. Als Deluxe-Variante ist die 550 Magnum-Büchse mit einem besseren Schaftholz lieferbar.

CZ 550 Medium

CZ 550 Medium

Mit dieser Repetierbüchse will CZ praktisch eine vermeintliche Lücke zwischen den 550er-Modellen Standard und Magnum schließen. Diese Waffe gibt es in den Kalibern 7 mm Rem.Mag. und .300 Win.Mag., jeweils mit festem 3-Schuss-Magazin, sowie auch mit einem herausnehmbaren Magazin für drei Patronen, allerdings nur in .300 Win.Mag.. Die Gesamtlänge der Waffe liegt bei 114 cm, ihre Lauflänge bei 60 cm und das

CZ 550 Scandinavian (oben) und CZ 550 Standard (unten)

Gewicht bei 3,3 kg. Auch die CZ 550 Medium besitzt einen großen Korntunnel und eine verstellbare Kimme im bekannten Williams-Stil. Ihr Nussbaumschaft ist hinten mit einer dicken, ventilierten Schaftkappe ausgestattet. Die Luxusausführung hat lediglich ein besseres Schaftholz.

CZ 550 Scandinavian

Der vornehmliche Unterschied zwischen diesem und den anderen Modellen der Baureihe ist eigentlich nur ihr erhöhter Schaftrücken, der Vorteile beim Schießen mit Zielfernrohr bringt. Der Nussbaumschaft ist mit einer dicken, ventilierten Schaftkappe aus Gummi ausgestattet. Die Waffe wird nur mit einem festen Magazin für fünf Patronen des Kalibers .243 Win., .270 Win., 6,5x55 mm .308 Win oder .30-06 Springfield hergestellt. Sie ist 114 cm lang, wiegt 3,7 kg und hat einen 60-cm-Lauf.

CZ 550 Standard

Das Modell 550 Standard kam 1997 auf den Markt. Es hat ein festes 5-Schuss-Magazin und die Kaliber 6,5x55 mm, .243 Win., .270 Win., 7x64 mm, .308 Win. und .30-06 Springfield sowie später auch 9,3x62 mm; anfänglich bestand die Kaliberpalette auch aus 7x57 mm, dieses Kaliber wurde aber 1999 eingestellt. In den Kalibern .22-250 Rem., .243 Win. und .308 Win. gibt es die Waffe auch mit einem herausnehmbaren Magazin, das vier Patronen fasst. Die Repetierbüchse besitzt einen Schaft aus Nussbaumholz, hinten versehen lediglich mit einer dünnen Kunststoff-Schaftkappe. Ihr Korn ist durch einen Korntunnel geschützt und bei der Kimme handelt es sich um eine solche im bekannten Williams-Stil. Das Gewehr hat einen Direktabzug, der entsprechend eingestellt auch als verstellbarer Druckpunktabzug verwendet werden kann. Der Sicherungshebel hat zwei Positionen; gesichert ist sowohl der Abzug als auch der Verschluss blockiert. In der Mittelstellung der als Option erhältlichen Sicherungsausführung mit drei Positionen kann der Verschluss geöffnet werden. Die Waffe ist 114 cm lang, wiegt 3,3 kg und hat einen 60 cm langen Lauf.

Büchse CZ 550 Varmint

CZ 550 Varmint

CZ stellte seine Varmint-Variante der Baureihe 1998 im Kaliber .308 Win. vor; 1999 kamen .22-250 Rem. und .243 Win. hinzu. Die Waffe verfügt über ein herausnehmbares 4-Schuss-Magazin, dessen Magazinlöseknopf sich vor dem Abzugsbügel befindet, und hat keine offene Visierung. Stattdessen befinden sich oben auf den Verschlussbrücken speziell vorgefräste Erhebungen, auf denen eine 17 mm breite Schiene als Montage für ein Zielfernrohr angebracht wird. Die Waffe hat eine Zwei-Positionen-Sicherung und einen verstellbaren Direktabzug. Ihre Gesamtlänge beträgt 119 cm und sie hat einen 65 cm langen Lauf. Aufgrund dessen Länge und auch Dicke liegt das Gewicht der 550 Varmint bei beachtlichen 4,2 kg.

CZ 581

Die Bockdoppelflinte CZ 581 hat die formelle Bezeichnung CZ 581 Modell 4. Es handelt sich dabei um eine typische Jagdwaffe mit in einem Blitz-Schloss integrierten Doppelzüngelabzug. Auf Wunsch ist die Waffe allerdings auch mit einem Einabzug, jedoch ohne Laufwahlmöglichkeit, erhältlich; beim ersten Betätigen des Abzugs wird stets die Patrone im unteren Lauf gezündet, dann erst die obere. Die Verriegelung erfolgt mittels zweier Laufhaken unter dem Patronenlagerbereich sowie mittels durch Querbolzen gehaltene Kersten-Verschlussstücke rechts und links des oberen Laufes. Die Flinte verfügt über automatische Ejektoren und eine automatische Sicherung, wodurch beim Brechen der Waffe, also dem Abkippen des Laufbündels, stets gesichert wird und deshalb dann vor dem nächsten Schuss manuell durch Vorschieben des am Kolbenhals befindlichen Sicherungsschiebers entsichert werden muss. Die Läufe des Modells 581 sind innen hartverchromt und die Patronenlager sowie auch die Schlossteile hochglanzpoliert. Das Standardkaliber des Gewehrs, für das CZ auch Bockbüchsflinten-Wechselläufe anbietet, ist das Flintenkaliber 12/70. Bis 1999 betrug die Gesamtlänge der Waffe 115 cm, das Gewicht 3,9 kg und die Läufe waren 71 cm lang. Die späteren Varianten haben nur mehr eine Länge von 113 cm da die Läufe auf 70 cm gekürzt und das Waffengewicht auf 3,35 kg reduziert wurden. Als Schaftmaterial für die Bockdoppelflinte wird Nussbaumholz verwendet; der Hinterschaft ist mit einer Gummi-Schaftkappe versehen.

CZ 581-Bockdoppelflinte

CZ 584 Modell 584-Bockbüchsflinte

CZ 584-Bockbüchsflinte

Die auch als CZ 584 Modell 4 bekannte jagdliche Bockbüchsflinte, deren Flintenlauf ausschließlich das Kaliber 12/70 hat, verfügt über das gleiche Blitz-Schloss wie die Flinte Modell 581. Auch die Verriegelung ist mit der dieser Flinte identisch, das Gewehr verfügt also über einen Kersten-Verschluss, kombiniert mit einer doppelten Laufhakenverriegelung. Im Gegensatz zu deren Ejektor-Auswerfersystem, hat das Modell 584 aber ein Patronenausziehersystem; man will damit sicherstellen, dass die eventuell zum Wiederladen benötigten, teuren Büchsen-Patronenhülsen nicht verloren gehen.
Der Schrotlauf der Waffe ist innen hartverchromt; sowohl das Patronenlager als auch die Schlossteile sind poliert. Mit erhältlichen Wechselläufen kann die Bockbüchsflinte entweder in eine reine Bockdoppelflinte oder auch zu einer Waffe im 16er-Schrotkaliber umgeändert werden, Standard ist bei ihr zusätzlich zum 12er-Schrotlauf jedoch ein Büchsenlauf in den Kalibern 5,6x52R, 222 Rem., .223 Rem, .243 Win., 7x57R, 7x65R, .308 Win. oder .30-06 Springfield. Durch die Verwendung eines .22-l.r.-Einstecklaufes im Schrotlauf kann die Waffe, die natürlich für die Aufnahme einer Zielfernrohr-Montage vorbereitet ist, auch zu einem Bergstutzen umgewandelt werden. Als Schaftmaterial verwendet CZ einfaches Nussbaumholz, für die ebenfalls erhältliche, ansonsten identische Luxusausführung wird ausgesuchtes Nussbaum-Wurzelmaserholz verwendet. Das Gewehr ist 105 cm lang, 3,65 kg schwer und hat einen 62 cm langen Lauf.

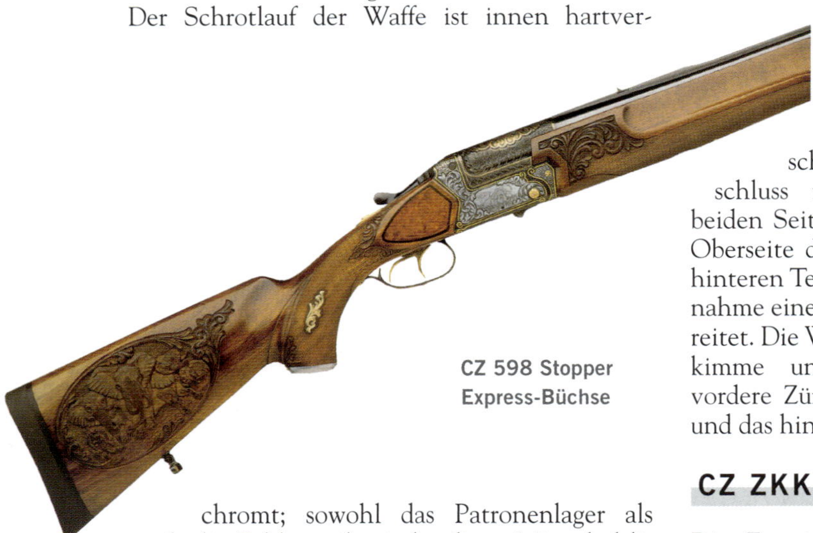

CZ 598 Stopper
Express-Büchse

CZ 589 Stopper

Beim Modell CZ 589 Stopper handelt es sich um eine Express-Bockdoppelbüchse; im Gegensatz zu klassischen Express-Doppelbüchsen mit nebeneinander liegenden Läufen hat sie übereinander liegende Büchsenläufe. Die Waffe ist vornehmlich für die Bejagung von wehrhaftem Großwild, wie Bären, Löwen, Tiger und auch Büffel und Elefanten gedacht. Die beiden kaltgeschmiedeten Läufe besitzen das mächtige Kaliber .458 Win.Mag. Neben mittels zweier massiver Laufhaken unter dem Patronenlagerbereich des Laufbündels wird diese Kipplaufwaffe auch durch einen typischen, jedoch verstärkten Kersten-Verschluss mit seinen Verschlussstücken auf beiden Seiten des oberen Laufes verriegelt. Die Oberseite der Basküle und das breite Band am hinteren Teil der Lauf-Oberseite sind für die Aufnahme einer Montage für ein Zielfernrohr vorbereitet. Die Waffe hat ein Leuchtkorn, eine Klappkimme und einen Doppelzüngelabzug; das vordere Züngel zündet die Patrone im unteren und das hintere die im oberen Lauf.

CZ ZKK 600

Die Entwicklungsarbeiten für die Repetierer-Baureihe ZKK 600 wurden 1962 von den Gebrüdern Josef und Frantisek Koucky abgeschlossen. Die Waffe verfügt über ein verbessertes Mauser-System mit drei massiven Verriegelungswarzen, zwei vorne am Verschlusszylinder im Bereich des Patronenlagers und eine hinten. Beim Schließen des Verschlusses drehen sich die Warzen in korrespondierende Ausfräsungen der Verschlusshülse. Letztendlich ist die 600er-Reihe der Vorläufer der CZ 550-Modelle. Die manuelle Sicherung der Waffe befindet sich rechts an der Verschlusshülse, hinter dem Kammerstängel. Sie blockiert den Schlagbolzen und den Abzug. Alle 600er-Varianten sind mit Nussbaumschäften ausgestattet und natürlich für die Anbringung einer Zielfernrohr-Montage vorbereitet. CZ-typisch besitzen sie einen Korntunnel und eine einfache Schiebekimme. Das Modell ZKK 602 hat eine spezielle Express-Klappvisierung, einstellbar auf 100, 200 und 300 m. Nachfolgend einige Versionen aus der Baureihe:

CZ ZKK 600: Diese Repetierbüchse hat für die Kaliber 6,5x55 mm, .270 Win., 7x57 mm, 7x64 mm und .30-06 Springfield eine mittellange Verschlusshülse und ein festes Magazin für fünf Patronen. Die Gesamtlänge beträgt 111 cm, das Gewicht 3,25 kg und die Lauflänge 60 cm.

CZ ZKK 601: Ein Modell mit kurzer Hülse, erhältlich in den Kalibern .243 Win. und .308 Win. Auch das feste Magazin dieser 110 cm langen, 3,25 kg schweren und mit einem 60-cm-Lauf versehenen Variante fasst fünf Patronen.

CZ ZKK 602: Hierbei handelte es sich um eine Waffe mit einem langen Magnumsystem für die Kaliber .300 Win.Mag., .375 H&H Mag. und .458 Win.Mag., deren festes Magazin nur vier Patronen aufnimmt. Die Lauflänge beträgt 64 cm bei einer Gesamtlänge von 118 cm und einem Gewicht von 4,2 kg.

CZ ZKM 611

Die Gebrüder Kucky entwickelten auch diese kurze, halbautomatische Büchse, welche zuerst rein als Brünner-Waffe verkauft wurde, dann aber auch den Namen CZ erhielt. Es gibt die ZKM 611 nur in .22 l.r. und mit einem herausnehmbaren 6-Schuss-Magazin. Ihre Gesamtlänge liegt bei 99 cm, der Lauf ist 52 cm lang und das Waffengewicht beträgt 2,8 kg. Der Lauf ist kaltgeschmiedet und damit sehr zäh; Vorder- und Hinterschaft sind aus Nussbaumholz. Auf dem Systemkasten befindet sich eine Prismaschiene zur Anbringung einer Klemm-Montage für ein Zielfernrohr. Der Durchschiebe-Sicherungsknopf ist vor dem Abzug am Abzugsbügel positioniert, davor befindet sich der Magazinlöseknopf. Die Waffe hat einen reinen Feder-Masse-Verschluss, bei dem die nächste Patrone nur durch die Rückstoßkräfte nachrepetiert wird.

Die Repetierbüchse ZKK 602, hergestellt zwischen 1962 und 1995

CZ-Springfield M6 Scout

CZ produziert seit 1997 für die US-Firma Springfield Armory das M6 Scout „Überlebensgewehr"; zudem hat Springfield auch selbst die Produktionsrechte dafür. Das Modell basiert auf der Survival-Kipplaufbüchse, die die US-Air-Force in den 1950er-Jahren entwickelte. Diese hatte kei-

Selbstladekarabiner CZ ZKM 611 im Kaliber .22 WMR

nen Abzugsbügel und konnte daher komplett zusammengeklappt werden. Sie wurde in Militärflugzeugen mitgeführt und war Teil der Überlebensausrüstung für einen etwa hinter den feindlichen Linien abgeschossenen Piloten.

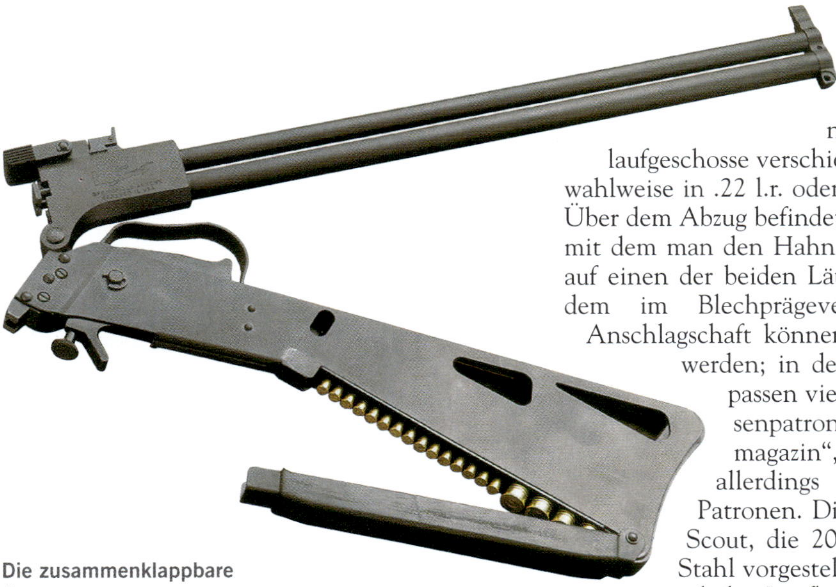

Die zusammenklappbare Überlebenswaffe M6 Scout von CZ

Der untere Lauf der CZ-Waffe hat das Schrotkaliber .410; man kann daraus natürlich auch Flintenlaufgeschosse verschießen. Der obere Lauf ist wahlweise in .22 l.r. oder .22 Hornet erhältlich. Über dem Abzug befindet sich ein großer Knopf, mit dem man den Hahn entweder sichern oder auf einen der beiden Läufe einstellen kann. In dem im Blechprägeverfahren hergestellten Anschlagschaft können Patronen aufbewahrt werden; in der Variante .410/.22 l.r. passen vier Schrot- und 15 Büchsenpatronen in dieses „Schaftmagazin", in der anderen Version allerdings nur 12 .22-Hornet-Patronen. Die Gesamtlänge der M6 Scout, die 2000 auch aus Stainless-Stahl vorgestellt wurde, beträgt 81 cm und die Lauflänge 46 cm. Gewichtsmäßig bringt sie immerhin 2,1 kg auf die Waage.

D

Dakota

www.dakotaarms.com

Markenzeichen der Firma Dakota Arms

Die Firma Dakota Arms Company Inc. ist eine relativ neue und verhältnismäßig kleine amerikanische Waffenfirma. Ihr Gründer, Don Allen, arbeitete bis 1984 als Pilot einer Boing 727 bei der US-Fluggesellschaft Northwest Airlines. Seit 1962 hatte er allerdings bereits in seiner Freizeit auf der Basis des Winchester 70-Systems sehr erfolgreich Custom-Repetierbüchsen gebaut. Zudem hatte er sich halb-privat auf die Vermarktung edler Schafthölzer spezialisiert, weshalb er auch mit Browning in Belgien und den Custom-Shops der Firmen Winchester und Remington in Verbindung stand. Nach seiner Pensionierung gründete er 1984 zusammen mit seiner Frau in Sturgis im US-Bundesstaat South Dakota die Firma Dakota Arms. Zunächst handelte man mit Holzbearbeitungsmaschinen und Schafthölzern aus allen Teilen der Welt, mehr und mehr verlegte man sich aber auch auf den Waffenbau. Die erste Repetierbüchse, die Allen in Serie fertigte, war sein Modell Dakota 76, das 1987 vorgestellt wurde. Diese Waffe kombinierte alle Vorzüge eines Mauser-System-Repetierers mit der Verschlusshülse und dem Sicherungssystem der alten so genannten „pre-64“ Winchester 70-Modelle, die Winchester aufgrund der hohen Herstellungskosten leider nicht mehr baut. Ihr Verschlusszylinder weist die Mauser-typische, lange Auszieherfeder auf. Das Modell 76 vereint zudem die Drei-Positionen-Sicherung von Winchester mit der von Pete Grisel, der zwischen 1986 und 1989 ein Mitarbeiter Don Allens war, entwickelten Kammerstängelarretierung, welche dennoch einen besonders weichen Schlossgang bewirkt. Dakota-Büchsen entstehen nicht aus Formteilen

System samt Verschlusszylinder der Büchse Dakota Modell 76

und man verwendet auch keinen regulären Stahl. Die Stahlteile der Dakota-Waffen werden ausschießlich aus gehärtetem 4140-Stahl gefertigt und auf Spezialmaschinen mit extrem geringen Toleranzen bearbeitet. Die Büchse Dakota Modell 76 wird wie alle Dakota-Repetierer in vielen verschiedenen Varianten hergestellt, kaliber-

Die Patronen in den Dakota-eigenen Kalibern

mäßig von .22-250 Rem. bis hinauf zu .458 Win.Mag., wobei individuell auf die Wünsche der bestellenden Kunden und auch ihre Kaliberpräferenzen eingegangen wird, selbst wenn diese noch so extrem sind.
Die Läufe der Dakota-Waffen werden von den renommierten US-Firmen Shilen und Douglas produziert und die Firma Dakota garantiert dafür, dass eine mit einer Dakota Arms-Waffe auf 100 Meter geschossene 5-Schuss-Gruppe einen Durchmesser von nicht mehr als 38 Millimeter hat. Eine positive Besonderheit der Dakota-Repetierbüchse ist im Übrigen, dass diese alle ohne Aufpreis für Linkshänder auch mit Links-Schaft und Links-System bestellt werden können. Nachdem Don Allen auch insgesamt sechs verschiedene eigene Büchsenpatronen und damit -kaliber mit besonders guten ballistischen Eigenschaften für die Jagd auf mittelschweres bis schweres Wild entwickelt und herausgebracht hatte, stellte er im Herbst 1995 eine traditionelle Doppelflinte vor. Die American Legend-Doppelflinte ist von allerhöchster Güte, ihre superbe Herstellungsqualität kann mit der von extrem teuren englischen Flinten verglichen werden. Die Doppelflinte wird in einem edlen Lederkoffer ausgeliefert und man kann sie, allerdings zum Preis von um die 50000 Dollar, auch als nummerngleiches Schwesternflintenpaar in den Kalibern 20 und 12 erwerben.

DAKOTA .22 SPORTER

Diese Kleinkaliber-Repetierbüchse von Dakota Arms stammt aus dem Jahr 1992; es gibt sie nur im Kaliber .22 l.r. Im Hinblick auf ihre Verarbeitung und Schusspräzision steht diese Waffe ihren größeren Gegenstücken aus der Dakota-Familie keinesfalls nach. Die Büchse verriegelt zweifach, einmal mittels des Kammerstängels und durch eine Verschlusswarze auf dem Verschlusszylinder gegenüber des Kammerstängels. Der Verschluss ist wie bei Kleinkalibergewehren üblich mit zwei langen Patronenausziehern bestückt. Der Schlagbolzen ist zweigeteilt und die Flügelsicherung hinten am Verschlusszylinder erinnert an die der Repetierbüchse Winchester Modell 70, hat jedoch nur zwei Positionen, gesichert und „Feuer“. Im gesicherten Zustand ist der Verschluss zwar nicht verriegelt, der Kammerstängel wird durch eine federgelagerte Kugel, die in korrespondierende Aussparungen im Verschlussbereich eingreift aber dennoch fest in der geschlossenen Position gehalten. Diese Methode wurde Anfang des 20. Jahrhunderts von dem deutschen Büchsenmacher Wilhelm Brenneke erdacht. Das Abzugssystem des Modells .22 Sporter basiert direkt auf dem der Winchester Modell 70. Der Löseknopf für den Magazinboden befindet sich vor dem Abzugsbügel; auch lediglich als .22-l.r.-Waffe hat die Dakota-Büchse also kein eigentliches, herausnehmbares Magazin. Zunächst wurde

Dakota .22 Sporter mit Zielfernrohr

das Gewehr nur ganz ohne Visierung als reine Zielfernrohrwaffe angeboten, seit 1999 hat es aber ein Korn mit Korntunnel und eine verstellbare Kimme. Die Gesamtlänge der Dakota .22 Sporter, die mit einem 56-cm-Lauf ausgerüstet ist, beträgt 104 cm. Zum Schutz dieses empfindlichen Bereiches ist die Laufmündung des ohne Zielfernrohr und Montage circa 3 kg und mit Optik etwa 3,6 kg schweren Kleinkalibergewehrs versenkt.

Einzelladerbüchse mit Fallblockverschluss: Dakota Modell 10

Dakota Modell 10

1992 stellte Dakota Arms diese elegante Fallblock-Einzelladerbüchse vor. Die Basküle der Waffe ist aus einem Stück vorher speziell gehärteten 4140 Spezialstahl hergestellt; ihre Außenseite ist komplett glatt. Der Zugang zum Patronenlager, in das die Patrone von Hand eingeführt wird, wird im geschlossenen Zustand des Gewehrs von dem in einer massiven vertikalen Führung nach oben gleitenden Fallblock verdeckt. Der Fallblock wird mittels eines geschwungen um den Abzugsbügel laufenden Verschlusshebels nach oben oder nach unten bewegt. Das Modell 10 verfügt auf dem Kolbenhals über einen den Hahn und den Abzug blockierenden Sicherungsschieber und über einen besonders trockenen Direktabzug. Zwar ist kein Ejektor vorhanden, doch ein Patronenausziehersystem, wodurch die leicht nach hinten aus dem Patronenlager herausgeschobene, teure Patronenhülse besser von Hand ergriffen werden kann. Der aus ausgesuchtem Nussbaumholz, entweder der Art English, Bastogne oder Claro, hergestellte Schaft der Dakota Modell 10 wird genauestens an die Metallteile angepasst. Der Hinterschaft ist möglichst gerade, praktisch in einer Linie mit dem Lauf gehalten, damit so möglichst viel Rückstoß absorbiert wird. Die Büchse hat eine erhöhte Visierschiene mit integriertem Kimmenblatt; ihr Korn ist durch einen Korntunnel geschützt. An Kalibern sind dafür alles von .22 l.r. bis zu .450 Dakota erhältlich. Vom jeweiligen Kaliber hängt dann auch die Lauflänge ab, die allgemein bei 56 cm beginnt. Die Gesamtlänge des Gewehrs ist 104 cm. Das Gewicht variiert zwischen 2,7 kg und 3,2 kg.

Dakota Modell 76 African

Dakota Arms brachte diese Großwildbüchse 1989 speziell für die Jagd auf besonders wehrhaftes Wild in Afrika heraus; von afrikanischen Berufsjägern wird sie sehr gerne geführt. Der schwere Repetierer ist in den Kalibern .404 Jeffery, .416 Rigby, .416 Dakota oder .450 Dakota lieferbar. Bis 2001 baute man ihn auch in .338 Lapua Magnum; 2001 kam statt dessen .404 Dakota zur Kaliberpalette hinzu. Je nach dem Kaliber wird als System für die Waffe ein Short-Magnum- oder ein Long-Magnumsystem verwendet; für .416 Rigby kommt ein mittellanges Magnumsystem zur Verwendung. Die Flügelsicherung des Kammerstängel-Repetierers befindet sich hinten am Verschlusszylinder, der Knopf zum Entriegeln der Magazinbodenplatte vor dem Abzugsbügel.

Dakota Modell 76 African-Repetierbüchse

Die 76 African hat ein auf 100 m, 200 m oder 300 m einstellbares Express-Visier mit einem normalen und zwei zusätzlichen Klappkimmenblätter; ihr Korn ist durch einen Korntunnel geschützt. Die Verschlusshülse ist oben für die Anbringung einer Optik-Montage vorbereitet. Die Waffe hat einen 61 cm langen Lauf, eine Gesamtlänge von 112 cm und wiegt zwischen 4,1 kg und 4,5 kg. Dakota bietet sie mit einem ölpolierten Schaft aus English- oder Bastogne-Nussbaum und einem Ebenholz-Abschluss des Vorderschafts an.

Modell 76 Classic mit Leitz-Optik

Dakota Modell 76 Classic

Auch das schlanke und elegante Modell 76 Classic von Dakota stammt aus dem Jahr 1989. Die Waffe wird in nahezu allen erdenklichen Kalibern hergestellt, von .22-250 Rem. bis zu .458 Win., inklusive solch atypischer Kaliber wie .250-3000 Savage, .257 Roberts, .35 Whelen, .300 Hand H-Mag. und natürlich den Dakotaeigenen. Je nach Kaliber hat das System der Repetierbüchse vier unterschiedliche Längen, Short, Standard, Short-Magnum und Long-Magnum. Die Länge des Laufes variiert je nach Kaliber zwischen 53 cm und 58 cm und daraus resultierend die Gesamtlänge zwischen 104 cm und 109 cm. Das Gewicht der wiederum mit einem ölgeschliffenen English-, Bastogne- oder Claro-Nussbaumschaft ausgestatteten Waffe liegt bei 3 bis 3,4 kg.

Dakota Modell 76 Safari

Don Allen stellte das Safari-Modell, konzipiert für die Jagd in Afrika unter schwierigsten Bedingungen, bereits 1988 vor. In Anbetracht der entsprechenden Wittungsbedingungen im afrikanischen Busch wurde besonderer Wert auf eine stets einwandfreie Patronenzuführung aus dem Magazin gelegt – lebenswichtig etwa in Anbetracht eines angreifenden Löwen oder Nashorns. Das nicht herausnehmbare Magazin des standardmäßig 109 cm langen Repetierers fasst vier Patronen in Kalibern wahlweise zwischen .257 Roberts und .458 Win.Mag. Der Lauf ist üblicherweise 58 cm lang und das Gewicht liegt um 3,9 kg. Wie üblich ist auch der Schaft dieses Gewehres in den Nussbaumarten English, Bastogne oder Claro bestellbar und hat vorne einen Ebenholz-Abschluss. Insbesondere der Schaft von größerkalibrigen Waffen ist zusätzlich mittels Querbolzen am System befestigt; die Bolzenenden sind seitlich am Schaft mit Dübeln aus Ebenholz abgedeckt.

Dakota Modell 76 Safari

Repetierer Modell 76 Varmint mit Long Range-Zielfernrohr

DAKOTA MODELL 76 VARMINT

Diese mit einem geraden Varmint-Schaft ausgestattete Einzelladerwaffe von Dakota Arms erschien erst 1995 auf dem Markt. Es werden dafür sowohl 61 cm als auch 66 cm lange, aus Chrom-Molybdän- oder rostfreiem Stainless-Stahl hergestellte Läufe angeboten; die Stainless-Läufe sind entweder blank oder Teflon-beschichtet. Die Version der Waffe mit 61 cm langem Lauf ist 112 cm lang und wiegt etwa 3,6 kg. Die Büchse verfügt über ein spezielles Abzugssystem mit einem Abzugswiderstand von nur 900 g und Dakota baut sie in den Kalibern .17 Rem., .22 Hornet, .222 Rem., .223 Rem., .22 BR, .22 PPC, .22-250 Rem., .220 Swift und 6 mm PPC.

DAKOTA MODELL 97 HUNTER

Das Modell 97 kam 1997 letztendlich als Weiterentwicklung des Modells 76 heraus. Das typische System mit dem Mauser-Patronenauszieher, die von Pete Grisel konstruierte Kammerstängel-Arretierung, die Drei-Positionen-Sicherung und auch das Auswerfersystem lehnen sich alle an die Features des frühen Modells 76 an. Das komplett verstellbare Abzugssystem, deutsche Präzisionsläufe von Lothar Walther, die Option zwischen einem festen und einem herausnehmbaren Magazin und zwischen einem Holz- und einem Kunststoffschaft sind neu hinzugekommen. Dakota Arms baut die Repetierbüchse in drei Varianten:

- Modell 97 Long Range Hunter für Kaliber von .25-06 Rem. bis .375 Dakota. Die Gesamtlänge liegt mit 61 cm oder 66 cm langem Lauf zwischen 114 und 119 cm und die Waffe wiegt circa 3,5 kg;

Dakota Modell 97 Hunter mit Kunststoffschaft

- Modell 97 Lightweight Hunter für Kaliber von .22-250 Rem. bis .330 Dakota. Die Gesamtlänge beträgt 109 cm, Lauflänge 56 cm und das Gewicht liegt zwischen 2,7 kg und 3 kg;

Dakota-Flinte „American Legend", von Ferlib in Italien hergestellt

- Modell 97 Varmint, Kaliber .17 Rem. bis .223 Rem., mit 61 cm langem Lauf, 109 cm Gesamtlänge und einem Gewicht von 3,6 kg.

DAKOTA AMERICAN LEGEND-DOPPELFLINTE

1995 stellte Don Allen mit dem Modell American Legend seine erste Doppelflinte vor, hergestellt von der italienischen Firma Ferlib. Ihre Verarbeitungsqualität wird wohl durch nichts übertroffen und ist auf jeden Fall mit der von englischen Edel-Flinten vergleichbar. Es gibt die Waffe in sämtlichen Schrotkalibern, 12, 16, 20, 28 und 36 (.410). Der Kunde kann sowohl die Chokebohrungen, als auch die Gravur, das Finish und die allgemeine Schaftausführung individuell bestimmen. Standardmäßig beträgt die Länge des Laufbündels 69 cm. Die Läufe sind innen hartverchromt und daher auch für die Verwendung von Stahlschroten geeignet. Die Waffe widersteht einem Pulvergasdruck von 1200 Bar. Das Doppelzüngel-Abzugssystem der Dakota-Doppelflinte kann interessanterweise auch so eingestellt werden, dass die Schlosse für beide Läufe gleichzeitig abschlagen. Als Verriegelung verfügt die Waffe neben einem Greener-Verschluss noch über eine doppelte Laufhakenverriegelung. Der aus Nussbaum-Maserholz bestehende Schaft ist im engli-

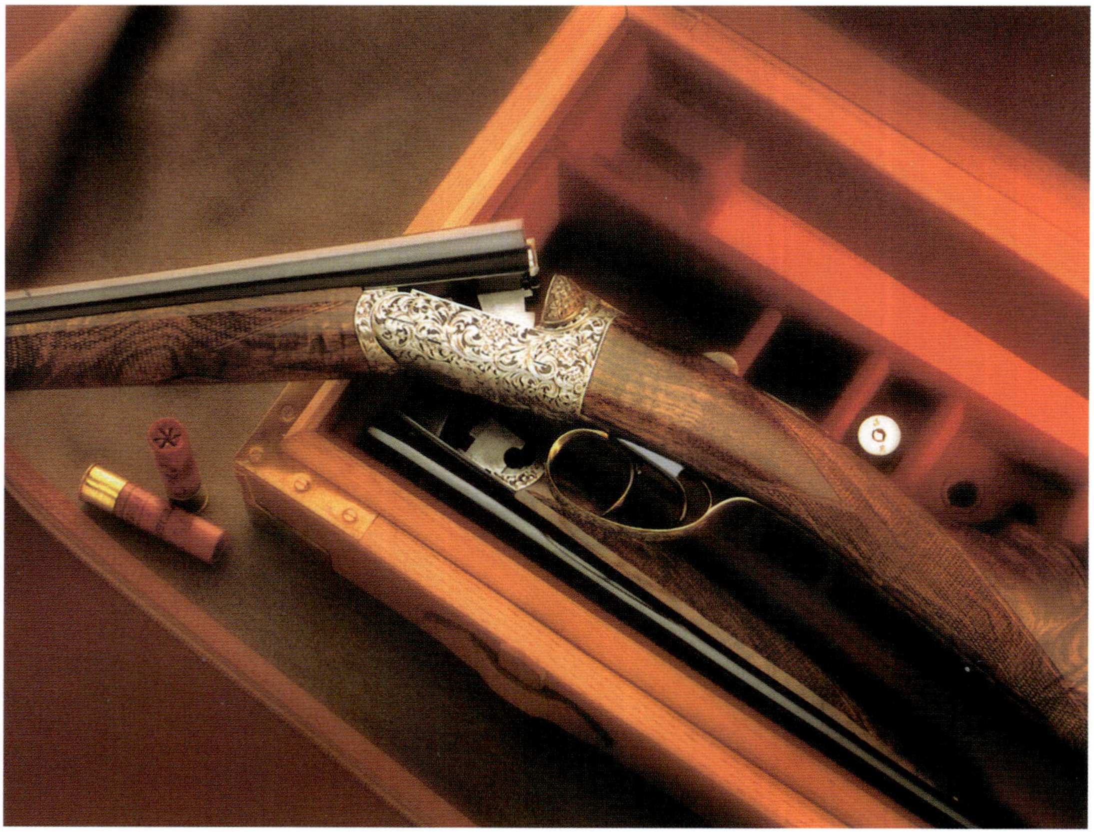

Edelwaffe Dakota American Legend Premier Grade

schen Stil gehalten. Die feine Flinte wird zusammen mit einer in Leder gebundenen Ausgabe des Fachbuches „Game Gun“ des US-Autors Richard S. Grozik in einem handgearbeiteten Leder-Behältnis ausgeliefert. Ein Schwesternflintenpaar dieser Waffe kostet über 50000 Dollar.

CHARLES DALY

www.charlesdaly.com

Markenzeichen von KBI und Charles Daly

Charles Daly und sein Partner Schoverling eröffneten bereits 1865 in New York einen Waffenladen. Zusätzlich zum Einzelhandel importierten sie auch Waffen. 1873 kam ein dritter Partner hinzu und das Unternehmen wurde in Schoverling, Daly & Gales umbenannt. 1875 fing die Firma an, einige ihrer Produkte unter dem Markennamen Daly zu verkaufen. Die Firma hatte bald einen hervorragenden Ruf. Ihre Flinten ließ sie in Deutschland von Herstellerfirmen wie Heym, Lindner, Sauer und Schiller bauen, zudem importierte sie Gewehre von Jolley aus England und Newmann aus Belgien. Über die Jahre gab es verschiedene Änderungen im Management des Unternehmens. 1919 wurde es schließlich von Henry Modell gekauft. 1928 verkaufte er das Geschäft an die Familie Walzer, welche im Besitz von Sloans Sporting Goods in Ridgefield, Connecticut, war. Diese änderte dann den Firmennamen in Charles Daly & Company. Ab 1928 importierte die Firma dann von Beretta und Bernardelli in Italien, Miroku in Japan, Garbi in Spanien und von kleineren Büchsenmacherbetrieben in Belgien hergestellte Schrotflinten. Beispiele davon waren etwa das Bockdoppelflinten-Modell Commandor 100 von 1937 mit Anson & Deeley-Kastenschloss, die alte Empire-Flinte von 1930 und das hervorragende Flintenmodell Regent Diamond von 1935. Zwischen 1968 und 1976 wurden alle Daly-Flinten bei Miroku in Japan gebaut. Diese Waffen wurden in den USA als die Modelle Daly Empire Grade, Venture Grade und Diamond Grade verkauft. In der gleichen Periode stellte die italienische Firma Breda die halbautomatische Flinte Daly Novomatic her. 1976 wurde die Firma Daly von dem Großhändler Outdoor Sports Inc. aus Dayton, Ohio, übernommen. Der neue Inhaber behielt den Namen Daly bei und erweiterte die Produktpalette um Schwarzpulver-Replikas, Zielfernrohre, Munition, Jagdkleidung und Messer. Um 1985 bestand das Daly-Warenangebot dann wieder nur mehr aus Schusswaffen und Jagdzubehör. Zwischen 1976 und 1985 wurde der eigentliche Import von Produkten, die den Daly-Markennamen erhielten, von der Firma Kassnar Import Inc. durchgeführt. 1996 ging Daly an das Großhandelsunternehmen Jerry's Sports Center Inc. aus Pennsylvania, innerhalb von nur einigen Monaten wurde der Markenname Daly dann aber an die Firma KBI in Harrisburg, Pennsylvania,

Broschüre über Charles Daly-Flinten aus dem Jahr 1968

Basküle der Daly Diamond Regent DL-Doppelflinte

weiterverkauft. Und deren Inhaber, Michael Kassnar, ist gleichzeitig auch Inhaber von Kassnar Import Inc., was den Kreis wieder schließt. Daly-Büchsen werden seit 1998 von der philippinischen Firma Arms Corporation (Armscor) gebaut, die aktuellen Daly-Doppelflinten importiert KBI von Sabatti aus Italien und von Zabala aus Spanien und die halbautomatischen und Vorderschaft-Repetierflinten kommen von der Firma Fabarm aus Italien.

Daly-Flinten Field Grade Hunter 10 und Field Hunter 12 MC

CHARLES DALY DOPPELFLINTEN

Die Doppelflinten der Firma Charles Daly gibt es in den fünf Ausführungen Field, Superior, Empire, Diamond und Diamond Regent.

CHARLES DALY FIELD GRADE-DOPPELFLINTEN

KBI stellte 1997 die Baureihe Daly Field Hunter in den Kalibern 10, 12, 20, 28 und 36 (.410) vor. Diese Waffen haben allesamt eine Stahl-Basküle, die elektrolytisch vernickelt ist und ein Kastenschloss nach Anson & Deeley beinhaltet. Der mit einem Pistolengriff versehene Schaft ist aus europäischem Nussbaumholz. Die Flinte Field Hunter besitzt einen selektiven Einabzug. Die Varianten mit dem Modellbezeichnungs-Zusatz AE sind mit einem Ejektor ausgestattet und die mit dem Zusatz MC verfügen über auswechselbare Choke-Einsätze. Auf dem Lauf der Waffe, die eine automatische Sicherungsfunktion derart aufweist, dass nach jedem Brechen automatisch gesichert ist, befindet sich eine solide Laufschiene. Die Variante im Kaliber 10 hat einen 81-cm-Lauf und eine Patronenlagerlänge von 89 mm. Die Gesamtlänge beträgt 125 cm, das

Gesamtgewicht 4 kg. Die Waffe ist mit festen Chokebohrungen oder mit dem Daly MC-5-Wechselchoke-Set zu haben, das aus Zylinderchoke, 1/4-, 1/2-, 3/4- oder Vollchoke-Einsätzen besteht.
Im Kaliber 12 gibt es 66, 71 oder 76 cm lange Läufe und eine Patronenlagerlänge von 76 mm. Die Läufe sind wieder wahlweise mit festen Chokebohrungen nach Wahl oder mit MC-5-Wechselchokes ausgestattet und die Waffe hat je nach Lauflänge eine Gesamtlänge von 110, 115 oder 120 cm und wiegt zwischen 3,2 kg und 3,4 kg. Im Kaliber 20 gibt es entweder ein 66 oder ein 71 cm langes Laufbündel, Patronenlager für 76 mm lange Hülsen und eine Gesamtlänge der Waffe von 110 cm oder 115 cm. Die 20er-Läufe sind mit festen Chokebohrungen, in der Lauflänge 66 cm mit 1/4- und 3/4-Choke und in der Lauflänge 71 cm mit 1/2- und Vollchoke, versehen. Das Gewicht dieser Flintenvarianten liegt bei knapp über 3 kg, in den oben bezeichneten Ausführungen AE und MC sind sie mit 3,2 bis 3,3 kg etwas schwerer und dann auch mit MC-5-Wechselchokes bestückt. Die Field Grade-Flinten in den Kalibern 28 und 36 (.410) gibt es nur mit 66-cm-Läufen. Die 28er-Variante hat ein Patronenlager für 70 mm lange Patronenhülsen. Ihr Lauf hat feste 1/4- und 3/4-Choke-Bohrungen, sie ist insgesamt 110 cm lang und wiegt 2,7 kg. Im Kaliber 36 (.410) ist das Patronenlager wieder für Patronenhülsen mit einer Länge von 76 mm ausgelegt und sowohl der rechte als auch der linke Lauf besitzt eine Vollchoke-Bohrung. Die Gesamtlänge dieser Waffe beträgt 109 cm und sie wiegt 2,8 kg.

Das Modell Daly Field Grade Hunter als Variante Field Hunter 20 MC und Field Hunter 28

CHARLES DALY COUNTRY SQUIRE-, SUPERIOR GRADE HUNTER- UND EMPIRE GRADE HUNTER-DOPPELFLINTEN

Bei dem Daly-Modell Country Squire handelt es sich um eine kurze, leichte Flinte, die nur im Kaliber 36 (.410) hergestellt wird. Die einfache, 108 cm lange und 2,3 kg schwere Gebrauchswaffe verfügt über ein 66 cm langes Laufbündel mit

Von oben nach unten: Daly Country Squire, Superior Grade Hunter und Empire Grade Hunter

fester Vollchoke-Bohrung in beiden Läufen, und über ein Patronenausziehersystem, das die Hülsen nur etwas zurückschiebt, wenn die Waffe gebrochen wird. Ihr Verschlusshebel befindet sich nicht wie sonst üblich auf dem Schaftkolbenhals, er ist als eine Verlängerung des Abzugsbügels ausgebildet; allerdings ist die Schiebesicherung auf dem Kolbenhals. Eine automatische Sicherung besitzt die Flinte, die einen geraden, englischen Schaft aus Nussbaumholz hat, nicht.

Das seit 1997 im Programm befindliche Modell Superior Grade Hunter, Kaliber 12, 20, 28 oder 36 (.410), ist die Luxusausführung der Field Grade Hunter-Flinte und besitzt im Gegensatz zu dieser eine automatische Sicherung. Die aus Chrom-Molybdän-Stahl gefertigte Basküle ist silbergrau überzogen und mit einer einfachen Gravur versehen. Die 12er-Version davon hat einen 66 oder einen 71 cm langen Lauf mit fester $^{1}/_{2}$- und Voll- oder $^{1}/_{4}$- und $^{3}/_{4}$-Choke-Bohrung, ist 109 oder 114 cm lang und wiegt 3 oder 3,1 kg.
Die 20er-Version wird in den gleichen Lauflängen, mit den gleichen festen Choke-Optionen und den gleichen Gesamtlängen angeboten, ist mit 2,7 kg respektive 2,8 kg aber etwas leichter. Die 28er-Version gibt es nur mit einem 66 cm langen Lauf und damit einer Gesamtlänge von 109 cm; ihre Läufe haben feste $^{1}/_{4}$- und $^{3}/_{4}$-Choke-Bohrungen und sie wiegt 2,7 kg. Während die Patronenlagerlänge für die anderen Waffen für 76 mm lange Hülsen (im abgeschossenen Zustand) ausgelegt ist, ist das der 28er-Flinte nur für 70-mm-Hülsen ausgelegt. Die Version im Kaliber 36 (.410) wird ebenfalls nur mit einem 66-cm-Lauf und einem Gesamtgewicht von 2,7 kg angeboten, die Gesamtlänge beträgt 109 cm. Beide Läufe davon besitzen eine Vollchoke-Bohrung.
Die Ausführung Empire Grade Hunter ist eine teure Variante der Superior Grade. Als Empire hat die Waffe einen schlanken, englischen Schaft aus bestem Nussbaum-Maserholz und ist mit Ejektoren ausgestattet. Basküle, Abzugsbügel, Verschlusshebel und Sicherungsschieber sind silberfarben und die Baskülenseiten sind fein graviert. Die Empire-Flinte wird nur in den Kalibern 12/76 und 20/76 hergestellt, hat 66 cm oder 71 cm lange Läufe und damit eine Gesamtlänge von 109 oder 114 cm. In der Lauflängenvariante 66 cm verfügt sie über eine feste $^{1}/_{4}$- und $^{3}/_{4}$- und in der Variante 71 cm über eine feste $^{1}/_{2}$- und Vollchoke-Bohrung. Das Gewicht der Empire-Ausführungen variiert zwischen 2,7 kg und 3,1 kg.

Daly Diamond DL (oben) und
Diamond Regent DL (unten)

Charles Daly Diamond Grade DL Hunter- und Diamond Regent DL-Doppelflinten

Die Flinten Diamond Grade und Diamond Regent sind die Topmodelle der Daly-Bockdoppelflinten von KBI. Die Diamond Grade DL Hunter von 1997 verfügt über eine buntgehärtete Basküle und herausnehmbare Seitenschlossplatten, beides von Hand graviert. Die Basküle ist mit mehreren Gasauslassbohrungen versehen, so dass ein eventuell zu hoher Gasdruck notfalls sicher entweichen kann. Der im geraden, englischen Stil gehaltene Schaft ist aus besonders ausgesuchtem europäischen Nussbaumholz. Die Flinten sind mit Ejektoren ausgestattet, die die Patronen oder Hülsen beim Abkippen der Läufe auswerfen. Das Modell Diamond Grade DL Hunter wird in 12, 20, 28 oder 36 (.410) produziert. Als 12er- und 20er-Waffe hat es wahlweise einen 66 cm oder einen 71 cm langen Lauf, jeweils mit fester $^{1}/_{4}$- und $^{3}/_{4}$- oder $^{1}/_{2}$- und Vollchoke-Bohrung. Die Patronenlager sind für 76-mm-Hülsen ausgelegt und die Waffenlänge beträgt 109 respektive 114 cm. Das Gewicht liegt zwischen 2,8 und 3,1 kg in 12/76 und zwischen 2,7 und 2,8 kg in 20/76. Die Versionen in den Kalibern 28 und 36 (.410) gibt es nur mit einem 66 cm langen Laufbündel, mit fester $^{1}/_{4}$- und $^{3}/_{4}$-Choke-Bohrung in 28 und fester $^{1}/_{2}$- und Vollchoke-Bohrung in 36. In 28 ist die Patronenlagerlänge 70 mm und in 36 (.410) 76 mm. Beide Varianten wiegen 2,6 kg und haben eine Gesamtlänge von 109 cm. Bei

Daly Diamond Regent GTX DL-Bockdoppelflinte

der Ausführung Daly Diamond Regent DL handelt es sich um die hochwertigste und teuerste Waffe der Baureihe, mit einem englischen Schaft aus bestem Nussbaum-Maserholz. Die aus Chrom-Nickel-Stahl hergestellte Basküle der Flinte verfügt über Gasaustrittsöffnungen, ihre herausnehmbaren Seitenschlosse im Holland & Holland-Stil sind fein von Hand graviert. Aufgrund einer besonderen Federkonstruktion lässt sich die Selbstspannerflinte sehr leicht öffnen. Das Topmodell ist mit Ejektoren ausgestattet und wird nur auf Vorbestellung in den gleichen Kaliber- und Lauf-Optionen wie die Flinte Diamond Grade DL Hunter gefertigt.

CHARLES DALY-BOCKDOPPELFLINTEN

CHARLES DALY COUNTRY SQUIRE- UND FIELD GRADE HUNTER-BOCKDOPPELFLINTEN

Das Modell Daly Country Squire ist eine einfache Bockdoppelflinte im kleinen Kaliber 36 (.410). Es hat einen 66-cm-Lauf und ein Patronenlager für 76-mm-Hülsen. Seine Gesamtlänge beträgt 111 cm und das Gewicht, vornehmlich aufgrund der Leichtmetall-Basküle, 2,7 kg. Beide Läufe haben eine feste Vollchoke-Bohrung, der obere Lauf ist mit einer 6 mm breiten ventilierten Laufschiene versehen. Die Country Squire ist mit einem Patronenausziehersystem ausgestattet, ihr Sicherungsschieber befindet sich oben auf dem Kolbenhals. Mittels eines um den Abzugsbügel ausgeformten weiteren Bügels können die Läufe abgekippt werden. Das Modell Daly Field Hunter gibt es dagegen in mehreren Kalibern und in unterschiedlichen Versionen. Es

Von oben nach unten: Daly-Bockdoppelflinten Country Squire, Field Hunter und Field Hunter AE

hat eine 7 mm breite, ventilierte Laufschiene und auch seine matt brünierte und mit einer einfachen Maschinengravur versehene Basküle ist aus Leichtmetall. Die Standardausführung besitzt keine Ejektoren, jedoch Patronenauszieher und einen selektiven Einabzug mit automatischer Sicherung. Der Nussbaumschaft ist mit einem Pistolengriff ausgestattet. Die Varianten in den selbaren Choke-Einsätzen ausgestattet ist. Daly vermarktet in den Kalibern 28 und 36 (.410) zudem zwei weitere Varianten mit Ejektoren. Diese haben einen 66 cm langen Lauf, allerdings nur feste Chokebohrungen, entweder Zylinder- und $^{1}/_{2}$ oder oben und unten Vollchoke. Das Modell Field Hunter Ultra Light gibt es nur in den Kalibern 12/70 und 20/70 und nur mit einem

Daly Field Hunter MC und Field Hunter Ultra Light

Kalibern 12/76 und 20/76 haben 66 oder 71 cm lange Läufe, entweder mit fester $^{1}/_{2}$- und Voll- oder $^{1}/_{4}$- und $^{3}/_{4}$-Choke-Bohrung, eine Gesamtlänge von 109 cm oder 114 cm und ein Gewicht von 2,7 bis 3,1 kg. Die 28er-Variante, nur in 28/70, gibt es nur mit einem 66 cm langen Laufbündel und fester $^{1}/_{4}$- und $^{3}/_{4}$-Choke-Bohrung. Die 36er-Flinte, wieder in 36/76, hat ebenfalls nur einen 66 cm langen Lauf und in beiden Läufen eine Vollchoke-Bohrung. Die Bockdoppelflinte Daly Field Hunter AE-MC wird nur in den Kalibern 12/76 und 20/76 hergestellt und hat 66 cm langen Laufbündel; als Chokebohrungs-Option wird nur unten eine feste $^{1}/_{4}$- und im oberen Lauf eine feste $^{3}/_{4}$-Choke-Bohrung angeboten. Die Gesamtlänge dieser Waffe beträgt 109 cm, ihr Gewicht in 12 ist 2,6 kg und in 20 2,5 kg. Die Variante Ultra Light verfügt lediglich über ein Patronenausziehersystem.

Charles Daly Superior Grade Hunter-Bockdoppelflinten

Die Flinte Daly Superior Hunter von 1997 ist im Endeffekt die Luxusausführung des Modells Field

Daly Superior Hunter (oben) und Superior Sport AE-MC mit Kompensator-Bohrungen (unten)

cm oder 71 cm lange Läufe. Wie bereits ausgeführt steht AE dabei für automatische Ejektoren und MC dafür, dass die Waffe mit fünf auswech- Hunter. Ihre silbergraue, aus einem Block Chrom-Molybdän-Stahl gefräste Basküle weist entweder Gravuren im Floralmuster oder mit Jagdszenen auf. Ihr Schaft ist aus europäischem

Nussbaumholz und hat einen Pistolengriff. Mit selektivem Einabzug ist das Abzugszüngel vergoldet, die Züngel des wahlweise erhältlichen Doppelzüngelabzugs sind aber nur brüniert. Die Waffe ist mit automatischen Ejektoren und einer automatischen Sicherung, die bei ihrem Brechen aktiviert wird, ausgestattet und wird mit einem MC-5-Wechselchoke-Set ausgeliefert. In 12/76 ist sie mit 66, 71 oder 76 cm langen Läufen erhältlich, die innen hartverchromt und mit einer 7 mm breiten, ventilierten Laufschiene ausgestattet sind. Die Gesamtlänge beträgt 109, 114 oder 119 cm und das Waffengewicht variiert zwischen 3,1 kg und 3,4 kg. Im Kaliber 20 gibt es das Gewehr nur mit einem 66 cm oder 71 cm langen Lauf und dahingehend mit einer Länge von 109 oder 114 cm und einem Gewicht von 2,8 oder 2,9 kg. Es gibt auch zwei Versionen eines Modells Superior Hunter, Kaliber 28 oder 36 (.410). Diese besitzen Ejektoren, haben aber nur eine feste Chokebohrung, in 28 zylindrisch und mit ½-Choke und in 36 oben und unten mit Vollchoke. Die Patronenlagerlänge in 28 ist für 70-mm-Hülsen und die in 36 für 76-mm-Hülsen ausgelegt. Beide Varianten gibt es nur mit einem 66-cm-Lauf, einer Gesamtlänge von 109 cm und einem Gewicht von 2,8 kg für die 28er- und 3 kg für die 36er-Bockdoppelflinte. Die Superior-Baureihe von Daly beinhaltet die 12er-Flinten Superior Sport AE-MC mit 71 oder 76 cm langen, mit Kompensator-Bohrungen versehenen Läufen. Diese Waffen sind mit Ejektoren sowie einem Set von MC-5-Wechselchoke-Einsätzen ausgestattet. Ihre Gesamtlänge beträgt 114 oder 119 cm und sie wiegen 3,2 kg respektive 3,4 kg. Die Kaliber 12-Variante Superior Trap AE-MC gibt es nur mit einem 76 cm langen Laufbündel, was sie 120 cm lang und 3,6 kg schwer macht. Die Superior Sport- und Trap-Versionen besitzen eine 10 mm breite ventilierte Laufschiene, fluoreszierende Glasfiber-Korne und ein Mittelkorn aus Messing.

Charles Daly Superior Trap-Flinte mit Kompensator-Bohrungen und MC-5-Wechselchoke-Einsätzen

Empire Grade Hunter mit imitierten Seitenschlossplatten (oben) und Empire Grade Sporting mit Kompensator-Bohrungen

CHARLES DALY EMPIRE GRADE HUNTER-BOCKDOPPELFLINTEN

Die Daly Empire Grade-Flintenbaureihe, hergestellt von Sabatti, beinhaltet die Versionen EDL mit Kastenschloss und imitierten Seitenschlossplatten und DL mit reinem Kastenschloss. Mit ihrer Jagdszenengravur wirken die vermeintlichen Seitenschlossplatten der EDL sehr echt, auf ihrer Rückseite sind jedoch keine Seitenschlosse montiert. Die Waffe wird in den Kalibern 12, 20, 28 und 36 (.410) angeboten und ist mit Ejektoren sowie dem MC-5-Wechselchoke-Set ausgestattet. Die Patronenlagerlänge ist für 76-mm-Hülsen ausgelegt, nur im Kaliber 28 lautet die Kaliberbezeichnung 28/70. Die ventilierte Laufschiene der Waffe ist 10 mm breit und das Korn besteht aus fluoreszierendem Glasfiber-Material. Die Basküle der Flinte ist aus einem Stück Chrom-Molybdän-Stahl gefräst und weist eine silbergraue Beschichtung auf. Beim Brechen der Waffe wird automatisch die Sicherung aktiviert und der selektive Einabzug kann entweder so eingestellt werden, dass zuerst der untere und dann der obere Lauf oder die Läufe umgekehrt abgeschossen werden. Der mit einem Pistolengriff versehene Schaft der Flinte ist aus ausgesuchtem Nussbaumholz. Im Kaliber 12 und 20 hat sie 66 cm oder 71 cm lange Läufe, insgesamt eine Länge

Daly Diamond GTX DL Hunter (oben) Diamond Regent GTX EDL (Mitte) und Diamond GTX Sporting (unten)

Die Luxusausführungen Diamond Regent GTX DL Hunter (oben) und Diamond Regent GTX EDL Hunter (unten)

von 109 cm oder 114 cm und ein Gewicht von 2,8 kg bis 3,3 kg. Als 28er und 36er hat die Flinte nur ein 66 cm langes Laufbündel, ist 109 cm lang und wiegt 3,1 kg. Die Empire EDL-Versionen verfügen nicht über Wechselchoke sondern haben stattdessen in 28 eine feste $^1/_4$- und $^3/_4$-Choke-Bohrung und in 36 eine Vollchoke-Bohrung. Die Empire Grade Sporting AE-MC-Version, deren 71 oder 76 cm lange Läufe ebenfalls mit Kompensator-Bohrungen versehen sind, besitzt ein Kastenschloss ohne Seitenschlossplatten und wird nur im Kaliber 12 hergestellt. Die Gesamtlänge diese Waffe liegt bei 114 cm oder 119 cm und sie wiegt 3,4 oder 3,5 kg. Es gibt auch eine spezielle Trap-Version mit 76 oder 81 cm langen Läufen sowie ein Empire Trap Combo-Set, das mit zwei Laufbündeln ausgeliefert wird.

Charles Daly Diamond Grade-Bockdoppelflinten

Die Flinte Daly Diamond Grade GTX DL Hunter stammt aus dem Jahr 1997 und wird ebenfalls in Italien von der Firma Sabatti produziert. Die Diamond GTX-Varianten sind wiederum in allen Kalibern, in 12 und 20 etwa mit den Lauflängen 66, 71 und 76 cm, lieferbar. Sie sind mit MC-5-Wechselchoke-Sets sowie mit automatischen Ejektoren ausgestattet. Im Kaliber 28 ist die Patronenlagerlänge für 70-mm-Hülsen und in allen anderen Kalibern für 76-mm-Hülsen ausgelegt. Die 28er- und 36er-Version besitzt ausschließlich einen 66-cm-Lauf und feste Chokebohrungen. Für die Diamond-Baureihe wird nur ausgesuchtes Nussbaum-Schaftholz verwendet. Das Modell Diamond GTX Sporting wird in 12 und 20 hergestellt und hat ebenfalls MC-5-Wechselchoke-Einsätze. Die 12er-Waffe davon hat entweder einen 71-cm- oder 76-cm-Lauf und bei der 20er gibt es nur einen 71-cm-Lauf. Alle Ausführungen besitzen ein fluoreszierendes Glasfiberkorn. Die besonders edlen Ausführungen Diamond Regent GTX DL Hunter und EDL Hunter sind die Topmodelle der Baureihe. Sie werden in den üblichen Kalibern mit Ejektoren und MC-5-Wechselchoke-Sets angeboten. Die Jagdszenen auf ihren Seitenplatten sind von hervorragenden italienischen Graveuren handgearbeitet. Die Gravur der EDL-Version enthält zusätzlich feine Goldeinlagen.

Charles Daly-Bockbüchsflinten

Charles Daly Combo-Bockbüchsflinten

Die Bockbüchsflinten-Serie Daly Superior Grade gibt es in den unterschiedlichsten Kaliberkombinationen. Der obere Lauf hat stets das Schrotkaliber 12/76 und eine feste 1/4-Choke-Bohrung, als Büchsenkaliber für den unteren Lauf stehen jedoch .22 Hornet, .223 Rem., .22-250 Rem., .243 Win., .270 Win., .308 Win. und .30-06 Springfield zur freien Wahl. Sämtliche Ausführungen der Waffe haben einen 60 cm langen Lauf und sind insgesamt 103 cm lang. Ihr Gewicht variiert zwischen 3,3 kg und 3,5 kg. Die Basküle ist aus Chrom-Molybdän-Stahl gefräst und mit Jagdszenen graviert. Darauf sowie auf dem hinteren Teil der erhöhten Visierschiene sind einfach die Montageteile für ein Zielfernrohr anzubringen. Die noch edlere Luxusausführung hiervon, als Empire bezeichnet und die

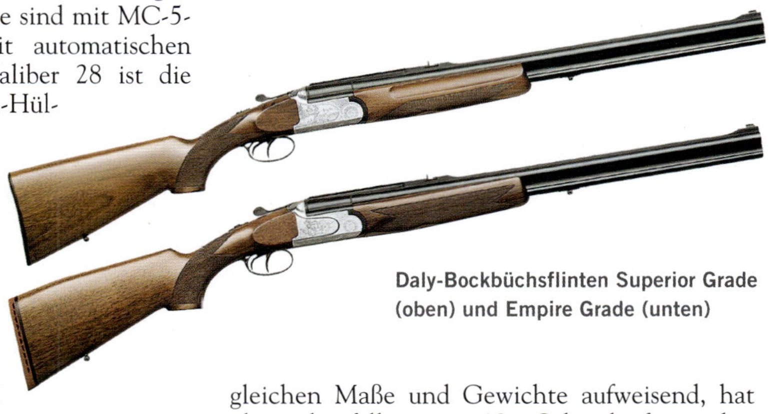

Daly-Bockbüchsflinten Superior Grade (oben) und Empire Grade (unten)

gleichen Maße und Gewichte aufweisend, hat oben ebenfalls einen 12er-Schrotlauf, ist aber ausgestattet mit MC-3-Wechselchoke-Einsätzen. Der untere Lauf kann in den vorgenannten Büchsenkalibern bestellt werden.

Charles Daly Express Rifles (Bockdoppelbüchsen)

Sowohl die Daly Superior Express als auch die Empire Express Rifle haben übereinander liegende Läufe im Büchsenkaliber .30-06 Springfield. Die Lauflänge beider Varianten beträgt 60 cm, die Gesamtlänge 103 cm; die Superior Express wiegt 3,5 kg und die Luxusausführung Empire Express ist mit 3,6 kg etwas schwerer. Beide Varianten verfügen über ein Klappvisier auf der etwas erhöhten Laufschiene, die auch zur

Charles Daly Superior Express (oben) und Empire Express (unten)

Aufnahme des Vorderteils einer Zielfernrohr-Montage vorbereitet ist. Die Bockdoppelbüchsen sind mit Ejektoren und einer automatischen Sicherung ausgestattet.

Charles Daly halbautomatische Selbstladeflinten

Charles Daly Field Hunter-Selbstladeflinten

Die halbautomatischen Flinten der Marke Charles Daly, ausschließlich Kaliber 12, werden von der italienischen Firma Fabarm gefertigt. Ihr Nachlademechanismus funktioniert mittels bei der Schussabgabe abgezapften Pulvergasen. Der Systemkasten der Waffen ist aus Ergal-55-Aluminium gefräst, was das Gewicht der Flinten relativ gering hält, aber dennoch sowohl dem Druck von 12/70er- als auch 12/76er-Patronen standhält. Der Lauf der Selbstlader ist aus Chrom-Molybdän-Stahl und zur Verwendung von Stahlschroten geeignet. Alle außer den Slug-Varianten sind mit MC-3-Wechselchoke-Einsätzen ausgestattet. Standardmäßig beträgt die Kapazität des Röhrenmagazins fünf Patronen 12/70 und vier 12/76. Das Modell Field Hunter ist mit einem 61, 66, 71 oder 76 cm langen Lauf und dahingehend einer Länge von 111, 116, 121 oder 126 cm erhältlich und wiegt zwischen 3,1 kg und 3,3 kg. Die ventilierte Laufschiene ist 7 mm breit.

Die Camouflage-Muster von oben nach unten: Advantage Classic, Realtree Hardwoods, Advantage Wetlands und Realtree X-Tra Brown

Die halbautomatische Flinte Daly Field Hunter (oben) und Field Hunter Camo (unten)

Der manuelle Sicherungsknopf der Flinte – ausgebildet als Durchschiebeknopf – befindet sich hinten am Abzugsbügel. Der aus dem Hinterschaft mit Pistolengriff und dem separaten Vorderschaft bestehende Schaft besteht aus schlagfestem, schwarzen Kunststoff. Das Modell Daly Field Hunter Camo hat im Gegensatz dazu lediglich einen Camouflage-eingefärbten Schaft und ist nicht mit einem 76-cm-Lauf erhältlich.

Charles Daly Field Hunter Maxi-Magnum-Selbstladeflinten

Die Modelle Field Hunter Maxi-Magnum und Field Hunter Maxi-Magnum Camo besitzen Patronenlager für 89 mm lange (abgeschossene) Patronenhülsen und verfeuern daher die extrem starken 12/89er-Patronen. Sie haben entweder einen 61 cm oder 71 cm langen Lauf, sind insgesamt 111 oder 121 cm lang und wiegen 3,1 respektive 3,2 kg. Die weiteren Spezifikationen entsprechen denen der Field Hunter. Die Camo-Version der 12/89er-Waffe gibt es in den folgenden Camouflage-Ausführungen:

- Advantage Classic mit Herbstwaldbodenmuster mit Blättern in braun und grün;
- Realtree Hardwoods mit Ast- und Blätter-

Die halbautomatische Flinte Daly Field Hunter Maxi-Magnum (oben) und unten die Field Hunter Maxi-Magnum Camo, beide im Kaliber 12/89

mustern, gemischt mit der Farbe blau-grauen Himmels;
- Advantage Wetlands mit verschiedenen Pflanzenmustern in gelb-grünen und gelb-braunen Farben, gemischt mit braunen Ästen;
- Realtree X-Tra Brown mit verschiedenen Mustern mit Baumästen und grünen Blättern.

Charles Daly Field Slug-Selbstladeflinten

Die Flintenlaufgeschosse, Slugs, verschießenden Selbstladeflinten von Daly weisen 56 cm lange, glatte, zylindrische Läufe mit einem Patronenlager für 76-mm-Hülsen auf. Ihre Gesamtlänge liegt bei 107 cm, sie wiegen 3 kg und sind wahlweise mit matt schwarzen Metallteilen oder in der vernickelten All Weather-Version erhältlich. Wie bei den anderen Selbstladeflinten der Marke ist auch ihr Systemkasten aus Aluminium und ihre Kimme ist verstellbar. Der Durchschiebe-Sicherungsknopf befindet sich hinten am Abzugsbügel und der Schaft mit Pistolengriff ist aus schlagfestem Kunststoff. Außer Slugs kann man mit den Flinten auch hervorragend Posten verschießen.

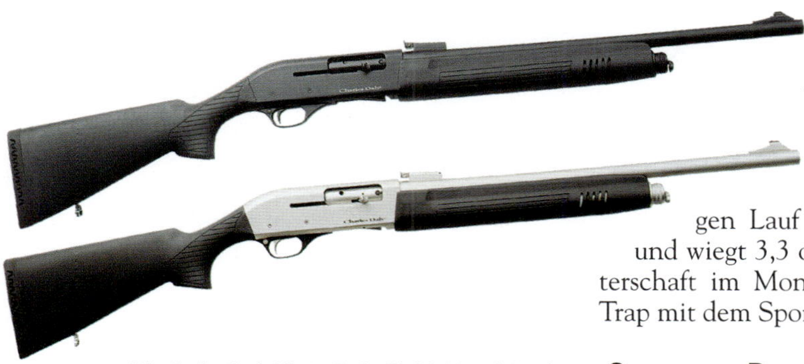

Die Selbstladeflinte Daly Field Slug (oben) und Field Slug All Weather Nickel (unten)

Charles Daly Superior Sport-Selbstladeflinten

Das Modell Daly Superior Grade Sport wird im Kaliber 12 mit auswechselbaren, 71 oder 76 cm langen Läufen mit Kompensator-Bohrungen hergestellt. Die Läufe sind mit MC-3-Wechselchokes ausgestattet, die darauf befindliche ventilierte Laufschiene ist 10 mm breit. Die Gesamtlänge der Waffe beläuft sich auf 122 oder 127 cm und ihr Gewicht liegt bei circa 3,2 kg. Das für die Waffe verwendete Korn ist aus fluoreszierendem Glasfiber-Material; zudem hat sie ein Messing-Mittelkorn. Daly-üblich befindet sich der Sicherungsknopf hinten am Abzugsbügel. Als Schaftmaterial wurde ausgesuchtes türkisches Nussbaumholz verwendet. Die 127 cm oder 132 cm lange Variante Daly Superior Trap hat einen 76 cm oder 81 cm langen Lauf mit Kompensator-Bohrungen und wiegt 3,3 oder 3,4 kg. Außer ihrem Hinterschaft im Monte-Carlo-Stil ist die Superior Trap mit dem Sporting-Modell identisch.

Charles Daly Vorderschaft-Repetierflinten

Charles Daly Field Grade Hunter und Maxi-Magnum

Fabarm stellt die einläufigen Vorderschaft-Repetierflinten der Marke Charles Daly für KBI in Italien her. Bis 1997 importierte KBI entsprechende Waffen für den amerikanischen Kontinent in den Versionen Field, Riot und Special Purpose von der Firma Armscor aus den Philippinen. Die neue, italienische Serie gibt es in mehr Versionen

Die halbautomatischen Daly-Flinten Superior Sport (oben) und Superior Trap (unten), beide mit Kompensator-Bohrungen

Vorderschaft-Repetierflinte Charles Daly Maxi-Magnum Camo

als die aus der Armscor-Ära. Das Modell Daly Field Grade Hunter VR-MC hat das Kaliber 12/76. „VR“ steht für Ventilated Rib, also ventilierte Laufschiene, die 7 mm breit ist. „MC“ bedeutet Multi-Choke und besagt, dass die Waffe mit Wechselchoke-Einsätzen ausgestattet ist. An Lauflängen stehen wahlweise 61, 66, 71 und 76 cm zur Verfügung, was zu einer Gesamtlänge von 111, 116, 121 oder 126 cm und zu einem Waffengewicht zwischen 2,95 kg und 3,15 kg führt. Die Standard-Magazinkapazität des unter dem Lauf befindlichen Röhrenmagazins beträgt fünf Patronen im Kaliber 12/70 und vier in 12/76. Der Systemkasten der Field Grade Hunter-Flinte ist aus speziellem Aluminium. Wie bei den Daly-Halbautomaten ist auch ihr Durchschiebe-Sicherungsknopf hinten am Abzugsbügel angebracht. Die Field Grade Hunter besitzt einen Kunststoffschaft mit Pistolengriff; auch der Vorderschaft ist aus Kunststoff. Das Modell Field Grade Maxi-Magnum hat ein Patronenlager für 89 mm lange Hülsen und wird nur mit den Lauflängen 61 cm oder 71 cm hergestellt. Die Kompensator-Bohrungen der Maxi-Magnum befinden sich unmittelbar hinter der Laufmündung. Die Gesamtlänge dieser Waffe beläuft sich auf 111 oder 121 cm und ihr Gewicht liegt bei 3,05 kg bis 3,15 kg. Aufgrund des längeren Röhrenmagazins ist die Magazinkapazität identisch mit der der regulären Field Hunter-Flinte.

Daly Field Grade Hunter- und Field Grade Hunter Maxi-Magnum-Vorderschaft-Repetierer

Charles Daly Field Slug und Field Tactical

Die Vorderschaft-Repetierflinte Daly Field Grade Slug hat das Kaliber 12/76 und einen 47 cm langen Lauf. Sie ist insgesamt 97 cm lang und wiegt 2,7 kg. Ihr Lauf ist speziell zum Verschießen von Flintenlaufgeschossen und von Buckshot-Posten rein zylindrisch. Die Flinte ist entweder in matt schwarz oder in der vernickelten All Weather-Version lieferbar und hat eine verstellbare Kimme sowie zur Montage einer Optik eine Prismaschiene auf der Systemkasten-Oberseite. Ihr Schaft ist aus Kunststoff und hat einen Pistolengriff. Das Modell Field Tactical ist mehr oder weniger mit dem Field Slug-Modell identisch, hat jedoch keine verstellbare Visierung. Die Dimensionen und Gewichte sind gleich.

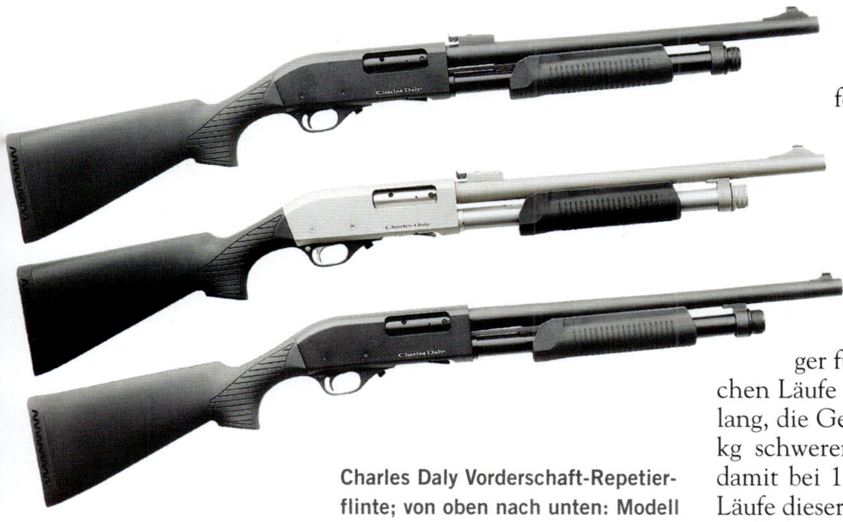

Charles Daly Vorderschaft-Repetierflinte; von oben nach unten: Modell Field Slug in schwarz, vernickelte Flinte All Weather Nickel Slug und schwarzes Modell Field Tactical

Charles Daly Field Grade Hunter Camo und Maxi-Magnum Camo

Es gibt die standardmäßige Flinte Field Grade Hunter Camo nur im Kaliber 12/76 und mit den Lauflängen 61, 66 und 71 cm; die Läufe sind mit einer 7 mm breiten ventilierten Laufschiene versehen. Die Waffe ist 111, 116 oder 121 cm lang und wiegt 3 bis 3,1 kg. Der aus schlagfestem Kunststoffmaterial gefertigte Vorder- und Hinterschaft (mit Pistolengriff) wird in den gleichen Camouflage-Mustern angeboten, wie die in Tarnfarbe gehaltenen halbautomatischen Selbstladeflinten von Charles Daly. Die Maxi-Magnum Camo gibt es nur im Kaliber 12 mit einem Patronenlager für 89 mm lange Hülsen. Die erhältlichen Läufe hierfür sind entweder 61 oder 71 cm lang, die Gesamtlänge der 3 beziehungsweise 3,1 kg schweren Maxi-Magnum Camo-Flinte liegt damit bei 111 cm respektive 121 cm. Auch die Läufe dieser Magnum-Waffe sind mit Kompensator-Bohrungen zur Verringerung des Rückstoßes ausgestattet.

Daly Field Hunter im Muster Advantage Classic Camo (oben), Daly Maxi-Magnum in Realtree X-Tra Camo (Mitte) und Maxi-Magnum in Realtree Hardwood Camo (unten)

Kleinkaliber-Repetierbüchse Daly Empire .22

CHARLES DALY-BÜCHSEN

CHARLES DALY FIELD GRADE .22-REPETIERBÜCHSEN UND -SELBSTLADEBÜCHSEN

Die Repetierbüchsen und Selbstladebüchsen von KBI im Kaliber .22 l.r., .22 WMR und .22 Hornet tragen seit 1998 den Markennamen Charles Daly und werden von Armscor auf den Philippinen hergestellt; bis 1998 verkaufte sie KBI unter der Bezeichnung Armscor. Modell .22 l.r. Daly Field ist etwa der neue Name des früheren Modells Armscor Super Classic M-1400SC und die KK-Büchse Daly Field Youth ersetzte das Modell Armscor M-12Y. Die standardmäßige .22er Daly Field Grade, die die Firma KBI aktuell verkauft, hat einen 57-cm-Lauf, ist insgesamt 104 cm lang und wiegt 2,8 kg. Ihr aus Chrom-Molybdän-Stahl gefertigtes Verschlussgehäuse ist oben mit einer Prismaschiene zur Anbringung einer Zielfernrohr-Montage ausgestattet. Rechts am Verschlussgehäuse ist hinter dem Kammerstängel die Sicherung der Waffe positioniert. Hinten am

Daly Field .22- und Daly Field Stainless .22-Repetierer

Lauf befindet sich eine höhenverstellbare Blattkimme. Das herausnehmbare Magazin fasst sechs .22-l.r.-Patronen; der zugehörige Magazinlöseknopf ist vor dem Abzugsbügel. Das Modell Daly Field Grade Stainless hat die gleichen Dimensionen wie die brünierte Field Grade-Variante, ihr Lauf und ihr System sind aber aus rostträgem Stainless-Stahl. Von der Field Grade Youth-Büchse gibt es zwei Versionen. Erstere ist die Youth Single Shot, ein 81 cm langer Einzellader mit Kammerstängelverschluss. Der Lauf hiervon ist 41 cm lang und sie wiegt 1,6 kg. Die Version Youth Repeater ist wie der Name sagt eine KK-Repetierbüchse mit 6-Schuss-Magazin, einem 44 cm langen Lauf, einer Gesamtlänge von 87 cm und einem Gewicht von 2,2 kg. Vor 1998 wurde die halbautomatische KK-Büchse Daly Field Semi-Auto unter der Bezeichnung M-2000 verkauft; sie war damals nur in brüniert erhältlich. Als Daly-Produkt gibt es die mit einem reinen Feder-Masse-Verschluss ausgestattete Waffe nun sowohl in brüniert als auch in Stainless. Beide Varianten, wie die meisten Daly Field Grade-Waffen mit einem Hartholzschaft mit Pistolengriff versehen, haben einen 53 cm langen Lauf, eine Länge von insgesamt 103 cm und wiegen 2,8 kg. Ihr herausnehmbares Magazin fasst maximal 10 Patronen.

Daly Field Youth Einzellader (oben) und die halbautomatische Waffe Field .22 Auto mit Stainless-Stahlteilen

CHARLES DALY SUPERIOR- UND EMPIRE GRADE-.22-REPETIERBÜCHSEN UND -SELBSTLADEBÜCHSEN

Der Daly Superior Grade-Repetierer ist in den Randfeuerkalibern .22 l.r. und .22 WMR sowie im Zentralfeuerkaliber .22 Hornet erhältlich. Seine Magazinkapazität beläuft sich in .22 l.r. auf sechs, ansonsten auf fünf Patronen. Vor 1998 vermarktete KBI die entsprechenden Waffen als die Modelle Armscor Classic M-1400S in .22 l.r., M-1500S in .22 WMR und M-1800S in .22 Hornet. Als Daly Superior Grade besitzen sie eine Lauflänge von 57 cm, sind insgesamt 105 cm lang und wiegen etwa 2,9 kg. Sie haben einen brünierten Lauf und ein brüniertes, aus Chrom-Molybdän-Stahl gefertigtes Verschlussgehäuse. Der vornehmliche Unterschied zu den Standardausführungen besteht darin, dass als Schaftholz besseres Hartholz verwendet wurde und die Visie-

Charles Daly-Repetierbüchsen Superior in .22 WMR und Empire in .22 Hornet

Links-Version des Charles Daly Großkaliber-Repetierers

rung höhen- und seitenverstellbar ist. In der Superior Grade-Ausführung gibt es auch eine halbautomatische Waffe. Diese hat die gleichen Maße und Dimensionen wie der Field Grade-Selbstlader, jedoch eine komplett verstellbare Kimme. Die Daly Empire Grade-Repetierer sind mit den Field und Superior Grade-Versionen fast identisch, haben aber ein besseres Finish und einen Nussbaumschaft.

Charles Daly Grosskaliber-Repetierbüchsen

Im Jahr 2000 stellte die Firma KBI auch Charles Daly Großkaliber-Repetierbüchsen vor. Diese werden von Zastava in Serbien gebaut und basieren auf dem Zastava-Modell 98 Mauser-Repetierer. Die Ausführung Field Grade Hunter der Daly-Variante davon gibt es brüniert und auch in Stainless-Stahl. Die Version mit kurzem System verfügt über ein herausnehmbares Magazin, während die mit dem längeren System nur ein festes Magazin mit abklappbarer Bodenplatte besitzt. Die brünierte Waffe hat einen Nussbaumschaft, die Stainless-Variante ist mit einem Kunststoffschaft von Butler Creek bestückt. Die Waffensicherung befindet sich rechts hinter dem Kammerstängel. Der Magazinlöseknopf der Büchse, welche übrigens auch in einer speziellen Linkshänder-Version angeboten wird, ist in den

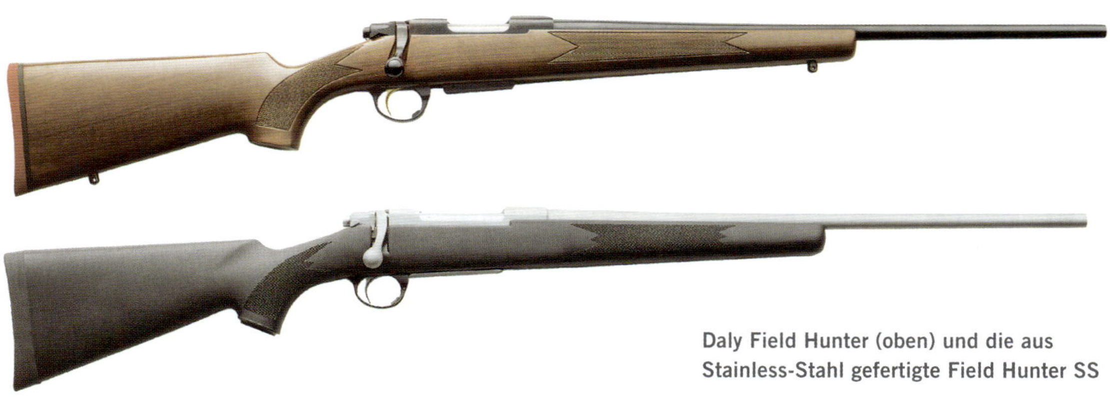

Daly Field Hunter (oben) und die aus Stainless-Stahl gefertigte Field Hunter SS

vorderen Teil des Abzugsbügels integriert. Der Abzugswiderstand ist verstellbar. Sowohl der Lauf der Ausführung Field Grade als auch der der edleren Superior ist kaltgeschmiedet.

Magazinkapazität von nur drei Patronen, erhältlich. Hier ist der Lauf 61 cm lang, die Gesamtlänge liegt bei 112 cm und das Gewicht bei ungefähr 3,4 kg.

Daly Field Hunter Repetierbüchse in Linksausführung

In dieser edleren Variante hat die Waffe einen besseren Nussbaumschaft mit Monte-Carlo-Backe und Pistolengriff-Abschlusskäppchen. Das Verschlussgehäuse aller dahingehend ohne offene Visierung ausgelieferten Varianten ist zur Anbringung einer Zielfernrohr-Montage vorbereitet. Die Field Grade Hunter mit kurzem System wird mit 4-Schuss-Magazin in den Kalibern .22 Hornet, .223 Rem., .243 Win., .270 Win., .308 Win. und .30-06 Springfield hergestellt. Der Lauf ist 56 cm lang, die Gesamtlänge beträgt 107 cm und das Gewicht etwa 3,3 kg. Mit langem System ist die Waffe in 7 mm Rem.Mag., .300 Rem.Ultra Mag., .300 Win.Mag., .338 Win.Mag. und .458 Win.Mag., jeweils mit einer

Das Modell Field Hunter LH für Linksschützen mit echtem Linkssystem ist ansonsten mit dem Standardmodell gleich, allerdings wird es nur in den Kalibern von .223 Rem. bis .300 Rem.Ultra Mag. hergestellt. Auch die Dimensionen und Kaliber-Optionen des Modells Field Hunter SS (Stainless Steel) sind die der normalen Field Grade Hunter-Büchse. Außer dem Unterschied der Verwendung von Stainless-Stahl besitzt die Hunter SS auch noch einen Kunststoffschaft und ist dahingehend mit 2,95 kg bis 3,05 kg etwas leichter. Die Ausführung Superior Grade entspricht im Groben wieder der Standardvariante, allerdings wird hier ein besseres Schaftholz mit Monte-Carlo-Backe verwendet.

F

FAIR-Techni Mec

www.fair.it

Markenzeichen des italienischen Unternehmens Fair

Fair-Techni Mec wurde 1971 als Nachfolgeunternehmen der Firma Isidoro Rizzini & Co. gegründet. Firmensitz ist der kleine Ort Marcheno in der bekannten italienischen Waffenregion Brescia. Das relativ junge, sehr moderne Unternehmen kann sich daher auf die jahrhundertealte Waffenherstellungstradition der Gegend stützen. Allerdings ist es Fair-Firmenphilosophie, die Tradition mit modernsten Produktionstechniken zu kombinieren. Daher verwendet Fair computerkontrollierte Technik (Cad-Cam) und moderne Herstellungsverfahren für den Bau seiner Waffen. Bereits im Design-Stadium wird jedes Teil am Computer getestet. Jeder Waffenbestandteil wird im Bezug auf Material und Passungen mit den aktuellsten technischen Mitteln aufeinander abgestimmt. Mit rechnergesteuerten CNC-Maschinen versucht Fair, alle Fertigungstoleranzen so klein wie möglich zu halten, was zu dem großen Vorteil einer kompletten Austauschbarkeit der Waffenteile aus einer Baureihe führt. In jedem Stadium des Produktionsprozesses gibt es intensive Qualitätskontrollen, sowohl in Bezug auf Maße und Toleranzen als auch etwa hinsichtlich metallurgischer Untersuchungen. Das nationale italienische Beschussamt in Gardone testet die Fair-Flinten mit einem Druck von 1200 bar, das heißt die Waffen sind hervorragend für die Verwendung von Stahlschroten geeignet. Die Läufe einiger Modelle haben Wechselchoke-Einsätze; das System wird von Fair als Interchoke bezeichnet und mit fünf Einsätzen, mit verbesserter Zylinder-, 1/4-, 1/2-, 3/4- und Vollchoke-Bohrung, angeboten. Die Skeet-Flinten besitzen ein eigenständiges, so genanntes Interchoke-System. Die Basküler der Fair-Flinten haben je nach Modell entweder silberfarbene Chrom-Oberflächen oder polierte oder brünierte Stahl-Oberflächen. Als Schaftmaterial wird ausgesuchtes Nussbaumholz verwendet. Die Fair-Kunden, Jäger und Schützen, erwerben ein hochmodernes technisch ausgereiftes und zuverlässiges Produkt.

Fair Combi

Diese Bockbüchsflinte stammt von 1971; seitdem gab es diverse Versionen davon. Die erste Serie bestand aus den Modellen Combi BK 1 und Combi BK 1 Deluxe; zweitere Variante hatte lediglich ein besseres Nussbaum-Schaftholz. Die

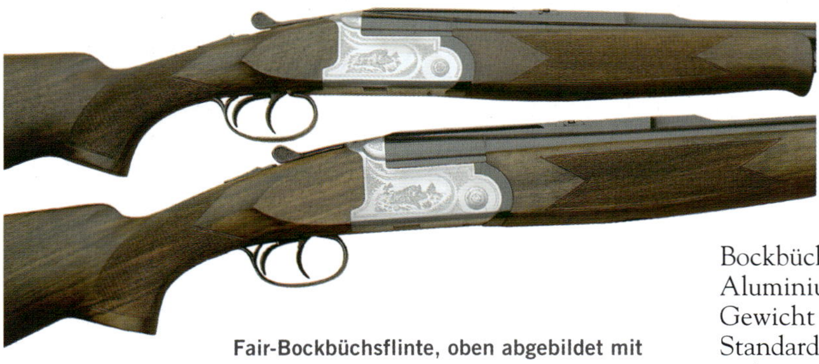

Fair-Bockbüchsflinte, oben abgebildet mit 12er- und unten mit 20er-Flintenlauf; der untere, gezogene Lauf ist jeweils in verschiedenen Büchsenkalibern lieferbar

Waffe verfügt über eine Laufblock-Verriegelung mit zwei Verriegelungswarzen unter dem Patronenlagerbereich des Laufbündels sowie über ein Kastenschloss mit Doppelzüngelabzug. Der Sicherungsschieber befindet sich auf dem Kolbenhals. Das alte Modell wurde nur mit einem 12/76er-Schrotlauf oben hergestellt und hatte im unteren gezogenen Büchsenlauf wahlweise die

Modell Fair Combi Deluxe-Bockbüchsflinte

Kaliber .222 Rem., 6,5x55 mm, 6,5x57R, 7x57R, 7x65R, .308 Win., .30-06 Springfield, 8x57JRS oder 9,3x74. Die Lauflänge beträgt 63 oder 65 cm und das Gewicht 3,4 bis 3,5 kg. Für die Waffe gibt es auch ein reines Bockdoppelflinten-Wechsellaufbündel, ausschließlich im Schrotkaliber 12. 1998 führte Fair für die Waffe neue Modellnamen ein, allerdings wurde letztendlich nur auf die Bezeichnung „BK" verzichtet. Zudem kam eine Bockbüchsflinte mit dem Schrotkaliber 20 auf den Markt und die Büchsenkaliberpalette wurde erweitert um .22 Hornet, 5,6x50R, .270 Win. und .444 Marlin. Die Lauflänge der „neuen" Waffe betrug nun nur mehr 63 cm und der Doppelzüngelabzug wurde um die Option eines Rückstechers für den vorderen Abzug erweitert. 2000 wurden mehrere Sondervarianten vorgestellt. So ist die Bockbüchsflinte Combi AL eine Ausführung mit Aluminium-Systemkasten, welche mit einem Gewicht von 2,8 bis 3 kg merklich leichter als die Standardwaffe ist. Die Ausführung Combi AL Deluxe ist eine Leicht-Version mit einem etwas besseren Finish und die Combi Prestige, wieder mit Stahl-Systemkasten, verfügt beidseitig über eine feine Handgravur. Ansonsten weist die Prestige die gleichen Details wie das Standardmodell auf.

FAIR IMPERIAL

Die Modelle Imperial und Imperial II, edle, vornehmlich von Hand gefertigte Querflinten, werden bereits seit der Firmengründung gebaut. Es gibt sie in den Kalibern 12, 20, 28 und 36 (.410) und sowohl mit Patronenlagern für 70-mm- als auch 76-mm-Hülsen. Die Imperial-Flinte weist automatische Ejektoren und einen Doppelzüngelabzug auf. Standardmäßig wird sie mit einem Kastenschloss hergestellt, bei der Variante Imperial II ist dieses beidseitig mit einer hervorragenden Gravur versehen. Die Waffe verriegelt mittels zwei unter dem Lauf befindlichen, massiven Laufhaken. Ihre Lauflänge variiert zwischen 66 cm und 76 cm, die Länge insgesamt zwischen 112 cm und 122 cm; das Gewicht beträgt je nach Kaliber und Lauflänge 2,8 kg bis 3,2 kg. Die Läufe werden mit festen Chokebohrungen nach Wahl ausgeliefert. Der Sicherungsschieber befindet sich auf dem Hals des geraden, englischen Schaftes, der von Hand aus ausgesuchtem Nussbaumholz hergestellt und ölpoliert ist.

Fair Imperial II (oben) und Imperial Standard (unten)

FAIR JUBILEE 700

Die Fair-Bockdoppelflinte Jubilee 700, Kaliber 12, war vor der Jahrtausendwende als Modell LX 680 bekannt, die Sportversion davon war die Flinte Mitho und Waffen der Baureihe in anderen Kalibern hatten ebenfalls wieder andere

Jubilee 700 Trap (oben) und Skeet (unten)

Bezeichnungen, etwa SRC 620. Schießlich hatte man alles in der Serie Jubilee 700 vereint. Die Waffen besitzen alle eine Laufhakenverriegelung. Das alte Modell LX 680, Kaliber 12/70, hatte ein 70 cm langes Laufbündel und wog 3,1 kg. Die frühere Flinte SRC 620 stellte Fair in den Kalibern 20, 24, 28, 32 und 36 (.410) sowohl mit 70er- als auch mit 76er-Patronenlagern her. Die standardmäßig 68 cm langen Läufe nahmen Interchoke-Wechselchoke-Einsätze auf und das aktuelle Modell Jubilee 700 wiegt zwischen 2,7 und 3,1 kg. Sein Systemkasten ist verchromt und mit einer einfachen Maschinengravur versehen. Das Modell Jubilee 700 Trap wird in 12/70 oder 20/70 hergestellt. Als 12er-Waffe hat es ein 76 cm langes Laufbündel und als 20er ein 74 cm langes. Die ventilierte Laufschiene der 12er ist 11 mm breit, die der 20er nur 9 mm. Die Trap-Ausführung wiegt zwischen 3,3 kg und 3,5 kg. Das Finish der Variante Jubilee 700 Skeet entspricht dem der Trap, nur sind ihre Läufe mit 66 cm oder 70 cm etwas kürzer. Die Bockdoppelflinte Jubilee 700 Sporting wird ebenfalls in den Kalibern 12 und 20 und ausschließlich mit Patronenlagern für 70-mm-Patronenhülsen produziert. Die Sporting-Lauflänge ist 70 cm, das Gewicht liegt bei 3,15 kg oder 3,35 kg. Die Basküle sowohl der Ausführungen Jubilee 700 Trap, Skeet als auch Sporting ist matt schwarz brüniert und weist goldfarbene Einrahmungen auf.

FAIR JUBILEE 702

Die Flinte Jubilee 702 war bisher im Kaliber 12 unter der Bezeichnung SRL 702 und in den Kalibern 20, 28 und 36 (.410) als SRC 702 bekannt. Der Unterschied zwischen den Modellen Jubilee 700 und 702 ist der, dass die Baskülenseiten zweiterer Waffe graviert sind, ansonsten sind die Waf-

Flinte Fair Jubilee 702

Gesamtgewicht betrug zwischen 2,7 und 2,9 kg. Die neue Jubilee 700 gibt es weiterhin in unterschiedlichen Versionen. Im Kaliber 12 wird sie mit Patronenlagern für 70 mm lange, abgeschossene Patronenhülsen gebaut, in den Kalibern 16, 20, 28 und 36 (.410) mit Lagern für 76-mm-Hülsen. Ihre Läufe sind 68 cm oder 70 cm lang und ebenfalls mit Interchoke- oder den längeren Technichoke-Wechselchoke-Einsätzen bestückt, die zur Häfte aus dem Lauf herausstehen. Das

fen technisch identisch. Alle Varianten auch der 702er besitzen eine Verriegelung mittels eines einzelnen, besonders breiten Laufhakens. Die ehemalige 12er-Flinte SRL 702 hat ein Patronenlager für 70-mm-Hülsen. Ihre Läufe sind 70 cm lang und sie wiegt 3,15 kg. Die ehemalige SRC 702, Kaliber 20, 28 oder 36 (.410), hat entweder 70 cm oder 76 cm lange Läufe und ihr Gewicht variiert zwischen 2,75 kg und 2,9 kg. Von der SRL 702 in Kaliber 12 und der SRC 702 in 20 gibt beziehungsweise gab es auch spezielle

Trap-, Skeet- und Sporting-Versionen. Die Lauflängen dieser Versionen betragen 70, 74 oder 76 cm und ihr Gewicht liegt zwischen 3,35 kg und 3,7 kg. Die Basküle ist brüniert und deren Seiten sind in matt schwarzem Finish mit Goldlinien-Umrahmung gehalten. Die neuere Jubilee 702 ist in der gleichen Optik gestaltet. Fair stellt sie in den Kalibern 12, 16, 20, 28 und 36 (.410) und mit den Lauflängen 68 cm oder 70 cm her. Je nach Ausführung bringt sie 2,8 kg bis 3,15 kg auf die Waage. Die Varianten Trap im Kaliber 12 oder 20 sind Sportversionen des Modells Jubilee 702 mit Lauflängen von 76 cm oder in 20 74 cm und Gewichten von 3,6 kg oder 3,35 kg. Die zweite Sportversion der Jubilee-Baureihe ist die Variante Skeet, ebenfalls in den Kalibern 12 oder 20, mit einem 66 respektive 70 cm langen Laufbündel und einem Gewicht von 3,4 kg oder 3,2 kg in 20. Die dritte sportliche Version ist dann zudem noch das Modell Jubilee 702 Sporting, wieder 12 oder 20, mit 70 cm langem Lauf und einem Gewicht von 3,4 kg oder 3,2 kg. Als besondere Ausführungen der Jubilee 702 gibt es im Weiteren das Luxusmodell Jubilee 702 Prestige mit verchromter Basküle und das Luxusmodell Jubilee Prestige Tartaruga Gold, welches 2001 auf den Markt kam und noch edler ausgestattet ist, etwa mit einer buntgehärteten Basküle, die beidseitig mit Gold eingelegte Tierfigurgravuren aufweist.

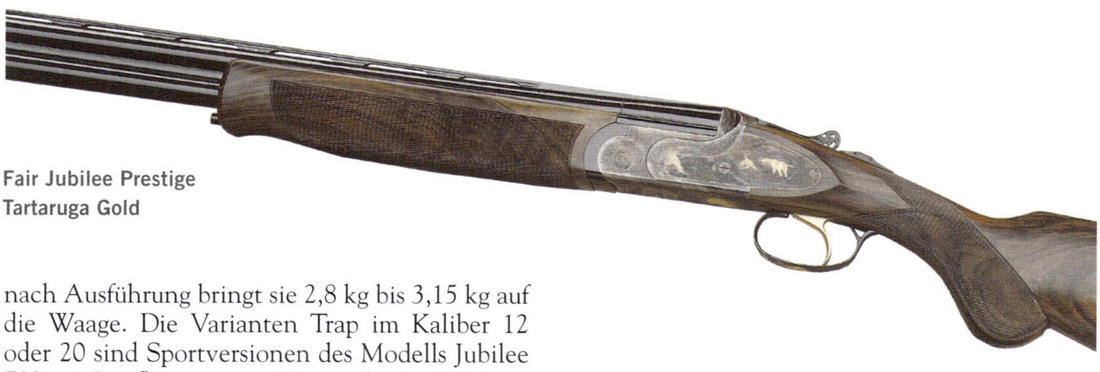

Fair Jubilee Prestige Tartaruga Gold

Fair Jubilee 900

Bei der Flinte Jubiliee 900 handelt es sich im Endeffekt um eine Luxusausführung der Jubilee 700. Fair hatte auch unter der Bezeichnung LX 900 verschiedene Versionen dieser Waffe herausgebracht, sowohl im Kaliber 12/70 als auch in 20/70. Die LX 900 Caccia – italienisch für „Jagd" – wird mit einem 70 cm langen Laufbündel ausgeliefert. Ihr Gewicht variiert je nach Kaliber zwischen 2,7 kg und 3,1 kg. Zudem gibt es die Variante auch als LX 900 Sporting, Skeet und Trap mit 66 bis 76 cm langen Läufen. Das Gewicht der sportlichen Varianten liegt zwischen 3,1 kg und 3,6 kg. Die neue Baureihe Jubilee 900 besteht nahezu aus den gleichen Modellen. Die jagdliche Waffe wird in den Kalibern 12, 20, 28 und 36 (.410) sowohl mit 70er- als auch 76er-Patronenlagern angeboten. Die 70 cm langen Läufe sind mit Technichoke-Wechselchoke-Einsätzen ausgestattet und die Waffe wiegt 2,7 bis 3,1 kg. Als Verriegelung hat sie einen besonders breiten Laufhaken. Die Flinte verfügt über automatische Ejektoren und einen selektiven Einabzug; die Laufwahl erfolgt dabei mittels des auf dem Kolbenhals befindlichen Sicherungsschiebers. Der Schaft ist aus ausgesuchtem Nussbaum.

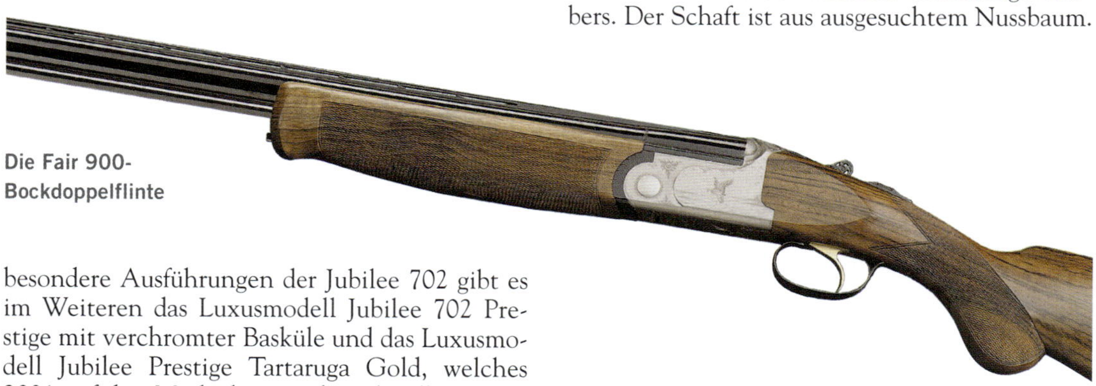

Die Fair 900-Bockdoppelflinte

Neben der Jagdwaffe gibt es auch verschiedene Sportvarianten. Die Jubilee 900 Skeet, Sporting und Trap gibt es jedoch nur in den Kalibern 12/70 und 20/70. Ihre Lauflänge variiert je nach Ausführung zwischen 66 cm und 76 cm, das Gewicht zwischen 3,1 kg und 3,6 kg. Die Baureihe besitzt ein Kastenschloss, auch Blitzschloss genannt, und ihre Basküle ist mit einer einfachen Maschinengravur verziert.

Detail der Jubilee 902 Prestige

FAIR JUBILEE 902

Die Flinte Jubilee 902 ist eine edlere Ausführung der 702 mit gravierten Seiten der ein Kastenschloss beinhaltenden Basküle. Die Waffe hatte ehemals jagdlich die Bezeichnung LX 902 und sportlich LX 902 Skeet, Sporting und Trap. Sie verfügt über die übliche Laufhakenverriegelung und einen selektiven Einabzug mit Laufwahlmöglichkeit über den Sicherungsschieber. Die ehemalige LX 902-Jagdflinte wurde in den Kalibern 12/70 und 20/76 gebaut. Die Läufe verfügten über Interchoke-Wechselchoke-Einsätze und hatten eine Länge von 68 cm oder 70 cm. Die Gesamtlänge betrug 114 oder 116 cm und das Gewicht im Kaliber 20 2,75 kg und im Kaliber 12 3,15 kg. Die drei sportlichen Varianten hatten alle das Kaliber 12/70 und als LX 902 Skeet ein 66 oder 70 cm langes Laufbündel und ein Gewicht von 3,15 kg bis 3,4 kg, als LX 902 Sporting sowohl in 12/70 als auch 20/70 einen 70-cm-Lauf und ein Gewicht von je nach Ausführung 3,1 kg bis 3,35 kg sowie als LX 902 Trap in 12 und 20 ein 74 cm langes Laufbündel und ein Gesamtgewicht von 3,35 kg bis 3,7 kg. Im Jahr 2001 wurde die neue Jubilee 902 Caccia-Flinte vorgestellt, die Fair in den Kalibern 12, 20, 28 und 36 (.410) und mit Patronenlagern für sowohl 70-mm- als auch 76-mm-Hülsen anbietet; standardmäßige Lauflänge ist 70 cm, Gewicht von 2,75 kg bis 3,15 kg. Die neue Flinte Jubilee 902 Skeet gibt es in den Kalibern 12 oder 20 mit einem 66 cm oder 70 cm langen Lauf und 3,15 kg bis 3,4 kg wiegend. Die Variante Jubilee 902 Sporting, ebenfalls nur Kaliber 12 oder 20, hat die Lauflänge 70 cm und ein Gewicht von 3,1 kg oder 3,4 kg, die Jubilee 902 Trap mit 76-cm-Lauf hat im Kaliber 12 3,7 kg und im Kaliber 20 3,35 kg Gewicht. Beim Modell Fair Jubilee 902 Prestige handelt es sich um die Luxusausführung der Waffe, die in verschiedenen Punkten etwas edler gestaltet ist und nur als Jagdvariante gebaut wird.

Fair Jubilee 902 Trap (oben) und Sporting (unten)

FAIR LX 600

Die LX 600 ist ein älteres Modell, das Fair schon seit 1971 herstellt und das im Lauf der Jahre kaum geändert worden ist. Es hat ein Kastenschloss und die Fair-typische einfache, jedoch breite Laufhakenverriegelung sowie eine mit Jagdszenen gravierte Basküle. Der Einabzug mit

Fair LX 600 Deluxe Sporting

Laufwahlmöglichkeit über den auf dem Kolbenhals befindlichen Sicherungsschieber ist ebenfalls als Fair-typisch zu bezeichnen.
Die Version der LX 600M von vor 1998 wurde in den Kalibern 12/70 und 16/70 und mit einer Lauflänge von 70 cm hergestellt. Das Gewicht dieser Waffe betrug 3,05 kg. Die neue Version der LX 600M hat nun wahlweise die Kaliber 12, 20, 28 oder 36 (.410), wiederum einen 70-cm-Lauf und je nach Kaliber ein Gewicht von 2,7 kg bis 3,05 kg. Die LX 600M ist mit einem Patronenausziehersystem ausgestattet, während die Variante LX 600EM über automatische Ejektoren verfügt. Die anderen Details sind bei der alten und neuen Version gleich. Das Modell LX 600 Ultralight ist eine Variante mit Leichtmetall-Basküle, welche jedoch eine Arretierplatte aus gehärtetem Stahl beinhaltet. Ehemals gab es die Ultralight nur im Kaliber 12/70, mit einer Lauflänge von 70 cm und einem Gewicht von 2,8 kg. All diese Daten blieben bei der neuen Version der Waffe gleich. Das Modell LX 600 Slug wurde speziell zum Verschießen von massiven 12/70er-Flintenlaufgeschossen entwickelt. Die Läufe dieser Waffe sind nur 60 cm lang und sie wiegt 2,9 kg. Die neue Version davon hat nun das Kaliber 12/76 und ein 62 cm langes Laufbündel sowie ein Gewicht von nur mehr 2,8 kg. Der neuen Baureihe der LX 600-Flinten fügte die Firma Fair dann diverse weitere Modellvariationen hinzu. Eine hiervon ist etwa das 12er-Modell LX 600 Goose mit einem Patronenlager für 76-mm-Hülsen, einem 76-cm-Lauf und einem Gewicht von 3,4 kg. Diese Waffe hat einen Camouflage-Überzug mit Blattmustern. Die neue LX 600 Deluxe ist identisch mit der alten LX 600EM, hat allerding nun ein etwas besseres Schaftholz. Die Flinte LX 600AL Snipe ist ebenfalls eine neue Version. Sie hat das Kaliber 12/70 und einen 61-cm-Lauf. Das Besondere daran ist, dass ihr unterer Lauf Züge und Felder zum Verschießen von Slugs aufweist; der Anhang AL bedeutet, dass es sich dabei um eine Waffe mit Leichtmetall-Basküle handelt, weshalb diese Version auch nur 2,5 kg wiegt. Es gibt dahingehend auch die Modelle LX 600AL und LX 600AL Deluxe, Kaliber 12 oder 20 mit 70 cm oder 68 cm langem Laufbündel. Das Gewicht dieser Versionen beträgt 2,4 kg bis 2,6 kg. Vom ehemaligen Modell S 610 gab es auch eine spezielle Version im Magnumkaliber 10/89 mit einem 81 cm langen Lauf und einem Gewicht von 4,5 kg. Diese Waffe wurde nur auf Bestellung vornehmlich von Hand herstellt; 1999 wurde die Produktion ganz eingestellt.

Fair LX 600 Snipe mit gezogenem Lauf unten

Luxusausführungen: LX 692 (oben) und LX 692 Gold (unten)

FAIR LX 692

Ein weiteres Fair-Modell, das es schon recht lange gibt, ist das Modell LX 692. Die ursprüngliche Version dieser Bockdoppelflinte wurde nur im Kaliber 12/70 hergestellt. Sie wog 3,15 kg und war mit Interchoke-Wechselchoke-Einsätzen sowie der üblichen einfachen Laufhakenverriegelung ausgestattet. Die Laufwahl für das Züngel des Einabzugs erfolgte mittels des Sicherungs-/Laufwahl-Schiebers auf dem Kolbenhals des Gewehrs. Die Waffe verfügte über ein Kastenschloss und über gravierte Baskülenseiten. Als Sporting-Version hatte sie früher zwar die gleichen Daten, war aber mit 3,5 kg etwas schwerer, zudem war der Zwischenraum zwischen oberem und unterem Lauf ventiliert. Die neue Version der Flinte LX 692 baut Fair nun in den Kalibern 12, 20, 28 und 36 (.410) und mit einem 70-cm-Lauf für die 12er- und einem 68-cm-Lauf für die anderen Kaliber. Die neue Version besitzt automatische Ejektoren und weiter den selektiven Einabzug. Sie wiegt zwischen 2,75 und 3,15 kg. Der einzige Unterschied zwischen dem Modell LX 692 Gold und dessen Vorgängermodell ist, dass die Tierszenengravur auf den Baskülenseiten nun noch goldeingelegt ist. Das Modell LX 692 Sporting wurde wie früher beibehalten, als Kaliber stehen aber nun 12/70 und 20/70 zur Verfügung und es wiegt 3,15 kg oder 3,35 kg.

Bockdoppelflinte Fair Master

FAIR EVENT/MASTER

Die Bockdoppelflinte Fair Master hatte vormals die Bezeichnung Event. Als Event gab es die Waffe in verschiedenen Sportversionen. Die Event-Flinte besitzt einen Einabzug, allerdings ohne Laufwahlmöglichkeit. Als Trap-Variante wurde sie in den Kalibern 12 und 20 sowie mit den Lauflängen 76 cm und 74 cm hergestellt. Die Waffe verfügte allgemein über automatische Ejektoren und einen Nussbaumschaft von relativ einfacher Qualität. Ihr Gewicht lag zwischen 3,3 kg und 3,6 kg. Die Flinte Event Skeet gab es ebenfalls in 12 und 20. Für die 12er stand ein 66 cm oder 70 cm langes Laufbündel zur Verfügung und für die 20er nur ein 68 cm langes Bündel. Das Gewicht der Skeet lag bei der 12er bei 3,35 kg und bei der 20er bei 3,1 kg. Auch sie hatte einen nicht selektiven Einabzug und automatische Ejektoren. Die Event Sporting in Kaliber 12 und 20 verfügt über einen 70 cm respektive 68 cm langen Lauf und wiegt 3,35 kg oder 3,1 kg. Sie hat einen selektiven Einabzug mit Laufwahlmöglichkeit über die Schiebesicherung am Kolbenhals. Das neue Modell Master, stammend aus dem Jahr 2000, wird ebenfalls in unterschiedlichen Varianten angeboten. Als Standard-Trap-Waffe ist sie nur im Kaliber 12 und mit 76 cm langen Läufen erhältlich. Als Master Deluxe Trap, Kaliber 12 und Kaliber 20, hat sie ein 76 cm respektive 74 cm langes Laufbündel und wiegt in 12 3,5 kg und in 20 3,3 kg. Der Einabzug der Master Trap-Versionen ist nicht mit einer Möglichkeit zur Laufwahl verbunden, die Waffe besitzt aber auch ein automatisches Ejektorensystem. Während für die Luxusausführung Nussbaumholz mit einer feineren Maserung verwendet wird, hat die Standardausführung einen Schaft aus einfacherem Nussbaum. Die Luxusvariante der Master Skeet gibt es in den Kaliber 12 und 20 und mit Lauflängen von 66 cm oder 70 cm. Sie hat einen nicht selektiven Einabzug, aber wieder automatische Ejektoren. Das Modell Master Sporting, ebenfalls in 12 und 20 erhältlich, gibt es nur in der Luxusausführung. Es hat einen 70-cm-Lauf und ein Gewicht von 3,35 kg oder 3,15 kg. Die Bockdoppelflinte Master Sporting ist wieder mit der Möglichkeit ausgestattet, über den Sicherungsschieber zu beeinflussen, welcher Lauf als erster abgeschossen wird.

FAIR PREMIER

Dieses Modell, 1999 vorgestellt, ist eine relativ neue Fair-Waffe. Die Bockdoppelflinte ist eine gute Wahl für Flinten-Einsteiger. Sie verfügt über die gleiche Laufhakenverriegelung wie alle Fair-Flinten und ihre einfachste Ausführung wird in praktisch allen Kalibern, 12, 20, 28 und 36 (.410), hergestellt. Die 12er-Lauflänge beträgt 70

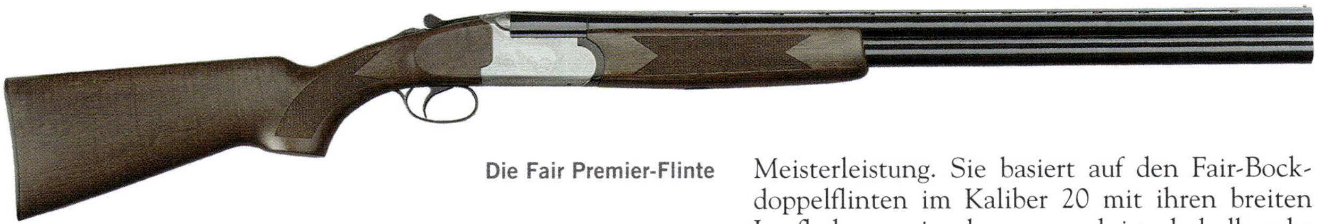

Die Fair Premier-Flinte

cm, ansonsten 68 cm. Die Läufe sind mit Technichoke-Wechselchoke-Einsätzen ausgestattet, können aber auch mit festen Chokebohrungen bestellt werden; in letzteren Fall ist dies 1/4- und 3/4-Choke für den unteren und oberen Lauf und im Kaliber 20 1/2- und Vollchoke. Die Standardausführung der zwischen 2,7 und 3,05 kg schweren Premier-Flinte besitzt Patronenauszieher und wahlweise einen selektiven Einabzug oder einen Doppelzüngelabzug. Als Schaftholz wird einfaches Nussbaumholz verwendet. Die Ausführung Premiere EM ist fast identisch mit der Standardvariante, hat aber statt Patronenausziehern Ejektoren. Beide Varianten haben eine matt brünierte Basküle. Bei der Premiere Deluxe, die auch Ejektoren besitzt, ist diese vernickelt und mit einer einfachen Jagdgravur versehen.

Fair Safari 500 Battue-Bockdoppelbüchse

Fair Safari

Die vornehmlich von Hand gefertigte Bockdoppelbüchse Safari von Fair, konzipiert für die Großwildjagd, ist eine büchsenmacherische Meisterleistung. Sie basiert auf den Fair-Bockdoppelflinten im Kaliber 20 mit ihren breiten Laufhakenverriegelungen und ist deshalb sehr führig und mit 3 kg relativ leicht. Wie bei allen mehrläufigen Büchsen ist auch bei dieser Waffe die Kunst, die Läufe so im Laufbündel zusammenzufügen, dass sie zumindest auf eine bestimmte Entfernung „zusammenschießen“. Schüsse aus dem unteren und oberen Lauf der Safari-Büchse von Fair müssen beim Testschießen auf der firmeneigenen Schießanlage auf 50 m unter 5 cm zusammenliegen. Das Modell Safari 500 Express wurde 2001 vorgestellt. Ihre Büchsenläufe gleichen Kalibers sind übereinander, „aufgebockt“, angeordnet. Die reguläre Version der Waffe wird in den Kalibern 6,5x57R, 7x65R, 7x57R, 8x57JRS, .30-06 Springfield, 9,3x74R und .444 Marlin hergestellt; sie hat einen 60 cm langen Lauf, einen nicht selektiven Einabzug und Patronenauszieher. Die Basküle ist verchromt und mit einer einfachen Tiergravur versehen. Hinter- und Vorderschaft sind aus ausgesuchtem Nussbaum-

Von oben nach unten: Bockbüchsflinte Combi AL Deluxe, Safari Deluxe und Safari 500 Battue

holz. Das Standardmodell Safari und die Bockdoppelbüchse Safari 500 sind mehr oder weniger gleich, allerdings hat letztere Ejektoren, zudem wird bei ihr ein schöner gemasertes Schaftholz verwendet. Weitere Varianten sind das Modell Safari Deluxe, welches sich ausschließlich durch das noch bessere Nussbaum-Maserholz als Schaftmaterial unterscheidet, und das Modell Safari Prestige, das zudem über besonders fein gravierte Seitenplatten auf der Basküle verfügt, nur in 8x57JRS oder 9,3x74R angeboten wird, einen 55-cm-Lauf hat und nur 2,9 kg wiegt.

FAIR SRL 802

Die Bockdoppelflinte SRL 802 stammt aus der Zeit der Fair-Firmengründung und wird heute immer noch fast unverändert in den Kalibern 12 und 20 gebaut. Die Modellbezeichnung SRL 802 stimmte erst nur für das Kaliber 12, denn die 20er-Version hatte zunächst die Bezeichnung SRC 802, erst ab 1998 verwendete man grundsätzlich SRL 802. Auch diese Waffe hat die Fair-typische, besonders breite Laufhakenverriegelung. Eine Besonderheit ist die auffallende Gravur der Baskülen-Seitenteile. Als Sportwaffe wird sie in drei standardmäßigen Ausführungen hergestellt, als Variante Skeet, Sporting und Trap. Die 12er- und 20er-Skeet-Flinte hat 66 oder 70 cm lange Läufe, die mit festen Zylinderchoke-Bohrungen ausgestattet sind. Die Waffe verfügt über einen nicht selektiven Einabzug, wiegt zwischen 3,2 und 3,4 kg und ist insgesamt 114 cm oder 118 cm lang. Das Modell SRL 802 Sporting hat grundsätzlich einen 70-cm-Lauf, wiegt 3,15 kg oder 3,4 kg und hat automatische Ejektoren und einen selektiven Einabzug. Die Trap-Variante besitzt im Kaliber 12 ein 76 cm langes Laufbündel und in 20 ein 74 cm langes.

Flintenmodell SRL 802

Sie unterscheidet sich zwar von den anderen SRL 802-Varianten kaum, ist mit 3,35 kg bis 3,6 kg aber etwas schwerer.

FAUSTI CAV. STEFANO & FIGLIE

www.faustistefanoarms.com

Firmenlogo von Fausti cav. Stefano & Figlie

Stefano Fausti gründete 1947 seinen Waffenherstellungsbetrieb in Marcheno, gelegen in der italienischen Waffenregion Valle Trompia. Nach dem Zweiten Weltkrieg gab es eine große Nachfrage nach Flinten; sowohl für die Jagd als auch für das sportliche Tontaubenschießen. Die ersten Waffen, die 1948 Faustis Betrieb verließen waren daher Hahn-Querflinten im Kaliber 12; ihre Modellbezeichnung lautete Taranto. Außer nach Europa wurden die Flinten von Fausti auch nach Nord- und Südamerika verkauft. Die hohe Fertigungsqualität der Fausti-Waffen erreicht das Unternehmen durch die fast ausschließliche Verwendung von computergesteuerten CNC-Maschinen. Zur Entwicklung und zur Design-Ausgestaltung der Fausti-Modelle werden Cad-Cam-Computersysteme verwendet. Fast alle Waffen

Die Fausti-Schwestern, sie leiten die Firmen Fausti und Emilio Rizzini

haben auswechselbare Schäfte und für fast alle, sowohl für die Standard- als auch die Leichtversionen, werden auch Wechselläufe, in den Kalibern 10, 12 und 20 angeboten. Die Firma ist sehr um ihre einzelnen Kunden bemüht und bietet auch eine Service-Inspektion direkt im Unternehmen an. Die Fausti-Bockdoppelflinten werden nach ihrem Verschlusssystem in die so genannten Leader- und Elegant-Modelle unterschieden. Während die Leader-Versionen eine traditionelle Laufhakenverriegelung besitzen, sind die Elegant-Waffen mit einem Purdey-Verschluss mit Verriegelungsbolzen beidseitig des oberen Laufes ausgestattet. Neben den Leader- und Elegant-Flinten stellt die Firma Fausti auch echte Seitenschloss-Doppelflinten mit außenliegenden Hahnen her. Die exklusivsten Varianten davon sind Teil der so genannten EL Gold Collection. Fausti ist eine der wenigen italienischen Waffenherstellungsfirmen, die auch Waffen im Flintenkaliber 10 produziert. Um nicht auf Zulieferer angewiesen zu sein, baut man diese ausschließlich bei Fausti selbst. Die Firma übernahm dazu etwa auch die Firma V.I.T., einen Teilezulieferer für Fausti und inzwischen auch für verschiedene andere Waffenunternehmen, der nun von der Fausti-Tochter Giovanna geführt wird.

Alle drei Flinten basieren auf der Elegant-Baureihe – von oben nach unten: Modell Acquarium, Lord und Commando

Der größte Umbruch in der Firmengeschichte geschah 1990, als die drei Töchter von Stefano Fausti das gesamte Unternehmen von diesem übernahmen. Die seit jeher von Männern beherrschte Waffenindustrie sah dies mit beträchtlicher Skepsis. Die Fausti-Schwestern stellten auf der IWA-Waffenmesse 1990 eine Art Sensation dar. Außer dass sie fließend englisch, deutsch und französisch beherrschten, sprachen sie eindeutig auch die Sprache der Büchsenmacher. Aufgewachsen in der Welt von Jagd- und Sportwaffen verstanden sie die Fachbegriffe und technischen Terminologien, die von ihren überwiegend männlichen Kunden und Kollegen verwendet wurden, ohne Probleme und waren in der Lage, die Tendenzen des Marktes und die Kundenwünsche in neue Ideen und Waffenmodelle umzusetzen. In nur wenigen Jahren wuchs das ehemals kleine, Waffen von durchschnittliche Qualität produzierende Unternehmen zu einem der größten Jagd- und Sportwaffenproduzenten Italiens mit einem Ausstoß von jährlich mehr als 12 000 hochwertigen Schusswaffen. Nachdem sie die Führung des Unternehmens übernommen hatten, stellten die drei Fausti-Töchter 1996 ihr Flintenmodell Elgioba vor. Mit dieser Bezeichnung verschmolzen sie ihre drei Namen: Elena, Giovanna und Barbara. Mit der Heirat von Barbara Fausti und Fabio Rizzini kam dann auch noch das ehemalige italienische Konkurrenzunternehmen Emilio Rizzini zur Fausti-Gruppe hinzu.

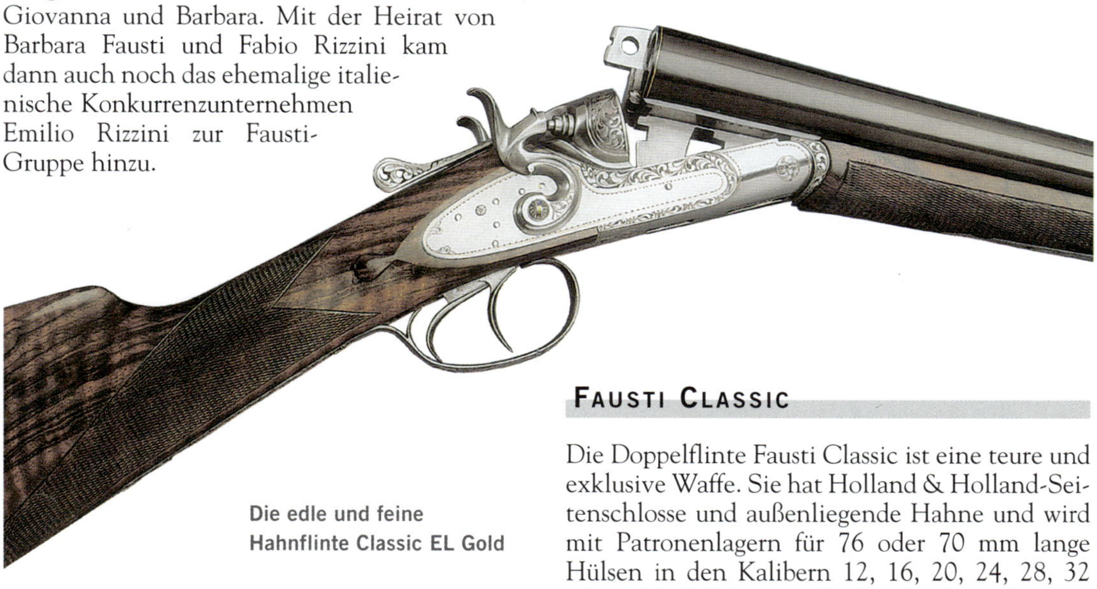

Die edle und feine Hahnflinte Classic EL Gold

FAUSTI ACQUARIUM

Bei dem Bockdoppelflintenmodell Acquarium Trap handelt es sich um eine erschwingliche Einstiegswaffe, die auf der Elegant-Baureihe basiert und daher einen Purdey-Verschluss hat. Die Bezeichnung der unterschiedlichen Modellvarianten bezieht sich auf die Farbe von deren Kunststoffschaft; diese ist daher bei der Flinte Acquarium Trap grünblau. Der Kunststoffschaft des Modells Commando ist braun-gelb und der des Modells Savannah ist schilfgrün. Die gleiche Waffe, aber mit einem Schaft aus Nussbaum-Wurzelmaserholz wird als Modell Lord bezeichnet. Die Acquarium Trap wird in den Kalibern 12 und 20, sowohl für 76-mm- als auch für 70-mm-Patronenlager hergestellt. Die Läufe sind 74 oder 76 cm lang und verfügen über eine 10 mm breite, ventilierte Laufschiene; sie sind ausgerüstet mit Wechselchoke-Einsätzen. Die Waffe ist mit automatischen Ejektoren ausgestattet und hat einen Einabzug, aber keine Laufwahlmöglichkeit. Der reine Sicherungsschieber befindet sich auf dem Hals des Schaftkolbens. In der Standardausführung, dann auch bezeichnet als Lord Standard, Savannah Standard oder Commando Standard, hat die Waffe die Kaliber 12, 16, 20, 24, 28, 32 oder 36 (.410) und ebenfalls 76er- oder 70er-Patronenlager. Die lieferbaren Lauflängen dafür sind 66, 71 oder 76 cm. Die ventilierte Laufschiene der Standardausführung ist 7 mm breit und die Läufe sind sowohl mit Wechsel- als auch mit festen Chokebohrungen erhältlich. Die Firma Fausti baut die zwischen 2,95 kg und 3,2 kg schweren Waffen wahlweise mit Ejektoren oder dem bekannten Patronenausziehersystem.

FAUSTI CLASSIC

Die Doppelflinte Fausti Classic ist eine teure und exklusive Waffe. Sie hat Holland & Holland-Seitenschlosse und außenliegende Hahne und wird mit Patronenlagern für 76 oder 70 mm lange Hülsen in den Kalibern 12, 16, 20, 24, 28, 32 oder 36 (.410) hergestellt. Die Läufe werden erst im Bereich des Patronenlagers zusammengeschmiedet und dann erst miteinander verlötet. Als Verschluss wird eine doppelte Laufhakenverriegelung, verbunden mit einem Greener-Verschluss verwendet; dabei wird ein als Verlängerung der Laufschiene ausgeformter Verriegelungsbolzen von oben in den Stoßboden geschwenkt und mittels eines massiven Querriegels blockiert. Die Läufe der Classic-Flinte sind 66 cm oder 71 cm lang und entweder mit den festen Chokebohrungen $^1/_4$- und $^1/_2$- oder $^3/_4$- und Vollchoke erhältlich. Die konkave Laufschiene zwischen den Läufen ist 10 mm breit und das Gewehr ist insgesamt 109 oder 114 cm lang. Es ist mit einem Patronenausziehersystem und einem Doppelzüngelabzug ausgestattet und sein Schaft ist aus Nussbaum-Wurzelmaserholz. Im Rahmen der EL Gold Collection besitzt die Waffe einen schlanken englischen Hinterschaft,

Das Modell Dallas im für eine Bockdoppelflinte sehr seltenen Kaliber 10

regulär hat sie einen Schaft mit Pistolengriff. Je nach Ausführung und Lauflänge wiegt die Flinte, deren Sicherungsschieber wie üblich auf dem Kolbenhals positioniert ist, zwischen 2,7 kg und 3,4 kg. Die Läufe sind brüniert und die gravierte Basküle üblicherweise aus unbehandeltem Stahl, sie ist jedoch auch in einer buntgehärteten Version erhältlich.

FAUSTI DALLAS

Für Länder, in denen Waffen in einem solchen Kaliber jagdlich zugelassen sind, baut Fausti mit dem Modell Dallas auch eine Bockdoppelflinte im Magnum-Schrotkaliber 10/89. Die Waffe ist mit einem 66 cm oder einem 81 cm langen Laufbündel und mit wahlweise festen Voll-/Vollchoke-Bohrungen oder mit Wechselchoke-Einsätzen erhältlich. Sie ist 112 cm oder 126 cm lang und wiegt etwa 3,5 kg. Ihre ventilierte Laufschiene über dem oberen Lauf ist 12 mm breit und sie verfügt über eine Laufhakenverriegelung sowie über ein Patronenausziehersystem. Es ist dafür wahlweise ein Einabzug, ein selektiver Einabzug oder auch ein Doppelzüngel-Abzugssystem lieferbar. Beim selektiven Einabzug befindet sich der Laufwahlschieber vor dem Abzugszüngel; der reine Sicherungsschieber ist weiter auf dem Kolbenhals. Der Nussbaumschaft ist mit einem Pistolengriff versehen. 10/89er-Flinten werden in Nordamerika insbesondere für die Jagd auf wilde Truthähne und auf Gänse verwendet; einige Staaten erlauben die Verwendung dieses Kalibers nicht.

Bockdoppelflinte Fausti Elegant

FAUSTI ELEGANT

Diese mit einem Purdey-Verschluss ausgestattete Bockdoppelflinte ist eines der Basismodelle der Firma. Beim Purdey-Verschluss greifen zwei rechts und links des oberen Laufes befindliche „Nasen" in korrespondierende Aussparungen des Stoßbodens der Basküle und werden im geschlossenen Zustand von einem massiven Querriegel festgehalten. Die Elegant-Standardausführung wird in den Kalibern 12, 16, 20, 24, 28, 32 oder 36 (.410) mit Patronenlager für 76-mm- oder 70-mm-Hülsen hergestellt. Die lieferbaren Lauflängen sind 66, 71 oder 76 cm, jeweils ausgestattet mit einer 7 mm breiten, ventilierten Laufschiene. Die Gesamtlänge der Waffe beträgt 112, 117 oder 122 cm und ihr Gewicht variiert zwischen 3 und 3,2 kg. Es können wahlweise drei unterschiedliche Abzugssysteme geordert werden, entweder ein selektiver oder ein nicht selektiver Einabzug oder ein Doppelzüngelabzug. Der Laufwahlschieber für den selektiven Einabzug befindet sich im Abzugsbügel vor dem Abzugszüngel. Die Standardwaffe hat feste $^{1}/_{4}$- und $^{3}/_{4}$- oder $^{1}/_{2}$- und Vollchoke-Bohrungen oder falls gewünscht auch auswechselbare Wechselchoke-Einsätze. Der Schaft des Gewehrs ist aus Nussbaum und der Kunde kann zwischen

Fausti-Elegant-Modelle als EL Gold (oben) und C-EL Gold (unten)

Fausti Elgioba in unterschiedlichen Ausführungen

einer brünierten oder einer unbekandelten Basküle wählen. Die Luxusausführung Elegant EL unterscheidet sich von der Standardwaffe vornehmlich durch das bessere Schaftholz. Eine spezielle Slug-Variante wird nur in den Kalibern 12/70 oder 12/76 hergestellt und hat einen nur 58 cm langen Lauf. Der untere Lauf dieser damit eigentlich bereits als Bockbüchsflinte zu bezeichnenden Waffe besitzt Züge und Felder zum präziseren Verschießen einzelner Flintenlaufgeschosse. Diese Waffe ist mit einem Patronenausziehersystem ausgestattet. Als Teil der Elegant EL Gold Collection baut Fausti zudem noch einige weitere Elegant-Varianten. Darunter fällt etwa das Modell Elegant EL Gold mit Kastenschloss und brünierter Basküle, graviert mit goldeingelegtem Flugwild. Eine weitere Variante ist die Flinte Elegant C EL Gold, deren Baskülenseiten ebenfalls reich mit goldeingelegten Tiergravuren verziert sind. Beide Flinten gibt es mit den gleichen Ausstattungen und Merkmalen wie die Standardmodelle.

Fausti Elgioba

Fausti stellte diese Flinte 1996 auf der Waffenmesse IWA in Nürnberg vor. Die Modellbezeichnung vereint die Vornamen der drei Fausti-Töchter, Elena, Giovanna und Barbara. Die Versionen des Modells Elgioba unterscheiden sich vornehmlich im Finish des Schaftes. Es wird in den Kalibern 12, 16, 20, 24, 28, 32 und 36 (.410) und mit Patronenlagern für 76 mm oder 70 mm lange, abgeschossene Hülsen produziert. Die Waffe besitzt den gleichen Purdey-Verschluss wie das Modell Elegant. Die Standardausführung hat einen 66, 71 oder 76 cm langen Lauf und eine Gesamtlänge von 112, 117 oder 122 cm. Lieferbar sind die Läufe entweder mit festen $^1/_4$- und $^3/_4$- oder $^1/_2$- und Vollchoke-Bohrungen oder auch mit auswechselbaren Wechselchoke-Einsätzen. Der obere Lauf ist mit einer 7 mm breiten, ventilierten Laufschiene bestückt. Je nach Kaliber und Ausführung ist das Gewehr zwischen 3 und 3,2 kg schwer, verfügt über automatische Ejektoren und der Kunde hat die Wahl zwischen drei verschiedenen Abzugssystemen, entweder einem einfachen Einabzug, einem selektiven Einabzug oder einem Doppelzüngelabzug. Beim selektiven Einabzug erfolgt die Laufwahl über einen vor dem Abzugszüngel angebrachten Wahlschieber. Auch die Elgobia-Flinte gibt es in einer speziellen Slug-Version mit 58 cm langem Lauf, sowohl nur mit zwei glatten Läufen oder auch mit einem glatten und einem gezogenen Lauf.

Fausti Leader

Die Bockdoppelflinte Fausti Leader wird in mehreren verschiedenen Versionen hergestellt, als Jagd- und spezielle Slug-Flinte, aber auch sportlich in Skeet-, Trap- und Sporting-Varianten. Die beiden Läufe sind im Monoblock-Verfahren zusammengefügt und die Verriegelung der Flinte erfolgt mittels Laufhaken. Die Leader-Flinte ist modellabhängig entweder mit Patronenausziehern oder automatischen Ejektoren ausgestattet und sie kann je nach individuellem Kundenwunsch sowohl mit festen Chokebohrungen als auch mit Wechselchoke-Einsätzen geliefert werden. Die Basküle der Waffe beinhaltet ein Kastenschloss mit hochmodernen Federteilen. Auch diese Waffe ist entweder mit selektivem oder nicht selektivem Einabzug oder mit Doppelzüngelabzug erhältlich und die Laufwahl erfolgt beim selektiven Einabzug über einen

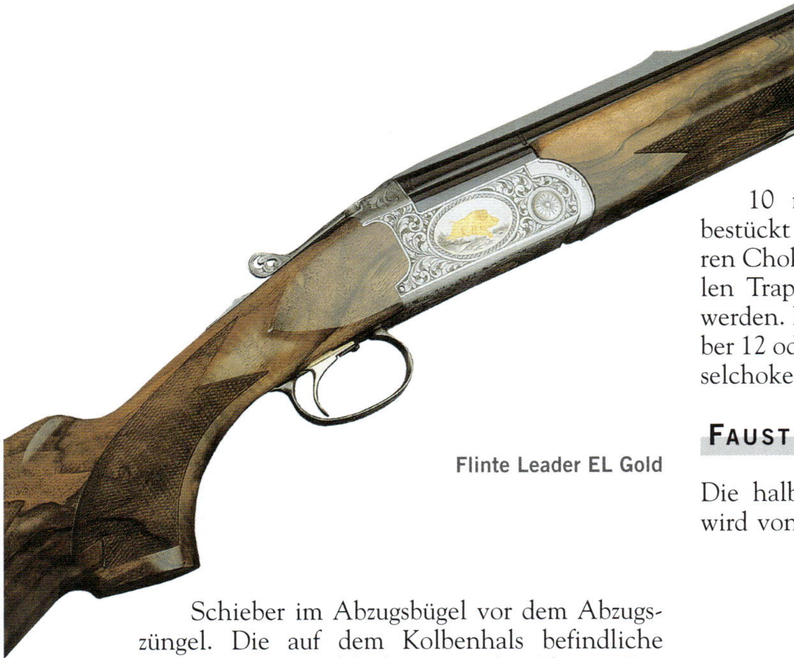

Flinte Leader EL Gold

Schieber im Abzugsbügel vor dem Abzugszüngel. Die auf dem Kolbenhals befindliche Schiebesicherung blockiert nur die Abzüge. Die jagdliche Variante der Waffe wird in den Kalibern 12, 16 oder 20 und mit 76er- oder 70er-Patronenlagern hergestellt. Die Lauflängen sind 66, 71 oder 76 cm und die Gesamtlänge liegt zwischen 109 cm und 119 cm. Die ventilierte Laufschiene ist 7 mm breit und die zwischen 3 und 3,2 kg schwere Waffe hat wahlweise eine feste $^{1}/_{4}$- und $^{3}/_{4}$- oder $^{1}/_{2}$- und Vollchoke-Bohrung oder wird immer mehr mit auswechselbaren Wechselchoke-Einsätzen bestellt. Wie üblich sind sowohl ein selektiver und nicht selektiver als auch ein Doppelzüngelabzug lieferbar. Die Jagdvariante verfügt über einen Schaft aus relativ einfachem Nussbaumholz mit Pistolengriff. Das Leader Slug-Modell hat einen 58 cm langen Lauf und einen glatten und einen gezogenen Lauf mit Zügen und Feldern. Die Flinte Leader Trap wird nur in den Kalibern 12/70 oder 20/70 und mit Laufbündeln in einer Länge von 74 oder 76 cm hergestellt. Die Skeet-Version hat 67 oder 70 cm lange Läufe. Beide Varianten sind mit einer 10 mm breiten, ventilierten Laufschiene bestückt und können sowohl mit auswechselbaren Choke-Einsätzen als auch mit festen, speziellen Trap- oder Skeet-Chokebohrungen bestellt werden. Die Sporting-Version, auch nur im Kaliber 12 oder 20, hat einen 71-cm-Lauf, nur Wechselchoke-Einsätze und wiegt 3,2 bis 3,6 kg.

Fausti Progress

Die halbautomatische Selbstladeflinte Progress wird von der Firma Fausti nur im Kaliber 12/76

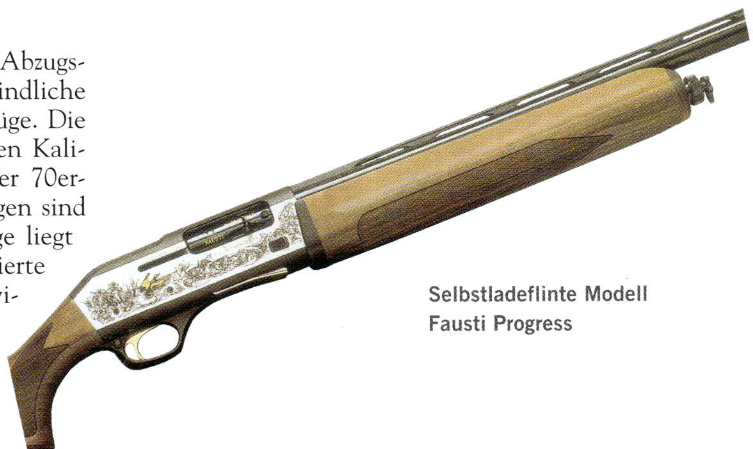

Selbstladeflinte Modell Fausti Progress

gebaut. Es handelt sich dabei um einen Gasdrucklader. Bei der Schussabgabe entstehende Pulvergase werden dabei zum Teil aus dem Lauf „abgezapft“ und in einen Gaszylinder geleitet, wo sie einen Kolben antreiben der mechanisch das Verschlussstück bewegt. Der Drehkopfverschluss dreht sich dabei aus seinen korrespondierenden Aussparungen im Patronenlagerbereich. Der Lauf der insgesamt 114 cm langen und 3,2 kg schweren Selbstladeflinte ist 71 cm lang und ausschließlich mit Wechselchoke-Sets ausgerüstet; wahlweise gibt es ein Set, das aus fünf komplett einschraubbaren Einsätzen besteht oder eines aus herausstehenden und damit den Lauf insgesamt etwas verlängernden Einsätzen. Das Röhrenmagazin nimmt maximal vier Patronen auf. Die ventilierte Laufschiene ist 7 mm breit. Als manuelle Sicherung fungiert ein Durchschiebeknopf, der hinten am Abzugsbügel positioniert ist. Der Systemkasten ist aus Ergal 55-Leichtmetall, der Schaft mit Pistolengriff aus einfacherem Nussbaumholz.

Leader Trap EL Gold-Bockdoppelflinte

Kipplaufwaffe Fausti Projekt in unterschiedlichen Ausführungen

FAUSTI PROJEKT

Das Modell Projekt ist eine einfache Bockdoppelflinte für den täglichen Gebrauch. Die billigste Variante davon hat einen Buchenholzschaft; Nussbaum in Standardqualität wird nur für die Luxusausführung der in den Kalibern 12, 16, 20, 24, 28, 32 oder 36 (.410) und mit 76er- oder 70er-Patronenlagern erhältlichen Waffe verwendet. Die Gesamtlänge der zwischen 3 und 3,2 kg schweren Flinte beträgt 112, 117 oder 122 cm, da ihr mit einer 7 mm breiten, ventilierten Schiene bestückter Lauf wahlweise mit einer Länge von 66, 71 oder 76 cm bestellt werden kann. Der Zwischenraum zwischen den Läufen ist ebenfalls ventiliert. Die Waffe hat eine einfache Laufhakenverriegelung und wird nur mit einem Doppelzüngelabzug angeboten. Ihre Sicherung befindet sich auf dem Kolbenhals und blockiert nur den Abzug. Die Flinte Projekt hat keine automatischen Ejektoren, sondern nur ein einfaches Patronenausziehersystem. Die Läufe können mit festen 1/4- und 1/2-, 1/2- und Voll- oder 3/4- und Vollchoke-Bohrungen oder auch mit Wechselchoke-Einsätzen bestückt sein. Die Waffe wird wie abgebildet mit einer dunklen Basküle oder wahlweise auch mit einer unbehandelten mit einfacher Maschinengravur ausgeliefert.

FAUSTI SENATOR HOLLAND & HOLLAND

Bei der Flinte Fausti Senator handelt es sich um eines der absoluten Vorzeigestücke der Firma. Sie ist exklusiv verarbeitet und verfügt über echte Holland & Holland-Seitenschlosse. Dennoch ist die traditionelle Waffe aus den modernsten Materialien hergestellt und hält daher auch den Drücken stand, die beim Abschuss von Stahlschrot-Patronen entstehen. Es gibt die Flinte in den Kalibern 12, 16 oder 20 und sowohl für 76er- als auch 70er-Patronenlager. Die im Demiblock-Verfahren zusammengefügten Läufe sind entweder 66 cm oder 71 cm lang; unten im Patronenlagerbereich ist das Laufbündel mit zwei Laufhaken zur Waffenverriegelung versehen. Die Gesamtlänge der Flinte beträgt 109 oder 114 cm, das Gewicht 3,2 oder 3,4 kg. Sie ist mit Einabzug oder Doppelzüngelabzug lieferbar und hat entweder auswechselbare Wechselchoke-Einsätze oder feste Chokebohrungen. Automatische Ejektoren werfen die abgeschossenen Patronenhülsen aus, die Waffe kann aber auch mit einem reinen Patronenausziehersystem bestellt werden. Der Schaft aus ausgesuchtem Nussbaum-Wurzelmaserholz ist sowohl mit als auch ohne Pistolengriff zu ordern.

FAUSTI STYLE EL

Bei dieser Waffe handelt es sich um eine traditionelle Doppelflinte mit nebeneinander liegenden Schrotläufen. Unter dem Abschlussblock im Patronenlagerbereich befinden sich zwei massive Laufhaken zur Verriegelung der Kipplaufwaffe. Die Basküle ist aus einem Stück Stahl gefräst, gehärtet und mit einer Altsilberschicht überzogen. Das darin befindliche Kastenschloss beinhaltet moderne Schraubenfedern. Die Luxusversion EL Gold des Modells Style verfügt über

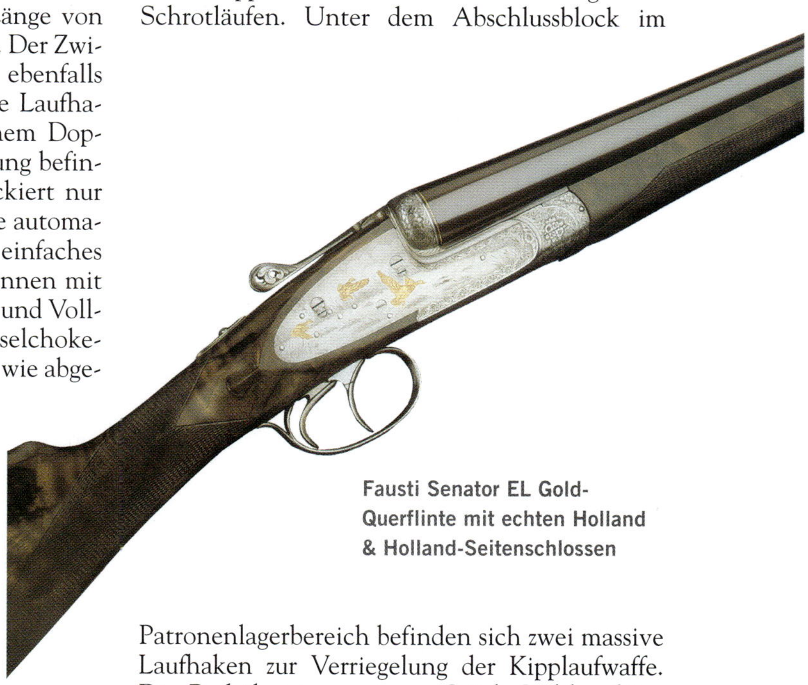

Fausti Senator EL Gold-Querflinte mit echten Holland & Holland-Seitenschlossen

fein gravierte Baskülen-Seitenplatten. Als Abzug kann sowohl ein Ein- als auch ein Doppelzüngelabzug bestellt werden, zudem ist die Flinte auch wahlweise mit einem Patronenausziehersystem oder mit einem Auswerfersystem zu ordern. Der gerade, im englischen Stil gehaltene Schaft ist aus ausgesuchtem Nussbaumholz. An Kalibern stehen 12, 16, 20, 24, 28, 32 oder 36 (.410), jeweils sowohl mit 76er- als auch 70er-Patronenlagern, zur Verfügung. Die Lauflänge beträgt 66, 71 oder 76 cm und die Waffenlänge insgesamt 109 bis 119 cm. Die Flinte Style hat entweder feste $^1/_4$- und $^1/_2$- oder $^1/_2$- und Voll- oder $^3/_4$- und Vollchoke-Bohrungen oder auch Wechselchoke-Einsätze. Je nach Ausführung ist sie 3,2 kg bis 3,4 kg schwer und wird standardmäßig mit einer 10 mm breiten Visierschiene im St. Etienne-Stil ausgeliefert. Die Variante Style Slug besitzt einen glatten, zylindrischen und einen gezogenen Lauf mit Zügen und Feldern und hat die Lauflänge 58 cm. Die Ausführung Fausti Style Canard, eine spezielle Entenflinte, gibt es nur im Kaliber 12/76 und mit 71 cm, 76 cm oder auch einem 81 cm langen Laufbündel. Die Besonderheit dieser Waffe ist, dass beide Läufe gleichzeitig abgeschossen werden können; einerseits ist dieser Umstand sicher sehr unangenehm beim Schießen und andererseits wird es nicht überall als waidgerecht angesehen.

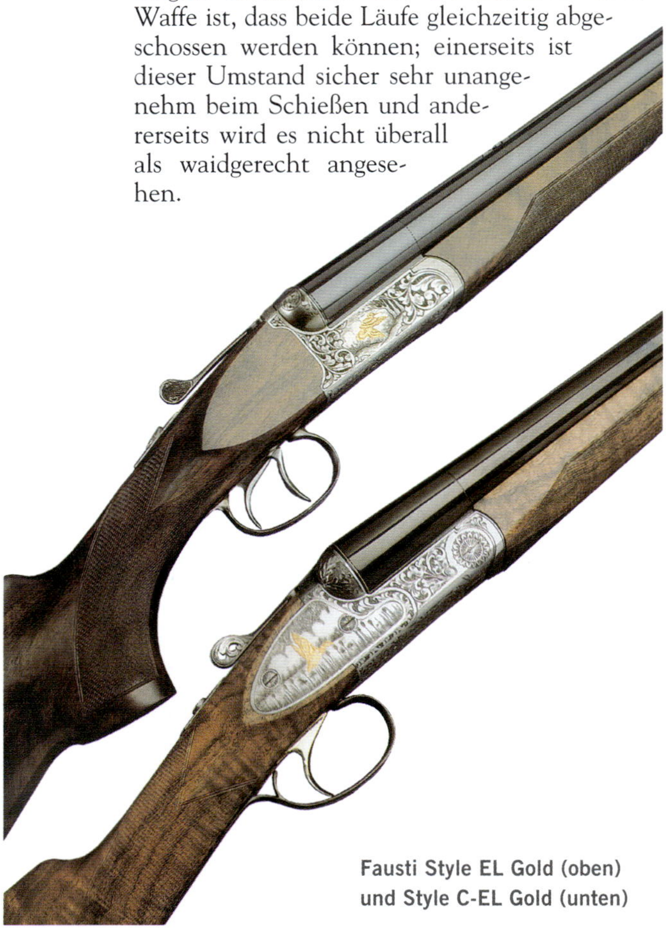

Fausti Style EL Gold (oben) und Style C-EL Gold (unten)

FRANCHI

www.franchi.com

Alte und neue Markenzeichen der Firma Franchi

Die Firma Luigi Franchi hat ihren Sitz in Fornaci in der norditalienischen Region Brescia. Das heute sehr moderne Unternehmen, welches sich den neuesten, teils hypermodernen Entwicklungs-, Konstruktions- und Fertigungstechniken verschrieben hat, diese aber gleichzeitig mit den alten Methoden, Fertigkeiten und Erfahrungen vereint, blickt auf eine jahrhundertealte Büchsenmachertradition zurück. Franchi baut neben hervorragenden Bockdoppelflinten auch diverse Selbstladeflinten-Modelle. Bis 1985 baute man auch noch einige traditionelle Querflinten, wie etwa die Imperiale Montecarlo Extra mit Seitenschlossen, die Astore-Doppelflinte oder die Modelle Albatros, Imperiale und Franchi 300. Diese Waffen wurden zwar leider aus der Produktion genommen, inzwischen fängt Franchi aber wieder an, einige wenige Querflinten herzustellen. Nahezu alle gleichen Teile von Franchi-Flinten, insbesondere auch die Läufe der Bockdoppelflinten, sind ohne Passungsarbeiten untereinander austauschbar. Eine der bekanntesten Bockdoppelflinten des Unternehmens ist das Modell Alcione, das bereits seit 1959 gebaut wird. 1967 stellte man zwei spezielle Skeet- und Trap-Flinten der Alcione-Serie vor und Franchi begann damit bereits vor den meisten Mitbewerbern, sich mehr im Bereich der Sportflinten zu engagieren. Eine Besonderheit der Kipplaufwaffen von Franchi ist die relativ niedrige Basküle. Dies ist auf den hohen Scharnierpunkt zurückzuführen. Dadurch lässt sich das Laufbündel besser abkippen und der hohe Scharnierpunkt sorgt auch dafür, dass die Konstruktion mehr Gasdruck standhält als solche, bei denen der Scharnierhebel tiefer sitzt. In den 1970er-Jahren brachte die

Wechsellaufbündel für die Franchi-Bockwaffen

Firma Franchi auch einige speziell für Jäger zur Ausübung des Jagdschutzes gedachte Kurzwaffen heraus, unter anderem einen kleinen Revolver im Kaliber .38 spec., einen etwas größeren Revolver im Kaliber .357 Mag., und eine mittelgroße Selbstladepistole in 7,65 mm (.32 ACP); diese Waffen wurden von der spanischen Firma Llama produziert. Mit den .357 Mag./.38 spec.-Revolvermodellen Franchi RF 83 stellte man 1983 dann auch Eigenbauten vor. Mit die bekanntesten Franchi-Produkte sind inzwischen die so genannten Riot-Guns der Firma für den polizeilichen und militärischen Gebrauch, etwa die Modelle SPAS-12, 1983 eingeführt, und SPAS-15. Beide Waffen sind sowohl Pump-Repetier- als auch Selbstladeflinten, denn sie können von

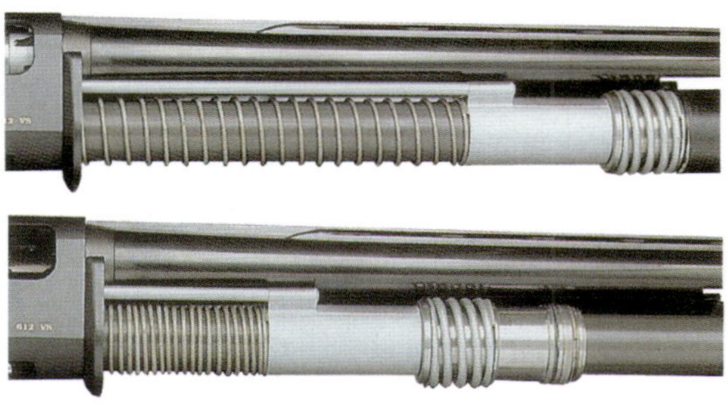

Franchi Variopress-System mit der Waffe in geschlossenem Zustand (oben) und in geöffnetem Zustand (unten)

einem auf das andere System umgestellt werden. Gleichzeitig spezialisierte sich die Firma Franchi aber auch auf Selbstlade-Schrotflinten für die Jagd und für das sportliche Schießen. Einige hiervon sind mit dem so genannten Variopress-System ausgestattet, das die Verwendung von Schrotflintenpatronen mit recht unterschiedlichen Gasdrücken erlaubt. Wie bei anderen Selbstladeflinten wird auch beim Variopress-System ein geringer Teil des Gasdrucks der abgefeuerten Patrone durch eine Bohrung aus dem Lauf „abgezapft". Das Gas strömt in einen Zylinder unter dem Lauf. Dort treibt es einen Kolben zurück, welcher mit einer Feder verbunden ist, die die nach hinten wirkende Kraft praktisch gesteuert zu einem gewissen Maße absorbieren oder besser nivellieren soll. Bei der Verwendung von besonders starker Munition sorgt die Feder dafür, dass der Rückschlageffekt in einem Maße verringert wird, dass die Nachladefunktion problemos abläuft. Bei der Verwendung von schwächerer Munition absorbiert die Feder nicht oder nur minimal, so dass stets nahezu die gleichen Kräfte zum automatischen Nachladen verwendet werden. Die Feder, die den Verschluss nach dessen Rücklauf dann wieder nach vorne drückt, umgibt das Röhrenmagazin der Flinte und die Verriegelung erfolgt wie üblich mittels eines Drehkopfverschlusses. Zwar sind alle aktuelleren Franchi-Selbstladeflinten Gasdrucklader, für kleinere Schrotkaliber wie etwa 20 kommt jedoch nicht das Variopress-System, sondern das so genannte Franchi Reverpress-System zur Anwendung. Dieses System beinhaltet einen festen Gaskolben, den Franchi als Reverpress bezeichnet. Der Kolben kann auf zwei unterschiedliche Arten installiert sein, in der Normalstellung können schwache oder Standard-Flintenpatronen abgefeuert werden und mit umgedrehtem Kolben funktioniert das halbautomatische Nachladen mit stärkeren Patronen mit schwereren Schrotladungen. Der Drehkopfverschluss der Reverpress-Waffen verriegelt nicht im Systemkasten, sondern im hinteren Teil des Laufes im Patronenlagerbereich. Seit 1995 ist Franchi Teil der Beretta Holding-Gruppe.

FRANCHI MODELL 48 AL

Das halbautomatische Flintenmodell 48 AL stammt aus dem Jahr 1948 und wurde seitdem wiederholt überarbeitet. Einige Veränderungen erfuhr etwa der Leichtmetall-Systemkasten, besonders da im Laufe der Zeit hochzähe Aluminiumlegierungen aus der Raumfahrttechnik auf den Markt kamen und dann natürlich auch zum Waffenbau verwendet wurden. Das Modell 48 funktioniert noch nach dem alten Rückstoßladesystem. Zwar werden die Funktionsteile damit nicht durch Pulvergase verschmutzt, der Nachteil davon ist aber die Limitierung auf Patronen in einer bestimmten Stärke; mit schwächerer Munition ist der Rückstoß nicht stark genug, den Nachladevorgang zu bewerkstelligen. Die Verriegelung der Waffe erfolgt durch einen Fallblockmechanismus. Ihre manuelle Sicherung befindet sich hinten am Abzugsbügel. Das Basismodell 48 AL hat einen matt schwarzen Systemkasten. Das Finish des Modells 48 AL Black Magic, oben abgebildet, ist etwas feiner. Die Flinte 48 AL Black Magic Hunter verfügt seitlich am Systemkasten über eine einfache Jagdszenengravur. Franchi baut alle Versionen der Flinte in den Kalibern 12/70, 20/70 oder 28/70; die 20er-Waffe gibt es wahlweise auch in 20/76. Im Kaliber 12 gibt es 61, 66, 71 und 76 cm lange Läufe sowie einen speziellen, jedoch glatten Slug-Lauf mit einer Länge von 61 cm. Die Gesamtlänge der Waffe variiert zwischen 104 cm und 120 cm und

Pistons des Reverpress-Systems von Franchi, ähnlich verwendet bei dem neuen Variomax-System des Modells 912

das Gewicht beträgt in etwa 3 kg. Die Läufe waren zunächst nur mit festen Chokebohrungen nach Wahl erhältlich, dann aber auch entweder mit Variomix- oder Franchok-Wechselchoke-Einsätzen. Seit 1995 wird die Franchi 48 AL nun

Franchi Modell 48 AL Black Magic-Selbstladeflinte

Franchi Modell 48 AL im Kaliber 20 (oben) und 28 (unten)

mit einem etwas geänderten Aluminium-Systemkasten sowie mit Inchok-Wechselchoke-Einsätzen ausgeliefert. Das Gewicht dieser Ausführung wurde auf 2,45 kg bis 2,65 kg reduziert. Das Selbstladeflinten-Modell AL 48 im Kaliber 20 gibt es mit 60, 66 und 71 cm langen Läufen und einem Gewicht von 2,6 bis 2,7 kg. Die 28er-Version wird nur mit einem 66 cm langen Lauf hergestellt. Sämtliche Läufe der Baureihe werden aus Chrom-Molybdän-Stahl hergestellt; ihre Laufwandung ist innen hartverchromt und nahezu alle Varianten davon sind oben mit einer ventilierten, 6 mm breiten Laufschiene ausgestattet. Eine der aktuellsten Versionen der 48 AL-Flinten ist das Luxusmodell 48 Fenice, gebaut nur mit 66-cm-Lauf in den Kalibern 12, 20 und 28 mit Patronenlagern für 70 mm lange (abgeschossene) Patronenhülsen. Hinter- und Vorderschaft der Luxusausführung sind aus ausgesuchtem europäischem Nussbaum und der Leichtmetall-Systemkasten ist mit einer in Gold eingelegten, feinen Gravur verschiedener Vögel versehen. Das vom Vorderschaft umschlossene Röhrenmagazin der 48er-Baureihe fasst zwei bis vier Patronen.

Luxusvarianten der leichten Selbstladeflinte Fenice im Kaliber 20 und 28

FRANCHI MODELL 610

Die Vorgängermodelle dieser Waffe waren die Flinten Franchi 500 von 1976, die Franchi 520 und die 520 Prestige, vorgestellt 1985. Das

Die halbautomatische Flinte Franchi Modell 610 VSL

Modell 610 ist die erste Franchi-Selbstladeflinte mit dem Variopress-Gasdruck-Repetiersystem. Wie bei anderen Gasdruckladern wird auch hier beim Abschuss der Patrone ein Teil des entstehenden Gasdruckes aus dem Lauf in einen Druckzylinder unter dem Lauf geleitet. Der Gasdruck treibt dort einen Kolben zurück, welcher mit einer Feder verbunden ist, die zu einer „gesteuerten", gewissen Nivellierung der entsprechenden, nach hinten wirkenden Kraft dient. Bei der Verwendung von energiemäßig schwächeren Patronen wird die Feder nicht oder nur minimal ausgenutzt, so dass immer fast die gleichen Kräfte zum automatischen Nachladen verwendet werden. Die Feder, die den Verschluss nach dessen Rücklauf dann wieder nach vorne drückt, umgibt das Röhrenmagazin der Flinte und die Verriegelung erfolgt wie üblich mittels eines Drehkopfverschlusses. Franchi verwendet dieses System in fast allen Gasdruckladeflinten. Die als Durchschiebeknopf ausgestaltete manuelle Sicherung der 610er-Flinte befindet sich vorne am Abzugsbügel; sie blockiert den Abzug, die Abzugsstange und das Schlagstück. Auch die Läufe des Modells 610 sind aus Chrom-Molybdän-Stahl und innen hartverchromt, so dass sie auch der Verwendung von Stahlschroten standhalten. Der matt schwarz gehaltene Systemkasten ist aus Leichtmetall. Der Systemkasten des Modells 610 VSL, oben abgebildet, ist einfach graviert. Die edlere Ausführung 610 VSGL hat einen anodisierten Leichtmetall-Systemkasten und ist reich mit goldeingelegten Tierszenen graviert. Die 610er im Kaliber 12 wird mit einem Patronenlager für 76 mm lange Hülsen hergestellt. Als Lauflängen werden 61, 66, 71 oder 76 cm angeboten. Die Gesamtlänge variiert zwischen 104 cm und 120 cm und das Gewicht der Selbstladeflinte zwischen 3,1 und 3,2 kg.

Franchi Modell 612 VS

Luxusausführung Franchi Modell 612 Grifone

FRANCHI MODELL 612

Diese halbautomatische Selbstladeflinte funktioniert wie das Modell 610 mittels Gasdruck, der zur Bewerkstelligung des Nachladevorgangs aus dem Lauf entnommen wird. Die Waffe ist auch mit dem Variopress-System ausgestattet und kann daher fast alle Patronen des Kalibers 12 problemlos verfeuern. Der aus Chrom-Molybdän-Stahl hergestellte Lauf ist innen hartverchromt, weshalb man auch Patronen mit Stahlschroten verschießen kann. Das Patronenlager ist für die Verwendung von 76er-Patronen ausgelegt und der Lauf ist wahlweise 61, 66, 71 oder 76 cm lang; zudem ist ein 61 cm langer spezieller Slug-Lauf verfügbar. Der Kunde kann zwischen festen Chokebohrungen oder einem Inchoke-Wechselsystem wählen. Die Läufe verfügen über eine 7 mm breite, ventilierte Laufschiene und die Waffe wiegt insgesamt um die 3 kg. Ihre Gesamtlänge beläuft sich auf 104 bis 120 cm. Die Durchschiebesicherung ist vorne am Abzugsbügel positioniert; sie blockiert wiederum den Abzug, die Abzugsstange und das innen liegende Schlagstück. Letzteres ist die sicherste aller Sicherungsmöglichkeiten, da unmittelbar das letzte Glied im Abzugsmechanismus blockiert wird. Der rechts am Systemkasten befindliche Magazinknopf macht es möglich, die Waffe zu entladen, ohne vorher jeweils die Patronen ins Patronenlager repetieren zu müssen. Die Magazinkapazität des Röhrenmagazins liegt bei zwei bis vier Patronen. Franchi liefert die Flinte mit einem Set von Schaftkappen-Zwischenstücken aus, womit der Hinterschaft verlängert oder verkürzt werden

Franchi Modell 620 Grifone

kann. Bis 1999 wurde das Modell 612 in den Versionen VS (schwarzer Systemkasten), VSL (schwarzer, leicht gravierter Systemkasten) und VSGL (anodisierter, fein gravierter und mit Goldeinlagen versehener Systemkasten), gebaut. Danach kamen zwei weitere Versionen hinzu, die 612 VS, wiederum mit matt schwarzem Systemkasten, und die Flinte 612 Grifone, mit unbehandeltem Alu-Systemkasten mit Gravur und Goldeinlagen. Beim Modell 612 Light handelt es sich um eine Sonderausführung der Standardwaffe mit Reverpress- statt mit Variopress-System. Dabei wird der feste Gaskolben in der Normalstellung für schwache oder Standard-Flintenpatronen verwendet und in der umgedrehten Stellung für stärkere Patronen. Als Schaftholz wird generell europäisches Nussbaumholz verwendet.

Franchi Modell 620

Das Modell 620 ist nicht eine Variante der 612er-Flinte, sondern es wurde eigenständig für das Kaliber 20 entwickelt. Obwohl der Bezeichnungszusatz „VS" lautet, handelt es sich bei dieser Waffe nicht um einen Gasdrucklader mit Variopress-System. Statt dessen wurde beim Modell 620 das Reverpress-Prinzip angewandt, bei dem ein fester und nicht mit einer Feder versehener Kolben verwendet wird. Der Rückstoß beim Abschuss einer 20er-Schrotpatrone ist weit geringer als der beim Abschuss einer 12er. Daher ist kein Variopress-System notwendig und die Selbstladeflinte 620 kann gewichtsmäßig leichter gehalten werden. Wie beim Modell 612 Light kann der Kolben in zwei unterschiedlichen Positionen fixiert werden. In der Normalposition können schwache und Standardpatronen und in der zweiten Position stärkere Patronen verschossen werden. Auch diese Flinte verfügt über einen Drehkopfverschluss, dessen Verriegelungswarzen nicht in Aussparungen im Systemkasten, sondern im Patronenlagerbereich des Laufes eingreifen. Die wieder vorne im Abzugsbügel befindliche Druckknopfsicherung ist identisch mit der beim Modell 612 beschriebenen. Das Modell 620 VS hat einen mit Interchoke-Wechselchokes bestückten, 61, 66 oder 71 cm langen Chrom-Molybdän-Lauf, der oben mit einer 5 mm breiten, ventilierten Laufschiene versehen ist. Der Alu-Systemkasten ist matt schwarz anodisiert und die Waffe wiegt circa 2,8 kg. Als Schaftmaterial wird Nussbaum verwendet; das Röhrenmagazin fasst maximal vier Patronen. Bei dem Modell 620 Grifone handelt es sich um die Luxusausführung der Waffe. Ihr Systemkasten ist silberfarben und reich mit in Gold eingelegten Vogelmotiven graviert. Die Grifone ist mit einem

Franchi 620 VS (oben) und 620 Grifone (unten)

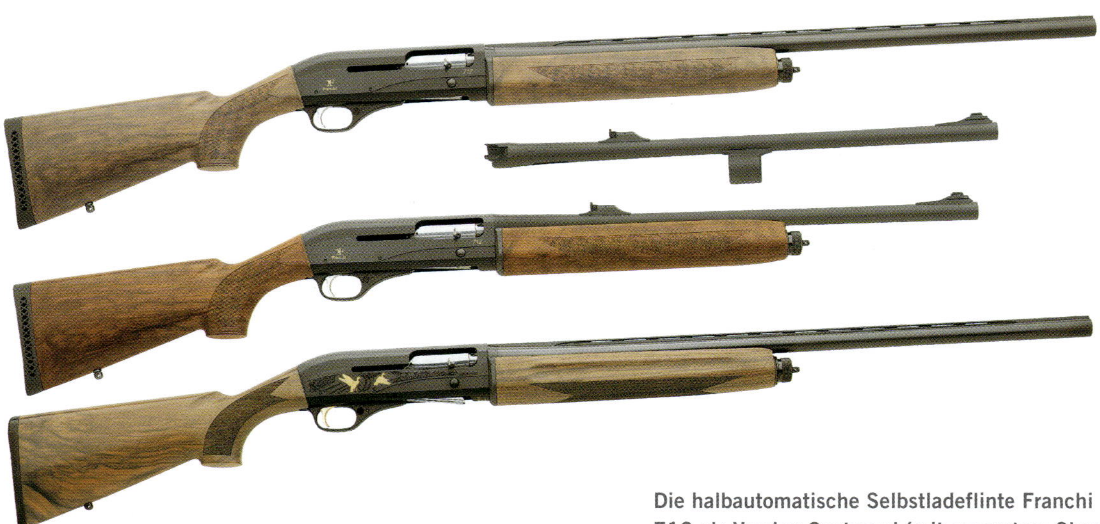

Die halbautomatische Selbstladeflinte Franchi 712 als Version Syntwood (mit separatem Slug-Lauf), Slug und Grifone (von oben nach unten)

61, 66 oder 71 cm langen Lauf mit Inchoke-Wechselchoke-Einsätzen erhältlich, hat einen Schaft aus ausgesuchtem Nussbaumholz und wiegt etwa 2,8 kg.

FRANCHI MODELL 712

Diese Waffe ist eine Weiterentwicklung des älteren Selbstladeflinten-Modells 612. Der augenscheinlichste Unterschied besteht in dem stromlinienförmigeren Rückteil des Leichtmetall-Systemkastens der neueren, ebenfalls mit dem Variopress-Gassystem ausgestatteten Flinte, die daher problemlos Schrotladungen mit einem Gewicht von 24 g bis 56 g verschießen kann. Auch die neue Waffe besitzt den Drehkopfverschluss der 612er. Da das Modell 712 dieser in den meisten Details so sehr gleicht, ist letztendlich nicht ganz klar, warum es überhaupt zu deren Einführung gekommen ist. In Anbetracht der Anzahl der verschiedenen Versionen des Modells 712 könnte es möglich sein, dass es nach und nach die 612er-Flinte komplett ersetzen soll. Alle Flintenläufe der Franchi-Flinte 712 sind aus Chrom-Molybdän-Stahl gefertigt und innen zur Verwendung von Stahlschroten hartverchromt. Außer dem eigenständigen Slug-Lauf sind alle Läufe mit einer 7 mm breiten, ventilierten Laufschiene versehen. Der Slug-Lauf hat eine verstellbare Büchsenvisierung. Auch diese Flinte ist mit dem bekannten Variopress-Nachladesystem ausgestattet. Ihr Röhrenmagazin fasst maximal vier Patronen des Kalibers 12/76.
Franchi stellt das Modell 712 in den folgenden Versionen her:

- Modell 712 Camo Timber: diese Ausführung hat einen 61, 66 oder 71 cm langen Lauf mit Inchok-Wechselchoke-Einsätzen. Holzschaft, Systemkasten und Lauf sind mit einer schützenden Schicht in einem Herbstlaub-Camouflage-Muster überzogen. Die Waffe wiegt 2,9 bis 3 kg und wird in Nordamerika als Modell 712 Advantage Timber verkauft;
- Modell 712 Grifone: die Luxusvariante des Modells 712. Der entweder silberfarbene (Grifone White) oder matt schwarz (Grifone Black) gehaltene Systemkasten ist mit in Gold eingelegten Wildvogelmotiven graviert. Der Vorder- und Hinterschaft sind aus ausgesuchtem Nussbaumholz. Die Grifone-Flinte hat wahlweise einen 61, 66, 71 oder 76 cm langen Lauf mit Inchok-Wechselchoke-Einsätzen oder auch mit festen Chokebohrungen nach Wahl. Die Waffe wird auch mit einem 61 cm langen Slug-Lauf angeboten;
- Modell 712 Synthetic: Diese Ausführung hat einen matt schwarzen Kunststoff-Vorder- und

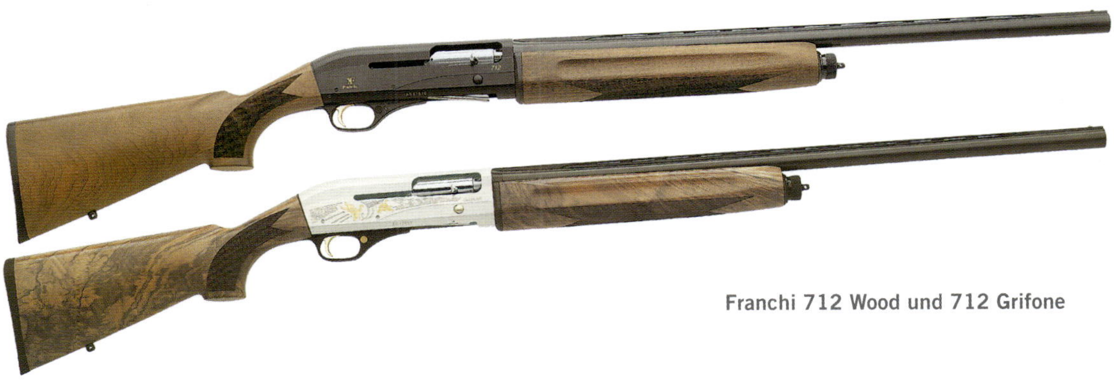

Franchi 712 Wood und 712 Grifone

Modell 712 Synthetic und 712 Camo Timber

Hinterschaft. Die erhältlichen Lauflängen sind 61, 66 und 71 cm, jeweils mit Inchok-Wechselchoke-Einsätzen. Trotz des Kunststoffschaftes bleibt das Gewicht mit 2,9 bis 3 kg in etwa gleich;

- Modell 712 Syntwood: Auch diese Flinte ist mit einem Kunststoffschaft ausgestattet, welcher hier aber die Optik und vermeintliche Maserung von echtem Holz hat. Der Systemkasten ist matt schwarz und die Waffe hat einen 61, 66, 71 oder 76 cm langen Lauf; sie wiegt etwa 3 kg;
- Modell 712 Wood: Hier sind Vorder- und Hinterschaft wieder aus echtem Nussbaumholz. Der Systemkasten ist matt schwarz, das Gewicht liegt bei 2,85 bis 3 kg und an Lauflängen werden 61, 66 oder 71 cm angeboten;
- Modell 712 Light: im Gegensatz zu den regulären 712er-Modellen weist diese Waffe statt eines Variopress-Systems das Reverpress-System mit dem festen, umzudrehenden Kolben auf. Franchi baut das Modell 712 Light mit Läufen in den Längen von 61, 66 oder 71 cm. Der Ausdruck „Light" in der Bezeichnung bezieht sich nicht auf das Gewicht der Flinte, da diese – übrigens wie üblich mit einem Drehkopfverschluss ausgestattet – ebenfalls etwa 2,9 kg wiegt.

Franchi Modell 720

Diese Selbstladeflinte basiert auf dem Modell 620, wurde ebenfalls speziell für das Kaliber 20 entwickelt und ist keine einfache Abart des Modells 712. Ihr halbautomatischer Nachladevorgang ist wieder mit dem Reverpress-System verbunden und auch die Verriegelungswarzen ihres Drehkopfverschlusses greifen in Aussparungen im Patronenlagerbereich des Laufes ein. Während der Systemkasten aus Leichtmetall ist, ist der Lauf aus Chrom-Molybdän-Stahl hergestellt und innen hartverchromt. In der Version 720 Wood hat die Waffe einen Schaft aus Nussbaumholz und einen matt schwarzen Systemkasten. Zudem gibt es auch die edleren Luxusversionen 720 Grifone Black und Grifone White. Alle drei haben wahlweise eine Lauflänge von 61, 66 oder 71 cm, Inchok-Wechselchokes, ein Gewicht von 2,75 bis 2,85 kg und eine 5 mm breite, ventilierte Laufschiene.

Franchi Modell 720 als Version Wood, Grifone White und Grifone Black (von oben nach unten)

Franchi Modell 912 Variomax

Das Flintenmodell 912 Variomax Super Magnum wurde 2002 vorgestellt, es handelt sich dabei um eine Weiterentwicklung des Modells 612. Die Waffe wird im Magnum-Schrotkaliber 12/89 produziert und hat deshalb die Zusatzbezeichnung

Franchi Modell 912 Variomax Wood

„Super-Magnum“. Als Lauflängen dafür sind 61, 66, 71 und 76 cm erhältlich, allesamt mit Inchok-Wechselchoke-Einsätzen. Der mit einer 7 mm breiten, ventilierten Laufschiene versehene Lauf aus Chrom-Molybdän-Stahl ist innen hartverchromt. Je nach Lauflänge bringt die Flinte zwischen 3,35 und 3,45 kg auf die Waage. Seit 2003 baut Franchi die Flinte Modell 912 in den Versionen „Wood“, mit Nussbaumschaft, „Synthetic“, mit matt schwarzem Vorder- und Hinterschaft aus Kunststoff, und „Advantage Camo Timber“ in Camouflage-Optik. Der Drehkopfverschluss der 912er-Flinte verriegelt unmittelbar im Patronenlagerbereich des Laufes und nicht lediglich im Systemkasten. Die Bezeichnung 912 Variomax ist etwas verwirrend, denn man könnte annehmen, dass Variomax eine Weiterentwicklung des Variopress-Systems ist, es handelt sich aber um eine Variante des Reverpress-Mechanismus. Die Flinte 912 Variomax hat einen festen Gaskolben. Dieser ist, wenn der Pfeil „Light“ in Richtung Laufmündung zeigt, so gedreht, dass schwächere bis normale Patronen problemlos repetiert werden. Wenn der Pfeil „Heavy“ in Richtung Mündung zeigt, ist der Kolben umgedreht, weshalb nun Magnum-Ladungen mit Schrotgewichten von 28 bis 64 g problemlos halbautomatisch nachgeladen werden. Das Variomax-System funktioniert derart, dass wenn der Kolben in der Position „Light“ ist, mehr Pulvergase bewegt werden. Daher wird das Gas rascher abgeleitet, was wiederum die Geschwindigkeit des Kolbens innerhalb der Gaszylinders verringert und deshalb auch den Nachladevorgang etwas verlangsamt und auch den auf den Schützen wirkenden Rückstoß verringert. Für die Verwendung schwerer geladener Patronen bietet Franchi auch ein im Schaft integriertes Rückstoß-Minderungssystem an. Dabei handelt es sich um eine mit Quecksilber gefüllte, mit der Schaftkappe verbundene Metalltube; die Schwerkraft des Quecksilbers hilft, die Rückstoßwirkung auf die Schützenschulter zu vermindern.

FRANCHI ALCIONE

Diese Bockdoppelflinte wird von der Firma Franchi schon seit 1959 hergestellt. Zuerst hatte sie ausschließlich das Kaliber 12/70, seit 1980 ist sie jedoch auch in 12/76 erhältlich. Als die Waffe eingeführt wurde, hatte der Kunde die Wahl zwischen einem Ein- oder einem Doppelzüngelabzug und zwischen Patronenausziehern oder -auswerfern. 1966 stellte man das Modell Alcione Monte Carlo vor, gefolgt 1967 von Trap- und Skeet-Versionen; Franchi war damals der erste Hersteller, der für die verschiedenen Wurfscheiben-, damals Tontauben-Disziplinen unterschiedliche, spezielle Modelle produzierte. Wie das Modell Falconet ist auch die Doppelflinte Alcione so konzipiert, dass ihre Basküle und ihr Schaft die Basis für eine ganze Serie von Wechselläufen in unterschiedlichen Längen und Ausführungen und mit festen oder Wechselchokes darstellt. Die Basküle ist aus Nickel-Chrom-Molybdän-Stahl, die Chrom-Molybdän-Stahl-Läufe sind daran als Monoblock befestigt. Unter dem Monoblock befindet sich ein dessen gesamte Breite einnehmender Laufhaken als Verriegelung der Kipplaufwaffe. Als Schaftholz wird für alle Alcione-Varianten Nussbaumholz verwendet. Die Länge der mit Franchok-Wechselchoke-Einsätzen ausgestatteten 12/70er- oder 12/76er-Läufe der Variante Alcione 97.12 war wahlweise 61, 68 oder 71 cm und die Waffen wogen zwischen 3,15 und 3,25 kg. Sie hatten automatische Ejektoren und waren sowohl mit selektivem Einabzug als auch mit Doppelzüngelabzug lieferbar. Die Laufwahl bezüglich des Einabzugs erfolgte über einen Hebel an der Abzugsbasis. Das Modell Alcione SL.12 besitzt eine etwas rundere Basküle, ist aber ansonsten mit der Variante 97.12 identisch. Einige Jahre nach der Einführung der Waffe stellte Franchi in Form der 12er-Flinten Alcione 2000 S und 2000 SX Nachfolgevarianten vor, die nur mehr Patronenlager für 70-mm-Hülsen hatten. Beide Waffen besitzen 62, 66, 68 oder 71 cm

Franchi 912 Variomax Synthetic und Camo Timber

Luxus-Bockdoppelflinte Alcione SX mit unterschiedlichen Gravuren

Die frühe Ausführung der Flinte Alcione 2000 SX

lange Läufe, entweder mit festen Chokebohrungen oder mit Franchok-Wechselchokes. Die ganz neuen Alcione-Varianten aus dem Jahr 2002 sind die Modelle Alcione L, G, SP, SX und SL. Wie das alte Modell 97.12 konnte man aus all diesen Waffen wieder Patronen mit 76 mm Hülsenlänge verschießen. Die Chrom-Molybdän-Stahl-Läufe sind mit einer 7 mm breiten, ventilierten Laufschiene versehen und zum Gebrauch von Stahlschroten innen hartverchromt. Ein dafür erhältliches 61 cm langes Slug-Wechsellaufbündel hat keine Laufschiene und unten einen gezogenen Lauf.
Das Modell Alcione G hat eine silberfarbene, mit goldeingelegten Jagdszenen gravierte Basküle

Franchi Alcione-Bockdoppelflinte, gebrochen

und entweder 62, 66, 68 oder 71 cm lange Läufe, wahlweise mit festen oder mit Wechselchokes. Das Waffengewicht beträgt in etwa 3,2 kg. Auch hierfür gibt es ein Slug-Wechsellaufbündel zum Verschießen von Flintenlaufgeschossen, bei dem der untere Lauf Züge und Felder aufweist.
Die Flinte Alcione L ist mit dem Modell G fast identisch, allerdings edler gehalten. Ihr Schaft ist aus ausgesuchtem Nussbaumholz mit einer feineren Maserung. Franchi baut die L-Variante mit 62, 66, 68 und 71 cm langen Läufen, entweder mit festen Chokebohrungen oder Wechselchoke-Einsätzen. Ein dafür lieferbares 61 cm langes Laufbündel mit gezogenem Lauf unten und glattem Lauf oben steht zum Verschießen von Slugs zur Verfügung; diese Waffe wiegt zwischen 3,2 und 3,25 kg.
Die Alcione SL ist noch ein Quäntchen luxuriöser als die L-Flinte. Ihr Schaft aus ausgesuchtem Nussbaumholz ist ölpoliert. Die fein gravierten Abdeckplatten der Baskülenseiten sind abnehm-

Franchi Alcione in den Versionen G (oben) und L (unten)

und austauschbar; so kann die Waffe individuell den persönlichen Wünschen des Kunden angepasst werden. Die Bockdoppelflinte Alcione SL wird wiederum mit den Lauflängen 62, 66, 68 und 71 cm produziert. Die Läufe sind mit Inchok-Wechselchoke-Einsätzen ausgestattet, können aber auch mit festen Chokebohrungen bestellt werden. Auch für diese etwa 3,3 kg schwere Variante steht ein Laufbündel zur Verfügung, bei dem der untere Lauf zum Verschießen von Flintenlaufgeschossen mit Zügen und Feldern versehen ist.

Beim Modell Alcione SP handelt es sich um die Topversion der Baureihe. Zwar hat sie wie die anderen Varianten ein Kastenschloss, jedoch vermitteln die fein gravierten und mit in Gold eingelegten Vogelmotiven verzierten Seiten der Basküle den Eindruck einer echten Seitenschloss-Flinte. Die für die SP erhältlichen Lauflängen entsprechen denen der vorgenannten Schaftmaterial wird extrem exklusives Nussbaum-Wurzelmaserholz verwendet.

Beim SX-Modell, ansonsten der Variante SP entsprechend, sind die fein gravierten seitlichen Abdeckplatten der Basküle wie bei der Version SL austauschbar.

Franchi Falconet

Die Falconet-Bockdoppelflinte stammt aus dem Jahr 1968 und wurde als kostengünstigere und leichtere Alternative zur Alcione entwickelt. Die Basküle dieser Waffe ist aus besonders zähem Leichtmetall, was dazu führt, dass das Waffengewicht unter 3 kg bleibt. Die austauschbaren Läufe sind aus Chrom-Molybdän-Stahl, besitzen eine 7 mm breite, ventilierte Laufschiene und sind sowohl mit Inchok-Wechselchokes als auch mit festen Chokebohrungen erhältlich. Die Falconet wird nur im Kaliber 12 gebaut. Bis 2000 hatten

Die edleren Varianten der Alcione-Baureihe: Alcione SL, SX und SP (von oben nach unten)

Waffen und auch hierfür gibt es ein 62 cm langes Laufbündel mit gezogenem Lauf unten. Die Schrotläufe stehen sowohl mit festen als auch Inchok-Wechselchokes zur Verfügung. Als ihre Läufe Patronenlager für 70-mm-Hülsen, seitdem – außer dem Modell Falconet C – haben sie Patronenlager für 76-mm-Patronenhülsen. Die Waffe verfügt über einen Einabzug mit Laufwahlmöglichkeit über einen Hebel an der Abzugsbasis. Alle Falconet-Versionen sind mit automatischen Ejektoren ausgestattet. Die älteren Varianten hatten 68 cm oder 71 cm lange Läufe und nur feste 1/4- und 3/4-Choke-Bohrungen. Das Folgemodell Falconet 79.12 war sowohl in dieser Ausführung, wieder mit 68-cm- und 71-cm-Lauf erhältlich als auch mit einem Laufbündel, das 66 cm oder 71 cm lang war und dessen Läufe mit Franchok-Wechselchokes ausgestattet waren; die Bezeichnung Franchok wurde übrigens 2001 in Inchok abgeändert. Das Gewicht sowohl der älteren als auch der neueren Falconet-Versionen lag bei etwa 2,8 kg. Die Baureihe Falconet 2000, mit „2000" auf der Basküle eingraviert, bot dann die Wahl zwischen einem Ein- oder einem Doppelzüngelabzug, die Wahlmöglichkeit wurde aber bereits 2002 wieder fallen gelassen. Die Falconet 2000 hat 62, 66, 68 oder 71 cm lange Läufe und bietet die übliche Choke-Wahlmöglichkeit.

Flinte Falconet 2000 SL

Die neuesten Falconet-Flintenvarianten, wie etwa die Falconet C, besitzen 12/70er-Läufe, es können ohne Passerarbeiten aber auch 12/76er-Laufbündel montiert werden. Franchi stellt die Flinte weiter mit 62, 66, 68 oder 71 cm langen Läufen und mit wahlweise einer festen Chokebohrung oder Inchok-Wechselchoke-Einsätzen her. Auch hierfür ist ein spezielles Slug-Laufbündel erhältlich. Die Basküle der C-Variante ist matt schwarz und hat den mit Gold eingelegten Kopf eines Jagdhundes eingraviert. Das Gewicht des Gewehrs liegt bei etwa 2,7 kg. Als Schaftmaterial wird europäisches Nussbaumholz verwendet.

Das Modell Falconet HT Techwood hat trotz seiner Bezeichnung keinen Kunststoffschaft, sondern einen Holzschaft aus einfachem Nussbaum. Allerdings ist der Holzschaft mit einer Kunststoffschicht überzogen. Die Flinte HT Techwood hat das Kaliber 12/75 und wird ansonsten wie die Falconet C ausgeliefert.

Die Variante Falconet L besitzt eine silberfarbene Basküle mit Floralmotivgravur, kombiniert mit goldeingelegten, gravierten Wildvögeln. Auch die Läufe dieser Flinte haben Patronenlager für

Franchi Falconet C Black (oben) und Falconet SL (unten)

Franchi Falconet HT Techwood (oben) und Falconet L (unten)

76-mm-Hülsen. Hinten an der Basküle befindet sich eine Konstruktion aus Titan, mit deren Hilfe problemlos auch besonders stark geladene Patronen verschossen werden können. Die Flinte hat 62, 66, 68 oder 71 cm lange Läufe mit Inchok-Wechselchoke-Einsätzen oder mit festen Chokebohrungen, es ist dafür aber auch ein 62 cm langes Laufbündel erhältlich, bei dem der untere Lauf zum Verschießen von Slugs Züge und Felder aufweist und der obere, glatte Lauf Inchoke-Wechselchokes aufnimmt. Das Waffengewicht beträgt zwischen 2,75 kg und 2,85 kg.

Das Modell Falconet SL ist mit der L-Variante nahezu identisch, jedoch exklusiver ausgeführt. Schaftmaterial ist hier ausgesuchtes Nussbaumholz, ölpoliert. Die Waffe ist mit den gleichen Lauf-Optionen erhältlich, wiegt mit 2,85 bis 2,95 kg aber etwas mehr als die Falconet L.

Basküle der Falconet-Flinte mit Titan-Stoßbodenplatte

Franchi Grand Prix 90

Die Bockdoppelflinte Grand Prix 90 von Franchi gibt es nur im Kaliber 12/70. Sie wurde als Sportwaffe zum Wurfscheibenschießen entwickelt,

Franchi Grand Prix 90

kann aber durchaus auch jagdlich verwendet werden. Die Flinte verfügt über eine ventilierte Laufschiene, zudem ist der Zwischenraum zwischen den beiden Läufen ebenfalls ventiliert. Die Version VL besitzt einen auch hinsichtlich des Abzugswegs einstellbaren Abzug. Diesen besitzt die Grand Prix 90 V zwar auch, bei ihr ist der Zwischenraum zwischen den Läufen aber nicht ventiliert. Die Standardausführung verfügt lediglich über einen nicht verstellbaren Abzug. Interessanterweise ist der Einabzug von keiner der drei Varianten mit einer Möglichkeit zur Laufwahl verbunden, zuerst bricht stets der Schuss aus dem unteren und dann der aus dem oberen Lauf. Franchi baut die etwa 3,1 kg schwere Flinte mit einem 71, 74 oder 76 cm langen Laufbündel und wahlweise mit festen oder Inchok-Wechselchokes. Ihr Schaft ist aus ausgesuchtem Nussbaumholz. Die Basküle ist aus Nickel-Chrom-Leichtmetall hergestellt und die Chrom-Molybdän-Stahl-Läufe sind innen hartverchromt. 2001 wurde die Grand Prix 90 vom Modell Franchi Sporting abgelöst.

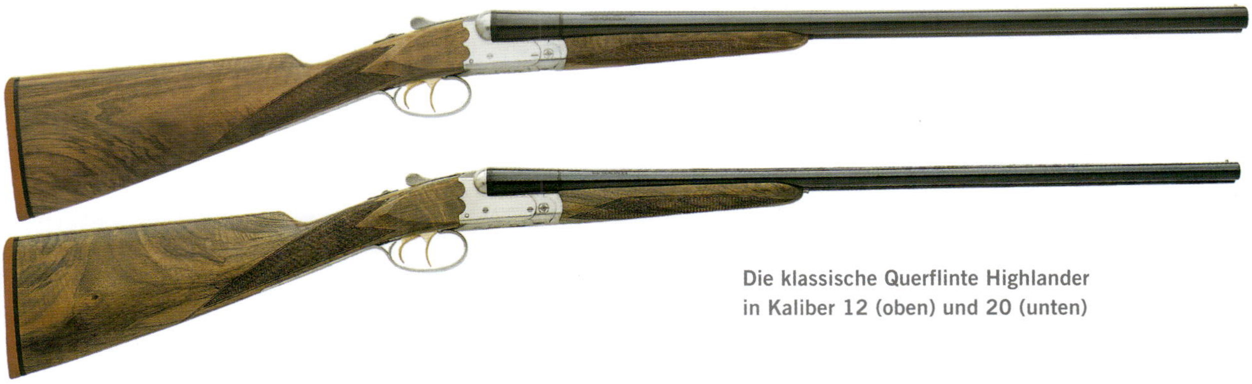

Die klassische Querflinte Highlander in Kaliber 12 (oben) und 20 (unten)

FRANCHI HIGHLANDER

Mit dem Modell Highlander stellte Franchi eine weitere traditionelle Querflinte vor. Diese Waffe gibt es in den Kalibern 12 und 20 mit Patronenlagern für 76-mm-Hülsen und in 28 mit Lagern für 70-mm-Hülsen. Die 12er- und 20er-Version wird mit der Lauflänge 68 cm und $^1/_4$- und $^3/_4$-Choke-Bohrung und die 28er mit einem 71 cm langen Lauf mit fester $^1/_2$- und Vollchoke-Bohrung hergestellt. Die 28er-Waffe hat ebenfalls ein 71 cm langes Laufbündel und $^1/_2$- und Vollchoke-Bohrungen. Die verschiedenen Versionen wiegen je nach Kalibern und Lauflänge zwischen 2,75 und 2,95 kg. Das Modell Highlander hat einen geraden, englischen Schaft aus ausgesuchtem Nussbaumholz. Die Waffe ist mit einem kurzen Kastenschloss im Anson & Deeley-Stil und mit einem Purdey-Verschluss ausgestattet. Sie wird nur mit einem Doppelzüngelabzug und Patronenausziehern angeboten.

FRANCHI IMPERIALE

Die Imperiale basiert auf den älteren Doppelflinten Astore und Airone, die zwischen 1937 und 1960 hergestellt wurden. Nach dem Zweiten Weltkrieg baute die Firma Franchi noch einige weitere Querflinten mit Holland & Holland-Seitenschlossen. Hierbei handelt es es sich um die Modelle Condor, Diane und Imperiale Monte Carlo. Die Monte Carlo wurde danach immer wieder in limitierten Serien neu aufgelegt. Das ursprüngliche Modell Imperiale hat ein Anson & Deeley-Kastenschloss; hin und wieder baute Franchi die Waffe in den Kalibern 12 und 20 aber als Imperiale Monte Carlo Extra auch mit echten Seitenschlossen. Der Schaft der Waffe ist ölpoliert und aus besonders sorgfältig ausgesuchtem Nussbaum-Wurzelmaserholz. Da jede einzelne Imperiale individuell nach den Kundenvorgaben hergestellt wird, sind keine konkreten technischen Details, wie Lauflängen etc. anzugeben. Die Basküle der Waffe ist besonders kunstvoll und hochwertig graviert.

Die edel gravierte Franchi Imperiale-Doppelflinte

FRANCHI SPORTING

Bei der Flinte Sporting SL handelt es sich um das Nachfolgemodell der frühen sportlichen Franchi-Waffen, etwa der Modelle Dragon Sporting, 3003 Grand Prix und Sporting 2000. Letztere spezielle Wurfscheiben-Waffe wurde bis 2002 hergestellt. Sie hatte das Kaliber 12 und eine Stahl-Basküle. Ihre Chrom-Molybdän-Stahl-Läufe hatten Patronenlager für 70-mm-Patronenhülsen und waren in den Längen 71 cm und 75 cm sowie mit Franchok-Wechselchoke-Einsätzen erhältlich. Die vorhandene ventilierte Laufschiene war 10 mm breit und das Gesamtgewicht der Waffe betrug etwa 3,5 kg. Die Waffe hat eine einfache Laufhakenverriegelung mit einem besonders breiten Laufhaken. 2002 stellte Franchi die Version Sporting SL vor, die auf der Alcione SL basiert. Sie hat ein Kastenschloss und austauschbare Baskülen-Seitenplatten. Ihre 71 cm oder 76 cm langen Läufe sind mit Patronenlagern für 76 mm lange (abgeschossene) Patronenhülsen ausgestattet. Außer ihrer circa 10 mm breiten Laufschiene ist bei ihr auch der Zwischenraum zwischen den Läufen ventiliert. Kurz vor dem Bereich, wo die auswechselbaren Choke-Einsätze eingeschraubt werden befinden sich im Lauf Kompensator-Bohrungen. Bei dem Lauf handelt es sich um einen so genannten „over-bored"-Lauf, sein Innendurchmesser ist also etwas größer als normal; Browning begann mit dieser Technik und benannte die Läufe dahingehend. Standardmäßig beträgt der Lauf-Innendurchmesser beim Kaliber 12 etwa 18,40 bis 18,45 mm. Die „over-bored"-Läufe etwa der Flinte Franchi Sporting SL besitzen jedoch einen Durchmesser von 18,60 mm; Browning verwendet für seine 12er-„back-bored"-Läufe sogar einen Durchmesser von 18,90 mm. Ballistische Untersuchungen haben gezeigt, dass weitere Läufe im Vergleich zum Standard-Durchmesser einige Vorteile bringen. Zunächst entsteht durch die Schrote an der Laufwandung weniger Reibung, wodurch die Schrotgarbe mit einer etwas höheren Geschwindigkeit den Lauf verlässt. Außerdem führt die geringere Reibung zu einem leichteren Rückstoß und die Randschrote werden im Lauf weniger deformiert. Die neue Version der Sporting SL-Flinte wiegt 3,4 kg. Ihr Schaft ist aus europäischem Nussbaum und ölpoliert und sie hat automatische Ejektoren und einen selektiven Einabzug. Die Sicherung befindet sich wie üblich auf dem Kolbenhals.

Franchi Sporting SL

FRANCHI VARILITE

Diese halbautomatische Flinte wurde bis etwa 1998 hergestellt. Es handelt sich dabei um einen Gasdrucklader mit Drehkopfverschluss. Die Technik basiert auf der des Modells Franchi 610, die Varilite verfügt aber nicht über deren Vario-press-System. Die Druckknopfsicherung vorne am Abzugsbügel blockiert sowohl den Abzug als auch die Abzugsstange und den Schlaghahn. Die Varilite wurde nur im Kaliber 12/70 gebaut und hatte einen Leichtmetall-Systemkasten. Ihre Läufe sind aus Chrom-Molybdän-Stahl und innen für die Verwendung von Stahlschroten hartverchromt. Franchi stellte die Waffe mit Läufen mit Franchok-Wechselchoke-Einsätzen

Halbautomatische Selbstladeflinte Varilite

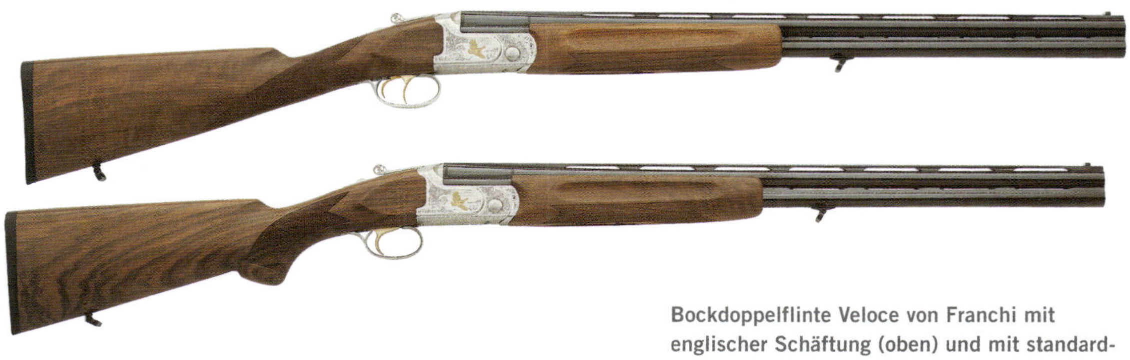

Bockdoppelflinte Veloce von Franchi mit englischer Schäftung (oben) und mit standardmäßiger Schäftung mit Pistolengriff (unten)

oder mit festen 1/2- oder 3/4-Choke-Bohrungen in Lauflängen von 61 oder 66 cm her. Zudem gab es einen 76-cm-Lauf mit fester Vollchoke-Bohrung. Hinter- und Vorderschaft der Selbstladeflinte sind aus europäischem Nussbaumholz, ihr Gesamtgewicht beträgt in etwa 3 kg. Die Standardausführung der Varilite hatte einen matt schwarzen Systemkasten. Die luxuriösere Ausführung Varilite S hatte einen silberfarbenen Systemkasten, der mit Jagdszenen graviert war. Bei der Variante Varilite SL Silver war der Systemkasten ebenfalls silberfarben, während er beim Modell Varilite SL Gold brüniert war; die Kastenseiten waren mit goldenen Linien eingerahmt und wiesen eine einfache Maschinengravur auf. Die Varilite verfügt links am Systemkasten über eine Ladezustandsanzeige, mittels der zu erkennen ist, ob sich eine Patrone im Patronenlager befindet.

FRANCHI VELOCE

2001 stellte die Firma Franchi ihre Bockdoppelflinte Veloce, Kaliber 20 und 28, vor. Die Waffe verfügt über eine leichte, aus speziellem Aluminium hergestellte Basküle, die mittels einer Stahlseitenplatte verstärkt ist. Die Baskülenseiten sind durch Jagdszenengravuren mit goldeingelegten Fasanen verschönert. Die 20er-Variante hat ein 76-mm-Patronenlager und wird mit den Lauflängen 66 cm oder 71 cm hergestellt. Die ventilierte Laufschiene auf dem oberen Lauf ist 7 mm breit und die mit einem ölpolierten Nussbaumschaft ausgestattete Flinte wiegt etwa 2,7 kg. Die 20er-Variante Veloce Inglese wird in den gleichen Lauflängen, aber mit einem schlanken und geraden englischen Schaft produziert; sie wiegt 2,5 kg. Im Gegensatz zur Inglese-Variante hat die Standardausführung der Veloce einen Nussbaumschaft mit Pistolengriff. Die 28er-Veloce-Bockbüchsflinte hat Patronenlager für 70 mm lange Patronenhülsen und wird ebenfalls mit den Lauflängen 66 und 71 cm gebaut. Auch diese Läufe sind mit Inchok-Wechselchokes bestückt.

FRANCOTTE & CIE

www.gunshop.com/fran1.htm

Das Francotte-Logo mit den Buchstaben A, F und C, was steht für „Auguste Francotte & Compagnie"

Die Geschichte der belgischen Waffenfirma Auguste Francotte begann 1790. Nach einem Dokument aus dieser Zeit gründete damals ein gewisser P. J. Francotte in St. Martin in der Nähe von Liège einen kleinen Büchsenmacherbetrieb. Francotte ist damit sogar älter als berühmte englische Firmen wie Purdey und Holland & Holland. Im Waffenmuseum von Liège sind heute noch zwei Francotte-Steinschlossgewehre zu sehen, die die Markierung „AF" tragen. Durch das schnelle Wachstum der napoleonischen Armee florierte die Waffenindustrie in Liège; man baute dort nicht nur Waffen für die eigene Regierung, sondern auch für andere Nationen,

z. B. für die verschiedenen deutschen Staaten, Frankreich und Schweizer Kantone. 1849 entwickelte Francotte die Militärbüchse Mousquet Minié-Francotte und verkaufte diese nicht nur an das Herzogtum Württemberg, sondern etwa auch an Ägypten. Es folgten Aufträge aus Frankreich, Griechenland und Nepal. 1853 stellte Francotte für die britische Armee große Stückzahlen von Enfield-Gewehren für den Krimkrieg her. Ab 1855 belieferte die Firma dann die Armeen von Bayern, von Dalmatien, der Niederlande und von Schweden. Francotte baute für die belgische Armee auch das Albini-Gewehr Modell 1867. Nach der Lieferung eines Großauftrags von Chassepot-Waffen an Frankreich begann die Firma Martini-Büchsen zu produzieren. Francotte nahm diverse Änderungen vor, was zu dem Martini-Francotte-Gewehr führte. Hiervon wurden Zehntausende sowohl für das Militär als auch für die Jagd gebaut. 1888 gründete eine Gruppe von Waffenfirmen aus Liège, unter anderem auch Francotte, das Unternehmen Fabrique Nationale, FN. FN produzierte dann die Büchse Mauser Modell 1889 in Lizenz für die belgische Armee. Weil FN den Großteil der militärischen Aufträge ausführte, konnte sich Francotte weiter viel mit dem Konstruieren von Zivilwaffen befassen. Aus dieser Zeit gibt es verschiedene Jagdgewehre, aber auch Taschenrevolver, von Francotte; hervorragende Beispiele sind etwa die Großwild-Doppelbüchsen von damals. Nach dem Ersten Weltkrieg, während dem Belgien von Deutschland besetzt war, produzierte Francotte hauptsächlich jagdliche Repetierer auf Mauser-Basis. Nach dem Zweiten Weltkrieg konzentrierte sich das Unternehmen dann überwiegend auf den Bau handgearbeiteter, edler Büchsen und Flinten. Auguste Francotte, der Letzte der Familie, verkaufte die Firma 1971 im Alter von 76 Jahren an eine belgische Industriegruppe, welche das Bestehen des Unternehmens sicherte. In den 1970er-Jahren entwickelte Francotte ganz spezielle Waffen. Eines der Topmodelle war damals die Doppelflinte 140 E mit firmenintern modifizierten Anson-Seitenschlossen und einem selbstspannenden Kipplaufsystem nach Purdey-Beesley-Art. Dabei werden die Schlosse beim Schließen der Waffe gespannt und nicht, wie beim Anson & Deeley-System, bereits beim Brechen der Waffe, also beim Abkippen des Laufbündels. Bei der Flinte 140 E kippt das Laufbündel also nahezu ohne Kraftaufwendung. Die Seitenschloss-Doppelbüchse Francotte Modell 150 E gibt es in den Kalibern .243 Win., .270 Win., 7x57R, 7x64 mm, 7x65R, 7 mm Rem.Mag., .308 Win., .30-06 Springfield, .300 Win.Mag., 8x57JRS und 9,3x74R; eine spezielle Magnumversion wird in den Kalibern .375 H&H Mag., .457 Win.Mag., .500-465 NE, .470 NE, .500 NE-3 und .577 NE angeboten. Die Waffe basiert auf der Flinte 140 E, ist aber keine Selbstspanner-Kipplaufwaffe und hat in der Magnumversion auch einen ande-

Francotte Seitenschloss-Doppelbüchse im Kaliber 9,3x74R, basierend auf dem Modell 150 E und lieferbar mit Wechsellaufbündel im Flintenkaliber 20

Die für afrikanische Großwild-Berufsjäger gedachte und nie auf den Markt gekommene Doppelbüchse von Francotte, Kaliber .470 NE, mit Anson & Deeley-Kastenschloss,

ren, massiveren Verschluss; sie ist auch allgemein, selbst bezüglich des Schafts, massiver gehalten. Bei dem Modell 160 E handelt es sich wiederum um eine Doppelflinte, jedoch mit einem Anson & Deeley-Schloss. Francotte baut die Waffe in den Kalibern 12, 16, 20, 28 und 36 (.410). An Läufen werden solche mit einer Länge von 66, 71 und 76 cm angeboten, allesamt nur mit festen Chokebohrungen. Die Waffe hat wahlweise einen Doppelzüngelabzug oder einen Einabzug, mit oder ohne Laufwahlmöglichkeit. Auch zwischen automatischer oder manueller Sicherung kann gewählt werden. Die automatische Sicherung wird beim Abkippen des Laufbündels aktiviert und der Schütze muss dann stets erst manuell entsichern. Das Modell 170 E von Francotte ist praktisch die identische Waffe, hat aber fein gravierte Baskülen-Seitenplatten. Von diesem Modell werden auch Schwesternflinten angeboten. Das Modell 180 E ist eine Doppelbüchse mit Anson & Deeley-Schloss, angeboten in den Kalibern 7x64 mm, 7x65R, .308 Win., .30-06 Springfield, 8x57JRS, 8x60R und 9,3x74R. Das Doppelbüchsen-Modell 190 E ist wiederum nahezu identisch, jedoch mit fein gravierten, abnehmbaren Seitenplatten bestückt. Es handelt sich bei der Waffe jedoch nicht um eine Seitenschlossbüchse, denn auch sie ist mit einem Kastenschloss ausgestattet. Eine angenehme Besonderheit der Waffen von Francotte ist deren Kombinationsmöglichkeit. So können für die meisten Doppelbüchsen Flinten-Wechsellaufbündel geordert werden, wodurch etwa sowohl Schalenwild als auch Flugwild bejagt werden kann. Francotte baut derzeit zwar weiter sowohl Büchsen als auch Flinten, ist aber davon abgegangen, speziell bezeichnete Modelle herzustellen. Statt dessen wird jede Waffe als Einzelstück nach den individuellen Kundenwünschen gefertigt. So liegt der Preis einer relativ einfachen

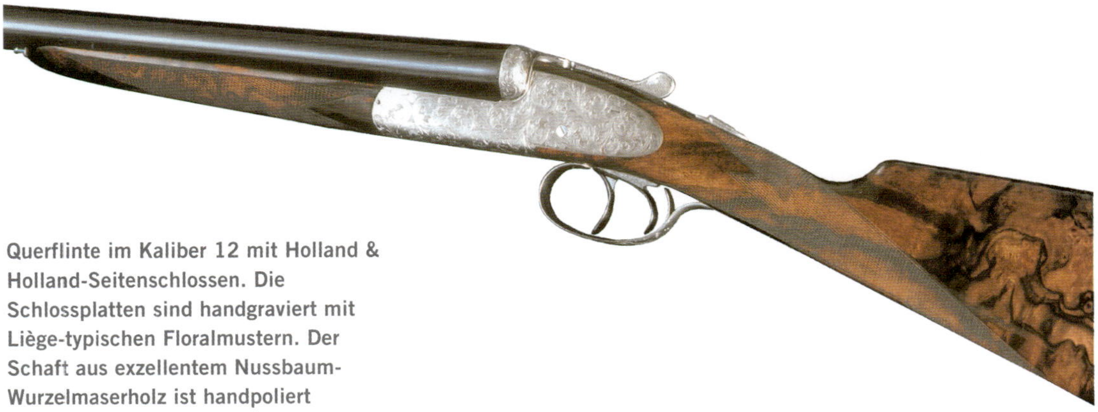

Querflinte im Kaliber 12 mit Holland & Holland-Seitenschlossen. Die Schlossplatten sind handgraviert mit Liège-typischen Floralmustern. Der Schaft aus exzellentem Nussbaum-Wurzelmaserholz ist handpoliert

Francotte-Bockdoppelflinte mit Einabzug mit seitlichem Laufwahlhebel

Basiswaffe von Francotte schon bei etwa 20000 Euro – und edlere, handgravierte Stücke erreichen durchaus auch die Marke von 80000 Euro. Viele der Teile für Francotte-Waffen werden nun von der Firma United Gunsmiths in Vuren in den Niederlanden hergestellt. Dieses innovative und hochtechnisierte Unternehmen produziert auch Teile für diverse andere, berühmte und exklusive Hersteller. Trotz der hohen Präzision, mit der die Teile maschinell vorgefertigt werden, dauert es noch mehr als 130 Stunden, um eine Francotte-Seitenschloss-Doppelflinte fertigzustellen. Daher kann durchaus von in Handarbeit hergestellten Waffen gesprochen werden.

FRANKONIA

www.frankonia.de

Frankonia-Markenzeichen

Die renommierte Firma Frankonia wurde 1907 von Nikolaus Hofmann im nordbayerischen Würzburg gegründet. 1939 übernahm dessen Sohn Alfred Hofmann die Firma. Die kleine Büchsenmacherei entwickelte sich im Laufe der Jahre zu einem der größten Waffenhandelsbetriebe Deutschlands. 1945 wurde das Firmenareal zwar durch Bomben der Alliierten zerstört, 1956 hatte Alfred Hofmann die Firma aber bereits wieder komplett rekonstruiert und zu einem bedeutenden Groß- und Versandhandel, damals mit bereits 80 Beschäftigten, umgebaut. Die Firma vertreibt seitdem auf dem Versandweg ein gut sortiertes Angebot aus dem Bereich der Waffen. Die verschiedenen Frankonia-Filialen in ganz Deutschland entstanden vornehmlich aus übernommenen alteingesessenen Betrieben. So übernahm Frankonia bereits 1957 das „Jägerhaus" in Darmstadt. Die zweite Filiale wurde 1969 in München eröffnet; weitere Frankonia-Niederlassungen existieren nun etwa auch in Berlin, Darmstadt, Düsseldorf, Erfurt, Hannover, Kassel, Nürnberg und Stuttgart sowie in Ostdeutschland in Magdeburg, Rostock, Rudolstadt und Zwickau. Die meisten Filialen sind mit einer eigenen Büchsenmacherwerkstatt ausgestattet, wo kleinere Reparaturen auch vor Ort vorgenommen werden können. In der großen, zentralen Büchsenmacherwerkstatt in Rottendorf bei Würzburg werden individuelle Kundenwünsche verwirklicht und spezielle Gravurarbeiten ausgeführt. Mitte der 70er-Jahre änderte man den Firmennamen in Frankonia Jagd. Seit einigen Jahren ist Frankonia auch europaweit aktiv, die Firma ist nun auch in Frankreich, Belgien, Dänemark und Tschechien mit Filialen vertreten. Und auch der Versandhandel, ausgehend von Rottendorf, wurde konstant ausgebaut, neben Waffen werden auch Munition und diverses Waffen- und Jagdzubehör sowie eine riesige Auswahl an jagdbezogener Bekleidung vertrieben. Die Firma produziert auf der Basis des Mauser Modell 98 unter dem Namen Frankonia Favorit auch eine eigene Serie von Repetierbüchsen und verkauft unter dem Markennamen Frankonia auch diverse, in Italien und Osteuropa hergestellte Flinten und kombinierte Kipplaufwaffen.

FRANKONIA FAVORIT

Die Repetierbüchse Favorit ist bereits seit 1965 Bestandteil der Frankonia-Produktpalette. Die Waffe basiert auf dem berühmten Mauser K98 mit seiner langen Patronenauszieherfeder, den beiden Verriegelungswarzen im Patronenlagerbereich und der charakteristischen Flügelsicherung. Die Frankonia-Versionen der Büchse sind mit einem speziellen, besonders weichgängigen Abzugssystem sowie mit neuen Läufen aus Chrom-Vanadium-Stahl ausgestattet. Als Schaftholz wird Nussbaum verwendet. Das Standardmodell für Magnumkaliber hat einen 65-cm-Lauf, ist insgesamt 118 cm lang und wiegt etwa 3,4 kg. Das Modell Favorit Standard Magnum wird in den Kalibern 6,5x68 mm, 7 mm Rem.Mag., 8x68 S und .300 Win.Mag. hergestellt; die Magazinkapazität beträgt jeweils drei Patronen. Die leichtere Version der Standardwaffe hat einen Lauf von 60 cm Länge, eine Gesamtlänge von 113 cm und ein Gewicht von circa 3,3 kg. Die hierfür erhältlichen Kaliber sind .243 Win., 6,5x57 mm, 6x62 Frères, .270 Win., 7x57 mm, 7x64 mm, 7,5 Swiss, .308 Win., .30-06 Springfield, 8x57 mm und 9,3x62 mm. In das Magazin dieser Waffen passen

Frankonia Favorit Superluxus-Repetierbüchse

Frankonia Favorit Standard, Luxus und Safari (von oben nach unten)

fünf Patronen. Die Favorit-Kimme ist eine höhenverstellbare Blattkimme. Die Büchse ist vornehmlich zum Schießen mit Zielfernrohr gedacht. Sie ist entweder mit einem Druckpunktabzug oder mit einem Stecherabzug lieferbar. Die Luxus- und Super Luxus-Versionen des Favorit-Repetierers besitzen die gleichen Spezifikationen wie die Standardmodelle. Allerdings ist ihr Schaft aus ausgesuchterem Nussbaumholz; bei der Ausführung Super Luxus sind die Verschlusshülse und der Kammerstängel handgraviert und auf Wunsch der Schaft fein verschnitten.
Das Großwildjagd-Modell Favorit Safari hat einen 65-cm-Lauf, eine Gesamtlänge von 118 cm, ein Gewicht von 3,6 kg und eine Magazinkapazität von drei Patronen des Kalibers 8x68S, 9,3x64 mm, .308 Norma.Mag., .375 H&H Mag., .338 Win.Mag., 10,75x73 mm (.404) oder .457 Win.Mag. Die Safari-Ausführung verfügt über einen einstellbaren Timney-Abzug. Ihr Schaft hat eine spezielle witterungs- und tropenbeständige Beschichtung, der Hinterschaft ist zur Absorbierung des Rückstoßes der mächtigen Kaliber mit einer dicken, ventilierten Schaftkappe versehen und das System ist mittels zusätzlicher Querbolzen mit dem Schaft verbunden.
Die kürzeren Karabiner-Varianten der Favorit-Repetierbüchse sind die Modelle Drückjagd und Stutzen; bei letzterem ist der Vorderschaft wie üblich bis zur Laufmündung vorgezogen. Die Büchse Favorit Drückjagd, Kaliber 7x64 mm, .308 Win., .30-06 Springfield, 8x57 mm, .300 Win.Mag. und 9,3x62 mm, in .300 Win.Mag. mit 3-Schuss-Magazin, ansonsten jeweils mit 5-Schuss-Magazin, hat einen kurzen, 52 cm langen, mit einer typischen Drückjagd-Visierschiene versehenen Lauf, ist 104 cm lang und wiegt 3,2 kg. Das Korn ist zur besseren Aufnahme des Ziels rot eingelegt. Vom Drückjagd-Modell gibt es insbesondere für die Nachsuche auf krank geschossenes, wehrhaftes Wild auch eine Version mit nur 43 cm langem Lauf, die lediglich 95 cm lang ist, 3 kg wiegt und nur in .30-06 Springfield, 8x57 mm und 9,3x62 mm angeboten wird. Die elegante Stutzen-Variante mit dem langen Vorderschaft ist mit einem 52 cm langen Lauf ausgestattet (der von dem vorgezogenen Schaft auch besser ge-

Repetierbüchsen Favorit Drückjagd (oben) und Stutzen (unten)

Frankonia-Repetierer M98 Luxus

schützt wird) und hat eine Gesamtlänge von 104 cm. Wegen des schwereren Schafts wiegt die Waffe knapp unter 3,4 kg. Das Modell Frankonia Favorit Stutzen wird in den Kalibern 6,5x57, 6x62 mm Frères, .243 Win., 7x57 mm, 7x64 mm, 8x57 mm, .308 Win., .30-06 Springfield und 9,3x62 mm hergestellt.

FRANKONIA M98

Der Vorgänger des Modells Favorit war das ebenfalls in den Varianten Standard, Luxus, Drückjagd und Stutzen hergestellte Modell M98. Als M98 Luxus besaß die Waffe einen Stecherabzug. Das Abzugsgewicht lag regulär bei 800 bis 1000 g, unter Verwendung des Stechers aber bei weniger als 100 g. Im Kaliber .300 Win.Mag. hatte die Waffe ein 3-Schuss-Magazin, für .243 Win., 7x64

Frankonia M98 Drückjagd

mm, .308 Win., .30-06 Springfield, 8x57 mm und 9,3x62 mm ein solches für fünf Patronen. Die Lauflänge betrug 60 cm, das mit einem Nussbaumschaft bestückte Gewehr war 108 cm lang und wog 3,4 kg. Beim Modell M98 Drückjagd mit seinem nur 52 cm langen Lauf handelte es sich um die gekürzte Version der Repetierbüchse. Die Drückjagd-Waffe war 104 cm lang und wog 3,2 kg. Sie verfügte über die typische, lange Drückjagd-Visierschiene mit V-förmig eingekerbter Oberseite; zudem war ihr Korn, wie nun auch das der Favorit Drückjagd-Waffe rot eingelegt. Damit dies visuell besser aufzunehmen ist, war der Korntunnel oben mit einer großen Bohrung als Lichtdurchlass versehen. Das Modell M98 Drückjagd wurde in den Kalibern 7x64 mm, .30-06 Springfield, 8x57 mm und 9,3x62 mm angeboten und hatte damit eine Magazinkapazität von fünf Patronen.

FRANKONIA-RUGER 10/22 POWER TARGET

Die halbautomatische Büchse Frankonia-Ruger 10/22 Varminter, auch bekannt als Power Target, ist eine Abart des Ruger-Modells 10/22 im Kaliber .22 l.r. Die Waffe hat einen speziellen, schweren Lauf mit einem Durchmesser von 22 mm. Der Lauf ist 51 cm lang und das Gewehr hat eine Gesamtlänge von 98 cm; es wiegt 3,3 kg. Der verwendete Schichtholzschaft verfügt über eine verstellbare Backe. An einer unter dem Vorderschaft angebrachten Schiene kann Zubehör, wie z.B. ein Zweibein, montiert werden. Oben auf dem Systemkasten befindet sich eine 14 mm breite Prismaschiene, auf die eine Zieloptik montiert werden kann. Es steht für die Waffe sowohl ein

Frankonia-Ruger 10/22 Varminter-Selbstladebüchse

jagdliches 2-Schuss-Magazin, als auch ein 10-Schuss-Magazin zur Verfügung. Außer in der abgebildeten brünierten Version gibt es das Modell auch in Stainless-Stahl.

FRANKONIA SCIROCCO JAGD

Diese Bockdoppelflinte wird für Frankonia von dem italienischen Unternehmen Lu-Mar hergestellt. Sie hat ausschließlich das Kaliber 12/70. Ihre innen hartverchromten Läufe sind 71 cm lang und haben entweder eine feste $^1/_2$- und Vollchoke-Bohrung oder Wechselchoke-Einsätze; auf dem oberen Lauf befindet sich eine 7 mm breite, ventilierte Laufschiene. Das Waffengewicht beträgt 3,2 kg. Während die Originalwaffe von Lu-Mar Ejektoren und einen selektiven Einabzug hat, ordert Frankonia das Gewehr mit Patronenausziehern und einem Einabzug ohne Laufwahlmöglichkeit oder mit einem Doppelzüngelabzug. Der Sicherungsschieber der Flinte befindet sich wie üblich oben auf dem Schaftkolbenhals. Das Schaftmaterial ist Nussbaumholz. Frankonia bietet ohne Aufpreis auch eine spezielle Links-Schützen-Version an.

Frankonia-Bockdoppelflinte Scirocco Jagd

FRANKONIA SCIROCCO TRAP

Auch dieses Bockdoppelflinten-Modell hat ausschließlich das Kaliber 12/70. Auch hier sind die allerdings 76 cm langen, mit festen $^3/_4$- und Vollchoke-Bohrungen versehenen Läufe innen hartverchromt. Die Laufschiene auf dem oberen Lauf ist hier 10 mm breit; vorne ist sie mit einem fluoreszierenden Korn bestückt. Neben der Laufschiene ist auch der Zwischenraum zwischen oberem und unterem Lauf ventiliert. Als Verschluss wird wie beim regulären Scirocco-Modell eine einfache Laufhaken-Verriegelung verwendet. Die 3,5 kg schwere Trap-Waffe hat automatische Ejektoren und einen Einabzug, der hinsichtlich der Laufwahl nicht selektiv ist. Auch von diesem Modell bietet Frankonia eine Variante für Links-Schützen an.

Frankonia Scirocco Trap-Flinte

FUCHS & SZECSEI

www.jagdwaffe.com

Logo der österreichischen Waffenschmiede Fuchs

Gerhard Fuchs verfolgte von Jugend an intensiv seine Ziele; sobald er eine Idee im Kopf hatte, ließ er nicht davon ab, bis er sie verwirklicht hatte. Und dies verwirklichte sich auch in seiner Handwerkskunst: Fuchs wurde zu einem begnadeten Büchsenmachermeister. Während seiner Ausbildung an einer weltberühmten Büchsenmacherschule wurde seine Liebe zum Detail offensichtlich; man erkannte sofort, dass er dafür bestimmt war, einer der ganz Großen im Büchsenmacherhandwerk zu werden. 1986 gründete Fuchs sein Büchsenmacherunternehmen in Innsbruck, welches nahezu unmittelbar zu den Elitebetrieben der Zunft zählte. Gerhard Fuchs gewann zahlreiche Preise für seine Gewehre.
Josef Szecsei aus Windsor, Ontario, ist ein kanadischer Industrieller und befasste sich hobbymäßig schon immer mit Erfindungen. Auf dem

Fuchs Büchsdrilling mit Zielfernrohr

Gebiet des Waffenbaus hatte er eine doppelläufige Repetierbüchse (!) entwickelt. In Gerhard Fuchs fand er den Partner zur Umsetzung seiner Idee in die Realität. Den 1997 fast zur Serienreife gebrachten Prototyp der Waffe führte der leidenschaftliche Jäger Szecsei unter extremen Bedingungen auf Safaris in Afrika. 1999 wurde die absolut atypische Büchse auf der Waffenmesse IWA in Nürnberg der verblüfften Öffentlichkeit vorgestellt.

FUCHS BÜCHSDRILLING

Diese kombinierte Kipplaufwaffe mit Kastenschloss und Doppelzüngelabzug hat oben zwei Büchsenläufe im Kaliber .338 Win.Mag. und mittig darunter einen Flintenlauf im Kaliber 20/76. Als Verschluss kommt eine doppelte Laufhakenverriegelung, verbunden mit einem modifizierten Greener-Verschluss, zum Zuge. Dabei ist die zwischen den beiden oberen Patronenlagern herausstehende Verriegelungsplatte nicht, wie sonst bei Greener-Verschlüssen, von oben im Stoßbodenbereich der Basküle sichtbar. Die Aussparung im Stoßboden, in die die Platte eingreift, ist wie die Aussparung für die entsprechende Nase bei einem Purdey-Verschluss bei geschlossener Waffe nicht zu erkennen. Die Verriegelungsplatte wird wie üblich von einem Querriegel fixiert, wenn

Detailansicht des Büchsdrillings von Fuchs

die Waffe geschlossen ist. Das Gewehr, dessen Basküle seitlich fein graviert ist, ist mit einem oben auf dem Kolbenhals befindlichen Handspannschieber ausgestattet, mittels dem die Büchsenläufe separat ge- und entspannt werden können. Die manuelle Sicherung seitlich am Kolbenhals blockiert sowohl die Abzüge als auch die Abzugsstangen. Der vordere Abzug bedient die Büchsenläufe und der hintere den Schrotlauf. Die Büchsenläufe haben einen gemeinsamen Patronenauszieher, der Flintenlauf einen eigenständigen. Lauf- und Gesamt-

Fuchs Anson & Deeley-Doppelbüchse

länge ist den Wünschen des bestellenden Kunden überlassen. Als Schaftholz wird ausgesuchtes Nussbaum-Maserholz verwendet. Statt das einfache Klappvisier zu verwenden, wird regelmäßig ein Zielfernrohr installiert.

Fuchs Anson & Deeley-Doppelbüchse

Diese Doppelbüchse der Firma Fuchs besitzt einen Anson & Deeley-Verschluss. Dieses Selbstspanner-Verschlusssystem wurde um 1875 von den Büchsenmachern der Firma Anson & Deeley im englischen Birmingham erfunden. Am hinteren Ende des Vorderschafts befinden sich dabei zwei Spannstangen, die in entsprechende Aussparungen der Basküle eingreifen. Beim Brechen der Waffe, also beim Abkippen des Laufbündels, fungieren die Spannstangen als Hebel und spannen und arretieren die internen Schlagstücke der Schlosse der Kipplaufbüchse. Dieses System findet vor allem bei Doppelflinten Anwendung, die Firma Fuchs verwendet es aber auch für ihre Doppelbüchse. Bei der abgebildeten Waffe handelt es sich um eine solche im Kaliber 8x57JRS, die Fuchs Anson & Deeley-Doppelbüchse kann aber auch in den meisten anderen, gängigen Kalibern bestellt werden. Als Verriegelung der Waffe kommt ein Greener-Verschluss in Kombination mit doppelten Laufhaken zum Zuge. Das Gewehr ist zur Verwendung mit einem Zielfernrohr vorgesehen und hat daher nur eine einfache offene Visierung mit einer Klappkimme.

Fuchs Holland & Holland-Doppelbüchse

Das Modell Fuchs Holland & Holland ist eine weitere Waffe mit zwei nebeneinander liegenden Büchsenläufen. Sie ist mit Holland & Holland-Seitenschlossen, montiert auf abnehmbaren Seitenschlossplatten, versehen. Der Schlossmechanismus auf der linken Seitenplatte schlägt die Patrone im linken und der auf der rechten Platte die Patrone im rechten Patronenlager ab. Die Waffe hat das immense Kaliber .470 NE, ist aber auch in anderen Großwildkalibern erhältlich. Hinter dem Sicherungsschieber auf dem Schaftkolbenhals befindet sich ein Klappdiopter-Visier. Man kann mit dem Gewehr aber auch über die Express-Klappkimme auf dem Lauf sowie mittels eines montierten Zielfernrohres zielen. Die Verriegelung erfolgt durch doppelte Laufhaken in Verbindung mit einem Purdey-Verschluss. Der aus ausgesuchtem Nussbaumholz gefertigte Schaft beinhaltet einen Pistolengriff und eine Backe. Die Basküle der abgebildeten Waffe ist buntgehärtet, es sind jedoch auch andere Ausführungen erhältlich. Maße und Gewicht der Doppelbüchse ergeben sich aus den individuellen Wünschen der bestellenden Kunden.

Die einläufige Hahnbüchse der Firma Fuchs

Fuchs Holland & Holland

FUCHS HAHNBÜCHSE

Diese handgefertigte einläufige Büchse mit außenliegendem Hahn sieht zwar nostalgisch aus, ist jedoch aus den modernsten Materialien hergestellt. Die abgebildete Waffe hat das Kaliber

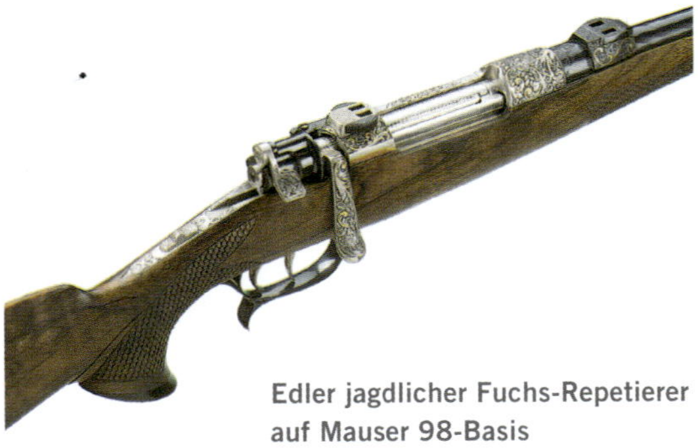

Edler jagdlicher Fuchs-Repetierer auf Mauser 98-Basis

6,5x57R, sie kann aber in sämtlichen erdenklichen Kalibern bestellt werden. Mittels des rechts an der Basküle angebrachten Spannhahns wird das Schloss des Gewehrs manuell gespannt. Als Abzug dient ein deutscher Stecher mit Abzugs- und Stecherzüngel. Die Verriegelung erfolgt mittels eines doppelten Laufhakens und eines Doppelgreener-Verschlusses, auch Kersten-Verschluss genannt. Als Schaftmaterial wird handpoliertes Nussbaum-Wurzelmaserholz verwendet, das mit einer handgeschnittenen Fischhaut verziert ist.

FUCHS MAUSER-REPETIERBÜCHSE

Die Firma Fuchs baut auch eine auf dem Mauser-Magnumsystem basierende Repetierbüchse. Es handelt sich dabei nicht um eine modifizierte Armeewaffe, sondern um ein komplett handgefertigtes Einzelstück, das in allen möglichen Kalibern bestellt werden kann. Neben der charakteristischen Mauser-Flügelsicherung hat die Waffe einen zusätzlichen Sicherungsschieber am Kolbenhals. Wenn der Stecherabzug entstochen werden soll, weil der Schütze nicht zum Schuss gekommen ist, ist diese einfacher zu bedienen als die Flügelsicherung. Die auf dem entsprechenden Foto dargestellte Büchse ist mit einem Zielfernrohr versehen.

FUCHS SCHWESTERNFLINTEN

Die oben abgebildeten Querflinten im Kaliber 20/76 bilden ein so genanntes Schwesternflintenpaar. Dabei handelt es sich um identische Waffen mit aufeinander folgenden Seriennummern, die zumeist zusammen in einem edlen Lederkoffer angeboten werden. Manchmal sind Schwesternflinten auch mit den goldeingelegten Zahlen „1" und „2" nummeriert. Das Flintenpaar der Firma Fuchs hat einen Purdey-Verschluss und Laufhaken, einen Einabzug mit Laufwahl-Selektor hinter dem Abzugszüngel und Seitenschlosse mit im englischen Stil gravierten Schlossplatten. Der Sicherungsschieber befindet sich auf dem Hals des geraden, englischen und aus exklusivem Wurzelmaserholz gefertigten Schaft. Die Waffen sind großteils handgefertigt; ihre Dimensionen und ihr Gewicht richten sich nach den Vorgaben des bestellenden Kunden.

SZECSEI-FUCHS DOPPELLAUF-REPETIERBÜCHSE

Während einer Afrika-Safari bejagte Josef Szecsei mit einer Doppelbüchse Elefanten. Er erlegte einen Elefantenbullen, wurde dann aber vom Rest der Herde angegriffen. Glücklicherweise drehten die Elefanten ab, als er seine zweite Kugel in die Luft schoss. Anlässlich dieses unangenehmen Ereignisses kam Szecsei zu dem Schluss, dass es gut gewesen wäre, statt einer Doppelbüchse eine zweiläufige Repetierbüchse zu führen – und da es die bis dato nicht gab, beschloss er, sie selbst zu erfinden. In den nachfolgenden Jahren testete er verschiedene Proto-

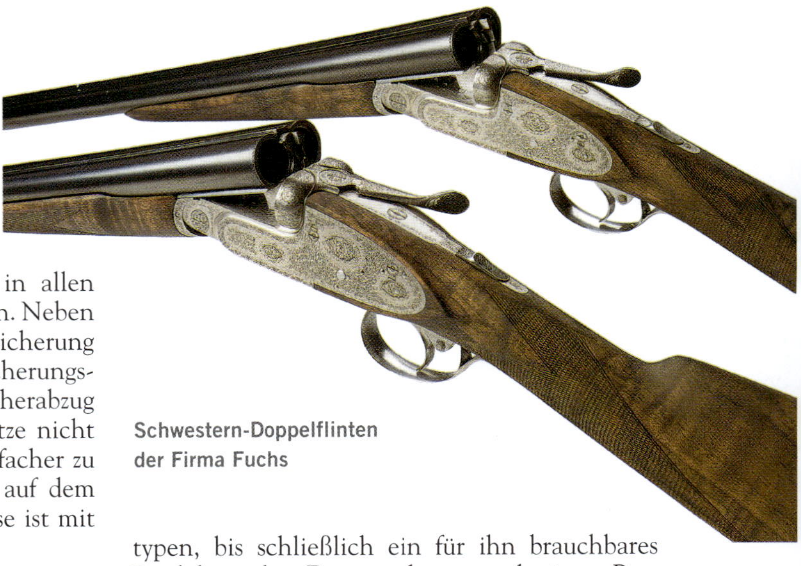

Schwestern-Doppelflinten der Firma Fuchs

typen, bis schließlich ein für ihn brauchbares Produkt vorlag. Dann suchte er nach einem Produzenten für seine neue Waffe. 1997 kam er dabei in Kontakt mit Gerhard Fuchs, welcher dann nach genauer Prüfung entschied, die Waffe zu bauen. Nach langwierigen Materialtests bekam

Verschiedene Ausführungen der Szecsei-Fuchs Doppellauf-Repetierbüchse

Fuchs einen Spezialstahl aus der Raumfahrtindustrie in die Hand, der sämtliche Kriterien hinsichtlich Zähigkeit, Haltbarkeit und Schussfestigkeit erfüllte. Das Verschlussgehäuse und der Verschluss der neuen Waffe wiesen damit die doppelte Haltbarkeit normalen Waffenstahls auf. Die atypische doppelläufige Repetierbüchse wurde 1999 erstmals auf der internationalen Waffenmesse IWA in Nürnberg der Öffentlichkeit vorgestellt – und das erste Exemplar wurde bereits am ersten Messetag verkauft. Seitdem wurden weitere, allerdings kleine Stückzahlen veräußert. Außerdem wurde die Waffe in verschiedenen Punkten weiter verbessert; so wurde durch die Verwendung von Titan für unter anderem den Kammerstängel, das Abzugsgehäuse und das Magazin, das Waffengewicht merklich gesenkt. Zudem entwickelte Fuchs eine spezielle Oberflächenbeschichtung; deren Preis allein übersteigt allerdings schon den für einen regulären Repetierer, etwa der Firma Steyr, samt Zielfernrohr. Die Herstellung der Büchse mit ihrem doppelten Zylinderverschluss ist eine technische Herausforderung; so wird etwa das letztendlich 1,1 kg schwere, doppelte Verschlussgehäuse aus einem 7 kg schweren, massiven Block aus Raumfahrt-Stahl gefräst. Das Doppelzüngel-Abzugssystem, durch das sicher ein gleichzeitiges „Doppeln“ der beiden Läufe – bekannt und gefürchtet bei starken mehrläufigen Büchsen – verhindert wird, ist eine patentierte Fuchs-Erfindung. Fuchs’ Konstruktion sorgt dafür, dass die Schlagbolzen nie gemeinsam aktiviert werden können. Dennoch ist es möglich, mit der Waffe lediglich durch unmittelbar aufeinander folgendes Betätigen der Abzüge extrem schnell hintereinander zwei

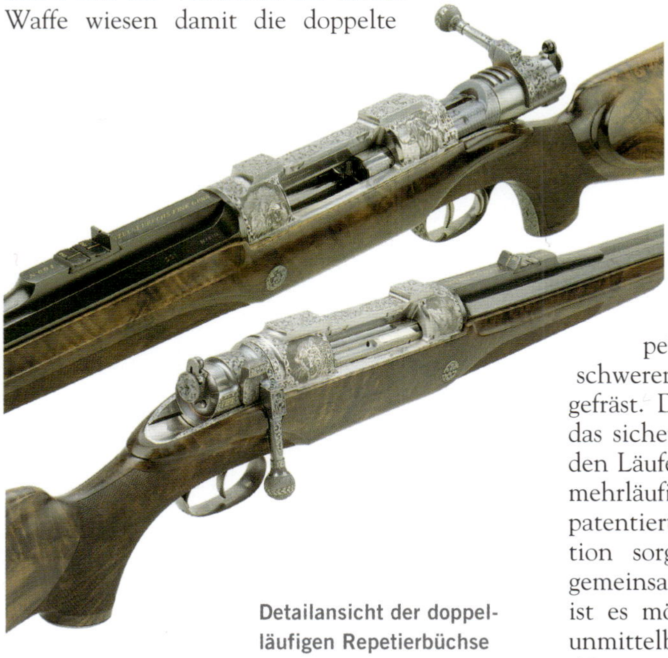

Detailansicht der doppelläufigen Repetierbüchse Szecsei-Fuchs

Schüsse aus den beiden nebeneinander liegenden Läufen abzugeben. Bei dem abgebildeten Beispiel der Waffe sind die Läufe achteckig. Die Visierschiene und der Kornsattel sind stets Bestandteil des Laufbündels. Als Schaftmaterial wird dann von Hand bearbeitetes und poliertes, türkisches Nussbaum-Wurzelmaserholz verwendet. Die manuelle Sicherung der Büchse befindet sich rechts hinter dem Kammerstängel. Das zweireihige, herausnehmbare Magazin bietet in jeder vertikalen Reihe Platz für zwei Patronen, das heißt das standardmäßig 111 cm lange und mit einem 60-cm-Lauf ausgestattete Gewehr hat eine Kapazität von insgesamt sechs Schuss. Das Waffengesamtgewicht mit runden Läufen beträgt 5,5 kg und mit Achtkantläufen 6,5 kg. Hergestellt werden kann das gewöhnungsbedürftige Ungetüm in den Kalibern .300 Win.Mag., .358 Norma.Mag., .375 H&H Mag., 9,3x64 mm, .404 Jeffery, .416 Rem.Mag., .416 Rigby, .450 Rigby, .457 Win.Mag., .460 Short A-Square, .470 Capstick, .495 A-Square und .500 Jeffery.

Szecsei-Fuchs Doppellauf-Repetierbüchse mit Zwillingsmagazin

SZECSEI 700 SAFARI

Bei dem Modell 700 Safari im speziellen Kaliber .700 SSS handelt es sich um eine Extrem-Variante der Szecsei-Fuchs Doppellauf-Repetierbüchse. Diese Ausnahmewaffe besitzt einen extrem widerstandsfähigen Verschluss mit massiven Verschlusswarzen vorne und hinten am Verschlusszylinder. Das Gewehr wird in zwei verschiedenen Varianten, aber nur auf Einzelbestellung, hergestellt. Bei der Bock-Version befinden sich die Läufe übereinander, weshalb das Magazin seitlich am System angebracht ist. Bei der Quer-Version befindet sich das Magazin wie beim regulären Modell unten. Die Magazinkapazität bei dieser Waffe beträgt nur zwei Patronen, was sie insgesamt vierschüssig macht. Das Kaliber .700 SSS basiert auf der Patrone .700 Nitro Express, hier wird jedoch eine Gürtelhülse mit einer Verstärkung der Hülse im Bodenbereich verwendet. Und dies ist auch nötig, weil die .700 SSS eine extreme Geschossenergie erreicht: ein 1000-grain-Geschoss (64,8 g) erreicht eine Anfangsgeschwindigkeit von 610 m/s und eine Anfangsenergie von mehr als 12000 Joule.

Die doppelläufige Repetierbüchse Szecsei 700 Safari mit übereinander liegenden (oben) und nebeneinander liegenden Läufen (unten)

H

Hambrusch

www.ferlachguns.com

Markenzeichen des österreichischen Unternehmens Hambrusch

Ferlach in Österreich ist bereits seit 1550 für seine Waffen bekannt, ursprünglich für die Produktion von Militärgewehren. In den letzten hundert Jahren wurde der Ort zu dem Synonym für Jagdwaffen von höchster, aber auch teuerster Qualität. Die Firma Hambrusch ist in der Ferlacher Büchsenmachergilde bereits seit dem April 1752 als Mitglied aufgelistet. Das Unternehmen existiert noch heute und wird aktuell in der elften Eigentümergeneration von Ing. Peter Hambrusch geführt. Mit seinen Büchsenmachern baut er weltweit bekannte, feine Jagdwaffen. Hambrusch-Kipplaufwaffen, sowohl Flinten als auch Drillinge, werden sowohl mit Blitzschlossen als auch mit Anson & Deeley-Seitenschlossen hergestellt. Die Läufe und Basküle sind stets aus Böhler-Spezialstahl und werden individuell nach den Kundenwünschen hergestellt; die Basküle sind zumeist extrem hochwertig von Hand graviert. Das Nussbaum-Wurzelmaserholz für die Schäfte kommt aus Südosteuropa und aus der Türkei. Das Holz wird lange naturgetrocknet, bevor es verwendet wird. Die Hambrusch-Gewehre werden in einem edlen Aluminium- oder Lederkoffer ausgeliefert. Hambrusch baut auf der Basis des Mauser-Systems auch hervorragende Repetierbüchsen in allen Kalibern bis hinauf zu .700 NE. Auch diese werden individuell mit feinsten Gravuren, eingelegt in Gold, Silber oder Platin, ausgeliefert. Neben handgearbeiteten Jagdwaffen restauriert die Firma Hambrusch auch antike Gewehre, insbesondere alte englische Flinten. Peter Hambrusch ist der Meinung, dass Eile einen Verlust der Qualität ergibt; deshalb betragen seine Lieferzeiten auch zwischen fünf bis achtzehn Monaten.

Hambrusch Büchsdrilling

Dieses edle Stück der Firma Hambrusch hat oben nebeneinander zwei gezogene Büchsenläufe, zu

Hambrusch Büchsdrilling mit zwei nebeneinander liegenden Büchsenläufen und einem Flintenlauf mittig darunter

bestellen in den Kalibern 5,6x50R bis 9,3x74R, und unten einen glatten Flintenlauf im Kaliber 20/76. Es verfügt über einen Greener-Verschluss, kombiniert mit doppelten Laufhaken. Der Spannschieber zum manuellen Spannen der Waffe befindet sich auf dem Hals des pistolengriffmäßig ausgeformten Schaftkolbens. Als Schaftmaterial wird ausgesuchtes Nussbaum-Maserholz verwendet, das von Hand bearbeitet und ölpoliert wird. Mit dem Spannschieber werden die Büchsenläufe separat von Hand gespannt. Die Baskülenseiten des Gewehrs sind reich graviert.

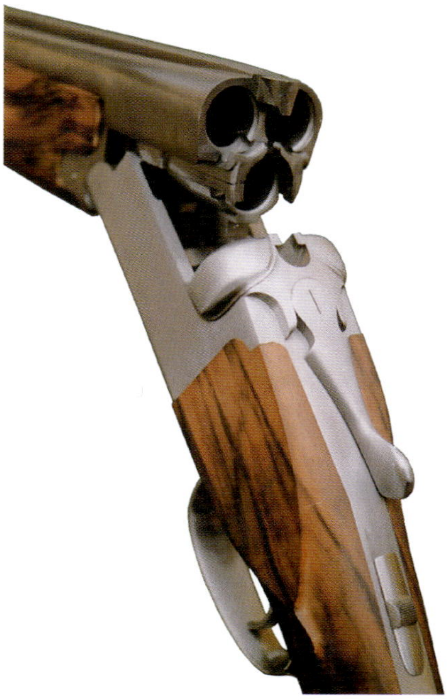

Flintendrilling von Hambrusch, ausschließlich mit Flintenläufen im Kaliber 20/76

Hambrusch Flintendrilling

Mit ihren drei in Dreiecksform angeordneten Flintenläufen wirkt diese Kipplaufwaffe zunächst recht ungewöhnlich. Sie wird grundsätzlich nur in den gleichen Kalibern, entweder 20/70 oder 20/76, hergestellt und ist auch mit zusätzlichen

Hambrusch Drilling mit Seitenschlossen

Wechsellaufbündeln mit jeweils den anderen Patronenlagern erhältlich. Die Waffe ist mit der ungemein kompliziert herzustellenden, altehrwürdigen so genannten Puppenkopf-Verriegelung, einer Abart des Greener-Verschlusses, ausgestattet; zudem hat sie unter dem Patronenlagerbereich des Laufes doppelte Laufhaken als Verriegelung. Der Sicherungsschieber befindet sich am Kolbenhals des mit einem Anson & Deeley-Schloss und einem Einabzug ausgestatteten Gewehrs; durch Betätigen des Abzugs werden die drei Flintenläufe nacheinander, ohne Laufwahlmöglichkeit, abgefeuert. Die Chokebohrungen der Läufe können entweder individuell fest oder als Wechselchoke-Einsätze bestellt werden. Der gerade, englische Schaft ist aus ausgesuchtem Nussbaum-Wurzelmaserholz und die Basküle

kann entweder buntgehärtet oder mit feinen Gravuren geordert werden. Eine Variante des Hambrusch-Flintendrillings besitzt Holland & Holland-Seitenschlosse mit herausnehmbaren Seitenschlossplatten, wobei die oberen beiden Läufe von den Seitenschlossen und der untere, mittige Lauf von einem zentralen, ebenfalls mittig gelegenen Schloss bedient werden. Diese Waffe hat einen Doppelzüngelabzug. Links oberhalb der Abzugseinheit befindet sich am Kolben eine Greener-Schiebesicherung, die die Abzüge und die Abzugsstangen blockiert. Die Basküle gibt es entweder buntgehärtet, graviert oder graviert mit Goldeinlagen.

Hambrusch Dreilaufbüchse mit ausschließlich drei Büchsenläufen im Kaliber .470 NE

Hambrusch Dreilaufbüchse

Diese spezielle, besonders schwere und mächtige Großwild-Kipplaufwaffe mit drei Büchsenläufen gibt es, wie abgebildet, mit drei Läufen im Kaliber .470 NE. Unter der Bezeichnung „Big Five Africa" wird die Waffe auch mit zwei nebeneinander liegenden .470 NE-Läufen und mittig darunter einem Lauf in .375 H&H Mag. hergestellt. Die Waffe verfügt über Original Holland & Holland-Seitenschlosse und mittig zentral über ein weiteres Schloss, das den mittleren, unteren Lauf bedient. Die Schlosse werden mittels eines auf dem Kolbenhals befindlichen Spannschiebers gespannt und entspannt; links am Kolbenhals ist die reguläre Schiebesicherung positioniert. Die Waffe ist mit einem Express-Visier ausgestattet; sie ist jedoch auch zur Montage eines Zielfernrohrs vorbereitet. 2002 bot die Firma Hambrusch aus Anlass des 250-jährigen Firmenjubiläums eine Sonderausgabe des Gewehrs an. Diese hatte ein Swarovski-Zielfernrohr montiert und mitgeliefert wurde ein Wechsellaufbündel, mit oben zwei Flintenläufen in 20/76 und unten einem .375 H&H Mag.-Büchsenlauf.

Hambrusch Doppelbüchse

Hambrusch Repetierbüchse mit Mauser Magnum-System

Hambrusch Doppelbüchse

Die abgebildete Doppelbüchse besitzt zwei nebeneinander liegende 7x65R-Büchsenläufe, ist jedoch auch in diversen anderen Kalibern zu ordern. Die Waffe hat zwar üblicherweise keine Seitenschlosse, ihre Baskülenseiten sind jedoch fein von Hand graviert und mit Goldeinlagen versehen. Es wird ein Greener-Verschluss, kombiniert mit einer doppelten Laufhakenverriegelung verwendet. Auch dieses Gewehr ist mit einer separaten Kugelspannung in Form eines Spannschiebers auf dem Kolbenhals ausgestattet.

Hambrusch Mauser-Repetierer

Hambrusch baut traditionelle 98er-Repetierbüchsen sowohl unter Verwendung von Mauser-Standard- als auch Mauser-Magnum-Systemen. Großteils werden die Waffen von Hand gefertigt. Die abgebildete Waffe hat das Kaliber .300 Win.Mag., sie könnte aber etwa auch das Kaliber .500 Jeffery aufweisen. Seit 2002 bietet Hambrusch die Waffe auch mit einem eigenständig entwickelten Großwildkaliber an, für die Patrone .600/538 MM – wobei MM für Mega Magnum steht. Das Geschossgewicht beträgt dabei 46,8 g, die Mündungsgeschwindigkeit liegt bei 700 m/s und die Mündungsenergie des Geschosses bei beachtlichen 11 465 Joule.

Hambrusch Vierling mit aussenliegenden Hahnen

Der Vierling von Hambrusch mit außenliegenden Hahnen besitzt zwei nebeneinander liegende Flintenläufe im Kaliber 20/76, mittig darunter einen Büchsenlauf im Kaliber 7x65R und mittig darüber einen Büchsenlauf in 5,6x50R Magnum. Die Waffe ist mit einem Kersten-Verschluss und einer doppelten Laufhakenverriegelung und oben auf dem Kolbenhals mit einem Laufwahlschieber ausgestattet, mit dem entweder die querliegenden Flinten- oder die vertikal angeordneten Büchsenläufe aktiviert werden. Nach der Aktivierung können die Hahne gespannt und mittels der beiden vorhandenen Abzugszüngel abgeschossen werden. Die teure Waffe hat gravierte Seitenplatten und ein Klappvisier, sie kann aber auch mit einem Zielfernrohr versehen werden.

Vierling der Firma Hambrusch mit außenliegenden Hahnen

HEYM

www.heym-waffenfabrik.de

Marken-
zeichen der
Firma Heym

Die Stadt Suhl in Thüringen hatte schon immer einen hervorragenden Ruf als Zentrum des Waffenbaus; bis 1945 gab es in Suhl die meisten deutschen Büchsenmacherbetriebe, die Jagdwaffen herstellten. Friedrich Wilhelm Heym gründete sein Unternehmen dort bereits 1865. 1891 wurde die Firma aufgrund ihres Patents für den ersten hahnlosen Drilling sehr bekannt – und sie expandierte schnell und machte sich einen hervorragenden Namen auf dem Gebiet von Drillingen und von anderen Kipplaufwaffen. 1912 übernahm der Sohn des Firmengründers, Adolf Heym, das Unternehmen und brachte es ohne größere Schwierigkeiten durch die Zeiten des Ersten Weltkriegs. 1920 folgte dann dessen Sohn August als Firmenchef nach. In dieser Zeit wurden vornehmlich hochwertige Drillinge gefertigt; 1921 stellte Heym etwa seinen Anson & Deeley-Drilling vor. Ein weiterer Meilenstein in der Geschichte der Waffentechnik war der Heym-Drilling mit separater Kugelspannung; zeitweise hatte die Firma sogar Drillinge mit drei Abzugszüngeln im Programm. Während des Zweiten Weltkriegs baute auch Heym Kriegswaffen für die deutsche Armee. Nach dem Krieg musste die Familie Heym von Suhl nach Westdeutschland fliehen. Während dieser Phase, als die Produktion von scharfen Schusswaffen durch die Alliierten verboten war, baute die Firma notgedrungen Luftdruckgewehre. 1952, als Heym wieder die Erlaubnis bekam, echte Feuerwaffen zu bauen, wurde unter der Führung von August Heym und dessen Sohn Rolf in Münnerstadt auch eine komplett neue Produktionsstätte eröffnet. Seit damals ist Heym für seine hervorragenden Büchsen und Flinten sowie kombinierten Waffen von höchster Fertigungsqualität bekannt. Zur Produktion wird ausschließlich hochwertiger Krupp-Stahl verwendet. Jede einzelne Heym-Waffe, zumeist reich von Hand graviert, ist ein individuelles Kunstwerk, das in bester, alter Büchsenmachertradition hergestellt wird. 1963 übernahm Rolf Heym die Leitung der Firma. Er konzentrierte sich sehr auf die Bereiche Entwicklung und Marketing. In seiner Ära wurden unter anderem das Heym Flintenmodell 22 F und die Repetierbüchse SR 10 entwickelt. Aufgrund der engen Kooperation zwischen Heym und Mauser bei der Entstehung dieser Waffe kam die SR 10 in den USA als Mauser 3000 heraus. Der frühe Tod von Rolf Heym im Jahre 1972 war ein Schock für das Unternehmen. Dennoch entwickelte es sich weiter und wurde – nicht zuletzt etwa aufgrund der neuen Drilling- und Flintenmodelle 55 und 88 – zu einer der führenden deutschen Jagdwaffen-Herstellungsfirmen. 1989 beschloss man, sich mehr auf den US-amerikanischen Markt zu konzentrieren. Dahingehend wurde in Fort Wayne, Indiana, das Tochterunternehmen Heym America Inc. gegründet. Als erster leitete dieses Gordon E. Nygren. Elisabeth Heym-Dschulnigg stand bis 1995 an der Spitze der deutschen Mutterfirma. 1996 zog das Unternehmen zurück in die alte, ostdeutsche Heimat und siedelte sich mit einem neuen, hochmodernen Betrieb in dem Ort Gleichamberg in Thüringen, etwa 25 Kilometer von Suhl entfernt, an. Im gleichen Jahr wurde dort auch das so genannte Heym Exclusiv Center gegründet, wo auf Bestellung besonders exklusive Einzelstücke fast ausschließlich in Handarbeit gefertigt werden. Neben einigen Repetierern baut die Firma Heym heute vornehmlich Kipplaufbüchsen und -flinten, zudem sind auch die Drillinge von Heym weiterhin weltberühmt. Drillinge bestehen in der herkömmlichen Laufanordnung zumeist aus zwei oben nebeneinander liegenden Flintenläufen und einem Büchsenlauf in der Mitte darunter. Für das Unternehmen steht stets Qualität vor Quantität. Durch ihren hohen Grad an waffentechnischer Perfektion und durch ihre edlen Handgravuren sind Heym-Waffen keinesfalls billig; die Preise variieren zwischen mehreren tausend und mehreren zehntausend Euro.

HEYM MODELL 22-BOCKBÜCHSFLINTE

Die Modell 22-Baureihe wurde 1963 mit dem Modell 22 F gestartet, dessen oberer Lauf das Flintenkaliber 16/70 oder 20/70 aufwies. Für den

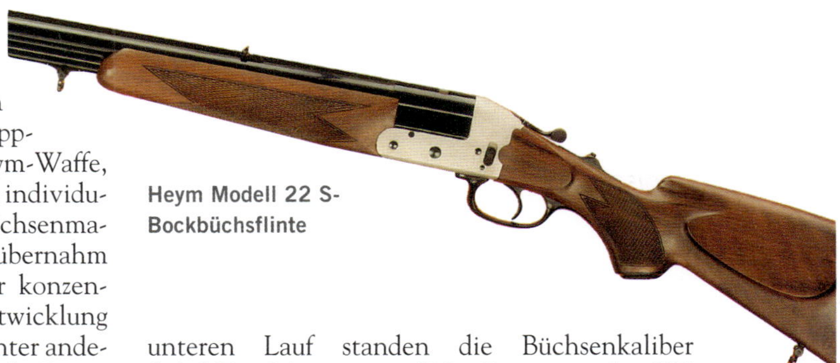

Heym Modell 22 S-Bockbüchsflinte

unteren Lauf standen die Büchsenkaliber 5,6x50R Magnum, .222 Rem. und .222 Rem.Mag. zur Verfügung. Die Lauflänge der insgesamt 100 cm langen und ohne Zielfernrohr 2,5 kg schweren Waffe lag bei 60 cm. Das Ursprungs-Bockbüchsenmodell 22 F hat zwei Abzugszüngel, das hintere davon spannt das Abzugssystem, durch Betätigen des vorderen Abzugszüngels wird der Schuss ausgelöst. Ob durch das Abzugsbetätigen die Büchsenpatrone im unteren oder die Flintenpatrone im oberen Lauf gezündet wird, wird durch einen links an der Basküle befindlichen Wahlschieber bewerkstelligt. Heym stellte das Modell 22 F von 1963 bis 1971 her. Das Nachfolgemodell wurde 1971 als Bockbüchsflinte Modell 22 A vorgestellt. Charakteristisch sowohl für das Modell 22 F als auch das Modell 22 A sind unter anderem zwei interne, jeweils über Blattfedern zu spannende Schlagstücke, und ein auf dem Kolbenhals befindlicher manueller Sicherungsschieber. Im Gegensatz zur 22 F hat die Bockbüchsflinte 22 A einen Einabzug. Das Spannen der Schlosse geschieht, indem das Abzugszüngel wie bei einem französischen Stecher nach vorne gedrückt wird, allerdings hier mit einem erheblich größeren Kraftaufwand. Dies wurde von den Kunden nicht sehr gut aufgenommen, was dazu führte, dass das Modell 22 A bereits 1973 wieder vom Markt genommen wurde. Im gleichen Jahr stellte Heym das Modell 22 S vor. Dieses hat auch einen Einabzug und einen Laufwahlschieber links an der Basküle, jedoch neu einen Spannschieber auf dem Kolbenhals. Mittels des Schiebers kann die gespannte Waffe auch wieder entspannt werden. Ein weiterer Unterschied zu den Vorgängermodellen ist, dass die Blattfedern des Abzugssystems durch Schraubenfedern ersetzt wurden. Das Modell 22 S war erheblich erfolgreicher als seine Vorgänger. Man stellte es als 22 BS (Bergstutzen) auch mit zwei unterschiedlichen Büchsenläufen her. Die 100 cm lange, 3 kg schwere und mit einem 60 cm langen Laufbündel ausgestattete Bergstutzen-Variante hat oben entweder das Kaliber .22 WMR oder .22 Hornet; für den unteren Lauf kann zwischen 5,6x50R Magnum, .243 Win. oder 6,5x57R gewählt werden. 1985 erschien das Modell 22 SM, eine Bockbüchsflinte im Flintenkaliber 12, kombiniert mit den Büchsenkalibern .22 Hornet, .222 Rem., .223 Rem., 5,6x50R, .243 Win., 6,5x57R, 7x57R oder 8x57JRS. Diese Waffe hat eine breitere, oben konkav ausgeformte Laufschiene, die hinten für eine Zielfernrohr-Montage vorbereitet ist. 1987 erweiterte Heym die 22 S- und 22 SM-Baureihe um Varianten in den Büchsenkalibern 5,6x52R und .22 WMR. 1989 erschien mit dem Modell 22 S2 das Nachfolgemodell der 22 S und 22 SM. Dieses hat nun einen freien Büchsenlauf. Dadurch ist die Waffe besser einzuschießen und die Läufe kühlen nach dem Schießen schneller ab. Die Bockbüchsflinte 22 S2 besitzt einen Doppelzüngelabzug; daher hat sie auch keinen seitlichen Laufwahlschieber mehr. 1991 wurde auch eine Bergstutzen-Version der 22 S2 vorgestellt. Alle Varianten sind mit einer Basküle aus Leichtmetall und mit einer Laufhakenverriegelung ausgestattet. Schaftmaterial ist Nussbaum.

Heym Modell 25 Bockbüchsflinte oder Bergstutzen

Das Modell 25 stammt aus dem Jahr 1995. Heym stellte diese Waffe als ideale Basiswaffe, etwa für Jungjäger, vor. Ursprünglich hatte das insgesamt 101 cm lange und 2,7 kg schwere Bockgewehr miteinander verlötete Läufe, ab 1997 wurde es dann mit freiliegenden, 60 cm langen Krupp-Stahl-Läufen hergestellt. Der obere Lauf wird in den Flintenkalibern 12, 16 oder 20, jeweils sowohl mit Patronenlagern für 70 mm als auch 76 mm lange Hülsen, angeboten; für den unteren Lauf stehen wahlweise die Büchsenkaliber .22

Heym Modell 25-Bergstutzen (oben) und Modell 25-Bockbüchsflinte (unten)

Hornet, .222 Rem., .222 Rem.Mag., .223 Rem., 5,6x50R, 5,6x52R, .22-250 Rem., .243 Win., 6x62 Frères, 6,5x55SM, 6,5x57R, 6,5x65RWS, 7x57R, 7x65R, .308 Win., .30-06 Springfield, .30 R Blaser oder 8x57JRS zur Verfügung. Auch das Modell 25 hat eine Basküle aus Dural-Leichtmetall, einer Aluminium-Legierung, und eine Laufhakenverriegelung. Die Waffe ist mit einem Doppelzüngelabzug ausgestattet; dabei bedient der vordere, mit einem Rückstecher versehene Abzug den Büchsen- und der hintere den Flintenlauf. Die Waffe ist mit einem auf dem Kolbenhals befindlichen Handspannschieber ausgestattet; damit wird das Schloss jeweils manuell gespannt und kann auch damit wieder entspannt werden. Das System ist auch mit einer speziellen Fallsicherung verbunden; fällt das Gewehr zu Boden oder wird es anderweitig heftig erschüttert, so entspannen sich die Schlosse automatisch, ebenso, wenn die Waffe gebrochen, also geöffnet, wird. Hinten auf der soliden Laufschiene befindet sich eine einfache Klappkimme, die Kipplaufwaffe ist für die Montage eines Zielfernrohrs vorbereitet. Der Schaft ist aus ausgesuchtem Nussbaumholz und hat einen leichten Schweinsrücken sowie eine bayerische Backe.

Als Modell 25 BS (Bergstutzen) wird das Gewehr mit zwei Büchsenläufen ausgeliefert. Der untere Lauf hiervon ist erhältlich in den Kalibern 5,6x52R, .243 Win., 6,5x55SM, 6,5x57R, 6,5x65RWS, 7x57R, 7x65R, .308 Win., .30-06 Springfield, .30 R Blaser oder 8x57JRS; beim oberen Lauf kann gewählt werden zwischen .22 Hornet, .222 Rem., .222 Rem.Mag., 5,6x50R, 5,6x52R oder 6x70R.

HEYM MODELL 33 DRILLING

Dieses Modell ist einer der ersten Drillinge von Heym. Die oberen, nebeneinander liegenden Flintenläufe sind in den rechts und links identischen Kalibern 16/70, 20/70 oder 20/76 erhältlich. Der mittig darunter befindliche, gezogene Büchsenlauf wurde ursprünglich in den Kalibern 5,6x50R Mag., 5,6x57R, .243 Win., 6,5x57R, .270 Win., 7x57R, 7x65R, .308 Win., .30-06 Springfield, 8x57JRS und 9,3x74R hergestellt. 1987 kam das Kaliber 5,6x52R hinzu und in den darauf folgenden Jahren, um die Forderungen nordamerikanischer Jäger zu befriedigen, auch .22 Hornet, .222 Rem. und .222 Rem.Mag.; zudem stellte die Firma Heym die Waffe in den 1990er-Jahren auch in den Büchsenkalibern 6x70R, 6,5x55SM, 6,5x65RWS, .30R Blaser und 8x75RS vor. Die Waffe hat eine Gesamtlänge von 106 cm, 64 cm lange Läufe und ein Gewicht von etwa 3,3 kg. Sie besitzt ein Kastenschloss und einen Doppelzüngelabzug. Der vordere Abzug bedient den Büchsenlauf und ist mit einem Rückstecher kombiniert. Der Büchsenlauf wird mittels eines Handspannschiebers auf dem Schaftkolbenhals separat manuell gespannt. Beim Spannen des Schlosses für den Büchsenlauf klappt automatisch auf dem Lauf das Kimmenblatt hoch. Als manuelle Sicherung dient ein Sicherungsschieber seitlich über dem Abzugsbügel; die Sicherung blockiert sowohl die Abzüge als auch die Abzugsstangen. Hinten oben auf der Basküle beim Spannschieber befinden sich Signalstifte, die herausstehend anzeigen, dass das jeweilige Schloss gespannt ist. Die Waffe besitzt einen Greener-Verschluss; dabei befindet sich zwischen den beiden nebeneinander liegenden Flintenläufen eine vertikale, mit einer Bohrung versehene Verriegelungsplatte, durch die im geschlossenen Zustand ein massiver Querriegel greift. Der Greener-Verschluss ist zudem mit einer doppelten Laufhakenverriegelung unter dem Laufbündel kombiniert. Die beiden Flintenläufe haben einen gemeinsamen Patronenauszieher, der Büchsenlauf einen separaten. Als Schaftholz wird ausgesuchtes Nussbaumholz verwendet. Heym baute geraume Zeit auch eine Sonderversion der Waffe mit Seitenschlossen; dabei handelte es sich um das Modell 33 SS. Als Modell 33 F wird nun auch eine Variante mit drei Flintenläufen angeboten.

Heym Modell 33 Drilling

Heym Modell 35 Bockdrilling

Dieser spezielle Drilling wurde 1988 der Öffentlichkeit vorgestellt. Die Waffe hat oben einen 16/70er-Flintenlauf beziehungsweise wahlweise auch einen Flintenlauf im Kaliber 20/70 oder 20/76. Direkt darunter befindet sich ein Großkaliber-Lauf, erhältlich in den Kalibern 6,5x57R, 6,5x65RWS, 7x57R, 7x65R, .308 Win., .30-06 Springfield, .30R Blaser, 8x57JRS, 8x75RS oder 9,3x74R, und dazwischen seitlich angeordnet ein weiterer, allerdings kleinkalibriger Büchsenlauf, angeboten in .22 WMR, .22 Hornet, .222 Rem., .222 Rem.Mag., .223 Rem., 5,6x50R Mag, 5,6x52R oder 6x70R. Der Bockdrilling hat drei separate Schlosse – eines für jeden Lauf. Für den Flintenlauf und den seitlichen, kleinkalibrigen Büchsenlauf existiert jeweils ein Seitenschloss, dessen abnehmbare Schlossplatten bei der Züngel bedient den Flintenlauf und das vordere, ein Rückstechersystem beinhaltend, die beiden Büchsenläufe. Die Lauflänge beträgt 64 cm, die Waffengesamtlänge 106 cm. Die Konstruktion und der Aufbau des Bockdrillings bedingen sein mit 3,5 bis 3,7 kg relativ schweres Gewicht. In die erhöhte Laufschiene ist hinten ein einfaches Kimmenblatt eingearbeitet; zur Aufnahme der Montage für ein Zielfernrohr ist die Waffe entsprechend vorbereitet. Als Schaftmaterial wird ausgesuchtes Nussbaumholz verwendet. Der Hinterschaft hat eine bayerische Backe und weist den klassischen, deutschen „Kaiser"-Pistolengriff auf, welcher auf den deutschen Kaiser Wilhelm II. zurückgeht, der 1918 nach dem Ersten Weltkrieg in die Niederlande floh. Kaiser Wilhelm II., der dort bis zu seinem Tod 1941 auf der Burg Doorn wohnte, war ein begeisterter Jäger.

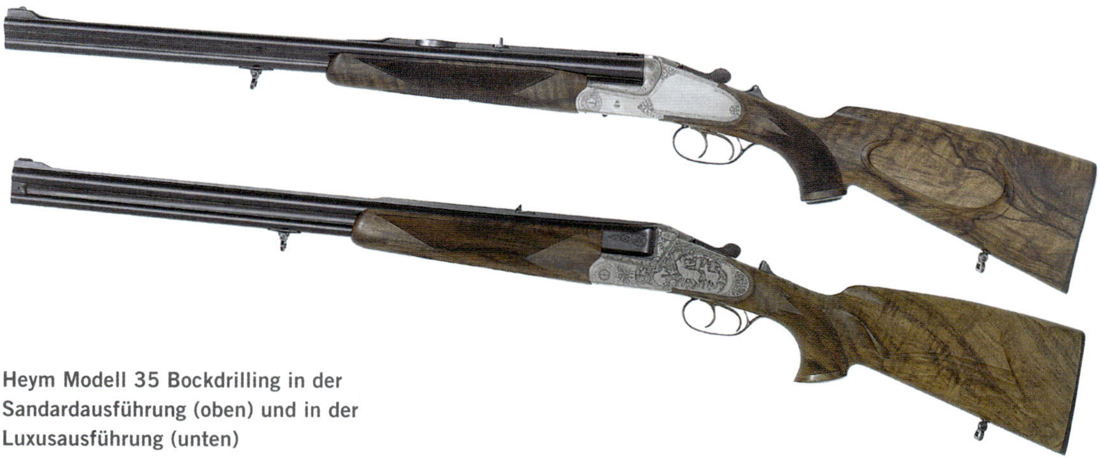

Heym Modell 35 Bockdrilling in der Sandardausführung (oben) und in der Luxusausführung (unten)

Luxusvariante der Waffe mit fein gestochenen Tiermotiven handgraviert sind. Hinsichtlich der beiden Seitenschlosse ist das Gewehr ein Selbstspanner, das Spannen der Schlosse erfolgt also durch das Abkippen des Laufbündels; das Schloss für den Großkaliber-Lauf wird mittels eines auf dem Kolbenhals befindlichen Spannschiebers von Hand gespannt. Die Treffpunktlage des seitlichen Büchsenlaufs kann durch eine Stellschraube eingestellt werden. Die mit Patronenausziehern ausgestattete Waffe hat seitlich unter dem Verschlusshebel eine Schiebesicherung am Kolbenhals, darüber, auf der Waffenoberseite befinden sich wieder Signalstifte zur Anzeige des Spannzustands der jeweiligen Schlosse. Die Verriegelung des Laufbündels erfolgt mittels eines Laufhakens und eines Kersten-Verschlusses. Die Waffe hat einen Doppelzüngelabzug; das hintere

Heym Modell 37 Drilling

Der Drilling Modell 37 stammt aus dem Jahr 1977. Heym wollte damit eigentlich das Modell 33 ersetzen, aufgrund der fortlaufenden Nachfrage nach dem Modell 33 wurde dieses dann aber doch nicht aus der Produktion genommen. Auch beim Modell 37 handelt es sich um einen klassischen Drilling mit zwei nebeneinander liegenden Flintenläufen oben und um einen mittig darunter liegenden Büchsenlauf. Für die beiden Flintenläufe hat die Waffe jeweils ein Seitenschloss und für den Büchsenlauf ein zentral mittig gelegenes, weiteres Schloss. Wie das Modell 33 ist auch das Modell 37 mit einem Spannschieber auf dem Kolbenhals für das Büchsenschloss ausgestattet und hat auch dessen seitliche Schiebesicherung. Unmittelbar darüber befinden sich auf der Waffenoberseite die drei Signalstifte zur

Anzeige des Spannzustands der Schlosse. Von den beiden vorhandenen Abzugszüngeln bedient der hintere die beiden Flintenläufe: beim ersten Abziehen wird der Schuss im rechten und beim zweiten der im linken Flintenlauf ausgelöst. Das vordere Abzugszüngel, verbunden mit einem Rückstechersystem, bedient den Büchsenlauf. Der starke Waffenverschluss besteht aus einer doppelten Laufhakenverriegelung, kombiniert mit einem Greener-Verschluss. Die Basküle ist aus speziellem 25CrMo4-Stahl, einer Chrom-Molybdän-Stahl-Legierung gefertigt, die kaltgeschmiedeten Läufe aus 50CrV4 Krupp-Laufstahl, besser bekannt als Chrom-Vanadium-Stahl. Als Flintenkaliber stehen 12, 16 und 20 zur Verfügung; in 12 und 20 kann zwischen 70er- und 76er-Patronenlagern gewählt werden, während es in 16 nur 16/70 gibt. Für den Büchsenlauf sind die Kaliberoptionen 5,6x50R Mag., 5,6x57R, .222 Rem., .243 Win., 6,5x57R, .270 Win., 7x57R, 7x65R, .308 Win., .30-06 Springfield, 8x57JRS und 9,3x74R erhältlich. Die Büchsenkaliberpalette wurde 1987 um 5,6x52R ergänzt.

Heym Modell 37

Als Modell 37 B gibt es die Waffe auch als Büchsdrilling mit oben zwei nebeneinander liegenden Büchsenläufen und darunter mittig einem Flintenlauf. Die beiden Seitenschlosse dieser Variante bedienen die Büchsen- und das mittig angeordnete, weitere Schloss den Flintenlauf. Der auf dem Kolbenhals befindliche Spannschieber spannt hier das Schloss für den Flintenlauf. Das Modell 37 B ist nur in den Flintenkalibern 20/70 oder 20/76 erhältlich; hinsichtlich des Büchsenkalibers kann gewählt werden zwischen 7x65R, .30-06 Springfield, 8x57JRS oder 9,3x74R; in späteren Jahren kamen noch 6,5x57R, 6,5x65RWS, 7x57R, .308 Win., .30R Blaser und 8x75RS hinzu. Wie bei den anderen Drillingen klappt auch beim Modell 37 und 37 B automatisch ein relativ simples Kimmenblatt hoch, wenn auf Kugel geschaltet wird. Die Gesamtlänge der beiden Varianten beträgt jeweils 107 cm, die Lauflänge 64 cm und das Gewicht, je nach Modell und Kaliber, zwischen 3,55 kg und 3,9 kg. Die Waffen sind zur Aufnahme einer Zielfernrohr-Montage vorbereitet.

Heym Modell 37 V Vierling

Im Rahmen der Baureihe des Modells 37 stellte die Firma Heym ehemals auch einen als Modell 37 V bezeichneten Vierling her. Als Laufanordnung wurden hier zwei nebeneinander liegende Flintenläufe, ein großkalibriger Büchsenlauf dazwischen, nur minimal nach unten versetzt, sowie ein nochmals darunter liegender kleinkalibriger Büchsenlauf verwendet. Mittels des Spannschiebers auf dem Kolbenhals werden die Schlosse für die beiden Büchsenläufe gespannt. Beide Abzugszüngel sind bei dieser Waffe mit einem Rückstechersystem verbunden. Die Läufe sind 58 cm lang, die Gesamtlänge beträgt 102 cm und das Gewicht liegt bei beachtlichen 4,2 kg. Die beiden Flintenläufe gibt es nur in den Kalibern 20/70 oder 20/76. Der großkalibrige Büchsenlauf wird in 6,5x65RWS, 7x57R, 7x65R, .308 Win., .30-06 Springfield, .30R Blaser, 8x57JRS, 8x75RS oder 9,3x74R angeboten, der kleinkalibrige Lauf in .22 Hornet, .222 Rem., .222 Rem.Mag., 5,6x50R Mag., 5,6x52R oder 6x70R. Die Seitenschlossplatten des Modells 37V sind fein von Hand graviert und der Schaft ist aus ausgesuchtem Nussbaumholz.

Vierling Modell 37 V der Firma Heym

HEYM MODELL 44 B KIPPLAUFBÜCHSE

Diese einläufige Kipplaufbüchse stellte Heym 1995 vor. Der nicht mit einem Rückstecher versehene Abzug der mittels einer doppelten Laufhakenverriegelung verriegelten Waffe kann bis auf 300 g eingestellt werden. Auf dem Schaftkolbenhals befindet sich der Heym-typische Spannschieber zum manuellen Spannen und auch Entspannen des Waffenschlosses. Auf der erhöhten Laufschiene befindet sich ein einfaches Kimmenblatt sowie weiter hinten eine Schwalbenschwanznut zur Aufnahme einer Zielfernrohr-Montage. Zwar ist die Waffe nicht mit einem Seitenschloss ausgestattet, die Baskülenseiten sind jedoch dennoch reich graviert. Der Schaft ist aus ausgesuchtem Nussbaumholz; der Hinterschaft hat einen leichten Schweinsrücken und eine bayerische Backe. Außer mit dem standardmäßig runden Lauf kann das Modell 44 B auch mit einem Achtkantlauf bestellt werden. Heym baut die Waffe in den Kalibern .22 Hornet, .222 Rem., .222 Rem.Mag., 5,6x50R Mag., 5,6x52R, 5,6x57R, 6x62 Frères, 6x70R, .243 Win., 6,5x55SM, 6,5x57R, 6,5x65RWS, .270 Win., 7x57R, 7x65R, .308 Win., .30-06 Springfield, .30 R Blaser, 8x57JRS, 8x75RS und 9,3x74R; .223 Rem. und 10,3x60R kamen später hinzu, wurden aber 2001 wieder eingestellt. Die Lauflänge des Gewehrs beträgt 58 cm, die Gesamtlänge 103 cm und das Gewicht etwa 3 kg.

Die Kipplaufbüchse Modell 44 B der Firma Heym

HEYM MODELL 55 BOCKDOPPELFLINTE, BOCKBÜCHSFLINTE ODER BOCKDOPPELBÜCHSE

Das Modell 55 wurde 1976 vorgestellt und bildet eine Baureihe aus vier verschiedenen Waffentypen. Alle davon sind mit einem Kersten- beziehungsweise Doppelgreener-Verschluss, kombiniert mit einem Laufhaken, ausgestattet und haben am Kolbenhals statt einem Spannschieber eine traditionelle Schiebesicherung. Ihr Abzugssystem besteht aus zwei Abzugszüngeln, das vordere für den unteren Lauf ist gleichzeitig ein Rückstecher, der aktiviert wird, indem das Züngel nach vorne gedrückt wird. Die Waffen haben ein Anson & Deeley-Kastenschloss, bei dem die Schlagstücke von Schraubenfedern in Spannung gebracht werden. Mit Original-Seitenschlossen und weniger oder mehr Gravur auf den Schlossplatten erhöht sich der Preis des Heym-Modells 55, das im Übrigen auch mit entsprechenden Wechsellaufbündeln mit jeweils anderen Laufkombinationen geordert werden kann, jeweils beträchtlich. Seitlich des oben auf dem Kolbenhals befindlichen Verschlusshebels der Waffe befindliche Signalstifte zeigen an, ob die Schlosse gespannt sind.

Das Modell 55 F ist eine Bockdoppelflinte mit zwei übereinander liegenden Flintenläufen in den Kalibern 16/70 oder 20/70 beziehungsweise 20/76.

Das Modell 55 B ist eine Bockdoppelbüchse, bei der zwei Büchsenläufe mit identischem Kaliber

Heym Modell 55 Bockbüchsflinte

übereinander angeordnet sind. Diese Waffe wird in den Kalibern 7x57R, 7x65R, .308 Win., .30-06 Springfield, .30R Blaser, 8x57JRS, 8x75RS, 9,3x74R, .300 Win.Mag., .375 H&H Mag., .416 Rigby, .458 Win.Mag. und .470 NE hergestellt, ist 107 cm lang, hat ein 63 cm langes Laufbündel und wiegt circa 3,9 kg.

Das Modell 55 BS – für Bergstutzen – ist eine Abart hiervon; sie ist 106 cm lang, hat einen 64-cm-Lauf und wiegt circa 3,5 kg. Auch hier befinden sich zwei Büchsenläufe übereinander, allerdings haben diese nicht das gleiche Kaliber. Der obere Lauf hat wahlweise das Kaliber .22 Hornet, .222 Rem., .222 Rem.Mag., 5,6x50R Mag., 5,6x52R, 6x70R, .243 Win., 6,5x55SM, 6,5x57R, 6,5x65RWS, 7x65R, .308 Win., .30-06 Springfield oder .30 R Blaser, der untere kann bestellt werden in 7x57R, 7x65R, .308 Win., .30-06 Springfield, .30 R Blaser, 8x57JRS, 8x75RS, 9,3x74R, .375 H&H Mag. oder .416 Rigby; seit 1990 baut Heym auch eine verstärkte Variante in den Kalibern .300 Win.Mag., .457 Win.Mag. und .470 NE.

Bei dem Modell 55 BF handelt es sich um eine kombinierte Waffe, eine Bockbüchsflinte mit den Flintenkalibern 12, 16 oder 20 im oberen Lauf. Der untere Lauf kann bestellt werden in den Büchsenkalibern .22 Hornet, .222 Rem., .222 Rem.Mag., 5,6x50R Mag., 6x70R, .243 Win., 6,5x55SM, 6,5x57R, 6,5x65RWS, .270 Win., 7x57R, 7x65R, .308 Win., .30-06 Springfield, .30 R Blaser, 8x57JRS, 8x75RS, 9,3x74R, .300 Win.Mag. oder .375 H&H Mag.; 1987 kam noch 5,6x52R hinzu. Die Dimensionen der Bockbüchsflinte entsprechen denen der anderen Versionen, sie wiegt mit 3,2 kg aber etwas weniger.

Luxusausführung der Bockdoppelbüchse Modell 55 BS-SS mit Seitenschlossen

Heym Modell 80

Der aufgrund der extremen Verarbeitungsqualität sehr hohe Preis der von der Firma Heym 1981 vorgestellten doppelläufigen Kipplaufwaffen-Baureihe 88 machte diese für viele Jäger unerschwinglich. Daher stellte man auf der Waffenmesse IWA in Nürnberg 1993 die abgespeckte und günstigere Variante 80 vor. Die Baureihe 80 hat keine Seitenschlosse, sondern ein Anson & Deeley-Kastenschloss und einen Sicherungsschieber auf dem Kolbenhals. Es ist davon auch eine Luxusausführung erhältlich, deren Basküle nseiten fein graviert sind, mit einem Schaft aus ausgesuchtem Nussbaum. Der Verschluss der 80er, die ausschließlich über ein Patronenausziehersystem verfügt und mit den üblichen Spannzustands-Signalstiften ausgestattet ist, erfolgt mitteils einer doppelten Laufhakenverriegelung. Das vordere der beiden Abzugszüngel ist gleichzeitig ein Rückstecher. Als Modell 80 B/H, BF/H und BS/H gibt es die entsprechenden Waffen auch mit einem Handspannsystem, bei dem sich statt des Sicherungs- ein Spannschieber auf dem Kolbenhals befindet. Diese Variante ist sowohl mit einem Doppelzüngel- als auch mit einem Einabzug erhältlich. Die 80 B-Baureihe ist genauso umfangreich wie die vorher beschriebene 55er-Reihe. Auch die Waffe der 80 B-Reihe können mit entsprechenden Wechsellaufbündeln mit jeweils anderen Laufkombinationen geordert werden.

Beim Modell 80 B handelt es sich um eine Doppelbüchse mit zwei nebeneinander liegenden Büchsenläufen im gleichen Kaliber, wahlweise in 6,5x57R, 6,5x65RWS,

Heym 55 Bergstutzen

Das Doppelbüchsen-Modell 80 von Heym mit Einabzug

7x57R, 7x65R, .308 Win., .30-06 Springfield, .30R Blaser, 8x57JRS, 8x75RS, 9,3x74R oder.375 Fl.Mag.NE. Das Modell 80 B und 80 B/H ist 103 cm lang und hat 60-cm-Läufe. Das Gewicht beträgt etwa 3,2 kg. Schaftmaterial ist Nussbaumholz; der Hinterschaft hat einen geraden Schaftrücken und eine Monte-Carlo-Backe.

Als Modell 80 BS – für Bergstutzen – gibt es das Gewehr auch mit zwei nebeneinander liegenden Büchsenläufen in unterschiedlichen Kalibern.

Heym Modell 80-Doppelbüchse mit Doppelzüngelabzug

Der linke Lauf kann in .22 Hornet, .222 Rem., .222 Rem.Mag., 5,6x50R Mag., 5,6x52R oder 6x70R bestellt werden, der rechte in 6,5x57R, 6,5x65RWS, 7x57R, 7x65R, .308 Win., .30-06 Springfield, .30R Blaser, 8x57JRS, 8x75RS, 9,3x74R oder .375 Fl.Mag.NE. Diese Variante der Waffe hat ebenfalls eine Gesamtlänge von 103 cm, 60 cm lange Läufe und ein Gewicht von etwa 3,1 kg.

Das Modell 80 BF ist eine Büchsflinte; der rechte Lauf ist gezogen und in den Kalibern .22 Hornet, .222 Rem., .222 Rem.Mag., 5,6x50R Mag., 5,6x52R, 6x70R, .243 Win., 6,5x55SM, 6,5x57R, 6,5x65RWS, .270 Win., 7x57R, 7x65R, .308 Win., .30-06 Springfield, .30R Blaser, 8x57JRS, 8x75RS, 9,3x74R oder .375 Fl.Mag.NE erhältlich, der linke Lauf hat das Flintenkaliber 20/70 oder 20/76.

HEYM MODELL 88 B/SS

Diese 1981 von der Firma Heym vorgestellte Doppelbüchse besitzt ein modifiziertes Anson-Schloss. Die Verriegelung des Gewehrs erfolgt mittels eines Greener-Verschlusses mit entsprechendem Querriegel, kombiniert mit einer doppelten Laufhakenverriegelung. Die Standardversion ist mit Holland & Holland-Ejektoren ausgestattet. Gegen einen Aufpreis ist die Waffe auch mit einem unten am Vorderschaft befindlichen Schieber erhältlich mit dem die Ejektoren deaktiviert werden können. Der Sicherungsschieber befindet sich wie üblich oben auf dem Schaftkolbenhals. Neben

Heym Doppelbüchsen-Modell 88 B und Modell 88 B Safari

dem Verschlusshebel befinden sich Signalstifte, die im herausstehenden Zustand anzeigen, dass das jeweilige Schloss des Gewehrs gespannt ist. Die Waffe ist mit einem Doppelzüngelabzug ausgestattet; das vordere Züngel ist gleichzeitig ein Rückstecher. Die Basküle des Modells 88 wird aus 25CrMo4 Chrom-Molybdän-Stahl hergestellt, dessen Legierung relativ wenig Carbon enthält. Der Chromanteil macht den Stahl rostresistent und die Kombination aus Chrom und Molybdän sorgt für einen sehr zähen Stahl. Zuerst wurde das Modell 88 B in den Kalibern .30-06 Springfield, 8x57JRS, 9,3x74R und .375 H&H Mag. hergestellt, später kamen .30R Blaser, .308 Win., 7x65R, 8x75RS und .375 Fl.Mag.NE hinzu. Die Waffe ist insgesamt 107 cm lang, hat 64-cm-Läufe und ein Gewicht von circa 3,6 kg. Der hintere Teil der Laufschiene, auf der sich auch das einfache Kimmenblatt befindet, ist zur Aufnahme einer Zielfernrohr-Montage etwas erhöht. Sowohl der schlanke Vorderschaft als auch der mit einem geraden Rücken und einer Monte-Carlo-Backe versehene Hinterschaft sind aus ausgesuchtem Nussbaumholz. Das Modell 88 B/SS verfügt über Original-Seitenschlosse. Die Dimensionen und Kaliber-Optionen dieser Variante entsprechen denen des Standardmodells.

HEYM MODELL 88 B SAFARI

Bei der Baureihe für den Safari Club International handelt es sich um eine berühmte Serie von Großwildsafari-Büchsen. Darauf ist jeweils ein Tier der afrikanischen „Big Five" dargestellt. Die Waffe „Big Five No. 1", die 1981 von dem amerikanischen Büchsenmacher David Miller gebaut wurde, ist eine auf dem Mauser Modell 98 basierende Repetierbüchse in .458 Win.Mag., auf der sich eine Elefantengravur befindet. Die „Big Five No. 2" erinnert an das Nashorn als Mitglied der Big Five; diese Doppelbüchse stellte 1982 die US-Firma Champlin Arms her. Das Gravurthema der „Big Five No. 3" ist der Kaffernbüffel. Diese Doppelbüchse wurde von der Firma Heym hergestellt und von dem deutschen Künstler Erich Boessler graviert. Ihr Vorder- und Hinterschaft, von Hand aus jahrhundertealtem Nussbaum-Wurzelmaserholz gefertigt, stammt von Rudi Dittmar. Diese Büchse brachte auf der Wohltätigkeitsversteigerung des Safari Club International SCI 1984 in Las Vegas die Rekordsumme von umgerechnet 95 000 Euro ein. Ihr folgten 1984 die „Big Five No. 4", zum Thema Löwen, von Paul Jaeger und 1985 die auf Leoparden bezogene „Big Five No. 5", wiederum von der US-Firma David Miller. Angeregt durch den Erfolg der SCI „Big Five"-Serie entwickelte die Firma Heym auf der Basis des Modells 88 B eine einzigartige Großwild-Doppelbüchse, wahlweise mit oder ohne Seitenschlosse. Diese Waffe wird hergestellt in den Kalibern .375 H&H Mag., .458 Win.Mag. und .470 NE und seit 1989 auch in .500 NE. Zwischen 1996 und 2001 kamen dann auch noch .300 Win.Mag., .375 Fl.Mag.NE, .416 Rigby, .450 NE, .500/.416 NE, .577 NE und .600 NE hinzu. Bei einer Lauflänge von 61 cm beträgt die Gesamtlänge der bis zu 4,5 kg schweren Waffe 105 cm. Zwischen 1988 und 1998 wurde mit dem Modell 88 F Safari auch eine Variante mit einem Wechsellaufbündel in den Kalibern 20/70 und 20/76 angeboten und seit 1999 gibt es mit der Kipplaufbüchse 88 BS auch eine Variante mit zwei Läufen in unterschiedlichen Kalibern. Für den linken Lauf stehen zur Verfügung 7x65R, .308 Win., .30-06 Springfield, .30R Blaser, 8x57JRS, 8x75RS, 9,3x74R, .375 Fl.Mag.NE oder .375 H&H Mag., für den rechten .375 Fl.Mag.NE, .375 H&H Mag., .416 Rigby, .450 NE, .457 Win.Mag., .470 NE, .500 NE oder .500/.416 NE.

Die überaus exzellent gravierte Doppelbüchse 88 B Safari

Heym Express

Im Herbst 1988 stellte Heym aufgrund der erkennbaren Nachfrage nach Repetierbüchsen in Großwildkalibern mit einer relativ großen Magazinkapazität seinen Express-Repetierer vor. Selbst mit einem langen System war die existierende Repetierbüchse Heym SR 20 den entsprechenden Anforderungen nicht hinreichend gewachsen. Daher entwickelte der Büchsenmachermeister Franz Würger für Heym auf der Basis des Mauser 98 Magnum-Systems eine eigenständige Großwild-Waffe. Deren Verschlusshülse und der mit zwei massigen Verschlusswarzen versehene Verschlusszylinder wird jeweils aus massiven Stahlblöcken herausgefräst. Die Hülsenbrücke enthält vorgefertigte Bohrungen zur Anbringung einer Zielfernrohr-Montage. Die Waffe ist mit einer typischen Express-Visierung mit Klappkimmen für 50 m, 100 m und 200 m sowie mit der klassischen 3-Stellungs-Flügelsicherung von Mauser ausgestattet; in der Mittelstellung der Sicherung ist zwar gesichert, man kann jedoch den Verschlusszylinder herausnehmen. Vor dem Abzugsbügel befindet sich der Magazinlöseknopf mit dem die Magazinbodenplatte abgeklappt werden kann. Ursprünglich wurde die Express-Repetierbüchse hergestellt in den Kalibern .375 H&H Mag., .404 Jeffery, .416 Rigby und .500 A-Square. 1989 folgten .416 Rem.Mag. und .458 Win.Mag., 1990 .338 Lapua Mag., .378 Weatherby Mag., .460 Weatherby Mag. und .500 NE sowie eine spezielle polizeiliche und militärische Präzisionsschützen-Variante der Waffe in .338 Lapua Mag. 1992 wurde die Kaliberpalette nochmals um die Patronen .425 Express, .450 Ackley und .600 NE erweitert und 1996 stellte Heym auch eine Ausführung in .300 Weatherby Mag. vor. Die aktuellen Kaliber-Optionen umfassen nun auch .300 Win.Mag., .300 Rem.Ultra-Mag., .338 Win.Mag., .416 Weatherby Mag., .450 Rigby, .458 Lott, .500 Jeffery, .505 Gibbs und .577 NE; 2000 entfiel das Kaliber .500 NE. Die Gesamtlänge der exklusiven Büchse liegt bei 115 cm, die Lauflänge bei 61 cm und das Waffengesamtgewicht bei etwa 4,5 kg. Je nach dem gewählten Kaliber fasst das interne Magazin des mit einem klassischen Nussbaumschaft mit Ebenholz-Abschluss des Vorderschaftes ausgestatteten Repetierers vier oder fünf Patronen.

Repetierbüchse Heym Express

Rechte Seite der Heym Express in der Luxusausführung

Heym Modell SR 20

Die Repetierbüchse Heym SR 20 wurde 1975 vorgestellt. Damals hatte Heym für die Firma Mauser Waffenteile für deren Repetierer-Baureihen 3000 und 4000 hergestellt. Als diese Kooperation relativ abrupt zu Ende gegangen war, hatte man bei Heym noch größere Stückzahlen an Teilen in den Lagern, was letztendlich zur Entwicklung der SR 20-Büchse führte. Die ursprüngliche Waffe, bezeichnet als SR 20 N, wurde in den Kalibern 5,6x57, .243 Win., 6,5x55, 6,5x57, .270 Win., 7x57, 7x64, .308 Win., .30-06 Springfield und 9,3x62 gebaut. Die Waffe hat den typischen Mauser-Verschluss mit zwei Verriegelungswarzen vorne und einer hinten. Die Sicherung befindet

sich rechts hinter dem Kammerstängel und hat drei Positionen: „entsichert“, „gesichert“, wobei der Verschluss geöffnet werden kann, und „gesichert“, wobei außer dem Abzug und dem Schlagbolzen auch der Verschlusszylinder blockiert ist. Die Waffe hat ein internes, nicht herausnehmbares Magazin für drei bis fünf Patronen. Mittels eines Knopfes vor dem Abzugsbügel kann die Magazinbodenplatte abgeklappt werden. Die Standardausführung der 113 cm langen, 3,2 kg schweren und mit einem 60-cm-Lauf versehenen Waffe hat eine einfache Blattkimme, ist jedoch für die Aufnahme einer Zielfernrohr-Montage vorbereitet. Der Nussbaumschaft ist mit einer Backe im Monte-Carlo-Stil ausgestattet. Zwischen 1988 und etwa 1995 gab es die SR 20 auch als SR 20 F mit Glasfiber-Kunststoffschaft. Diese Variante hatte die gleichen Dimensionen und Kaliber-Optionen wie das Standardmodell, war aber etwas leichter.
Im Laufe der Herstellungszeit der SR 20-Baureihe kamen weitere verschiedene Versionen auf den Markt, nachfolgend sind die Wichtigsten davon aufgezählt:

HEYM SR 20 ALPINE: ein kurzer Stutzen mit einer Länge von 103 cm, hergestellt von 1989 bis 1996, mit 51 cm langem Lauf – später 49 cm – und einem Gewicht von circa 3,4 kg. Das Modell SR 20 Alpine wurde in den Kalibern .22-250 Rem., .243 Win., 6,5x55SM, 6,5x57, .270 Win., 7x57, 7x64, .308 Win., .30-06 Springfield, 8x57 und 9,3x62 hergestellt.

Heym SR 20 Classic: eine Waffe mit einem klassischen geraden Schaftrücken und einem deutschen Stecherabzug mit zwei Züngeln im Abzugsbügel. Die Gesamtlänge beträgt 113 cm, die Lauflänge ist 60 cm und das Gewicht etwa 3,2 kg. An Kalibern stehen die gleichen zur Verfügung wie bei der SR 20 N-Büchse.

HEYM SR 20 CLASSIC SAFARI: eine Waffe mit extra langem Verschlussystem, hergestellt zwischen 1990 und 1995 in den Kalibern 8x68S, 9,3x64 und .375 H&H Mag. Diese Waffe ist 111 cm lang, hat einen 61-cm-Lauf und ein Gewicht von 3,8 kg.

HEYM SR 20 G: eine Magnum-Waffe, hergestellt seit 1975 in 6,5x68S, 7 mm Rem.Mag., 8x68S, .300 Win.Mag. und .375 H&H Mag. Diese Variante hat einen 65-cm-Lauf, ist insgesamt 118 cm lang und wiegt 3,4 kg. Im Laufe der Zeit wurde die Kaliber-Palette um .22-250 Rem., 6x62 Frères, .243 Win., .25-06 Rem., 6,5x55, 6,5x57, 6,5x64 Brenneke, 6,5x55 R, 6,5x68, .270 Win., 7x57, 7x64, .308 Win., .30-06 Springfield, 8x57, 8x64S, 8,5x63, .338 Win.Mag., 9,3x62, 9,3x64 und 9,5x66 SE erweitert; als Einzellader gab es das Modell SR 20 G auch in 10,3x60R.

HEYM SR 20 KEILER ODER BATTUE: zwischen 1991 und 1997 als spezielle Drückjagd-Waffe hergestellt in .30-06 Springfield, 8x57 mm und 9,3x62 mm. Das kurze Gewehr ist nur 103 cm lang, hat einen 50-cm-Lauf und wiegt circa 3,1 kg.

Heym SR 20 Repetierbüchse als Variante Contrast (oben), hergestellt vom Heym Exclusive Center, und als Variante Etoscha (unten), im Kaliber .375 H&H Mag.

HEYM SR 20 L: ein stutzenartiger Repetierer, entweder mit Flinten- oder deutschem Stecherabzug, in den Kalibern .243 Win., 6,5x55SM, 6,5x57, .270 Win., 7x57, 7x64, .308 Win., .30-06 Springfield, 8x57 oder 9,3x62. Die Waffe ist insgesamt 105 cm lang, hat einen 52 cm langen Lauf und ein Gewicht von 3,3 kg. Sie wurde von 1977 bis 1997 hergestellt.

HEYM SR 20 TROPHY: eine Luxusausführung mit Achtkantlauf und kurzer Laufschiene, hergestellt von der Firma Heym zwischen 1989 und Ende 1995 in zwei unterschiedlichen Varianten. Die für schwächere bis mittelstarke Kaliber ausgelegte Waffe ist 115 cm lang, hat einen 56-cm-Lauf und wiegt etwa 3,4 kg; sie wurde in .243 Win., 6,5x55SM, .270 Win., 7x57, 7x64, .308

Win., .30-06 Springfield, 8x57 und 9,3x62 hergestellt. Die andere Magnumvariante hat einen längeren, 61 cm langen Lauf, ist insgesamt 119 cm lang und wiegt etwa 3,5 kg; sie wurde in den Kalibern 7 mm Rem.Mag., .300 Win.Mag., 8x68S, .338 Win.Mag. und .375 H&H Mag. gebaut.

ren Abzugszüngel. Als Modell SR 21 N wird sie in .25-06 Rem., .243 Win., 6x62 Frères, 6,5x55SM, 6,5x57 mm, 6,5x65RWS, .270 Win., 7x64 mm, .308 Win., .30-06 Springfield., 8x57 mm und 9,3x62 mm hergestellt und gegen geringen Aufpreis auch in .22-250 Rem., 7x57 und 8x64S. Als SR 21 G hat sie wahlweise die Kaliber

Heym SR 21-Repetierbüchse in Rechts- und Linksansicht

HEYM SR 40: eine zwischen 1986 und 1995 produzierte Sondervariante, basierend auf der SR 20, jedoch mit einem Kurzsystem zur Aufnahme der Patronen .222 Rem., .223 Rem. oder 5,6x50 Mag. Diese Waffe hatte eine Länge von 111 cm, einen 61-cm-Lauf und ein Gewicht von etwa 3 kg.

HEYM MODELL SR 21

Die Büchse Heym SR 21 stammt aus dem Jahr 2001 und ist das Nachfolgemodell der SR 20-Baureihe. Es handelt sich dabei wieder um einen Kammerstängel-Repetierer, jedoch verbunden mit einigen überraschenden Innovationen. Ein Beispiel hierzu ist etwa das Wechsellaufsystem, bei dem die fest miteinander verbundenen Komponenten Lauf und Verschlusszylinder der Waffe ausgetauscht werden können. Zudem hat die SR 21 nun ein herausnehmbares Magazin: die SR 21 N hat eine Magazinkapazität von drei, die Großkalibervariante „G" eine Kapazität von zwei Schuss; herausstehende Magazine für fünf oder vier Patronen sind ebenfalls erhältlich. Der Verschlusszylinder verfügt vorne über drei Verriegelungswarzen. Hinten am Zylinder befindet sich eine Flügelsicherung mit wie üblich drei Positionen. Die 113 cm lange, mit einem 60-cm-Lauf bestückte und zwischen 3,2 und 3,4 kg schwere Waffe hat einen Einabzug mit einem als Rückstecher verwendbaren Abzugszüngel.

8x68 S, 7 mm Rem.Mag., .300 Win.Mag. oder .338 Win.Mag.; die G-Variante ist mit ihrem 61-cm-Lauf insgesamt 114 cm lang und hat je nach Kaliberwahl ein Gewicht von 3,2 bis 3,4 kg.

HEYM MODELL SR 30

Diese Waffe mit ihrem neuen Repetierkonzept stellte Heym auf der IWA-Waffenmesse 1996 vor. Die Firma ging damit vom bekannten Mauser 98-Verschlusssystem ab und begab sich in den Bereich der so genannten Geradezug-Repetierer. Der entsprechende Verschlusszylinder verriegelt

Der Geradezug-Kammerstängel der Heym-Büchse SR 30

mittels sechs im vorderen Bereich daran befindlichen federgelagerten Kugeln. Beim Verschließen werden die Kugeln gegen die Federkraft nach innen gedrückt und greifen danach in eine ringförmige korrespondierende Aussparung in der Verschlusshülse ein. Dieses Verschlusssystem wurde beim Beschussamt in Suhl getestet und widerstand problemlos einem Druck von 8000 bar. Das Wechsellaufkonzept des Modells SR 21 wurde für die SR 30 übernommen. Ein aus Lauf und Verschlusshülse bestehendes Wechselset, in einem anderen Kaliber oder in einer anderen Ausführung, wird ausgetauscht und man belässt lediglich die Komponenten Schaft und Abzugssystem. Dies mag teuer klingen, ein entsprechendes Austauschset kostet aber tatsächlich nur 30 Prozent einer kompletten, im Übrigen stets für die Aufnahme einer Zielfernrohr-Montage vorbereiteteten Waffe. Mittels eines rechts vor dem Abzugsbügel am Schaft befindlichen Magazinlöseknopfes kann das Magazin des Gewehrs herausgenommen werden; nach Kritik in der Fachpresse wurde dieser anfangs wohl etwas zu klein geratene Knopf 1997 vergrößert. Das Modell SR 30 verfügt über keine manuelle Sicherung. Dies ist auch nicht nötig, denn beim Vorschieben des Geradezug-Kammerstängels wird das Schloss der Waffe nicht gespannt. Dies geschieht erst, wenn der Schütze den Kammerstängel der inzwischen komplett verriegelten Büchse in bestimmter Weise noch weiter nach vorne drückt. Dann erst ist die Waffe gespannt und links hinten am Verschluss hinter dem Kammerstängel erscheint als Spannanzeige ein roter Signalstift. Falls nicht geschossen werden soll, zieht der Schütze zum Entspannen des Systems einfach den Kammerstängel wieder etwas zurück bis er hörbar einrastet und sich wieder in der Stellung „verriegelt, aber nicht gespannt“ befindet; nun erscheint rechts hinter dem Kammerstängel ein weißer Signalstift. Bei der Vorstellung der Waffe gab es diese in den Kalibern .243 Win., 6x62 Frères, 6,5x55SM, 6,5x57 mm, 6,5x65RWS, .270 Win., 7x57 mm, 7x64 mm, .308 Win., .30-06 Springfield, 8x57 mm und 9,3x62 mm. In den darauf folgenden Jahren kamen – teils gegen Aufpreis – verschiedene weitere Kaliber-Optionen hinzu, etwa .22-250 Rem., .25-06 Rem. und 8x64S. Wie gewöhnlich baute Heym das Modell SR 30 auch in einer N- und seit 2000 auch in einer G-Version. „N“ steht für Normal- und keine Magnumkaliber. Der Repetierer SR 30 N ist 113 cm lang, hat einen 60-cm-Lauf und wiegt je nach Kaliber 3,2 bis 3,4 kg. Das G-Modell für die Magnumkaliber 7 mm Rem.Mag., .300 Win.Mag., 8x68S und .338 Win.Mag. hat einen 61 cm langen Lauf und ist 114 cm lang. Der Abzug der Waffe ist zwar mit einem Rückstechersystem verbunden, hat uneingestochen aber die positiven Eigenschaften eines Flintenabzugs. Der Abzug ist mittels einer Schraube vor dem Abzugsbügel zudem ein- und verstellbar.

2000 brachte Heym in allen gängigen Kalibern auch eine Links-Version der SR 30 heraus. Im folgenden Jahr wurde die Drückjagdvariante SR 30 Keiler oder Battue vorgestellt. Diese besitzt eine Verschlusshülse und einen Lauf aus Stainless-Stahl und ist mit einem farbig eingelassenen Schichtholzschaft mit geradem Schaftrücken bestückt. Als nächstes stellte man eben diese Waffe, jedoch mit einem Nussbaumschaft mit dunklem Hartholzabschluss vor; deren Hinterschaft ist sowohl mit geradem als auch mit einem abfallenden Rücken erhältlich. Kimme und Korn der 103 cm langen, mit einem 50-cm-Lauf versehenen und 3,2 kg schweren Drückjagdbüchse sind zur besseren Zielerfassung mit fluoreszierender Farbe eingelassen. Ihre Magnumversion SR 30 Keiler G, mit 58 cm langem Lauf, ist 111 cm lang.

Beim Modell SR 30 Concorde handelt es sich um die Luxusausführung der Keiler beziehungsweise Battue; hinsichtlich N- und G-Ausführung und

Heym SR 30 Battue und SR 30 Concorde

Heym SR 30 Classic (oben) und SR 30 Standard (unten)

Heym SR 30 Stutzen

den entsprechenden Kalibern ist sie mit der Standardversion identisch. Die Concorde hat eine gravierte Verschlusshülse aus Stainless-Stahl und ein vergoldetes Abzugszüngel; der Lauf ist geflutet, hat also Längsfräsungen zur besseren Kühlung. Als Schaftmaterial wird ausgesuchtes Nussbaumholz mit einer Rosenholz-„Nase“ als Abschluss verwendet. Die Concorde mit ihrem 50-cm-Lauf ist 103 cm lang und wiegt etwa 3,2 kg.

Das Modell Heym SR 30 Classic ist mit einem traditionellen Schaft mit geradem Rücken und einer Monte-Carlo-Backe ausgestattet. Auch dieser endet vorne in einem „Nasen-Abschluss“ aus Rosenholz. Die Classic ist in den gleichen Versionen wie die Standardausführung erhältlich, inklusive der N- und G-Optionen. Als SR 30 Classic N hat die Waffe eine Länge von 113 cm und einen 60-cm-Lauf, als G-Variante mit 61-cm-Lauf ist sie 114 cm lang.

Die Abart SR 30 Stutzen mit ihrem bis zur Laufmündung vorgezogenen Vorderschaft ist nur in der N-Ausführung erhältlich. Sie ist insgesamt 105 cm lang, hat einen 52 cm langen Lauf und wiegt 3,3 kg. Die für die Stutzen-Variante erhältlichen Kaliber sind .22-250 Rem., .243 Win., .25-06 Rem., 6x62 Frères, 6,5x55SM, 6,5x57 mm, 6,5x65RWS, .270 Win., 7x57 mm, 7x64 mm, .308 Win., .30-06 Springfield, 8x57 mm, 8x64S und 9,3x62 mm.

Huglu

www.huglu.com.tr

Markenzeichen der Firma Huglu

Huglu ist eines der führenden Unternehmen der türkischen Waffenindustrie. Die Firma trägt den Namen der Stadt Huglu, gelegen am See Beysehir nahe der Stadt Konya. Die kleinen privaten Büchsenmacherwerkstätten von Huglu schlossen sich 1962 zu einer Kooperation zusammen. Anfänglich gab es 155 Anteilseigner. Heute arbeiten über tausend in der Stadt lebende Menschen für die Firma. Obwohl Huglu pro Jahr über 45 000 Gewehre produziert, bleiben immer noch Kapazitäten, um an vielen besonderen Jagdwaffen noch viel von Hand zu fertigen. Im Vergleich mit ihren Mitbewerbern bietet die Firma ein extrem gutes Preis-Leistungs-Verhältnis. Huglu war eines der ersten türkischen Waffenbauunternehmen, das vom türkischen Standard-Institut zertifiziert wurde. Eine der Anforderungen dafür war der hohe Servicestandard, den Huglu anbieten kann. Für all ihre Modelle offeriert die Firma Huglu wahlweise unterschiedliche Schäfte, sowohl mit Pistolengriff als auch in gerader, englischer Form sowie mit unterschiedlichen

Huglu 103-Bockdoppelflinte

Backen. Natürlich verwendet Huglu türkisches Nussbaumholz als Schaftmaterial. Huglu bietet auch unterschiedliche Arten von Basküilen an, teils mit und teils ohne abnehmbare Seitenplatten; allerdings gibt es keine Huglu-Kipplaufwaffen mit Seitenschlossen. Die Waffenläufe sind mit unterschiedlichen Ventilierungen erhältlich, sowohl hinsichtlich der Laufschienen als auch der Laufzwischenräume. Die Firma ist von ihren Produkten derart überzeugt, dass sie dafür eine lebenslange Garantie gibt.

Huglu Modell 103

Die Flinte Modell 103 wird in verschiedenen unterschiedlichen Varianten hergestellt. Als Modell 103 C ist sie in den Kalibern 12, 16, 20, 28 und 36 (.410) mit Patronenlagern für 70-mm- oder 76-mm-Hülsen erhältlich. Die Waffe ist mit einem Einabzug ausgestattet, der zunächst das Schloss für den unteren und dann das für den oberen Lauf abschlägt. Diese Reihenfolge kann mittels des auf dem Schaftkolbenhals befindlichen Sicherungsschiebers, der gleichzeitig als Laufwahlschieber fungiert, geändert werden. Die Waffe verfügt über ein Patronenausziehersystem, keine Ejektoren. Eine ähnliche Variante, diese aber mit selektiven Ejektoren, ist das Modell 103 CE von Huglu. Wie das Modell 103 C wird auch diese Flinte wahlweise mit 65, 68, 71 oder 76 cm langen Läufen hergestellt, die mit einer 10 mm breiten Laufschiene versehen sind. Die Läufe gibt es entweder mit festen $^{3}/_{4}$- und Vollchoke-Bohrungen oder mit Wechselchoke-Einsätzen. Die Läufe sind innen hartverchromt und im Monoblock-Verfahren miteinander verbunden. Die Basküle wird aus einem massiven Stahlblock gefräst und dann entweder brüniert, verchromt oder unbehandelt belassen. Als Verzierung sind auf der Basküle Vogelmotive eingraviert und als Verriegelung dient eine doppelte Laufhakenverriegelung. Die Flinte, deren Vorder- und Hinterschaft aus türkischem Nussbaum hergestellt sind, wiegt zwischen 3 und 3,3 kg. Das Modell 103 D ist eine etwas einfachere Variante mit einfacherer Gravur. Deren Vorderschaft hat eine eckige Form, ansonsten entsprechen die anderen Spezifikationen denen des Modells 103 C. Die D-Variante mit automatischen Ejektoren wird als Modell 103 DE bezeichnet. Die dritte Version der Baureihe ist das Modell 103 F mit ihren langen Seitenplatten, die der Waffe die Optik einer Flinte mit echten Seitenschlossen verleihen. Die Seitenplatten sind mit diversen Handgravuren erhältlich. Die Variante 103 FE besitzt ein Patronenauswerfersystem, also Ejektoren.

Fein gravierte Flinte Huglu 103 C

HUGLU MODELL 104

Diese Waffe wird in den Kalibern 12, 16 und 20 mit 70-mm- oder 76-mm-Patronenlagern und

Bockdoppelflinte Huglu 104

wahlweise einem Ein- oder einem Doppelzüngelabzug hergestellt. Mit dem Einabzug fungiert der Sicherungsschieber auf dem Kolbenhals gleichzeitig wieder als Laufwahlschieber. Die erhältlichen Lauflängen sind 65, 68, 71 und 76 cm; die Läufe sind innen hartverchromt und verdauen so auch die Verwendung von Stahlschroten. Die ventilierte Laufschiene ist 10 mm breit und auch zwischen den Läufen befindet sich eine Kühlungs-Ventilierung. Die Läufe sind entweder mit festen Chokebohrungen oder mit 1/4-, 1/2-, 3/4- und Vollchoke-Wechseleinsätzen ausgestattet. Das Waffengewicht liegt bei 3,1 bis 3,3 kg. In der Standardausführung ist die Basküle lediglich mit einer minimalen Gravur versehen; die dargestellte Flinte weist dagegen eine feine, exzessive Handgravur auf. Der Schaft des Gewehrs, das über automatische Patronenejektoren verfügt und mittels einer doppelten Laufhakenverriegelung geschlossen wird, ist aus türkischem Nussbaumholz.

HUGLU MODELL 201

Die 200er-Baureihe von Huglu besteht aus nahezu identischen Querflinten mit einer einfachen Laufhakenverriegelung, kombiniert mit einem Greener-Verschluss. Bei letzterem ist die Laufschiene zwischen den beiden Läufen verlängert. In dieser herausstehenden, von oben in den Stoßboden der Basküle eingreifenden Verriegelungsplatte befindet sich ein Loch, durch das im verriegelten Zustand der mittels des Verschlusshebels horizontal bewegte, massive Querriegel eingreift und die Waffe so fest verschließt. Der Greener-Verschluss wird heutzutage immer seltener, da er nur extrem passgenau und daher sehr arbeitsintensiv herzustellen ist. Das Modell 200 A wird in 12, 16, 20, 28 und 36 (.410) – mit 70-mm-Patronenlagern – hergestellt. Die innen hartverchromten Läufe sind in den Längen 65, 68, 71 und 76 cm erhältlich und, da sie allesamt getestet sind, 1200 Atmosphären Druck auszuhalten, auch für die Verwendung von Stahlschroten geeignet. Sie sind wahlweise mit festen Chokebohrungen oder mit 1/4-, 1/2-, 3/4- und Vollchoke-Wechseleinsätzen ausgestattet. Die Laufschiene zwischen den beiden Läufen ist je nach Kundenwunsch entweder erhöht oder konkav ausgebildet. Das Modell 200 A besitzt einen Einabzug und einen kombinierten Sicherungs- und Laufwahlschieber auf dem Schaftkolbenhals. Die Basküle des je nach Kaliber und Ausführung zwischen 2,9 und

Querflinte Huglu Modell 201 mit Greener-Verschluss

3,3 kg schweren Gewehrs ist aus Stahl und entweder tiefblau brüniert oder blank belassen. Hinter- und Vorderschaft sind aus türkischem Nussbaumholz; in der Standardausführung ist die linke Hinterschaftseite als Backe ausgeformt. Die Modelle 201 und 202 unterscheiden sich nur minimal von der Flinte 200 A. Die hierfür erhältlichen Kaliber sind 12/70, 16/70 und 20/70. Die Waffen verfügen über einen Doppelzüngelabzug und sind unterschiedlich graviert. Das abgebildete Modell 201 ist mit gravierten Seitenplatten ausgestattet.

HUGLU MODELL 401

Die Baureihen 401 und 501 mit ihren jeweils unterschiedlichen Varianten bilden die halbautomatischen Selbstladeflinten der Firma Huglu. Das Modell 401 ist ein Rückstoßlader, bewerkstelligt also den halbautomatischen Nachladevorgang rein unter Zuhilfenahme des Waffenrückstoßes. Die Waffe gibt es lediglich im Kaliber 12/70. Ihr Röhrenmagazin wird vom Vorderschaft umschlossen; in der Standardausführung beträgt die Magazinkapazität vier und beim Modell 410 A sechs Patronen. Die erhältlichen Lauflängen sind 55, 65, 71 oder 76 cm und die innen hartverchromten Läufe sind mit einer 8 mm breiten Laufschiene ausgestattet und werden nur mit Wechselchoke-Einsätzen mit 1/4-, 1/2-, 3/4- und Vollchoke-Bohrungen ausgeliefert. Der Systemkasten ist aus 7075 T-6-Leichtmetall aus dem Flugzeugbau hergestellt. Die manuelle Sicherung der Waffe befindet sich hinten im Abzugsbügel und ist als Durchschiebeknopf ausgestaltet. Mittels eines gravierten, direkt unter dem Spannhebel befindlichen Knopfes kann die Patronenzufuhr ins Magazin unterbrochen werden. Die Flinte wiegt je nach Lauflänge zwischen 3,15 kg und 3,25 kg. Ihr Vorder- und Hinterschaft sind aus türkischem Nussbaum hergestellt. Das Modell 501 ist eine ähnliche Waffe, deren Nachladen jedoch mittels Gasdrucks bewerkstelligt wird, also ein Gasdrucklader. Auch das Modell 501 ist nur im Kaliber 12/70 erhältlich. An Lauflängen hierzu stehen zur Verfügung 55 cm, 65 cm oder 71 cm. Die weiteren Details entsprechen denen des Rückstoßlader-Modells 401.

Huglu 401-Selbstladeflinte

I

Investarm

www.investarm.com

Logo des italienischen Unternehmens Investarm

Investarm ist eine verhältnismäßig neue Firma. Sie wurde 1975 von den drei Brüdern Salvinelli in Marcheno in Italien gegründet.
Da sie bereits seit 1955 für unterschiedliche italienische Waffenfirmen gearbeitet hatten, waren die Brüder keine Neulinge in der Branche. Investarm spezialisiert sich auf doppelläufige Schrotwaffen für die Jagd und den Schießsport sowie auf Vorderlader-Replikas. Das Ziel der Salvinelli-Brüder ist, Qualität zu einem guten Preis anzubieten. Hinsichtlich der Flinten hat Investarm eine Standardwaffe, das Modell Sydney, welches in zahlreichen unterschiedlichen, zweckentsprechenden Versionen produziert wird. Dies ist sehr effizient, senkt folglich Herstellungskosten und macht einen absolut konkurrenzfähigen Preis möglich. Um dieses Ziel zu erreichen hat die Firma auch intensiv in moderne Produktionsmittel investiert. Die gesamte Herstellung ist computergesteuert um eine hohe Produktivität und niedrige Fertigungstoleranzen zu gewährleisten. Dahingehend sind auch alle entsprechenden Teile problemlos untereinander austauschbar.
Das unten abgebildete Kastenschloss wird in jeder Sydney-Bockdoppelflinte von Investarm verwendet. Bei den exklusiveren Modellen, wie der Sydney Exo, sind viele Innenteile vergoldet, um Korrosion zu verhindern. Bei den einfacheren Versionen wird blanker, rostträger Nickel-Stahl verwendet. 2000 überarbeitete Investarm die Baureihe maßgeblich und stellte die Sydney 2000-Flinten vor. Die Änderungen bestehen vornehmlich in einer erhöhten Laufschiene, fluoreszierenden Kornen für die Sportvarianten und der Hinzufügung eines Modells mit Seitenplatten zu

Einsicht in das Kastenschloss der außen fein gravierten Basküle einer Sydney EXO-Flinte

Beispiele unterschiedlicher Gravuren auf den Baskülen von Investarm-Flinten

ven Querriegel gehalten werden, der durch den Verschlusshebel bedient wird.

Von den verschiedenen Flinten der Sydney-Baureihe wurde das Modell Sydney Field insbesondere für die Jagd entwickelt. Auch das Modell Pigeon, vornehmlich als Waffe zum sportlichen Tontaubenschießen erdacht, eignet sich jagdlich sehr gut. Die Modelle Skeet und Trap sind Gewehre speziell für die entsprechenden sportlichen Disziplinen. Alle Varianten können mit den unterschiedlichsten Gravuren geordert werden, einige Gravurbeispiele sind links abgebildet; von oben nach unten sind dies die Version L2, die EXO mit goldenem Drachen und die EXL Cartelle mit exzellent gravierten Seitenplatten auf dem Kastenschloss. Alle Modelle der Sydney-Flinte werden nur im Kaliber 12 hergestellt. Bis 2000 stand die Lauflänge im direkten Zusammenhang mit der Länge der Patronenlager; der 68-cm-Lauf hatte ein Lager für 65 mm lange Patronenhülsen, der 70-cm-Lauf ein 70-mm-Patronenlager und der 76-cm-Lauf ein Lager für 76-mm-Hülsen. Nach 2000 ließ man hiervon ab und bot generell nur noch Läufe mit 70-mm- oder 76-mm-Patronenlagern an. Die Waffen haben automatische Ejektoren, ihre Läufe sind aus Nickel-Chrom-Molybdän-Stahl.

Sydney Field

Das Modell Sydney Field ist eine robuste Bockdoppelflinte für die Jagd, sie ist erhältlich mit den

Flinte Sydney Field in den Luxusausführungen EXL und EXO und darunter als EXL Cartelle mit Seitenplatten

jeder Unterart. Die Sydney-Flinten sind mit einer verbesserten Boss-Verriegelung ausgestattet. Dabei befinden sich hinten beidseitig des unteren Laufes Laufhaken, die im geschlossenen Waffenzustand in korrespondierende Aussparungen der Basküle eingreifen und von einem massi-

Lauflängen 66, 68 und 70 cm. Die Laufbündel wiegen zwischen 1,25 kg und 1,35 kg, die gesamte Waffe zwischen 3,2 kg und 3,3 kg und die Waffengesamtlänge variiert zwischen 110 cm und 118 cm. Die Waffe, deren Schaft aus Nussbaum ist und deren jagdliche Variante vorne am Vor-

Sydney Field-Bockdoppelflinten in den Versionen L 1 Field, L Field, CM Field, XL 1 Field, XL 2 Field und EXL Field (von oben nach unten)

derschaft einen Schnabel-Abschluss aufweist, wird wahlweise mit festen Chokebohrungen oder mit einem Set von Wechselchoke-Einsätzen angeboten. Die Flinte ist mit automatischen Ejektoren ausgestattet und kann auch mit einer automatischen Sicherung geordert werden. Ihr Einabzug löst zunächst das Schloss für den unteren und dann das für den oberen Lauf aus. Der Sicherungsschieber auf dem Kolbenhals ist diesbezüglich gleichzeitig Laufwahlselektor. Indem der Schieber zur Seite und dort dann auch nach oben und unten geschoben wird, kann damit auch eine Laufwahl erfolgen. Die Standardvariante der Sydney Field, die übrigens auch mit einem Doppelzüngelstecher geordert werden kann, weist eine 7 mm breite Laufschiene auf. Die diversen Varianten der Waffe unterscheiden sich nur im Ausmaß ihres Finishes und ihrer Gravur. Die einfachste Variante davon, die Field F 1, hat eine brünierte Basküle, dann folgen vernickelte und mehr oder weniger reich gravierte Stücke nach.

Sydney Pigeon

Das Modell Pigeon wurde zwar als sportliche Wettkampfwaffe konzipiert, ist jedoch auch komplett für jagdliche Zwecke geeignet; das Tontauben-, jetzt Wurfscheibenschießen war ehemals, im 19. Jahrhundert, ja ohnehin ein reines Üben für die Jagdausübung. Von der Pigeon gibt es keine Ausführung mit brünierter Basküle. Die aus Nickel-Chrom-Stahl gefertigte Basküle der einfachsten Variante, der L 1, ist blank unbehandelt und weist nur eine simple Rahmengravur auf. Alle Pigeon-Versionen sind entweder mit einem breiten Vorderschaft oder mit einem Schnabel-Abschluss erhältlich. Die Läufe der Flinte sind mit auswechselbaren Choke-Einsätzen ausgerüstet und oben mit einer 11 mm oder wahlweise mit einer 8 mm breiten, oben schmaler werdenden, ventilierten Laufschiene bestückt. Ein Hauptunterschied zwischen den Modellen Sydney Pigeon und Sydney Field ist,

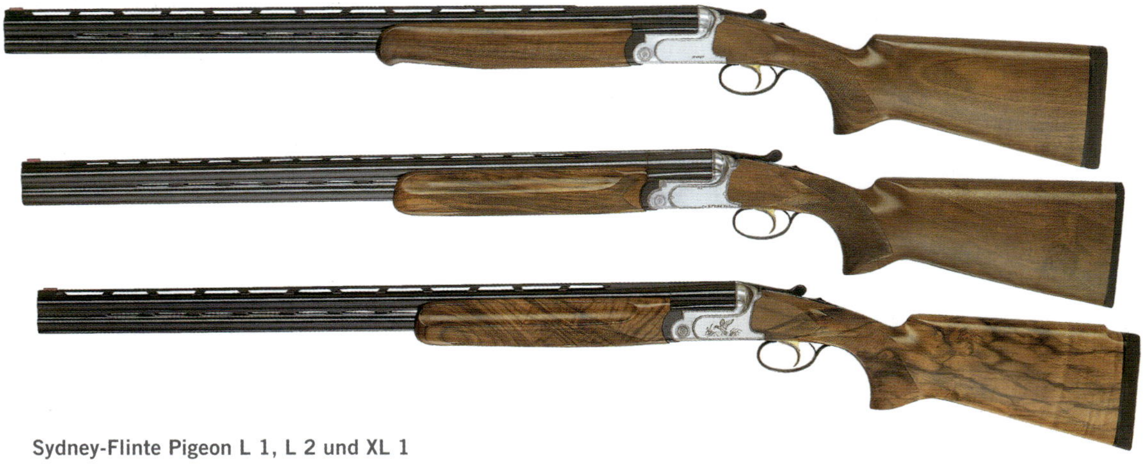

Sydney-Flinte Pigeon L 1, L 2 und XL 1

dass der Zwischenraum zwischen den beiden Läufen der Pigeon zur Kühlung ebenfalls ventiliert ist und dass diese Waffe ein fluoreszierendes Korn aufweist. Alle Pigeon-Varianten haben einen selektiven Einabzug, wobei der Sicherungsschieber am Kolbenhals gleichzeitig als Laufwahl-Selektor dient. Die Baskülenseiten der Topversionen der Baureihe sind exzellent mit Jagdszenen und anderen Motiven graviert; das Modell Pigeon EXO weist ein mit Gold eingelegtes Drachenmotiv auf. Die Pigeon-Flinten gibt es wahlweise mit Läufen mit einer Länge von 70, 72 oder 76 cm und mit einer Gesamtlänge, die zwischen 110 cm und 120 cm liegt. Die Laufbündel alleine wiegen zwischen 2,98 und 3,15 kg, was zu Gesamtgewichten führt, die wiederum zwischen 3,35 kg und 3,5 kg liegen.

Sydney Pigeon in den Varianten XL 2 (oben), EXL (Mitte) und EXO (unten)

SYDNEY SKEET

Die Skeet-Variante wird in den gleichen Versionen wie die anderen Sydney-Modelle hergestellt. Als Sydney Skeet L 1 hat sie eine glatte, unbehandelte Basküle aus Nickel-Chrom-Stahl, bei der L 2 weist die Basküle eine Rahmengravur auf, bei der XL 1 eine Gravur mit dem Motiv abfliegender Enten und bei der XL 2 eine Gravur mit anderen Jagdszenen; die Ausgestaltung der Gravur nimmt bei den Modellen Skeet EXO und EXL Cartelle mit Seitenplatten noch erheblich zu. Die Sydney Skeet hat entweder 66 cm oder 70 cm lange Läufe und ihre ventilierte Laufschiene ist 11 mm breit. Beide Läufe verfügen über eine feste Zylinderchoke-Bohrung, es gibt aber auch eine Version mit Wechselchoke-Einsätzen. Die Gesamtlänge der Flinte liegt zwischen 111 und 116 cm, die Laufbündel wiegen zwischen 2,98 und 3,1 kg und das Gesamtgewicht liegt in etwa bei 3,4 kg.

Bockdoppelflinte Sydney Skeet in den Varianten L 1, L 2 und XL 1 (von oben nach unten)

Die spezielle Skeet-Flinte Sydney Skeet als Luxusausführung XL 2, EXL 1, EXL 2 und EXO (von oben nach unten)

Ursprünglich hatte die Skeet-Waffe nur einen Einabzug, seit 2002 wird sie aber auch mit Doppelzüngelabzug angeboten; wie üblich fungiert auch hier der Sicherungsschieber auf dem Schaftkolbenhals wieder gleichzeitig als Laufwahlschieber. Der Schaft der Waffe ist aus ausgesuchtem Nussbaum; bei den edleren und teureren Versionen wird jedoch mehr Wert auf eine besonders feine Holzmaserung gelegt, was an den abgebildeten Sydney-Flinten gut zu erkennen ist.

SYDNEY SPORTING

Diese Bockdoppelflinte wurde zwar ursprünglich ebenfalls zum sportlichen Wurscheibenschießen konzipiert, sie eignet sich aber auch hervorragend als Jagdwaffe. Als Längen für die mit einer 8 mm breiten, ventilierten Visierschiene versehenen Läufe sind erhältlich 70, 72 oder 76 cm; zwischen den Läufen befindet sich ebenfalls eine Ventilierung. Standardmäßig wird die 110 bis 120 cm lange Waffe mit einer festen 3/4- und Vollchoke-Bohrung ausgeliefert, sie ist jedoch auch

Von oben nach unten: Sydney L 3 Sporting, XL 1 Sporting, XL 2 Sporting, XL 3 Sporting, EXL Sporting und EXO Sporting

Sydney Sporting-Bockdoppelflinte als EXL Cartelle-Variante mit Seitenplatten, als L 1 Sporting und als L 2 Sporting

mit Wechselchokes erhältlich. Die Laufbündel wiegen zwischen 2,98 und 3,15 kg und das Gesamtgewicht liegt zwischen 3,35 und 3,5 kg. Wie bei den anderen Sydney-Modellen weisen auch bei der Sporting die Varianten EXO und EXL Cartelle mit ihren langen Basküllen-Seitenplatten die feinsten Gravuren und die besten Schäfte auf. Die Sporting ist auch – wie oben abgebildet – mit einem breiten schnabelförmigen Vorderschaft erhältlich. Sie hat einen selektiven Einabzug, wobei die Laufwahl wieder mittels des Sicherungsschiebers erfolgt.

SYDNEY TRAP

Die Trap-Baureihe der Sydney-Bockdoppelflinte besteht aus den Varianten Oympic Trap und Double Trap. Die Olympic hat eine feste $^{3}/_{4}$- und Vollchoke-Bohrung und die Double Trap einen feste $^{1}/_{2}$- und Vollchoke-Bohrung; außerdem sind die Waffen auch mit Wechselchokes erhältlich. Die erhöhte, ventilierte Laufschiene ist 11 mm breit und auch hier ist der Zwischenraum zwischen den Läufen ventiliert. Die 116 bis 122 cm lange Trap-Variante wird mit den Lauflängen 74, 75 oder 76 cm hergestellt. Ihr Laufbündel wiegt zwischen 1,45 und 1,5 kg und das Gesamtgewicht

Die Trap-Flinte Sydney Trap in den Versionen CS, CS 2, L 1 und L2 (von oben nach unten)

Sportflinten Sydney Trap als Variante XL 2 und EXL

beträgt 3,5 kg bis 3,6 kg. Die frühen Versionen der Flinte Sydney Trap hatten ausschließlich einen Einabzug ohne Laufwahlmöglichkeit; bei ihnen wurde stets zunächst das Schloss für den unteren und dann das für den oberen Abzug abgeschlagen. Mit der Einführung der Sydney-Baureihe von 2000 erhielten auch die Trap-Versionen alle einen selektiven Einabzug mit Laufwahl-/Sicherungsschieber oben auf dem Kolbenhals. Auch hier ist das Schaftmaterial Nussbaumholz – dessen Qualität und Maserung steigt mit den edleren und luxuriöseren Versionen der Waffe.

Sydney Trap XL 1 und Sydney Trap EXO

K

KRICO

www.krico.de

Krico-Logo, kombiniert mit einem Wildschweinkopf

Krico ist die Kurzbezeichnung für die deutsche Firma Kriegeskorte GmbH. Das Unternehmen hat eine lange Geschichte, die bis zum Jahr 1878 zurückreicht. Der Firmengründer, Robert Kriegeskorte, wurde 1853 in Rönsahl gebohren. Nach seiner Schulausbildung lernte er Kaufmann in der örtlichen Schießpulverfabrik Cramer & Buchholz. Nach der Lehre wurde er der Repräsentant seiner Firma für Süddeutschland und zog daher nach Esslingen in die Nähe von Stuttgart. 1878 gründete er dort die Firma Junghans & Kriegeskorte, ein Großhandelsunternehmen für Schieß- und Sprengpulver, Munition und Waffen. Er errichtete ein Pulverlager, was jedoch den Widerstand der lokalen Bevölkerung und einiger örtlicher Behörden hervorrief, die dies für viel zu gefährlich hielten. Schließlich zog Kriegeskorte deshalb mit seiner Firma nach Cannstatt, das heute ein Stadtteil von Stuttgart ist. Das Unternehmen blühte. Anfang 1918 übernahm Max Kriegeskorte, der Sohn des Firmengründers, die Geschäftsführung. Nach dem Ende des Ersten Weltkriegs war die Produktion von und der Handel mit Waffen stark eingeschränkt; Kriegeskorte produzierte daher in den Jahren 1918 bis 1928 neben weiteren zivilen Stahlprodukten auch Fahrradrahmen. Krico begann in dieser Zeit auch Zweigstellen in Suhl und Solingen aufzubauen, welche nach einigen Jahren jedoch beide wieder geschlossen wurden, weil sie sich als nicht profitabel erwiesen hatten. 1928 wurde die Firma Junghans & Kriegeskorte in das reine Familienunternehmen Kriegeskorte & Co. GmbH umgewandelt. Max Kriegeskorte und seine Frau vergrößerten das Unternehmen mit beachtlicher Energie und viel Fleiß. Max begann 1939 damit, die Produktion komplett zu mechanisieren, aber dieses kam mit dem Ausbruch des Zweiten Weltkriegs schnell zu einem Ende. Max Kriegeskortes Söhne Rolf und Arndt sollten die Firma übernehmen, Rolf als der technische Leiter und Arndt als kaufmännischer Direktor; der Krieg zerstörte aber diese Pläne, denn Arndt fiel 1944 und Rolf wurde schwer verwundet. Max Kriegeskorte selbst starb im Juni 1945. Das Geschäft ging zum Kriegsende in die Hände von Rolf und dessen Mutter, Emma Kriegeskorte. Nach dem Zweiten Weltkrieg hatte die Firma mit dem Problem zu kämpfen, dass die Allierten den Waffenhandel und den Bau von Waffen untersagten; nun stellte sich die Firma auf die Produktion von Haushaltsartikeln um. 1947 bekam Kriegeskorte dann die Genehmigung, wieder Bolzenschussapparate und 1949, Startpistolen herzustellen. Ab 1950 durfte das Unternehmen dann auch wieder Luftdruckgewehre und ein weiteres Jahr später Kleinkaliberbüchsen produzieren. Nach 1954 begann man mit der Produktion von jagdlichen Repetierbüchsen, zunächst mit dem so genannten System 400 in den Kalibern .22 Hornet und .222 Remington. Zudem war Krico sehr damit beschäftigt, ehemals militärische Mauser-Repetierer in Waffen für die Jagd und den Sport umzubauen. 1963 entwickelte man die Systeme Krico 600 und 700 für schwerere Kaliber. 1967 kam ein Neffe, Dieter Kriegeskorte ins Unternehmen, gefolgt 1976 von dessen Bruder Arndt, der Technik-Leiter wurde. 1980 teilte man Krico in die Holding Firma Kriegeskorte & Co. und das eigentliche Herstellungsunternehmen Krico GmbH auf. Arndt Kriegeskorte erwarb 1986 die gesamten Firmenanteile und verlegte den Firmensitz im folgenden Jahr nach Fürth in Nordbayern. Zur Entwicklung der Bockdoppelflinte Rottweil Paragon ging Krico 1988 eine Zusammenarbeit mit Rottweil ein, aber dieses Projekt stagnierte und erwies sich nach einigen Jahren als unrentabel. Die entsprechenden Verluste resultierten darin, dass zumindest die Holding-Firma bankrott ging. Das Herstellungsunternehmen selbst zog 1994 nach Vohburg-Irsching an der Donau, südlich von Regensburg. Hier wurde die Firma langsam wieder aufgebaut und stellte schließlich 1997 das neue Repetierbüchsen-Modell Krico 902 vor. Diese Waffe hatte Arndt Kriegeskorte entwickelt und sie von der Firma CD Europe in Italien produzieren lassen. 1999 ging Krico mit der bekannten Waffenfirma Kongsberg aus Norwegen zusammen.

Krico Modell 260 und 300 Stutzen

Krico Modell 260

Die halbautomatische .22-l.r.-Kleinkaliberbüchse Modell 260 mit einem reinen Masseverschluss stammt aus dem Jahr 1962. Das herausnehmbare Magazin nimmt zwei oder fünf Patronen auf, ein weiteres hat eine Kapazität von 10 Schuss. Der Magazinlöseknopf befindet sich hinter dem Magazinschacht. Rechts hinten am Systemkasten ist eine Schiebesicherung angebracht, die jedoch nur den Abzug blockiert. Der Systemkasten ist oben mit einer Prismaschiene zur Anbringung einer Zielfernrohr-Montage versehen. Die Büchse ist mit einem Kurvenvisier und einem Korntunnel ausgestattet. Ihre Gesamtlänge beträgt 105 cm, ihre Lauflänge 57 cm und das Gewicht 2,7 kg. Der Schaft ist aus Buchenholz, vom Finish her jedoch auf Nussbaum getrimmt. Zwischen 1963 und 1980 wurde eine Variante dieses Selbstladers als Modell 250 A hergestellt; diese Waffe war mit dem Modell 260 fast identisch, hatte aber ein 8-Schuss-Magazin.

Krico Modell 300/301

Die früheren Repetierbüchsen-Modelle 300 und 300 E Sporting, Kaliber .22 l.r. und .22 WMR, baute Krico ab 1955. Die Waffe verschließt nur durch den nach unten geschwenkten Kammerstängel und hat keine Verriegelungswarzen oder ähnliches am Verschlusszylinder. Rechts hinten am Verschlussgehäuse befindet sich ein Sicherungshebel, der den Abzug und den Verschluss blockiert. Im gespannten Zustand steht hinten am Verschlusszylinder der verlängerte Schlagbolzen heraus und dient so als Spannzustandsanzeige. Die ehemalige Büchse 300 E hatte einen Druckpunktabzug. Sie ist 97 cm lang, hat einen 50-cm-Lauf und ein Gewicht von 2,5 kg. Das herausnehmbare Magazin hat eine Kapazität von fünf Patronen. In den 1960er-Jahren stellte Krico verbesserte Varianten der Waffe vor. Die Modelle 302 und 304 hatten eine modifizierte Kimme und ein ST-Abzugssystem mit Rückstecher. Weitere Versionen folgten, etwa das Modell 310, eine Billigvariante des Modells 304, und das Modell 311 als Luxusausführung. Im Kaliber .22 WMR besaßen die Büchsen die Modellbezeichnungen 351, 352 und 354. Etwa 1980 folgte eine weiter umgestaltete 300er-Reihe, fast alle mit Stecherabzug. Zusätzliche Varianten hiervon folgten zum Beispiel mit dem Modell 320 mit seinem Stutzen-Schaft, dem Match-Modell 330 oder dem Modell 340 zum jagdlichen Wettkampfschießen. Bei dem speziellen Biathlongewehr 360-S2 Biathlon wurde durch Vor- und Zurückdrücken des Pistolengriffs repetiert. 1994 stellte Krico die komplett neue Baureihe 300 vor. Deren Unterschied zu den Vorgänger-Repetiermodellen besteht vornehmlich in ihrem Erscheinungsbild. Jede Version der Waffe hat nun drei verschiedene Abzugssysteme zur Auswahl: einen

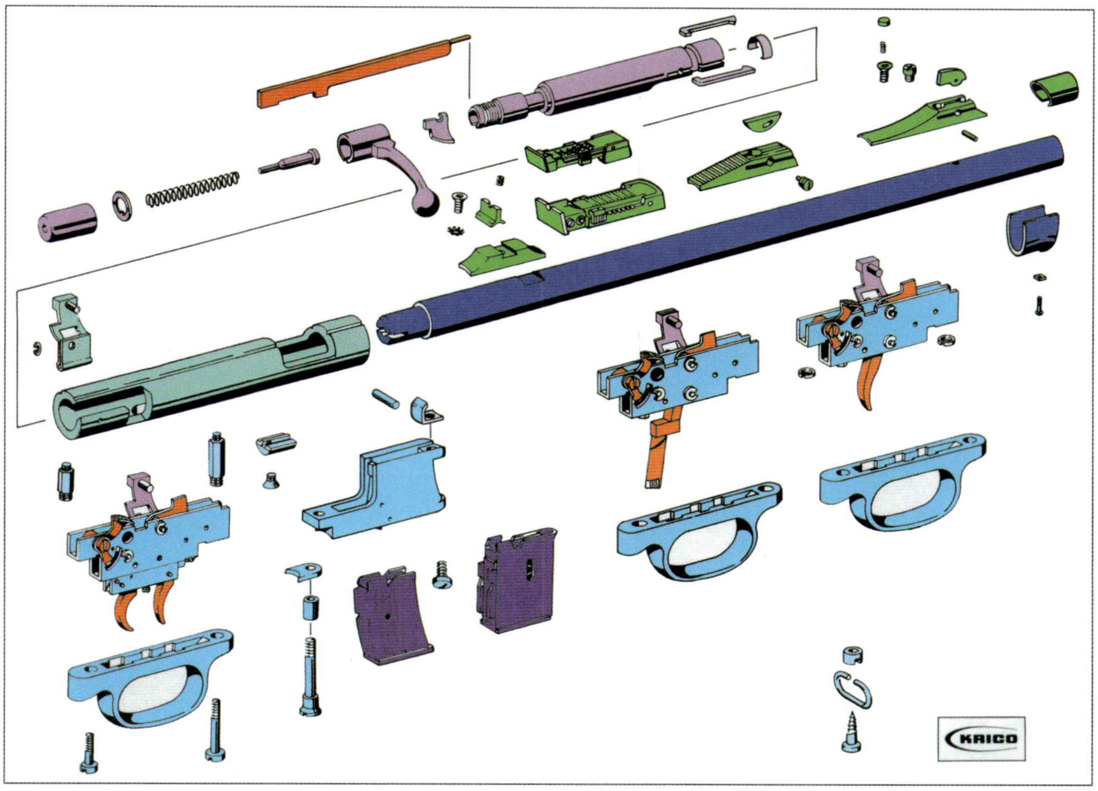

Explosionszeichnung der Repetierbüchse Krico 300

deutschen Doppelzüngel-Stecherabzug, einen sowohl hinsichtlich Abzugswiderstand als auch Vorweg einstellbaren Druckpunktabzug oder einen ebenfalls komplett verstellbaren, geraden Match-Abzug. Bei dem aktuellen Modell 300 Standard handelt es sich um eine verbesserte Variante des ehemaligen Modells 300 E. Das Modell 300 L – für Luxus – ist die edlere Version des Standardmodells, mit Nussbaumschaft und Mahagoni-Abschluss des Vorderschafts. Krico baute das Modell 300 L in den Kalibern .22 l.r., .22 WMR und .22 Hornet; bei der .22 Hornet-Variante hat der Verschlusszylinder hinten zwei Verriegelungswarzen. Bei dem Modell 300 SA – für Schall-Absorber – ist in dem dicken Lauf ein Schalldämpfer zur Verwendung der .22-l.r.-Subsonic-Munition integriert. Der eigentliche Lauf der SA-Version ist nur 28 cm lang, die gesamte Laufkonstruktion mit dem Schalldämpfer aber 57 cm. Die Gesamtlänge der Waffe beträgt 108 cm und sie wiegt 2,8 kg. Das Modell 300 Silhouette hat einen besonderen Match-Abzug und das dem früheren Modell 30 ähnliche, neue Modell 300 Stutzen einen Vorderschaft, der bis zur Laufmündung vorgezogen ist. Je nach Variante beträgt die Gesamtlänge der Waffen der Baureihe 300 zwischen 98 und 109 cm, die Lauflänge variiert zwischen 50 und 60 cm und das Gewicht zwischen 2,9 und 3,1 kg. Die Kapazität des herausnehmbaren Magazins beträgt fünf oder 10 Patronen, beim .22 Hornet-Modell nur fünf. Die Waffe hat eine einfache, nur höhenverstellbare Visierung und einen Korntunnel; an einer vorhandenen Prismaschiene ist eine Zielfernrohr-Montage anzubringen. Im Jahr 2000 wurde die Baureihe weiter modifiziert und als 301er-Reihe neu vorgestellt. Die Waffe wird nun für die Randfeuerpatronen .22 l.r. und .22 WMR und für die Zentralfeuerpatronen .22 Hornet und .222 Rem. angeboten. Die Verriegelung für die Randfeuervarianten blieb gleich, während die für die Zentralfeuervarianten nun generell mittels zweier hinten auf dem Verschlusszylinder angebrachten Verriegelungswarzen abläuft. Das .22-l.r.-Modell 301 ist jetzt auch mit einem Gewinde an der Laufmündung erhältlich, so dass ein separater Schalldämpfer angebracht werden kann. Die Gesamtlänge des 301er-Standardmodells liegt bei 106 cm, der Lauf ist 57 cm lang und das Gewicht beträgt 3,2 kg. Die Dralllänge im Lauf ist je nach Kalibern unterschiedlich, in .22 l.r. beträgt sie 40 cm, in .22 WMR und .222 Rem. 36 cm und in .22 Hornet 35,5 cm. Zwar ist die Oberseite des Verschlussgehäuses ebenfalls mit einer Prismaschiene versehen, zudem sind jedoch darin auch Löcher zur Aufnahme einer Zielfernrohr-Montage vorgebohrt. Am hinteren Ende des Verschlusszylinders zeigt ein roter Signalstift an, ob die Waffe gespannt ist oder nicht. Der Magazinauszieher ist beidseitig und das herausnehmbare Magazin fasst in allen Kalibern fünf Patronen. Der Schaft des Gewehrs ist aus Nussbaumholz. Das neue Modell 300 SA in .22 l.r. hat wie das alte 300er SA-Modell einen integrierten Schalldämpfer. Der Mündungsknall der Waffe wird damit auf lediglich 69 dB herabgesenkt.

KRICO MODELL 400/401

Das erste Repetierbüchsen-Modell 400 stellte Krico bereits 1954 vor. Danach folgten verschiedene Modifikationen, die 1983 zum Modell 400 D führten. Diese Waffe gab es in .22 l.r. und .22 Hornet. Wie das neuere Modell 301 hat die 400 D-Büchse hinten am Verschlusszylinder zwei Verschlusswarzen, die in korrespondierende Aussparungen im Verschlussgehäuse eingreifen und so die Waffe zusammen mit dem Kammerstängel verriegeln. Der Sicherungsschieber befindet sich hinten rechts am Verschlussgehäuse. Beim Herabschwenken des Kammerstängels wird die Schlagbolzenfeder gespannt. Die Rückseite des Schlagbolzens steht dann etwas aus dem Verschlusszylinder heraus und zeigt so an, dass gespannt ist. Das Modell 400 ist 108 cm lang, hat einen 60-cm-Lauf und wiegt etwa 4 kg. Die Magazinkapazität des herausnehmbaren Magazins ist fünf Patronen, in .22 l.r. ist aber auch ein 10-Schuss-Magazin erhältlich. Das Gewehr hat keine Visierung; es ist nur als Zielfernrohr-Waffe gedacht und deshalb natürlich mit einer Prismaschiene ausgestattet. Der massive Schaft ist aus Nussbaumholz. Lieferbar sind sowohl ein Doppelzüngel-Stecherabzug als auch ein Match-Abzug. Der Stecherabzug hat gestochen ein Abzugsgewicht von nur 200 g und der Match-Abzug kann sogar auf lediglich 150 g eingestellt werden. Die Firma Krico baut von dieser Waffe auch eine einschüssige Variante und eine etwas leichtere, 107 cm lange Silhouetten-Version mit nur 52 cm langem Lauf und einem Gewicht von 3,5 kg. Andere Varianten, die im Laufe der Jahre vorgestellt wurden, umfassen etwa die Büchsen 400 E, 420 L Stutzen (mit 50-cm-Lauf), und die Luxusausführungen 430 S und 440 S. Die letzte Neuerscheinung der Baureihe war das Modell 401 Match, das speziell als DJV-Wettkampfwaffe konzipiert war; DJV steht für Deutscher Jagdschutzverband. Die Baureihe 401 wird in den Kalibern .22 l.r. und .22 Hornet hergestellt; der .22 Hornet-Lauf ist aus Stainless-Stahl. Die Waffe hat ein 5-Schuss-Magazin und ist 103 cm lang, wiegt 4,1 kg und besitzt einen 56 cm langen Lauf. Das Verschlussgehäuse ist wie üblich mit einer Prismaschiene versehen, weist jedoch auch vorgebohrte Bohrungen zur Montage einer Zieloptik auf. Wie bei den Vorgängermodellen steht auch hier der Schlagbolzen hinten heraus, wenn gespannt ist; zudem hat auch diese Waffe einen beidseitigen Patronenauszieher. Die hinten rechts befindliche Sicherung blockiert sowohl den Abzug als auch die Abzugsstange. Der Nussbaumschaft ist hinten erhöht und besitzt eine Monte-Carlo-Backe.

Krico Modell 400

KRICO MODELL 600

Die erste 600er-Reihe wurde 1963 als Ersatz für die zu Sport- und Jagdwaffen umgearbeiteten militärischen Mauser-Repetierer aufgelegt. Der Verschlusszylinder des Modells 600 weist wie beim 98er Mauser-System vorne zwei Verriegelungswarzen auf, die jeweils in korrespondierende Aussparungen des Systems eingreifen. Am Verschlusszylinder befindet sich ein relativ kleiner, federgelagerter Patronenauszieher. Die Standardausführung ist 111 cm lang, hat einen 55 cm langen Lauf und wiegt 3,4 kg. Basierend hierauf stellte Krico dann 1964 diverse weitere Büchsen der Reihe vor, bei denen die letzte Zahl der Modellbezeichnung stets auf das Kaliber hindeutete. Die hinzugefügten Buchstaben E oder ST bedeuten, dass entweder ein Druckpunkt- oder ein Doppelzüngel-Stecherabzug eingebaut ist. Das Modell 601 hat das Kaliber .222 Rem., das Modell 602 .222 Rem.Mag., 603 .243 Win., 605 .308 Win. und 606 5,6x57 mm; 1966 stellte man noch das Modell 607 im Kaliber .22-250 Rem. vor. Stutzen-Varianten der Waffe mit langem, bis zur Laufmündung vorreichendem Vorderschaft waren die Modelle 621 und 626. Auch baute

Krico Modell 600-Repetierbüchse

Krico zwei spezielle Varianten zum jagdlichen Wettkampfschießen nach den Regeln des DJV. Dabei handelt es sich um das Modell 641, Kaliber .222 Rem., und das .243 Win. Modell 643. 1983 wurde die Baureihe grundlegend erneuert. Die neue Standardwaffe gab es in .222 Rem., 5,6x50 Mag., .243 Win. und .308 Win., zudem konnte sie gesondert bestellt werden auch in .17 Rem., .222 Rem.Mag., .22-250 Rem., .223 Rem. und 5,6x57 mm. Im Laufe der Zeit wurden viele verschiedene Versionen vorgestellt, die sich von der anfänglichen Standardausführung teils nur in der Qualität des Schaftholzes oder in der Lauflänge unterschieden. Unter den Varianten befindet sich etwa auch das Modell 600 D mit einem ST-Doppelzüngel-Stecherabzug, einem 60-cm-Lauf und den Kaliber-Optionen .17 Rem., .222 Rem., 5,6x50 Mag., 222 Rem-Mag., .22-250 Rem., .223 Rem., 5,6x57 mm, .243 Win. und .308 Win. Weitere Beispiele sind das Luxusmodell 600 L mit einem Nussbaumschaft von besonderer Qualität und einem Vorderschaft-Abschluss aus Mahagoni oder das Modell 620 mit bis zur Laufmündung vorgezogenem Vorderschaft, das Einzellader-Modell 630 oder das Modell 640 Sniper in den Kalibern .222 Rem., .223 Rem., .243 Win. und .308 Win. Nach ihrem Umzug stellte die Firma Krico 1994 eine nochmals etwas modifizierte 600er-Baureihe vor; hier die einzelnen Varianten:

- Modell 600 B oder Benchrest, eine verbesserte Variante des ehemaligen Modells Krico 650 S Benchrest in .22-250 Rem.;
- Modell 600 DJ oder Drückjagd von 1996, speziell für die Drückjagd, mit einem 55-cm-Lauf und ventilierter Visierschiene;
- Modell 600 E, eine Einzelladerwaffe, das frühere Modell 630 S ersetzend und 110 cm lang, 4,5 kg schwer und mit einem 60-cm-Lauf versehen;
- Modell 600 J oder Jagd, mit einem deutschen Doppelzüngel-Stecherabzug, 60-cm-Lauf, einem Gewicht von 3,6 kg und einer Gesamtlänge von 111 cm;
- Modell 600 KE, als besonders kostengünstige Variante mit einem Schaft aus Buchenholz;
- Modell 600 L – für Luxus –, mit einem besonders ausgesuchten Nussbaumschaft, deutschem Stecherabzug und abnehmbaren Riemenbügeln;
- Modell 600 Match, eine verbesserte Version des ehemaligen Modells 640 S in den Kalibern .222 Rem., .223 Rem., .22-250 Rem., .243 Win. und .308 Win. und mit einer Gesamtlänge von110 cm, einem 60 cm langen, schweren Lauf und einem Waffengewicht von 4 kg;
- Modell 600 Sniper, ehemals das Modell 640 Sniper, Kaliber .222 Rem., .223 Rem., .243 Win. und .308 Win.; die Gesamtlänge beträgt hier 115 cm, die Waffe hat einen 60 cm langen Lauf und ein Gewicht von 4,2 kg, die Magazinkapazität des herausnehmbaren Magazins beträgt maximal sechs Patronen;
- Modell 600 Stutzen mit bis zur Laufmündung vorgezogenem Vorderschaft, ehemals das Modell 620 L;
- Modell 600 Varmint, stammend aus dem Jahr 1995, mit einem 60 cm langen Lauf für wahlweise die Kaliber .222 Rem., .243 Win. oder .308 Win.

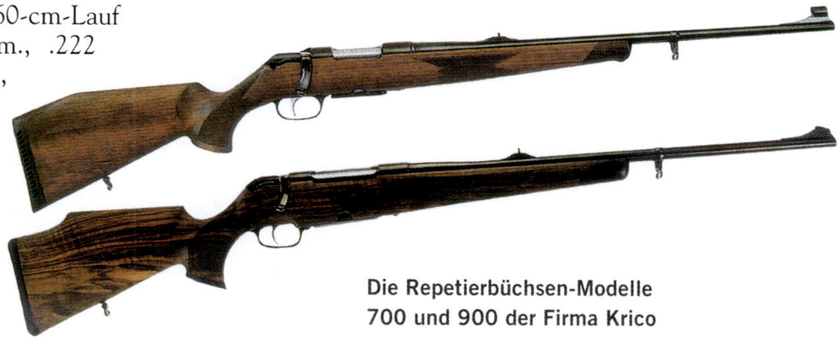

Die Repetierbüchsen-Modelle 700 und 900 der Firma Krico

KRICO MODELL 700

Das Modell 700 stammt aus dem Jahr 1962 und besitzt das längere System des Modells 601 für die Kaliber .270 Win., 7x57 mm, 7x64 mm und .30-06 Springfield. Die Gesamtlänge der Waffe liegt bei einer Lauflänge von 60 cm bei 112 cm. Ab etwa 1970 erhielt die 700er-Baureihe weitere Varianten. Diese beinhalteten das Modell 700 D von 1982, Kaliber 6,5x55, 6,5x57, .270 Win., 7x57, 7x64, .30-06 Springfield und 9,3x62 mm. Diese Repetierbüchse besitzt einen ST-Doppelzüngel-Stecherabzug. Ein weiteres Beispiel ist die 700 D Magnum mit 65-cm-Lauf in 6,5x68 mm, 7 mm Rem.Mag., 7,5x55 mm, .300 Win.Mag., 8x68S und 9,3x64 mm. Das Modell 720 ist die Stutzen-Version. Eine Variante zum Sportschießen in 6,5x55 mm wurde als Modell 740 S oder in 7,5x55 mm als 740 S Magnum bezeichnet. 1983 erhielt auch diese Reihe ein „Facelifting", es wurden aber nur einige optische Details und nicht die technischen Spezifikationen geändert. Beispiele von 700er-Waffen dieser Generation sind etwa das Modell 700 Luxus mit Nussbaumschaft und Einabzug mit französischem Stecher und das Modell 720 Luxus für Links-Schützen. Nach 1994 wurde die Baureihe dann nochmals komplett überarbeitet und man übernahm großteils die Nomenklatur der neuen 600er-Reihe. Das Modell 70 gab es in den folgenden Kalibern:

Krico Modell 902 Luxus, Gruppe III (oben), und 902 Stutzen (unten)

Gruppe I: .17 Rem., .222 Rem., .222 Rem.Mag., .223 Rem., 5,6x50 Mag., .243 Win., .308 Win., 5,6x57 mm und .22-250 Rem.;
Gruppe II: 6,5x55 mm, 6,5x57 mm, 7x57 mm, .270 Win., 7x64 mm, .30-06 Springfield und 9,3x62 mm;
Gruppe III: 6,5x68 mm, 7 mm Rem.Mag., .300 Win.Mag., 8x68S, 7,5 mm Swiss, 9,3x64 mm und 6x62 Frères.
Ja nach dem Kaliber liegt die Gesamtlänge der Waffen bei 110 bis 117 cm, die Lauflänge bei 60 bis 65 cm und das Gewicht variiert zwischen 3,2 kg und 3,3 kg. Die neuen Varianten sind nun:

- Modell 700 DJ oder Drückjagd, mit Drückjagd-Visierschiene wie beim Modell 600 DJ;
- Modell 700 KE aus dem Jahr 1996 mit einem einfachen Buchenschaft;
- Modell 700 Luxus mit bayerischer Backe und Nussbaumschaft, vorne Mahagoni-Abschluss;
- Modell 700 Stutzen, mit bis zur Laufmündung vorgezogenem Stutzen-Vorderschaft;
- Modell 700 V oder Varmint, eine Weiterentwicklung des ehemaligen Modells 700 A in den Kalibern 7x64 mm oder .30-06 Springfield mit einem 60-cm-Lauf.

Krico Modell 900-MC

Das Modell 900 ist eine größere Variante des Modells 700. Es wurde für schwerere Kaliber bis zu .375 H&H Mag. entwickelt, weshalb der Verschlusszylinder drei Verriegelungswarzen aufweist. Die Gesamtlänge beträgt 108 cm, die Lauflänge 57 cm, das Gewicht 3,1 kg. Die Büchse hat eine Klappkimme und einen Korntunnel. Die Verschlusshülse ist für die Aufnahme einer Zielfernrohr-Montage vorbereitet. Auch dieses Modell hat den manuellen Sicherungsschieber rechts hinten am Verschlussgehäuse, und auch hier steht die Hinterseite des Schlagbolzens im gespannten Zustand als Spann-Indikator heraus. Es diente als Basis für das Folgemodell 902.

Krico Modell 902

Die Repetierbüchse 902, ursprünglich in den Kalibern .243 Win., 6,5x55 mm, .270 Win., 7x64 mm, .308 Win., .30-06 Springfield und 9,3x62 mm, wurde im Jahr 2000 vorgestellt. Die Firma Krico bezeichnet die Waffe als Sicherheits-Modular-Repetierbüchse. Der Punkt Sicherheit basiert dabei auf dem Umstand, dass das Gewehr ein Handspannersystem aufweist; der Handspannschieber auf dem Kolbenhals dient gleichzeitig auch zum Entspannen. Beim Entspannen wird der Schlagbolzen komplett in seine entspannte Position zurückgeschoben, so dass er – etwa auch wenn die Waffe herunterfällt – nicht mehr in der Lage ist, das Zündhütchen der Patrone im Patronenlager zu erreichen. Der Punkt „Modular" ist darauf zurückzuführen, dass die Waffe einen einfachen Lauf- und damit Kaliberwechsel ermöglicht. Der kaltgeschmiedete Lauf wird dabei mit dem Verschlussgehäuse verbunden. Dieses ist zur Aufnahme einer Zielfernrohr-Montage vorbereitet. Zudem hat die Waffe eine seitenverstellbare Kimme, das Korn kann in der Höhe verstellt werden. Wie das Vorgängermodell 900 weist die Büchse drei Verriegelungswarzen auf. Diese verriegeln aber nicht im Verschlussgehäuse, sondern im entsprechend verstärkten Bereich des Patronenlagers des Laufes; der Kopf des Verschlusszylinders kann dann für die jeweiligen Patronen ausgewechselt werden. Der Abzug der Waffe kann sowohl als feiner Flintenabzug als auch als französischer Rückstecherabzug verwendet werden. Die Magazinkapazität beträgt zumeist drei Patronen; ein 5-Schuss-Magazin ist zusätzlich erhältlich. Die 902-Standardversion hat eine Gesamtlänge von 108 cm und einen 57-cm-Lauf; bei den Magnumkalibern ist der Lauf 62 cm lang, was die Waffe insgesamt 113 cm lang macht. Das Gewicht des Gewehrs variiert zwischen 3,1 und 3,4 kg. Der zweigeteilte Schaft ist aus Nussbaum. Die mittige Schaft-

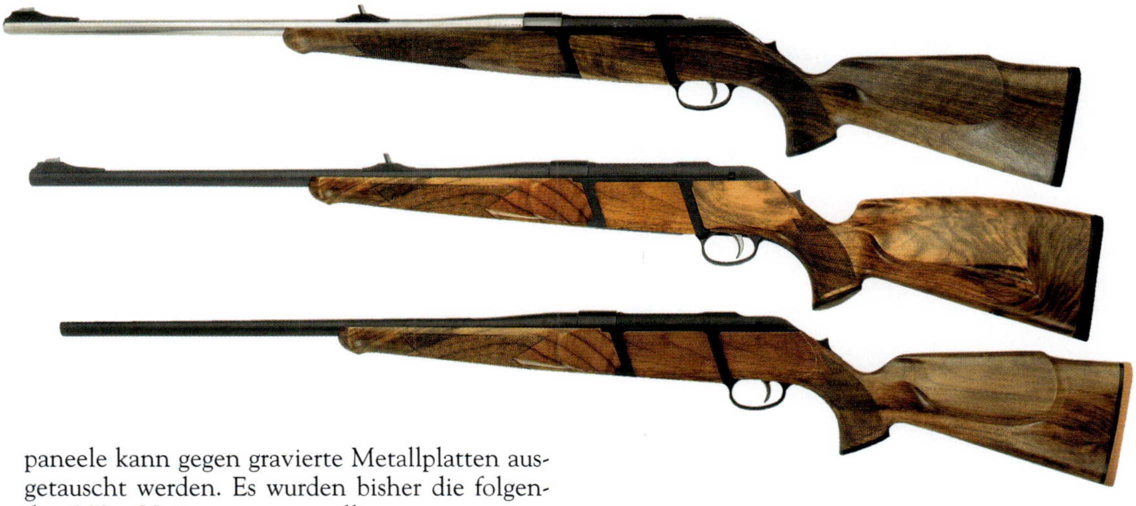

Krico Modell 902 – von oben nach unten: 902 All Weather, 902 Luxus und 902 Varmint

paneele kann gegen gravierte Metallplatten ausgetauscht werden. Es wurden bisher die folgenden 902er-Varianten vorgestellt:

- Modell 902 All Weather, mit Stainless-Lauf, standardmäßig in .243 Win., 6,5x55 mm, .270 Win., 7x64 mm, .308 Win., .30-06 Springfield und 9,3x62 mm mit einer Gesamtlänge von 108 cm und einem 57-cm-Lauf und in den Magnumkalibern 7 mm Rem.Mag. und .300 Win.Mag. mit 62-cm-Lauf und 113 cm Länge;
- Modell 902 Luxus, eine edlere Variante der All Weather, aber mit brüniertem Lauf; ansonsten sind die Dimensionen und Kaliber-Optionen identisch mit der 902 All Weather;
- Modell 902 Stutzen, 50-cm-Lauf bei einer Gesamtlänge von 103 cm, hergestellt in den Kalibern .243 Win., 6,5x55 mm, .270 Win., 7x64 mm, .308 Win., .30-06 Springfield und 9,3x62 mm;
- Modell 902 Varmint, von den Dimensionen und Kalibern her identisch mit dem Modell 902 Luxus, jedoch – gedacht als reine Zielfernrohr-Waffe – ohne offene Visierung.

KRIEGHOFF

www.krieghoff.de

Krieghoff Waffen und -Markenzeichen

Bereits 1886 gründete Ludwig Krieghoff seine Büchsenmacherei im thüringischen Suhl. Die Firma hieß zunächst Sempert & Krieghoff. Sempert, der Mitbegründer, hatte in den USA mit Edison an der Entwicklung der Elektrizität zusammengearbeitet. Dies sah Krieghoff zwar als sehr hilfreich an, Sempert wanderte aber bald darauf ganz nach Amerika aus und Ludwig Krieghoff führte das Unternehmen zunächst mit gerade einmal drei Angestellten weiter. Die Firma spezialisierte sich auf den Bau von Jagdwaffen, auf Grund des Ersten Weltkriegs musste sie sich dann aber auf die Produktion von Kriegswaffen umstellen. In der Zwischenzeit war Heinrich Krieghoff, der Sohn des Firmengründers, mit in die Firma eingestiegen. Er lernte das Büchsenmacherhandwerk in Suhl bei dem bekannten Büchsenmachermeister Reinhold Funk, aber auch bei FN in Liège, Belgien, und im englischen Sheffield; bei Theodor Heym erlernte er darauf auch das Graveurhandwerk. Nachdem er erst zum Militär eingezogen worden war, beauftragte man ihn 1916, mit seinem Unternehmen bei der Produktion von Militärgewehren mitzuwirken. Hierzu holte er den erfahrenen Büchsenmacher Max Schleenstein hinzu, den er aus seiner Zeit mit Funk kannte. Zunächst produzierten Heinrich und Schleenstein Teile für den 98er-Militärkarabiner. Nach dem Ersten Weltkrieg änderte sich viel und diverse kleinere Büchsenmacherbetriebe mussten schließen. Krieghoff war in der Lage, einen Großauftrag aus den Niederlanden zu bekommen und überlebte deshalb. Andere Firmen hatten nicht dieses Glück, was jedoch dazu führte, dass Krieghoff viele Maschinen, insbesondere der bankrotten Firma Schilling, erwerben konnte. In diese Ära fällt auch, dass Heinrich

Krieghoff K-80-Bockdoppelflinte

Krieghoff das Unternehmen komplett übernahm. Das Geschäft florierte, während der Chef des expandierenden Unternehmens stets darauf bedacht war, neue Technologien in die Produktion zu integrieren. In den frühen 30er-Jahren beschäftigte die Firma 150 Mitarbeiter und baute vornehmlich Jagdgewehre, insbesondere Drillinge. Als dann die Nazis die Macht übernahmen, war Krieghoff erneut gezwungen, seine Produktion auf Kriegswaffen umzustellen. Die Anzahl der Beschäftigten stieg in dieser Zeit von 2000 im Jahr 1940 auf 6000 1944. Zum Ende des Krieges besetzten zwar zunächst die Amerikaner Suhl, man übergab das Areal dann aber doch den Russen und diese bauten die Krieghoff-Fabrik ab und sprengten die Reste 1947 in die Luft. Die Familie Krieghoff floh 1945 in die Westzone und begann bereits 1954 in Heidenheim bei Ulm, wieder Jagdflinten und Drillinge zu produzieren. Anfangs hatte man mit immensen Problemen zu kämpfen. Es gab kaum ausgebildete Büchsenmacher und es war auch kaum einzusetzendes Kapital vorhanden. 1960 zog das Unternehmen dann nach Ulm um. Seitdem wurden die Produktionsanlagen ständig überholt und verbessert und Krieghoff investierte vor allem in computergesteuerte CNC-Fertigungsmaschinen. 1980 war die Einführung einer neuartigen Bockdoppelflinte, der Krieghoff K-80, ein immenser Erfolg. Die K-80 hat ein recht ungewöhnliches Verschlusssystem, bei dem der obere Teil des Systems in Führungen nach vorne gleitet und dann mit zwei Stiften auf beiden Seiten des oberen Laufes eine feste Einheit bildet. 1985 brachte Krieghoff das Modell KS-5, eine neue Trap-Flinte, auf den Markt. Die recht futuristisch wirkende Wett-

Kaliber 6x70R, eine gute Rehwild-Büchsenpatrone

kampfwaffe verkaufte sich besonders in den Vereinigten Staaten sehr gut. Nach der Wiedervereinigung Deutschlands baute die Firma Krieghoff sofort wieder eine Fabrik in Suhl in Thüringen auf, die nun Zulieferteile für die Produktion in Ulm herstellt. In Ottsville, Pennsylvania, gründete Krieghoff das US-Subunternehmen Krieghoff International Inc., USA. Derzeit wird das Familienunternehmen von Heinz Ulrich Krieghoff und dessen Sohn Dieter geführt.
2000 entwickelte Krieghoff zusammen mit dem schwedischen Munitionshersteller Norma ein neues Kaliber zum Jagen von stärkerem Schalenwild: 6x70R. Studien in Deutschland hatten gezeigt, dass die durchschnittliche jagdliche Schussentfernung zwischen 50 und 80 m liegt; Entfernungen über 150 m sind selten. Mit dieser Erkenntnis im Hinterkopf wurde die neue Munition speziell zur Verwendung in jagdlichen Kipplaufwaffen entwickelt. Sie hat ein 90 grain (5,8 g) Nosler Ballistic Tip-Geschoss, das besonders schnell aufpilzt. Der harte Bleikern und der Geschossmantel sorgen für eine gute Penetration. Die Mündungsgeschwindigkeit der Patrone 6x70R aus einem 60-cm-Prüflauf liegt bei 750 m/s. Das Geschoss entwickelt eine Mündungsenergie von 1630 Joule, der Gasdruck ist mit etwa 2600 bar dagegen jedoch relativ angenehm und gering.

Krieghoff Classic

Die Krieghoff Classic ist eine oft auch als Express-Büchse bezeichnete Doppelbüchse. Die gezogenen Läufe haben das gleiche Kaliber. Die Waffe hat eine massive Purdey-Verriegelung; dabei greift die so genannte Purdey-Nase in eine korrespondierende Aussparung im Stoßboden der Basküle. Zudem wird auch noch mittels eines starken, unter dem Patronenlager am Laufbündel befindlichen Laufhakens verriegelt. Die Waffe verfügt über ein Handspannsystem, so dass sie während der Jagd stets sicher geladen, aber nicht gespannt, geführt werden kann. Das Spannen der beiden Schlosse erfolgt dann unmittelbar vor der Schussabgabe dadurch, dass der Spannschieber auf dem Kolbenhals lautlos nach vorne gescho-

Krieghoff Classic S-Doppelbüchse

ben wird. Die Besonderheit der Krieghoff Classic ist, dass die Schlosse auch gespannt werden, wenn der Spannschieber im Moment des Brechens der Waffe nach vorne gedrückt wird. Dies ist etwa hinsichtlich der Nachsuche auf wehrhaftes Wild – etwa auf Kaffernbüffel – wichtig, da es hier lebenswichtig sein kann, nach dem Nachladen unmittelbar weiterschießen zu können. Die Kipplaufbüchse ist mit einem patentierten Universal-Abzugssystem ausgestattet. Dabei handelt es sich um einen Direktabzug mit dem idealen Abzugsgewicht von 1000 bis 1500 g. Dies ist leicht genug, um präzise zu schießen, jedoch gleichzeitig auch so schwer, dass es – etwa in besonderen Stresssituationen oder auch im Winter mit klammen Fingern – zu keinem ungewollten Schuss kommen kann. Der Direktabzug ist gleichzeitig mit einem Rückstechersystem verbunden. Die Krieghoff Classic hat standardmäßig ein Kastenschloss. Die „S“-Version davon weist zwar gravierte Seitenplatten, aber keine Seitenschlosse auf. Die Waffe ist für die Aufnahme einer Zielfernrohr-Montage vorbereitet. Der Schaft, hinten mit Backe und regulärem oder Pistolengriff im Kaiser-Stil, ist aus ausgesuchtem Nussbaum und ebenso großteils handgearbeitet wie die ganze Waffe. Die Waffe ist erhältlich in den Kalibern 7x57R, 7x65R, .308 Win., .30-06 Springfield, .30R Blaser, 8x57JRS, 8x75RS und 9,3x74R. Ihre standardmäßige Lauflänge ist 60 cm, die Waffengesamtlänge liegt bei 104 cm und das Gewicht zwischen 3,3 kg und 3,6 kg. Die Variante Big Five ist die Safari-Version der Büchse; sie wird hergestellt in .375 H&H Mag., .375 Flanged Mag-NE, .470 NE, .500/.416 NE (seit 1997) und .500 NE. Bis 1996 war die Big Five auch in .416 Rigby und .458 Win.Mag. erhältlich. Ihre Gesamtlänge beträgt 104 cm, die

Basküle und Verriegelung der Classic S

Krieghoff Classic Big Five-Doppelbüchse

Läufe sind ebenfalls 60 cm lang, das Waffengewicht beträgt jedoch zwischen 4,2 kg und 4,8 kg. Das erscheint zwar sehr schwer, das großkalibrige Gewehr lässt sich aber dadurch noch recht angenehm schießen. In den Schaft kann zudem auch ein BreaKO-Rückstoßminderer von Krieghoff integriert werden. Die Krieghoff Classic-Büchsflinte kombiniert einen nebeneinander liegenden Büchsen- und Flintenlauf. Für den Büchsenlauf stehen zur Verfügung die Kaliber 7x57R, 7x65R, .308 Win., .30-06 Springfield, .30R Blaser, 8x57JRS, 8x75RS und 9,3x74R und als Flintenlauf ist das Kaliber 20/76 Standard. Die Classic-Büchsflinte ist auch 104 cm lang, hat einen 60-cm-Lauf und wiegt zwischen 3,3 kg und 3,4 kg. Krieghoff stellt die Classic-Doppelbüchse im Übrigen auch mit einem Wechsellaufbündel nur im Schrotkaliber 20/76 her. Da der reine Schrotlauf 71 cm lang ist, beträgt die Waffengesamtlänge dann 114 cm, das Gewehr wiegt aber nur mehr 2,9 kg. Die Schrotläufe sind mit festen $^{1}/_{4}$- und $^{3}/_{4}$-Choke-Bohrungen versehen.

Die einläufige Kipplaufbüchse Krieghoff Hubertus

KRIEGHOFF HUBERTUS

Diese einläufige Kipplaufbüchse ist eine besondere Waffe. Einerseits ist sie elegant, schlank und sehr führig, andererseits muss der Schütze aber mit einem Schuss auskommen. Die Firma Krieghoff gab der Waffe den Namen des Schutzpatrons der Jagd, des heiligen Hubertus. Die Büchse hat einige Features, die auch bei anderen Krieghoff-Produkten üblich sind. So hat auch die Hubertus einen Handspannschieber, das Schloss wird jedoch auch gespannt, wenn der Schieber beim Abkippen des Laufes nach vorne gedrückt wird. Zudem hat die einläufige Kipplaufbüchse auch das bei der Classic-Doppelbüchse beschriebene, aus Direktabzug und Abzug mit französischem Rückstecher kombinierte universelle Abzugssystem.

Die Krieghoff Hubertus wurde erstmals 1996 vorgestellt. Die Büchse wird mit einer Basküle aus Nickel-Stahl oder auch aus Dural-Aluminium hergestellt. Die Dural-Variante ist etwa 330 g leichter als die Stahl-Variante, welche je nach Kaliber zwischen 2,5 und 3,2 kg wiegt. Die Standard-Lauflänge ist 60 cm, es ist jedoch auch ein kürzerer, 55-cm-Lauf erhältlich. An Kalibern stehen zur Auswahl .222 Rem., .22-250 Rem., 5,6x50R Mag., 5,6x52R, 6x70R, .243 Win., 6x62R Frères, .270 Win., 6,5x57R, 6,5x65R, 7x57R, 7x65R, .308 Win., .30-06 Springfield, .30R Blaser, 8x57JRS, 8x75RS und 9,3x74R. Nur im Jahr 1996 wurde die Waffe auch in 6,5x55 mm, 6,5x57 mm, 7x57 mm und 7x64 mm gebaut und zwischen 1996 und 1998 als Hubertus Magnum auch in den Kalibern .270 Weatherby Magnum, 7 mm Rem.Mag. und .300 Win.Mag. Das Modell Hubertus S ist eine Luxusvariante der Waffe mit gravierten Seitenplatten auf dem Kastenschloss. Ansonsten entsprechen die Daten und Spezifikationen der Luxusausführung denen des Standardmodells. Als Modell Krieghoff Hubertus Exklusiv gibt es die Kipplaufbüchse auch mit einem Achtkantlauf mit den Kaliber-

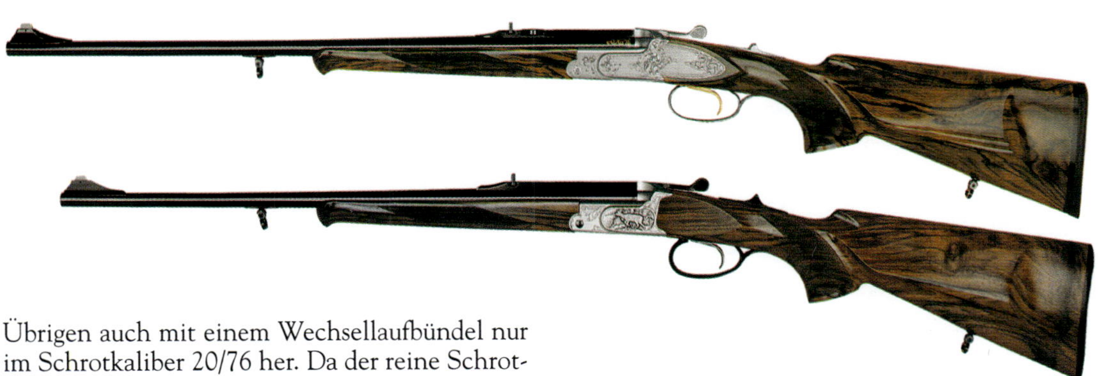

Krieghoff Hubertus S (oben) und die kurze Variante davon mit 55-cm-Lauf (unten)

Optionen 6,5x57R, 6,5x65R, 7x57R, 7x65R, .308 Win., .30-06 Springfield und .30R Blaser und einem Gewicht von 2,6 bis 3,3 kg.

Krieghoff-Bockdoppelflinte Modell K-20 (unten) und K-80 (oben)

KRIEGHOFF K-20

Die Firma Krieghoff brachte diese Bockdoppelflinte 2000 auf den Markt. Sie wird hergestellt in den Kalibern 20/76, 28/76 und 36 (.410)/76. Zusätzlich bietet Krieghoff Wechsellaufbündel dafür jeweils in 28/76 oder 36 (.410)/76 an. Die Waffe ist technisch mehr oder weniger identisch mit der K-80. Es handelt sich dabei aber nicht einfach um eine kleinere Variante davon, denn die K-20 hat z. B. ein anderes Kipplaufsystem. Sie hat eine erstaunlich einfache Verriegelung. Der hintere obere Teil der Basküle gleitet dabei, wenn der Verschlusshebel entsprechend bewegt wird, zum Teil über den Patronenlagerbereich des Laufbündels. Dadurch, dass sich entsprechende Ausfräsungen der beiden Teile ineinander fügen, stellt diese Methode einen sehr stabilen Verschluss dar. Die Standard-Lauflänge beträgt 71 oder 76 cm und das Waffengewicht circa 3,3 kg. Für die Läufe gibt es Wechselchoke-Einsätze mit allen Chokebohrungen. Die Läufe sind mit einer ventilierten Laufschiene versehen. Der Schaft – hinten mit Pistolengriff – ist aus ausgesuchtem Nussbaumholz.

Das Schiebeverschlussteil der Basküle im geschlossenen (oben) und geöffneten Zustand (unten)

KRIEGHOFF K-80

Die K-80 stammt aus dem Jahr 1980 und war die Basis für die nachfolgende Bockdoppelflinte K-20. Sie hat daher auch den vorher beschriebenen, speziellen Horizontal-Schiebeverschluss, bei dem das hintere Baskülenoberteil über das Laufbündel gleitet und so – mit zudem ineinander greifenden Ausfräsungen – für eine hervorragende Verriegelung sorgt. Im Schloss der K-80 werden Schrauben- und keine Blattfedern verwendet; diese haben stets den gleichen Zugwert und sind erheblich haltbarer. Alle Innenteile des Schlosses sind aus qualitativ besonders hochwertigem Stahl gefertigt. Die Flinte hat einen besonders breiten und runden, selektiven Einabzug; das Abzugszüngel kann auf einer Schiene individuell weiter vorne oder weiter hinten positioniert werden. Der Laufwahlhebel befindet sich vorne am

Krieghoff K-80 Sporting Gold Super

Abzugsbügel; mittels eines speziellen Schlüssels kann er außer Kraft gesetzt werden. Die K-80 besitzt eine große Schiebesicherung auf dem Schaftkolbenhals. Darauf befindet sich ein Knopf, der gedrückt werden muss, damit die Sicherung bewegt werden kann. Dies ist etwa zum Wurfscheibenschießen recht wichtig, denn die Sicherung kann dafür ständig in der Feuerposition belassen und nicht versehentlich auf „gesichert“ gestellt werden, um keine Wurfscheibe „zu verpassen“. Die Basküle der Waffe ist handgraviert. Von der Oberfläche her ist sie entweder buntgehärtet oder mit einer besonders resistenten Nickel-Schicht überzogen oder komplett

Krieghoff K-80 Sporting

blank belassen. Die Läufe der Waffe sind nicht auf ihrer ganzen Länge zusammengefügt, sondern hängen nur im Bereich des Patronenlagers und der Laufmündung zusammen; so können die Läufe nach schnellen Schussfolgen erheblich schneller abkühlen. Krieghoff war auch der erste Hersteller überhaupt, der die Lauf-Innendurchmesser überdimensioniert hergestellt hat; andere Hersteller, wie Browning oder Winchester mit ihren „back-bored“-Läufen, haben diese dann übernommen. Der Standardschaft der K-80 ist je nach beabsichtigtem Verwendungszweck leicht gegen spezielle Schäfte auszutauschen.

Die Krieghoff K-80 wird in mehreren verschiedenen Varianten produziert. Als K-80 Skeet hat sie die Kaliber 12/76, 20/76, 28/76 oder 36 (.410)/76. Die Läufe sind 71 cm oder 76 cm lang und die Gesamtlänge beträgt 116 cm oder 121 cm. Die Waffe wiegt knapp 4 kg. Krieghoff baut die Flinte auch mit einer Basküle aus Dural-Aluminium; diese wiegt dann insgesamt nur 3,6 kg. Die Variante Sporting wird nur im Kaliber 12/76 gebaut. Sie hat Läufe mit einer Länge von wahlweise 71, 76 oder 81 cm und ihre Gesamtlänge beträgt 120, 125 oder 130 cm. Auch die K-80 Sporting mit Stahl-Basküle wiegt knapp 4 kg und auch diese Version mit Aluminium-Basküle nur 3,6 kg. Die Krieghoff K-80 Trap-Bockdoppelflinte hat auch ausschließlich das Kaliber 12, aber hier nur mit einem Patronenlager für 70-mm-Hülsen. Die Waffe hat wahlweise 76 oder 81 cm lange Läufe und ist 120 bis 130 cm lang. Sie wiegt ebenfalls wieder knapp 4 kg.

Krieghoff Neptun

Der Drilling Krieghoff Neptun wird wahlweise als Standard-Drilling mit zwei nebeneinander liegenden, glatten Flintenläufen und mittig darunter einem gezogenen Büchsenlauf oder als Büchsdrilling mit nebeneinander liegenden Büchsenläufen und mittig darunter einem Flintenlauf angeboten. Die Waffe verfügt über einen Greener-Verschluss, kombiniert mit einer doppelten Laufhakenverriegelung. Die beiden oberen Läufe werden von jeweils einem rechts und links im Baskülenkasten befindlichen Schloss bedient und der mittige, untere Lauf von einem dritten, zentralen Schloss, welches stets mit einem Handspannschieber verbunden ist. Als Schaftmaterial verwendet Krieghoff handpoliertes ausgesuchtes Nussbaum-Wurzelmaserholz. Der Standard-Drilling hat die Flintenkaliber 12, 16 oder 20, als Büchsenkaliber stehen alle Kipplaufwaffenkaliber von .22 Hornet bis 9,3x74R zur Verfügung. Der Büchsdrilling hat oben entweder 8x57JRS oder 9,3x74R und darunter für den Flintenlauf

Der Drilling Krieghoff Neptun Primus

ausschließlich 20/76. Das Waffengewicht liegt zwischen 3 kg und 3,6 kg. Alle Innenteile der edlen Waffe sind poliert und teils vergoldet. Die noch exklusivere Luxusausführung Neptun Primus, mit echten Seitenschlossen, wird nur auf Bestellung gefertigt.

Die abnehmbaren Seitenschlossplatten des Modells Neptun Primus

KRIEGHOFF OPTIMA

Der Optima-Drilling der Firma Krieghoff basiert auf deren Modell Classic und hat eine Basküle aus besonders starkem Chrom-Molybdän-Stahl. Die Läufe der Waffe sind an der Laufmündung auf Purdey-Art zusammengefügt, damit sie sich nicht verziehen, wenn sie warm geschossen sind; außerdem kann der Büchsenmacher damit für ein besseres „Zusammenschießen" der Läufe sorgen. Auch als Optima ist die Waffe als Standard-Drilling mit zwei Flintenläufen und einem darunter liegenden Büchsenlauf oder als Bockdrilling mit zwei Büchsenläufen und einem mittig darunter befindlichen Flintenlauf erhältlich. Hinsichtlich der Büchsenkaliber stehen wiederum stets alle bis hinauf zu 9,3x74R zur Verfügung, beide Varianten haben jedoch nur die Flintenkaliber 12/76 oder 20/76. Die Waffe verfügt über einen Doppelzüngelabzug, von dem das vordere Züngel den unteren, mittigen Lauf oder den oberen, rechten Lauf und das hintere Züngel den oberen, linken Lauf bedient; die Laufwahl hinsichtlich des vorderen Abzugszüngels erfolgt mittels eines Schiebers am Kolbenhals. Das Gewehr ist regulär insgesamt eine Kipplauf-Selbstspanner-Waffe, für den mittigen unteren Lauf ist sie aber auch mit einem Handspannschieber erhältlich. In der Thermo-Stabil-Ausführung (siehe Krieghoff Plus) ist der Optima-Drilling noch besser für schnellere Schussfolgen geeignet.
Mittels der Büchsen-Einsteckläufe EL-65 oder ESL von Krieghoff für die Flintenläufe kann die Waffe noch mehr allen erdenklichen jagdlichen Situationen angepasst und etwa zu einem Bockdrilling mit zwei unterschiedlichen Büchsenkalibern und einem Flintenlauf oder sogar zu einem Drilling mit drei Büchsenläufen abgeändert werden. Den EL-65-Einstecklauf gibt es bis zum Kaliber 9,3x74R, den ESL nur bis in den 7-mm-Bereich.

Varianten des Drillings Krieghoff Optima

Krieghoff Optima Lauf-Optionen

eigentliche Drilling-Variante und 60 cm für die Quer- und Bock-Varianten. Classic, Plus und Ultra haben einen Doppelzüngelabzug, bei dem das vordere Züngel sowohl als Direktabzug als auch – da mit einem französischen Rückstechersystem kombiniert – als Stecherabzug verwendet werden kann. Da er mit verschiedenen Wechsellaufbündeln ausgestattet werden kann, bildet der Krieghoff Plus-Drilling, der ein Gewicht zwischen 2,9 und 3,4 kg hat, die Basis für ein ganzes, individuell auf die jeweilige Jagd abzustimmendes Waffensystem. Es gibt ein Bockdrilling-Wechsellaufbündel mit zwei Flinten- und einem darunter liegenden Büchsenlauf sowie auch ein Querflinten-Wechsellaufbündel im Kaliber 20. Mittels des E-65-Einstecklaufes kann in den jeweiligen Flintenlauf das Büchsenkaliber .22 WMR, .22 Hornet oder auch das neue Kaliber 6x70R eingebracht werden. Die beiden nebeneinander liegenden Flintenläufe des Modells Plus-12 haben das Kaliber 12/70; der darunter befindliche Büchsenlauf ist erhältlich in 6x70R, 6,5x57R, 6,6x65R, 7x57R, 7x65R, .308

Krieghoff Plus

Die Drillinge Classic, Plus und Ultra von Krieghoff besitzen zwar verschiedene Lauf-Konfigurationen, jedoch allesamt die gleiche Basküle. Zudem haben sie alle den patentierten, von Krieghoff als „Kickspanner" bezeichneten Handspannschieber. Sie haben eine stabile, doppelte Laufhakenverriegelung, ein verstellbares Abzugssystem und sichern beim Schließen automatisch. Die Standard-Lauflänge beträgt 64 cm für die

Krieghoff Drilling Plus-12

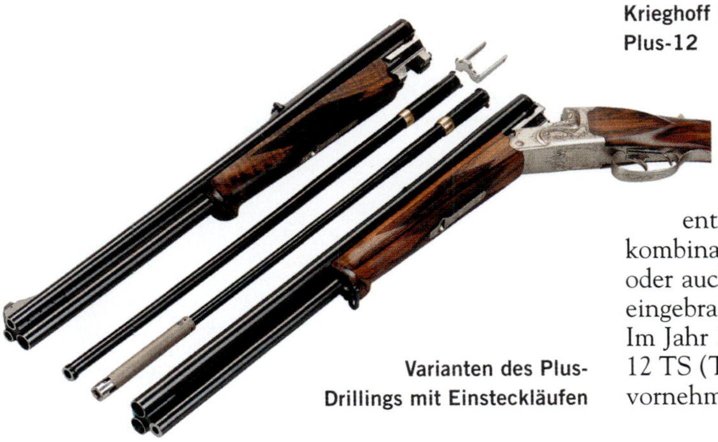

Varianten des Plus-Drillings mit Einsteckläufen

Win., .30-06 Springfield, .30R Blaser, 8x57JRS, 8x75RS oder 9,3x74R. Die entsprechende Abbildung mit den Laufkombinationen zeigt, dass entweder nur in einen oder auch in beide Flintenläufe ein Einstecklauf eingebracht werden kann.

Im Jahr 2000 stellte Krieghoff sein Modell Plus-12 TS (Thermo-Stabil) vor. Dabei sind die Läufe vornehmlich nur mehr im Bereich des Patronen-

Plus-12 mit unterschiedlich gravierter Basküle

lagers miteinander verbunden. Wenn die Läufe nach schnelleren Schussfolgen aus unterschiedlichen Läufen heiß werden und sich verziehen, kommt es durch die frei liegenden Läufe nicht – wie sonst oft üblich – zum so genannten „Klettern“ der Treffer, zu Hochschüssen. Die TS-Version hat ein 55 cm langes Laufbündel. Die Varianten Plus-16 und Plus-20, jeweils auch in der TS-Ausführung, mit den Flintenkalibern 16 und 20, sind in den gleichen Büchsenkalibern erhältlich wie der Plus Drilling mit dem Flintenkaliber 12. Für die 20er-Version gibt es spezielle Einstecklläufe in den Kalibern .222 Rem., 5,6x50R-MAG, 5,6x52R und 6x70R.

KRIEGHOFF TRUMPF

Bei dieser Waffe handelt es sich um einen traditionellen Drilling mit zwei oben liegenden Flintenläufen und einem mittig darunter befindlichen Büchsenlauf. Der Trumpf-Drilling besitzt ein Kastenschloss mit drei individuellen Schlossen für die drei Läufe. Die Schlosse für die beiden Flintenläufe werden mittels des bei Kippplaufwaffen üblichen Blitz-Selbstspannersystems beim Abkippen des Laufbündels gespannt, das Schloss für den Büchsenlauf wird von Hand durch Betätigen eines auf dem Kolbenhals angebrachten Spannschiebers gespannt. Die Basküle ist sowohl in Stahl als auch in Aluminium erhältlich. Die Waffe hat einen Greener-Verschluss, kombiniert mit doppelten Laufhaken. An Flintenkalibern stehen 12, 16 oder 20 zur Wahl, als Büchsenkaliber alle gängigen zwischen .22 Hornet und 9,3x74R. Die Standard-Lauflänge beträgt 64 cm, auf Wunsch sind aber auch nur 55 cm möglich. Die Gesamtlänge der Standard-Waffe liegt bei 108 cm und sie wiegt 2,9 bis 3,4 kg. Außer dem Umstand, dass natürlich auch hier Einstecklläufe zu verwenden sind, gibt es das Gewehr auch in der Art, dass oben zwei Büchsenläufe nebeneinander liegen und unten mittig ein Flintenlauf ist. In diesem Fall haben die oberen Läufe das Kaliber 8x57JRS oder 9,3x74R und der Flintenlauf 20/76. Diese Waffe wiegt zwischen 3,9 und 4,2 kg.

Drilling Krieghoff Trumpf

Krieghoff Ultra-Bockdoppelbüchse
und -Bockbüchsflinte

KRIEGHOFF ULTRA

Bei der Krieghoff-Kipplaufwaffe Ultra handelt es sich um Bockbüchsflinten, genannt Ultra-12 und Ultra-20, um Bergstutzen oder um Bockdoppelbüchsen. Letztere haben zwei identische Büchsenkaliber und werden in 7x65R, .308 Win., .30-06 Springfield, .30R Blaser, 8x57JRS, 8x75RS oder 9,3x74R angeboten. Die Standard-Lauflänge beträgt 64 cm, die Gesamtlänge 108 cm und das Waffengewicht liegt zwischen 2,9 kg und 3,6 kg. Für alle Varianten ist auch eine Basküle aus Dural-Leichtmetall erhältlich, was das Gewicht jeweils um etwa 350 g senkt. Das Modell Ultra-Bergstutzen ist eine Bockwaffe mit 55 cm langem Lauf mit unterschiedlichen Büchsenkalibern. An Kaliber-Optionen hierfür stehen zur Verfügung .22 Hornet, .222 Rem., .222 Rem.Mag., 5,6x50R Mag., 5,6x52R, .243 Win., 6x62R Frères, .270 Win., 6,5x57 mm, 6,5x57R, 6,5x65R, 7x57 mm, 7x57R, 7x64 mm, 7x65R, .308 Win., .30-06 Springfield, .30R Blaser, 8x57JRS, 8x75RS und 9,3x74R. Der Ultra-Bergstutzen ist 104 cm lang und wiegt 2,9 bis 3,6 kg. Die dritte Variante der Baureihe ist die Bockbüchsflinte. Diese hat oben das Flintenkaliber 12 oder 20 und unten sämtliche Kaliber-Optionen des Bergstutzens. Diese Waffe kann durch die Verwendung eines Einstecklaufes praktisch auch zu einem Bergstutzen „verwandelt“ werden. Die Ultra-12- und -20-Bockbüchsflinte ist 108 cm lang, hat einen 64-cm-Lauf und wiegt zwischen 2,6 und 3 kg. Die Waffe hat ein Kastenschloss und einen Handspannschieber. Ihre Verriegelung erfolgt mittels doppelter Laufhaken. Als Schaftmaterial für die Krieghoff Ultra-Waffen wird edelstes, handpoliertes Nussbaumholz verwendet. Bei der „S“-Version sind die Seiten der Basküle mit handgravierten Seitenplatten versehen. 1996 stellte Krieghoff auch „TS“-Varianten der Waffe vor, bei denen – wie oben beschrieben – die Läufe praktisch nur mehr im Bereich des Patronenlagers miteinander verbunden sind, was dazu führt, dass die Schüsse nicht „klettern“.

Krieghoff Ultra in der TS-Ausführung

L

Lebeau-Courally

www.lebeau-courally.com

Markenzeichen von Lebeau-Courally

Die belgische Stadt Liége ist bereits seit dem Mittelalter als Hochburg der Waffenherstellung bekannt. Ab dem Ende des 18. Jahrhunderts hatte man dort bereits begonnen, Feuerwaffen herzustellen. Größere Industriebetriebe arbeiteten mit unzähligen Büchsenmachern zusammen, die in Heimarbeit Waffenteile herstellten, die dann in den Fabriken zusammengebaut und unter dem jeweiligen Großfirmennamen verkauft wurden. Selbst die Industrielle Revolution änderte an diesem System nichts, erst als Schusswaffen zu Massenproduktionsartikeln wurden, begann man auch in Liége die Waffen komplett in den Fabriken herzustellen. Andererseits konnten sich dann die einezelnen Büchsenmacher auch auf die Herstellung besonders feiner Einzelstücke in Handarbeit konzentrieren. Heute ist Liége einer der größten Waffenherstellungsorte der Welt; es werden dort jährlich 1,6 Millionen Schusswaffen gebaut.

Die Büchsenmacher der Stadt sind auch besonders wegen ihrer hervorragenden Gravurarbeiten bekannt. Einer davon, Auguste Lebeau, machte sich bereits 1865 selbstständig und warb zur Herstellung seiner Flinten eine Mannschaft von hervorragenden Büchsenmachern an. Lebeau war ein hoch motivierter Entwickler, der mehrere Gewehre zur Ausübung unterschiedlicher Jagdarten selbst erfand und auch der erste war, der einen Drilling mit einer Kombination aus Büchsen- und Schrotläufen herstellte. Nachdem die Firma Lebeau mit ihren handgearbeiteten Kipplaufwaffen verschiedene, hoch dotierte Preise gewonnen hatte, unter anderem 1876 in Philadelpia, USA, 1878 in Paris und 1987 in St. Petersburg, wurde sie zum italienischen, spanischen und russischen Hoflieferanten. 1896 übernahm Ferdinand Courally die Firma. 1952 wurde sie schließlich von Joseph Verrees gekauft, der bis 1982 ihr Chef war. Das Modell „Boss Verrees" hat man dem früheren Firmeneigentümer gewidmet. Während seiner Zeit leiteten der begnadete Büchsenmachermeister und seine führenden Mitarbeiter ein neues, junges Team an, das nun für die Firma Lebeau-Courally arbeitet. Auch die derzeitige Lebeau-Courally-Besitzerin, Anne-Marie Moersmans, setzt die Tradition der handwerklichen Büchsenmacherkunst fort. Viele Waffen der Firma sind mit original Seitenschlossen ausgestattet und haben wahlweise einen Einabzug oder einen Doppelzüngelabzug. Die Doppel- oder Express-Büchsen werden in den Kalibern 7x65R, 8x57 mm, 9,3x74R, .30-06 Springfield, .375 Holland & Holland, .457 Win.Mag. und .470 NE (Nitro Express) hergestellt. Jede Waffe wird, nachdem sie bereits im Werk auf Herz und Nieren geprüft wurde, auch nochmals im Beschussamt von Liège getestet. Da alle Waffen von Lebeau-Courally nur auf Bestellung individuell gebaut werden, können die nachfolgend beschriebenen lediglich einen Abriss der Produkte der Firma darstellen. Nicht nur die Gewehrlänge, die Chokebohrung und die Gravur überlässt man der Wahl des Kunden, sondern vor allem auch die Art und Form des Schaftholzes; als Holz – als Endprodukt dann entweder handpoliert und -geölt oder -gewachst – wird dabei regelmäßig besonders lange abgelagertes, französisches Nussbaum-Wurzelmaserholz verwendet, von dem die Firma eine Vielzahl von Rohlingen auf Lager hat. Die Flinten sind allesamt in den Kalibern 12, 16, 20, 28 oder 36 (.410) erhältlich. Den Stahl für die Läufe liefert die Stahl-Firma Walhreyne. Zusätzlich zu feinen Flinten baut Lebeau-Courally auch hervorragende Express-Doppelbüchsen. Waffen dieser Firma sind stets nicht nur absolute Meisterstücke der Büchsenmacherkunst, sondern können durchaus auch als echte Wertanlagen angesehen werden.

Doppel- beziehungsweise Express-Büchse Modell Ardennes

LEBEAU-COURALLY AMBASSADEUR

Die Kipplaufbüchse Modell Ambassadeur wird standardmäßig mit einem Wechsellaufbündel im Schrotkaliber 20/70 ausgeliefert. Das Standard-Büchsenkaliber ist 9,3x74R. Es handelte sich dabei um eine Bockdoppelbüchse mit übereinander liegenden Läufen, die einen Kersten-Verschluss, kombiniert mit unter dem Patronenlagerbereich des Laufbündels befindlichen, doppelten Laufhaken, aufweist. Die Waffe verfügt über Original-Seitenschlosse und einen Doppelzüngelabzug. Das vordere Züngel kann ganz nach vorne geschwenkt werden, um den Finger beim Abziehen des hinteren Züngels zu schützen. Die manuelle Sicherung des Gewehrs befindet sich auf dem Schaftkolbenhals hinter dem Verschlusshebel. Die Länge des Laufes und die Chokebohrung des Schrotlaufes bestimmt der bestellende Kunde. Mit dem Schrot- oder Flintenlauf wiegt die Waffe etwa 3,2 kg; mit den standardmäßigen Büchsen-Laufbündel wiegt sie 3,8 kg. Die Basküle ist hervorragend von Hand graviert, die Tierstückgravur in Gold eingelegt. Der Vorderschaft des aus edlem Nussbaum gefertigten Waffenschaftes ist horizontal zweigeteilt.

Lebeau-Courally Ambassador-Bockdoppelbüchse

LEBEAU-COURALLY ARDENNES

Die Lebeau-Courally Ardennes Express-Büchse wird ebenfalls standardmäßig im Kaliber 9,3x74R hergestellt. Die Doppelbüchse hat einen Greener-Verschluss, der mit einer doppelten Laufhakenverriegelung kombiniert ist. Dabei greifen die unten am Patronenlager des Laufbündels angebrachten Laufhaken in korrespondierende Aussparungen in der Basküle und werden mittels eines durch den Verschlusshebel bewegten Querriegels gehalten. Die Läufe der Waffe sind aus Böhler-Spezialstahl. Lauflänge und Gesamtlänge bestimmt der Kunde. Etwa in der Mitte des Laufes befindet sich auf der erhöhten Laufschiene eine Express-Klappkimme. Das

Lebeau-Courally
Modell Battue

Modell Ardennes wiegt etwa 3,7 kg und hat ein Anson & Deeley-Kastenschloss sowie ein Doppelzüngel-Abzugssystem. Das vordere Züngel kann wieder nach vorne geklappt werden. Die Sicherung befindet sich oben auf dem Kolbenhals. Die Basküle ist fein graviert und der Schaft – mit Pistolengriff und Backe – ist aus ausgesuchtem Nussbaumholz.

Lebeau-Courally Battue

Die Firma Lebeau-Courally stellt diese Bockdoppelbüchse wieder regulär in 9,3x74R her. Das als Drückjagdwaffe konzipierte Gewehr hat echte Seitenschlosse mit von dem belgischen Graveurmeister Alain Lovenberg hervorragend mit Rotwild- und Blättermotiven gravierten, goldeingelegten Seitenschlossplatten. Auch dieses Modell hat eine doppelte Laufhakenverriegelung sowie einen Doppelzüngelabzug, bei dem das vordere Abzugszüngel nach vorne weggekippt werden kann. Waffengesamtlänge und Lauflänge bestimmt wieder der bestellende Kunde. Das Waffengewicht liegt bei etwa 3,8 kg. Wie das Modell Ardennes hat auch dieses Modell ein Express-Visier und einen Schaft aus ausgesuchtem Nussbaumholz.

Die exzellent gravierte
Baskülen-Unterseite
des Modells Battue

Lebeau-Courally Big Five Express

Die Lebeau-Courally Big Five-Doppelbüchse wurde speziell für den berühmten halb-dokumentarischen Jagdfilm „In the Blood" von George Butler gebaut. Darin geht es um die Safari, auf der US-Präsident Theodore Roosevelt 1909 war. Die entsprechende Büchse hatte das Kaliber .458 Win.Mag. und ein Wechsellaufbündel in .375 H&H Mag. Die Läufe sind jeweils aus Böhler-Spezialstahl, die Basküle ist dermaßen stabil gehalten, dass sie den hohen Gasdrücken der entsprechenden Großwildkaliber problemlos widersteht. Die Basküle weist eine feine Gravur mit Motiven der afrikanischen „Big Five" auf, der fünf bekanntesten und gefährlichsten Großtiere des afrikanischen Kontinents, Elefant, Kaffernbüffel, Nashorn, Löwe und Leopard, die ja zum Anfang des 20. Jahrhunderts mit entsprechenden Kipplauf-Großwildbüchsen sehr extensiv bejagt wurden. Zwar hat das ebenfalls mit einer doppelten Laufhakenverriegelung

Lebeau-Courally
Big Five

Seiten- und Unteransicht
des Modells Big Five

ausgestattete Gewehr auch ein Express-Visier, doch ist es auch für eine Zielfernrohr-Montage vorbereitet. Der Sicherungsschieber befindet sich wie üblich auf dem Kolbenhals. Der schlanke englische, also gerade, Schaft ist aus ausgesuchtem Nussbaumholz.

LEBEAU-COURALLY BOSS VERREES

Diese Flinte wurde speziell in Erinnerung an den früheren Eigentümer der Firma Lebeau-Courally, Joseph Verrees, hergestellt. Unten ist ein Paar dieser Waffe abgebildet. Die Läufe laufen in deren Basküle in einem runden Ende aus, was in früheren Zeiten sehr modern war. Die Waffe hat echte Seitenschlosse, deren Schlossplatten hervorragend im englischen Pflanzenmuster-Stil graviert sind. Die Flinte Boss Verrees wird nur im Kaliber 12 hergestellt und hat, wie üblich, eine doppelte Laufhakenverriegelung. Überproduzierte Teile der Waffe werden von Lebeau-Courally als Lagerbestand gehalten, so dass danach irgendwann später eventuelle neue Teile gefertigt werden können. Die Gesamtlänge der circa 3,25 kg schweren Waffe, die Lauflänge, die Choke-Spezifikationen sowie die Einzelheiten des ausgesuchten Nussbaumschaftes bestimmt der bestellende Kunde – der das Gewehr übrigens sicher weniger als Jagdgerät, sondern als hochwertiges Sammlerstück ansieht.

Rechte Seitenschlossplatte
der Doppelbüchse Big Five

Boss Verrees der Firma
Lebeau-Courally

LEBEAU-COURALLY CHAMBORD

Die Flinte Lebeau-Courally Chambord hat abnehmbare Seitenschlossplatten; mittels des kleinen Hebels daran sind sie abzunehmen. Die Waffe hat einen Greener-Verschluss, kombiniert mit einem Laufhaken unter dem Patronenlager des Laufes. Ihr vorderes Abzugszüngel kann wie üblich, um den Finger beim Betätigen des vorderen nicht zu verletzen, nach vorne geklappt werden. Die Gesamtlänge, die Lauflänge und auch die Chokebohrungen der etwa 3,2 kg schweren Waffe bestimmt der bestellende Kunde. Die schwarze Basküle ist hervorragend goldeingelegt graviert. Die Doppelflinte hat einen klassischen, englischen Schaft aus ausgesuchtem Nussbaumholz.

Doppelflinte Comte de Paris

Chamborg-Bockdoppelflinte im Kaliber 20

LEBEAU-COURALLY COMTE DE PARIS

Auch diese Doppelflinte weist Seitenschlosse auf, deren Platten abgenommen werden können. Die Seitenschlossplatten sind im englischen Floralmuster-Stil graviert. Der Abzugswiderstand des Einabzugs ist verstellbar. Die etwa 3,1 kg schwere Comte de Paris wird standardmäßig im Kaliber 20/76 hergestellt, hat einen englischen, geraden Schaft aus ausgesuchtem Nussbaumholz und eine doppelte Laufhakenverriegelung. Waffenlänge, Länge des Laufbündels und Spezifikation der Chokebohrungen sind wieder die Wahl des Kunden. Der Sicherungsschieber der Flinte befindet sich wie üblich auf dem Kolbenhals.

LEBEAU-COURALLY NAPOLEON

Diese Bockdoppelflinte ist ein Beispiel für das ungemeine Können des belgischen Graveurmeisters Alain Lovenberg. Er gravierte die Basküle, die Seitenschlossplatten und den hinteren Bereich des Laufes; während ansonsten Ranken- und Floralmotive vorherrschend sind, ist auf der rechten Schlossplatte ein Kavallerie-Angriff dargestellt und auf der linken Reitersoldaten in verschiedenen Posen. Das Laufbündel ist brüniert und die Basküle in Antik-Silber gehalten. Die etwa 3,2 kg schwere Waffe wird regulär im Kaliber 12/70 gebaut. Sie hat eine doppelte Laufha-

Lebeau-Courally Napoleon

Linke Seite der Flinte Napoleon

Basküle der Lebeau-Courally Napoleon von unten

kenverriegelung und einen nicht selektiven Einabzug. Auch das Modell Napoleon hat einen geraden Schaft im englischen Stil aus besonders ausgesuchtem Nussbaumholz.

Die Prince Koudacheff-Doppelflinte

LEBEAU-COURALLY PRINCE KOUDACHEFF

Die Querflinte Prince Koudacheff, hergestellt standardmäßig im Kaliber 12/70, verfügt über echte Seitenschlosse, deren Platten wieder exzellent, hier im englischen Stil, graviert sind. Die etwa 3,25 kg schwere Waffe ist wie üblich mit einem Greener-Verschluss und einer zusätzlichen doppelten Laufhakenverriegelung versehen. Ihr Sicherungsschieber befindet sich auf dem Kolbenhals und der bestellende Kunde bestimmt wieder die Waffen- und Lauflänge sowie die Chokebohrungs-Spezifikationen.

Die Flinte hat einen Doppelzüngelabzug mit nach vorne schwingendem, vorderen Abzugszüngel und einen ausgesuchten Nussbaumschaft im englischen Stil.

LEBEAU-COURALLY SAFARI

Diese Doppelbüchse wird für das Kaliber .470 NE (Nitro Express) gebaut; alles an ihr ist dafür ausgelegt, dem immensen Gasdruck dieser riesigen Großwildpatrone zu widerstehen. Ein Waffengewicht von 4 kg absorbiert einen Teil des immensen .470er-Rückstoßes. Die Dralllänge der Züge und Felder der Büchsenläufe ist speziell auf das 500 grain schwere Nitro Express-Geschoss abgestimmt. Das Express-Klappvisier der Waffe besitzt zusätzliche Kimmenblätter für 100 m und 150 m. Die Basküle und auch der hintere Teil der Laufschiene sind exzellent graviert; der auf der Seitenplatte eingravierte Büffelkopf wirkt wie lebendig. Die Waffe wird zusammen mit einem handgearbeiteten Jagdmesser der niederländischen Messermacherfirma Hill in einem edlen Lederkoffer ausgeliefert. Die Waffe hat einen Doppelzüngelabzug und den üblichen Sicherungsschieber auf dem Kolbenhals. Aus den exzellent gravierten Seitenschlossplatten ragen kleine Signalstifte heraus, wenn das Gewehr gespannt ist. Der Hinterschaft weist einen Pistolengriff und eine Backe auf und ist wie der Vorderschaft aus ausgesuchtem Nussbaumholz.

Lebeau-Courally Safari Express-Büchse

Modell Safari mit Nashornmotiv-Gravur

LEBEAU-COURALLY TYROL

Die einläufige Kipplaufbüchse Tyrol von Lebeau-Courally hat zwar regulär das Kaliber 7x65R, kann aber auch in anderen Kalibern bestellt werden. Die Waffe wird wie andere Kipplaufwaffen mittels des auf dem Kolbenhals befindlichen Verschlusshebels geöffnet und gebrochen. Ihre Verriegelung erfolgt durch einen Kersten-Verschluss und doppelte Laufhaken. Der Achtkantlauf der zur Aufnahme einer Zielfernrohr-Montage vorbereiteten Büchse ist aus Böhler-Spezialstahl. Die Basküle weist links ein Seitenschloss mit entsprechender Schlossplatte und rechts nur eine Abdeckplatte auf, die jedoch beide superb im englischen Stil mit jeweils mittig einem Tierkopfmotiv, umrahmt von Rosen- und Eichenlaubmotiven graviert sind. Das Abzugsgewicht des Einabzugs ist einstellbar und die etwa 3,8 kg schwere Waffe kann individuell entweder mit Patronenauswerfer- oder Ausziehersystem bestellt werden; für jagdliche Zwecke wird zumeist der Auszieher gewählt. Die Waffengesamtlänge, die Länge des Laufbündels und die Schaftcharakteristika sind wieder den Kundenangaben vorbehalten. Natürlich ist das als Schaftmaterial vornehmlich verwendete französische Nussbaumholz von ausnehmender Qualität.

Das kunstvoll gravierte Flintenset Versailles Trio

Lebeau-Courally Tyrol-Büchse

Linke Basskülen-Seite
des Versailles-Trios

LEBEAU-COURALLY VERSAILLES TRIO

Bis vor einigen Jahren baute Lebeau-Courally ein Trio nahezu identischer 20er-Bockdoppelflinten als zusammengehörendes Set mit aufeinander folgender Nummernangabe. Technisch gesehen waren die Flinten gleich, jedoch war die durchwegs exzellente Gravur, bestehend aus Szenen aus der Mythologie im Stil des 18. Jahrhunderts, unterschiedlich. Die Gravuren, auf Basküle, Seitenplatten und auch Abzugsbügel, stammen von dem belgischen Künstler Alain Lovenberg. Waffenlänge, Lauflänge und die Spezifikationen der Chokebohrungen bestimmte wie üblich der Kunde selbst. Eine der Waffe wog etwa 3 kg. Die Waffen sind in der klassischen Linienführung mit hinten abgerundeter Basküle gehalten und haben einen Kersten-Verschluss, der auch Doppelgreener-Verschluss genannt wird. Dabei greifen beidseitig des oberen Laufes verlaufende, herausstehende Laufbündelverlängerungen in Aussparungen im Stoßbodenbereich der Basküle ein und werden mittels eines vom Verschlusshebel bewegten Querriegels festgehalten. Alle Waffen des Sets haben einen geraden, englischen Hinterschaft, welcher wie der Vorderschaft aus ausgesuchtem, französischem Nussbaum-Wurzelmaserholz hergestellt ist. Die Waffen sind sicherlich weniger als Gebrauchsgegenstände, sondern als individuelle Kunstwerke zu betrachten.

LEBEAU-COURALLY WIESBADEN

Lebeau-Courally stellt diese Bockdoppelflinte in den Kalibern 12 bis 28 her. Die Kipplaufwaffe hat eine doppelte Laufhakenverriegelung und echte Seitenschlosse, deren Schlossplatten außen extensiv mit Floralmotiven graviert sind. Die Gesamtlänge, Lauflänge und Choke-Spezifikationen bestimmt wieder der bestellende Kunde, das Waffengewicht liegt jedoch stets bei circa 3 kg. Der Sicherungsschieber des Gewehrs ist auf dem Hals des Schaftkolbens positioniert und fungiert nicht gleichzeitig auch als Laufwahlschieber; beim Betätigen des Einabzugs wird nämlich stets zuerst das Schloss für den unteren Lauf abgeschlagen und dann das für den oberen. Das Modell Wiesbaden hat einen schlanken Hinterschaft im englischen Stil, Schaftmaterial ist wie üblich ausgesuchtes, französisches Nussbaumholz.

Lebeau-Courally-Flinte,
Modell Wiesbaden

M

Marlin Firearms Company

www.marlinfirearms.com

Marlin®

America's Favorite Riflemaker

Markenzeichen der Firma Marlin

John Mahlon Marlin wurde 1836 im US-Bundesstaat Connecticut geboren. Während des amerikanischen Bürgerkriegs zwischen 1861 und 1865 arbeitete er bei Colt in Hartford und gründete dann 1870 in New Haven, Connecticut, seinen eigenen Waffenherstellungsbetrieb. Das Unternehmen baute zwischen 1870 und 1899 auch verschiedene Revolver und Derringer. C.H. Ballard aus Worcester, Massachusetts, hatte 1861 das einschüssige Ballard-Gewehr entwickelt; die Herstellung hatte seinerzeit die Waffenfabrik Ball & Williams Co. in Worcester übernommen. Die Firma Merwin & Bray, die später unter dem Namen Merrimack Arms Company firmierte, hatte diese Waffenfabrik 1866 gekauft und 1869 an die Brown Manufacturing Company aus New York City weiterveräußert. Die Übernahme war für Brown eine Nummer zu groß, so dass das Unternehmen 1873 seine Hypotheken nicht mehr zahlen konnte und die ursprüngliche Waffenfabrik Ball & Williams nun im Rahmen eines Zwangsverkaufes an das Handelshaus Schoverling & Daly aus New York ging. Die neuen Inhaber suchten dann einen neuen Hersteller für das Ballard-Gewehr und wählten Marlin. 1881 übernahm Marlin die Rechte an dem Gewehr und produzierte es unter seinem eigenen Namen bis 1891 weiter. Die ersten wirklichen Erfolge hatte Marlin mit seinen Gewehrmodellen. Da Winchester um 1870 mit der erfolgreichen Vermarktung von Unterhebel-Repetierbüchsen begonnen hatte, beschloss John Marlin, einen Teil des Marktes dafür zu erobern. 1881 brachte er diesbezüglich sein Modell 1881, Kaliber .45-70 Government, heraus. .45-70 war damals ein so populäres Kaliber, dass auch die amerikanische Armee diese Patrone in ihren Springfield 1873 Trapdoor-Gewehren in Gebrauch hatte. Um die Unterhebelmechanismuskonstruktion zu verstärken und später auch um besser Zielfernrohre montieren zu können, entwickelte Marlin 1889 einen Systemkasten, bei dem die abgeschossene Hülse nach der Seite und nicht mehr, wie bisher, nach oben ausgeworfen wurde; Marlin behielt dieses Prinzip seitdem unverändert bei. 1893 kam Marlin mit Unterhebel-Repetierern in den Kalibern .32-40 und .38-55 auf den Markt. Als mit der .30-30 Win. eine neue rauchlose Patrone eingeführt wurde, nahm John Marlin dies zum

Anlass, eine komplett neue Serie von Marlin-Unterhebel-Repetierbüchsen aufzulegen. Sehr bekannte Waffen aus dieser Zeit sind unter anderem die Modelle 1891 und 1897, womit die Kunstschützin Anny Oakley in Buffalo Bill's Wildwest-Show auftrat. 1901 starb John Marlin, seine beiden Söhne übernahmen den Betrieb. In dieser Periode fabrizierte Marlin auch andere Produkte, etwa Schuhlöffel und Handschellen. 1915, zu Beginn des Ersten Weltkriegs, wurde Marlin von dem New Yorker Handelsunternehmen Rockwell aufgekauft, das den Firmennamen in Marlin-Rockwell Corporation änderte. Die Produktion von zivilen Waffen wurde vorübergehend nahezu eingestellt und Marlin baute hauptsächlich nur mehr Colt-Browning M 1895-herkömmlichen Züge und Felder, bis dato ein zeitraubender und kostspieliger Prozess, wurde von den Marlin-Ingenieuren durch eine erheblich einfachere Fabrikationsmethode ersetzt, bei der der Lauf auf weit billigere Weise mit einer größeren Anzahl kleinerer, schmalerer „Züge" versehen wird. Zwischen 1964 und 1983 verkaufte Marlin unter der Marke Glenfield billigere Varianten seiner Produkte – etwa mit Buchen- statt Nussbaumschäften und mit gepresster statt geschnittener Fischhaut – an große amerikanische Handelsketten. 1969 bezog die Firma eine komplett neue Produktionsstätte in North Haven, Connecticut. Seit 1970 stellt Marlin auch regelmäßig Repliken von Modellen aus der Periode 1880 bis 1900 her. Außer Büchsen baut

Von oben nach unten:
Marlin Modell 9, Modell 9N und Modell 45

Maschinengewehre für das US-Militär. Nach dem Krieg wurde die Firma Marlin 1923 wieder unabhängig, musste wegen finanzieller Probleme aber bereits 1924 versteigert werden. Für nur 100 Dollar kam das Unternehmen dabei in die Hände des Rechtsanwalts Frank Kenna; Kenna übernahm allerdings auch die Hypothekenschulden der Firma in Höhe von 100 000 Dollar. Seit dieser Zeit befindet sich die Firma Marlin im Besitz der Familie Kenna. Nachdem sein Vater gestorben war, übernahm 1947 Roger Kenna und 1959 Frank Kenna das Unternehmen. 1953 führte man das Marlin Micro-Groove-Büchsenlauf-Herstellungsverfahren ein. Das Einbringen der die Firma auch Flinten. Diese Serie besteht insbesondere aus Kammerstängel-Repetierflinten. Einige davon besitzen einen glatten, langen Lauf und sind für die Gänsejagd konzipiert; andere, so genannte Slug Guns, verschießen aus gezogenen Büchsenläufen Flintenlaufgeschosse (Slugs). Diese Waffen werden in den USA sehr gerne zur Jagd auf Weiß- und Schwarzwedelhirsche verwendet. Im November 2000 erwarb Marlin die Firmen Harrington & Richardson und New England Arms. Beide Firmen produzieren billige einläufige Kipplaufflinten und -büchsen wie etwa die Modelle Pardner, Handi-Rifle, Topper und Ultra.

MARLIN MODELL 9/MODELL 45

Diesen halbautomatischen Karabiner im populären Pistolenkaliber 9 mm Para stellte Marlin 1985 vor. In einem Artikel über die Waffe im Magazin Guns & Ammo vom Oktober 1985 erfand der US-Fachautor Jan Libourel den zugehörigen Spitznamen „Camp Carbine". Das Modell 9 hat einen einfachen Feder-Masse-Verschluss. Die Oberseite des Systemkastens ist aus Stahl, die Unterseite samt integriertem Abzugsbügel und Magazinschacht ist jedoch aus Aluminium. Der Schaft der 90 cm langen, 3,1 kg schweren und mit einem 42-cm-Lauf ausgestatteten Waffe ist aus Hartholz und hat eine Gummi-Schaftkappe. Das relativ hohe Waffengewicht sorgt dafür, dass der Rückstoß der 9-mm-Para-Patrone absolut minimiert wird. Die einfache Blattkimme ist höhenverstellbar und das Korn am Laufmündungsende wird von einem Korntunnel geschützt. Da sich oben auf dem Systemkasten des Gewehrs entsprechende, vorgebohrte Bohrungen befinden, ist leicht die Montage eines Zielfernrohrs oder eines Aimpoint-Geräts möglich. Das 9-mm-Magazin hat eine Magazinkapazität von 12 Patronen, es war früher jedoch auch ein 20-Schuss-Magazin lieferbar. Der Magazinlöseknopf befindet sich links am Magazinschacht. Nachdem die letzte Patrone abgeschossen ist, arretiert der Verschluss in der hinteren Position. Die Marlin 9 hat mehrere unterschiedliche Sicherungsmechanismen. Im Abzugsbügel befindet sich vorne eine manuelle Sicherung im Garand-Stil. Zudem hat die Waffe eine automatische Magazinsicherung, die dafür sorgt, dass bei herausgenommenem Magazin nicht geschossen werden kann. Ein weiteres Sicherheits-Feature ist der Ladezustands-Indikator hinten am Patronenauszieher, der erkennen lässt, ob sich eine Patrone im Patronenlager befindet. 1986 stellte Marlin mit dem Modell 45 auch eine Variante des Gewehrs im Kaliber .45 ACP vor. Dieser Camp Carbine hat ein Magazin für sieben Patronen, ist ansonsten aber mit dem Modell 9 identisch. Interessant ist, dass die Marlin Carbines auch mit einigen Magazinen anderer Firmen funktionieren; so kann etwa ins Modell 9 auch das 12-Schuss-Magazin der Smith & Wesson-Pistole M469 oder die 15-Schuss-Magazine der Modelle M59 oder M659 geladen werden und das Modell 45 funktioniert mit Colt 1911 Government-Magazinen. 1991 stellte die Firma Marlin das Modell 9N vor, bei dem der Systemkasten und der Lauf vernickelt sind. Alle Camp Carbines haben die von Marlin patentierten Micro-Groove-Büchsenläufe. Seit 1995 gibt es die Modelle 9 und 45 mit einer leichten Modifikation; links im Bereich des Magazinlöseknopfes besitzen die Waffen nun einen Hebel zum manuellen Arretieren des Verschlussstücks.

MARLIN MODELL 15

Die Repetierbüchse Modell 15 wurde 1983 vorgestellt. Die Waffe hat einen 56-cm-Lauf, ist insgesamt 99 cm lang und wiegt 2,5 kg. Ihr herausnehmbares Magazin fasst sieben Patronen des Kalibers .22 short, .22 long oder .22 l.r. Zwischen 1979 und 1982 wurde das Gewehr auch als Glenfield Modell 15 produziert und 1983 stellte man mit dem Modell 15Y auch eine einschüssige Variante für die amerikanische Jugend her, die den Spitznamen „Little Buckaroo" erhielt und nur bis 1987 gebaut wurde. Der 41 cm lange Micro-Groove-Lauf dieser selbst insgesamt nur 84 cm langen und 1,9 kg schweren Waffe hatte 16 Züge. Die Verriegelung des Modells 15 erfolgt ausschließlich über den in die Verschlusshülse eingreifenden Kammerstängel; der Verschlusszylinder weist keine Verriegelungswarzen auf. Oben auf der Verschlusshülse befindet sich eine Prismaschiene zur Anbringung einer Zielfernrohr-Montage. Der Sicherungshebel ist rechts hinter dem Kammerstängel positioniert. Nach dem Spannen steht der hintere Teil des Schlagbolzens aus dem Verschlusszylinder heraus. Das Modell 15Y wurde 1988 vom Modell 14YN ersetzt, welches immer noch gebaut wird. Die technischen Spezifikationen entsprechen weitgehend denen der Ursprungswaffe. 2002 brachte Marlin mit dem Modell 15YS eine Stainless-Version der einschüssigen Jugendbüchse auf den Markt. Diese Waffe aus rostträgem Stahl ist ansonsten mit dem regulären Modell nahezu identisch, hat aber eine anders geformte Kimme und ein selbstleuchtendes Korn, das teils durch Kornbacken geschützt ist.

Marlin Modell 15YN KK-Repetierbüchse

MARLIN MODELL 17

Der bekannte Munitionsherstellungsunternehmer Hornady stellte 2002 mit der .17 HMR (Hornady Magnum Rimfire) eine komplett neue Randfeuerpatrone vor und verschiedene Waffenhersteller brachten schnell entsprechende Waffen dafür heraus. Da die neue Munition insbesondere in Europa in verschiedenen Ländern noch nicht zugelassen war, begaben sich die Waffenproduzenten damit zwar in ein gewisses Risiko, die Firma Marlin, ohnehin mehr auf den US-amerikanischen Markt fixiert, stellte jedoch 2002 unmittelbar gleich zwei Gewehre für das neue Kaliber vor. Das Modell 17V hat einen schweren, dicken Match-Lauf von 56 cm Länge, eine Gesamtlänge von 104 cm, ein Gewicht von 2,7 kg und statt der fehlenden, offenen Visierung nur eine Prismaschiene zur Anbringung einer Zieloptik. Die Verriegelung der Kammer erfolgt wiederum nur mittels des Kammerstängels. Das herausnehmbare Magazin des Gewehrs fasst sieben Patronen. Der Magazinlöseknopf befindet sich hinter dem Magazin und der Sicherungsknopf wie beim Modell 15 rechts hinter dem Kammerstängel. Im gespannten Zustand der Waffe ist hinten der Schlagbolzen als Spannzustandsanzeige herausstehend sichtbar. Der Schaft der Waffe ist aus Hartholz. Gleichzeitig stellte Marlin mit dem Modell 17VS auch eine Variante in Stainless-Stahl vor, bei dem die wichtigsten Stahlteile eben aus rostträgem, blanken Stahl gefertigt sind; das Magazin ist hier vernickelt. Der 17VS-Schaft ist aus Schichtholz, das mit so genanntem Mar-Shield-Schutzlack überzogen ist. Die Stainless-Waffe wiegt mit etwa 3,2 kg etwas mehr als das reguläre Modell.

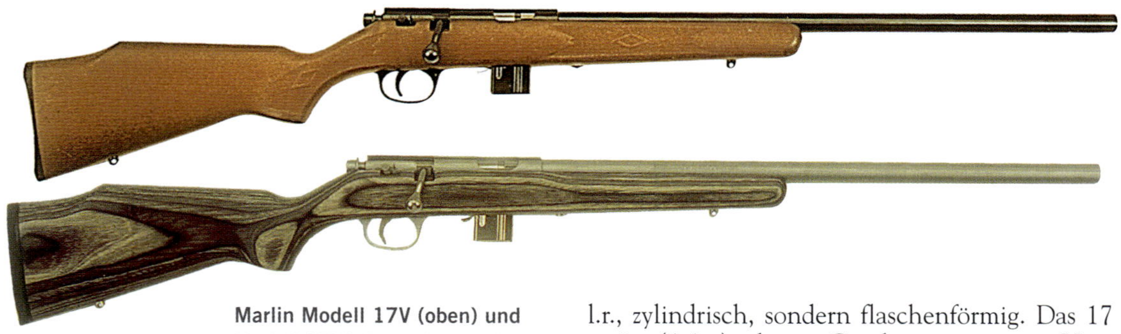

Marlin Modell 17V (oben) und Modell 17VS (unten) aus 2002

Die Patrone .17 HMR ist nicht, wie etwa die .22 l.r., zylindrisch, sondern flaschenförmig. Das 17 grains (1,1 g) schwere Geschoss stammt aus Hornadys V-Max-Reihe und besitzt dahingehend eine Kunststoffspitze, die beim Eindringen ins Zielmedium für ein starkes Aufpilzen sorgt. Die Kombination aus hoher Geschwindigkeit und dem leichten Gewicht des stromlinienförmigen Geschosses sorgt für eine sehr gestreckte Flugbahn. Dahingehend fällt das Geschoss auch auf weitere Entfernung relativ gering ab. Ist die Waffe auf 100 m eingeschossen, so sind die Flugbahnabweichungen von etwa 5 cm auf 150 m und 50 m absolut unerheblich und der Schütze muss den Haltepunkt nicht verändern. Der klare Vorteil der Verwendung der .17 HMR liegt weniger an ihrem zudem eindeutigen Energie-Plus, sondern an ihrer vergleichbar erheblich gestreckteren Flugbahn. Während ein Geschoss des Kalibers .22 WMR 100 m nach dem Ziel etwa 30 cm gefallen ist, fällt in der entsprechenden Konstellation ein .17-HMR-Geschoss nur etwa 9 cm.

Die aus dem Jahr 2002 stammende Patrone .17 HMR

MARLIN MODELL 25

Das frühere Repetierbüchsen-Modell 25 stammt aus dem Jahr 1983 und wurde bis 1987 hergestellt. Diese Waffe hatte ein herausnehmbares Magazin für sieben .22-l.r.-Patronen, konnte jedoch auch .22 short und .22 long aufnehmen. Wie bei den Modellen 15 und 17 erfolgt die Verriegelung mittels des Kammerstängels; der Verschlusszylinder weist keine eigenständigen Verschlusswarzen auf. Ein Charakteristikum des Modells 25 ist der Abzugsbügel aus Kunststoff. Die Kimme, das Korn, die Spannzustandsanzeige durch den herausstehenden Schlagbolzen sowie die Sicherung sind ähnlich dem Modell 15. Das

Nachfolgemodell 25N erschien erstmals 1989 und wird immer noch gebaut. Der Unterschied zwischen diesem und der Ursprungswaffe liegt insbesondere in der geänderten manuellen Sicherung, die der 880er-Baureihe angepasst wurde. Eine Variante der neuen Waffe ist das Modell 25M im Kaliber .22 WMR. Dieses, ebenfalls mit 7-Schuss-Magazin und ansonsten identisch mit der .22-l.r.-Variante, fertigte Marlin zwischen 1983 und 1988. Die Gesamtlänge der Modelle 25N und M beträgt 104 cm, die Lauflänge liegt bei 56 cm und das Gewicht bei 2,7 kg. 1989 stellte Marlin mit dem Modell 25MN ein Nachfolgemodell für die .22-WMR-Variante vor; dabei ist im Endeffekt wie bei der Büchse 25N nur die Sicherung verändert worden. Das Modell 25MN wird ebenfalls immer noch hergestellt.

Die Marlin-Repetierer
Modell 25N und 25MN

2001 wurde als 25MNC eine spezielle Camouflage-Variante vorgestellt. Deren Hartholzschaft ist mit einer so genannten „Mossy Oak Breakup"-Oberflächenoptik versehen. Eine weitere zu erwähnende Waffe der Baureihe ist das Modell 24MB oder Midget Magnum, Kaliber .22 WMR, hergestellt zwischen 1987 und 1993. Das besondere an dieser Kleinkaliber-Repetierbüchse ist, dass sie mittels eines unten am Vorderschaft befindlichen Drehknopfes einfach in zwei Teile zerlegt werden konnte. Diese Waffe war insgesamt 90 cm lang, hatte einen 41-cm-Lauf und wog 1,9 kg. Eine weitere ungewöhnliche Variante war das Modell 25MG, bekannt als „Garden Gun". Diese ebenfalls mit einem 7-Schuss-Magazin ausgestattete Waffe verfeuert ausschließlich .22-WMR-Kleinkaliber-Schrotpatronen der Firma CCI. Sie hat einen glatten Flintenlauf von 56 cm Länge, ist insgesamt 104 cm lang und wiegt 2,7 kg. Das ansonsten mit den anderen Varianten identische Modell hat keine Kimme, sondern vor der Laufmündung nur ein Flintenkorn.

Zerlegbare Kleinkaliber-Unterhebel-Repetierbüchse Modell 39

MARLIN MODELL 39

Marlins Modell 39 Unterhebel-Repetierbüchse basiert auf den ursprünglichen Modellen 1891 und 1892. Das frühere Modell 1891 war die erste Kleinkaliberbüchse von Marlin; sie verschoss nicht nur das damals neue Kaliber .22 l.r., sondern auch .22 short und .22 long. Die Waffe wurde bis 1897 hergestellt; diverse Veränderungen sowohl am Modell 1891 als auch am Modell 1892 führten dann nach und nach zur Einführung des Modells 1897 in eben diesem Jahr.

Diese Waffe stellt die Basis für das moderne Modell 39AS dar, das Marlin heute immer noch produziert. Das eigentliche Modell 1897 wurde bis 1922 hergestellt und hatte einen 41, 61, 66 oder 71 cm langen Lauf und ein darunter befindliches Röhrenmagazin, das wahlweise bis zur Laufmündung vorreichte oder nur bis zur halben Lauflänge ging. Der Systemkasten war buntgehärtet. Der Schaft war aus lackiertem Nussbaum. In den späten Jahren der „Wild West Shows" war die Waffe bei den Kunstschützen, wie etwa Annie Oakley, sehr beliebt. Die Show-Artisten luden ihre Büchsen oft mit Schrotpatronen, um dann damit zu glänzen, von galoppierenden Pferden aus in die Luft geworfene Glaskugeln zu treffen. Die Show von Annie Oakley beinhaltete etwa auch eine Vorführung, bei der sie auf 12 m mit ihrer Marlin-Büchse in 27 Sekunden 25 Schuss in die Mitte einer Spielkarte setzte. Die Marlin-Rockwell Corporation wurde 1922 komplett umorganisiert, was auch dazu führte, dass

Modell 39TDS
in zerlegtem Zustand

das Modell 1897 nun zum bis heute hergestellten Modell 39 umbenannt wurde. Das Modell 39 wurde bereits 1922 als so genannte Take Down-Waffe konzipiert, die mittels einer großen, rechts am Systemkasten befindlichen, einfach mit einer Münze zu drehenden Schraube, in zwei Teile zerlegt werden kann. Eine Besonderheit der Waffe ist auch ihr Patronenauswurf, der nicht wie bei anderen Unterhebel-Repetierbüchsen nach oben erfolgt, sondern durch ein Auswurffenster rechts am Systemkasten nach der Seite; dies ist insbesondere wichtig, wenn man ein Zielfernrohr verwenden will. Im Laufe der Jahre und Jahrzehnte wurden diverse kleine Änderungen an der Waffe vorgenommen; so wurde ab 1926 ein verbesserter Patronenauswerfer, ein Patent von Carl Swebilius, eingebaut und 1932 wurde der Verschluss verstärkt, weil die .22-l.r.-High-Speed-Patronen auf den Markt gekommen waren. Als Marlin 1938 den ursprünglichen, 61 cm langen Achtkantlauf durch einen runden Lauf ersetzte, wurde die Modellbezeichnung in 39A geändert. Ab dem gleichen Jahr wurde auch der Systemkasten nur mehr brüniert hergestellt. Während des Zweiten Weltkriegs produzierte die Firma Marlin fast ausschließlich Maschinengewehre, danach wurde aber auch der Bau des Modells 39A wieder aufgenommen. Ab 1960, als man fortan ein vergoldetes Abzugszüngel einbaute, nannte man die Waffe auch Golden 39A. Erst einige Jahre später erhielt sie auch eine Prismaschiene oben auf dem Systemkasten sowie ein Aufsatzstück zur Verbreiterung des Hahns. Ende 1987 wurde das Gewehr letztmals geändert, diesmal um die Sicherung zu verbessern; die neuen Varianten hießen dann 39AS (Gewehr) und 39TDS (Karabiner). Das neue Sicherungssystem sorgte nun dafür, dass der Hahn ausschließlich bei gezogenem Abzug den Schlagbolzen erreichen kann; zudem änderte man den Knopf der den Hahn blockierenden, manuellen Durchschiebesicherung, der sich nun am Systemkasten befindet. Das Modell 39AS hat einen 61-cm-Lauf und ein bis zur Laufmündung reichendes, darunter befindliches Röhrenmagazin, das 26 Patronen des Kalibers .22 short, 22 des Kalibers .22 long und 19 des Kalibers .22 l.r. aufnimmt. Die Gesamtlänge der Waffe beträgt 102 cm und sie wiegt 3 kg. Das Korn des Gewehrs ist durch einen Korntunnel geschützt, die einfache Blattkimme – in den USA als „Rocky Mountain"-Visierung bezeichnet – ist nur höhenverstellbar. Der Schaft der Büchse ist aus Nussbaum und hat einen Pistolengriff. Interessanterweise änderte man 2000 die Bezeichnung 39AS wieder zurück in 39A. Ende 1987 wurde mit dem Modell 39TDS auch eine kurze Karabiner-Version der Waffe vorgestellt, die insgesamt nur 83 cm lang ist, einen 42-cm-Lauf hat und 2,4 kg wiegt. Auch das Modell 39TDS weist seitlich am Systemkasten die große Schraube auf, mit der die Waffe einfach in zwei Teile zerlegt werden kann. Das Röhrenmagazin des Karabiners, vorgezogen auch bis zur Laufmündung, fasst 16 Patronen .22 short, 12 .22 long und 10 .22 l.r. Die Karabiner-Variante hat einen geraden, englischen Schaft, ebenso einen Korntunnel und die gleiche „Rocky Mountain"-Kimme wie die Gewehr-Version. 1995 stellte die Firma Marlin die Produktion des Karabiner-Modells 39TDS überraschend ein.

MARLIN MODELL 50/55 GOOSE GUN

Marlin stellte ehemals auch relativ viele Flinten her. Beispiele dafür beinhalten etwa die Marlin 120-Vorderschaft-Repetierflinte, das Modell 120 Trap, die Kammerstängel-Repetierflinten 50 und 55 sowie 10 Super Goose im Extrem-Kaliber 10. Die Kammerstängel-Repetierflinte Modell 50 stammt aus dem Jahr 1950 und wurde ursprünglich in den Kalibern 12, 16 und 20 hergestellt. Das herausnehmbare Magazin fasst zwei Schrotpatronen. Das Modell 55 wurde 1955 vorgestellt. Ursprünglich handelte es sich dabei um eine einfachere Kammerstängel-Repetierflinte, in den Kalibern 12, 16 oder 20 mit den Standard-Lauflängen 66 cm und 71 cm. Marlins neues Modell Glenfield 50 erschien 1964 und war für den Verkauf bei größeren US-Handelsketten bestimmt. Diese Waffe wurde in 12 und 20 mit Patronenlagern für 76-mm-Hülsen gebaut. Die 12er-Version gab es mit einem 71-cm-Lauf und die 20er mit einem 66 cm langen Lauf; die Gesamtlänge betrug so entweder 125 cm oder 119 cm und das Gewicht 3,2 kg oder 3,1 kg. Der Verschlusszylinder der Baureihe weist keine eigenen Verriegelungswarzen auf, die Verriegelung erfolgt ausschließlich mittels des Kammerstängels. Auf dem Verschlusszylinder befinden sich zwei Patronenauszieher. Die Sicherung ist rechts hinter dem Kammerstängel positioniert.

1962 stellte Marlin das Modell 55 Goose Gun vor. Diese Waffe wurde zunächst nur im Kaliber 12/76 und später dann auch in 12/70 hergestellt und hatte einen 91 cm langen Lauf. Ihre Gesamtlänge lag bei 144 cm und sie wog 3,6 kg. Seit 1986 baut das amerikanische Unternehmen Mossberg diese Waffen für Marlin. 1997 stellte die Firma Marlin ihre Modelle 50DL und 55GDL vor, die beide einen schwarzen Kunststoffschaft haben. Das Modell 50DL ist eine 12er-Waffe mit 71 cm langem Lauf, einer Gesamtlänge von 124 cm und einem Gewicht von 3,4 kg. 2000 stellte Marlin die Produktion dieser Flinte wieder ein. Das Modell 55GDL wurde ebenfalls nur im Kaliber 12 und mit einer Magazinkapazität von zwei Patronen gebaut. Die Dimensionen und das Gewicht entsprachen denen des Modells 55 Goose Gun. Auch die Herstellung dieser Flinte wurde eingestellt, allerdings erst Ende 2001.

Marlin Modell 50 DL
Kammerstängel-Repetierflinte

Kammerstängel-Repetierflinte
Modell 55GDL

MARLIN MODELL 60

Die Selbstladebüchse Modell 60, Kaliber .22 l.r., wurde 1960 vorgestellt. Die Waffe hat einen reinen Feder-Masse-Verschluss und wurde von Ewald Nichol entwickelt, dem damaligen Entwicklungsleiter von Marlin. Das Gewehr wurde als Glenfield Modell 60 auch an große US-Handelsketten verkauft. Es hat ein Röhrenmagazin für acht Patronen unter dem 56 cm langen Lauf, eine Gesamtlänge von 104 cm und ein Gewicht von 2,5 kg. Die billigere Glenfield-Ausführung hat nur einen Buchenschaft. 1983 erschien als Ersatz für die Glenfield-Variante das Modell 60, es hatte aber immer noch den Buchenschaft. Das Modell 60 wies einen 56 cm angen Micro-Groove-Lauf mit 16 Zügen und Feldern auf. Die Gesamtlänge lag bei 103 cm und das Gewicht wiederum bei 2,5 kg. In das Röhrenmagazin unter dem Lauf dieser Waffe passen 17 .22-l.r.-Patronen; es ist aus Messing hergestellt, um zu verhindern, dass sich darin Rost ansetzt.

Marlin Modell 60 Halbautomat

Zwischen 1983 und 1993 stellte Marlin auch eine kurze Karabiner-Version des Modells 60 her, die die Modellbezeichnung 75C hatte. Auch diese Waffe hat unter dem Lauf ein Röhrenmagazin, das hier aber nur 13 Patronen des Kalibers .22 l.r. aufnimmt. Die Waffe hat einen 46 cm langen Micro-Groove-Lauf, eine Länge von insgesamt 93 cm und ein Gewicht von 2,3 kg. Die weiteren Features, wie auch das Sicherungssystem, sind die gleichen wie beim längeren Modell 60. Bei Waffen der Baureihe, die nach 1985 hergestellt wurden, bleibt der Verschluss nach dem Abschießen der letzten Patrone in der hinteren Position. Der Knopf, mit dem der Verschluss gelöst werden kann, befindet sich vor dem Abzugsbügel. Die einfache Blattkimme ist nur höhenverstellbar. Die manuelle Sicherung – in der Form eines Durchschiebeknopfes – ist hinten am Abzugsbügel positioniert. Oben am Systemkasten befindet sich eine Prismaschiene zur Anbringung einer Zielfernrohr-Montage.

Marlin Modell 60 als Varianten
60SB (oben) und 60SS (unten)

1993 kam man mit einem Modell 60SS auf den Markt, bei dem der Lauf, das Röhrenmagazin und das Verschlussstück aus rostträgem Stainless-Stahl, der Systemkasten und der Abzugsbügel aber vernickelt sind. Das 103 cm lange Modell 66SS mit einem 56 cm langen Micro-Groove-Lauf ist 2,5 kg schwer und hat einen Schichtholzschaft. Die Magazinkapazität wurde von 17 auf 14 Patronen reduziert, was insbesondere auf eine

Marlin Modell 60C Camo Mossy
Oak Break-up

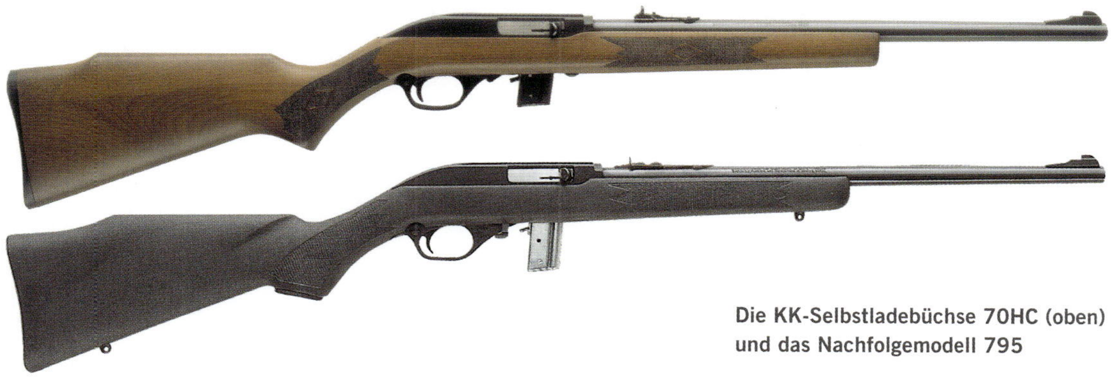

Die KK-Selbstladebüchse 70HC (oben)
und das Nachfolgemodell 795

Modifikation der Patronenzuführung zurückzuführen war. 1999 erschienen weitere Versionen der Baureihe. Das Modell 60SB ist etwa eine Stainless-Variante mit Buchenschaft, der vom Finish her auf die Optik von Nussbaum getrimmt ist. Das Modell 60SSK hat einen Kunststoffschaft. 2000 wurde das brünierte Modell 60C vorgestellt, dessen Hartholzschaft einen „Mossy Oak Break-up"-Tarnfarbenüberzug mit Blatt- und Astmustern aufweist.

MARLIN MODELL 70

Das .22-l.r.-Modell 70 stammt aus dem Jahr 1970 und wurde zwischen 1978 und 1983 vornehmlich als Glenfield Modell 70 verkauft. Die Glenfield-Version hat einen 46 cm langen, 16 Micro-Groove-Züge aufweisenden Lauf; die Gesamtlänge beträgt 93 cm und das Gewicht 2 kg. 1983 stellte man dann die eigentliche Marlin 70 als Ersatz für die Glenfield vor. Die halbautomatische Kleinkaliberbüchse hat einen Feder-Masse-Verschluss und ein herausnehmbares 7-Schuss-Stangenmagazin; letzteres stellt den Hauptunterschied zum Modell 60 dar. 1988 stellte Marlin das Modell 70HC vor, wobei „HC" für „High Capacity" steht. Diese Waffe hatte ein transparentes Kunststoffmagazin für 25 Patronen .22 l.r., welches Ram-Line für die Firma Marlin herstellte. Die Magazinkapazität des Modells 70HC wurde dann 1991 auf 15 Patronen verringert. 1995 wurde die Waffe dahingehend abgeändert, dass ihr Verschluss nach dem letzten Schuss hinten arretierte; vorn am Abzugsbügel befindet sich ein Knopf zur Freigabe des Verschlusses. Auf dem Systemkasten der Waffe ist eine Prismaschiene eingefräst, so dass ein Zielfernrohr angebracht werden kann. 1996 endete die Produktion des Modells 70HC.

Das recht ungewöhnliche Modell 70P Papoose stammt von 1986 und ist eine Variante der 70er-Baureihe, die in zwei Teile zerlegt werden kann. Die Bezeichnung Papoose leitet sich aus dem Indianischen ab und steht eigentlich für Kindertrage-Rucksack; sie soll darstellen, wie einfach die Waffe, etwa bei Expeditionen, mitgeführt werden kann. Andere Hersteller bezeichnen entsprechende Waffen oft als „Back-Packer". Die mit einem 41 cm langen Lauf ausgestattete Waffe hat ein herausnehmbares Magazin für sieben .22-l.r.-Patronen, eine Gesamtlänge von 90 cm und ein Gewicht von nur 1,5 kg. Ende 1995 wurde die 70P Papoose durch die Variante 70PSS ersetzt; deren Lauf und Verschluss sind aus Stainless-Stahl, die anderen Metallteile jedoch nur vernickelt. Auch beim Modell 70PSS bleibt der Verschluss in der hinteren Position arretiert, nachdem der letzte Schuss abgefeuert worden ist. Der Knopf, um den Verschluss zu entriegeln, befindet sich vor dem Abzugsbügel. Die Dimensionen und das Gewicht des Modells 70PSS entsprechen denen des vorhergehenden Modells 70P.

Das zerlegbare Modell Marlin
70PSS Papoose Carbine

MARLIN MODELL 81/83

Das Modell 81TS basiert auf einer früheren Büchsen-Baureihe von ab dem Jahr 1939. Die Modelle 81 und 81B aus dem Jahr 1940 haben einen 61-cm-Lauf und ein Röhrenmagazin für 18 bis 20 Patronen des Kalibers .22 l.r., .22 long oder

Marlin Modell 81TS-Repetierbüchse im Kaliber .22 l.r. (oben) und 83TS in .22 WMR (unten)

.22 short, das bis zur Laufmündung vorreicht. Marlin baute 1941 und dann wieder zwischen 1945 und 1971 auch ein Modell 81C. Diese Waffe hatte einen Nussbaumschaft im Monte-Carlo-Stil und einen Kunststoff-Abzugsbügel. Eine weitere Variante war etwa das Modell 81DL – hergestellt 1941 und zwischen 1945 und 1964 – mit einer Diopter-Visierung und einem Korntunnel. Das aktuelle Modell 81TS stammt von 1999 und ist mit Ausnahme seines schwarzen Kunststoffschafts mit den früheren Varianten identisch. Es stellt auch das Nachfolgemodell zur Marlin-Büchse 881 her, die von 1989 bis 1999 gebaut wurde. Das lange Röhrenmagazin des Modells 81TS fasst 25, 19 oder 17 Patronen .22 short, .22 long oder .22 l.r. Die Waffe hat einen reinen Feder-Masse-Verschluss. Ihre manuelle Sicherung befindet sich rechts hinter dem Verschlusshebel. Der hintere Teil des Verschlusszylinders fungiert als Spannzustandsanzeige, denn sobald der Schlagbolzen gespannt ist, steht er hinten heraus und ein roter Ring wird sichtbar. Der Lauf hat 16 Micro-Groove-Züge und ist 56 cm lang. Die Gesamtlänge der Waffe beträgt 104 cm, ihr Gewicht liegt bei 2,7 kg. Die einfache Blattkimme ist verstellbar und das Verschlussgehäuse weist oben eine Prismaschiene zur Anbringung eines Zielfernrohres auf. 2001 stellte Marlin das Modell 83TS vor. Hierbei handelt es sich um die Magnumversion der Büchse 81TS, deren Röhrenmagazin 12 Patronen des Kalibers .22 WMR fasst. Ansonsten sind Gewicht und Dimensionen identisch. Die Waffe, deren Metallteile brüniert sind, hat einen schwarzen Kunststoffschaft.

MARLIN MODELL 336

Dieses Modell basiert auf einer Unterhebel-Repetierbüchse aus dem Jahr 1936, welche wiederum der Ersatz für das viel frühere Modell 1893 war und dann 1937 die Modellbezeichnung 36 erhielt. Als Modell 36 wurde die Waffe zwischen

Marlin Modell 336A

1936 und 1941 und dann wieder von 1945 bis 1948 in den Kalibern .30-30 Win. und .32 Win.Spec. hergestellt. Das Modell 36 hat einen Pistolengriff und daher auch einen entsprechend verlaufenden Unterhebel. Es hatte als eine der ersten Repetierbüchsen eine Hahn-Schraubenfeder und nicht wie bis dato üblich eine Blattfeder. Der Lauf der insgesamt 108 cm langen und 3,15 kg schweren Waffe ist 61 cm lang und hatte damals innen natürlich noch kein Micro-Groove-System, sondern sechs reguläre, rechtsdrehende Züge und Felder. Das Röhrenmagazin hat eine Kapazität von fünf Patronen. Weitere Varianten beinhalten unter anderem das Modell 36ADL mit einem Luxus-Nussbaumschaft, das nur 97 cm lange Modell 36 Carbine mit 51-cm-Lauf und das Modell 36SC mit einem Laufband am Vorderschaft. 1948 ersetzte das Modell 336 das Modell 36. Die neue Waffe wurde ursprünglich in den Kalibern .30-30 Win., .35 Rem. und .44 Mag. gebaut. Sie ist 110 cm lang, hat einen 61-cm-Lauf und wiegt 3,15 kg.

Das **Modell 336A** folgte der ursprünglichen Büchse 336 bereits 1949 nach. Diese Waffe wiederum wurde bis 1962 und dann wieder zwischen 1973 und 1980 gebaut. Die Büchsen bis 1962 wurden in den Kalibern .30-30 Win. und .32 Win.Spec. hergestellt; ihr 61-cm-Lauf hatte sechs Züge und Felder. Das kurze Röhrenmagazin fasst fünf Patronen. Interessanterweise war das Korn bereits zur damaligen Zeit durch einen Korntunnel geschützt. 1953 stellte Marlin die Waffe auch in .35 Rem. vor – mit einem Lauf mit sieben Zügen und Feldern. Ab 1956 wurden dann generell Micro-Groove-Läufe verwendet, zuerst mit 16 Zügen und ab 1958 in .30-30 Win. dann mit 22 Zügen. Marlin änderte dies 1968 wieder und die ab dann verwendeten 12 Züge wurden bis zum Ende der Produktion 1962 beibehalten. 1973 stellte man ein neues Modell 336A vor und baute es bis 1981. 1999 erschien die Waffe dann als Modell 336AS wieder, um 2001 leicht modifiziert, allerdings nur mehr in .30-30 Win. erhältlich, wieder Modell 336A zu heißen. Die neuen Modelle 336A und 336AS haben einen 51 cm langen Lauf mit 12 Micro-Groove-Zügen. Die Gesamtlänge beträgt 97 cm, das Gewicht 3,2 kg. Das Röhrenmagazin unter dem Lauf fasst nun sechs Patronen. Rechts am Systemkasten unter dem Hahn befindet sich nun eine Druckknopfsicherung. Als Schaftmaterial wird Hartholz verwendet, das aber in Nussbaum-Optik gehalten ist. Die Blattkimme der Waffe ist nur höhenverstellbar, der Systemkasten enthält aber oben Vorbohrungen für die Anbringung einer Zielfernrohr-Montage.

Das **Modell 336ADL** ist eine Luxusvariante der Baureihe, die Marlin zwischen 1952 und 1962 herstellte. Ihr Schaft ist mit einer handgeschnittenen Fischhaut sowie Riemenbügeln versehen. Da nur 52 000 Stück davon gebaut wurden, ist die Waffe heute eine Seltenheit.

Das **Modell 336 C** hat eine etwas seltsame Historie. Dieses frühe Modell in den Kalibern .30-30 Win., .32 Win.Spec. und .35 Rem. stammt von 1949. Es hat einen 51-cm-Lauf mit darunter liegendem, bis zur Mündung vorreichendem 6-Schuss-Röhrenmagazin und Laufband um den Vorderschaft. 1963 kam die Waffe in .44 Mag. heraus, verschwand aber wieder Ende 1964. Die Produktion wurde 1984 eingestellt.

Das **Modell 336CC**, nur hergestellt in .30-30 Win., ist eine relativ neue Variante aus dem Jahr 2001. Sein bis zur Laufmündung vorreichendes Röhrenmagazin fasst sechs Patronen. Das Besondere an der 97 cm langen, 3,2 kg schweren und mit einem 51-cm-Lauf bestückten Waffe ist, dass der Hartholzschaft der Waffe mit einem „Mossy Oak Break-up" Camouflage-Finish versehen ist.

Marlin Modell 336CS
Unterhebel-Repetierbüchse

Das **Modell 336 Cowboy** erschien 2000. Es hat einen 61 cm langen Achtkantlauf, ist insgesamt 108 cm lang und wiegt 3,4 kg. Die Waffe hatte das Kaliber .38-55 Win. oder .30-30 Win. und ein langes Röhrenmagazin, in das acht Patronen passten. Schaftmaterial war amerikanisches Nussbaumholz und der Hinterschaft war gerade und ohne Pistolengriff gehalten. Marlin wollte mit dem Gewehr auf den Zug des plötzlich modern gewordenen Cowboy Action-Schießens aufspringen, hatte aber damit keinen Erfolg, so dass die Waffe 2002 wieder verschwand.

Das **Modell 336CS** kam 1984 als Ersatz für das Modell 336C heraus. Es hatte bereits die Druckknopfsicherung unter dem Hahn und wurde mit einem Röhrenmagazin für sechs Patronen in den Kalibern .30-30 Win., .35 Rem. und .375 Win. hergestellt; 1988 stellte man die Produktion in .375 Win. ein. Der Lauf der Waffe ist 51 cm lang, die Gesamtlänge beträgt 98 cm und das Gewicht liegt bei 3,2 kg. 2001 entschied man sich dafür, wieder die alte Modellbezeichnung 336C aus dem Jahr 1949 zu übernehmen.

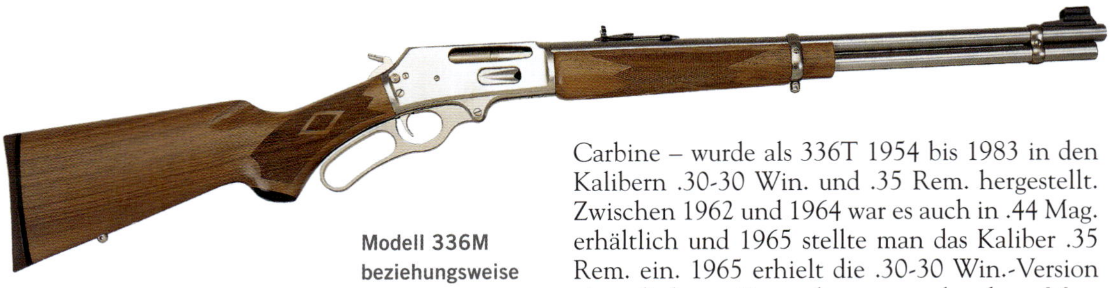

Modell 336M beziehungsweise 336SS von Marlin

Das **MODELL 336ER** ist eine Variante, die Marlin nur kurz zwischen 1983 und 1984 speziell für das Kaliber .356 Win. herstellte.

Das **MODELL 336TS** wurde 1988 als Nachfolgewaffe für die vorhergehenden Modelle 336T, 336TC und 336TS vorgestellt. Die Waffe wird nur im Kaliber .30-30 Win. produziert und hat ein Röhrenmagazin für fünf Patronen. Der gerade, englische Schaft ist aus amerikanischem Nussbaumholz. Die Lauflänge beträgt 51 cm, die Gesamtlänge 97,5 cm und das Gewehr bringt etwa 3 kg auf die Waage.

Das **MODELL 336M**, Kaliber .30-30 Win., kam 2000 heraus. Es handelt sich dabei um eine wetterresistente Version, bei der Lauf, Röhrenmagazin, Systemkasten, Unterhebel und sogar der Knopf der Druckknopfsicherung aus rostträgem Stainless-Stahl sind. Die anderen äußeren Metallteile – mit Ausnahme der Blattkimme und des Korns – sind vernickelt. Die Waffe hat einen 51-cm-Lauf, ist 98 cm lang und wiegt 3,2 kg. Nach Durchführung einiger Modifikationen daran stellte Marlin das Gewehr bereits 2001 unter der neuen Bezeichnung 336SS vor.

Das **MODELL 336SS** ist das unmittelbare Nachfolgemodell des oben beschriebenen Stainless-Modells 336M.

Das **MODELL 336T** oder **336TC** – für Texas Carbine – wurde als 336T 1954 bis 1983 in den Kalibern .30-30 Win. und .35 Rem. hergestellt. Zwischen 1962 und 1964 war es auch in .44 Mag. erhältlich und 1965 stellte man das Kaliber .35 Rem. ein. 1965 erhielt die .30-30 Win.-Version einen links am Systemkasten angebrachten Messing-Sattelring, dieser verschwand 1971 aber wieder. Ab 1972 rüstete man die Waffe mit einem Korntunnel aus. 1983 wurde die Lauflänge von 51 auf 47 cm gekürzt und ein Jahr danach, 1984, ersetzte das Modell 336TC, nun ausgestattet mit der jetzt Marlin-typischen Druckknopfsicherung, das bisherige Modell 336T. Dem Modell 336TS folgte 1988 das Modell 336LTS nach.

Das **MODELL 336W** aus dem Jahr 1998 ist in den USA heute eine beliebte Jagdwaffe. Ursprünglich hatte die Waffe die Modellbezeichnung 336AW, ein Jahr danach gab man ihr aber die Bezeichnung 336W. Das Gewehr mit einem 6-Schuss-Röhrenmagazin wird nur in .30-30 Win. hergestellt. Es hat einen 51-cm-Lauf, eine Gesamtlänge von 97 cm und ein Gewicht von 3,2 kg. Der Schaft mit Pistolengriff ist aus Buchenholz.

Marlin Modell 336W

MARLIN MODELL 444

Diese speziell für das starke Kaliber .444 Marlin produzierte Waffe aus dem Jahr 1965 hat eine Vertikalblock-Verriegelung. Die ursprüngliche, 108 cm lange und 3,4 kg schwere Version ist mit einem 61-cm-Lauf ausgestattet. Das nicht bis zur

Laufmündung vorgezogene Röhrenmagazin fasst fünf Patronen. 1972 folgte die modifizierte Version 444S, welche einen kürzeren, nur mehr 56 cm langen Lauf hat; deren Länge lag damit bei

Marlin Modell 444 Unterhebel-Repetierbüchse im starken Kaliber .444 Marlin

103 cm. Das Modell 444S hat einen Schaft aus Nussbaumholz und abnehmbare Riemenbügel daran. 1984 stellte die Firma Marlin mit dem Modell 444SS erneut eine Nachfolge-Variante vor; diese verfügte nun als Hauptunterschied zu den vorhergehenden Modellen über eine Druckknopfsicherung links am Systemkasten unter dem Hahn. 1988 wurden die abnehmbaren Riemenbügel durch feste ersetzt. Als Modell 444P Outfitter stellte man 1999 eine nochmals etwas abgeänderte Variante vor, die einen nur mehr 47

Marlin Modell 512 Slugmaster im Kaliber 12

cm langen Lauf, ein Gewicht von 3,2 kg und eine Gesamtlänge von 94 cm hat. Da die Länge des Röhrenmagazins beibehalten wurde, liegt die Magazinkapazität weiter bei fünf Patronen. Der Lauf der Outfitter-Variante weist vorne hinter der Mündung mehrere Kompensator-Bohrungen auf, aufgrund derer sich der starke Rückstoß des entsprechenden Kalibers merklich verringert.

Marlin Modell 512 Slugmaster

Das Modell 512 Slugmaster basiert auf den Kammerstängel-Repetierflinten-Modellen 50 und 55.

Die Besonderheit der Slugmaster-Ausführung besteht darin, dass diese keinen glatten Flintenlauf, sondern einen gezogenen Lauf mit Zügen und Feldern mit einer Dralllänge von 71 cm hat. Aus diesem gezogenen „Flinten"-Lauf können daher keine regulären Schrotpatronen verschossen werden, sondern nur Flintenlaufgeschosse. Bei diesen so genannten Slugs handelt es sich um massive Bleiprojektile, die im Kaliber 12 einen Durchmesser von 18,52 mm haben. Viele Munitionshersteller produzieren Flintenlaufgeschosse, der Firmenname Brenneke hat sich aber zu dem Synonym für „Flintenlaufgeschoss" entwickelt. Das standardmäßige Flintenlaufgeschoss der Firma Brennecke wiegt 31,5 g; das schwere Geschoss erreicht eine Anfangsgeschwindigkeit von 470 m/s und eine Mündungsenergie von beträchtlichen 1480 Joule. Die Flinte 512 Slugmaster verriegelt mittels des Kammerstängels, ihre Sicherung befindet sich hinter dem Kammerstängel. Im gespannten Zustand fungiert der hinten herausstehende Schlagbolzen als Spannzustandsanzeige. Die mit einem Buchenschaft ausgestattete Waffe hat einen 53-cm-Lauf mit einer Zielfernrohr-Montagevorbereitung, eine Gesamtlänge von 114 cm und wiegt 3,6 kg. Das herausnehmbare Magazin fasst zwei Patronen.

1997 stellte Marlin das Modell 512DL Slugmaster vor, das nun statt des Holzschaftes einen Kunststoffschaft aufweist, ansonsten aber mit der Ursprungswaffe identisch ist. Ein Jahr später folgte mit dem Modell 512P Slugmaster eine Variante der 512DL, die vorne am Lauf mit Kompensator-Bohrungen ausgestattet ist und die nun ein lichtdurchscheinendes, farbiges Korn aus Glasfiber-Kunststoff besitzt. Auch die Gesamtläge der Flinte 512P ist mit 106 cm etwas geringer – obwohl der 53-cm-Lauf gleich blieb. 2000 stellte man die Produktion des Modells 512DL ein und beließ nur die 512P auf dem Markt; 2002 wurde aber auch der Bau dieser Flinte eingestellt.

Das besondere Modell 512DL Slugmaster

MARLIN MODELL 795

Die Vorgänger-Waffe des Modells 795, das Modell 995, wurde von 1979 bis 1996 hergestellt. Diese .22-l.r.-Kleinkaliber-Selbstladebüchse, 93 cm lang, 2,3 kg schwer und mit einem 46-cm-Lauf versehen, hat ein herausnehmbares Magazin für sieben Patronen. Der Lauf weist 16 Micro-Groove-Züge auf. Die einfache Blattkimme ist höhenverstellbar und das Korn ist von einem Korntunnel geschützt. Der Schaft des Modells 995, das 1996 vom Modell 995SS ersetzt wurde, ist aus amerikanischem Nussbaumholz. Das Modell 995SS hat einen schwarzen Kunststoffschaft und ist damit 94 cm lang. Lauf und Verschluss sind aus Stainless-Stahl und die anderen äußeren Metallteile sind vernickelt. Die neuere Variante hatte nun einen vorne am Abzugsbügel befindlichen Schlittenfanghebel, mit dem der beim letzten Schuss hinten arretierte Verschluss gelöst werden kann.

1997 erschien mit dem Modell 795 der Ersatz für die Modelle 995 von 1979 und 995SS von 1996. Auch das neue Modell 795 hat einen schwarzen Kunststoffschaft, jedoch sind mit Ausnahme des weiter vernickelten Magazins die Metallteile nun wieder brüniert. Die Magazinkapazität wurde auf 10 Schuss .22 l.r. erhöht. Lauflänge und Gesamtlänge entsprechen denen des Modells 995, das Gewicht wurde mit etwa 2 kg etwas geringer. Die Waffe hat eine große Ähnlichkeit mit dem neuen Marlin-Modell 7000 sowie auch mit den Modellen 70 und 922.

MARLIN MODELL 880

Die Geschichte dieser Marlin-Waffe begann 1971 als sie als Modell 780 vorgestellt wurde. Die Repetierbüchse für die Kaliber .22 short, .22 long und .22 l.r. hat ein herausnehmbares Magazin für sieben Patronen. Die Verriegelung des Gewehrs

Marlin Modell 795 Halbautomat

Modell 880 KK-Repetierbüchse in der Standardausführung

verschoss, ansonsten aber mit dem Modell 780 identisch war. Das Modell 880SS erschien 1994. Diese Waffe hat die gleichen Dimensionen wie das Standardmodell, ist mit 2,7 kg aber etwas schwerer. Sie hat einen schwarzen Kunststoffschaft und ihr Lauf, Verschlusszylinder und Verschlussgehäuse sind aus Stainless-Stahl, die restlichen Metallteile sind vernickelt. Das Korn ist in durchleuchtendem, orangefarbenem Kunststoff ausgeführt. 1996 wurde die neue Version der Waffe als Modell 880SQ – Squirrel Rifle – vorgestellt. Diese ist komplett brüniert und hat statt einer offenen Visierung nur eine Prismaschiene zur Anbringung eines Zielfernrohres. Die Dimensionen entsprechen denen der anderen 880er-Modelle. Der Unterschied zu diesen liegt in dem schweren, 56 cm langen Match-Lauf, der das Waffengewicht auf 3,2 kg bringt. Die Produktion des Standardmodells 880 wurde 1999 eingestellt so dass ab dann nur noch die Kunststoffschaft-Varianten existierten.

erfolgt rein mittels des Kammerstängels. Der Sicherungshebel befindet sich wie bei allen Marlin-Repetierern rechts dahinter. Sobald die Waffe gespannt ist, steht hinten der Schlagbolzen heraus und als Spannzustandsanzeige ist zudem ein roter Ring sichtbar. Der Lauf der Waffe hat 16 Micro-Groove-Züge und ist 56 cm lang. Die Gesamtlänge beträgt 104 cm und das Gewicht liegt bei 2,5 kg. Die einfache Blattkimme ist nur höhenverstellbar und das Korn ist durch einen Korntunnel geschützt. Das Verschlussgehäuse verfügt oben über eine Prismaschiene zur Zielfernrohr-Montage. Das bis 1988 gebaute Modell 780 hat einen Nussbaumschaft und eine Gummi-Schaftkappe. 1988 folgte mit dem Modell 880 die neue Version, die nur mehr das Kaliber .22 l.r.

Marlin Modell 880-Repetierer in den Varianten 880SQ (oben) und 880SS (Stainless-Stahl, unten)

Marlin Modell 881

Die Repetierbüchse 881 wurde 1989 vorgestellt. Es handelt sich dabei im Endeffekt um das Modell 880, aber mit einem Röhrenmagazin. Aus

Marlin Modell 881-Repetierbüchse

diesem können Patronen des Kalibers .22 short, .22 long und .22 l.r. verschossen werden; die Magazinkapazität damit liegt bei 25, 19 oder 17 Patronen. Die Waffe besitzt einen 56 cm langen Micro-Groove-Lauf mit 16 Zügen, hat eine Gesamtlänge von 104 cm und ein Gewicht von

Marlin Modell 882-Repetierbüchse in der Standardversion und darunter als 882L mit Schichtholzschaft

2,7 kg. Auch hier erfolgt die Verriegelung lediglich mittels des Kammerstängels, hinter dem wie üblich der manuelle Sicherungshebel positioniert ist. Die einfache Blattkimme ist nur höhenverstellbar und das Korn ist wieder durch einen Korntunnel geschützt. In die Verschlusshülse ist oben eine Prismaschiene zur Anbringung einer Zielfernrohr-Montage eingefräst. Die Metallteile des Gewehrs sind brüniert und der Schaft ist aus amerikanischem Nussbaumholz. Das Modell 881 blieb bis 1999 in der Produktion und wurde dann vom Modell 81TS mit Kunststoffschaft ersetzt.

MARLIN MODELL 882

Das .22-WMR-Modell 882 von 1988 ersetzte das vorhergehende Modell 782 aus den Jahren 1971 bis 1988. Auch die neue Waffe hatte ein herausnehmbares 7-Schuss-Magazin und verriegelte nur mittels des Kammerstängels. Wie üblich ist die Sicherung hinter diesem und im gespannten Zustand steht der Schlagbolzen nach hinten heraus, macht einen roten Ring sichtbar und zeigt so an, dass gespannt ist. Die Waffengesamtlänge liegt bei 104 cm, der mit 22 Micro-Groove-Zügen versehene Lauf ist 56 cm lang und das Gewehr wiegt 2,7 kg. Der im Monte-Carlo-Stil gehaltene Schaft ist aus amerikanischem Nussbaum, die Kimme ist nur höhenverstellbar und das Korn durch einen Korntunnel geschützt.
Die Variante 882L stammt aus dem Jahr 1994 und ist mit einem Buchen-Schichtholzschaft ausgestattet. Die Dimensionen hiervon sind mit denen der Standardversion identisch, nur das Gewicht beträgt 2,8 kg.
Das Modell 882SS kam 1995 auf den Markt. Es hat einen schwarzen Kunststoffschaft und sein Lauf, Verschlusszylinder, Verschlusshülse und Kammstängel sind aus Stainless-Stahl; die weiteren äußeren Metallteile, wie etwa das Magazin, sind vernickelt.

Marlin Modell 882-Repetierer als 882SS (Stainless-Stahl) und darunter 882SSV (Stainless-Stahl Varmint)

Das Modell 882SQ folgte 1996. Diese „Eichhörnchen-Büchse“ (Squirrel Rifle) hat den gleichen Schaft, aber einen dicken Match-Lauf, der das Gesamtgewicht auf 3,2 kg erhöht. Die Metallteile dieser nicht mit einer Visierung ausgestatteten Variante sind brüniert. 1998 wurde die 882SQ-Produktion eingestellt, nachdem bereits 1997 das Modell 882SSV vorgestellt worden war. Diese Waffe ist, insbesondere von den Dimensionen her, nahezu identisch mit dem Stainless-Modell 882SQ.

MARLIN MODELL 883

Das .22-WMR-Modell 883 ist im Endeffekt das Modell 882, allerdings mit einem Röhrenmagazin. Es basiert auf dem 783, das zwischen 1971 und 1988 hergestellt wurde und ebenfalls ein bis zur Laufmündung vorreichendes Röhrenmagazin mit Platz für 12 Patronen hatte. Der Micro-Groove-Lauf mit 20 Zügen ist 56 cm lang, die Waffengesamtlänge liegt bei 104 cm und das Gewicht bei 2,7 kg. Der Schaft des Modells 783 war aus amerikanischem Nussbaumholz. Technisch entsprach die Waffe den anderen Kleinkaliber-Kammerstängel-Repetierbüchsen von Marlin; auch ihre Verschlusshülse hat oben eine Prismaschiene zur Anbringung einer Zielfernrohr-Montage eingefräst. Das Nachfolgemodell 883, vorgestellt 1989, hat die gleichen Dimensionen und Daten. 1991 brachte Marlin als Modell 883N eine Nickel-Variante der Waffe heraus; alle Metallteile mit Ausnahme der Visierung waren vernickelt und der Schaft war aus Buchenholz. Diese Version wurde 1993 von dem Modell 883SS abgelöst, bei dem der Lauf, der Verschlusszylinder, das Verschlussgehäuse, der Kammerstängel und der Abzugsbügel aus Stainless-Stahl und alle anderen, kleineren Metallteile weiterhin vernickelt waren. Diese Waffe hat einen Buchen-Schichtholzschaft, der mit einer extrem widerstandsfähigen Lackschicht überzogen ist. Die Dimensionen und das Gewicht entsprachen der Standardausführung.

Marlin Modell 883 Standard (oben) und 883SS (unten)

MARLIN MODELL 922M

Dieses Modell von Marlin, Kaliber .22 WMR, stammt von 1993 und wurde bis 2002 hergestellt. Die Waffe basiert auf dem Modell 9 und hat ein herausnehmbares Magazin für sieben Patronen, welches ursprünglich, wie die anderen Metallteile, brüniert war; seit 1999 war das Magazin dann vernickelt. Der 52 cm lange Lauf hat 20 Micro-Groove-Züge. Insgesamt ist die Büchse 101 cm lang und bringt 3 kg auf die Waage. Der Schaft ist aus amerikanischem Nussbaum und

Marlin Modell 922M-Selbstladebüchse

weist eine Gummi-Schaftkappe und Riemenbügel auf. Wie das Modell 9 hat auch diese Selbstladebüchse einen reinen Feder-Masse-Verschluss. Der Sicherungshebel im Garand-Stil befindet sich vorne im Abzugsbügel. Eine Magazinsicherung sorgt dafür, dass nur mit eingesetztem Magazin geschossen werden kann. Nach Abgabe des letzten Schusses sorgt das Magazin dafür, dass der Verschluss in der hinteren Position arretiert; eine Arretierung kann aber auch manuell mittels des Schlittenfanghebels links am Systemkasten erfolgen. Das Oberteil des leichten Systemkastens aus 7075-T6 Aluminium ist mit Bohrungen zur Anbringung einer Zielfernrohr-Montage versehen. Die Kimme der Waffe ist verstellbar und das Korn durch einen Korntunnel geschützt. 2000 reduzierte man die Magazinkapazität auf fünf Patronen und 2002 wurde die Produktion der Waffe ganz eingestellt.

Marlin Modell 1894
Unterhebel-Repetierbüchse

MARLIN MODELL 1894

Das Ursprungsmodell dieser Waffe, wiederum eine Weiterentwicklung des Modells 1889, das nun Verbesserungen im Sinne des Patents von Lewis Hepburn vom August 1893 enthielt, stammt aus dem Jahr 1894; Hepburns Patent bestand insbesondere aus einem zweigeteilten Schlagbolzen. Die Waffe wurde zunächst in den Kalibern .25-20 Win., .32-30 Win., .38-40 Win. und .44-40 Win. hergestellt. Ihre Gesamtlänge betrug 105 cm und sie hatte einen 61-cm-Lauf; nach einigen Jahren wurde die Waffe in verschiedenen Längen bis 81 cm angeboten. Zu dieser Zeit hatte er sechs Züge und Felder und war sowohl achteckig als auch rund lieferbar. Das Röhrenmagazin, das 10 bis 14 Patronen fasste, verlief bis vor zur Laufmündung und Marlin behielt dies dann 110 Jahre lang bei. Ab 1903 war der Systemkasten oben mit abgedeckten Bohrungen versehen, um eine Hepburn-Diopter-Visierung anzubringen. 1906 wurde die Modellbezeichnung zu dem kurzen '94 geändert. Weil auch Marlin ab dann nur mehr Waffen für den Ersten Weltkrieg produzierte, wurde die Produktion 1915 eingestellt, 1922 aber wieder aufgenommen um dann bereits 1924 wegen geringer Nachfrage erneut eingestellt zu werden. Von 1928 bis 1935 stellte Marlin lediglich kleine Sonderserien der Waffe her. 1969 kam man dann mit dem neuen Modell 1894, allerdings nur in .44 Mag., heraus. Die Lauflänge dieser 95 cm langen und 2,7 kg schweren Waffe beträgt 51 cm. Ihr langes Röhrenmagazin nimmt 10 .44er-Patronen auf. Der gerade, englische Schaft ist aus Nussbaumholz. Die bis 1971 gebauten Stücke hatten einen Messing-Sattelring links am Systemkasten. 2001 erschien das vorherige, traditionelle Modell 1894 plötzlich wieder auf dem Markt. Es wird in .44 Mag./.44 spec. gebaut und weist die sechs regulären Züge und Felder, bekannt von der alten Ballard-Büchse, auf. Die Lauflänge der Waffe beträgt 51 cm, sie ist insgesamt 95 cm lang, wiegt 2,7 kg und besitzt auch das lange, 10 Schuss fassende Röhrenmagazin. Der Schaft ist aus amerikanischem Nussbaum und das Gewehr ist mit der bekannten Blattkimme und einem Korntunnel ausgestattet. Die neue Version besitzt nun den Marlin-typischen Sicherungsdruckknopf am Systemkasten unter dem Hahn. Nachfolgend die weiteren Modell 1894-Varianten:

MODELL 1894CBC: Dieses Modell wurde erst 2003 für das in den USA immer populärer werdende Cowboy Action-Schießen vorgestellt; „CBC" steht dahingehend für „Cowboy Competition". Die Waffe wird im Kaliber .45 Long Colt hergestellt und hat den Achtkantlauf der Standard-Cowboy-Version mit sechs regulären Zügen und Feldern. Dieser ist 51 cm lang, was zu einer Waffengesamtlänge von 95 cm und einem Gewicht von 3 kg führt. Der gerade, englische Schaft ist aus amerikanischem Nussbaumholz. Das bis unter die Laufmündung vorreichende Röhrenmagazin fasst 10 Patronen. Die typische Unterhebel-Repetierbüchsen-Kimme ist verstellbar und das Korn nicht von einem Korntunnel umgeben. Wie beim normalen Modell 1894 Cowboy ist die Herstellungsnummer auch hier links am Systemkasten statt an der Kastenverlängerung oben am Kolbenhals. Hier kann statt dessen eine Dioptervisierung angebracht werden.

MODELL 1894CL: Diese Waffe erschien 1988 und „CL“ steht dabei für „Classic“, da die Waffe die alten Kaliber .25-20 Win. und .32-20 Win. hat; 1991 kam das Kaliber .218 Bee hinzu. Am auffälligsten an dem Gewehr ist sein nur bis zur halben Lauflänge vorreichendes Röhrenmagzin, das dahingehend nur sechs Patronen aufnimmt. Auch das Modell 1894CL weist bereits die moderne Druckknopfsicherung am Systemkasten auf. Der gerade, englische Schaft ist aus amerikanischem Nussbaumholz und mit Mar-Shield-Lack überzogen. Der Lauf hat sechs althergebrachte Züge und Felder und ist 56 cm lang; die Gesamtlänge beträgt 98 cm und das Waffengewicht liegt bei 2,8 kg. Die einfache Kimme ist verstellbar und an vorgebohrten Bohrungen oben auf dem Systemkasten ist eine Zielfernrohr-Montage zu befestigen. 1993 stellte Marlin die Produktion des Modells 1894CL ein.

MODELL 1894 COWBOY: Diese .45-Long-Colt-Waffe wurde 1996 vorgestellt. Sie hat einen 61 cm langen, konisch zulaufenden Achtkantlauf mit sechs herkömmlichen Zügen und Feldern, ist insgesamt 105 cm lang und wiegt 3,4 kg. Die Waffe ist mit einem geraden, englischen Schaft aus amerikanischem Nussbaumholz ausgestattet. Sie hat eine typische Kimme und ein offenes, ungeschütztes Korn sowie die ebenfalls Marlin-typische Druckknopfsicherung links am Systemkasten. Das Röhrenmagazin reicht bis zur Laufmündung vor und fasst 10 Patronen. Aufgrund des offensichtlich großen Erfolgs des Gewehrs stellte die Firma Marlin 1997 das Modell 1894 Cowboy II in den Kalibern .357 Mag./.38 spec., .44-40 Win. und .44 Mag./.44 spec. vor; .44-40 Win. wurde ab 2000 dann nicht mehr weiter produziert. Im gleichen Jahr wurde auch die Platzierung der Seriennummer der Modelle Cowboy und Cowboy II geändert. Während Marlin Unterhebel-Repetierbüchsen üblicherweise die Nummer auf dem in den Schaftkolben gezogenen Teil des Systemkastens haben, wurde die Nummer nun links am Systemkasten selbst eingeschlagen, damit an ihrer ursprünglichen Stelle auf Wunsch ein traditioneller Klapp-Diopter angebracht werden kann. Die Dimensionen des Modells Cowboy II sind mit denen des regulären Cowboy-Modells identisch. 2001 wurde die Bezeichnung Cowboy II fallen gelassen und die entsprechenden Kaliber der regulären Baureihe des Modells 1894 Cowboy hinzugeschlagen.

Marlin Modell 1894 Cowboy

Marlin Modell 1894CS (oben) und 1894C

MODELL 1894CS: Diese von 1983 stammende Waffe wurde bis 2001 gebaut. Sie hat das Kaliber .357 Mag. und veschießt daher auch .38 spec. Ihr Röhrenmagazin unter dem Lauf nimmt neun Patronen auf. Auch dieses Gewehr verfügt über die Marlin-Druckknopfsicherung unter dem Hahn am Systemkasten. Ihr Lauf weist 12 Micro-Groove-Züge auf und ist 47 cm lang. Die Gesamtlänge der Waffe beträgt 91 cm und das Gewicht liegt bei 2,7 kg. Der gerade, englische Schaft ist aus amerikanischem Nussbaumholz; um den Vorderschaft und den Lauf verläuft vorne ein traditionelles Laufband. Die Visierung ist

Modell 1894CP (oben) und Modell 1894P (unten)

Marlin-typisch und so einfach und simpel, wie sie es bei den Originalwaffen aus dem 19. Jahrhundert war. 2001 änderte man die Modellbezeichnung des Gewehrs in 1894C – für Carbine – um, behielt aber sämtliche genannten Spezifikationen bei.

MODELL 1894FG: Diese Waffe wurde erst 2003 vorgestellt und man schwenkte auch hier wie bereits beim Modell 1894PG vom traditionellen, geraden, englischen Schaft der alten Zeiten zu einem Schaft – wie üblich aus amerikanischem Nussbaumholz – mit Pistolengriff um. Das Modell 1894FG wird wie das frühere Modell 1894S

Modell 1894S Unterhebel-Repetierer

im Kaliber .41 Mag. hergestellt. Es hat einen 51 cm langen Lauf mit 12 Micro-Groove-Zügen, eine Gesamtlänge von 95 cm und ein Gewicht von etwa 3 kg. Die Kimme ist Unterhebel-Repetierer-typisch einfach gehalten, das Korn hier aber durch einen Korntunnel geschützt.

MODELL 1894M: Diese Waffe brachte man 1983 für das Kaliber .22 WMR auf den Markt. Ihr bis zur Laufmündung reichendes Röhrenmagazin nimmt 10 Patronen auf. Der 51 cm lange Lauf hat 20 Micro-Groove-Züge und das Gewicht des insgesamt 95 cm langen Gewehrs liegt bei 2,8 kg. Auch diese Marlin-Büchse weist am Systemkasten unter dem Hahn eine Druckknopfsicherung auf. Ihr Nussbaumschaft ist wieder im englischen Stil gerade gehalten. Die Kimme ist verstellbar und das Korn von einem Korntunnel geschützt. Oben auf dem Systemkasten befinden sich vorgebohrte Bohrungen zur Anbringung einer Zielfernrohr-Montage. 1988 wurde die Produktion der Waffe wieder eingestellt.

MODELL 1894P: Erschienen als besondere Variante im Jahr 2000 wurde dieses Gewehr mit seinem bis zur Laufmündung vorreichenden Röhrenmagazin für acht Patronen nur in .44 Mag./.44 spec. hergestellt. Es handelte sich dabei um einen sehr kurzen Karabiner der aufgrund seines 41-cm-Laufes insgesamt nur 84 cm lang ist und 2,6 kg wiegt. Wie die alte Ballard-Büchse hat auch der Lauf dieses Modells nur sechs traditionelle Züge und Felder, unmittelbar hinter der Mündung besitzt er aber Kompensator-Bohrungen zur Verringerung des Rückstoßes. Die verstellbare Kimme ist Unterhebler-typisch einfach gehalten, das Korn aber von einem Tunnel geschützt. Der Systemkasten ist oben wieder für die Aufnahme einer Zielfernrohr-Montage vorbereitet; dahingehend ist der Hahn auch nach der Seite verbreitert. Als Modell 1894CP brachte Marlin 2001 auch eine Variante dieses Modells in .357 Mag./.38 spec. heraus. Deren Spezifikationen, inklusive den Kompensator-Bohrungen, entsprechen denen des Anfangs-Modells 1894P.

MODELL 1894PG: Die Firma Marlin brach mit dem Modell 1894PG von 2003 eine alte Tradition. Denn alle Modelle der 1894er-Baureihe – zwischen 1894 und 2003 – waren ausschließlich mit einem geraden Hinterschaft im englischen Stil ausgestattet gewesen, und nun hatte das Modell 1894PG einen Pistolengriff, so dass auch der Unterhebel entsprechend gekrümmt war. Die

Waffe wird in den Kalibern .44 Mag./.44 spec. hergestellt, hat ein 10-Schuss-Röhrenmagazin und einen 51 cm langen, herkömmlichen Lauf mit traditionellen Zügen und Feldern. Das 3 kg schwere und 95 cm lange Gewehr ist mit der üblichen Visierung samt Korntunnel ausgestattet.

Modell 1894S: Diese zwischen 1984 und 2001 in .41 Mag. und .44 Mag./.44 spec. hergestellte Waffe wurde in der Zeit von 1988 und 1991 auch in .45 Long Colt produziert; die .41-Mag.-Variante wurde 1991 eingestellt. Das Röhrenmagazin, welches bis unter die Laufmündung vorreicht, fasst 10 Patronen. Der mit 20 Micro-Groove-Zügen versehene Lauf ist 51 cm lang, was zu einer Waffengesamtlänge von 95 cm und einem Gewicht von 2,7 kg führt. Die Waffe hat einen geraden Hinterschaft; Schaftmaterial ist amerikanisches Nussbaumholz. An ihrem Systemkasten befindet sich unter dem Hahn die charakteristische Druckknopfsicherung. Der Hahn besitzt eine seitliche Verbreiterung, so dass er auch problemlos bedient werden kann, wenn ein Zielfernrohr montiert ist. Die Kimme ist verstellbar und das Korn von einem Korntunnel umgeben.

Modell 1894SS: Stammend aus dem Jahr 2002 ist diese Waffe im Endeffekt eine exakte Kopie des alten Modells 1894. Der Hauptunterschied liegt lediglich darin, dass hier Systemkasten, Ladeklappe, Unterhebel, Lauf und Röhrenmagazinkörper aus Stainless-Stahl gefertigt sind. Weitere Metallteile, wie Abzug, Hahn und Vorderschaft-Abschlusskappe sind vernickelt. Die Waffe wird in .44 Mag./.44 spec. gefertigt und ihr langes Röhrenmagazin fasst 10 Patronen. Wie das 1894-Standardmodell hat auch der Lauf dieses Gewehrs sechs traditionelle Züge und Felder. Die Gesamtlänge der 1894SS beträgt 95 cm, der Lauf ist 51 cm lang und das Gewicht liegt bei 2,7 kg.

Marlin Modell 1895

Im Jahr 1895 stellte die Firma Marlin das entsprechende Modell in den Kalibern .33 Win., .38-56 Win., .40-60 Marlin, .40-65 Win., .40-70 Win., .40-72 Win., .45-70 Govt., .45-82 Win. und .45-90 Win. vor. Zu dieser Zeit wurde die Waffe sowohl mit rundem als auch mit Achtkantlauf in diversen Lauflängen (66 cm bis 81 cm) angeboten und hatte ein Röhrenmagazin, das nur etwa halb so lang war, wie der Lauf. 1915 stoppte man die Produktion, da auch Marlin nur mehr Kriegswaffen herstellen musste. Nach dem Ersten Weltkrieg wurde die Herstellung des Modells dann bis zur erst 1972 erfolgten, kompletten Neuvorstellung nicht mehr aufgenommen. Das neue Modell 1895 hatte damals nur das Kaliber .45-70 Govt. und zunächst acht und dann ab 1973 12 Micro-Groove-Züge im 56 cm langen Lauf. Die Gesamtlänge lag bei 103 cm und das Gewicht bei 3,4 kg. Das immer noch nur halblange Röhrenmagazin hat eine Magazinkapazität von vier Patronen. Die einfache Blattkimme der Waffe ist verstellbar, das Korn war zunächst nicht geschützt, erhielt dann aber bald einen Korntunnel. Die Oberseite des Systemkastens enthält vorgebohrte Bohrungen zur Anbringung eines Zielfernrohrs. Die Waffe erinnert insgesamt sehr an das Modell 444SS. Ihr Schaft – mit Pistolengriff, der eine mit einer weißen Zwischenlage abgesetzte Abschlusskappe besitzt – ist aus amerikanischem Nussbaumholz; auch die Schaftkappe ist mit einer weißen Zwischenlage abgesetzt. 1984 wurde mit der 1895SS-Büchse das Nachfolgemodell des Modells 1895 vorgestellt. Die Waffen sind mehr oder weniger gleich, die neue Version hat nun aber am Systemkasten die typische, den Hahn blockierende Druckknopfsicherung. Seit 1988 wird die Waffe nicht mehr mit Riemenbügeln, sondern nur mehr mit einem zu deren Anbringung vorbereiteten Schaft ausgeliefert. 1998 stellte man die Karabinerversion 1895G vor, die mit einem 47-cm-Lauf 94 cm lang und 3,1 kg schwer ist und im Gegensatz zur Gewehrausführung einen geraden, englischen Hinterschaft hat. 2000 kam das Karabinermodell 1895M im Kaliber .450 Marlin auf den Markt. Diese Waffe hat ein 4-Schuss-Röhrenmagazin und einen geraden Hinterschaft. Ihre Dimensionen entsprechen denen des Modells 1895M, sie ist mit 3,2 kg aber etwas schwerer. Die starke Patrone .450 Marlin ist eine so genannte Gürtelpatrone. Man entschied sich für diese Form, damit sie nicht in andere

Marlin Modell 1895SS

.45er-Patronenlager geladen werden kann. Die Mündungsgeschwindigkeit der .450 Marlin liegt bei 640 m/s, die Anfangsenergie bei etwa 4650 Joule.
2001 stellte Marlin zwei neue Versionen des Modells 1895 in .45-70 Govt. vor. Das Modell 1895CB – für Cowboy – ist ein längeres Gewehr mit einem 66-cm-Lauf und nunmehr einem neun Patronen fassenden, bis zur Laufmündung vorreichenden Röhrenmagazin. Die Gesamtlänge beträgt 113 cm und das Gewicht 3,6 kg. Die 1895CM wurde 2001 in den Vereinigten Staaten mit dem renommierten Titel „Rifle of the Year" ausgezeichnet. Die andere neue Variante war das Modell 1895GS. Hierbei handelt es sich um eine Karabinerversion mit 47 cm langem Lauf und Kompensator-Bohrungen. Systemkasten, Ladeklappe, Unterhebel, Lauf und Röhrenmagazinkörper dieses Gewehrs sind aus Stainless-Stahl, alle anderen Metallteile mit Ausnahme der brünierten Visierung sind vernickelt. 2003 kam dann auch das Modell 1895MR, Kaliber .450 Marlin, auf den Markt. Diese vierschüssige, mit einem Pistolengriff-Schaft aus amerikanischem Nussbaumholz versehene Büchse hat einen 56 cm langen Lauf mit konventionellen Zügen und Feldern. Ihre Gesamtlänge liegt bei 103 cm, das Gewicht bei 3,4 kg.

MARLIN MODELL 1897

Die Firma Marlin stellte das Ursprungsmodell in den Kalibern .22 short, .22 long und .22 l.r., von 1897 bis 1992 her. Die einfach in zwei Teile zu zerlegende Waffe war regulär mit einem langen Röhrenmagazin für 25, 22 respektive 18 Patronen ausgestattet, konnte aber auch mit einem halblangen Magazin bestellt werden. Die Gesamtlänge betrug 104 cm, der mit sechs herkömmlichen Zügen und Feldern versehene Lauf war 61 cm lang und das Waffengewicht lag bei 2,65 kg. Im Laufe der Jahre wurde das Modell in einer Vielzahl von Lauflängen zwischen 41 cm und 71 cm hergestellt. 1998 wurde mit dem Modell 1897 Annie Oakley eine Neuauflage der Waffe als kurze Karabinerversion vorgestellt. Da dessen Achtkantlauf nun nur mehr 47 cm lang ist, fasst das lange Röhrenmagazin nun 19, 15 oder 13 Patronen. Die Gesamtlänge der Waffe beträgt 89 cm und das Gewicht liegt bei 2,5 kg. Der aus amerikanischem Nussbaum gefertigte Schaft ist hinten englisch, also gerade ausgeformt. Seitlich am Systemkasten befinden sich entsprechende Gravuren und die Signatur „Annie Oakley" in Gold eingelegt. 2000 stellte man auch eine längere Gewehrvariante vor, die als Modell 1897 Cowboy bezeichnet wurde, 102 cm lang war, einen 61-cm-Lauf aufwies und 3 kg auf die Waage brachte. Deren Lauf hat 16 Micro-Groove-Züge und ist weiterhin achteckig. Das Röhrenmagazin fasst hier 26 Patronen .22 short, 21 .22 long und 19 im Kaliber .22 l.r. Die verschiedenen Kaliber können durchaus auch „gemixt" geladen werden. Die Herstellung des Modells Cowboy wurde 2002 zwar eingestellt, die Waffe wurde aber unmittelbar durch das neue Modell 1897T – für Texan – ersetzt. Dieses Gewehr ist 91 cm lang, hat einen 51-cm-Lauf, wiegt 2,7 kg und besitzt ein Röhrenmagazin für 21, 16 respektive 14 Patronen der Kaliber .22 short, .22 long oder .22 l.r.

Marlin Modell 1897 Cowboy aus dem Jahr 2000

MARLIN MODELL 7000

Die .22-l.r.-Selbstladebüchse Modell 7000 wurde von Marlin im Jahr 1997 vorgestellt. Es handelt sich dabei im Endeffekt um ein Modell 795 mit dickem Match-Lauf. Das herausnehmbare Magazin fasst 10 Patronen. Der Schaft ist aus schwarzem Kunststoff und die Metallteile sind brüniert. Auch das Modell 7000 hat einen reinen Feder-Masse-Verschluss. Nach dem Abfeuern der letzten Patrone bleibt der Verschluss offen; mittels eines separaten Schlittenfanghebels kann der

Verschluss von Hand aus seiner Arretierung gelöst werden. Der Magazinlöseknopf befindet sich vor dem Magazinschacht und der Sicherungsknopf hinten am Abzugsbügel. Die Waffengesamtlänge liegt bei 94 cm; aufgrund des schweren, mit 16 Micro-Groove-Zügen versehenen, 46 cm langen Match-Laufes beträgt das Waffengewicht 2,4 kg. Oben auf dem Systemkasten der ohne Visierung ausgelieferten KK-Büchse befindet sich eine Prismaschienen-Einfräsung, so dass relativ einfach eine Zielfernrohr-Montage erfolgen kann.

Marlin Modell 7000-Selbstladebüchse

MARLIN MODELL MR-7

1996 stellte Marlin mit dem Modell MR-7 eine neue Kammerstängel-Repetierbüchse vor, die allerdings nicht unbedingt eine revolutionär neue Technik aufweist. Sie hat eine Flügelsicherung mit drei Positionen. In der ersten „gesichert"-Position sind sowohl der Schlagbolzen als auch der Abzug und der Verschluss blockiert und in der zweiten kann der Verschluss dann geöffnet werden. Die Waffe wurde hergestellt in den Kalibern .30-06 Springfield und .270 Win. und hatte jeweils ein herausnehmbares Magazin für vier Patronen. Der Lauf hatte sechs herkömmliche Züge und Felder und war 56 cm lang. Die Gesamtlänge betrug 109 cm, das Gewicht 3,4 kg. Der Schaft war aus amerikanischem Nussbaum und mit Mar-Shield-Lack überzogen. Der Verschlusszylinder des Gewehrs wies zwei in korrespondierende Aussparungen der Verschlusshülse eingreifende Verriegelungswarzen auf. Die Waffe hatte entlang des Verschlusszylinders die Mauser-typische, besonders zuverlässige Patronenausziehеrfeder. Da sich Marlin offenbar falsche Vorstellungen über die Verkaufschancen des Produkts gemacht hatte, verschwand die Büchse bereits 2000 wieder vom Markt.

Marlin Modell MR-7-Repetierer

Markenzeichen der Firma Merkel

MERKEL

www.merkel-waffen.de

Suhl in Thüringen ist seit mehr als 500 Jahren für seine Büchsenmachertradition bekannt. Neben Merkel stammen auch Markennamen wie Simson oder Haenel aus dieser Stadt. Suhl ist vornehmlich auch bekannt für seine hervorragenden handgefertigten Waffeneinzelstücke und für seine feinen Gravuren. Die Firma Merkel dürfte die bekannteste Suhler Waffenschmiede sein. Das Unternehmen fertigt vornehmlich Kipplaufflinten, kombinierte Gewehre, Doppelbüchsen und Drillinge. Merkel wurde 1898 von den Brüdern Albert, Oskar, Karl Paul und Gerhard Merkel gegründet, die sich von Anfang an mehr auf den Bau von Jagdwaffen als auf die damals gängigeren Militärwaffen konzentrierten. 1925 erhielten die Gebrüder Merkel ein Patent für den Verschluss von Kipplaufwaffen, nahmen sehr erfolgreich an der Weltausstellung 1937 in Paris teil und gewannen mit ihrem Patent den prestigeträchtigen „Grand Prix". Der Zweite Weltkrieg war ein Desaster für Merkel, da man inzwischen einen Kundenstamm in 23 verschiedenen Ländern aufgebaut hatte und mit Kriegsbeginn sämtliche Handelsbeziehungen verlor. Während des Krieges musste auch die Firma Merkel für die Rüstungsindustrie produzieren und danach fiel Thüringen und damit auch Suhl unter die russische Verwaltung und wurde Teil der ehemaligen DDR. 1948 wurde der gesamte, verbliebene Maschinenpark von Merkel von den Russen konfisziert. Dann wurde die Firma Teil des staatseigenen Betriebs VVB Mewa, was für „Vereinigung volkseigene Betriebe der Metallwarenindustrie" steht. Einige Jahre danach wurde die Bezeichnung in „VEB Ernst Thälmann-Werk" umgeändert. Da wegen der damaligen politischen Verhältnisse zwischen Ost und West – zur Zeit des „Eisernen Vorhangs" – diverse westliche Länder keine Güter aus dem Osten importierten, war es für Merkel und die anderen Suhler Waffenherstellungsbetriebe schwierig, zu exportieren. Nachdem aber der russische Präsident Nikita Chrustschow 1953 dem seinerzeitigen US-Präsidenten Dwight D. Eisenhower eine edle Merkel-Flinte geschenkt hatte, brachte der weitere Export von Suhler Waffen dem damaligen sozialistischen DDR-Staat dann doch viele Devisen ein. Nach dem Fall der Mauer und der Eingliederung der DDR in die Bundesrepublik Deutschland überlebten zwar einige Betriebe nicht, ein Großteil der Suhler Waffenfabriken erkämpfte sich aber erfolgreich den ihnen zustehenden Platz auf dem Weltmarkt. Hinsichtlich Qualität und Verarbeitung gehören die Produkte der Firma Merkel, die 1987 noch die Herstellung der 150 000-sten Waffe nach dem Krieg gefeiert hatte, zweifelsohne zu den besten der Welt. Dennoch konnte das neue Privatunternehmen Merkel, nachdem es 1993 beinahe bankrott war, 1994 nur dadurch gerettet werden, dass es von der österreichischen Firma Steyr aufgekauft und in Suhler Jagd- und Sportwaffen GmbH umbenannt wurde. 1997 zog das inzwischen zum Heckler & Koch-Konzern gehörende Unternehmen in brandneue Fertigungsstätten in Suhl.

MERKEL MODELL 40/MODELL 50

Die Querflinte Merkel Modell 40E ist in verschiedenen, im Laufe der Zeit bereits mehrmals neu vorgestellten Versionen schon lange auf dem Markt. Obwohl der Trend mehr und mehr zur

Merkel Modell 50 Doppelflinte

Bockdoppelflinte ging, hat sich das Modell 40E den Anforderungen der Zeit angeglichen. Der Buchstabe „E" ist der Hinweis darauf, dass die Waffe mit automatischen Holland & Holland-

Die reich verzierte Querflinte Modell 60

Ejektoren ausgestattet ist. Die Waffe wird in den Kalibern 12/70, 12/76, 16/70, 20/70, 20/76 und seit 1985 auch in 28/70 hergestellt; die 28er-Variante wurde eingeführt, weil sie eine gute Kombination mit Bockbüchsflinten-Wechsellaufbündeln darstellt. Die Standard-Lauflänge in den Kalibern 12 und 16 ist 71 cm, in 20 und 28 liegt sie bei 68 cm. Die Läufe sind mit festen 1/2- und Voll-, 1/4- und 3/4- oder Zylinder- und 1/2-Choke-Bohrungen ausgestattet. Die Gesamtlänge der Flinte liegt je nach Lauf bei 112 cm oder 115 cm und das Waffengewicht bei 3 bis 3,2 kg. Als Verriegelung wird ein Greener-Verschluss, kombiniert mit einer doppelten Laufhakenverriegelung, verwendet. Die Schlosse im Kastenschloss vom Typ Anson & Deeley werden beim Abkippen des Laufbündels gespannt. Standardmäßig wird die Waffe zwar mit einem Doppelzüngelabzug ausgeliefert, seit 1993 bietet Merkel die Flinte aber auch mit Einabzug an; beim ersten Abziehen wird das Schloss für den unteren Lauf ausgelöst. Seit 1995 wird die 12er-Variante nur mehr in 12/76 angeboten und widersteht Gasdrücken von bis zu 1200 bar, also auch der Verwendung von Stahlschroten. Zwei Signalstifte hinten oben auf der Basküle zeigen an, ob das jeweilige Schloss gespannt ist. Als Schaftmaterial wird besonders ausgesuchtes Nussbaumholz verwendet; der Hinterschaft hat einen Pistolengriff und eine Backe. Das Modell 50E ist mehr oder weniger mit dem Modell 40 identisch; der Unterschied liegt lediglich in der Gravur der Basküle.

MERKEL MODELL 60

Die Doppelflinte Merkel Modell 60 erinnert äußerlich an das Modell 50, ist aber mit echten Holland & Holland-Seitenschlossen ausgestattet. Wie die Modelle 40 und 50 hat sie einen Greener-Verschluss und doppelte Laufhaken. Die Waffe wird in den Kalibern 12/70, 12/76, 16/70, 20/70, 20/76 und seit 1985 auch in 28/70 hergestellt und hat eine Lauflänge von entweder 68 cm oder 71 cm. Die Gesamtlänge beträgt 112 cm oder 115 cm und das Gewicht je nach Kaliber und Lauflänge zwischen 3 und 3,2 kg. Die Basküle der Flinte ist grau gehalten und reich graviert. Ihr Vorder- und Hinterschaft ist aus speziellem Nussbaumholz; der Hinterschaft hat einen Pistolengriff und eine Backe.

MERKEL MODELL 90

Bei dieser Merkel-Waffe handelt es sich um einen Drilling mit zwei nebeneinander liegenden Flinten- und einem mittig darunter befindlichen Büchsenlauf. Das Modell 90 ist insbesondere wegen seines kompakten Patronenausziehersystems bekannt; dabei werden die Hülsen simultan

Drilling Merkel Modell 90

Merkel Modell 95 Drilling, reich verziert

aus allen drei Läufen etwas zurückgeschoben und können so nötigenfalls sehr einfach von Hand entnommen werden. Als Flintenkaliber stehen bei der Waffe wahlweise 12, 16 oder 20 zur Verfügung und die Büchsenkaliber sind 5,6x50R Mag., .222 Rem., .243 Win., 6,5x55 mm, 6,5x57R, 7x57R, 7x65R, 8x57JRS, 8x75RS, .30R Blaser, .30-06 Springfield, .308 Win. oder 9,3x74R. Die Lauflänge beträgt 63 cm, die Waffengesamtlänge 107 cm und das Gewicht variiert zwischen 3,3 und 3,5 kg. Zwischen den beiden Flintenläufen befindet sich eine Laufschiene, auf der auf halber Höhe eine Klappkimme für den Büchsenlauf angebracht ist. Das Gewehr hat einen Greener-Verschluss und doppelte Laufhaken sowie eine automatische Sicherung, wodurch beim Brechen unmittelbar gesichert wird. Die manuelle Sicherung befindet sich seitlich am Kolbenhals, darüber ist der Laufwahlschieber angebracht. Davor, auf der Hinterseite der Basküle sind drei Signalstifte, die herausstehend anzeigen, dass das jeweilige Schloss gespannt ist. Der Schaft des Drillings ist aus ausgesuchtem Nussbaumholz. Die Version 90K hat oben am Kolbenhals einen Spannschieber für das Büchsenschloss und die Variante 90S weist ein zusätzliches Sicherungs-Feature auf: wenn auf Schrot geschalten ist, ist das Schloss des Kugellaufes total blockiert, so dass es in keinem Fall zu einem Doppeln mit dem Büchsenlauf kommen kann.

Merkel Modell 95

Dieser Drilling besitzt erneut die traditionelle Laufanordnung mit zwei Flintenläufen oben nebeneinander und darunter einem Büchsenlauf. Die Waffe hat ein Blitz-Schloss und wiederum einen Greener-Verschluss, kombiniert mit einer doppelten Laufhakenverriegelung. Alle Varianten des Modells 95 weisen eine automatische Sicherung auf, die unmittelbar beim Brechen der Waffe aktiviert wird; um zu schießen muss dann erst manuell entsichert werden. Bei der Variante 95K wird das Büchsenschloss von Hand mittels eines auf dem Kolbenhals befindlichen Spannschiebers gespannt. Davor befinden sich wieder die Signalstifte, die anzeigen, ob das jeweilige Schloss gespannt ist oder nicht; die goldfarbenen Stifte sind auf der entsprechenden Abbildung leicht zu erkennen. Das Modell hat für die beiden Schrotläufe und für den Büchsenlauf jeweils einen separaten Patronenauszieher. Beim Modell 95S sorgt wiederum ein spezielles, internes Sicherungssystem dafür, dass die Flintenschlosse komplett blockiert sind, wenn auf Kugel geschalten ist und umgekehrt. 1992 stellte die Firma Merkel auch eine spezielle Luxusausführung des Modell 95S, den Drilling 95S Luxus, vor.

Merkel Modell 160

Ab 1993 beschloss man bei Merkel, mit den Doppelbüchsen 140, 150 und 160 auch einfache und relativ preiswerte Varianten dieser Waffenart anzubieten. Die Philosophie der Merkel-Führung war die, dass sich jeder Jäger eine Doppelbüchse der Firma leisten können sollte und man siedelte den Preis der neuen Baureihe damals daher zwischen 3600 und 5000 DM, heute also etwa zwischen 1800 und 2700 Euro, an. Das Modell 140 hat ein Anson & Deeley-Kastenschloss, das Modell 150 ein solches Schloss mit dekorativen Seitenplatten und das Modell 160 echte Holland & Holland-Seitenschlosse. Die Verriegelung erfolgt wieder mittels eines Greener-Verschlusses und doppelten Laufhaken; auf der Laufschiene zwischen den Läufen ist ein festes Kimmenblatt angebracht, die Büchsen – erhältlich in den Kalibern 7x57R, 7x65R, .30-06 Springfield, .30R-Blaser, 8x57JRS, 8x75RS, .308 Win. und 9,3x74R – sind aber auch für eine Zielfernrohr-Montage vorbereitet. Die Modelle 140 und 150 besitzen ein Doppelzüngel-Abzugssystem, in das wahlweise ein französischer Rückstecher für das vordere Züngel integriert ist. Im Jahr 2000 wurde

Merkel Modell 160
Doppelbüchse

Baureihe sind mit einem Kersten-Verschluss ausgestattet. Als Modelle 211, 212 und 213 stellte Merkel auch Bockbüchsflinten der Waffen vor, die sich ebenfalls wie vorher beschrieben voneinander unterscheiden. Die Bockbüchsflinten haben neben den üblichen Flintenkalibern im oberen Lauf unten die Büchsenkaliber 5,6x52R, 7x57R, 7x65R, .30 Blaser, .308 Win., .30-06 Springfield, 8x57JRS, 8x75RS oder 9,3x74R. 1992 verwendete Merkel die Baureihe auch als Basis für Bockdoppelbüchsen mit übereinander liegenden Büchsenläufen mit identischen Kalibern. Diese Kipplaufwaffen, wieder mit den drei verschiedenen Schloss-Aufführungen, werden als Modell 221, 222 und 223 bezeichnet, und in den Kalibern 7x57R, 7x65R, .30 Blaser, .308 Win., .30-06 Springfield, 8x57JRS, 8x75RS oder 9,3x74R angeboten. Die Lauflänge der Bockdoppelflinten-Versionen 201, 202 und 203 liegt bei 68 oder 71 cm, die Gesamtlänge der Waffen beträgt jeweils 112 oder 115 cm und das Gewicht variiert zwischen 3,2 und 3,4 kg. Bei den Bockbüchsflinten und den Bockdoppelbüchsen ist die Lauflänge 63 cm, die Waffen-Gesamtlänge 103 cm und das Gewicht liegt bei etwa 3,2 kg. Alle Modelle, mit Nussbaumschäften ausgestattet, sichern beim Brechen wie vorher beschrieben automatisch.

das Modell 140 in den Kalibern .375 H&H Mag., .416 Rigby und .470 NE neu vorgestellt. Die Standard-Lauflänge beträgt 60 cm, die Gesamtlänge 103 cm und das Gewicht liegt um die 3,5 kg. Auch die Modelle 140, 150 und 160 sind automatisch gesichert, sobald die Läufe abgekippt werden. Als Schaftmaterial wird Nussbaumholz von unterschiedlicher Qualität verwendet.

MERKEL MODELL 201/202/203

Die Baureihe 200 besteht aus Bockwaffen in verschiedenen Versionen. Als die Modelle 201E, 202E und 203E stellt sie Merkel als Bockdoppelflinten her. Diese haben die Kaliber 12, 16, 20 oder 28 und Patronenlagerlängen von 70 oder 76 mm. Ihr Unterschied besteht in den verwendeten Schlossen. So hat das Modell 201 ein Blitzschloss während das Modell 202 ein Blitzschloss mit unterschiedlich reich gravierten Seitenplatten und das Modell 203 echte Holland & Holland-Seitenschlosse mit edel und extensiv gravierten Seitenplatten hat. Alle Waffen der

Modell 203,
Bockdoppelflinte,
Bockbüchsflinte oder
Bockdoppelbüchse

Merkel Modell 303, ebenfalls als Bockdoppelflinte, Bockbüchsflinte oder Bockdoppelbüchse erhältlich

MERKEL MODELL 303

Der Vorgänger der Bockwaffe Modell 303 war das Modell 301, das Merkel zwischen 1900 und 1938 herstellte; es gab auch ein Modell 302, mit Kastenschloss und Seitenplatten. Die aktuelle 300er-Baureihe hat einen Kersten-Verschluss und doppelte Laufhaken. Alle Varianten haben Holland & Holland-Seitenschlosse mit reich gravierten Seitenplatten. Das Modell 303 wurde als Bockdoppelflinte in den Kalibern 12, 16, 20 und 28 mit einer Gesamtlänge von 112 oder 115 cm, Lauflängen von 68 oder 71 cm und einem Gewicht zwischen 3,2 und 3,4 kg produziert. Beim Modell 313 handelt es sich um eine Bockbüchsflinte, oben mit einem Schrotlauf in den üblichen Flintenkalibern und unten mit einem Kugellauf in den Büchsenkalibern 5,6x52R, 7x57R, 7x65R, .30 Blaser, .308 Win., .30-06 Springfield, 8x57JRS, 8x75RS oder 9,3x74R. Die Standard-Lauflänge ist hier 63 cm, was die Waffe 103 cm lang und etwa 3,2 kg schwer macht. Das Modell 323 ist eine Bockdoppelbüchse mit zwei identischen Büchsenläufen wahlweise des Kalibers 7x57R, 7x65R, .30 Blaser, .308 Win., .30-06 Springfield, 8x57JRS, 8x75RS oder 9,3x74R. Diese Variante der Baureihe hat ebenfalls einen 63-cm-Lauf und ist 103 cm lang. Die beiden schweren Büchsenläufe machen die wie allgemein mit einem ausgesuchten Nussbaumschaft ausgestattete Waffe mit 3,8 kg etwas schwerer.

MERKEL MODELL SL/SIMSON SUPERLEICHT

Die Bockbüchsflinte Simson SL – für Superleicht – stammt aus dem Jahr 1995. Die Waffe wurde in Zusammenarbeit mit dem bekannten Büchsenmacher Horst Blaser von der gleichnamigen Waffenherstellungsfirma entwickelt. Der obere Lauf der kombinierten Kipplaufwaffe hat das Flintenkaliber 20/76. Das Gewehr wurde später in zwei Varianten hergestellt. Der untere Lauf des Modells SL I hat die Kaliber .22 Hornet, .222 Rem., 5,6x50 Rem.Mag. oder 5,6x52R, der des Modells SL II wahlweise die Kaliber 6x62R Frères, .243 Win., 6,5x57R, 6,5x65R, 7x57R, 7x65R, .308 Win., .30-06 Springfield, .30R Blaser, 8x57JRS, 8x75RS oder 9,3x74R. Das vordere, vom Abzugswiderstand her zwischen 200 und 500 g einstellbare Abzugszüngel bedient den Kugellauf und das hintere, zwischen 400 und 1000 g einstellbare den Schrotlauf. Für die Simson-Waffe wurde ein komplett neues Spannsystem entwickelt. Der Spannschieber läuft dabei völlig geräuschlos auf einer Teflon-Schiene. Zum Spannen des Schlosses wird er nach vorne geschoben, bis er einrastet und eine rote Marke sichtbar wird. Zum Entspannen muss der Schieber noch etwas weiter nach vorne geschoben und dann nach hinten gelassen werden. Das System entspannt sich selbst, sobald die Waffe gebrochen wird oder zu Boden fällt.

Simson-Bockbüchsflinte der Firma Merkel

MERKEL MODELL 2000E

Merkel stellte die Modellbaureihe 2000 1998 vor. Die einzelnen Modellbezeichnungen orientieren sich an dem bisherigen Merkel-Habitus. So handelt es sich bei den Modellen 2000, 2001 und 2002 um Bockdoppelflinten der Kaliber 12, 20 oder 28. Die 12er-Waffe hat einen 71-cm-Lauf und die 20er und 28er einen 68 cm langen Lauf. Die Modelle 2010, 2011 und 2012 sind Bockbüchsflinten mit einem 12er- oder 20er-Lauf oben und unten einem Büchsenlauf in 5,6x52R, .243 Win., 6,5x55 mm, 6,5x57R, 7x57R, 7x65R, .308 Win., .30-06 Springfield, .30R Blaser, 8x57JRS oder 9,3x74R. Die Standard-Lauflänge ist hier 63 cm. Die Bockdoppelbüchsen-Varianten haben die Modellbezeichnungen 2020, 2021 und 2023. Diese sind in .243 Win., 6,5x55 mm, 7x57R, 7x65R, .308 Win., .30-06 Springfield, .30R Blaser, 8x57JRS, 8x75RS oder 9,3x74R erhältlich. Alle Versionen der Baureihe sind mit Kersten-Verschlüssen ausgestattet und haben ein modifiziertes Anson & Deeley-Kastenschloss mit Schraubenfedern. Der Einabzug der Bockdoppelflinten-Version bedient ausschließlich zuerst den unteren Lauf, ansonsten ist natürlich eine Laufwahl möglich.

Merkel Modell 2000-Bockdoppelflinte

MOLOT

www.molot.net

Markenzeichen der Vyatskie Polyany Machine Building Plant Molot

Der komplette Name dieser Firma lautet Vyatskie Polyany Machine Building Plant Molot Jsc.; der Handelsname Molot ist aber glücklicherweise erheblich kürzer. Die Geschichte von Molot beginnt bereits 1940. Am 26. April dieses Jahres beschloss die Sowjetunion die von Georgi Schpagin entwickelte Maschinenpistole PPSh als Waffe für die Rote Armee einzuführen. Die Waffe sollte in einer staatseigenen Fertigungsstätte in Zagorsk bei Moskau produziert werden. Im Oktober 1941 wurde die Fertigung nach Vyatskie Polyany in die Provinz Kirow verlegt. Während des Zweiten Weltkriegs baute man dort dann mehr als 2,5 Millionen PPSh-Maschinenpistolen sowie etwa 350000 OPSh-Selbstlade- und SPSh-Signalpistolen. Von 1940 bis zu seinem Tod am 6. Februar 1952 war der russische Konstrukteur Schpagin für das Unternehmen tätig und arbeitete in der entsprechenden Zeit mit anderen namhaften Waffenkonstrukteuren, wie Fedorow und Degtjarew, zusammen. 1953 begann bei der Firma Molot unter der Federführung von Igor Stechkin die Produktion der Stechkin-Pistole. Ab 1959 wurde bei Molot die von Kalaschnikow entwickelte Maschinenpistole RPK hergestellt und zwischen 1968 und 1985 baute Molot weiter große Stückzahlen von lafettierten Militärwaffen, wie Granatwerfern, Flugzeugabwehrwaffen und schwere MGs. Nach dem Ende des Kalten Krieges entschieden die Molot-Manager 1992, sich mehr auf die Produktion von Zivilwaffen und deren Export in den Westen zu konzentrieren. 1994 wurde Molot privatisiert, der neue Kurs aber insbesondere mit der halbautomatischen Büchse Vepr, Kaliber 7,62x39 mm beibehalten. Dabei handelt es sich im Endeffekt um eine AK-47 im zivilen Kleid. 1995 stellte man eine Version der Waffe im „westlichen" Kaliber .308 Win. vor. Im darauf folgenden Jahr kam die Vorderschaft-Repetierflinten-Baureihe Becas sowie die Becas-Auto, eine 12er- und 16er-Selbstladeflinte von Molot auf den Markt. Eine in verschiedenen Punkten modifizierte, aber immer noch eindeutig auf der bekannten AK-47 Kalaschnikow basierende, neue Vepr-Version hatte 1997 großen Erfolg in Nordamerika, Europa und Asien. 1998 stellte man dann die noch weiter verbesserte Selbstladebüchse Vepr-Super vor. Molot ist heute einer der größten russischen Waffenexporteure. Die Fertigungsstätten der Firma wurden intensiv modernisiert und die etwa 5000 Mitarbeiter sind stolz darauf, täglich hochwertige Produkte zu produzieren.

Die Maschinenpistole PPSh-41

MOLOT VEPR

Die aktuelle Version der Molot Vepr stammt von 1994. Die Waffe verfügt über das bekannte Kalaschnikow-System, das unter anderem bei den Sturmgewehren AK-47 und AK-74 Anwendung fand. Dabei wird eine geringe Menge der beim Schießen entstehenden Pulvergase dazu verwendet, um den Nachladevorgang zu bewerkstelligen. Der Vepr-Lauf ist kalt geschmiedet, innen verchromt und außen matt schwarz oxidiert. Der einfache Nussbaumschaft ist ergonomisch mit einem Daumenloch hinter dem Pistolengriff ausgeformt. Die Verriegelung des Verschlusses erfolgt mittels dreier Verriegelungswarzen. Die Waffe besitzt ein einfaches, aber effektives Schiebevisier, ist gleichzeitig aber auch links oben am Systemkasten für die Montage einer Zieloptik

Die Selbstladebüchse Molot Vepr, basierend auf der AK-47

vorbereitet. Ursprünglich wurde die Waffe nur im russischen Kaliber 7,62x39 mm hergestellt, es folgten aber Versionen in 5,45x39 mm, .308 Win. und .223 Rem. Die Waffen haben einen 52-cm-Lauf, sind 101 cm lang, wiegen 3,9 kg und haben eine Magazinkapazität von fünf oder 10 Patronen. In 7,62x39 mm und .308 Win. wurden ab 1998 auch lange Versionen mit einem 59-cm-Lauf, einer Gesamtlänge von 108 cm und einem Gewicht von 4 kg hergestellt. Die Kapazität des ebenfalls herausnehmbaren Magazins blieb dabei gleich. Das Auffallendste an der Vepr-Büchse ist ihre große manuelle Sicherung und der sehr an die Kalaschnikow AK-47 und AK-74 erinnernde Feuer-Regulator auf der Rückseite des Systemkastens.

Vepr Pioneer

MOLOT VEPR PIONEER

1999 stellte Molot als Weiterentwicklung der Selbstladebüchse Vepr Super das Modell Vepr Pioneer vor. Es hat die gleichen Charakteristika wie die Vorgängermodelle, insbesondere wird auch hier das bekannte Kalaschnikow-Nachladesystem verwendet. Auch die Pioneer-Selbstladebüchse hat einen kaltgeschmiedeten, innen verchromten Lauf, der wahlweise mit einem Mündungfeuerdämpfer oder einem Kompensator bestückt werden kann. Der vornehmliche Unterschied zu den anderen Vepr-Varianten ist das hier zur Reinigung und Wartung komplett herausnehmbare Abzugssystem, bei dem der Abzugswiderstand allerdings wider Erwarten nicht verstellbar ist. Die in .223 Rem. und 7,62x39 mm mit herausnehmbarem Magazin für fünf oder 10 Patronen hergestellte Waffe hat einen schweren Nussbaumschaft mit breiter Backe im Monte-Carlo-Stil. Die Lauflänge beträgt hier 55 cm, die Gesamtlänge 104 cm und das Gewicht 3,6 kg. Die manuelle Sicherung ist ähnlich wie bei der Vepr Super eine Druckknopfsicherung vor dem Abzugsbügel.

MOLOT VEPR SUPER

Die Büchse Vepr Super, die 1998 vorgestellt wurde, ist eine qualitativ hochwertige Jagd-Selbstladewaffe, die nur mehr in einigen Punkten an die bekannte AK-47-Militärwaffe erinnert. Zwar sind die meisten technischen Details, wie etwas das gasdruckunterstützte Nachladesystem, mit denen des Militär-Sturmgewehrs identisch, doch sind etwa das Abzugssystem, die Druckknopfsicherung und der Magazinlöseknopf anders. Die Vepr Super wird in .308 Win. und .35 Rem. hergestellt. Die Waffe hat jeweils eine Gesamtlänge von 104 cm, einen 55-cm-Lauf und ein Gewicht von knapp 4 kg. Das herausnehmbare Magazin gibt es in Varianten für zwei, fünf oder 10 Patronen. Die Waffe hat einen ähnlichen Schaft wie das Vepr-Standardmodell – ebenso mit dem großen Daumenloch hinter dem Pistolengriff. Die verstellbare Schiebekimme ist einfach konstruiert, da ohnehin zumeist ein Zielfernrohr verwendet wird; die Waffe ist entsprechend für die Anbringung einer Optik-Montage vorbereitet. Für die Waffe ist auch ein spezieller Lauf mit Längseinfräsungen zur Kühlung und integriertem Kompensator erhältlich.

Vepr Super

P

Powell & Son Gunmakers Ltd.

www.william-powell.co.uk

Markenzeichen der Firma William Powell & Son

Der Name William Powell & Son Gunmakers Ltd. ist seit fast 200 Jahren eng mit der Herstellung feiner, traditioneller englischer Schrotflinten verbunden. Und das 1802 von William Powell gegründete Unternehmen mit Sitz in Birmingham, aktuell geführt von David und Peter Powell, Nachkommen des berühmten Firmengründers, ist auch heute noch für seine hervorragenden, handgearbeiteten Flinten, aber auch Büchsen, weltbekannt.
Zwar ist es auch möglich, Powell-Waffen „von der Stange" zu kaufen, die meisten davon werden aber individuell nach Kundenwünschen gefertigt. Powell & Sohn fertigt auch eigene Flintenpatronen in den Kalibern 12 und 20. Und neben Waffen und Munition vertreibt die Firma zudem traditionelle englische Jagdbekleidung sowie edle Waffenschränke, teilweise aus massivem Nussbaum-Wurzelmaserholz gefertigt.
An jedem handgearbeiteten Gewehr der Firma arbeiten 12 Büchsenmacher mindestens 1000 Stunden. Eine Powell-Jagdwaffe ist ein außerordentliches Beispiel für englische Büchsenmacherkunst. Ein solches Stück bleibt üblicherweise für viele Generation in Familienbesitz und wird von Generation zu Generation weitergegeben. Die zur Herstellung verwendeten Materialien sind alle von höchster Qualität. Die mit festen Chokebohrungen nach Wahl versehenen Flintenläufe der Powell-Waffen werden aus den besten Stählen gefertigt und verfügen über Patronenlager für 65-mm- oder 70-mm-Hülsen. Als Material für die handgearbeiteten Schäfte wird nur besonders ausgesuchtes und abgelagertes Nussbaum-Maserholz verwendet.

Powell Heritage No. 2 Sidelock

Die Flinte Powell Heritage No. 2 ist eine traditionelle Querflinte mit Seitenschlossen, deren wahlweise zwischen 61 und 81 cm lange Läufe im Bereich der Patronenlager in zwei mit Silberlot verbundenen Blöcken zusammengefügt sind; auch die Wahl der Chokebohrung bleibt dem bestellenden Kunden überlassen. Die Waffe wird in den Kalibern 12, 16 und 20 produziert, ist 104 cm bis 124 cm lang, zwischen 2,7 kg und 3,2 kg schwer und verriegelt auch mittels zweier unter dem Patronenlagerbereich befindlicher Laufhaken. Das Modell Heritage No. 2 ist mit automati-

Die traditionelle Querflinte Heritage No. 2 von Powell

schen Patronen-Ejektoren ausgestattet. Der Sicherungsschieber befindet sich am Schaftkolbenhals. Üblicherweise haben die entsprechenden Modelle einen Doppelzüngelabzug, sind auf Wunsch aber auch mit einem nicht selektiven Einabzug erhältlich. Als Heritage No. 1 stellt Powell eine mehr oder weniger identische Waffe her. Auch sie ist eine Purdey-Beesley-Selbstspannerflinte. Beide Varianten werden mit einer unbehandelten, jedoch reich gravierten Basküle mit herausnehmbaren Seitenschlossplatten hergestellt. Der Schaft ist aus ausgesuchtem Nussbaum und üblicherweise gerade – „englisch" – gehalten, kann aber auch als Pistolengriff-Schaft bestellt werden.

Powell Heritage Consort Sidelock

Die Heritage Consort-Querflinte ist ebenfalls im traditionellen, englischen Stil gehalten und auch sie hat abnehmbare Seitenschlossplatten. Ihre mit 70-mm-Patronenlagern versehenen Läufe sind separat hergestellt und die Laufblöcke dann mit Silberlot verbunden. Die Lauflänge liegt zwischen 66 und 81 cm, die Chokebohrung bleibt dem Kundenwunsch überlassen. Die Waffe wird in den Kalibern 12, 16, 20, 28 und 36 (.410) hergestellt und hat üblicherweise einen Doppelzüngelabzug, kann aber auch mit einem Einabzug sowie auch mit automatischen Ejektoren bestellt werden. Hinter- und Vorderschaft der in einem edlen Lederkoffer ausgelieferten Waffe sind aus exklusivem Nussbaumholz.

Powell Heritage Consort Sidelock-Doppelflinte

Powell No. 3 Box Lock

Diese Querflinte der Firma Powell ist mit einem Anson & Deeley-Kastenschloss ausgestattet, das komplett von Hand hergestellt ist und sich in einer reich gravierten Basküle befindet. Als No. 4 Box Lock stellt man zudem eine einfachere und kostengünstigere Variante her, die eine weniger umfangreiche Gravur und ein etwas einfacheres Schaftholz aufweist. Die No. 3-Version hat die Kaliber 12, 16 oder 20 und Patronenlagerlängen für 63,5 mm oder 70 mm lange Patronenhülsen. Für ihre Verriegelung sorgen ebenfalls zwei Laufhaken und der Kunde kann zwischen 66 und 81 cm langen Läufen wählen.

Powell No. 3 Querflinte mit Kastenschloss

PURDEY

www.purdey.com

Markenzeichen der Firma James Purdey & Sons Ltd.

James Purdey eröffnete 1814 in der Prince Street in London nahe dem Leicester Square eine mit einer Büchsenmacherwerkstatt verbundene Waffenhandlung. Die Firma James Purdey & Sons Ltd. erwarb sich innerhalb kurzer Zeit einen beträchtlichen Ruf und galt bald als Hersteller exzellenter Jagd- und Sportwaffen. 1825 zog das Unternehmen in die Oxford Street um und 1828 wurde James Purdey jun. geboren. Im Alter von 14 Jahren begann er eine Lehre bei seinem Vater und übernahm die Firma, als er erst 30 Jahre alt war. Die Entwicklung der Schusswaffen von den Steinschloss-Vorderladern von 1820 zu den Kipplauf-Hinterladern von 1880 verlief damals ungemein schnell. Und James Purdey jun. war maßgeblich an diversen, entsprechenden Neuentwicklungen beteiligt und ließ diverse von ihm erdachte, technische Neuerungen patentieren, die später von anderen Waffenherstellern übernommen wurden. 1838 bestellte Königin Victoria einen Satz von Pistolen für den Emir von Muscat bei Purdey, was dazu führte, dass das Unternehmen fortan königlicher Hoflieferant war. 1882 erwarb die Firma neue Räumlichkeiten in der Audley Street in London, wo sie sich bis heute befindet. James Purdeys Sohn Athol übernahm 1900 die Firmenleitung und führte das Unternehmen durch die turbulenten Jahre des Ersten Weltkriegs. Zwischen 1914 und 1918 musste auch Purdey Kriegswaffen herstellen. Nachdem Athols Söhne James und Tom beide verletzt die Schlachten in Frankreich überlebt hatten, traten sie 1920 in die Firma des Vaters ein und übernahmen das Geschäft 1929. Während der 1930er-Jahre bauten die Purdey-Brüder das Geschäft auf, 1939 musste man sich dann aber wieder auf den Bau von Militärwaffen konzentrieren. Da nach dem Krieg die Waffenherstellung nicht mehr sonderlich lukrativ erschien, entschieden James und Tom Purdey, einen Großteil ihrer Anteile an dem Unternehmen an Hugh und Victor Seely zu veräußern und die Seelys verkauften die Anteile dann an ihren Neffen Richard Beaumont, der bis 1994 Haupteigentümer blieb. Die Purdeys selbst arbeiteten weiter

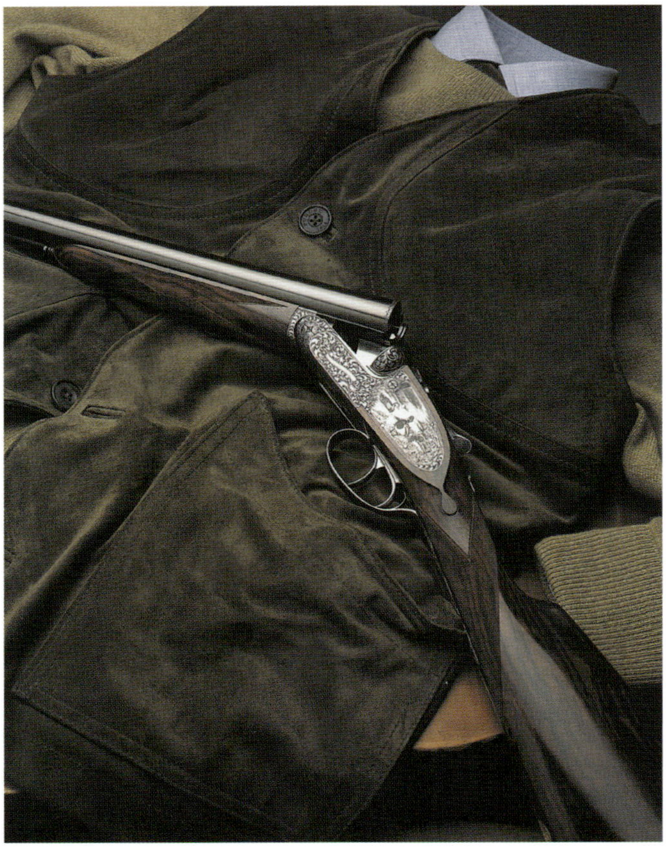

Purdey Querflinte

für die Firma und als Tom 1955 zurücktrat, übernahm Richard Beaumont das Management, unterstützt von Werksleiter Harry Lawrence. Lawrence war ein begnadeter Büchsenmachermeister, der unmittelbar nach der Schule zu Purdey gekommen war. Mit den Purdey-Brüdern hatte er sehr erfolgreich auch damit begonnen, die Waffen des Unternehmens in den USA anzubieten. 1977 fing Nigel Beaumont, ein Neffe des Eigentümers, als Büchsenmacherlehrling bei Purdey an. 1984 wurde er Werksleiter und 1993 stieg er zu seiner gegenwärtigen Position als leitender Direktor auf. 1994 kaufte die Vendome Luxury Group Investment Company die Firma Purdey. Die Investmentfirma ist auch unter der Bezeichnung Richemont-Gruppe bekannt; unter anderem gehören die Unternehmen Cartier, Chloé, Hackett, Montblanc, Piaget und Vacheron Constantin der Richemont-Gruppe an. 1995 ernannte Richement Richard Purdey, den Ur-Ur-Ur-Enkel des Firmengründers, zu deren Leiter. Heute ist Purdey einer der wenigen Londoner Waffenherstellungsbetriebe, der noch eigene Werkstätten unterhält und Lehrlinge ausbildet. Die Werkstatt des weltberühmten Unternehmens in Hammersmith in London verlassen pro Jahr etwa 75 fast ausschließlich in Handarbeit hergestellte Waffen; die Produktionszeit einer einzelnen Purdey-Flinte beträgt zwischen 18 Monaten und zwei Jahren. Daneben verkauft Purdey auch exklusive, englische Jagdbekleidung – teils entworfen von dem firmeneigenen Designer Paul Cartledge und aus exzellentem schottischen Tweed – sowie Jagd-Accessoires. Im November 2001 eröffnete Purdey ein Geschäft im „Old England Store" auf dem Boulevard des Capucines in Paris. Dies ist nun der einzige Ort außerhalb Englands, wo echte Purdey-Artikel gekauft werden können. In Zusammenarbeit mit der bekannten englischen TV-Moderatorin Selina Scott brachte Purdey auch die exklusiven „Selina Scott Country Socks" auf den Markt, aus reiner Angorawolle gestrickte und auf der Isle of Skye in Schottland von Hand gefärbte Socken.

Detailansicht eine
Doppelbüchse von Purdey

Purdey Express Rifle oder Doppelbüchse

PURDEY DOPPELBÜCHSE

Die Bezeichnung „Express" für eine Doppelbüchse wurde erstmals von James Purdey jun. in einer Werbung verwendet; er verglich damit eine Büchse mit einem Express-Zug – schwer, schnell und auf einem geradlinigen Weg. Die Doppelbüchse von Purdey basiert auf der Doppelflinte der Firma und hat daher ebenfalls den typischen Purdey-Beesley-Verschluss. Jede Waffe ist speziell auf das dafür verwendete Kaliber abgestimmt. Die Baskülengröße richtet sich nach den vier Grundkalibern .375 H&H Mag., .470 NE, .577 NE und .600 NE; innerhalb der jeweiligen Größe können dann aber auch andere Kaliber bestellt werden. Bei der Bestellung einer entsprechenden Waffe wird der Kunde stets danach gefragt, zu welcher Art von Jagd sie vornehmlich eingesetzt werden soll; dies führt dann zu einer unterschiedlichen Balance und zu einem unterschiedlichen Gewicht. Die Doppelflinte wird regelmäßig mit einem Korntunnel und einer Klappkimme ausgeliefert und die Kunden können eine zu verwendende Optik-Montage wählen. Die mit einem Doppelzüngelabzug ausgestattete Büchse verriegelt mittels eines Greener-Verschlusses, verbunden mit doppelten Laufhaken. Der Schaft ist aus türkischem Nussbaum-Wurzelmaserholz und komplett von Hand gearbeitet. Und auch die Gravur, die teils bis zu 400 Arbeitsstunden in Anspruch nimmt, sorgt dafür, dass eine „Purdey Express" in „kleineren Kalibern mindestens 70000 £ und eine solche in den großen Nitro Express-Kalibern mindestens 85000 £ kostet – und das noch ohne Gravur!

Detailansicht einer Purdey Bockdoppelflinte

PURDEY BOCKDOPPELFLINTE

Bockdoppelflinten von Purdey gibt es in den Kalibern 16, 20, 28 und 36 (.410). Auch hier hält man es bei der Firma für sehr wichtig, dass die Basküle von der Größe her den entsprechenden Kalibern angepasst ist. Deshalb ist auch kein Wechseln von Laufbündeln in unterschiedlichen

Purdey Bockdoppelflinte

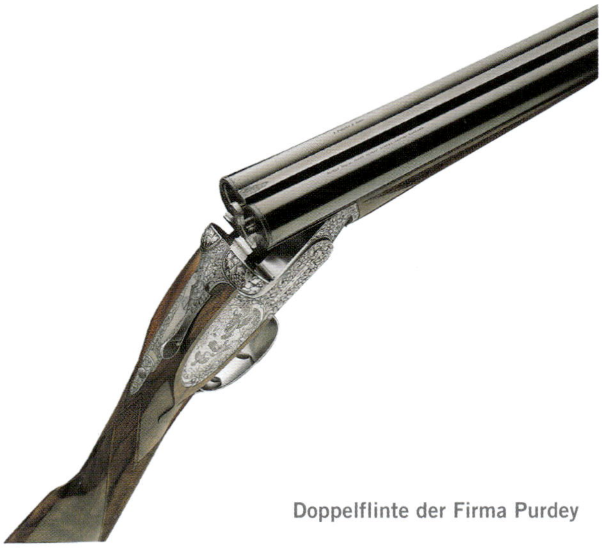

Doppelflinte der Firma Purdey

Kalibern möglich; allerdings ist die Firma Purdey durchaus in der Lage, spezielle Wechselläufe mit anderen Lauflängen, anderen Chokebohrungen und – als Einzelanfertigung – auch anderen Kalibern herzustellen. Der Kunde hat die Wahl zwischen einer Basküle mehr in abgerundeter oder mehr in kantiger Form; diese Wahl wirkt sich dann auch auf das Waffengewicht aus. Gewählt werden kann auch zwischen einem Einabzug und einem traditionellen Doppelzüngelabzug; in letzterem Fall kann die Waffe auch so bestellt werden, dass das vordere Abzugszüngel zum besseren Bedienen des hinteren nach vorne geklappt werden kann. Beim Einabzug wird beim ersten Betätigen des Züngels wie üblich zunächst das Schloss für den unteren und dann das für den oberen Lauf abgeschlagen; auch dies kann aber individuell anders bestellt werden. Die entweder mit einer ventilierten oder einer konisch zulaufenden Laufschiene versehenen Läufe sind in Längen zwischen 61 cm und 81 cm zu bestellen. Der aus ausgesuchtem Nussbaum-Wurzelmaserholz handgefertigte Schaft kann entweder gerade im englischen Stil oder auch mit Pistolengriff beziehungsweise mit Pistolengriff im Prince of Wales-Stil geordert werden. Als unterer Basispreis für eine entsprechende Waffe – ohne Gravur – muss mit mehr als 50000 £ kalkuliert werden.

PURDEY DOPPELFLINTE

Auch die Querflinte von Purdey wird um ein Purdey-Beesley-Kipplaufsystem herum gebaut. Das Patent für dieses immer noch verwendete, von dem englischen Büchsenmachermeister Frederick Beesley entwickelte System verkaufte dieser 1880 an Purdey. Wie beim Anson & Deeley-System handelt es sich auch hierbei um ein Selbstspannersystem, bei dem die Schlosse allerdings im Gegensatz zu diesem nicht beim Abkip-

Edle Purdey-Flinte mit Goldeinlagen und einem Einabzug

pen des Laufbündels, sondern erst beim Schließen des Bündels gespannt werden. Das Laufbündel klappt also zunächst wie von selbst ohne Widerstand ab, sobald der Verschlusshebel betätigt wird. Die Purdey-Querflinte wird in den Kalibern 10, 12, 16, 20, 28 und 36 (.410) hergestellt. Für jedes Kaliber gibt es wieder eine unterschiedlich dimensionierte Basküle und auch hier wird wieder vom bestellenden Kunden erwartet, dass er angibt, wo und bei welcher Jagdart er seine neue Flinte vornehmlich führen wird, so dass das Gewicht und die Balance entsprechend angeglichen werden kann. Auch die Lauflänge kann der Kunde individuell zwischen 61 cm und 81 cm bestimmen. Die Standard-Patronenlagerlänge ist auf Schrotpatronen abgestimmt, die abgeschossen 70 mm lang sind, aber auch hier sind individuellen Wünschen keine Grenzen gesetzt. Die Läufe der aktuellen Purdey-Flinten halten einen Gasdruck von 1200 bar aus, weshalb auch Stahlschrote damit verschossen werden können. Die Laufschiene zwischen den Läufen kann oben konkav oder konvex ausgeformt, ventiliert oder im Churchill- oder US-Stil geordert werden. Das Gewicht der Doppelflinten variiert je nach Ausführung im Kaliber 12 zwischen 3 und 3,1 kg, in 16 zwischen 2,8 und 3 kg und in 20 zwischen 2,7 und 2,9 kg; Waffen in den kleineren Kalibern 28 und 36 (.410) wiegen nur zwischen 2,3 und 2,5 kg. Hinter- und Vorderschaft der Doppelflinte sind aus türkischem Nussbaum und von außerordentlich exkluxiver Qualität; der Schaft wird handgeformt, -poliert und -geölt und weist eine handgeschnittene, feine Fischhaut auf. Die Kunden können zwischen einem Hinterschaft in gerader, englischer Form oder einem Schaft mit Pistolengriff beziehungsweise mit Pistolengriff im Prince of Wales-Stil wählen. Die Metallteile der Standardversionen sind fein von Hand mit Jagdmotiven graviert; daneben sind gegen Aufpreis natürlich auch diverse andere Motive wählbar. Die doppelten Laufhaken als Verriegelung sind Standard, ein zusätzlicher Greener-Verschluss muss individuell geordert werden. Der Basispreis einer Purdey-Doppelflinte beginnt bei 41 000 £ – natürlich wieder exklusive jeglicher Gravur.

R

Remington

www.remington.com

Remington®
COUNTRY

Markenzeichen der Remington-Sparte „Country“

Eliphalet Remington II, damals genannt Lite, der Gründer der Remington Arms Company, lebte zwischen 1793 und 1861. Sein Vater, Elipahlet I, betrieb in dem Ort Ilion Guph im Staat New York eine Schmiede. 1816 baute der Sohn dort sein erstes Steinschlossgewehr und nahm damit im Herbst des Jahres an einem großen Preisschießen teil, bei dem er auch gleich den 2. Platz errang. Seine Waffe fand großes Interesse, weshalb Remington Junior das Preisschießen bereits mit diversen Bestellungen dafür sowie für entsprechende Läufe verließ. Die Waffenherstellung war dann so erfolgreich, dass Vater und Sohn Remington 1825 gemeinsam die Firma E. Remington & Sohn gründeten. Die alte Schmiede erwies sich als zu klein, weshalb die Firma bereits 1828 in neue Räumlichkeiten entlang des Erie-Kanals bei Ilion umzog. 1844 traten Lites Neffe Philo Remington und nach Lites Tod 1861 auch Philos jüngere Brüder Samuel und Eliphalet III in das Unternehmen ein; der Firmenname wurde geändert in E. Remington & Söhne. Während man sich danach auf die Herstellung von Jagd- und Sportwaffen konzentrierte, stellte die Firma zur Zeit des Amerikanischen Bürgerkriegs große Stückzahlen von Militärwaffen her und wurde Ende 1863 mit seinem Vorderlader-Revolver Remington Army 1863 berühmt. 1865 wurde das Familienunternehmen zu einer Gesellschaft umgewandelt, deren Anteile aber bei der Remington-Familie verblieben. Im gleichen Jahr stellte das Unternehmen auch seine berühmte Remington Rolling Block-Büchse vor, die auf Patenten von Leonard Geiger and Joseph Rider von 1863 basierte. Die US-Regierung bestellte 14999 Rolling Block-Karabiner, Kaliber .56-50 Rimfire,

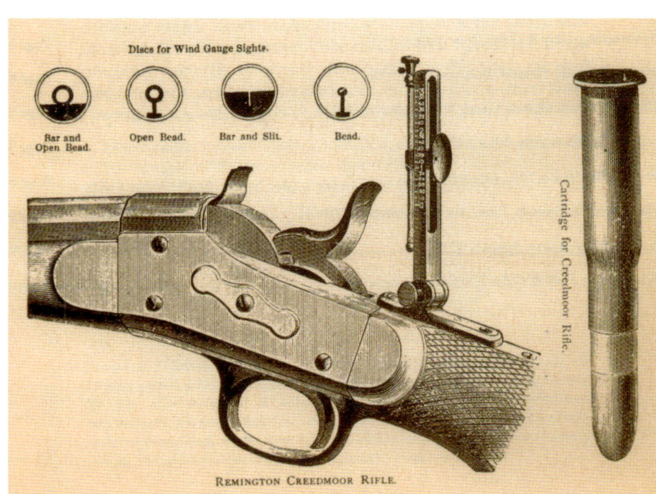

Auszug aus dem alten Remington-Katalog von 1880

Remington-Derringer aus dem Jahre 1866

gefolgt von einem Auftrag für 5000 Stück der Waffen in .46 Rimfire. Die Büchse wurde zudem von den Armeen Dänemarks, Ägyptens, Griechenlands, Mexikos, Norwegens, Spaniens und Schwedens eingeführt. Außer Schusswaffen herzustellen, beschloss die Firma Remington 1873 dann auch, Schreibmaschinen zu produzieren. Man verkaufte die entsprechenden Rechte zwar bereits 1886 wieder, Schreibmaschinen mit dem Namen Remington blieben aber für viele Jahre bekannt. 1880, nach dem Tod von Samuel Remington verließ die ursprüngliche Firma der Erfolg, 1886 ging sie sogar bankrott. Zwei Geschäftsleute, Marcellus Hartley von der Union Metallic Cartridge Company, und Thomas Bennett, Schwiegersohn des berühmten Oliver Winchester, kauften das Unternehmen für 200000 $ und änderten den Namen in Remington Arms Company. Nach Hartleys Tod folgte diesem sein erst 21 Jahre alter Sohn Marcy Hartley Dodge nach.

1907 wurde J. D. Pedersen, ein dänischer Büchsenmacher, eingestellt, der die erste Remington-Vorderschaft-Repetierflinte entwickelte. Da die meisten Regierungsaufträge an Springfield Armory gingen, war die Firma im eigenen Land weiterhin wenig erfolgreich. Remington konzentrierte sich daher mehr auf den Zivilmarkt; um die Kapazitäten auszulasten baute man auch Nähmaschinen und Registrierkassen.

Die erste Selbstladeflinte von Remington war das Modell 11, das auf dem Design von John M. Brownings Modell Auto-5 basierte, das Remington zwischen 1911 und 1948 für FN unter Lizenz gebaut hatte. 1912 fusionierte die Remington Arms Company mit der Union Cartridge Company und expandierte. Darauf brachte der Erste Weltkrieg eine immense Nachfrage nach Waffen. Zunächst mietete die Firma Remington eine Autofabrik, um dort Enfield-Karabiner herzustellen. Aber auch dort waren die Kapazitäten bald zu gering. Besonders auch, weil Remington zu dieser Zeit auch einen Staatsauftrag aus Russland erhielt – zur Herstellung von 1 Million Karabinern und von 100 Millionen zugehöriger Patronen. Man zog nach Bridgeport, Connecticut, wo in Windeseile neue Herstellungshallen aus dem Boden gestampft wurden. Die Produktion stieg auf täglich 5000 Karabiner und 2,5 Millionen Patronen. Nach dem Sturz von Zar Nikolaus II. zog die neue russische, sozialistische Regierung den oben genannten Staatsauftrag zurück und Remington blieb förmlich auf 750000 Militärkarabinern sitzen. Diese Waffen verkaufte man vornehmlich an die Franzosen, die sie dann an die Weißrussen weiterverkauften.

Das Ende des Ersten Weltkriegs sorgte 1918 für einen totalen Auftragsschwund. Die Firma Remington wandte sich nun wieder den Jagd- und Sportwaffen zu, war aber auch gezwungen, wieder Registrierkassen zu produzieren. Die Firma hatte ein gutes Gespür für den Markt und kam daher schon 1926 mit einer Kollektion von Kleidungsstücken und Accessoires für die Jagd und den Schießsport heraus. In der schweren Zeit ab 1930 wurde die Registrierkassen-Produktion an die National Cash Register Co. verkauft. Die Rezession führte 1933 dazu, dass der Chemie-Gigant Du Pont 60 Prozent der Remington-Firmenanteile übernahm, Remington dann – finanziell gestärkt – aber selbst auf den entsprechenden Zug aufsprang und zunächst die Firma Chamberlain Trap & Target, Hersteller von Tontauben-Wurfmaschinen, und dann die Peters Cartridge Company aus Kings Mill, Ohio, kaufte. 1934 kaufte man dann den Grundbesitz und auch die Rechte an der Firma Parker Shotgun Company aus Meriden, Connecticut; dieses Unternehmen wurde später komplett der Mutterfirma einverleibt.

Eines der ersten Engagements Remingtons auf internationaler Ebene war, dass man 1936 mit dem brasilianischen Unternehmen Imperial Chemical Industries (ICI) in Brasilien die Firma Companhia Brasileira de Cartuchos SA gründete und damit die 1927 in Sao Paulo gegründete Fabrica Nacional de Cartuchos e Municiones übernahm. 1937 bat die US-Regierung Remington, beim Aufbau mehrerer, großer Munitionsfabriken mitzuwirken; die Fabriken sollten Regierungseigentum bleiben, aber von privaten Rüstungsfirmen betrieben werden. So wurde 1940 die von Remington gemanagte Lake City Ordnance Plant eröffnet. Unmittelbar darauf folgte die Denver Ordnance Plant, im Frühling 1941 ging eine dritte Fabrik in Salt Lake City in

Betrieb und dann folgten die Ordnance Arsenals von Kings Mill und von Lowell.
Während des Zweiten Weltkriegs produzierte Remington in großen Mengen unter anderem Colt 1911-A1-Pistolen für die amerikanischen Streitkräfte. 1943 beschäftigte man nicht weniger als 82000 Mitarbeiter. Weil dann die enormen Produktionskapazitäten nicht mehr benötigt wurden, wurde Remington nach dem Krieg komplett reorganisiert; dies führte 1946 zur Schließung der Union Metallic Cartridge Company. 1950 wurde als Joint Venture zwischen Remington und der Crucible Steel Company die Firma Rem-Cru Titanium Inc. gegründet. Rem-Cru erwarb ein Werk in Midland, Pennsylvania, um dort Titan- und andere Leichtmetall-Legierungen herzustellen. Titan war damals besonders für die Raumfahrtindustrie wichtig, wird aber inzwischen auch mehr und mehr zum Bau von Schusswaffen verwendet.
1950 stellte Remington auch seine Vorderschaft-Repetierflinte 870 Wingmaster vor. Diese Waffe wurde zu einem der größten Verkaufsschlager der Welt. Remington benötigte mehr und mehr moderne Maschinen zur Waffenherstellung und man entwickelte auch viele Herstellungsmittel selbst. In diesem Zusammenhang beteiligte Remington sich 1956 an der Firma Mall Tool Company, welche in Chicago und Park Forest, Illinois, und in Toronto, Kanada, Betriebsstätten unterhielt. 1958 wurde das Unternehmen ganz von Remington übernommen. Nachdem 1969 die Firma Canadian Arms zu Remington Arms of Canada Ltd. geworden war, war Remington das

Remington 870 Wingmaster

erste Unternehmen überhaupt, das Schrotpatronen mit Plastikhülsen herstellte.
Im Jahr darauf beschloss man, die Aktivitäten im Ausland weiter zu verstärken und eröffnete in Deutschland die Remington Arms International GmbH und in Mexiko die Cartuchos de Portivos de Mexico SA. Mit der Einführung des Repetierbüchsen-Modells 700 hatte Remington 1962 einen weiteren weit reichenden Durchbruch; die Waffe, eine Weiterentwicklung des Großkaliber-Modells 721 und des Modells 722 für kleinere Kaliber, beide von 1948, wurde sehr schnell zur meistverkauften Büchse der Welt. Auf dem Modell 700, welches standardmäßig übrigens von

Remington Modell Seven Magnum von 2002 in verschiedenen Ausführungen

Anfang an mit einer verstellbaren Williams-Visierung versehen war, basieren nun mehr oder weniger sämtliche weiteren Repetierbüchsen-Modelle von Remington. Im Laufe der Jahre erschienen mehr als 45 verschiedene 700er-Varianten in den Kalibern von .17 Rem. bis .458 Win.Mag. Das System des Modells 700, Verschlusszylinder und -hülse, wird von unzähligen Custom-Büchsenmachern auf der ganzen Welt verwendet. Selbst zum Bau superschwerer A-Square-Büchsen im Kaliber .500 A-Square werden Remington 700-Systeme verwendet. Das spricht für die Qualität des Systems. Nachdem Remington 1963 mit dem Modell 1100 eine halbautomatische Flinte vorgestellt hatte, entschied sich das Unternehmen im Jahr darauf, seine Exportpolitik zu ändern, löste in Deutschland die Remington Arms International GmbH auf und setzte fortan mehr auf ein Netzwerk verschiedener, unabhängiger Importeure in Europa. Dass die Remington 700-Repetierbüchse nach umfangreichen Tests als neues Scharfschützengewehr M40 bei den US-Marines eingeführt wurde, führte dazu, dass die Waffe dann auch von vielen anderen militärischen und polizeilichen Spezialeinheiten als Präzisionsschützengewehr angeschafft wurde.
Die „Blue Rock"-Tontaube, die ebenfalls in einem Remington-Werk hergestellt wurde, erwies sich als so populär, dass man 1967 in Ada, Oklahoma, eine neue, eigene Fertigungsstätte für Wurfscheiben, damals Tontauben, errichten musste. 1969 beschloss das Unternehmen, die 1956 erworbene Werkzeugmaschinenfabrik an die US-Firma Desa Industries Inc. zu verkaufen. Im Jahr darauf wurde ein komplett neues, hochmodernes Remington-Munitionsherstellungswerk in Lonoke, Arkansas, eröffnet, 1971 dann ein neues Werk zur Herstellung von Wurfscheiben in Athens, Georgia. Im gleichen Jahr musste aus rechtlichen Gründen in Mexiko die Munitionsherstellung aufgegeben werden, das entsprechende Werk wurde dann 1978 aber zur Firma Industria Technos SA.

Nachdem 1973 die Bockdoppelflinte Modell 3200 auf den Markt gebracht worden war, erlitt die Firma Remington einen massiven wirtschaftlichen Rückschlag: man hatte seit langem versucht, die große, schwedische Munitionsfirma Norma zu übernehmen, dies wurde jedoch dann

Remington Modell 300 Ideal-Bockdoppelflinte

von der US-Kartellbehörde nicht akzeptiert. 1980 erwarb der Du Pont-Konzern sämtliche Anteile von Remington. In diesem Jahr entschied man auch, das Tochterunternehmen Companhia Brasileira de Cartuchos an die brasilianische Arbi & Imbel-Gruppe zu verkaufen. Anlässlich einer weiteren Reorganisationsmaßnahme wurde 1981 das kanadische Sub-Unternehmen veräußert. Der Firmensitz wurde 1984 von Bridgeport, Connecticut, nach Wilmington,

Der ISS-Sicherheitsschlüssel, der ab 2001 mit allen Modell 700-Repetierbüchsen ausgeliefert wurde

Delaware, damals ebenfalls Hauptsitz von Du Pont, verlegt. 1985 trennte man sich von der Munitionsherstellung in Salt Lake City und verkaufte sie an die Olin Corporation.

1992 war ein entscheidendes Jahr für Remington, da eine ganze Reihe neuer Produkte vorgestellt wurde. Diese beinhalteten unter anderem eine Stainless-Version des Modells 700, die halbautomatische Sportflinte 11-87 sowie Büchsen und Flinten mit Kunststoffschaft und im Camouflage-Look. 1993 verkaufte Du Pont den Großteil der Firma Remington für 300 Millionen Dollar an die RACI Acquisition Investment Group. Im gleichen Jahr wurden neu vorgestellt die KK-Büchse 522 Viper und die Bockdoppelflinte Peerless, ein weiteres Jahr danach wurden diverse, bereits existierende Modelle abgeändert. So erhielt die Remington-Flinte 870 Express einen Kunststoffschaft und die Büchse Modell Seven erschien in einer Stainless-Version; zudem wurde das Modell 700 Sendero vorgestellt. 1995 zog man mit dem Firmensitz von Wilmington nach Rockingham County, North Carolina, um und stellte eine Version der 700er-Büchse mit herausnehmbarem Magazin vor. 1996 erschien eine weitere, ganze Serie neuer Produkte. Diese beinhaltete etwa weitere 700er-Repetierbüchsen-Varianten, die Flinte Modell 1100 mit Kunststoffschaft und die Vorderlader-Versionen der Baureihe 700. 1997 wurde in Mayfield, Kentucky, ein neues, großes Fertigungswerk eröffnet; das erste dort hergestellte Produkt war die KK-Büchse Modell 597. 1997 ließ man auch die Remington No. 1 Rolling Block Creedmore Rifle von 1875 wieder aufleben und stellte mehrere neue Patronen vor, etwa die .260 Rem. und die 7 mm STW (Shooting Times Westerner). 1998 kamen dann zum Beispiel die 870 Magnum-Baureihe mit 89-mm-Patronenlagern und neue Camouflage-Schäfte für alle Remington-Flinten auf den Markt. Unter dem Label Remington Premier wurde eine neue Munitionsreihe vorgestellt und im Jahr 2000 war das Büchsenmodell 700 EtronX nahezu eine Sensation. Diese Waffe ist mit einer extrem schnellen, elektronischen Zündung ausgestattet; die Idee dazu war zwar nicht neu, Remington war aber der erste Hersteller, der sie umsetzte. In den Kalibern .220 Swift, .22-250 Rem. und .243 Win. stellte man dann auch gleich spezielle Patronen für die elektronische Zündung vor. Im Jahr 2001 kam dann die Patronen-Reihe „Remington Ultra-Magnum“ heraus. Das erste diesbezügliche Kaliber war .300 Rem.UltraMag. (RUM), gefolgt dann von 7 mm RUM und .375 RUM. Im gleichen Jahr stellte die Firma auch ihr neues Repetierbüchsen-Konzept 701 vor. Diese Waffe besitzt drei Verriegelungswarzen, welche im Patronenlagerbereich des Laufes und nicht mehr, wie beim Modell 700, in der Verschlusshülse verriegeln. Seit 2001 sind alle Flinten und Büchsen von Remington mit

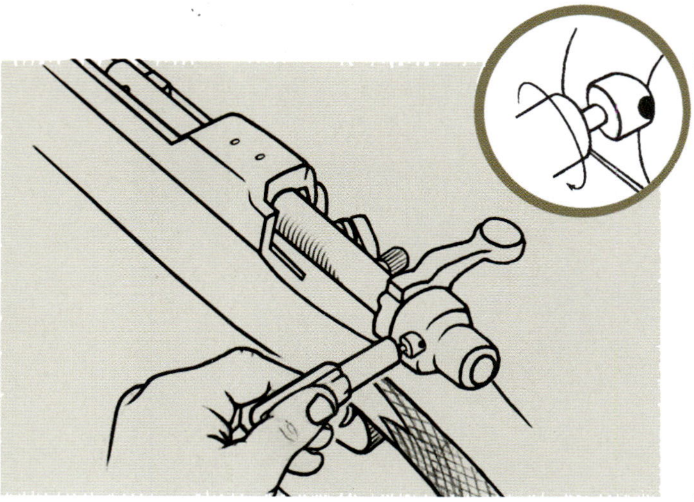

An diesem Diagramm ist erkennbar, wo an der Waffe sich das Schloss für den ISS-Sicherheitsschlüssel befindet

Druckknopfsicherung sowie alle Repetierbüchsen auch mit dem Sicherheits-Verschlusssystem Integrated Security System (ISS) der Firma ausgestattet; mittels eines speziellen Schlüssels können die Waffen damit in der „gesichert"-Position versperrt werden.

2002 kam Remington mit zwei neuen Flinten heraus. Die bekannte 870 Wingmaster von 1950 wurde komplett überarbeitet vorgestellt und das Modell 332 übernahm die Nachfolge der Bockdoppelflinten-Modelle 3200 und 32. Zudem wurden mehrere neue Büchsenkaliber vorgestellt; dabei handelt es sich um die Premier SA UltraMag (Short-Action UltraMag)-Patronen. Während früher für Magnumpatronen üblicherweise lange Magnum-Verschlusssysteme benötigt wurden, erlauben es die Short-Action UltraMag-Kaliber, auch kürzere Normalsysteme zu verwenden. Die ersten Patronen, die Remington diesbezüglich 2002 auf den Markt brachte, waren die Kaliber 7 mm Rem. SA-UM und .300 Rem. SA-UM.

REMINGTON-BÜCHSEN

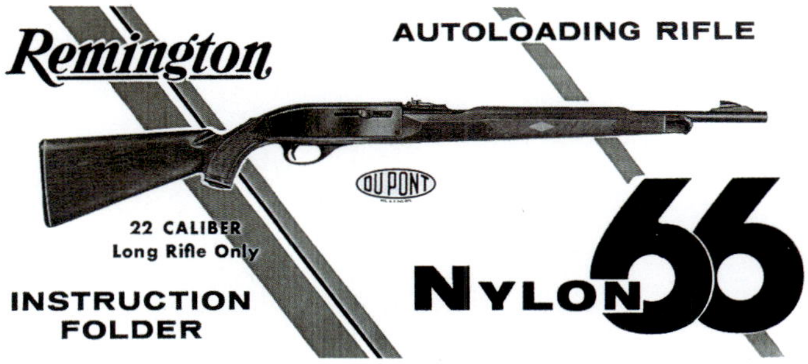

Werbung für die bekannte KK-Selbstladebüchse Nylon 66 aus dem Jahr 1959

REMINGTON NYLON 66

Die Nylon 66 ist einer der ersten Kleinkaliber-Selbstlader von Remington und das Vorgängermodell der Büchse 552. Die Nylon 66 wurde ab 1959 hergestellt und verschwand 1988 wieder. Die Waffe war einer der ersten halbautomatischen Randfeuerkarabiner mit einem Kunststoffschaft aus Du Pont-Nylon. Es gab verschiedene Versionen der Büchse, wie etwa die Modelle Mohawk Brown, Seneca Green und die Apache Black mit schwarzem Schaft und verchromtem Lauf und Systemkasten. Die Waffe war in den Kalibern .22 l.r. und als Modell 66-GS auch in .22 short erhältlich. Sie hat ein Röhrenmagazin für 14 Patronen .22 l.r., die durch eine Öffnung in der Schaftkappe geladen werden. Die Lauflänge beträgt 50 cm, die Gesamtlänge der Büchse 98 cm und das Gewicht liegt bei 1,8 kg. Die Waffe ist außerordentlich führig, wird aber – wie gesagt – leider nicht mehr gebaut.

REMINGTON 522 VIPER

1993 stellte Remington die Selbstladebüchse 522 Viper, .22 l.r., vor. Die Waffe hat wie die Nylon 66 einen Kunststoffschaft, jedoch ein herausnehmbares 10-Schuss-Magazin. Eine Magazinsicherung sorgt dafür, dass der Abzug blockiert ist,

Modell 522 Viper von 1993

Remington Modell 541-T HB aus dem Jahr 1993

wenn sich kein Magazin im entsprechenden Schacht befindet. Die Williams-Blattkimme der KK-Büchse, die einen reinen Feder-Masse-Verschluss aufweist, ist in alle Richtungen verstellbar. Der Lauf ist 51 cm lang und die Gesamtlänge der Waffe beträgt 102 cm. Der Kunststoffschaft sorgt dafür, dass das Waffengewicht mit 2,1 kg eher gering bleibt. Die Druckknopfsicherung befindet sich vorne am Kunststoff-Abzugsbügel. Ein weiteres Sicherungs-Feature der Waffe ist eine rote Signalmarke hinter dem Spannhebel, die anzeigt, ob das Schloss des Selbstladers gespannt ist. Auch der Systemkasten der 522 Viper ist von Kunststoff umgeben; darauf befindet sich eine Prismaschiene zur Anbringung einer Zielfernrohr-Montage.

Remington Modell 541-T

Die Remington 541 KK-Repetierbüchse stammt von 1972 als sie als Modell 541 S-Custom vorgestellt wurde. Die Waffe hat das Kaliber .22 l.r. und einen 61-cm-Lauf. Ihr Schaft ist aus Nussbaumholz; der Vorderschaft weist einen Mahagoni-Abschluss auf. Die Büchse wurde bis 1984 hergestellt und dann 1986 vom Modell 541-T ersetzt. Sie hat keine offene Visierung, ist jedoch auf der Hülse mit Vorbohrungen zur Anbringung einer Zielfernrohr-Montage versehen. Die Kapazität des herausnehmbaren Magazins liegt bei fünf Patronen. Der Verschlusszylinder weist hinten sechs Verriegelungswarzen und vorne beidseitig jeweils eine Patronenauszieherfeder auf. 1993 wurde mit dem Modell 451-T HB (Heavy Barrel) eine Variante mit einem schwereren Lauf vorgestellt. Beide Versionen sind insgesamt 108 cm lang und wiegen entweder 2,6 kg oder 3 kg.

Remington Modell 552 Speedmaster

Das aus dem Jahr 1959 stammende Modell 552 wurde als Modell 552A Speedmaster bis 1988 hergestellt. Die Selbstladebüchse hat einen Feder-Masse-Verschluss, einen 58-cm-Lauf und einen Nussbaumschaft. Ihr Röhrenmagazin unter dem Lauf fasst 15 Patronen des Kalibers .22 l.r.

Remington 552 Speedmaster

1966 wurde mit dem Modell 552 BDL Speedmaster eine weitere Version der Waffe vorgestellt, die heute immer noch produziert wird. Es handelt sich dabei um eine edlere Luxusausführung mit 53 cm langem Lauf, einer Länge von 102 cm und einem Gewicht von 2,6 kg. Aufgrund des Röhrenmagazins können verschiedene .22er-Randfeuerpatronen „gemischt geladen" werden; ins Magazin passen 15 Patronen .22 l.r., 17 Patronen .22 long oder 22 Patronen .22 short. Das Laden erfolgt durch eine Öffnung an der Unterseite der Magazinröhre. Ein interessanter Punkt ist die besondere Ausformung des hinteren Teils des Auswurffensters am Systemkasten, was einem reibungsloseren Auswerfen der abgeschossenen Patronenhülsen dient. Die Druckknopfsicherung der mit einem Schaft aus Nussbaumholz ausgestatteten Waffe befindet sich hinten am Abzugsbügel; sie verriegelt nur den Abzug.

Remington Modell 572 BDL Fieldmaster

Die erste Fieldmaster-Version kam 1955 auf den Markt. Die Vorderschaft-Repetierbüchse im Kaliber .22 l.r. hatte einen 53-cm-Lauf, einen Nussbaumschaft und wurde bis 1988 hergestellt. Danach stellte Remington eine ähnliche Waffe her, die aber einen glatten, nicht gezogenen Flintenlauf aufwies und als Modell 572-SB bezeichnet wurde. Bei dem 1966 vorgestellten Modell 572 BDL Fieldmaster handelt es sich um eine Luxusausführung der Anfangswaffe. Sie ist 102 cm lang und wiegt 2,5 kg. Auch diese Waffe kann verschiedene .22er-Patronen „gemixt“ ins Röhrenmagazin aufnehmen; die Magazinkapazität beträgt dahingehend 15 Patronen .22 l.r., 17 .22 long und 20 .22 short. Auch hier wird von unten durch eine entsprechende Öffnung im Magazin geladen. Vorder- und Hinterschaft des Gewehrs sind aus amerikanischem Nussbaum, der mit einer glänzenden Lackschicht überzogen ist. Die Kimme ist höhen- und seitenverstellbar, auf dem Systemkasten befindet sich aber auch eine Prismaschiene für ein Zielfernrohr. Die Sicherung in Form eines Druckknopfes befindet sich hinten am Abzugsbügel.

572 BDL Fieldmaster (oben) und 552 BDL Speedmaster

Remington Modell 581

Hierbei handelt es sich um einen konstruktionsmäßig sehr einfachen Kleinkaliber-Kammerstängel-Repetierer, der ursprünglich 1967 vorgestellt wurde, einen 61-cm-Lauf, ein 5-Schuss-Stangenmagazin und einen Nussbaumschaft hat. Die Produktion endete 1983. Zwischen 1968 und 1978 gab es mit dem Modell 580 eine ähnliche, allerdings Einzelladerbüchse und zwischen 1967 und 1983 mit dem Modell 582 auch eine Variante mit einem Röhrenmagazin. 1986 wurde das Modell 581 von dem etwas luxuriöser ausgestatteten Modell 581-S ersetzt, welches aber weiter ein 5- oder 10-Schuss-Stangenmagazin besaß. Auf der Verschlusshülse der Waffe ist eine Prismaschiene zur Anbringung einer Montage für ein Zielfernrohr angebracht. Das Modell 581-S hat einen 61-cm-Lauf, ist insgesamt 108 cm lang und wiegt 2,65 kg.

Remington 581-S von 1986

Remington Modell 597

Die halbautomatische KK-Büchse Modell 597 stellte Remington 1997 vor. Die ersten Varianten waren das Modell 597, Kaliber .22 l.r., mit dunkelgrauem Kunststoffschaft, das schwarze Modell 597 Magnum, Kaliber .22 WMR, und das Modell

Remington Modell 597 Magnum LS-Kleinkaliberbüchse (oben) und die Stainless-Version 597 SS darunter

597 LSS, eine Stainless-Stahl-Version mit Schichtholzschaft im Kaliber .22 l.r. Eine ungewöhnliche Besonderheit des Modells 597 ist, dass der Schlitten auf zwei Stahlschienen im Systemkasten geführt wird. Der Schlitten und die meisten Innenteile im Systemkasten sind mit Teflon beschichtet. Der 51-cm-Lauf des Gewehrs schwingt frei und liegt nicht am Vorderschaft an, was der Schusspräzision sehr zuträglich ist. Das Abzugssystem ist ein verbesserter Abzug aus früheren Modellen, wie etwa dem Nylon 66. Die Druckknopfsicherung befindet sich hinten am Abzugsbügel; der Knopf rechts am Systemkasten oberhalb des Vorderteils des Abzugsbügels ist der Magazinlöseknopf. Die Blattkimme ist voll ver-

Remington 597 Synthetic in .22 l.r. (oben), als Synthetic Magnum in .22 WMR (Mitte) und als Synthetic Stainless 597 SS (unten)

stellbar, am Systemkasten befinden sich aber auch Bohrungen zur Anbringung einer Optik-Montage. Das herausnehmbare Kunststoffmagazin fasst in der .22-l.r.-Version 10 und in der .22-WMR-Variante neun Patronen. Die Gesamtlänge des Modells 597 liegt bei 102 cm; das Gewicht variiert – je nachdem, ob ein Kunststoff- oder ein Holzschaft montiert ist – zwischen 2,5 und 2,7 kg. 1988 erschien speziell für amerikanische Sportschützen das Modell 597 Sporter. Dieses besitzt einen Hartholzschaft; Lauf und Systemkasten sind brüniert. Ein weiteres neues Modell von 1998 war die Büchse 597-SS (Synthetic-Stainless) in .22 l.r. mit Stainless-Lauf, Aluminium-Systemkasten und dunkelgrauem Kunststoffschaft. Das Modell 597 Magnum-LS stammt auch von 1998, hat das Kaliber .22 WMR, brünierte Stahl-Außenteile und einen Schichtholzschaft. Remington stellte im Weiteren 1998 auch zwei Custom Shop-Versionen der KK-Büchse vor. Dabei handelte es sich um das Modell Custom Target, .22 l.r., und das Modell

Zwei Varianten des Modells 597: oben die 597 LSS mit Schichtholzschaft und unten die 597 Sporter

Custom Target Magnum, .22 WMR, beide mit schwerem, 51 cm langem Stainless-Stahl-Lauf ohne offene Visierung. Als Schaftmaterial wurde unterschiedlich eingefärbtes Schichtholz verwendet und die Waffen waren mit 3,4 kg in .22 l.r. und 3,6 kg in .22 WMR etwas schwerer als die Standardausführung.

2000 erschien in .22 l.r. das Modell 597 Stainless Sporter. Auch diese Waffe besitzt einen Stainless-Lauf, einen Systemkasten aus Aluminium und einen Schichtholzschaft, hat aber zusätzlich dazu, dass sie auch zur Anbringung einer Zielfernrohr-Montage vorbereitet ist, auch eine verstellbare, offene Visierung. 2001 wurde das Modell 597 HB (Heavy Barrel) vorgestellt, das einen schweren Lauf hat und in .22 l.r. und .22 WMR produziert wird. Die Stahlteile dieses wieder mit einem Schichtholzschaft versehenen Gewehrs sind brüniert, auf eine offene Visierung wurde hier wieder zugunsten einer zu montierenden Zieloptik verzichtet. 2002 stellte Remington ein spezielles, magnesiumverstärktes Leichtmetallmagazin für all seine entsprechenden .22-l.r.-Büchsen vor. 2003 erschien das Modell 597 Magnum auch im neuen Kaliber .17 HMR. Diese

Das Modell 597 als Magnum LS, Custom und Heavy Barrel (HB) (von oben nach unten)

Waffe ist sowohl mit Kunststoff- als auch mit Schichtholzschaft erhältlich und hat ein herausnehmbares, sieben Patronen fassendes Leichtmetallmagazin. Die Lauflänge beträgt 51 cm, die Gesamtlänge 102 cm und das Gewicht entweder 2,7 kg oder 2,9 kg.

REMINGTON MODELL 40-XB

Die Marktvorstellung dieser Repetierbüchse mit internem Magazin erfolgte 1955. Einige Versionen davon gab es nur als Kammerstängel-Einzellader. So stellte man zwischen 1955 und 1964 als Modell 40X-BRS in .22 l.r. einen Einzellader mit fabrikmäßig montiertem Redfield-Zielfernrohr her. Eine ähnliche Variante ohne Zielfernrohr, Kaliber .22 l.r, .22 WMR oder auch in verschiedenen größeren Zentralfeuerkalibern, wurde zwischen 1961 und 1964 und dann nochmals zwischen 1968 und Ende 1980, in zweiterem Fall aber als fünfschüssiger Mehrlader, produziert. Als Ersatz für die ursprünglichen Versionen der Waffe gab es dann nur mehr das vom Remington Custom Shop gefertigte Modell 40-XB. Bei der Variante 40-XB Rangemaster handelt es sich um eine entweder ein- oder fünfschüssige Repetierbüchse mit einem schweren Stainless-Lauf von 69 cm Länge. Die Waffe ist in 18 verschiedenen Kalibern erhältlich: .22 BR Rem, .222 Rem., .223 Rem., .22-250 Rem., .220 Swift, 6 mm BR Rem., 6 mm Rem., .243 Win., .25-06 Rem., .260 Rem., 7 mm BR Rem., 7 mm Rem.Mag., 7 mm Rem. UltraMag., 7 mm STW, .308 Win., .30-06 Springfield, .300 Win.Mag. und .300 Rem. UltraMag. Sie hat einen schwarzen Kevlarschaft, ist seit 1998 aber auch mit einem Schichtholzschaft mit Daumenloch erhältlich. Zudem ist auf Sonderbestellung auch eine Variante speziell für Links-Schützen lieferbar. Beim Modell 40-XR Rimfire Sporter handelt es sich um eine einschüssige Waffe in .22 l.r. oder .22 WMR. Sie hat einen 61 cm langen Lauf und einen Nussbaumschaft. Das Modell 40-XBBR-KS ist eine einschüssige Benchrest- oder Varmint-Waffe mit schwerem Stainless-Lauf von 61 cm Länge, produziert in .22 BR Rem., .222 Rem., .223 Rem., .22-250 Rem., .220 Swift, 6 mm BR Rem., 6 mm Rem., .243 Win., .25-06 Rem., .260 Rem., 7 mm BR Rem., 7 mm Rem.Mag., 7 mm Rem. UltraMag., 7 mm STW, .308 Win., .30-06 Springfield, .300 Win.Mag. und .300 Rem. UltraMag. Bis 1991 hatte diese Waffe einen Nussbaumschaft, ab dann aber einen schwarzen Kevlarschaft mit verbreitertem Benchrest-Vorderschaft. Die Büchse 40-XRBR ähnelt der XBBR-Variante, ist aber nur in .22 l.r. erhältlich. Das Modell 40-XC wurde speziell für die US National Match-Wettkämpfe entwickelt und hat ausschließlich das Kaliber .308 Win.; es hat einen Kevlarschaft, an dem sich vorne eine Schiene zur Anbringung eines Schießriemens befindet.

REMINGTON 700

Der legendäre Kammerstängel-Repetierer erschien erstmals 1962 als Modell 700 ADL mit 56 oder 61 cm langem Lauf auf dem Markt. Damals wurde die Waffe mit diversen Kalibern von .222 Rem. bis 7 mm Rem.Mag. angeboten. Je nach dem Kaliber wurde das Verschlusssystem in einer langen Magnumversion, in Normal und in Kurz hergestellt. Die Remington 700 hat einen konventionellen Verschlusszylinder im Mauser 98-Stil mit zwei vorne befindlichen, gegenüberliegenden Verriegelungswarzen, die beim Drehen des Zylinders um 90 Grad in entsprechende Aussparungen in der Verschlusshülse eingreifen. Remington hat den Mauser-Verschluss noch überarbeitet. Der Verschlusszylinder ist an seiner Vorderseite konkav ausgeformt (A) und umschließt so den Patronenboden der Patrone im Patronenlager. Die Patrone selbst befindet sich im massiven Patronenlager-

Remington Modell 40-XB in Stainless (oben) und in der Variante mit dem Schichtholzschaft mit Daumenloch (unten)

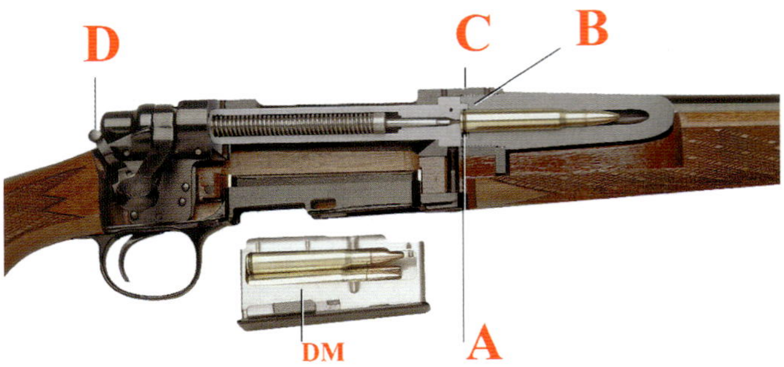

Schnitt durch System und Patronenlager einer Repetierbüchse Modell 700

bereich (B) des Laufes, der selbst wieder in die Verschlusshülse (C) eingeschraubt ist. Der Abzug der Büchse kann mittels dreier Verstellschrauben fein eingestellt werden; dies ist mit einer der Gründe, weshalb das Modell 700 so oft von Custom-Büchsenmachern als Basis für ihre individuellen Präzisionswaffen gewählt wird. Die Sicherung (D) der Waffe befindet sich rechts hinter dem Kammerstängel. Die Verschlusshülsen sämtlicher 700er-Varianten sind mit Vorbohrungen zur Anbringung einer Zielfernrohr-Montage versehen. Ursprünglich hatten die Büchsen ein internes Magazin für sechs Patronen, Kaliber .222 Rem., .222 Rem.Mag. und .22-250 Rem., für fünf Patronen in größeren Kalibern und für vier in den Kalibern .264 Win. und 7 mm Rem Mag.; die 6er-Kapazität wurde einige Jahre später auf fünf reduziert. 1995 stellte man verschiedene Modell 700-Büchsen als DM-Varianten (Detachable Magazine) mit herausnehmbarem Magazin vor. Von der Repetierbüchse gab es im Laufe der Zeit eine Vielzahl von Varianten, von denen einige aber schnell wieder verschwanden.

Remington Modell 700 ADL

Das Modell 700 ADL aus dem Jahr 1962 stellt die Basis der 700er-Baureihe dar. Die Waffe hat ein internes Magazin ohne abklappbare Bodenplatte. Ihr Abzug und auch ihre Kimme sind verstellbar. Bei der Standardausführung ist der Schaft aus amerikanischem Nussbaumholz. Die ursprünglichen Kaliber waren .222 Rem. (6), .22-250 Rem. (5), 6 mm Rem. (5), .243 Win. (5), .25-06 Rem. (5), .264 Win. (5), .270 Win. (5), .280 Rem. (5), 7 mm Express Rem. (5), .308 Win. (5), .30-06 Springfield (5) und 7 mm Rem.Mag. (4); die Zahlen in Klammern geben die jeweilige Magazinkapazität an. Viele der anfänglichen Kaliber wurden über die Jahre wieder eingestellt. Die ADL-Repetierbüchse wurde je nach den Kalibern mit drei verschiedenen Systemlängen gebaut. Seit 1971 wurde das kurze System mit einem Magazin für vier Patronen und einem 56 cm langen Lauf im Kaliber .243 Win. und .308 Win. kombiniert. Die Gesamtlänge dieser Variante lag bei 106 cm und das Waffengewicht bei 3,3 kg. 1998 wurde die Produktion der Waffe in .243 Win. eingestellt. Das normal lange System, verbunden mit einem 56-cm-Lauf, gab es ab 1971 mit einem 4-Schuss-Magazin für die Kaliber .270 Win. und .30-06 Springfield mit einer Gesamtlänge von 108 cm und einem Gewicht von 3,3 kg und das lange Magnumsystem mit einem 3-Schuss-Magazin für Patronen in 7 mm Rem.Mag. mit einem 61-cm-Lauf, einer Länge von 113 cm

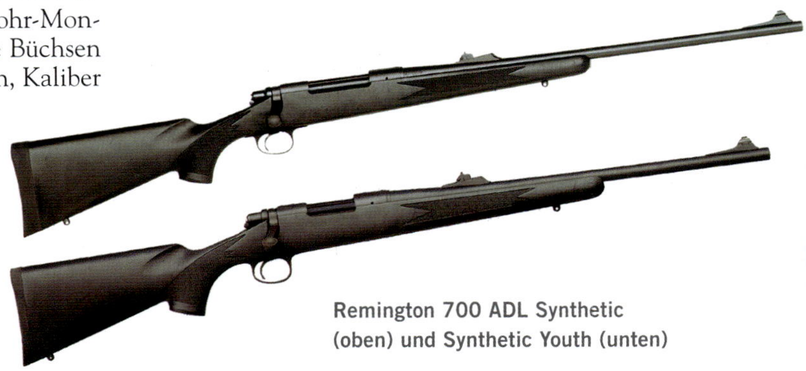

Remington 700 ADL Synthetic (oben) und Synthetic Youth (unten)

und einem Gewicht von 3,4 kg. 1984 erhielt die ADL-Büchse eine Art Facelifting, indem sie mit einem ölpolierten Schaft mit Fischhaut und einer Gummi-Schaftkappe ausgestattet wurde. Diese Version war erhältlich in den Kalibern .22-250 Rem., .243 Win., 6 mm Rem., .25-06 Rem., .270 Win., .30- 06 Springfield, .308 Win. und 7 mm Rem.Mag.

Die Variante 700 ADL-FS (Fiberglass Stock) erschien 1987 mit einem kevlarverstärkten Glasfiberschaft, der damals in dunkelgrau und dann auch in verschiedenen Camouflage-Optiken gehalten war. Die Waffe wurde ursprünglich in .243 Win., .270 Win., .30-06 Springfield, .308 Win. und 7 mm Rem.Mag. sowie als Linkshänder-Variante in .270 Win. und .30-06 Springfield hergestellt. 1987 versuchte Remington auch ein so genanntes „Gun Kit“ einzuführen. Diese Vari-

Remington Modell 700 ADL in der Version von 1962

ante der 700 ADL-Büchse besaß einen nur zum Teil fertig gestellten, rau vorgefertigten Nussbaumschaft, den die Kunden selbst vollenden sollten. Es gab das Gun Kit in .243 Win., .270 Win., .308 Win., .30-06 Springfield und 7 mm Rem.Mag. Die moderne Büchse 700 ADL Synthetic kam 1996 auf den Markt. Diese Waffe hatte einen glasfiberverstärkten Kunststoffschaft und war zu ihrer Einführung in .243 Win., .270 Win., .308 Win., .30-06 Springfield und 7 mm Rem.Mag. erhältlich. 1998 wurde die Baureihe mit der Hinzunahme der Kaliber .223 Rem. und .300 Win.Mag. ergänzt. Zudem stellte man die so genannte „Youth"-Version vor. Diese mit einem Kunststoffschaft versehene Büchse zielte vor allem auf Jugendliche, aber auch auf kleiner gebaute Erwachsene, insbesondere Frauen, ab. Sie wurde in den Kalibern .243 Win. und .308 Win. hergestellt, hatte einen 51-cm-Lauf, eine Gesamtlänge von 101 cm und ein Gewicht von 3,1 kg. 1999 kam wieder eine 700 ADL in .22-250 Rem. heraus, einem Kaliber, von dem sich Remington 1970 eigentlich schon verabschiedet hatte.

Remington Modell 700 ABG (African Big Game)

2001 wurde eine vom Remington Custom Shop gefertigte Repetierbüchse vorgestellt, das Modell 700 AGB oder „African Big Game" (afrikanisches Großwild). Die Waffe hat ein herausnehmbares 3-Schuss-Magazin und die Kaliber .375 Rem. UltraMag., .375 H&H Mag., .416 Rem.Mag. oder .458 Win.Mag. Schaftmaterial ist

Die Repetierbüchse Remington Modell 700 ABG

hell eingefärbtes Schichtolz. Zwar ist die Verschlusshülse oben auch für die Anbringung einer Zieloptik vorbereitet, doch hat die Waffe auch eine typische, offene Großwildbüchsen-Visierung. Die Lauflänge beträgt 66 cm, was das Gewehr insgesamt 117 cm lang und etwa 4,3 kg schwer macht.

Remington Modell 700 APR (African Plains Rifle)

Diese 1994 vorgestellte Repetierbüchse wird ausschließlich vom Remington Custom Shop gefertigt. Zu ihrer Einführung war sie mit einem internen Magazin in den Kalibern 7 mm Rem.Mag.,

Remington Modell 700 African Plains Rifle

.300 Win.Mag., .300 Wby.Mag., .338 Win. und .375 H&H Mag. erhältlich. Die Waffe hat einen 66-cm-Lauf, ist 118 cm lang und bringt ohne Zielfernrohr und Montage 3,5 kg auf die Waage. Wie beim Modell 700 ABG wird ein langes Magnumsystem verwendet. Schaftmaterial ist auch hier wieder Schichtholz, jedoch wahlweise dunkel gehalten oder in helleren Tönen eingefärbt; der Schaft ist mit einer dicken Gummi-Schaftkappe versehen. Anfang 1999 erschien auch eine Variante im neuen Kaliber .300 Rem. UltraMag, 2000 in .338 Rem. UltraMag. und in Jahr 2001 in 7 mm Rem. UltraMag. und .375 Rem. UltraMag., beide jeweils mit 3-Schuss-Magazin und einem 66 cm langem Lauf mit einer Dralllänge von 254 mm.

Remington Modell 700 AWR (Alaskan Wilderness Rifle)

Auch die Büchse 700 Alaskan Wilderness (AWR) wird seit 1994 nur vom Remington Custom Shop produziert, ursprünglich in den Kalibern 7 mm Rem.Mag., .300 Win.Mag., .300 Wby.Mag., .338 Win. und .375 H&H Mag. mit jeweils einem internen Magazin für drei Patronen. Um kaltem und feuchtem Wetter, etwa bei der Jagd in Alaska, zu widerstehen, sind das System und der Lauf der Waffe aus Stainless-Stahl, der bis 2000 allerdings matt brüniert war und danach eine dunkle Teflon-Beschichtung erhielt. Die 113 cm lange Büchse hat einen 61-cm-Lauf. Sie wiegt in allen Kalibern 3,1 kg. Dieses relativ niedrige Gewicht wurde unter anderem durch die Verwendung von kevlarverstärktem Carbon als Schaftmaterial erreicht. 1998 brachte Remington auch ein Modell 700

Remington 700 AWR – Alaskan Wilderness Rifle

AWR im Kaliber 7 mm STW (Shooting Times Westerner) heraus; dieses Kaliber wurde von dem Waffen-Autor Layne Simpson entwickelt und basiert auf der 8 mm Rem.Mag.-Hülse, die auf 7 mm Durchmesser eingezogen wurde. 1999 folgte eine AWR-Version in .300 Rem. UltraMag.; dieses Kaliber basiert auf der .404 Jeffery, deren Schulter für die Verwendung von .300er-Geschossen, regelmäßig mit einem Geschossgewicht von 189 grains (11,66 g), eingezogen wurde; ein entsprechendes .300 Rem. UltraMag.-Geschoss erreicht eine Mündungsgeschwindigkeit von mehr als 1000 m/s und eine Anfangsenergie von 5800 Joule. 2000 wurde die Modell 700 AWR der Firma Remington dann auch in .338 Rem. UltraMag. vorgestellt und ein Jahr später folgten die Kaliber 7 mm Rem. UltraMag. und .375 Rem. UltraMag., beide Versionen mit einem internen 3-Schuss-Magazin, einem 66-cm-Lauf und einer Dralllänge von 254 mm.

Remington Modell 700 BDL

Diese Remington-Büchse wird seit 1962 hergestellt; es handelt sich dabei im Endeffekt um eine ADL von besserer Qualität, mit einem besseren Schaft-Finish und einem abklappbaren Magazinboden. Die Schaftkappe, der Pistolengriff-Abschluss und der Vorderschaft-Abschluss aus dunklem Hartholz sind optisch jeweils durch eine weiße Zwischenlage abgegrenzt. Im Laufe der Jahre wurde die Waffe wiederholt verbessert und modifiziert. So wurde etwa 1968 die Abzugsstangenkonstruktion verbessert und ab diesem Zeitpunkt auch der Verschlusszylinder mit einem „Jewelling“ versehen, also kreiselpoliert. 1974 wurde die Technik des Verschlusszylinders insgesamt verändert, zudem war die Magazinlippe des Magazins ab dann aus Stainless-Stahl. Auch das System des Modells 700 BDL gibt es in drei verschiedenen Längen, als „Short-Action“, „Long-Action“ und als „Magnum-Action“, etwa für Großwildpatronen. Je nach dem Kaliber der Waffe beträgt die Lauflänge 56 bis 61 cm, die Gesamtlänge liegt zwischen 106 und 113 cm und das Gewicht variiert zwischen 3,2 und 3,5 kg. Die ursprünglichen BDL-Kaliber waren .17 Rem. (6), .222 Rem. (6), .22-250 Rem. (5), .223 Rem. (6), 6,5 mm Rem.Mag. (5), .243 Win. (5), .25-06 Rem. (5), .264 Win. (5), .270 Win. (5), .280 Rem. (5), 7 mm-08 Rem. (5), .308 Win. (5),.30-06 Springfield (5), 7 mm Rem.Mag. (4), .300 Win.Mag. (4), 8 mm Rem.Mag. (4) und .338 Win.Mag. (4); die jeweilige Magazinkapazität ist in angehängten Klammern angegeben. 1969 wurde das Kaliber 6,5 Rem.Mag. eingestellt, gefolgt 1971 von .264 Win. 1971 brachte man gleichzeitig eine Variante mit Stainless-Stahl-Lauf heraus, die nur in .264 Win., 7 mm Rem.Mag. und .300 Win.Mag. angeboten wurde. 1973 folgte eine spezielle Links-Version, wahlweise in den Kalibern .270 Win., 7 mm Rem.Mag. und .30-06 Springfield, und 1974 wurde das Magazin der Baureihe und dessen

Zwei Links-Schützen-Varianten: oben die Büchse 700 BDL-LH und unten die 700 BDL DM-LH von 1995 mit herausnehmbarem Magazin

Remington 700 BDL

Remington Modell 700 BDL (oben) und 700 BDL DM von 1995 (unten)

Kapazität modifiziert, so dass es etwa kein 6-Schuss-Magazin mehr gab. 1988 stellte Remington die BDL in den Kalibern .338 Win.Mag. und .35 Whelen vor. 1991 wurde dafür 8 mm Rem.Mag. eingestellt und 1992 erschien die Waffe in .280 Rem. und .300 Savage, gefolgt 1993 von 6 mm Rem. Aktuell wird das Modell Remington 700 BDL hergestellt in .17 Rem. (5), .222 Rem. (5), .22-250 Rem. (4), .223 Rem. (5), .243 Win. (4), .25-06 Rem. (4), .270 Win. (4), .280 Rem. (4), 7 mm-08 Rem. (4), 7 mm Rem.Mag. (3), 7 mm Rem. UltraMag. ((3), .30-06 Springfield (4), .300 Win.Mag. (3), .300 Rem. UltraMag. (3), .338 Win.Mag. (3) und .338 Rem. UltraMag. (3), wobei die Magazinkapazität wieder in Klammern angegeben ist. Im Jahr 2002 folgte eine BDL-Version im Kaliber

Modell 700 BDL-SS DM (oben) und darunter die gleiche Waffe mit Mündungsfeuerdämpfer

.375 Rem. UltraMag. von der zwischen 1999 und 2002 neu aufgekommmenen UltraMag.-Patronenreihe. Das Modell 700 BDL-LH (Left Hand) mit Links-System für Links-Schützen wurde von nun an hergestellt in .270 Win., 7 mm Rem.Mag., 7 mm Rem. UltraMag., .30-06 Springfield, .300 Rem. UltraMag. und .338 Rem. UltraMag.; zwischen 1991 und 1995 wurde die LH-Version auch in .22-250 Rem. und .338 Win.Mag. hergestellt. 1995 brachte Remington dann das Modell 700 BDL-DM auf den Markt. „DM" steht hierbei für „Detachable Magazine", da die Waffe ein herausnehmbares Magazin hat, das mittels eines rechts im Vorderbereich des Abzugsbügels angebrachten Druckknopfes gelöst wird. Die DM-Variante ist in .270 Win., 7 mm Rem.Mag., .30-06 Springfield und .300 Win.Mag. erhältlich. Die BDL-Variante 700 BDL-SS (Stainless Synthetic) erschien 1993 auf dem Markt. Es handelt sich dabei um eine Waffe, deren Lauf und System aus rostträgem Stainless-Stahl sind und die einen schwarzen Kunststoffschaft hat. Ursprünglich gab es das Modell in .270 Win., .30-06 Springfield, 7 mm Rem.Mag. und .300 Win.Mag., 1997 gefolgt von .338 Win.Mag. und .375 H&H Mag. und 2001 von 7 mm Rem. UltraMag., .300 Rem. UltraMag. und

Modell 700 in der Variante BDL-SS (Stainless-Stahl), darunter die Sonderausgabe „Rocky Mountain Elk Foundation"

.375 Rem UltraMag. 1996 folgte die DM-Version der BDL-SS-Büchse, zuerst in den Kalibern .25-06 Rem., .270 Rem, .280 Rem., 7 mm Rem.Mag., .30-06 Springfield und .300 Win.Mag.

2001 brachte die Firma Remington mit dem Modell 700 BDL RMEF (Rocky Mountain Elk Foundation) zum Jubiläum der Foundation eine Sonderserie auf den Markt. Diese Stainless-Waffe hatte das Kaliber .300 Rem. UltraMag. Und in ihrem mehrfarbig eingefärbten „Camouflage"-Schichtholzschaft war eine entsprechende Rocky Mountain Elk Foundation-Plakette eingelassen.

REMINGTON MODELL 700 CLASSIC

Diese Repetierbüchse wird seit 1981 gebaut. In jedem Jahr kam eine limitierte Edition davon ausschließlich in einem speziellen Kaliber heraus; 1981 war dies 7x57 mm. Der klassische Schaft mit seiner dicken Gummi-Schaftkappe ist aus amerikanischem Nussbaumholz. Die Waffe hat eine abklappbare Magazinbodenplatte; die Arretierung dafür befindet sich unmittelbar vor dem Abzugsbügel. Die Waffe hat keine offene Visie-

Remington Modell 700 EtronX mit elektronischer Zündung

rung, die Verschlusshülse ist oben durch entsprechende Vorbohrungen aber für die Anbringung eine Zielfernrohr-Montage vorbereitet. Zwischen 1981 und 1991 gab es auch jeweils ein Modell 700 Classic Magnum, welches nur im Kaliber 7 mm Rem.Mag. hergestellt wurde. Nachfolgend die Kaliber des jeweiligen Modell 700 Classic-Produktionsjahres:

1981 7 mm Mauser (7 x 57 mm)
1982 .257 Roberts
1983 .300 H&H Mag.
1984 .250-3000 Savage
1985 .350 RemMag.
1986 .264 Win.Mag.
1987 .338 Win.Mag.
1988 .35 Whelen
1989 .300 Wby.Mag.
1990 .25-06 Rem.
1991 7 mm Wby.Mag
1992 .220 Swift
1993 .222 Rem.
1994 6,5 x 55 mm Swedish
1995 .300 Win.Mag.
1996 .375 H&H Mag.
1997 .280 Rem.
1998 8 mm Rem.Mag.
1999 .17 Rem.
2000 .223 Rem.
2001 7 mm-08 Rem.
2002 .221 Rem Fireball
2003 .300 Savage
2004 8 x 57 mm (Mauser)

Remington-Repetierbüchse Modell 700 Classic

Remington Modell 700 EtronX

Die Repetierbüchse 700 EtronX stellte Remington im Jahr 2000 vor. Statt einem normalen Abzugsmechanismus hat die Waffe eine elektronische Zündung, bei der das Abzugszüngel das einzige bewegliche Teil ist. Ein Schlagbolzen im herkömmlichen Sinne existiert nicht. Stattdessen gibt es einen elektronischen Stromkreis, durch den die spezielle Zündung der Patrone

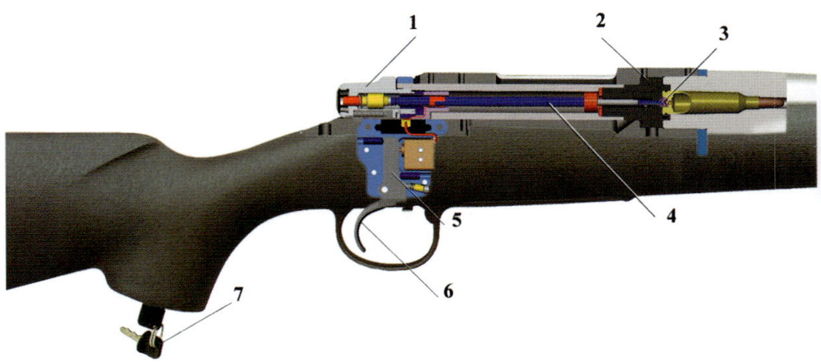

1. Verschlusszylinder; 2. Hülsenkopf mit mehreren Stahllagen; 3. elektronische Zündung; 4. isolierter, weiterführender Kontakt; 5. elektronischer Abzugsmechanismus; 6. Abzugszüngel; 7. Elektronik-Sperrschlüssel

abgebrannt wird. Sobald der Verschluss der Waffe geschlossen ist, wird Kontakt zwischen der Patrone im Lager und der Zündung gebildet. Durch das Betätigen des Abzugs wird ein elektrischer Impuls von der Zündung zur Zündungskappe der Patrone geleitet. Dies geschieht extrem schnell – innerhalb von 0,0000027 Sekunden. Durch die elektronische Zündung wird auf alle ansonsten notwendigen, relativ zeitraubenden, mechanischen Bewegungen verzichtet. Wenn ein herkömmlicher Schlagbolzen erst

beginnt, sich Richtung Zündhütchen zu bewegen, hat das Geschoss bei dem EtronX-Repetierer von Remington bereits den Lauf der Waffe verlassen. Weil das Abzugszüngel quasi lediglich eine Schalterbewegung darstellt, ist die Abzugscharakteristik sehr „trocken“ und der Abzugsweg ist 36 Prozent kürzer als konventionell. Der Strom für das gesamte System wird durch eine 9-Volt-Batterie geliefert, die im Schaft untergebracht ist. Eine LED im Schaft zeigt an, ob sich das System im ge- oder entsicherten Zustand befindet; zudem gibt es auch eine Anzeige dafür, ob sich eine Patrone im Lauf befindet und ob die Batteriespannung noch ausreicht. Mittels eines Ein- und Ausschalters an der Unterseite des Pistolengriffs kann das Zündsystem komplett aktiviert und deaktiviert werden.
Der 66 cm lange Lauf und das System des insgesamt 116 cm langen und 3,9 kg schweren 700 EtronX-Repetierers sind aus rostträgem Stainless-Stahl. Der einzige Nachteil der Waffe ist, dass sie nur mit Patronen mit einem speziellen EtronX-Zündhütchen funktioniert – und diese gibt es bisher nur in den Kalibern .220 Swift, .22-250 Rem. und .243 Win.

Remington Modell 700 LSS

Das Modell 700 LSS – „Laminated Stainless Steel“ – stellte Remington 1996 vor; die Waffe hat also einen Schichtholzschaft und ihre Stahlteile – sogar die Magazinbodenplatte – sind aus blankem, rostträgem Stainless-Stahl. Ursprünglich wurde die Waffe mit einem langen Magnumsystem nur in den Kalibern 7 mm Rem.Mag. und .300 Win.Mag. hergestellt; ab 1998 gab es mit dem Modell 700 LSS-LH auch eine Links-Version in den Kalibern .270 Win., .30-06 Springfield, 7 mm Rem.Mag. und .300 Win.Mag. Die Waffe ist insgesamt 113 cm lang und hat in .30-06 Springfield einen 56-cm-Lauf und ansonsten einen 61-cm-Lauf. Das Gewicht liegt je nach Ausführung bei 3,3 bis 3,4 kg. 1999 erschien das Gewehr auch im neuen Kaliber .300 Rem. UltraMag. Diese Variante hat einen 66 cm langen Lauf und eine Gesamtlänge von 118 cm. Ein Jahr später fügte man auch das neue Kaliber .338 Rem. UltraMag. hinzu und 2001 folgten zudem Versionen der Repetierbüchse Remington 700 LSS in 7 mm Rem. UltraMag. und .375 Rem. UltraMag.

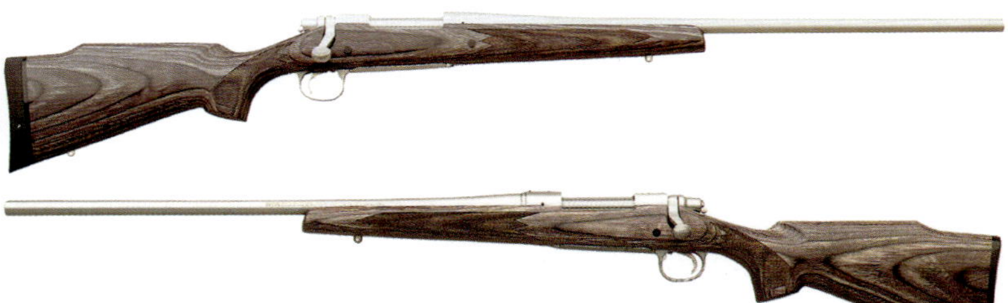

Remington Modell 700 LSS mit Links- und Rechts-System

Modell 700 ML Schwarzpulverbüchsen (von oben nach unten): 700 ML, 700 MS Stainless und die kürzere 700 ML Youth

Remington Modell 700 ML Vorderlader-Perkussionsbüchse

1996 stellte die Firma Remington eine Reihe moderner Vorderlader-Perkussionsbüchsen vor. Diese 700 ML(Muzzle Loader)-Reihe basiert auf der Baureihe der 700er-Repetierbüchsen. Die Waffe wird zunächst von vorne mit Schwarzpulver, einer Verdämmung und dann dem Projektil geladen.

700 ML und MLS in den Mossy Oak Tarnfarben-Versionen

Die Modelle 700 ML und 700 MLS als spezielle Custom-Ausführungen von 1997/98

Dann wird der Verschlusszylinder zurückgezogen und durch die entstehende Öffnung das Zündhütchen auf den Stainless-Stahl-Piston am hinteren Laufende aufgesetzt. Nach dem Vorschieben des Verschlusszylinders kann dann geschossen werden. Entsprechende moderne Schwarzpulver-Vorderladerwaffen sind in den USA in den letzten Jahren immer populärer geworden – insbesondere, weil dort die Jagdzeiten für Schwarzpulverwaffen länger sind als die für Jäger mit neuzeitlichen Waffen. Neben dem Modell 700 ML mit matt brünierten Metallteilen gab es von Anfang an mit dem Modell 700 MLS auch eine Version, bei der der Lauf und das System aus Stainless-Stahl gefertigt sind. Beide Vorderladerbüchsen haben wahlweise das Kaliber .50 oder .54, einen schwarzen, glasfiberverstärkten Kunststoffschaft, einen Ladestock aus Aluminium unter dem Lauf, die typische, verstellbare, offene Visierung der 700er-Büchsen sowie auf dem Verschlussgehäuse eine Vorbereitung zur Anbringung einer Zielfernrohr-Montage. Sie haben einen 61-cm-Lauf mit einer Dralllänge von theoretisch 71 cm, eine Waffengesamtlänge von 113 cm und ein Gewicht von etwa 3,5 kg. 1997 stellte Remington auch Camouflage-Versionen der Waffen vor. Sowohl die Stainless- als auch die brünierte Variante, beide allerdings hier nur in Kaliber .50, haben einen Kunststoffschaft in der bekannten Mossy Oak-Tarnfarbenoptik, welche in Nordamerika auch häufig für entsprechende jagdliche Tarnbekleidung verwendet wird. Speziell für die Jagd entwickelte Remington auch in Plastik-Treibspiegeln integrierte, so genannte Sabot-Vorderladergeschosse. 1998 stellte man von der Vorderladerreihe auch ein „Youth“-Modell vor, das nur im Kaliber .50 erhältliche Gewehr 700 ML-Youth, welches nur einen 53-cm-Lauf, eine Gesamtlänge von 98 cm und ein Gewicht von 3,3 kg hat. Diese Büchse, deren Produktion bereits 2001 wieder eingestellt wurde, hatte einen schwarzen Kunststoffschaft und matt brünierte Stahlteile. 2002 wurde auch die Herstellung der Version 700 ML Camo eingestellt und die Varianten 700 MLS und 700 MLS Camo dahingehend geändert, dass die Lauflänge auf 66 cm erhöht wurde und nun „Magnum“ an die Modellbezeichnungen angehängt wurde. 2002 stellte man eine Version vor, die drei verschiedene Pistons hatte – zum Aufsetzen der althergebrachten Perkussions-Zündhütchen, von größeren No. 11-Zündhütchen und von modernen Flinten-Zündhütchen.
1997 und 1998 hatte der Remington Custom Shop zwei Sonderausführungen mit Schichtholzschäften hergestellt. Diese gab es ebenfalls in brüniert oder in Stainless, ansonsten waren sie aber mit den Standardmodellen identisch.

Remington Modell 700 Mountain Rifle

Die Geschichte dieser speziellen Waffe begann 1986. Das Gewehr hatte damals die Bezeichnung 700 BLR Mountain Rifle, einen Nussbaumschaft mit Ebenholz-Vorderschaft-Abschluss, einen 56-

Modell 700 DM Mountain Rifle mit herausnehmbarem Magazin (oben) und Stainless-Stahl 700 Mountain LSS mit Schichtholzschaft

cm-Lauf und ursprünglich die Kaliber .270 Win., .280 Rem. und .30-06 Springfield. Die Gesamtlänge lag bei 108 cm und das Gewicht bei etwa 3 kg. 1988 wurde die Reihe um die Kaliber .243 Win., 7 mm-08 Rem. und .308 Win. erweitert, 1990 gefolgt von 7 mm Mauser (7x57 mm) und 1991 von .257 Roberts. Eine Variante in .25-06 Rem. wurde ab 1992 produziert. Das Gewehr hat einen relativ kurzen Lauf und ein geringes Gewicht; es ist dahingehend für die Jagd in den

Links-Ausführung der 700 KS Mountain Rifle des Remington Custom Shops

Bergen und in anderem schwierigen Terrain konzipiert. 1995 stellte Remington die Herstellung der ursprünglichen Waffe ein und baute statt dessen das Modell 700 Mountain DM, nun mit herausnehmbarem 4-Schuss-Magazin. Bei der Einführung hatte diese Waffe die Kaliber .243 Win., .25-06 Rem., .270 Win., .280 Rem., 7 mm-08 Rem. und .30-06 Springfield. 1998 wurde das Kaliber .243 Win. durch .260 Rem. ersetzt; .243 Win. tauchte bei der Reihe zwar 1999 wieder auf, wurde dann 2001 aber endgültig eingestellt. Die 700 KS Mountain Rifle von 1986 ist eine Custom-Version der Waffe, welche immer noch, allerdings vom Remington Custom Shop, produziert wird. Die Waffe wird entweder als brünierte oder als Variante in Stainless-Stahl sowie je in einer Rechts- und in einer Links-Variante hergestellt. Ihre Lauflänge beträgt 61 cm, die Gesamtlänge 108 cm und das Gewicht liegt bei 3 kg. Das Kürzel „KS" steht für „Kevlar Stock", d. h. das Gewehr, das in 16 verschiedenen Kalibern zwischen .270 Win. und .375 Rem. UltraMag. produziert wird, hat einen kevlarverstärkten Kunststoffschaft. Das Stainless-Stahl-Modell 700 Mountain SS wurde 1993 in .25-06 Rem., .270 Win., .280 Rem. und .30-06 Springfield vorgestellt. Diese Waffe, interessanterweise noch mit internem Magazin, wird weiterhin gebaut. 1999 erschien eine Variante davon mit Schichtholzschaft, das Modell 700 Mountain LSS, weiter mit System und Lauf aus rostträgem Stainless-Stahl. Es hat einen 56-cm-Lauf und wahlweise die Kaliber .260 Rem, .270 Win., 7 mm-08 Rem. und .30-06 Springfield.

REMINGTON MODELL 700 SAFARI

Das Modell Safari, mit internem 3-Schuss-Magazin, erschien bereits 1962 auf dem Markt. Als Büchse zur Bejagung vornehmlich afrikanischen Großwilds hat die ursprünglich als Modell 700 BDL Safari bezeichnete Waffe die Kaliber .358 Win.Mag., .375 H&H Mag. und .458 Win.Mag. Ab 1986 wurde das Gewehr nur mehr durch den Remington Custom Shop produziert. Im gleichen Jahr wurde das Kaliber 8 mm Rem.Mag. mit aufgenommen und zwei luxuriöse Sonderausführungen vorgestellt, die Modelle 700 Safari Grade und Safari Classic. Die Safari Classic hat einen Nussbaumschaft in der klassischen Großwildbüchsen-Form. 1988 trennte man sich vom Kaliber .358 Win.Mag., nahm aber im darauf folgenden Jahr die schwere .416 Rem.Mag. als Kaliber der mit einem 61-cm-Lauf ausgestatteten, 4,1 kg schweren und 113 cm langen Safari-Baureihe auf. Das System der entsprechenden Waffen ist mit zwei massiven, mit Rosenholzdübeln abgedeckten Querbolzen mit dem Schaft verbunden. Das Modell 700 Safari KS stammt von 1989, ist mit den anderen Varianten nahezu identisch, hat aber einen kevlarverstärkten Kunststoffschaft, einen 56-cm-Lauf und eine Gesamtlänge von 108 cm. 1993 erschien mit der Büchse 700 Safari KS Stainless eine Variante in Stainless. 2001 stellt der Custom Shop mit der Einführung des Modells 700 African Big Game (ABG) in den Kalibern .375 Rem. UltraMag., .375 H&H Mag., .416 Rem.Mag. und .458 Win.Mag. die Produktion der Safari-Baureihe komplett ein.

Modell 700 Sendero (oben) und die Sendero in Stainless-Stahl (unten)

700 Safari Classic (oben) und die Stainless-Variante Safari KS-SS (unten)

REMINGTON MODELL 700 SENDERO

Diese Büchse wurde 1994 in den Kalibern .25-06 Rem., .270 Win., 7 mm Rem.Mag. und .300 Win.Mag. als Waffe zur Bejagung von mittelgroßem Wild auf weite Entfernungen vorgestellt. Der Schaft aus kevlarverstärktem Polyurethan und das brünierte System sind auf der gesamten Systemlänge mit einem massiven Aluminiumblock verbunden. Die Stainless-Variante erschien 1996 als Modell 700 Sendero SF („Satin Fluted"); der zur Kühlung mit Längsfräsungen versehene, dicke Lauf der Waffe und das System weisen ein Satin-Finish auf. Zur Zeit ihrer Einführung gab es die Büchse in .25-06 Rem., 7 mm Rem.Mag. und .300 Win.Mag.; 1997 wurden

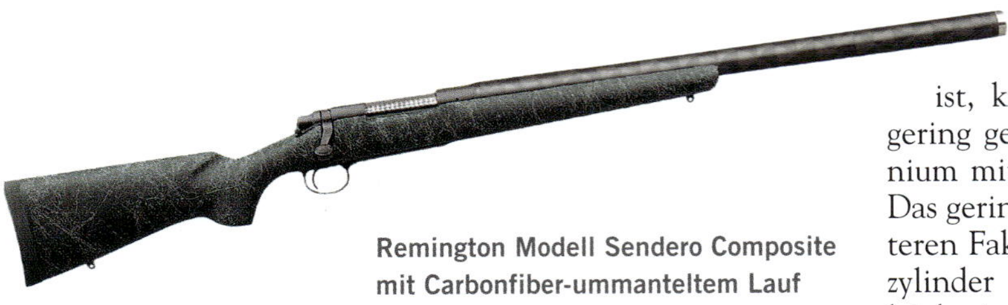

Remington Modell Sendero Composite mit Carbonfiber-ummanteltem Lauf

.300 Wby.Mag. und 7 mm STW hinzugefügt, gefolgt 1999 von .300 Rem. UltraMag. Weitere neue Kaliber waren 2000 .338 Rem. UltraMag. und 2001 7 mm Rem. UltraMag. Die beiden Sendero-Varianten haben in den Standardkalibern das lange Remington-System und in den Magnumkalibern das besonders lange Magnumsystem. Die Lauflänge beträgt stets 66 cm und die Waffengesamtlänge 118 cm. Die Standardausführung wiegt 4,1 kg während die SF-Variante mit 3,9 kg etwas leichter ist.
1999 brachte die Firma Remington das Sondermodell 700 Sendero Composite auf den Markt. Deren besonders dünn gehaltener, eigentlicher Lauf ist von einer Schicht von Carbon umgeben, ansonsten aber wie der Lauf der Standardausführung 66 cm lang. Zunächst war die Composite-Version erhältlich in .25-06 Rem., 7 mm STW und .300 Win.Mag., die Waffe hatte ebenfalls eine Gesamtlänge von 118 cm, wog aber mit 3,55 kg merklich weniger als die normale Version. Neben zu einem geringeren Waffengewicht führt der Carbon-Mantel des Laufes auch zu einer erheblich schnelleren Laufabkühlung nach schnellen Schussfolgen. Offenbar war man mit dieser Innovation aber doch etwas zu weit gegangen, da die Sendero Composite bereits 2001 wieder verschwand.

Remington Modell 700 Titanium

Dieses Modell – das sich sofort die Zusatzbezeichnung „Ultimate Lightweight“ erwarb – wurde 2001 in den Kalibern .260 Rem, .270 Win., 7 mm-08 Rem. und .30-06 Springfield vorgestellt. Da das Verschlussgehäuse des Repetierers aus Titan gefertigt wird, einem Leichtmetall, das allerdings stärker als Stahl ist, konnte das Gewicht der Waffe extrem gering gehalten werden. So wiegt die 700 Titanium mit kurzem System gerade einmal 2,5 kg. Das geringe Gewicht bewirkt neben einigen weiteren Faktoren zudem auch, dass der Verschlusszylinder durch Ausfräsungen auch besonders leicht ist. Der Stainless-Lauf der insgesamt 106 cm langen Waffe (108 cm mit dem langen System) ist 56 cm lang. Als Schaftmaterial für die Büchse, die wieder besonders für die anstrengende Jagd in den Bergen konzipiert ist, wurde ein neues kevlarverstärktes Carbon-Kunststoffmaterial verwendet. 2002 ergänzte man die Kaliberpalette der Serie durch .308 Win.

Remington Modell 700 Varmint

Das alte Modell Remington 700 VS (Varmint Special) stammt aus dem Jahr 1967. Es hat einen schweren, 61 cm langen Lauf, keine offene Visierung und einen Nussbaumschaft mit erhöhter Monte-Carlo-Backe. Der Vorderschaft-Abschluss ist aus Ebenholz und dieser Abschluss, das

Remington 700 VS (oben) und 700 VLS (unten), beide mit System für Links-Schützen

Pistolengriff-Käppchen und die Schaftkappe sind mit einer weißen Linie abgesetzt. Es gab die Ursprungswaffe in den Kalibern .22-250 Rem., .222 Rem., .223 Rem., 6 mm Rem., .243 Win., .25-06 Rem., 7 mm-08 Rem. und .308 Win. 1989 wurde das Kaliber .25-06 Rem. eingestellt. 1992 wurde die Varmint Special durch das mit einem Kunststoffschaft bestückte Modell 700 VS ersetzt – wobei „VS“ hier für „Varmint Synthetic“ steht. Die neue Version hat mit dem kurzen System einen 66-cm-Lauf, ist 116 cm lang und bringt 4,1 kg auf die Waage. Der Kunststoffschaft der neuen 700 VS ist aus kevlarverstärktem Carbon-Material. Die Verschlusshülse, auf der sich oben Vorbohrungen

Remington Modell 700 Titanium

Von oben nach unten: Modell 700 VLS, Varmint Synthetic (VS) und VS-SF in Stainless-Stahl mit geflutetem Lauf

für eine Zielfernrohr-Montage befinden, und der Lauf sind matt brüniert. Die Waffe wurde ursprünglich in den Kalibern .22-250 Rem., .223 Rem. und .308 Win. produziert, 1997 folgte eine Variante in .243 Win. 1995 war bereits die Büchse 700 VLS – Varmint Laminated Stock – vorgestellt worden. Sie hatte einen Schichtholzschaft und ihr System und Lauf waren in matt schwarz gehalten. Zur damaligen Zeit wurde die VLS in .22-250 Rem., .223 Rem., .243 Win. und .308 Win. hergestellt, 1997 folgte das Kaliber 7 mm-08 Rem. Die 700 VLS-Repetierbüchse hat einen 66-cm-Lauf, eine Länge von 116 cm und ein Gewicht von 4,25 kg. 1998 stellte man zwei neue VLS-Versionen in 6 mm Rem. und .260 Rem. vor und ab 2001 gab es die VLS dann nicht mehr in .260 Rem. und 7 mm-08 Rem. 1998 stellte Remington mit der 700 VS-LH, Kaliber .22-250 Rem., .223 Rem. und .308 Win., zwei Links-Versionen vor. Die dritte neue Version von 1998 war das Modell 700 VS-SF (Varmint Synthetic Stainless Fluted). Diese Büchse hat den Syntheticschaft der VS-Variante und ein Stainless-System und einen 66 cm langen Stainless-Lauf, der zur Kühlung Längsfräsungen aufweist, also „geflutet" ist. Diese 3,9 kg schwere Waffe hat eine Länge von 116 cm und wurde zunächst in .220 Swift, .22-250 Rem., .223 Rem. und .308 Win. produziert. Eine besondere Variante davon war das Modell 700 VS-SF, wobei „P" für „Ported" steht, weil sich in ihrem Mündungsbereich so genannte Porting-Bohrungen befinden, die beim Schießen merklich den Rückstoß reduzieren. Die „geportete" Waffe, ansonsten identisch mit dem Modell 700 VS-SF wurde in .220 Swift, .22-250 Rem. und .308 Win. hergestellt und verschwand 2001 wieder vom Markt.

Ein weiteres solches „Experiment" war die Remington 700 VS Composite, deren Konstruktion des 66 cm langen Laufes wieder die war, dass der eigentliche, dünne, innere Stainless-Lauf von einem Carbonfiber-Mantel umgeben ist. Die VS Composite hat eine Gesamtlänge von 116 cm und ein Gewicht von 3,5 kg. Zu ihrer Einführung gab es sie in .22-250 Rem., .223 Rem. und .308 Win. Im Jahr 2002 verschwand auch dieses Modell wieder und wurde nicht weiter hergestellt.

Drei ungewöhnliche Varmint-Varianten: 700 VS Composite (oben), VS-SF-P mit Kompensator-Bohrungen (Mitte) und VS-LH mit Links-Schützen-System (unten)

REMINGTON MODELL SEVEN

Die Kammerstängel-Repetierbüchse Modell Seven von 1983 hat die Kaliber .222 Rem., .223 Rem., .243 Rem., 6 mm Rem., 7 mm-08 Rem. oder .308 Win. Die Magazinkapazität des internen Magazins liegt je nach Kaliber zwischen vier und fünf Patronen. Ursprünglich hatte die Büchse einen 47-cm-Lauf und war dahingehend

Modell Seven-Standardmodell (oben) und Seven KS vom Remington Custom Shop (unten)

Seven Custom MS mit Schichtholz-Stutzenschaft (oben), Seven Youth (Mitte) und Seven SS in Stainless (unten)

nur 95 cm lang. Die Waffe war speziell für die Bejagung mittleren Wildes, etwa auf der Pirsch, konzipiert. Um sie gewichtsmäßig leichter zu halten als ihre großen Schwestern aus der 700er-Baureihe verwendete man ein kurzes System und einen kurzen Lauf. 1987 brachte Remington auch ein Modell Seven FS mit kevlarverstärktem Glasfiberschaft heraus. Ab 1993 war das standardmäßige Modell Seven im Kaliber .17 Rem. erhältlich. Es hatte ab dann weiter den 47-cm-Lauf und die Kaliber .243 Win., 7 mm-08 Rem. und .308 Win. Eine als Seven KS – für „Kevlar Synthetic" – bezeichnete Custom-Variante hatte einen 51 cm langen Lauf und die Kaliber .35 Rem. und .350 Rem.Mag.; 1995 gab man dem Kunststoffschaft dieser Variante ein Camouflage-Tarnfinish, danach war der Schaft aber nur noch in grau erhältlich. Das Modell Seven Youth erschien 1993. Diese Version war speziell für Jugendliche oder Erwachsene kleinen Wuchses gedacht. Es hat einen 47-cm-Lauf, ist insgesamt nur 93 cm lang und 2,7 kg schwer. Zur Zeit der Einführung gab es die Waffe nur in .243 Win. und 7 mm-08 Rem. 1993 kam zudem das Custom-Sondermodell Seven MS auf den Markt. Diese Waffe hat einen in den USA als Mannlicher-, ansonsten aber mehr als Stutzen-Schaft bezeichneten Hartholz-Schichtholzschaft, der sich bis unter die Laufmündung vorzieht. Die Lauflänge dieser Version beträgt 51 cm, die Gesamtlänge 99 cm und das Gewicht etwa 3 kg. Der Stutzen wurde vorgestellt in den Kalibern .222 Rem., .223 Rem., .22-250 Rem., .243 Win., 6 mm Rem., .250 Savage, .257 Roberts, 7 mm-08 Rem., .308 Win., .35 Rem. und .350 Rem.Mag. und hat eine verstellbare Kimme und einen Korntunnel. Das Modell Seven SS (Stainless Synthetic), ebenfalls mit kurzem System und Lauf aus Stainless-Stahl sowie einem Kunststoffschaft, stammt aus dem Jahr 1994. Es hat keine offene Visierung, an den Vorbohrungen auf der Verschlusshülse kann aber eine Zielfernrohr-Montage angebracht werden. Auch diese Variante hat einen 51-cm-Lauf, ist aber 100 cm lang und nur 2,8 kg schwer. Sie war zunächst in .243 Win., 7 mm-08 Rem. und .308 Win. erhältlich; 1997 folgten die Kaliber .223 Rem. und das neue .260 Rem. .260 Rem. wurde 1997 auch für das Standardmodell Seven eingeführt und 1998 für die Repetierbüchsen Reming-

Remington Modell Seven LSS (oben) und Seven LS, beide mit Schichtholzschaft

Die drei neuesten Seven Magnum-Versionen (von oben nach unten): Seven LS Magnum, Seven SS Magnum und Seven Alaskan Wilderness Rifle AWR Magnum von 2002

ton Seven Youth, Seven MS Custom und Seven KS Custom.

Im Jahr 2000 erschienen zwei neue Varianten der Waffe, das Modell Seven LSS mit Schichtholzschaft und System und Lauf aus Stainless-Stahl, und das Modell Seven LS, ebenfalls mit Schichtholzschaft, aber mit matt brünierten Metallteilen. Beide Modelle haben einen 51-cm-Lauf, eine Gesamtlänge von 100 cm und ein Gewicht von 3 kg. Die brünierte Seven LS wurde in .223 Rem., .243 Win., .260 Rem., 7 mm-08 Rem. und .308 Win. vorgestellt; 2002 verabschiedete man sich wieder vom Kaliber .260 Rem., ersetzte es aber gleichzeitig durch die damals beiden neuesten Kaliber 7 mm Rem. SA UltraMag. und .300 Rem. UltraMag. Die Stainless-Variante LSS war 2000 in den drei Kalibern .22-250 Rem., .243 Win. und 7 mm-08 Rem. erhältlich; 2002 wurde die Produktion dieser Waffe in .243 Win. wieder eingestellt.

2002 stellte Remington gleich drei neue Magnum-Varianten der Modell Seven-Baureihe vor, zwei Standardmodelle und einen neuen Karabiner des Custom Shops. Alle drei gab es in den neuen Kalibern 7 mm Rem. SA UltraMag. und .300 Rem. SA UltraMag.; „SA" steht dabei übrigens für „Short-Action". Die Magazinkapazität der Seven Magnum-Büchsen liegt bei drei Patronen. Das erste Seven Magnum-Standardmodell war die Remington Modell Seven SS Magnum. Diese Waffe hat einen 56-cm-Lauf, eine Gesamtlänge von 105 cm und ein Gewicht von 3,2 kg. Sie hat einen schwarzen Kunststoffschaft und das System und der Lauf sind aus Stainless-Stahl. Statt der fehlenden offenen Visierung befinden sich auf der Verschlusshülse Bohrungen zum Anbringen einer Zielfernrohr-Montage. Das zweite Standardmodell war die Büchse LS Magnum mit Schichtholzschaft und matt brüniertem System und Lauf. Diese Waffe besitzt eine verstellbare, offene Visierung, hat aber ansonsten die gleichen Charakteristika, wie das Modell SS Magnum, nur ist sie mit 3,3 kg minimal schwerer. Das neue Custom-Modell der Baureihe war die so genannte Alaskan Wilderness Rifle AWR. Diese Büchse hat den Lauf und das System aus Stainless-Stahl, der hier jedoch matt brüniert ist. Schaftmaterial ist schwarzer Kunststoff. Die Waffe hat keine offene Visierung, ist jedoch wie üblich für die Anbringung einer Zielfernrohr-Montage vorbereitet. Aufgrund des Kunststoffschafts ist das Gewicht des Gewehrs, 2,7 kg, etwas geringer als das der anderen Magnum-Varianten, die restlichen Dimensionen entsprechen denen der Seven SS und LS Magnum-Büchse.

Eine Variante des Remington-Modells 710

REMINGTON MODELL 710

Mit dem Modell 710 in den Kalibern .270 Win. und .30-06 Springfield stellte die Firma Remington 2001 ein neues Konzept von Kammerstängel-Repetierbüchsen vor. Diese Waffen sind schusspräzise wie die bekannte 700er-Baureihe, bieten

Die Repetierbüchse Remington Modell 710 aus dem Jahr 2001

Remington 7400-Selbstladebüchse in den Versionen Carbine (oben) und Wood (unten)

aber die neueste Technologie. Ein Beispiel hierfür ist der Verschluss, bei dem die drei Verriegelungswarzen – nicht mehr nur zwei, wie bei der Baureihe 700 – nicht in Aussparungen der Verschlusshülse, sondern des Patronenlagerbereiches des Laufes eingreifen. Dahingehend ist es möglich, dass die Verschlusshülse nicht mehr aus Stahl ist, sondern aus glasfiberverstärktem, innen mit Teflon beschichtetem Nylon; die Teflonschicht sorgt dafür, dass sich der Verschlusszylinder fast wie kugelgelagert bewegt. Aufgrund der drei statt zwei Verriegelungswarzen muss der Verschlusszylinder zum Verriegeln nicht mehr wie üblich um 90 Grad, sondern nur mehr um 60 Grad gedreht werden, was eine raschere Schussfolge möglich macht. Der Lauf ist in die Kunststoff-Verschlusshülse eingepresst. Neben der manuellen Sicherung rechts hinter dem Kammerstängel ist die Waffe auch mit dem neuen Integrated Security System ISS ausgestattet; mittels eines speziellen Schlüssels kann das System quasi komplett „abgeschlossen" werden. Das herausnehmbare Stahlmagazin ist so in den Magazinschacht vor dem Abzugsbügel integriert, dass es nicht behindernd heraussteht. Die Lauflänge des Modells 710 beträgt 56 cm, die Gesamtlänge 108 cm und das Gewicht etwa 3,2 kg. Die Waffe, ausgestattet mit einem matt grauen Kunststoffschaft, kann auch mit einem bereits montierten, eingeschossenen Bushnell Sharpshooter-Zielfernrohr bestellt werden.

REMINGTON MODELL 7400

Das Modell 7400 ist eine modernisierte Variante einer früheren Selbstladebüchse von Remington, des zwischen 1955 und 1960 hergestellten Modells 740, Kaliber .308 Win. und .30-06 Springfield. Bereits diese Waffe war mit einem herausnehmbaren 4-Schuss-Magazin ausgestattet. Sie hatte einen 56-cm-Lauf und in einer kürzeren Karabinerversion lediglich einen 47-cm-Lauf. Die Nachfolgewaffe dieses Modells war die Remington 742, die 1960 bis 1980 in 6 mm Rem., .243 Win., .280 Rem., .308 Win. und .30-06 Springfield hergestellt wurde, auch ein 4-Schuss-Magazin und einen 56-cm-Lauf hatte, und von der es auch eine Karabinerversion, allerdings nur in .308 Win. und .30-06 Springfield und nur mit einem 46 cm langen Lauf gab. Das Modell 742 gab es in verschiedenen Ausführungen, etwa der gravierten Variante 842D Peerless, der Luxusausführung 742F Premier und als 742

Remington 7400 Synthetic-Büchse

Bicetennial von 1976. Die Selbstladebüchse 7400 erschien 1981 in den Kalibern .243 Win., 6 mm Rem., .270 Win., 7 mm Rem. Express, .308 Win. und .30-06 Springfield auf dem Markt. 1985 wurden die Kaliber 6 mm Rem. und 7 mm Rem. Express eingestellt und 1986 das Kaliber .280 Rem. hinzugenommen. Die Büchse hat einen 56-cm-Lauf, ist insgesamt 107 cm lang und wiegt 3,4 kg. Ihr Nachlademechanismus erfolgt mit Hilfe von beim Schießen entstehendem Gasdruck, der zum Teil durch eine Bohrung im Lauf unmittelbar nach dem Patronenlager in einen Gaszylinder unter dem Lauf geleitet wird. Ein dadurch im Zylinder bewegter Kolben bewegt wiederum eine Stange, welche das Verschlussstück nach hinten treibt. Unmittelbar vor dem Abzugsbügel befindet sich der Magazinlöseknopf für das herausnehmbare 4-Schuss-Magazin. 1985

stellte Remington auch eine Karabinerversion des Modells 7400 vor, ausschließlich im Kaliber .30-06 Springfield und mit einem 47-cm-Lauf, einer Länge von 99 cm und einem Gewicht von 3,2 kg.
Beim Modell Four von 1982 handelte es sich um eine ähnliche Selbstladebüchse, die ursprünglich in den gleichen Kalibern angeboten wurde wie das Modell 7400, aber nur ein internes Magazin für die jeweiligen Patronen hatte. Das Modell Four wurde bis 1987 hergestellt, dann aber komplett von der 7400er-Baureihe ersetzt. Bei dem Modell 74 handelte es sich um eine einfache, kostengünstige Variante des Modells 7400, die zwischen 1985 und 1987 nur in .30-06 Springfield hergestellt wurde. 1991 stellte man aus Anlass des 175-jährigen Firmenbestehens in .30-06 Springfield ein spezielles Erinnerungsmodell der 7400-Büchse vor. 1997 erschien ein weiteres Sondermodell, die 7400 Special Buckmaster ADF, Kaliber .30-06 Springfield. „ADF" steht hierbei für „American Deer Foundation"; ein Teil des Erlöses geht an diese jagdliche, amerikanische Stiftung. 1995 stellte Remington das Modell 7400 auch in dem etwas ungewöhnlichen Kaliber .35 Whelen vor, um damit mit der Waffe besser auf dem europäischen Markt Fuß zu fassen. .35 Whelen war eine so genannte „Wildcat"-Patrone, wurde 1988 aber von Remington standardisiert. 1997 verschwand die 7400er-Büchse in .35 Whelen wieder. 1996, zum 180-jährigen Bestehen der Firma, war wieder ein 7400-Jubiläumsmodell herausgekommen. Diese Selbstladebüchse hat einen fein gravierten und mit Goldeinlagen versehenen Systemkasten. 1998 erschien als Modell 7400 Synthetic eine Version mit einem Kunststoffschaft. Diese Waffe hat wahlweise die Kaliber .243 Win., .270 Win., .280 Rem., .308 Win. und .30-06 Springfield, einen 56-cm-Lauf, eine Länge von insgesamt 108 cm und ein Gewicht von 3,4 kg. Der Kunststoffschaft ist glasfiberverstärkt und von matt schwarzer Farbe. Als Modell 7400 Synthetic Carbine gab es auch eine entsprechende, kürzere Kunststoffschaft-Variante mit einem 47 cm langen Lauf und ausschließlich dem Kaliber .30-06 Springfield.

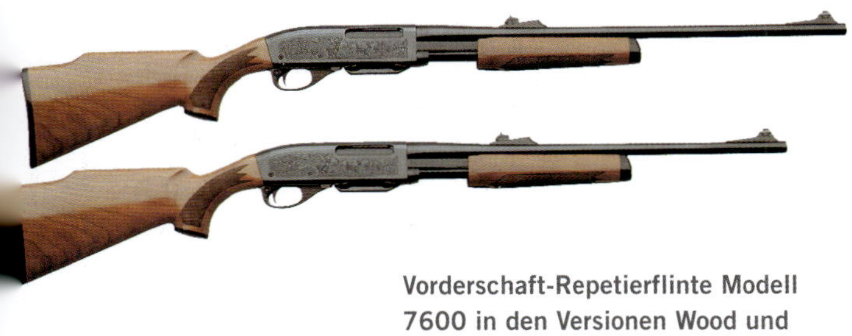

Vorderschaft-Repetierflinte Modell 7600 in den Versionen Wood und Wood Carbine

REMINGTON MODELL 7600

Die Vorderschaft-Repetierbüchse Modell 7600 stammt von 1981 und wurde zusammen mit dem Modell Six vorgestellt. Bei diesem handelte es sich um eine Luxusausführung des Modells 7600 und gleichzeitig um das Nachfolgemodell der Vorderschaft-Repetierbüchse 760 Gamemaster aus dem Jahr 1952, die damals in diversen Kalibern angeboten wurde. 1953 wurde die Modellbezeichnung der dann noch weiter bis 1963 gebauten Waffe umgeändert in 760A. Das Modell 760 BDL, auch von 1953, war eine noch luxuriösere Variante mit lackiertem Nussbaumschaft. Es wurde bis 1982 hergestellt, in .270 Win., .308 Win. und .30-06 Springfield. Das einfache Modell 760, 3,4 kg schwer, besitzt ein herausnehmbares Magazin für vier Patronen, hat einen 56-cm-Lauf und eine Gesamtlänge von 107 cm. Weitere Varianten der 760er-Baureihe sind etwa die Karabinerversion, Kaliber .270 Win., .280 Rem., .308 Win. und .30-06 Springfield, hergestellt zwischen 1962 und 1980 und vergleichbar mit dem Modell 7600 Carbine. Edlere Versionen beinhalten etwa das Modell 760D Peerless mit zusätzlicher Gravur auf dem Systemkasten oder das Modell 760F Premier mit goldeingelegter Jagdszenengravur, beide hergestellt von 1961 bis 1981. Die Nachfolgerin des Modells 760, die Vorderschaft-Repetierbüchse Remington Six, hatte auch einen 56-cm-Lauf und wurde in 6 mm Rem., .243 Win., .270 Win., 7 mm Express Rem., .308 Win. und .30-06 Springfield hergestellt. Sie hatte einen Nussbaumschaft mit feinem Fischhaut-Checkering am Pistolengriff und am Vorderschaft. Auf der Abschlusskappe des Magazins war das jeweilige Kaliber angegeben.

Remington Modell 7600 Synthetic und Synthetic Carbine

Das 1984 eingeführte Modell 7600 erhielt das Luxusfinish des Modells Six mit der auffallenden Magazin-Abschlusskappe. Im Jahr darauf wurde die Produktion des Modells Six eingestellt. 1987 brachte Remington eine 7600 Karabinerversion in .30-06 Springfield heraus. 1991 erschien im

Zusammenhang mit dem 175-jährigen Firmenbestehen ein Jubiläumsmodell; diese edle 7600er-Variante war fein graviert, mit Goldeinlagen, und wurde nur in .30-06 Springfield hergestellt. 1996 gab es aus Anlass des 180-jährigen Firmenjubiläums ein weiteres Erinnerungsmodell – ebenso wie die Waffe von 1991 wieder ein teures Sammlerstück. Das Modell 7600 wurde bis 1998 nicht geändert. Dann stellte Remington die Varianten 7600 Synthetic und 7600 Synthetic Carbine, beide mit einem Schaft aus Kunststoff, vor. Die lange Version wurde 1988 in .243 Win., .270 Win., .280 Rem., .30-06 Springfield und .308 Win. vorgestellt; mit einem 56-cm-Lauf hat sie eine Gesamtlänge von 108 cm und wiegt 3,4 kg. 2001 stellte man die Produktion der Waffe im Kaliber .280 Rem. wieder ein. Die Version 7600 Synthetic Carbine wurde von Anfang an nur im Kaliber .30-06 Springfield hergestellt. Aufgrund ihres kürzeren, nur 47 cm langen Laufes ist sie insgesamt nur 99 cm lang und bringt ein Gewicht von etwa 3,3 kg auf die Waage.

REMINGTON NO. 1 ROLLING BLOCK

Die Rolling Block-Einzelladerbüchse von Remington basiert auf dem alten Design von Leonard Geige und Patenten von Joseph Rider. Remington hatte im 19. Jahrhundert bereits große Stückzahlen von Waffen mit diesem Verschlusssystem hergestellt, etwa den bekannten Rolling Block Carbine von 1864 im Kaliber .50-70 für die US-Navy. Für die US-Army hatte man zwischen 1867 und 1902 mehr als eine Million Rolling Block-Büchsen gebaut; wichtige Versionen von damals sind etwa die Büchsen 1870 Navy und 1871 Army.
1997 wurde die historische No. 1 Rolling Block Creedmoor Sporter-Büchse von 1875 neu aufgelegt. Sie ist nicht als Replika, sondern als neue Originalproduktion des ursprünglichen Entwurfs anzusehen. Lauf, Basküle und Technik entsprechen exakt den Spezifikationen des alten Originalmodells. Die Waffe hat einen 76 cm langen Lauf, der bis zur Hälfte seiner Länge achtkantig ist; die Gesamtlänge beträgt 118 cm und das Gewicht liegt bei 4,5 kg. Auf dem Kolbenhals befindet sich oben ein fein einstellbares Diopter-

Remington No. 1 Rolling Block Silhouette von 2001 (oben) und das Modell Mid-Range Sporter (unten)

Klappvisier und unter den in der alten Originalform gehaltenen Korntunnel können vier verschiedene Korne montiert werden. Hinter- und Vorderschaft sind wie beim Original aus amerikanischem Nussbaumholz und die Schaftkappe ist wie ursprünglich aus Eisen. 1998 folgte das Modell No. 1 Rolling Block Mid-Range Sporter im Kaliber .45-70 Government sowie in .30-30 Winchester und .444 Marlin. Diese Waffe hat einen runden 76-cm-Lauf, eine Länge von 118 cm und ist mit 3,9 kg etwas leichter als die Creedmore-Büchse. Die einfache, verstellbare Kimme und das hier offene Korn basieren auf dem Original von 1875. Außer in dieser Standardausführung ist die Büchse Mid-Range Sporter auch mit dem halb achteckigen und halb runden Lauf sowie mit der Diopter-Visierung der Creedmore erhältlich. 2001 veränderte man die Bezeichnung der Creedmore-Büchse in No. 1 Rolling Block Silhouette. Sowohl die Mid-Range Sporter als auch die Silhouette wurden bis 2001 nur mehr vom Remington Custom Shop hergestellt.

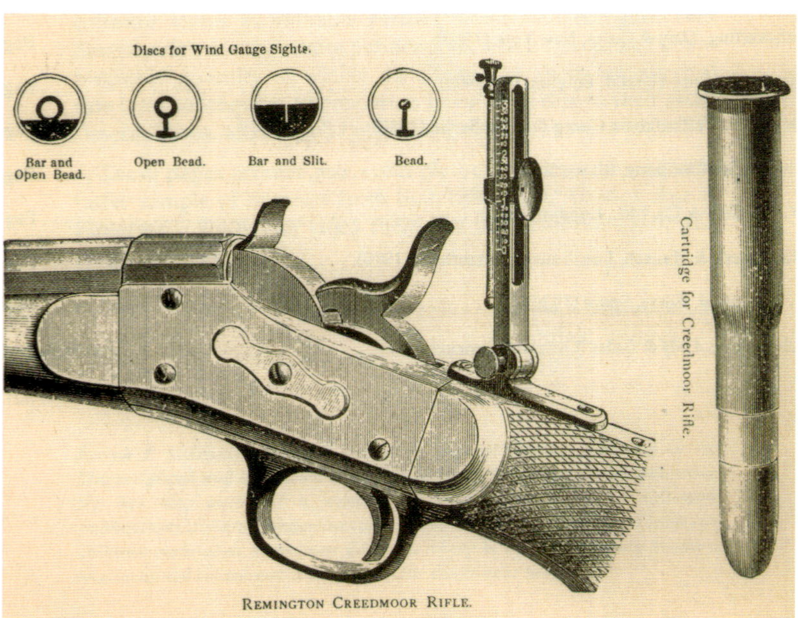

Illustration der Creedmore-Büchse im Remington-Katalog von 1880

REMINGTON-FLINTEN

Remington stellte im Laufe der Zeit diverse, unterschiedliche Bockdoppelflinten her. Zwischen 1932 bis 1942 produzierte die Firma als erstes das Bockdoppelflinten-Modell 32, Kaliber 12. Ein weiteres Modell folgte nicht vor 1973. Dabei handelte es sich um die Remington 3200, die nicht nur für die Jagd, sondern auch in verschiedenen Trap- und Skeet-Versionen im Kaliber 12 und mit Austauschläufen in 20, 28 und 36 (.410) produziert wurde. Das Modell 3200 verfügte über eine Drehsicherung auf dem Schaftkolben, die gleichzeitig als Laufwahl-Selektor diente. Die Läufe sind im so genannten Monoblock-Verfahren zusammengefügt und die Verriegelung erfolgt mittels eines Kersten-Verschlusssystems. Die Bockdoppelflinte Remington 3200 war in einer Skeet-Version mit einem 71 cm langen Lauf und in einer Trap-Variante mit wahlweise einem 76-cm- oder 81-cm-Lauf erhältlich; sie wurde bis 1984 hergestellt.

Remington Peerless von 1993

REMINGTON PEERLESS

Es dauerte fast 10 Jahre, bis 1993 die nächste Bockdoppelflinte von Remington auf dem Markt war. Es handelte sich dabei um die Flinte Peerless, die auf dem Modell 32 basierte. Die Waffe, mit Läufen von wahlweise einer Länge von 66, 71 oder 76 cm, war nur im Kaliber 12/76 erhältlich, wog 3,3 bis 3,4 kg und war zwischen 109 und 119 cm lang. Auf ihrem Lauf befindet sich eine 8 mm breite, ventilierte Laufschiene. Die Läufe können mit einschraubbaren Zylinder-, 1/2- und Vollchoke-Wechselchoke-Einsätzen bestückt werden. Schaftmaterial ist amerikanisches Nussbaumholz, mit einer dicken Schutzlackschicht überzogen. Durch Betätigen des vergoldeten Einabzug-Züngels wird zunächst das Schloss für den unteren und dann das für den oberen Lauf ausgelöst. Die Bockdoppelflinte Peerless, auf deren Kolbenhals sich ein kombinierter Sicherungs- und Laufwahlschieber befand, verschwand 1999 wieder aus der Produktpalette von Remington.

REMINGTON MODELL 300 IDEAL

Im Jahr 2000 stellte Remington als Ersatz für das Modell Peerless die neue Bockdoppelflinte 300 Ideal vor, ebenfalls mit einem kombinierten Sicherungs- und Laufwahlschieber auf dem Kolbenhals. Wie bei den halbautomatischen Flinten wählte Remington auch bei dieser Waffe zur Gewichtsreduzierung möglichst schlanke Linien, insbesondere auch bei der Formgebung des Vorderschafts. Indem die Läufe näher aneinander gebracht wurden, wurde auch die Höhe der Basküle etwas verringert. Die Verriegelung erfolgt mit einem Laufhaken sowie mit beidseitig der Patronenlager nach hinten herausstehenden Verriegelungsplatten, die beim Schließen der Waffe in Aussparungen im Stoßbodenbereich der Basküle eingreifen. Die 12/76er-Flinte, aus der wie üblich natürlich auch 12/70er-Patronen verfeuert werden können, ist mit einem 66, 71 oder 76 cm langen Laufbündel ausgestattet und hat eine 8 mm breite Laufschiene. Das Korn an der

Remington Modell 300 Ideal Bockdoppelflinte

Flinte Remington 332 aus dem Jahr 2002

Laufmündung ist aus weißem Kunststoff, etwa auf der halben Lauflänge befindet sich noch ein Behelfskorn aus Stahl auf der Laufschiene. Je nach Lauflänge ist die Waffe 109, 114 oder 120 cm lang und wiegt zwischen 3,35 kg und 3,55 kg. Die Metallteile sind hochglanzpoliert und brüniert. Vorder- und Hinterschaft sind aus amerikanischem Nussbaumholz; der Hinterschaft ist mit einer dicken Gummi-Schaftkappe versehen. Das so genannte Rem-Choke-Wechselchoke-Set besteht aus einschraubbaren Zylinder-, 1/2-, 3/4- und Vollchoke-Einsätzen.

REMINGTON MODELL 332

Bei der neuen Bockdoppelflinte Modell 332 von 2002 handelt es sich letztlich um eine verbesserte Version des Modells 32 von 1942. Der Hauptunterschied sind lediglich die feineren Toleranzen, die nun durch neue Herstellungsmethoden, verbesserte Maschinen und bessere Stähle möglich sind. Die Waffe hat ein modifiziertes Kastenschloss und die übliche Laufverriegelung. Der Einabzug kann mittels des Laufwahl- und Sicherungsschiebers individuell eingestellt werden. Die 12/76er-Läufe sind aus Chrom-Molybdän-Stahl und haben wahlweise die Länge von 66, 71 oder 76 cm; als Waffengesamtlänge ergibt sich dahingehend 109, 114 oder 120 cm. Das Gewicht variiert zwischen 3,4 und 3,6 kg. Auch diese Flinte, deren Schaft auch aus amerikanischem Nussbaumholz ist, ist mit dem Rem-Choke-Wechselchoke-Set, bestehend aus einschraubbaren Zylinder-, 1/2-, 3/4- und Vollchoke-Einsätzen, ausgestattet.

REMINGTON MODELL 396

Die Bockdoppelflinte 396 stammt aus dem Jahr 1996, war zwar als Sportwaffe konzipiert, eignet sich aber auch hervorragend für die Jagd. Die Waffe basiert auf dem Modell Peerless und wurde bis Ende 2000 in verschiedenen Skeet- und Sporting-Versionen hergestellt. Die 12er Skeet-Variante hat 70-mm-Patronenlager und 71-cm- oder 76-cm-Läufe mit einer 10 mm breiten Laufschiene. Sie ist 114 oder 119 cm lang und wiegt knapp 3,4 kg. Sie war mit zwei verschiedenen Wechselchoke-Sets lieferbar. Die Flinte 396 Sporting gab es ebenfalls nur im Kaliber 12 und mit 71 oder 76 cm langen Läufen, allerdings ausgestattet mit Kompensator-Bohrungen. Ansonsten entsprach sie der Skeet-Variante. Die lieferbaren Wechselchoke-Einsätze dazu waren Skeet-, 1/4-, 1/2-, 3/4- und Vollchoke.

Flinten Remington Modell 396

REMINGTON 870 WINGMASTER

Die erste Vorderschaft-Repetierflinte der berühmten Remington-Modellreihe 870 war 1950 das Modell 870 Wingmaster in den Kalibern 12, 16 oder 20 mit einem Röhrenmagazin für fünf Patronen. Die Waffe ersetzte die Repetierflinte Modell 31, die Remington zwischen 1931 und 1949 gebaut hatte. Die Wingmaster war zunächst mit einem 66, 71 oder 76 cm langen Lauf mit Voll-, 1/2- oder verbesserter Zylinderchoke-Bohrung erhältlich. Die Metallteile der mit einem Nussbaumschaft versehenen und so bis 1986 hergestellten Waffe waren brüniert. Die Druckknopfsicherung sowohl der älteren als auch der neueren 870er-Varianten befindet sich hinten am Abzugsbügel. 1950 erschien auch eine Variante der Waffe speziell zum Tontaubenschießen – das Modell 870TB Trap, mit einem 71-cm- oder 76-cm-Lauf, hergestellt bis 1981.

Remington 870 Wingmaster Super-Magnum von 2000

1986 erhielt die Wingmaster ein Facelifting; unter anderem wurde die Fischhaut nicht mehr in den Schaftkolben gepresst, sondern geschnitten und die Waffe erhielt für Rem-Choke-Wechselchoke-Einsätze vorbereitete Läufe. Außerdem wurde die Patronenlagerlänge verlängert, so dass nun auch 76-mm-Patronen geladen werden konnten. Durch die Verwendung eines anderen Laufstahls konnte die Laufwandung dünner gehalten werden, weshalb die neue Modellbezeichnung nun 870 Wingmaster LC (Light Contour) lautete. Das Waffengewicht verblieb aber dennoch bei etwa 3,2 kg.

Die Flinte Wingmaster LC hat einen 66, 71 oder 76 cm langen Lauf und eine Gesamtlänge von 118, 123 oder 128 cm; das Gewicht liegt zwischen 3,1 und 3,3 kg. Lediglich mit einem 66 oder 71 cm langen Lauf wurde die Waffe im Kaliber 20 hergestellt. Ab 1998 war der Wingmaster-Systemkasten beidseitig mit einer einfachen Maschinengravur versehen. 1999 erweiterte man die Baureihe um Versionen in den Kalibern 28 und 36 (.410). Die 28er-Waffe hat nur einen 64-cm-Lauf, ausgestattet mit einer ventilierten Laufschiene und für Rem-Choke-Wechselchoke-Einsätze vorbereitet. Die Waffe ist 116 cm lang, wiegt 2,7 kg und hat einen Schaft aus amerikanischem Nussbaumholz. Die 36er-Variante hat ebenfalls nur einen 64 cm langen Lauf, der aber nur mit einer festen $^{1}/_{2}$-Choke-Bohrung versehen ist. Länge und Gewicht entsprechen der Waffe im Kaliber 28.

Im Jahr 2000 stellte Remington eine Super-Magnum-Version der Wingmaster-Vorderschaft-

870 Wingmaster in den Versionen Light Contour (LC), Super-Magnum und Cantilever Deer (von oben nach unten)

Remington 870 Wingmaster in den Kalibern 12, 16 und 20 (von oben nach unten)

Die Vorderschaft-Repetierflinte 870 Express

Repetierflinte mit einem 89-mm-Patronenlager vor. Diese hat einen 71-cm-Lauf mit ventilierter Schiene, ist insgesamt 122 cm lang und wiegt 3,4 kg. Der Systemkasten ist beidseitig mit einer Maschinengravur mit Motiven abfliegender Fasane versehen. Vorder- und Hinterschaft sind aus ausgesuchtem amerikanischem Nussbaum und dick lackiert.

Nachdem Remington das Kaliber 16 1980 eingestellt hatte, folgte 2002 eine Wieder-Einführung verschiedener 870 Wingmaster-Versionen in diesem Kaliber. Die Waffe ist mit einem 66 oder 71 cm langen Lauf mit Rem-Choke-Wechselchoke-Einsätzen 1/4-, 1/2-, 3/4- und Vollchoke erhältlich. Ihre Gesamtlänge beträgt 118 oder 123 cm und das Waffengewicht liegt bei 3,2 kg oder 3,3 kg. Auch die 16er-Vorderschaft-Repetierflinte hat einen Vorder- und Hinterschaft aus amerikanischem Nussbaumholz, der allerdings wieder mit einer dicken, durchscheinenden Lackschicht überzogen ist.

REMINGTON 870 EXPRESS

Das Modell 870 Express erschien 1987 quasi als vereinfachte, qualitativ aber durchaus gleichwertige Version der Wingmaster-Repetierflinte. Die Express wird in diversen Versionen hergestellt:

- 870 Express im Kaliber 12 und 20 mit einem 66-cm- oder 71-cm-Lauf, einer Waffengesamtlänge von 118 oder 123 cm, einem Gewicht von 3,3 oder 3,4 kg und einem Hartholzschaft;
- 870 Express Turkey, Kaliber 12, ebenfalls mit Vorder- und Hinterschaft aus Hartholz und mit matt brünierten Metallteilen; die Lauflänge beträgt 53 cm, die Gesamtlänge 108 cm und das Gewicht liegt bei 3,3 kg;
- 870 Express Youth, Kaliber 20, mit einem glatten, 53 cm langen Lauf mit Rem-Choke-Wechselchoke-Einsätzen oder einem 51 cm langen, gezogenen Lauf mit Zügen und Feldern, entwickelt für jugendliche Schützen oder Schützen von kleinerer Körperstatur;
- 870 Express Deer Gun im Kaliber 12 mit einem 51 cm langen, gezogenen Lauf zum Verschießen von Flintenlaufgeschossen (Slugs) oder einem glatten Flintenlauf, regulär zum Verschießen von Schrotpatronen.

1992 stellte die Firma Remington das Modell 870 Express Fully Rifled Deer Gun vor. Diese Waffe hat statt eines glatten Schrotlaufes auch einen mit Zügen und Feldern versehenen, 51 cm langen Lauf. Es können nur Flintenlaufgeschosse und keine Schrote daraus verschossen werden. Als Ergänzung dieser Waffe gab es dann das 870 Express Combo-Set mit einem glatten, 66 cm langen Flinten- und dem 51 cm langen Büchsenlauf mit acht Zügen und Feldern und einer theoretischen Dralllänge von 89 cm.

Bei dem Modell Marine Magnum, Kaliber 12/76, handelt es sich um eine spezielle 870er-Variante von 1992. Deren Lauf und Systemkasten sind

Remington 870 Express in der Standardausführung von 1987 (oben) und als Links-Version von 1998 (unten)

vernickelt und Schaftmaterial ist schwarzer Kunststoff. Die Waffe hat einen 46-cm-Lauf, ist insgesamt 98 cm lang und wiegt 3,4 kg.

1995 reagierte Remington auf den damaligen US-Trend und stellte auch ein Modell 870 Express HD – für „Home Defence" – vor. Diese Flinte, 3,3 kg schwer, 98 cm lang und versehen ebenfalls mit einem 46-cm-Lauf mit Zylinderbohrung, gab es nur in 12/76. Sie hatte einen Vorder- und Hinterschaft aus schwarzem Kunststoff und, wie üblich vom Vorderschaft umgeben, ein 4-Schuss-Röhrenmagazin. Der Heimverteidi-

870 Express HD (oben), Magnum Marine (Mitte) und Police (unten)

Remington 870 Express im kleinen Kaliber 36 (.410) (oben) und in der Youth-Ausführung (unten)

gungs-Trend hielt offenbar nicht sonderlich lange an, da die Waffe bereits 2000 wieder aus der Produktpalette von Remington verschwand.
1996 erschien als leichte Jagdwaffe das Modell 870 Express Small Gauge in den Kalibern 20 und 36 (.410). Die 20er-Version war mit entweder einem 66 cm oder einem 71 cm langen Lauf mit Rem-Choke-Wechselchokes erhältlich und die 36er mit einem 64-cm-Lauf und einer festen 1/2-Choke-Bohrung. Remington stellte deren Produktion 1999 ein als es die entsprechenden Modelle durch die Flinte 870 Wingmaster LC Small-Bore, ebenfalls in 28 und 36 (.410) ersetzte. 1997 wurde die Baureihe durch das Modell 870 Express Combo ersetzt. Diese Waffe hatte sowohl einen 51 cm langen 12er-Lauf mit Zügen und Feldern, bestückt mit einem verstellbaren Büchsenvisier, als auch einen 71 cm langen, glatten Wechsel-Schrotlauf mit ventilierter Laufschiene. 1998 wurde die Express-Reihe erweitert durch die Modellvarianten:

- 870 Express Turkey Camo mit Kunststoffschaft in Real Tree Advantage Camouflage-Optik, nur im Kaliber 12 und mit einem 53-cm-Lauf mit Wechselchokes, mit einer Gesamtlänge von 108 cm und einem Gewicht von 3,3 kg;
- 870 Express Youth Turkey Camo, ebenfalls mit Kunststoffschaft in Camouflage-Optik, nur hergestellt im Kaliber 20, mit einem 53-cm-Lauf mit verschiedenen Wechselchoke-Optionen neben dem regulären Rem-Choke-Wechselchoke-Set, einer Gesamtlänge von 103 cm und einem Gewicht von 2,7 kg;
- 870 Express LH, ein spezielles Modell für Links-Schützen im Kaliber 12 mit einem 71 cm langen Lauf mit auswechselbaren Rem-Choke-Wechselchoke-Einsätzen; das Material für den Vorder- und Hinterschaft ist hier Hartholz.

2002 stellte Remington eine Reihe von 870er-Flinten im Kaliber 16 vor; dieses Kaliber war seit 1980 nicht mehr im Programm gewesen. Die relativ kostengünstige 16er 870 Express mit Hartholzschaft hatte einen 71 cm langen Lauf mit ventilierter Schiene und wurde mit einem Rem-Choke-Wechselchoke-Set angeboten. Die Gesamtlänge der Waffe lag bei 123 cm und sie wog 3,3 kg. Mit einem schwarzen Kunststoffschaft wurde die gleiche 16er-Waffe von Remington auch als Modell 870 Express Synthetic angeboten und beim Modell 870 Express Synthetic Youth handelte es sich um die Waffe für Personen mit kleinerer Statur mit einem 58-cm-Lauf, einer Länge von 108 cm und einem Gewicht von 2,8 kg. 1998 stellte Remington mit dem Modell 870 Express Super-Magnum eine neue 870er-Repetierflinte im Kaliber 12/89 vor; daraus können selbstverständlich nicht nur 89-mm-Patronen, sondern auch 76-mm- und 70-mm-Patronen verschossen werden. Das Modell 870 Express Super-Magnum gab es in den nachfolgenden Versionen:

- 870 Express Super-Magnum mit 71-cm-Lauf mit auswechselbaren Rem-Choke-Einsätzen und Hartholzschaft;
- 870 Express Super-Magnum Combo mit 66-cm-Lauf mit auswechselbaren Rem-Choke-Einsätzen und einem 51-cm-Wechsellauf mit Zügen und Feldern im Kaliber 12/76;
- 870 Express Super-Magnum Synthetic mit 66-cm-Lauf mit auswechselbaren Rem-Choke-

870 Express in den Varianten Super-Magnum, Super-Magnum Combo, Super-Magnum Synthetic und Super-Magnum Camo (von oben nach unten)

Einsätzen und einem schwarzen Vorder- und Hinterschaft aus Kunststoff;
- 870 Express Super-Magnum Turkey Camo mit 58 cm Vollchoke-Lauf und Kunststoffschaft komplett in Camouflage-Tarnoptik.

1999 folgte eine 870er-Vorderschaft-Repetierflintenversion Express Super-Magnum Turkey mit einem 58 cm langen Lauf und einem schwarzen Vorder- und Hinterschaft aus Kunststoff.

Special Purpose-Modelle (von oben nach unten): 870 SPS-T Youth von 2001, NWTF-Sondermodell von 1998 und SPS-T mit TruGlo-Glasfibervisierung von 2001

Remington Modell 870 SPS

Zwischenzeitlich hatte die Firma Remington 1984 mit dem Modell 870 SPS oder „Special Purpose Shotgun“ eine weitere Version der 870er-Baureihe vorgestellt. Diese Waffe hatte damals einen 66-cm- oder 76-cm-Lauf, jeweils mit Vollchoke-Bohrung, und ein Patronenlager für 70-mm-Hülsen; ab 1985 wurden dann nur mehr 76-mm-Patronenlager verwendet. 1986 erhielt das Modell das Rem-Choke-Wechselchoke-System mit $^1/_4$-, $^1/_2$- und Vollchoke-Einsätzen und wurde für die Verwendung von Stahlschrot-Patronen modifiziert, da ab dieser Zeit in den USA Stahlschrote für die Wasserjagd Pflicht wurden. Im gleichen Jahr stellte man auch eine 870 SPS Deer Gun mit einem glatten, 51 cm langen Lauf, speziell für die Verwendung von Flintenlaufgeschossen und Posten, sowie mit einer verstellbaren Büchsenkimme vor. Diese Waffe wurde einige Jahre später zum Modell 870 Brushmaster. Ein ähnliches Modell, vorbereitet für die Aufnahme einer Zielfernrohr-Montage war die Vorderschaft-Repetierflinte 870 SPS Deer Gun Cantilever. Ab 1992 gab es die 870 SPS-Flinten dann auch in Camouflage-Tarnfarbenoptik. Das erste Modell kam im so genannten Mossy Oak-Muster heraus; dieses ist in etwa einem herbstlichen Blätterwald nachempfunden. Flinten mit einer entsprechenden Oberfläche werden vornehmlich für die Herbstjagd auf wilde Truthähne verwendet.

Remington Special Purpose als SPS-T mit Holzschaft und als SPS-T Synthetic mit Kunststoffschaft

Aus Anlass des 180-jährigen Firmenbestehens stellte Remington 1996 ein 870-Jubiläumsmodell vor. Diese Waffe, Kaliber 12, hat einen 66-cm-Lauf mit einer ventilierten Laufschiene und eine goldeingelegte Gravur auf beiden Seiten des Systemkastens. 1998 brachte man aus Anlass des Silber-Jubiläums (25 Jahre) der National Wild Turkey Federation (NWTF) gleich vier Jubiläumsmodelle von 870er-Truthahnflinten heraus. Diese so genannten 870 NWTF-Flinten gab es nur im Kaliber 12. Sie hatten einen 53-cm-Lauf mit ventilierter Laufschiene und Rem-Choke-Set. Vorder- und Hinterschaft waren aus Kunststoff und die Waffen waren komplett im Mossy Oak-Finish gehalten. Erstmals wurde als Material für

Remington 870 SPS-T Super-Magnum Camo aus dem Jahr 2002

870 SPS in den Varianten Deer Gun, Deer Gun FR (mit gezogenem Lauf) und Super-Slug (mit ZF auf Cantilever Montageschiene) (von oben nach unten)

Kimme und Korn selbstleuchtendes TruGlo-Glasfibermaterial verwendet. Ein Teil des Verkaufspreises jeder dieser Waffen ging an die National Wild Turkey Federation.
1999 kam das Modell 870 SPS Super-Slug auf den Markt. Dieses hat einen schweren, 58 cm langen Lauf mit Zügen und Feldern zum Verschießen von Flintenlaufgeschossen (Slugs) auf Schalenwild. Die Waffe ist 110 cm lang und wiegt 3,6 kg. Ihr Schaft ist aus schwarzem Kunststoff und auf dem Systemkasten befindet sich ein Cantilever-Arm zur Anbringung einer Zielfernrohr-Montage. Die Metallteile des Gewehrs sind matt schwarz gehalten. Das Modell 870 SPS Super-Slug ist speziell auch zur Verwendung von Premier Copper Solid Sabot-Geschossen im Kaliber 12 konzipiert. Hierbei handelt es sich um 28,35 g schwere, in einer Kunststoffumhüllung, einem so genannten Treibspiegel, geführte Hohlspitz-Projektile, die eine Anfangsgeschwindigkeit von 472 m/s und eine Anfangsenergie von 3158 Joule erbringen. Die Züge und Felder im Lauf stabilisieren den Flug der Geschosse und lassen sie nicht ins „Trudeln“ kommen. Trotz des relativ hohen Gewichts fällt dieses Geschoss auf 100 m gerade einmal etwa 7,5 cm.
1999 stellte Remington zwei Versionen des Modells 870 SPS Super-Magnum, jeweils im Kaliber 12/89, vor; 76er- und 70er-Patronen können daraus auch verschossen werden. Die Röhrenmagazinkapazität mit den langen 89er-Patronen beträgt lediglich drei Patronen, vier mit 76-mm- oder 70-mm-Patronen. Das Modell 870 SPS-T Super-Magnum, mit einem Patronenlager für 89-mm-Patronenhülsen, ist wieder speziell zur Bejagung von wilden Truthähnen konzipiert. Es hat einen 58 cm langen, mit einer ventilierten Schiene versehenen Lauf, der mit so genannten Super- oder Extra Full-Choke-Einsätzen ausgestattet ist, und ist komplett mit dem Mossy Oak-Tarnfarbenfinish überzogen. Bei der zweiten, 1999 vorgestellten Version handelt es sich um die Wasserjagdflinte 870 SPS Super-Magnum Camo. Diese hat einen 66-cm-Lauf, ist 117 cm lang und wiegt 3,3 kg. Ihr Lauf ist mit einer ventilierten Laufschiene versehen und mit auswechselbaren Rem-Choke-Einsätzen in den Bohrungsvarianten verbesserte Zylinderbohrung, 1/2- und Vollchoke ausgestattet. Auch diese Waffe ist komplett, inklusive der Metallteile, in der Mossy Oak-Tarnfarbenoptik gehalten. 2001 kam eine Variante mit einem 71 cm langen Lauf und der Gesamtlänge von 122 cm hinzu. Ebenfalls 2001 stellte Remington eine Version mit einer Cantilever-Zielfernrohr-Montageschiene vor.

Varianten der 870 SPS (Special Purpose Synthetic) (von oben nach unten): SPS Camo von 1997, SPS Super-Magnum Camo und SPS Super-Magnum Camo von 2001 mit Cantilever Schiene

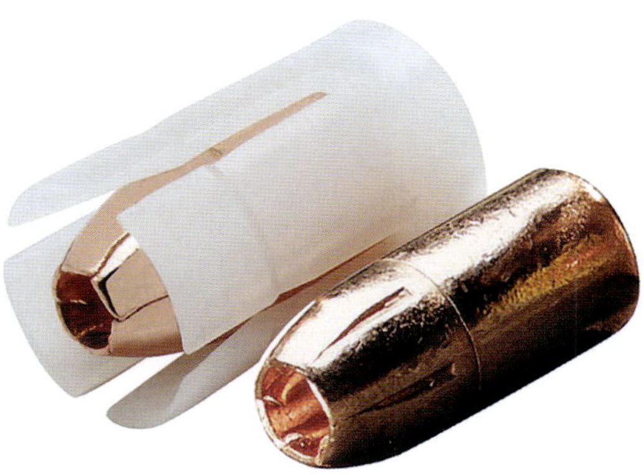

Remington-Flintenlaufgeschoss aus Kupfer samt Kunststoff-Treibspiegel

Eine weitere 870 SPS-Variante war das Modell 870 SPS-T Super-Magnum Camo CL/RD, Kaliber 12/89, aus dem Jahr 2000. Dieses insgesamt 113 cm lange Gewehr hatte einen 58 cm langen Lauf und als Besonderheit, dass es bereits fabrikmäßig mit einer eingeschossenen Leupold-Gilmore Red Dot-Zieloptik, montiert auf einer Cantilever-Montageschiene, ausgeliefert wurde. Die Waffe wurde allerdings nur im Jahr 2000 hergestellt. Im gleichen Jahr erschien auch das Modell 870 SPS RS/TG, Kaliber 12, mit der oben beschriebenen TruGlo-Visierung mit farbigen, durchscheinenden Glasfiberstäben. Diese Waffe hat einen 51 cm langen, glatten Flintenlauf mit Rem-Choke-Wechselchokes und einen Vorder- und Hinterschaft aus schwarzem Kunststoff. Das Modell 870 SPS-T RS/TG Camo folgte 2001. Auch dieses, wieder komplett im Mossy Oak Camouflage-Finish gehalten, hat einen 51-cm-Lauf und eine TruGlo-Visierung. Die Gesamtlänge der Waffe beträgt 105 cm und ihr Gewicht 3,3 kg. 2001 erschien die gleiche Waffe auch als Youth-Variante. Zwar ist die Lauflänge auch hier 51 cm, doch ist der Hinterschaft etwas kürzer, was zu einer Waffengesamtlänge von nur 103 cm und einem Gewicht von 3,25 kg führt. 2001 stellte Remington auch zwei neue Versionen des Modells 870 SPS Super-Magnum Camo im Kaliber 12/89 vor. Die eine Version, komplett im so genannten Mossy Oak Break-up Camouflage-Finish gehalten, hat einen 71 cm langen, mit einer ventilierten Laufschiene versehenen Lauf mit Rem-Choke-Wechselchokes, ist insgesamt 122 cm lang und wiegt 3,3 kg. Die andere Version von 2001 ist das Modell 870 SPS-T Super-Mag Camo CL (Cantilever), ebenfalls im Magnum-Schrotkaliber 12/89. Diese Vorderschaft-Repetierflinte verfügt über die bereits beschriebene Cantilever-Zieloptik-Montageschiene, hat einen 58 cm langen Lauf und ist insgesamt 113 cm lang. Ihr Gewicht beträgt 3,4 kg. Sowohl der Kunststoff-Vorder- und -Hinterschaft als auch sämtliche Metallteile, also auch der Lauf, sind mit einer Mossy Oak Camouflage-Tarnfarbenschicht überzogen.

REMINGTON MODELL 870 TRAP

Die Flinte 870 TC Trap, mit fester Chokebohrung, wurde zwischen 1950 und 1986 in verschiedenen Versionen produziert. 1986 erhielt sie Rem-Choke-Wechselchoke-Einsätze und wurde so bis 1994 weiter gebaut. Der Produktionsstopp 1994 hatte solch einen Aufschrei in Nordamerika zur Folge, dass die Flinte 1996 mit einem 76-cm-Lauf und einem Monte-Carlo-Schaft mit hoher Backe 1996 wieder neu vorgestellt wurde. 2000 brachte man dann mit der 870 Classic Trap sogar ein spezielles Jubiläumsmodell heraus. Der brünierte Systemkasten dieser Waffe ist einfach graviert und mit Goldeinlagen versehen. Die Lauflänge beträgt 76 cm, die Gesamtlänge 128 cm und das Waffengewicht 3,6 kg. Ab 2001 war diese Waffe dann – allerings ohne Gravur und Goldeinlagen – Bestandteil der Standardbaureihe der 870er-Vorderschaft-Repetierflinten.

Modell 870 Trap Classic

REMINGTON MODELL 1100

1963 stellte die Firma Remington die Selbstladeflinte Modell 1100 vor, einen Gasdrucklader mit Fallblock-Verschlusssystem. Zur Bewerkstelligung des halbautomatischen Nachladevorgangs wird ein Teil des bei der Schussabgabe entstehenden Gasdrucks durch eine Bohrung im Lauf kurz nach dem Patronenlager in einen unter dem Lauf befindlichen Druckzylinder abgeleitet. Das abgeflossene Gas füllt diesen, bewegt dadurch einen im Zylinder befindlichen Kolben und dieser wiederum treibt das Verschlussstück zurück, was den Entriegelungsprozess einleitet; die Nute des vertikalen Fallblocks werden dabei nach unten gedrückt. Mit der gleichzeitigen Rückwärtsbewegung des Verschlusses wird die abgeschossene Patronenhülse von der Auszieherkralle aus dem Patronenlager gezogen und durch das Auswurffenster im Systemkasten ausgeworfen. Nachdem der Verschluss seine rückwärtigste Position erreicht hat, zwingt ihn die Verschlussfeder wieder nach vorne. Dabei wird gleichzeitig eine neue Patrone aus dem Röhrenmagazin nach oben zugeführt, das Schloss gespannt und der Verriegelungsblock wieder nach oben geschoben und es kann ein weiterer Schuss abgegeben werden. Die Waffe weist hinten am Abzugsbügel eine Druckknopfsicherung auf. Bis 1987 war ihr Lauf mit einer festen Chokebohrung versehen, ab dann mit Rem-Choke-Wechselchokes. Die Kapazität des im Vorderschaft befindlichen Röhrenmagazins beträgt in den Kalibern 12, 20 und 28 fünf Patronen und in 36 (.410) drei. Das Magazin wird durch die Unterseite des Systemkastens geladen. Im Laufe der Jahre brachte die Firma Remington eine Vielzahl verschiedener Varianten der Selbstladeflinte 1100 heraus; dabei handelte es sich oft auch um Sonderausführungen, die nur jeweils ein paar Jahre lang verkauft wurden. Ein Beispiel hierfür ist das Modell „Ducks Unlimited Atlantic" von 1982, von dessen Verkaufserlös Remington jeweils einen Teil an die Organisation Ducks Unlimited spendete. 1984 wurde das Modell 1100 SP (Special Purpose) vorgestellt, eine Waffe für die Wasserjagd im Kaliber 12 mit wahlweise einem 66-cm- oder einem 76-cm-Lauf mit Vollchoke-Bohrung. 1986 war Remington dann eine der letzten US-Waffenherstellerfirmen, die mit dem Rem-Choke-System auswechselbare Choke-Einsätze für die Läufe ihrer Flinten anbot. Die mittels eines speziellen Schlüssels einzuschraubenden Einsätze sind aus Stainless-Stahl und 52 mm lang. Seit 1987 werden die 1100-Modelle mit Läufen für Rem-Choke-Einsätze mit Zylinder-, 1/4-, 1/2-, 3/4- und Vollchoke-Bohrungen ausgeliefert und sind damit generell auch für die Verwendung von Stahlschroten geeignet.

Remington 1100 Special Field/ 1100 LT-20

Die traditionelle Jagd-Variante des Modells 1100 ist die Flinte 1100 Special Field. Remington stellt diese mit einem 58-cm-Lauf mit ventilierter Laufschiene in den Kalibern 12 und 20 her; in der 12er-Variante wiegt die Waffe 3,3 kg und in der 20er 3 kg. Ihre Gesamtlänge beträgt jeweils 110 cm. Die Selbstladeflinte hat einen geraden Hinterschaft im englischen Stil und im Vorderschaft ein Röhrenmagazin, das maximal fünf Patronen aufnimmt; in vielen Ländern, etwa auch in Deutschland, ist die Magazinkapazität bei jagdlichen Selbstlade-Langwaffen auf nur zwei Patronen beschränkt. Das Modell 1100 LT-20 gibt es nur im Kaliber 20. Hierzu ist ein 66 oder 71 cm langer Lauf erhältlich, was zu einer Waffengesamtlänge von entweder 117 oder 122 cm und zu einem Gewicht von 3,1 oder 3,2 kg führt. Diese Flinte hat einen Hinterschaft mit Pistolengriff. Ihre Variante LT-20 Magnum besitzt ein Patronenlager für Patronen des Kalibers 20/76 und wird nur mit einem 76-cm-Lauf und in einer Gesamtlänge von 122 cm angeboten. Seit 1998 sind die Seiten des Systemkastens der Modelle LT-20 und LT-20 Magnum mit einer einfachen Gravur versehen. 2000 stellte die Firma Remington die Produktion der Modelle 1100 Special Field, LT-20 und LT-20 Magnum mit Nussbaumholz als Schaftmaterial ein.

Remington 1100 als Special Field (oben), LT-20 (Mitte) und LT-20 Magnum (unten)

Remington 1100 LT-20 Youth

Das Modell 1100 LT-20 Youth wurde von Remington mit einem kleinen 20er-Systemkasten hergestellt. Die Waffe ist für Schützen von kleinerer Statur gedacht, hat einen etwas kürzeren Hinterschaft, aber weiter einen 53 cm langen Lauf. Bis 1998 wurde eine Variante mit einem Nussbaumschaft und eine mit einem schwarzen Kunststoffschaft hergestellt. 1998 erschien mit dem Modell 1100 LT-20 Youth Turkey ein Truthahnjagd-Sondermodell, mit der das Silber-Jubiläum der National Wild Turkey Federation gefeiert werden sollte und von dem ein Teil des Verkaufserlöses an die Federation ging. Diese Waffe, Kaliber 20/76 und auf dem halben Wege bis zur Laufmündung auf der Laufschiene sowie vorne an der Mündung mit einer TruGlo-Glasfibervisierung ausgestattet, hat ebenfalls einen 53-cm-Lauf. Die Kimme ist U-förmig und besteht aus beidseitig je einer durchscheinenden, grünen Glasfiberstange. Der Kunststoffschaft der Waffe ist in Mossy Oak Camouflage gehalten. 1998 beschloss man, die Systemkasten-Seiten des Modells 1100 LT-20 mit einer Gravur zu versehen und 1999 stellte man mit dem Modell 1100 Youth Synthetic Turkey Camo eine neue Version der Flinte

Modell 1100 Youth (oben), Youth Synthetic (Mitte) und Youth Turkey Camo (unten)

Remington 1100 Synthetic FR/RS (oben) und Synthetic FR/CL mit Cantilever-Schiene und Zielfernrohr (unten)

vor. Diese 20er-Waffe, wieder mit 53-cm-Lauf, hat einen kürzeren Schaft, gehalten im so genannten Real Tree Advantage Camo-Muster und das Magnumkaliber 20/76.

REMINGTON 1100 SLUG GUN

1997 stellte Remington eine neue 1100er-Variante vor, das Modell 1100 SFRCL – abgekürzt für „Synthetic Fully-Rifled Cantilever" Deer Gun. Bei dieser Waffe handelt es sich im Endeffekt um keine Flinte, da ihr Lauf Züge und Felder zum Verschießen von Einzelprojektilen auf Schalenwild aufweist. Das Gewehr wurde nur im Kaliber 12/70 hergestellt, hat einen 53-cm-Lauf, eine Gesamtlänge von 105 cm und ein Gewicht von 3,4 kg. Es ist mit einer Cantilever-Zieloptik-Montageschiene ausgestattet und und hat, wie die Bezeichnung „Synthetic" wissen lässt, einen Kunststoffschaft. Ein weiteres neues Modell war die 1100 LT-20 FRRS – „Fully-Rifled Rifle-Sighted" Deer Gun. Diese besitzt ebenfalls einen Kunststoffschaft und ein verstellbares Büchsenvisier. „LT-20" weist auf das Kaliber 20 der mit einem 53-cm-Lauf versehenen, 104 cm langen und 3,2 kg schweren Waffe hin.

REMINGTON 1100 SPORTING

In Nord- und Südamerika wird der Wurfscheiben-Schießsport im Gegensatz zu Europa auch sehr gerne mit Selbstladeflinten ausgeübt. Da durch die halbautomatische Nachladefunktion ein merklicher Teil des Waffenrückstoßes absorbiert wird, sind Selbstladeflinten besonders bei weniger durchtrainierten Schützen sehr populär. Die Angst vor dem Rückstoß ist zudem auch der Grund für die Einführung von kleineren Schrotkalibern, etwa 20 oder 28, auch zum Wurfscheibenschießen; so kam es auch zur Einführung der Remington Modell Sporting 28 1996 und 1100 Sporting 20 1998. Letztere Waffe hat einen Nussbaumschaft mit einer dicken Gummi-Schaftkappe. Ihr Lauf aus Chrom-Molybdän-Stahl ist 71 cm lang und kann mit vier unterschiedlichen Rem-Choke-Einsätzen bestückt werden. Daher ist die Flinte auch jagdlich recht gut geeignet. Die Modelle 1100 Classic Trap und 1100 Sporting 12, beide Kaliber 12, erschienen im Jahr 2000. Die Classic Trap hat einen 76-cm-Lauf und ist 128 cm lang und die Sporting hat einen 71-cm-Lauf und misst insgesamt 122 cm. Ihr Monte-Carlo-Schaft ist aus amerikanischem Nussbaum. Lauf und Basküle sind brüniert, der Abzug vergoldet. Auch in diesen Lauf können verschiedene Rem-Choke-Einsätze eingeschraubt werden.

Remington Modell 1100 Classic Trap (oben) und Sporting (darunter)

REMINGTON 1100 SYNTHETIC

Dieses 1995 vorgestellte Modell hat einen Vorder- und Hinterschaft aus Kunststoff; die Metallteile sind matt brüniert. Die Version im Kaliber 12 hat einen 71 cm langen Lauf, ist 122 cm lang und wiegt 3,2 kg. Die 20er-Version ist mit einem 66-cm-Lauf ausgestattet, 117 cm lang und hat ein Gewicht von knapp 3,1 kg. Die Variante Synthetic Camo stammt aus dem Jahr 1998, ist komplett mit einer Mossy Oak Camouflage-Schicht über-

Remington 1100 Synthetic und Synthetic Camo im Mossy Oak-Finish

Modell 11-87 SPS (oben) und 11-87 SP Super-Magnum (unten)

zogen und mit einer farbigen, durchscheinenden TruGlo-Visierung ausgestattet. Dieses Gewehr hat einen 58-cm-Lauf und ist 112 cm lang.

REMINGTON MODELL 11-87

Das Selbstladeflinten-Modell 11-87 kam 1987 auf den Markt. Wie beim Modell 1100 handelt es sich dabei um einen Gasdrucklader. Der entsprechende Gasdruck-Zylinder und der darin befindliche Kolben sind vernickelt; aufgrund dessen und der speziellen Form des Kolbens ist das System nahezu selbstreinigend. Alle Versionen dieser Waffe sind mit Wechselchoke-Einsätzen aus Stainless-Stahl mit Zylinder-, $^{1}/_{2}$- und Vollchoke-Bohrung ausgestattet. Während die jagdliche Version des Modells 11-87 ein Patronenlager für 76-mm-Patronenhülsen besitzt, hat die Sportversion ein Lager für 70-mm-Hülsen. Standard-Lauflängen sind 66, 71 und 76 cm; eine spezielle Links-Variante gibt es nur mit einem 71 cm langen Lauf. Remington brachte 1991 und 1996 auch spezielle Jubiläumsmodelle der Waffe heraus, die eine entsprechende Gravur aufwiesen, die an das 175. und 180. Firmenjubiläum erinnerte. Die Super-Magnum-Versionen der Waffe, die 2000 auf den Markt kamen, sind jagdlich besonders geeignet. Aus ihren 89-mm-Patronenlagern können auch Patronen mit den Hülsenlängen 76 mm und 70 mm verschossen werden. Aufgrund der Rem-Choke-Wechselchoke-Einsätze können die Flinten heute zum Wurfscheibenschießen und morgen etwa zur Entenjagd verwendet werden.

REMINGTON MODELL 11-87 PREMIER

Die Luxusausführung der 11-87-Selbstladeflinte, deren Basküle beidseitig graviert ist, gibt es sowohl als Standard- als auch als Links-Modell seit 1999. In diesem Jahr stellte Remington auch eine Version der Premier-Ausführung im Kaliber 20 vor. Diese hat einen kleineren Systemkasten und ist daher mit 3,1 kg merklich leichter als die 3,5 kg schwere 12er-Version. In beiden Kalibern ist die Flinte mit Patronenlagern für 76 mm lange Patronenhülsen ausgestattet, so dass sowohl 76er- als auch 70er-Schrotpatronen daraus verschossen werden können. Die Premier-Ausführung ist mit einem 66, 71 oder 76 cm langen Lauf, jeweils versehen mit einer ventilierten Laufschiene, erhältlich. Die Waffengesamtlänge liegt dahingehend bei 117, 123 oder 128 cm und das Gewicht variiert zwischen 3,4 und 3,55 kg. Aufgrund der Rem-Choke-Wechselchoke-Einsätze ist auch diese Waffe sowohl jagdlich als auch sportlich einsetzbar.

Verschiedene Versionen des Modells 11-87: 11-87 Premier LC, LC LH Links-Variante, 11-87 Premier Deer Gun (mit Cantilever-Schiene und ZF) und 11-87 Super-Magnum (von oben nach unten)

1991 wurde eine spezielle Variante dieser Flinte mit einer Cantilever-Zieloptik-Montageschiene eingeführt und 1998 stellte Remington mit der Flinte 11-87 NWTF ein Sondermodell zum Jubiläum der National Wild Turkey Federation NWTF vor; ein Teil des Verkaufserlöses dieser Waffe kam der Federation zugute. Das Sondermodell ist mit einem TruGlo-Glasfibervisier ausgestattet und wurde damals mit vier Choke-Einsätzen speziell für die Truthahnjagd ausgeliefert. Links am Systemkasten der komplett in Mossy Oak Camouflage-Tarnfarbenoptik gehaltenen 12/76er-Waffe, ausgestattet mit einem 53 cm langen Lauf, ist das NWTF-Logo eingraviert. 1999 kam das Modell 11-87 SPS-T auf den Markt. Es hat ein Rem-Choke-Set, das einen speziellen, gezogenen Choke-Einsatz zum besseren Verschießen von Slugs beinhaltet, was die wiederum komplett im Mossy Oak Camouflage-Finish gehaltene Waffe auch wieder sehr geeignet zur Bejagung von Schalenwild, insbesondere von Wildschweinen macht. Ab dem Jahr 2000 hatte das Modell 11-87 SPS-T (Turkey) eine farbige, durchscheinende TruGlo-Glasfibervisierung.

Remington 11-87 Special Purpose

Bei dem Modell 11-87 SPS FR handelt es sich um eine Jagdwaffe mit einem 53 cm langen Slug-Lauf mit Zügen und Feldern und einer verstellbaren Büchsenvisierung. Der Modellbezeichnungs-Anhang steht für „Special Purpose Fully Rifled".

Remington 11-87 Special Purpose-Modelle: 11-87 Cantilever Deer Gun, 11-87 FR/RS, 11-87 SPS-T und die Standardausführung 11-87 SPS (von oben nach unten)

Remington 11-87 Super-Magnum

Im Jahr 2000 erschien mit den Flintenreihen 11-87 SP und SPS Super-Magnum eine ganze Serie neuer 11-87er-Flintenmodelle. Die Bezeichnung SP steht dabei für „Special Purpose" und SPS für „Special Purpose Synthetic" – verweisend auf einen Schaft aus Kunststoff. Beide Varianten im Kaliber 12 haben ein Patronenlager für 89-mm-Magnum-Patronenhülsen, aus dem wie üblich aber auch 76er- und 70er-Patronen verschossen werden können. Die Magazinkapazität in 12/89 ist drei und die in 12/76 oder 12/70 vier Patronen. Beim Modell SP ist das Schaftmaterial amerikanisches Nussbaumholz und bei der SPS-Variante wie gesagt Kunststoff. Beide Varianten gibt es mit wahlweise einem 66 oder einem 71 cm langen Lauf mit jeweils Rem-Choke-Einsätzen. Die 66-cm-Variante ist 116 cm lang und wiegt 3,7 kg und die 71-cm-Variante ist 122 cm lang und bringt ebenfalls etwa 3,7 kg auf die Waage.

2001 stellte Remington zwei weitere, neue Versionen des Modells 11-87 Super-Magnum vor. Die Flinte 11-87 SPS Super-Magnum Camo hat einen Kunststoffschaft und einen 71-cm-Lauf, ist insgesamt 122 cm lang, wiegt 3,7 kg und ist kom-

Sonderausführungen der Flinten 11-87 (von oben nach unten): SPS Super-Magnum Synthetic, Super-Magnum Camo, Super-Magnum Turkey Camo und Super -Magnum (mit TruGlo-Visierung)

plett im Mossy Oak-Tarnfarbenfinish gehalten; sie ist ausgestattet mit einem Rem-Choke-Wechselchoke-Set. Die zweite Version, dieser sehr ähnlich, ist das Modell 11-87 SPS-T Super-Magnum Camo Cantilever, das wieder eine spezielle Cantilever-Zielfernrohr-Montageschiene aufweist.

Die Selbstladeflinte 11-87 SPS-T RS/TG Super-Magnum ist eine Variante mit einem Büchsenvisier (RS = Rifle Sight), verbunden mit durchscheinenden, farbigen TruGlo-Glasfiberstäben zur besseren Zielerfassung (TG = TruGlo). Auch diese, insgesamt 112 cm lange Waffe, die einen 58-cm-Lauf aufweist und insgesamt 3,7 kg schwer ist, ist komplett in Mossy Oak Camouflage-Finish gehalten. Für das Modell 11-87 SPS-T RS/TG gibt es einen speziellen Vollchoke-Wechselchoke-Einsatz für die Truthahnjagd. Seit 2000 ist die Waffe auch mit einem 53 cm langen, gezogenen Büchsenlauf in Camouflage-Optik erhältlich und seit 2002 auch mit einem 58 cm langen Lauf.

REMINGTON 11-87 SPORTING

Die früheren Modelle zum sportlichen Schießen wurden vornehmlich nur in der Premier-Luxusausführung hergestellt. 1998 brachte Remington eine Wurfscheiben-Version des Modells 11-87 auf den Markt. Diese Waffe, bis dahin nur mit einem 76-cm-Lauf erhältlich, gab es fortan auch mit einem 71-cm-Lauf. In beiden Lauf-Varianten hatten diese Rem-Choke-Wechselchoke-Einsätze und waren zur Rückstoßminderung mit Kompensator-Bohrungen ausgestattet. Das 12er-Modell 11-87 Premier Sporting Clays hat einen 71 cm langen Lauf, eine Gesamtlänge von 123 cm und ein Gewicht von 3,45 kg. Die NP (Nickel Plated)-Version davon hat wahlweise einen 71-cm- oder 76-cm-Lauf, ist 123 cm oder 128 cm lang und wiegt zwischen 3,45 kg und 3,52 kg. Die Variante 11-87 Premier Skeet gab es nur im Kaliber 12 mit einem 66 cm langen Lauf. Sie ist insgesamt 117 cm lang und wiegt etwa 3,7 kg. Das Modell 11-87 Premier Trap zum sportlichen Trap-Schießen hat einen 76-cm-Lauf und ist insgesamt 130 cm lang; diese Variante wiegt etwas mehr als 4 kg.

Sportliche Varianten der 11-87-Flinten-Baureihe (von oben nach unten): 11-87 Premier Skeet, Sporting Clay, Sporting Clay Nickel und 11-87 Trap

Modell 11-87 als SPS-T Camo (mit Cantilever-Montageschiene) (oben), 11-87 National Wild Turkey Federation von 1998 (Mitte) und 11-87 RS-TG (unten)

Remington Modell 11-87 Upland aus dem Jahr 2000

REMINGTON 11-87 UPLAND

2000 erschien auch die spezielle Wurfscheiben-Selbstladeflinte Modell 11-87 Upland Special. Diese Waffe ist sowohl im Kaliber 12 als auch 20 erhältlich und hat einen neuen, besonders leichten Lauf von 58 cm Länge mit einem Patronenlager für 76-mm-Patronenhülsen. Die Waffengesamtlänge beträgt 110 cm und das Gewicht je nach Kaliber 3,3 kg oder 3 kg. Der gerade, englische Hinterschaft und der Vorderschaft des wie üblich mit Rem-Choke-Wechselchoke-Einsätzen ausgelieferten Gewehrs sind aus amerikanischem Nussbaum.

REMINGTON 11-96 EURO LIGHTWEIGHT

Das Selbstladeflinten-Modell 11-96 Euro Lightweigth wurde 1996 von Remington vorgestellt; man zielte damit vornehmlich auf den europäischen Markt. Die Waffe gab es nur im Kaliber 12. Sie hatte einen 66 cm oder 71 cm langen Lauf mit einem Patronenlager für 76 mm lange Patronenhülsen und einer 6 mm breiten, ventilierten Laufschiene. Die Gesamtlänge liegt bei 117 oder 123 cm und das Gewicht bei 3,1 bzw. 3,2 kg. Die Flinte basiert auf dem Modell 11-87; es handelt sich auch hier um einen Gasdrucklader. Der halbautomatische Nachlademechanismus funktioniert sowohl mit 70-mm- als auch 76-mm-Patronen, da er sich individuell dem Gasdruck der jeweils verwendeten Munition anpasst. Der seitlich mit einer einfachen Maschinengravur versehene Systemkasten ist zwar aus Stahl, jedoch möglichst gewichtssparend konstruiert. Die Magazinkapazität des Röhrenmagazins liegt zwischen zwei und fünf Patronen. Das Rem-Choke-Wechselchoke-Set besteht aus einem Voll-, 1/2-, 1/4- und verbesserten Zylinderchoke-Einsatz.
Obwohl Remington 1997 stolz verkünden konnte, dass die Waffe vom Shooting Industry Magazine zur Flinte des Jahres gewählt wurde, hielt ihr Erfolg nicht lange an; 2000 wurde die Produktion des Modells 11-96 eingestellt.

Remington Modell 11-96 Euro Lightweight von 1996

REMINGTON MODELL SP-10 MAGNUM

1989 stellte Remington die halbautomatische Selbstladeflinte SP-10 im Kaliber 10 vor. Dabei handelt es sich um eine typische Waffe zur Bejagung von wilden Truthähnen und Gänsen sowie – mit Slugs – auch von Schalenwild. Aufgrund des immensen Kalibers 10/89 macht die Zusatzbezeichnung „Magnum“ bei diesem Gewehr durchaus Sinn. Das Röhrenmagazin im Vorderschaft fasst drei Patronen. Die SP-10 Magnum gab es anfänglich mit einem 66- oder 76-cm-Lauf mit ventilierter Laufschiene und auswechselbaren Choke-Einsätzen. Die Länge der Waffe be-

Remington SP-10 Magnum (oben) und SP-10 Magnum Camo im Mossy Oak-Finish (unten)

trug 121 respektive 131 cm und das Gewicht lag bei 5 kg beziehungsweise 5,1 kg. Schaftmaterial ist amerikanisches Nussbaumholz. Die Nachladefunktion wird wie üblich durch die Zuhilfenahme von vor dem Patronenlager im Lauf abgezapften, in einen darunter befindlichen Druckzylinder geleiteteten Gasdruckes bewerkstelligt. Da das Gewehr relativ schwer und eine Selbstladewaffe ist, ist das ansonsten große Problem des starken Rückstoßes von Patronen des Kalibers 10 hier relativ gut zu bewältigen. Wie die Remington-Modelle 11-87 und 870 hat auch die SP-10 Magnum eine Druckknopfsicherung hinten am Abzugsbügel. 1991 folgte eine Variante der Waffe mit einem 56-cm-Lauf und einem verstellbaren Büchsenvisier. Diese Variante war als Modell SP-10 Magnum Combo auch zusätzlich mit einem 66 oder 76 cm langen, reinen Flintenlauf erhältlich. 1993 erschien das Modell SP-10 Magnum Turkey Camo. Dieses ist 113 cm lang, hat einen 58 cm langen, mit einer ventilierten Schiene versehenen Lauf, ist komplett mit einer Mossy Oak Camouflage-Schicht überzogen und wird wie die anderen SP-10-Varianten mit auswechselbaren Rem-Choke-Wechselchoke-Einsätzen ausgeliefert. 1998 stellte Remington mit der SP-10 Turkey Camo NWTF aus Anlass des Jubiläums der National Wild Turkey Federation NWTF ein Sondermodell mit einem 58 cm langen Lauf mit ventilierter Schiene, einer Gesamtlänge von 113 cm und einem Gewicht von 4,8 kg vor. Auch diese Waffe war komplett im Mossy Oak-Tarnfarbenfinish gehalten und hat als Besonderheit, dass ihr Korn und die Seiten der Kimme aus durchscheinenden, farbigen TruGlo-Glasfiberstäben gestaltet sind. Seitlich am Systemkasten befindet sich das NWTF-Logo. Remington stellte auch eine SP-10 Magnum Camo mit einem 66 cm langen, mit einer ventilierten Schiene versehenen Lauf vor, der mit auswechselbaren 1/2- und Vollchoke-Bohrungseinsätzen für Stahlschrote ausgestattet war; ab 1999 gab es dafür noch einen Vollchoke-Einsatz, speziell für die Truthahnjagd.
2000 erschien das Modell SP-10 Magnum Synthetic. Es hat einen matt schwarzen, 66 cm langen, ventilierten Lauf, ist 119 cm lang und wiegt 4,5 kg. Schaftmaterial ist schwarzer Kunststoff und die Magazinkapazität beträgt normalerweise zwei Patronen des Kalibers 10, das im Übrigen in einigen europäischen Ländern jagdlich nicht zugelassen ist. Die Waffe wird mit auswechselbaren 1/2- und Vollchoke-Bohrungseinsätzen ausgeliefert.

SP-10 National Wild Turkey Federation-Jubiläumsmodell von 1998 und darunter die SP-10 Magnum Synthetic aus dem Jahr 2000

RIGBY

www.johnrigbyandco.com

Die edle Firmenplatte von John Rigby & Co.

Rigby mag nicht unbedingt ein Name in Sachen Flinten sein, in Sachen Großwildbüchsen aber um so mehr. Die Firma John Rigby & Co. Gunsmiths Ltd. wurde bereits 1735 gegründet. Zunächst war der Firmensitz in Dublin in Irland. Nach John Rigbys Tod 1819 führten die Söhne William und John Jason das Geschäft weiter. Zu dieser Zeit gab es einen großen Markt für Duellpistolen und Pepperbox-Revolver. 1866 eröffnete man eine Tochtergesellschaft in London. Als John Rigby zum Leiter der königlichen Waffenfabriken in Enfield ernannt wurde, wurde die Firma

Rigby Pepperbox-Revolver aus der Dublin-Ära

in Irland verkauft. In seiner Zeit in Enfield war Rigby für die Entwicklung des .303er Mark I Lee Enfield-Armeegewehrs mit verantwortlich. In den frühen Jahren – während die Firma noch in der St. James Street in London angesiedelt war – experimentierte John mit seinen ersten Nitro Express-Büchsen. Diese Bezeichnung war von dem neuen Nitrozellulose-Treibladungspulver abgeleitet, welches nun das Schwarzpulver ersetzte. Die .450 Cordite-Büchse war damals der Vorläufer sämtlicher nachfolgender Generationen von Großkaliberbüchsen. Das aus der Waffe verschossene .450er-Projektil erbrachte weit mehr Zielenergie, als die alten Schwarzpulverbüchsen im Kaliber 8 – und zudem war die neue Waffe beträchtlich leichter. 1899 entwickelte Rigby auch die jagdlichen Kaliber .275 Rigby und .350 Express. Später wurde die Firma Rigby auch durch ihre doppelläufigen Magnum Express-Büchsen in den Kalibern .416 Rigby, .470 Nitro Express, .577 Nitro Express und sogar .600 Nitro Express berühmt. Die legendäre Patrone .416 Rigby stammt von 1912. Waffen in diesem Kaliber wurden insbesondere zur Großwildjagd in Afrika und Asien hergestellt. Moderne Jagdgewehre haben zwar in zunehmendem Maße kleinere Kaliber, aber die „Professional Hunters", die Berufsjäger weltweit, vertrauen auch heute noch auf die Stoppwirkung von Magnumpatronen mit entsprechend schweren Geschossen. Weil sie fast ausschließlich von Hand gefertigt sind, sind Rigby-Waffen sehr teuer. Der Preis einer Querflinte von Rigby fängt bei 22000 Pfund an und ein Rigby-Schwesternflintenpaar kann durchaus mehr als 100000 Pfund kosten; dieses bekommt man dann aber feinst graviert und mit Goldeinlagen in einem exklusiven Lederkoffer sowie auch mit zusätzlichen Wechselläufen. 1994 stellte die Firma das neue jagdliche Büchsenkaliber .450 Rigby Magnum vor. Die Firma Rigby ist auch heute noch der offizielle Jagdwaffenlieferant des britischen Hofes. Traditionelle Seitenschlosswaffen von Rigby sind zweifelsohne weniger Gebrauchswaffen, als mehr edle Sammlerstücke. Weil alle Rigby-Waffen nach den Kundenvorgaben von Hand gebaut werden, beträgt ihre Lieferzeit bis zu zwei Jahren. Rigby, nun mit Sitz in der Suffolk Street in London, stellt pro Jahr etwa fünfzig Gewehre her. Die feinen, edlen Gravurarbeiten an allen Rigby-Waffen führt ausschließlich die Familie Hunt, Vater Ken, Sohn Marcus und Tochter Alison, aus.

RIGBY .416 DOPPELBÜCHSE

Diese Doppelbüchse im Kaliber .416 Rigby ist lediglich ein Beispiel der Arbeit dieses Unter-

Rigby-Doppelbüchse im Kaliber .416 Rigby

nehmens. Das Kaliber .416 Rigby wurde 1911 von John Rigby eigentlich für seinen auf dem Mauser K 98 basierenden Kammerstängel-Repetierer vorgestellt. Die Doppelbüchse hat nun eine Lauflänge von 61 cm. Die gesamte Länge liegt bei 104 cm und das Gewehr wiegt 5,75 kg. Die Verriegelung erfolgt mit doppelten Laufhaken und einem so genannten Puppenkopf-Verschluss. Dabei endet das ansonsten im Greener-Stil gehaltene Verschlussstück am Ende des Laufbündels in einem runden, nach unten konisch ausgeformten Abschlussteil. Dieses greift beim Schließen der Waffe in eine exakt korrespondierende Aussparung im Stoßbodenbereich der Basküle. Aufgrund der sich nach unten hin verjüngenden Schrägfläche des „Puppenkopfes" ist dieses System zwar eine sehr robuste Verriegelung, gleichzeitig aber auch nur sehr arbeitsintensiv und folglich teuer herzustellen. Die Seitenschlosse sind im Southgate-Stil gehalten, also hinten mit einer V-förmigen Feder gehalten. Interne Sicherungsstangen verhindern ein Doppeln. Der Sicherungsschieber auf dem Kolbenhals blockiert beide Schlosse. Der Abzugswiderstand der beiden Abzugszüngel liegt standardmäßig bei 1,6 bis 1,8 kg. Schaft und Vorderschaft sind aus ausgesuchtem, handgearbeitetem Nussbaum-Wurzelmaserholz und weisen eine feine, handgeschnittene Fischhaut auf.

RIGBY .470 DOPPELBÜCHSE

Die Doppelbüchse .470 von Rigby hat das Kaliber .470 Nitro Express, welches 1900 von Joseph Lang entwickelt wurde. Es war lange Zeit ein extrem populäres Kaliber für von Elefantenjägern geführte, klassische englische Doppelbüchsen. Bei der Rigby Double .470 erfolgt die Verriegelung mittels doppelter Laufhaken und eines Purdey-Verschlusses. Dabei greift die zwischen den Läufen nach hinten herausragende, so genannte Purdey-Nase in eine korrespondierende Aussparung im Stoßboden der Basküle und wird dort von einem mit dem Verschlusshebel zu bewegenden Querriegel gehalten. Im Gegensatz zur Greener- oder Puppenkopf-Verriegelung ist diese Verschlusskonstruktion nicht zu sehen, wenn man von oben auf die Basküle blickt. Standardmäßig hat die Waffe ein 61 cm langes Laufbündel, ist insgesamt 104 cm lang und wiegt etwa 5,9 kg.

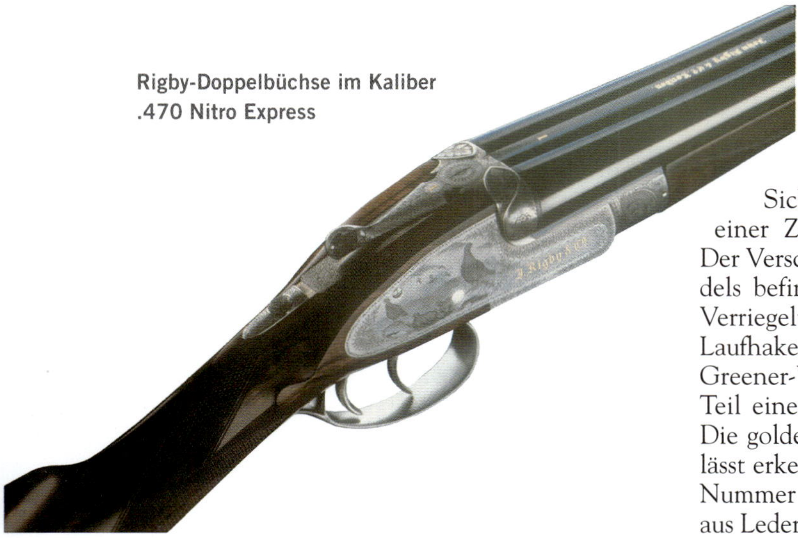

Rigby-Doppelbüchse im Kaliber .470 Nitro Express

RIGBY HAHNDOPPELFLINTE

Diese Querflinte im Kaliber 12/70 mit außenliegenden Hahnen ist traditionell konstruiert. Ähnlich wie bei früheren Waffen mit einer Perkussionszündung, bei denen die vorher von Hand gespannten Hahne auf ein Perkussionszündhütchen aufschlugen, treffen die Hahne hier auf die hinten aus der Basküle herausstehenden Schlagbolzen-Hinterteile. Nach dem Spannen der Hahne werden diese durch das Betätigen des jeweiligen Abzugszüngels aus ihrer hinteren Rast gelöst. Die Waffe hat zwar keine manuelle Sicherung, die Hahne können aber auch in einer Zwischenrast-Position arretiert werden. Der Verschlusshebel zum Abkippen des Laufbündels befindet sich seitlich an der Basküle. Die Verriegelung des Gewehrs erfolgt durch einen Laufhaken unter dem Patronenlager sowie eine Greener-Verriegelung. Die abgebildete Waffe ist Teil eines identischen Schwesternflintenpaares. Die goldeingelegte Zahl „2" auf der Laufschiene lässt erkennen, dass es sich bei der Flinte um die Nummer 2 des zusammen in einem edlen Koffer aus Leder ausgelieferten „Paares" handelt.

Traditionelle Querflinte von Rigby mit außenliegenden Hahnen

RIGBY SEITENSCHLOSSFLINTE

Außer Express-Doppelbüchsen stellt die Firma Rigby auch feine Querflinten in den Kalibern 12 und 20, mit Patronenlagern sowohl für 70 als auch für 76 mm lange Patronenhülsen her. Die Details dieser Doppelflinten, ihre Lauflängen und Gesamtlängen, bleiben den Wünschen der bestellenden Kunden überlassen. Die Kunden müssen lediglich angeben, wozu sie die Flinte vornehmlich verwenden werden; danach richtet sich dann etwa auch das Kaliber und die Chokebohrung. Die beiden abgebildeten Flinten besitzen Seitenschlosse und sind mit automatischen Ejektoren ausgerüstet. Der Kunde kann entscheiden, ob er eine Waffe mit Selbst- oder Handspannersystem will oder eventuell auch ein Schwes-

Rigby-Doppelflinte

ternflintenpaar. Auf Wunsch baut Rigby sogar Doppelflinten im Kaliber 10/89. Gewehre in diesem Kaliber werden vornehmlich für die Gänsejagd verwendet, wobei allerdings zu beachen ist, dass einige europäische Länder das Kaliber 10

Doppelflinte der Firma Rigby mit Seitenschlossen

jagdlich nicht zulassen. Die 10er-Flinte von Rigby hat eine Standardlänge von 112 cm und 71 cm lange Läufe; ihr Gewicht liegt üblicherweise lediglich bei 3,1 kg.

RIZZINI, EMILIO

www.faustistefanoarms.com

Markenzeichen der italienischen Firma Emilio Rizzini

In dem kleinen Ort Marcheno in der italienischen Region Brescia gibt es zwei Waffenfirmen mit dem Namen Rizzini. Beide Firmen entstammen der selben Familie; deren Mitglieder haben allerdings bereits Anfang dieses Jahrhunderts getrennte Wege in der Waffenherstellung betreten. Die Familiengruppe um Battista Rizzini entschloss sich, hochmoderne Herstellungsverfahren einzuführen, gleichzeitig hat man aber auch die alten norditalienischen Büchsenmachertraditionen nicht vergessen. Alle Rizzini-Flinten halten Gasdrücken von 1200 bar stand, man kann also mit ihnen auch Stahlschrote verschießen.
Der Markenname Emilio Rizzini für entsprechende Jagd- und Sportwaffen existiert seit 1974. Praktisch alle Flinten werden mit Wechselchoke-Sets ausgeliefert und haben ein patentiertes, vierfaches Verriegelungssystem. Die ersten beiden Verriegelungen erfolgen durch beidseitige Laufhaken unter dem Laufbündel. Die beiden weiteren Verriegelungen werden mittels Verriegelungsstücken auf beiden Seiten des unteren Laufes bewerkstelligt. Beim Schließen der Waffe greifen diese in korrespondierende Aussparungen in der Basküle und werden dort von einem Querriegel fixiert. Zusätzlich hierzu hat man bei Rizzini auch noch eine sechsfache Verriegelung entwickelt. Dabei gibt es zusätzlich zu den Verriegelungsstücken auf beiden Seiten des unteren Laufes noch jeweils Stangen beziehungsweise Stifte auf beiden Seiten des oberen Laufes, die in den Stoßbodenbereich der Basküle eingreifen

Das vierfache Rizzini-Verriegelungssystem

und geschlossen von einem weiteren massiven Querriegel gehalten werden. Dieses System ist für eine Flinte mit einem verhältnismäßig niedrigen Gasdruck ein wenig schwer, wäre aber eigentlich für Bockdoppelbüchsen ideal.

Alle Rizzini-Flinten werden standardmäßig mit einschraubbaren Wechselchoke-Einsätzen ausgeliefert; zudem gibt es auch aufschraubbare Wechselchokes, die die Lauflänge um etwa 5 cm erhöhen. Rizzini bietet einige hervorragende Modelle für das sportliche Wurfscheibenschießen an, etwa die Modelle Compact, Primatist und Gara. Die Firma stellte im Übrigen auch eine kleine Reihe traditioneller Querflinten her. Nach der Heirat des Rizzini-Erben mit Barbara Fausti, einer der Töchter der bekannten italienischen Waffenherstellungsfamilie Stefano Fausti, haben sich die beiden Firmen zwar zusammengeschlossen, die beiden Markennamen wurden jedoch beibehalten.

RIZZINI ALBION

Das Bockdoppelflinten-Modell Albion stammt von 1974; es weist die patentierte Rizzini Vierfach-Verriegelung auf. Die Waffe wurde in den unterschiedlichsten Kalibern hergestellt, in 12 sowohl mit Patronenlagerlängen von 70, 76 und auch 89 mm, in 16/70, in 20/70 und 20/76, in 28/70 und auch in 36 (.410). An Längen für das Laufbündel stehen wahlweise 65, 68, 70 oder 76 cm zur Verfügung. Der obere Lauf der Flinte im Kaliber 12 und 16 ist mit einer 7 mm breiten, ventilierten Laufschiene bestückt; bei den kleineren Kalibern ist die Laufschiene lediglich 6 mm breit. Die Waffe ist standardmäßig mit einem reinen Patronenausziehersystem ausgestattet, kann aber auf Wunsch auch mit automatischen Ejektoren geordert werden. Sie hat einen selektiven Einabzug oder einen Doppelzüngelabzug. Beim Einabzug hat der Sicherungsschieber auf dem Kolbenhals einen zentralen Knopf, der zur Laufwahl dient. Die Albion-Flinte kann auch mit einer automatischen Sicherung bestellt werden; beim Brechen der Waffe wird dann automa-

Rizzini Albion-Bockdoppelflinten

Rizzinis sechsfache Verriegelung

tisch auf „gesichert" geschaltet und vor dem Schuss muss jeweils entsichert werden. In der Standardausführung hat die Albion eine unbehandelte Basküle mit einer einfachen, seitlichen Maschinengravur. Die luxuriösere Ausführung Albion SL hat zwar keine Seitenschlosse, aber gravierte Seitenplatten. Material für den Vorder- und Hinterschaft ist jeweils Nussbaumholz. Die Waffe wird auch in einer speziellen Wasserjagd-Version in den Kalibern 12/70, 12/76, 20/70 und 20/76 hergestellt. Deren Lauflänge beträgt 60 cm. Als Variante Albion Slug, zum Verschießen von Flintenlaufgeschossen, hat die Bockdoppelflinte das Kaliber 12/76 oder 12/70 und ist mit einem glatten Flinten- sowie einem gezogenen Büchsenlauf mit Zügen und Feldern ausgestattet.

RIZZINI BRIXIAN

Die Bockdoppelflinte Brixian ist in praktisch allen Flintenkalibern mit allen erdenklichen Patronenlagerlängen erhältlich. Die Lauflängen liegen wahlweise bei 60, 65, 68, 70 oder 76 cm und die Läufe sind standardmäßig mit einem Set einschraubbarer Wechselchoke-Einsätze bestückt. Die durchgängige Laufschiene ist im Kaliber 12 und 20 10 mm breit, bei den kleineren Kalibern lediglich 7 mm. Die Bockdoppelflinte besitzt normalerweise automatische Patronen-Ejektoren, kann aber auch nur mit einem Patronen-Ausstoßersystem bestellt werden. Sie ist mit einem selektiven Einabzug oder einem Doppelzüngelabzug lieferbar. Beim Einabzug kann mittels eines Druckknopfes auf dem Sicherungsschieber eingestellt werden, welches Schloss für welchen Lauf als erstes ausgelöst werden soll; normalerweise löst zunächst das Schloss für den unteren Lauf aus und dann das für den oberen. Das Modell Brixian, Kaliber 12 und Kaliber 16, ist mit dem sechsfachen Rizzini-Verschluss ausgestattet, die kleineren Kaliber lediglich mit dem vierfachen. Die Baskülenseiten des Modells Brixian Deluxe und die langen Seitenplatten des Modells Brixian SL Deluxe sind von führenden italienischen Künstlern graviert. Das ausgesuchte Nussbaumholz des schlanken, englischen Schaftes der in einem edlen Lederkoffer ausgelieferten Waffe wird von Hand bearbeitet und geölt.

Brixian-Flinten mit schlanker, englischer Schaftform

RIZZINI CLASS

Die Baureihe Rizzini Class besteht aus vier Modellen, die allesamt das vierfache Verschlusssystem aufweisen. Bei der Standardausführung sind die Baskülenseiten mit einer einfachen Maschinengravur versehen, erst das Modell Class Deluxe ist handgraviert; die Gravur ist teils goldeingelegt. Obwohl die Bockdoppelflinte Class SL über keine eigentlichen Seitenschlosse verfügt, besitzt sie von Hand gravierte Seitenplatten. Das luxuriöseste Modell, die Flinte Class SL Deluxe, weist eine edle Handgravur mit Jagdszenen und goldeingelegten Tiermotiven auf.

Alle Class-Varianten gibt es in den Kalibern 12, 16, 20, 28 und 36 (.410) und im Kaliber 12 mit 70er-, 76er- und auch 89er-Patronenlagern. Als 16er-Kaliber ist nur 16/70 erhältlich und als 20er sowohl 20/70 als auch 20/76; das 28er-Kaliber gibt es in 28/70 und das 36er (.410er) nur in 36/76 beziehungsweise .410/76. An Lauflängen für die Baureihe stehen 60, 65, 68, 70 und 76 cm zur Verfügung, was zu Waffengesamtlängen zwischen 104 cm und 122 cm führt. Je nach Kaliber und Lauflänge variiert das Waffengewicht zwischen 2,7 kg und 3,3 kg. Im Kaliber 12 und 20 befindet sich eine 10 mm breite, ventilierte Laufschiene auf dem Lauf, in den anderen Kalibern ist diese nur 7 mm breit.

Regulär wird die Bockdoppelflinte Rizzini Class mit einem selektiven Einabzug ausgeliefert. Der Sicherungsschieber auf dem Kolbenhals fungiert dabei gleichzeitig als Laufwahlschieber; er enthält diesbezüglich einen entsprechenden Druck-

Flinte Rizzini Class (oben) und Class Deluxe (unten)

knopf. Auf Bestellung ist die Waffe auch mit einem Doppelzüngel-Abzugssystem erhältlich. Die Modelle sind mit automatischen Ejektoren ausgestattet, können aber auch mit Patronenausziehern bestellt werden. Schaftmaterial ist ausgesuchtes Nussbaumholz und als Hinterschaftform kann ein Schaft mit Pistolengriff oder ein gerader, englischer Schaft gewählt werden.

Rizzini Compact

Bei diesem Modell handelt es sich um eine kurze, wiederum mit dem beschriebenen vierfachen Verriegelungssystem von Rizzini ausgestattete Bockdoppelflinte zum sportlichen Wurfscheibenschießen, die aber durchaus auch jagdlich recht geeignet ist. Die Waffe wird in den Kalibern 12, 16 und 20 – jeweils mit Patronenlagern für 76-mm- und 70-mm-Patronenhülsen – hergestellt und mit Lauflängen von 68, 71, 75 oder 78 cm angeboten. Sie hat auswechselbare Choke-Einsätze, eine 10 mm breite Laufschiene, automatische Ejektoren und wahlweise einen Doppelzüngel- oder einen selektiven Einabzug, bei dem die Laufwahl mittels des kombinierten Sicherungs- und Laufwahlschiebers auf dem Kolbenhals erfolgt. Die Basküle ist brüniert und enthält lediglich einen vergoldeten Modellbezeichnungs-Schriftzug. Der Schaft mit Pistolengriff ist aus ausgesuchtem Nussbaumholz und die Waffe wird in einem speziellen Kunststoffkoffer ausgeliefert.

Rizzini Class SL und Class SL Deluxe (darunter)

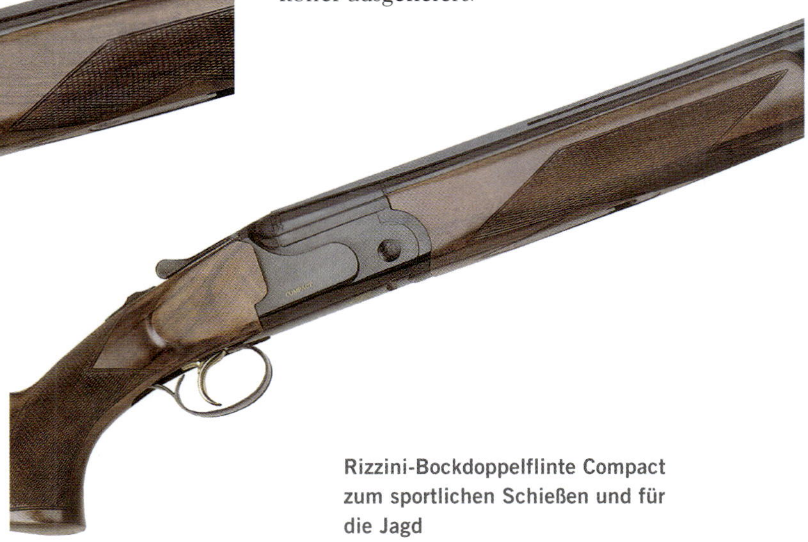

Rizzini-Bockdoppelflinte Compact zum sportlichen Schießen und für die Jagd

RIZZINI GARA

Die Bockdoppelflinte Gara ist ebenfalls als Sportwaffe konzipiert, aber dennoch auch gut für die Jagd geeignet. Sie wird nur in den Kaliben 12, 16 und 20 und mit 76-mm- und 70-mm-Patronenlagern hergestellt. Die Läufe sind in einer Länge von 68, 71, 75 oder 78 cm erhältlich und mit einschraubbaren Wechselchoke-Einsätzen zu bestücken. Eine vorhandene ventilierte Laufschiene ist 10 mm breit. Alle Versionen der Waffe haben automatische Patronen-Ejektoren und entweder einen Doppelzüngelabzug oder einen selektiven Einabzug, bei dem die Laufwahl über einen Druckknopf erfolgt, der im Sicherungsschieber integriert ist. Die 12er und 16er Gara-Variante verfügen über die sechsfache Rizzini-Verriegelung. Die Basküle der Waffe ist unbehandelt und enthält nur eine einfache Maschinengravur, die Variante Deluxe ist reich von Hand graviert, die Variante Gara Cup hat zusätzliche Goldeinlagen und das Modell Gara SL fein gravierte Seitenplatten. Schaftmaterial ist stets ausgesuchtes Nussbaumholz.

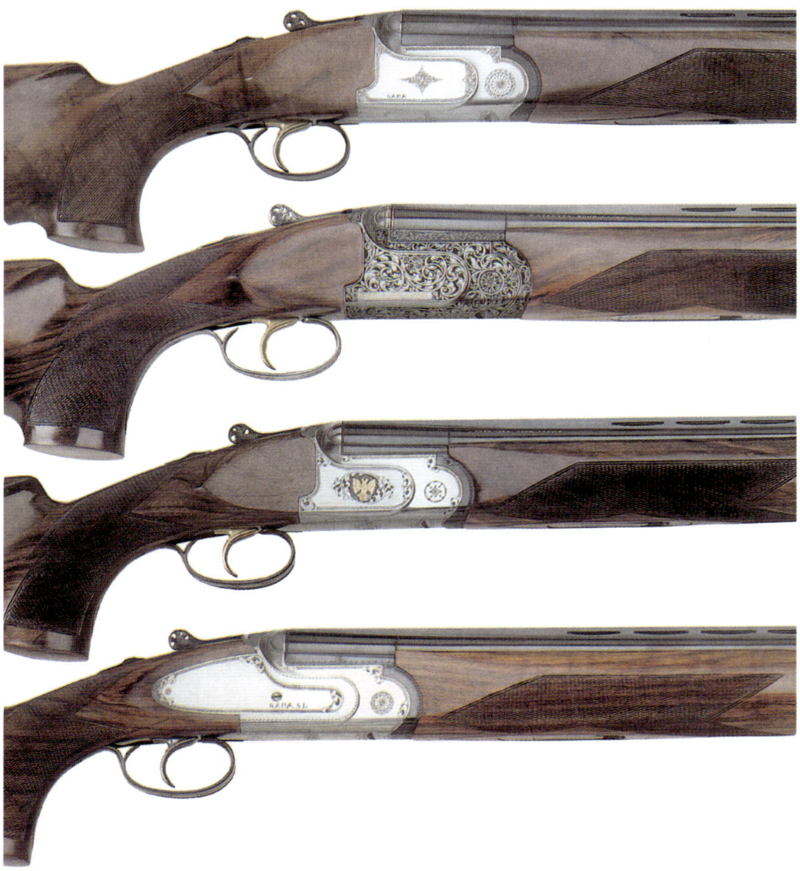

Rizzini Gara als Ausführung Standard, Deluxe, Cup und Gara SL (von oben nach unten)

RIZZINI PRIMATIST

Das Modell Primatist gibt es nur in den Kalibern 12 und 20 mit 76-mm- oder 70-mm-Patronenlagern. An Lauflängen stehen 68, 71 oder 75 cm zur Verfügung; alle Läufe sind mit Wechselchoke-Einsätzen zu bestücken. Die ventilierte Laufschiene der Waffe, die über automatische Ejektoren und wahlweise einen Doppelzüngel- oder einen selektiven Einabzug verfügt, ist 10 mm breit. Die Laufwahl erfolgt über den kombinierten Sicherungs- und Laufwahlschieber am Kolbenhals. Die brünierte Basküle ist lediglich mit einer einfachen, dünnen Umrahmungsgravur versehen. Unten auf der Basküle befindet sich das in Gold eingelegte Doppeladler-Logo der Firma. Der Schaft – mit Pistolengriff – ist aus ausgesuchtem Nussbaumholz.

Flinte Rizzini Primatist, wegen ihrer vierfachen Verriegelung eine hervorragende Jagd- und Sportwaffe

RUGER

www.ruger.com

Das Logo der Firma Sturm, Ruger & Company Inc.

Die Familie von William Batterman (Bill) Ruger, dem maßgeblichen Mitbegründer der Firma Sturm, Ruger & Company Inc., stammt aus Deutschland. Sein Stief-Ur-Ur-Großvater, der bei Waterloo gegen Napoleon gekämpft hatte, wanderte um 1848 nach Nordamerika aus. Rugers eigener Großvater war Portraitmaler. Mehrere Mitglieder der Familie gründeten das Frachtunternehmen Ruger Bros., das eine Frachtschifflinie zwischen New York und Japan unterhielt. Bill Rugers Vater wiederum schlug eine komplett andere Richtung ein und wurde Anwalt in Brooklyn, New York. Er war ein großer Naturliebhaber und nahm seinen Sohn regelmäßig auf die Entenjagd nach Long Island mit. Die Sommer verbrachte Bill bei seinem Großvater auf dessen Farm, wo er mit einer .22er Remington Vorderschaft-Repetierbüchse schoss, die er zu seinem 12. Geburtstag bekommen hatte. Bill hatte sich von Anfang an sehr für Technik interessiert und Waffen faszinierten ihn mehr und mehr. Er studierte an der Universität von North Carolina, machte aber dort keinen Abschluss. Während seiner Uni-Zeit experimentierte er mit einer Savage Unterhebel-Repetierbüchse und änderte diese in eine gasdruckgeladene Selbstladewaffe um. Stolz führte er seine Erfindung einigen Armee-Offizieren in Washington vor. Dies führte dazu, dass er 1939 von der staatlichen Springfield Armory als Waffenkonstrukteur eingestellt wurde. Es gefiel ihm dort jedoch nicht sonderlich, so dass er nach Greensboro in North Carolina zog und dort ein Maschinengewehr entwickelte, das er schließlich an die Auto-Ordnance Corporation verkaufte. Während des Zweiten Weltkriegs konstruierte er weitere Maschinengewehre, wobei er, was ihm später sehr von Nutzen sein sollte, besonderen Wert auf eine einfache und kostengünstige Herstellung legte. Nach dem Krieg gründete Ruger in Southport, Connecticut, dann eine Firma zur Herstellung von Maler-Utensilien, schloss diese aber bald wieder. Zu dieser Zeit hatte Bill Ruger auch die Idee für eine Kleinkaliberpistole im Kopf, war finanziell aber nicht in der Lage, diese zu verwirklichen. Als er mit Alexander McCormick Sturm zusammentraf, änderte sich dies. Sturm war ein Schriftsteller und Künstler, der an der Yale Art School studiert hatte. Er erkannte das Potenzial von Bills Idee und war bereit, die Sache zu finanzieren. Und dies führte 1948 zur Gründung der Firma Sturm, Ruger & Company Inc.; man mietete zusammen eine kleine Halle in Southport, Connecticut, wo eine kleine Büchsenmacherwerkstatt eingerichtet wurde. Das erste Produkt der neuen Firma war eine Kleinkaliberpistole, die 1949 vorgestellt wurde. Die beiden Partner beschäftigten nun 12 Angestellte.

Ruger MKI Kleinkaliberpistole, das bekannte Logo der Firma und der berühmte William Batterman (Bill) Ruger

Die finanzielle Situation des jungen Unternehmens war anfangs nicht immer die beste.

Die altbewährte Ruger-Repetierbüchse M77

Alex Sturm beschäftigte sich nicht mit der Waffenproduktion selbst, er lieferte aber das Design für das bekannte Phönixvogel-Logo der Firma und kümmerte sich um die Firmenwerbung. Nachdem Sturm bei einem Flugzeugabsturz ums Leben gekommen war, führte Bill Ruger die Geschäfte allein weiter. Aus Trauer um seinen toten Kompagnon und Freund änderte Ruger das Firmenlogo von zunächst rot in schwarz ab. 1959 kam das erste Gewehr der Firma auf den Markt, ein halbautomatischer Karabiner im Kaliber .44 Magnum. Die Fertigungsstätten der Firma wurden schnell zu klein, so dass man 1960 zunächst in größere Fertigungsstätten in Southport umzog und 1964 dann eine neue, weit größere Fabrik in Newport, New Hampshire, bezog, wo auch für andere Unternehmen Waffenteile produziert wurden. Ruger hatte ein relativ neues Verfahren zur Herstellung von Stahlteilen entwickelt und stets weiter verbessert. Mit der Vorstellung der hervorragenden Einzelladerbüchse Ruger No. 1 beschwor die Firma 1966 nahezu eine Sensation herauf. Bis dato waren Einzelladerbüchsen größtenteils ignoriert worden; die, die auf dem Markt waren, waren hauptsächlich einfache, billige Kipplaufwaffen. Bill Ruger selbst war schon immer ein Liebhaber schwerer, englischer Einzelladerbüchsen, speziell solcher von Alexander Henry, gewesen. Er war der Meinung, dass eine solche Waffe auch auf dem nordamerikanischen Markt gefragt sein könnte. Ruger stellte den bekannten Schaftmacher Leonard Brownell ein, der einen speziellen Schaft für die neue Ruger No. 1-Büchse entwerfen sollte. Die Ruger No. 1 wurde solch ein Erfolg, dass im Laufe der Zeit weitere Versionen der Waffe hinzukamen, etwa eine leichte Sport-Variante, eine Großwildjagd-Variante und eine mittelschwere Pirsch-Variante. Brownell wurde technischer Betriebsleiter der Ruger-Produktionsstätte in Newport. 1968 wurde die Ruger-Repetierbüchse Modell 77 (M77) vorgestellt; auch deren Schaft war ein Entwurf von Leonard Brownell. Obwohl zur damaligen Zeit eigentlich nicht sehr im Trend liegend, entwickelte sich die M77 schnell zu einem Verkaufsschlager. 1992 wurde der M77-Repetierer durch die verbesserte Version M77 Mark II ersetzt. Das Mark II-Modell verfügt über eine neue 3-Positionen-Sicherung, ein zuverlässigeres Patronenausziehersystem und hat eine Verschlusshülse und einen Verschlusszylinder, die grundsätzlich aus rostträgem Stainless-Stahl gefertigt sind. 1977 kam die Firma Ruger schließlich auch mit einer Flinte auf den Markt, diese allerdings zunächst nur im Kaliber 20, weil Bill Ruger der Meinung war, dass die meisten Kunden dieses dem 12er-Kaliber vorziehen. Anscheinend hatte er mit seiner Einschätzung sogar recht, denn es dauerte bis zum Jahr 1982, bis man auch eine 12er-Flinte anbot. Mit der Vorstellung einer Kleinkaliber-Version der M77-Büchse, des Modells M77/22 in .22 l.r. und .22 WMR, ging man bei Ruger wieder auf die Wünsche vieler Kunden ein. 1997 folgte eine Einlaufflinte zum sportlichen Trap-Schießen, die auf dem Modell Red Label basierte. Ruger war ein Meister im Marketing seiner Schusswaffen. Ein Beispiel für die innovative Kraft des Unternehmens ist etwa auch die aktuellste Version der M77/22-Büchse von 2002, nun im neuen Randfeuerkaliber .17 HRM (Hornady Rimfire Magnum). William Batterman (Bill) Ruger starb am 6. Juli 2002 im Alter von 86 Jahren; die Firmenleitung hatte er bereits einige Zeit davor an William B. Ruger Junior übergeben.

Das bekannte Buch von R. L. Wilson über Bill Ruger

RUGER EINZELLADERBÜCHSE NO. 1

Die Ruger No. 1-Büchse mit Fallblockverschluss stammt von 1966. Der Block wird mit dem verlängerten Abzugsbügel bewegt. Dieses System ist stark, einfach und für die größten Kaliber geeignet. Der Patronenauswerfer kann manuell deaktiviert werden; dies bedeutet, dass die Patrone aus der Kammer geschoben wird und dann

Die Ruger No. 1-Blockbüchse

von Hand zu entnehmen ist. Dadurch verlieren Wiederlader ihre teils sehr teuren Patronenhülsen nicht. Der Sicherungsschieber befindet sich auf dem Kolbenhals, wo er einfach durch den Daumen der Schusshand bewegt werden kann. Die Büchse No. 1 wurde in einer Vielzahl von verschiedenen Kalibern, vom leichten .218 Bee bis zum schweren .416 Rigby produziert.

Ruger baut verschiedene Varianten der Waffe. Die ursprüngliche No. 1-B gab es in .220 Swift, .22-250 Rem., 6 mm Rem., .243 Win., .25-06 Rem., .270 Win., 7 mm Rem.Mag., .30-06 Springfield, .300 Win.Mag. und ab 1973 auch in .338 Win.Mag. 1979 kam .280 Rem. hinzu. Ab 1984 war die Waffe auch in .223 Rem. erhältlich. 1986 folgten die Kaliber .270 und .300 Weatherby Magnum und ein Jahr später wurde die No. 1-B in .257 Roberts angeboten.

Bis 1992 wurde die Baureihe nicht geändert, in diesem Jahr kamen jedoch die Kaliber .218 Bee und ein Jahr später auch .22 Hornet hinzu. Im Jahr 2002 stellte Ruger eine Version in .308 Win. vor. Die Fallblockbüchse hat in allen Kalibern einen 66 cm langen Lauf. Die Gesamtlänge beträgt 107 cm und das Gewicht ca. 3,6 kg. Die Waffe hat einen Nussbaumschaft und eine dicke Gummi-Schaftkappe. Die Metallteile sind brüniert. Das Gewehr wird zwar mit einer offenen Visierung ausgeliefert, ist aber auch für die Aufnahme einer Zielfernrohr-Montage vorbereitet. 1987 stellte Ruger als Modell K1-B-BBZ eine Stainless-Version in den Kalibern .243 Win., .25-06 Rem., 7 mm Rem.Mag., 7 mm STW, .30-06 Springfield und .300 Win.Mag. vor; seit 2002 gibt es diese auch in .308 Win. Die No. 1-A Light Sporter erschien 1968 und war erhältlich in .243 Win., .270 Win., .30-06 Springfield und 7x57 mm. Von letzterem Kaliber wurde zunächst nur eine kleine Serie aufgelegt, ab 1974 wurde es aber fester Bestandteil der Baureihe. Diese Büchse hat einen 56-cm-Lauf, eine Gesamtlänge von 97 cm und ein Gewicht von 3,3 kg. Die A-1 hat eine Klappkimme auf einer kurzen, erhöhten Laufschiene und einen hohen Kornsattel. Der vordere Riemenbügel befindet sich auf der halben Länge des freien Laufes. Schaftmaterial ist amerikanisches Nussbaumholz. Der Vorderschaft hat einen ausgeprägten Schaftabschluss im Stil der Alexander Henry-Büchsen. Ruger stellt normalerweise Test-Versionen für die meisten neuen Modelle vor; dies war mit dem Modell 1-A aber nicht der Fall, da die Baureihe sich seit 1968 praktisch nicht geändert hat. Seit 1980 produziert die Firma das Modell 1-AB auch als Standard Light Sporter in den Kalibern .223 Rem., .270 Win., 7x57 mm und .30-06 Springfield. Offensichtlich gab es hierfür keinen Markt, da diese Waffe 1983 wieder verschwand. 1968 stellte man als Modell 1-H Tropical Rifle in den Kalibern .375 H&H Mag. und .458 Win.Mag. auch Großwildbüchsen-

Die No. 1 Modellversionen 1-A und 1-B

Varianten der Reihe vor. Diese haben einen schweren, 61 cm langen Lauf, sind insgesamt 102 cm lang und wiegen 3,7 oder 4,1 kg. Der Schaft ist aus Nussbaumholz und hat den typisch ausgeformten Vorderschaft. Die Waffe hat eine Großwild-Klappkimme und ihr Riemenbügel ist auf der halben Lauflänge angebracht. 1992 wurde eine weitere Version dieser Baureihe in .416 Rigby vorgestellt; 1993 folgten .404 Jeffery und .416 Rem.Mag., wobei .404 Jeffery bereits 1995 wieder eingestellt wurde. Als K1-H-BBZ, mit Schichtholzschaft und 61 cm langem, dickem Lauf, erschien 2000 eine Stainless-Version der Tropical Rifle, allerdings nur in 375 H&H Mag. Das Modell No. 1-RSI International wurde 1983 vorgestellt. Diese Büchse hat einen Nussbaumschaft, der sich im typischen Stutzen-Stil bis zur Laufmündung vorzieht. Anfänglich war dieses

No. 1-RSI International (oben) und 1-H Tropical (unten)

Modell in den Kalibern .243 Win., .270 Win. und .30-06 Springfield erhältlich; 1984 erschien es in 7x57 mm. Diese Stutzen-Variante hat einen 51-cm-Lauf und ist insgesamt 92 cm lang; sie wiegt etwa 3,3 kg.

Die Ruger No. 1-S Medium Sporter stammt von 1967 und war damals in den Kalibern 7 mm Rem.Mag. und .300 Win.Mag. erhältlich. Bis 1971 wurden immer wieder auch kleinere Stückzahlen der Waffe in .45-70 Govt. produziert. Ab diesem Jahr wurde das Kaliber dann aber dauerhaft der Baureihe hinzugefügt. 1973 erschien eine Version in .338 Win.Mag.; diese hat einen 66 cm langen Lauf, eine Gesamtlänge von 107 cm und ein Gewicht von 3,6 kg. Die einzige Ausnahme ist das Kaliber .45-70 Govt., mit dem die Blockbüchse einen nur 56 cm langen Lauf hat, 97 cm lang ist und 3,3 kg wiegt. 1992 folgte eine Variante in .218 Bee, die einen 66 cm langen Lauf, einen Nussbaumschaft und den typischen, im Alexander Henry Rifle-Stil gehaltenen Vorderschaft hat. Eine Stainless-Stahl-Ausführung erschien im Jahr 2001 als Modell K1-S-BBZ, aber nur mit einem 56-cm-Lauf im Kaliber .45-70 Govt. und einem Schichtholzschaft.

1969 stellte die Firma Ruger das Modell No. 1-V Special Varminter vor, dieses hat einen schweren 61 cm langen Lauf und wahlweise die Kaliber .220 Swift, .22-250 Rem., .222 Rem., .223 Rem., 6 mm Rem. oder .25-06 Rem. Im Gegensatz zu

No. 1-S Medium Sporter (oben) und 1-V Varminter (unten)

den anderen Modellen hat diese Waffe keine kurze, erhöhte Laufschiene, ist jedoch mit vorgebohrten Bohrungen zur Anbringung einer Montage für ein Zielfernrohr oder eine Zieloptik ausgestattet. Die Gesamtlänge des Modells Special Varminter beträgt 102 cm, das Gewicht 4,1 kg. 1974 wurde die Produktion der Waffe im Kaliber .222 Rem. eingestellt. 1990 änderte Ruger die Lauflänge der .220 Swift Special Varminter von 61 auf 66 cm um damit den ballistischen Charakteristika dieses Kalibers mehr Rechnung zu tragen. In der Periode von 1991 bis 1993 wurde die Blockbüchse No. 1 Special Varminter nicht im Kaliber 6 mm Rem.Mag. hergestellt. Ab 1993 stellte Ruger die Waffe auch in .22 PPC und 6 mm PPC her, standardmäßig mit der Lauflänge 61 cm. 1998 verschwanden diese beiden Kaliber wieder aus der Baureihe und man änderte die Modellbezeichnung von Special Varminter in Varminter. 1999 brachte Ruger ein Stainless-Stahl Varminter-Modell auf den Markt, das die Bezeichnung K1-V-BBZ erhielt und zunächst nur in .22-250 Rem. und mit einem 61-cm-Lauf erhältlich war. Zwischen 1972 und 1987 produzierte das Traditionsunternehmen Ruger als No. 3 Carbine auch eine vereinfachte Version ihrer einschüssigen No. 1-Fallblockbüchse. Diese war anfänglich in den Kalibern .22 Hornet und .30-40 Krag erhältlich, ab 1974 dann auch in .45-70 Govt.; .30-40 Krag verschwand 1979 wieder. 1980 erfolgte die Hinzufügung von .223 Rem. und .375 Win., wobei letzteres Kaliber 1984 auch wieder verschwand. 1985 gab es die No. 3 nur in .44 Magnum und .45-70 Govt.; die Herstellung der Fallblockbüchse No. 3 der Firma Ruger wurde 1986 eingestellt.

RUGER REPETIERBÜCHSE M77-MKI UND M77-MKII

Die Ruger M77-Kammerstängel-Repetierbüchse wurde 1968 vorgestellt. Ursprünglich war sie in den Kalibern .22-250 Rem., .220 Swift, 6 mm Rem., .243 Win. und .250-3000 Savage erhältlich; im Laufe der Jahre wurden einige Kaliber jedoch eingestellt und diverse andere kamen hinzu. Dies stellte sich oft so dar, dass der Markt mit der Einführung einiger Versionen in neuen Kalibern quasi getestet wurde und die Test-Versionen oft nach relativ kurzer Zeit wieder sang- und klanglos verschwanden. 1971 veränderte man die Form des Kammerstängels der M77. Zudem stellte man in den Kalibern .358 Win., .458 Win., .25-06 Rem., .270 Win., 7x57 mm und .338 Win.Mag. auch eine etwas schwerere Version mit einer langen Systemhülse vor, ergänzt 1978 von .280 Rem. 1979 wurde die M77 in .250-3000 Savage vom Markt genommen, jedoch Varianten in .308 Win. hinzugefügt. 1985 wurde die Herstellung der Waffe in .358 Win. und .458 Win. eingestellt und 1989 die in 6 mm Rem.; im gleichen Jahr kamen aber auch die Kaliber .257 Roberts und 7 mm-08 Rem. hinzu. 1989 war auch das letzte Jahr der Herstellung der Waffe in der als M77 Mark I bezeichneten Ausführung; alte Mark I-Bestände wurde aber noch bis 1990 abverkauft. Die neue Ausführung, die Repetierbüchse Ruger Mark II weist im Vergleich verschiedene wichtige Änderungen auf. Zunächst wurde dabei der Abzugsmechanismus signifikant verbessert und das Gewehr erhielt eine 3-Positionen-Sicherung. In der hinteren Position blockiert diese den Schlagbolzen und den Abzug, in der mittleren wird nur der Abzug blockiert und die Verschlusshülse kann bewegt werden; vorne ist „entsichert". Außerdem verwendete Ruger für die Waffe nun einen modifizierten Patronenauszieher im Mauser-Stil, ein verbessertes Auswerfersystem und einen geänderten Löseknopf für die Magazinbodenplatte. Alle Varianten waren nun oben auf der Verschlusshülse auch zur Aufnahme von Zielfernrohr-Montageringen vorbereitet.

Modell M77 MKII, hier mit Schichtholzschaft in der matt grauen Stainless-Version

Verschiedene Varianten der Büchse M77 MKII: International (RSI), Standard (R) und Standard mit offener Visierung (RS) (von oben nach unten)

1989 gab es die M77 MKII zunächst nur in .223 Rem. Diese Waffe hat einen 51-cm-Lauf, eine Gesamtlänge von 101 cm und ein Gewicht von 2,9 kg. 1990 stellte man diverse weitere Modelle vor:

- die M77 MKII R hat einen 56-cm-Lauf und die Kaliber .223 Rem., .243 Win., 6 mm Rem. und .308 Win.; sie hat keine offene Visierung;
- die M77 MKII RS, Kaliber .243 Win. und .308 Win., hat einen 56 cm langen Lauf und eine reguläre offene Visierung;
- die KM77 MKII RP hat auch einen 56-cm-Lauf, allerdings aus Stainless-Stahl, keine Visierung, einen Zytel-Kunststoffschaft mit Xenoy-Einsätzen, und ist erhältlich in .223 Rem., .243 Win. und .308 Win.;
- die M77 MKII RL Ultra Light mit ihrem 51 cm

langen Lauf hat die Kaliber .223 Rem., .243 Win. und .308 Win.;
- das Modell M77 MKII RLS Ultra Light Carbine, .243 Win. und .308 Win., hat einen 47-cm-Lauf.

Ruger M77 MKII in den Versionen Ultra Light (RL) (oben) und Sporter in Stainless-Stahl (RSBZ) (unten)

1991 stellte man in .270 Win., 7 mm Rem.Mag., .300 Win.Mag. und .30-06 Springfield das Links-System-Modell M77 MKII LR vor und fügte diese Kaliber auch den regulären Modellen hinzu. Und 1992 und 1993 wurde die Kaliberpalette noch weiter erweitert, etwa um 6 mm Rem., .25-06 Rem., .257 Roberts, 6,5x55 mm, 7x57 mm, .280 Rem., .30-06 Springfield und .338 Win.Mag. 1993 kamen drei weitere Modellvarianten auf den Markt. Die KM77 MKII RSP hat Stainless-Metallteile, einen schwarzen All-Weather-Kunststoffschaft aus Zytel und eine offene Visierung. Die Waffe hat einen 56-cm-Lauf und es gab sie zunächst in .243 Win., .270 Win. und .30-06 Springfield sowie mit einem 61 cm langen Lauf in 7 mm Rem.Mag., .300 und .338 Win.Mag. Die Magnumvarianten haben eine Magazinkapazität von drei Patronen, die anderen von vier. Die beiden weiteren, neuen Modellvarianten waren die M77 MKII RSI mit bis unter die Mündung des 46 cm langen Laufes vorreichendem Nussbaumschaft, Kaliber .243 Win., .270 Win., .30-06 Springfield und .308 Win., und die Büchse KM77 MKII VT Varmint Target in Stainless-Stahl und mit einem Schichtholzschaft wahlweise in .223 Rem., .22 PPC, .22-250 Rem., .220 Swift, 6 mm PPC, .243 Win., .25-06 Rem. oder .308 Win.; deren dicker, 66 cm langer Lauf weist keine Visierung auf.
1998 brachte Ruger zwei neue Stainless-Stahl-Versionen heraus. Eine ist das Modell Sporter KM77 MKII RBZ mit Schichtholzschaft, ohne Visierung, einem 56-cm-Lauf und den Kalibern .223 Rem., .22-250 Rem., .243 Win., .270 Win., .280 Rem., .30-06 Springfield und .308 Win.; die gleiche Waffe in den größeren Kalibern 7 mm Rem.Mag., .300 Win.Mag. und .338 Win.Mag. hat einen 61-cm-Lauf. Die andere Version ist die Stainless Sporter, jedoch mit einer offenen Visierung und in den Kalibern .243 Win., .270 Win., .30-06 Springfield, 7 mm Rem.Mag., .300 Win.Mag. und .338 Win.Mag. 1997 wurden .22 PPC und 6 mm PPC aus der M77-Kaliberpalette genommen. 1999 erschienen zwei weitere neue Versionen. Eine davon ist das Stainless-Stahl-Modell All-Weather Ultra Light KM77 MKII RLP mit 51-cm-Lauf und Kunststoffschaft in den Kalibern .243 Win., .270 Win. und .30-06 Springfield, die andere ist die Links-Variante der Sporter-Büchse – das Stainless-Modell KM77 MKII LRBBZ. Diese Waffe hat einen schwarz eingefärbten Schichtholzschaft und keine offene Visierung, ist aber wie üblich für eine Zielfernrohr-Montage vorbereitet. Die Lauflänge dieser in .270 Win., 7 mm Rem.Mag. und .30-06 Springfield erhältlichen Büchse liegt bei 56 cm. Die Bezeichnung der drei letztgenannten M77-Versionen änderte sich im Jahr 2000: Aus der All-Weather KM77 MKII RP ohne Visierung wurde das Modell KM77 MKII RFP, die ähnliche,

Drei Stainless-Versionen der KM77 MKII: Stainless Sporter (RBZ), Sporter mit Links-System (LRBBZ) und Varmint Target (VT) (von oben nach unten)

aber mit einer Visierung versehene KM77 MKII RSP wurde zur KM77 MKII RSFP und die Ultra Light All-Weather-Version KM77 MKII RLP bekam die Bezeichnung KM77 MKII RLFP. 2001 überraschte die Firma Ruger mit zwei neuen Kompaktversionen der M77 MKII, die beide visierlos, aber für die Anbringung von Zieloptik-Montageringen vorbereitet sind. Das Modell M77 MKII CR (Compact Rifle) besitzt brünierte Metallteile und einen Nussbaumschaft; das

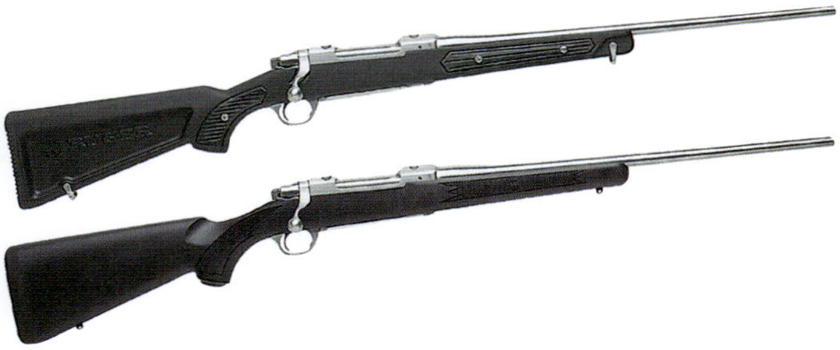

Zwei All-Weather-Versionen: die KM77 MKII Ultra Light (RLFP) und die Standard RFP, beide visierlos (von oben)

Modell KM77 MKII CRBBZ ist eine Stainless-Waffe mit einem schwarzen Schichtholzschaft. Beide Gewehre haben einen nur 42 cm langen Lauf und sind in 223 Rem., .243 Win., .260 Rem. und .308 Win. erhältlich, seit 2002 auch in 7 mm-08 Rem.

All-Weather-Varianten mit Visierung: oben die KM77 MKII Ultra Light RLSP und darunter das Modell RSFP

2002 stellte Remington zwar keine neuen M77 MKII-Versionen vor, fügte aber einige neue Kaliber hinzu. Diese 2002 auch von Remington eingeführten Kaliber waren die 7 mm Rem. SA UltraMag. und die .300 Rem. SA UltraMag. „SA" steht dabei für „Short-Action", da die entsprechenden flaschenförmigen Patronen zwar einen breiten, aber relativ kurzen Pulverraum aufweisen. Das dritte, neu eingeführte Kaliber ist .300 WSM (Winchester Short-Magnum), vergleichbar mit .300 Win.Mag., aber mit einer kürzeren Patronenhülse. Die Modelle M77 MKII R und KM77 MKII RFP erschienen in den neuen Kalibern, alle mit 56-cm-Läufen.

Ruger M77 MKII Express und Magnum

1995 kam eine Express-Version der M77 auf den Markt. „Express" bezieht sich dabei auf die klassische Großwildkimme der Waffe mit einem festen und zwei klappbaren Kimmenblättern. Diese Repetierbüchse, bezeichnet als M77 MKII EXP gab es anfänglich in .270 Win., .30-06 Springfield, 7 mm Rem.Mag., .300 Win.Mag. und .338 Win.Mag. Sie hat in den Standardkalibern einen 56-cm-Lauf, in Magnum ist er 61 cm lang. Die Gesamtlänge der Waffe beträgt dahingehend 108 cm oder 113 cm. Die Magazinkapazität ist vier Standard- oder drei Magnumpatronen. Die Büchse weist brünierte Metallteile und einen Nussbaumschaft auf und wurde unmittelbar mit einem Satz Montageringen für die Anbringung eines Zielfernrohres ausgeliefert. 1998 wurde die Waffenbezeichung geändert zu M77 MKII RSEXP.

Die Repetierbüchse M77 MKII Express

Eine reine Großwild-Version der M77 war bereits 1990 in .375 H&H Mag. (Holland & Holland Magnum) und .416 Rigby mit einer Magazinkapazität von vier respektive drei Patronen als Modell M77 MKII RSM vorgestellt worden. Beide Varianten haben einen dicken, 56 cm langen Lauf und eine Gesamtlänge von 107 cm. Das Gewicht in .375 H&H Mag. beträgt 4,2 kg und in .416 Rigby 4,7 kg. Auch diese Waffen haben eine kurze Laufschiene und ein Express-Visier. Ab 1993 gab es sie dann zwei Jahre lang auch in den Kalibern .404 Jeffery und .458 Win.Mag.; letztendlich wurden aber nur .375 H&H Mag. und .416 Rigby beibehalten.

Die beiden stärksten Ruger-Repetierer: oben die M77-Variante Express und unten die Variante Magnum

RUGER MODELL 77/22 REPETIERKARABINER

Dieses Repetierer-Modell in .22 l.r. stellte man 1984 vor. Die auf der Großkaliberbüchse M77 basierende Waffe sollte sowohl Sportschützen als auch Jäger ansprechen. Lauf und System des Modells 77/22 sind aus Chrom-Molybdän-Stahl. Zur Zeit ihrer Vorstellung hatte die Büchse als

Ruger M77/22 KK-Repetierbüchse

Variante 77/22RS eine verstellbare Visierung mit Klappkimme und Korntunnel und als reine Zielfernrohr-Variante 77/22R keine offene Visierung; bei einer dritten Variante, dem Modell 77/22S, fehlte lediglich der Tunnel des Korns der Visierung. Die Verschlusshülsen aller Varianten waren zur Anbringung von Zieloptik-Montageringen vorbereitet. Das 10-Schuss-Trommelmagazin basierte auf dem des Selbstlademodells 10/22; auch wurde die hinten am Verschluss befindliche 3-Positionen-Sicherung der Selbstladewaffe übernommen. In der hintersten Position der Sicherung ist sowohl der Abzug als auch der Schlagbolzen und damit auch der Verschlusszylinder blockiert. Der lackierte Schaft des mit einem 51-cm-Lauf bestückten, insgesamt 100 cm langen und 2,6 kg schweren Gewehrs ist aus amerikanischem Nussbaumholz. 1989 erschienen zwei neue All-Weather-Versionen in Stainless-Stahl. Dabei handelte es sich um die Modelle K77/22R ohne Visierung und K77/22RS mit verstellbarer Blattkimme und Korn mit Korntunnel. Beide Varianten besitzen einen schwarzen Kunststoffschaft aus Du Pont Zytel. Einige Modellbezeichnungen änderten sich 1990; aus der All-Weather-Büchse K77/22R wurde das Modell K77/22RP und aus der K77/22RS wurde die Büchse K77/22RSP. Im gleichen Jahr brachte Ruger auch zwei Varianten der Kleinkaliberbüchse im Kaliber .22 WMR heraus, die ein 9-Schuss-Trommelmagazin hatten. Das Modell 77/22RM ist brüniert und hat einen Nussbaumschaft, jedoch keine offene Visierung. Die All-Weather-Version in Stainless, Kaliber .22 WMR, ebenfalls ohne Visierung und mit einem schwarzen Kunststoffschaft wurde als K77/22RMP bezeichnet.

1991 stellte Ruger diverse neue Modelle aus der 77/22-Baureihe vor. Die Büchse 77/22RP etwa hat einen Kunststoffschaft, keine Visierung und ein brüniertes System, bei der 77/22SP handelt es sich um die gleiche Waffe, aber mit offener Visierung, und die 77/22RSP hat einen Kunststoffschaft, ist brüniert, hat eine Visierung und wurde von vornherein mit Zielfernrohr-

Drei Randfeuerpatronen-Waffen aus der Baureihe M77/22: Standard R in .22 l.r., Magnum RM in .22 WMR und Stainless All-Weather in .22 WMR

Montageringen ausgeliefert. Das Modell K77/22SP, mit Klappkimme und Korn ohne Tunnel, war eine Stainless-Version von 1991; deren Vorgängermodell, bezeichnet als K77/22RSP, war nahezu identisch, aber etwas luxuriöser gehalten. Zwei neue .22-WMR-Versionen der 77/22-Baureihe, mit offenen Visierungen, erschienen 1992. Diese waren die Büchse 77/22RSM, brüniert und mit Nussbaumschaft, und die Stainless-Stahl-Variante K77/22RSMP mit schwarzem Kunststoffschaft.

1993 stellte Ruger mit dem Modell K77/22VBZ

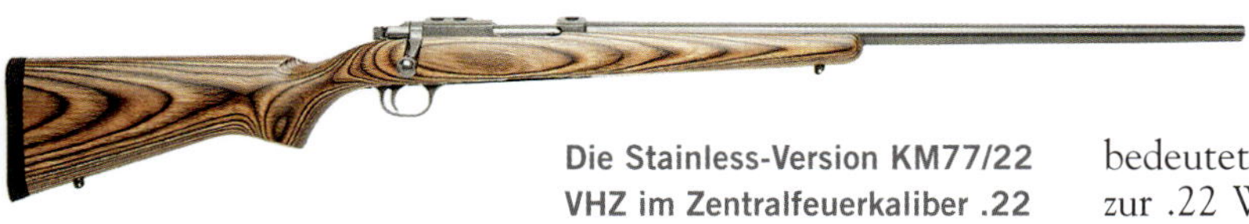

Die Stainless-Version KM77/22 VHZ im Zentralfeuerkaliber .22 Hornet

in .22 WMR eine Varmint-Version in Stainless und mit Schichtholzschaft vor. Diese Waffe ist visierlos und wurde daher mit Zielfernrohr-Montageringen ausgeliefert. 1995 wurde die Modellbezeichnung K77/22VBZ in K77/22VMB umgeändert; die bisherige Bezeichnung K77/22VBZ wurde danach für ein ähnliches Modell, aber im Kaliber .22 l.r., verwendet. 1995 stellte Ruger auch verschiedene Ausführungen der Baureihe im Zentralfeuerkaliber .22 Hornet vor. Diese haben die gleichen Dimensionen wie die .22-l.r.- und .22-WMR-Varianten, aber ein Trommelmagazin für nur sechs Patronen. Die .22-Hornet-Versionen waren:

- 77/22RH: brüniert, mit einfachem Buchenschaft und ohne Visierung;
- 77/22RSH: ebenfalls brüniert, mit Klappkimme und Korn mit Korntunnel;
- K77/22VH: in Stainless-Stahl mit matt-grauer Oberfläche der Metallteile, ohne Visierung und mit Schichtholzschaft.

Im gleichen Jahr wurden die .22-l.r.- und .22-WMR-Varmint-Modelle sowohl hinsichtlich ihrer Bezeichnung als auch hinsichtlich ihrer Spezifikationen etwas geändert. Die Stainless-Büchse K77/22VMB gab es ab 1995 als TG (Target-Gray) in einem matt-grauen Finish. In .22 l.r. wurde die Bezeichnung in K77/22VBZ abgeändert und in .22 WMR in K77/22VMBZ; die Varmint-Variante K77/22VH in .22 Hornet wurde im matt-grauen TG-Finish zum Modell K77/22VHZ.

1998 änderte Ruger seine Produktpolitik dahingehend, dass verschiedene Versionen der 77/22-Baureihe nun plötzlich länger wurden. Dies trifft zu auf die Büchse K77/22VBZ, die .22-l.r.-Varmint-Ausführung, die K77/22VMBZ in .22 WMR und die K77/22VHZ, .22 Hornet, welche alle einen längeren, nun 61 cm messenden Lauf erhielten. Dies trieb die Gesamtlänge der Waffen auf nun 110 cm und ihr Gewicht auf circa 3,1 kg, wobei die K77/22VBZ in .22 l.r. minimal schwerer ist. Nach 1998 tat sich zunächst nicht mehr viel im Bezug auf die Weiterentwicklung der KK-Büchsen-Baureihe. Die nächste Variante erschien nicht vor 2002, als man das Modell 77/17RM im damals neuen Kaliber .17 HMR vorstellte; „HMR“ steht dabei für „Hornady Magnum Rimfire“. Die flaschenförmige .17er-Randfeuerpatrone hat üblicherweise ein Ballistic Tip-Geschoss. Das leichtere Geschoss bedeutet nicht, dass die .17 HMR im Vergleich zur .22 WMR eine bessere Leistung erbringt, da letztere immer noch eine größere Geschossenergie hat; die .17 HMR erbringt aber eine gestrecktere Flugbahn.

RUGER 77/44RS/K77/44RSP-REPETIERER IM KALIBER .44 MAGNUM

Die Repetierbüchse 77/44 von der Firma Ruger in .44 Magnum kam 1998 zur Ruger-Produktpalette hinzu. Es handelt sich dabei um eine Waffe, die in den USA zur Bejagung schwächeren Schalenwildes verwendet wird und ebenso führig ist wie die KK-Varianten der 77/22-Reihe,

Zwei .44 Magnum Ruger-Repetierer M77/44: die Variante RS (oben) und All-Weather RSP (unten)

deren Design für die .44er-Version übernommen wurde. Das 77/22-Verschlusssystem ist offensichtlich so robust, dass keine signifikanten Änderungen daran vorgenommen werden mussten, um die starke .44-Magnum-Patrone zu „verdauen“. Das Modell 77/44 ist daher eine leichte Repetierbüchse mit starker Stoppwirkung. Ihr Gewicht von 2,7 kg bietet ausreichend Masse, um den Rückstoß akzeptabel zu vermindern. Die 77/44 hat die übliche Ruger-Sicherung. Der Kammerstängel muss um 90 Grad gedreht werden, um die Verriegelungswarzen aus ihrer Arretierung zu drehen. Die Waffe hat ein 4-Schuss-Trommelmagazin, einen 47-cm-Lauf und ist insgesamt 97 cm lang. Die Standardausführung besitzt einen Nussbaumschaft. 1989 brachte Ruger eine All-Weather-Version auf den Markt. Dieses Modell K77/44RSP, dessen Stahlteile aus Stainless-Stahl bestehen, hat einen schwarzen Kunststoffschaft. Die Variante ist mit 98 cm etwas länger; die anderen Dimensionen und das Gewicht entsprechen dem Standardmodell. Beide Varianten, die Modelle 77/44RS und K77/44RSP, haben eine Blattkimme und ihr Korn ist von einem Korntunnel umgeben.

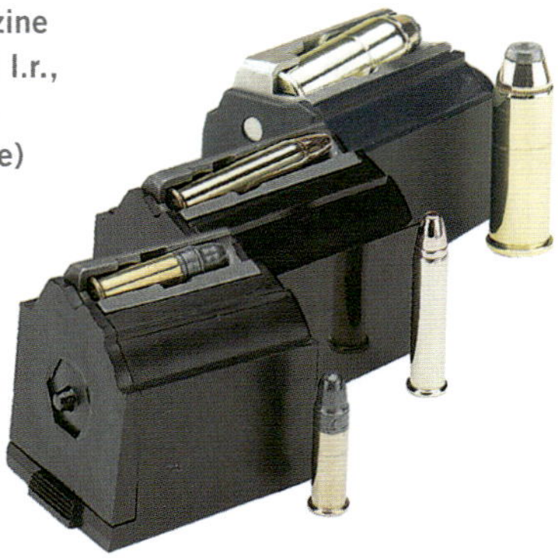

Die Trommelmagazine für die Kaliber .22 l.r., .22 WMR und .44 Magnum (von vorne)

Ruger Modell 96 Unterhebel-Repetierbüchse

Die Unterhebel-Repetierbüchse Modell 96 ist eines der aktuellsten Projekte der Firma Ruger. Wie in ihrer Bezeichnung ausgedruckt stammt sie von 1996 und war zunächst in den Kalibern .22 l.r., .22 WMR und .44 Magnum erhältlich. Die Waffe ist offenbar ein Hybrid des Ruger-Selbstlademodells 10/22 und einer Unterhebelwaffe im Winchester-Stil; jedenfalls ist sie keine Replika einer klassischen Westernwaffe. Das Modell 96 wurde als Gewehr für amerikanische Farmer und Outdoor-Aktivisten entwickelt. Schaftmaterial ist Buchenholz und die Schaftkappe ist dünn und aus Kunststoff. Lauf und Vorderschaft sind wie bei alten Western-Originalen von einem Laufband umgeben. Allerdings hat die Waffe kein Röhrenmagazin unter dem Lauf, sondern besitzt das Trommelmagazin anderer Ruger-Konstruktionen. Die Druckknopfsicherung befindet sich vorne am Abzugsbügel und blockiert nur den Abzug. Der Unterhebel, dessen vorderer Teil gleichzeitig der Abzugsbügel ist, ist buntgehärtet. Ein zusätzliches Sicherungs-Feature ist ein oben auf dem Systemkasten herausstehender Signalstift aus Messing, der anzeigt wenn die Waffe gespannt ist. Die drei Varianten des Unterhebel-Repetierer-Modells 96 weisen einfache Blattkimmen auf, auf ihrem Systemkasten befinden sich vorgebohrte Bohrungen zur Aufnahme einer Zieloptik-Montage. Das 10-schüssige Modell 96/22, .22 l.r., und das 9-schüssige Modell 96/22M, .22 WMR, hat eine Gesamtlänge von 95 cm, einen 47-cm-Lauf und wiegt 2,4 kg; das 4-schüssige Modell 96/44, Kaliber .44 Magnum, ist 96 cm lang, hat ebenfalls einen 47-cm-Lauf und wiegt 2,6 kg.

Die Unterhebel-Repetierbüchse M96/22 RB, Kaliber .22 l.r.

Ruger 10/22 KK-Selbstladebüchse

Das Modell 10/22 wurde 1964 vorgestellt und hat einen reinen, einfachen Feder-Masse-Verschluss, bei dem der Rückstoß der Patrone das halbautomatische Nachladen bewirkt. Das Design der Waffe war für die damalige Zeit extrem fortschrittlich, etwa weil bereits der komplette Abzugsmechanismus herausnehmbar ist. Die Waffe hat ebenfalls ein 10-Schuss-Trommelmagazin, Vorderschaft und Lauf sind von einem Laufband umgeben und der Systemkasten ist zur Aufnahme einer Zielfernrohr-Montage vorbereitet. Vorne am Abzugsbügel befindet sich die übliche Druckknopfsicherung, der Magazinlöseknopf ist vor dem Abzugsbügel. Der Schaft der KK-Büchse ist aus amerikanischem Buchenholz, 1989 erschien aber auch ein Modell 10/22R mit

.22-l.r.-Selbstladebüchse
10/22 RB

einem Nussbaumschaft. Die Gesamtlänge der Gewehr-Baureihe – mit Ausnahme der beiden Target-Varianten – liegt bei 95 cm, die Lauflänge beträgt 47 cm und das Gewicht der .22-l.r.-Version 2,7 kg.
1992 wurde die Stainless-Version K10/22RB, mit Buchenholzschaft, vorgestellt. Eine weitere Stainless-Büchse, das Modell K10/22RP All-Weather erschien 1997 mit einem schwarzen Kunststoffschaft auf dem Markt und 1999 folgte eine brünierte Version mit Kunststoffschaft, das Modell 10/22RP. 2002 wurden sämtliche All-Weather-Varianten von der Bezeichnung her dann abgeändert in 10/22RPF und K10/22RPF.
Eine Sporter-Version der Waffe war bereits 1966 vorgestellt worden. Diese, dann hergestellt bis 1971, hatte einen Monte-Carlo-Schaft aus Nussbaum und kein Laufband. 1971 wurde die Variante durch das Modell Deluxe Sporter ersetzt, welches heute immer noch produziert wird. Ein weiteres Modell von 1966 war die Selbstladebüchse 10/22 International RBI, die einen bis zur Laufmündung vorgezogenen Vorderschaft hat und ebenfalls bis 1971 gebaut wurde. Erst 1994

Trommelmagazin des Modells 10/22 im Kaliber .22 l.r.

erschien dann wieder eine International-Variante, nun sowohl brüniert als auch in Stainless. Deren Buchenschaft war zunächst rein ölgeschliffen, erhielt aber ab 1995 am Pistolengriff und am Vorderschaft eine Fischhaut-Verschneidung.

Vier verschiedene Versionen des 10/22-Selbstladers von Ruger: Standard Stainless-Stahl (K10/22RB), International (RBI), Sporter Deluxe (DSP) und All-Weather (RPF) (von oben)

Sonderausführungen der 10/22-Büchse: Target, mit dickerem Lauf (oben), und Target Stainless TNZ, mit ungewöhnlichem Lochschaft (unten)

1996 stellte Ruger mit der Büchse 10/22T eine Target- oder Varmint-Version vor. Diese hat einen dicken Target-Lauf und ist visierlos. Als K10/22T folgte 1999 eine Stainless-Variante. 2001 wurde eine Target-Sonderausführung, die

Die Ruger 10/22 RBM-Selbstladewaffe im Kaliber .22 WMR

K10/22TNZ, vorgestellt, die einen Schichtholzschaft mit einem außergewöhnlich großen Daumenloch besitzt. Alle Metallteile davon sind aus Stainless-Stahl. Das Target-Modell ist allgemein 98 cm lang, hat einen 51-cm-Lauf und wiegt 3,4 kg; die Sonderausführung K10/22TNZ wiegt mit 3,2 kg etwas weniger.
1999 erschien die 9-schüssige Magnumversion 10/22RBM im Kaliber .22 WMR. Deren Systemkasten besitzt oben zwei bereits integrierte Montageteile zur Anbringung eines Zielfernrohrs. Das Modell ist 95 cm lang, hat einen 47 cm langen Lauf und wiegt mit etwa 2,7 kg etwas mehr als die .22-l.r.-Standardversion. Bisher ist diese Waffe lediglich brüniert und mit einem Schaft aus Buchenholz hergestellt worden. Sie ist optisch mit der Standardausführung der .22 l.r. 10/22RB identisch, hat also auch ein Laufband um Vorderschaft und Lauf.

Trommel-Kastenmagazin der 10/22 RBM, .22 WMR

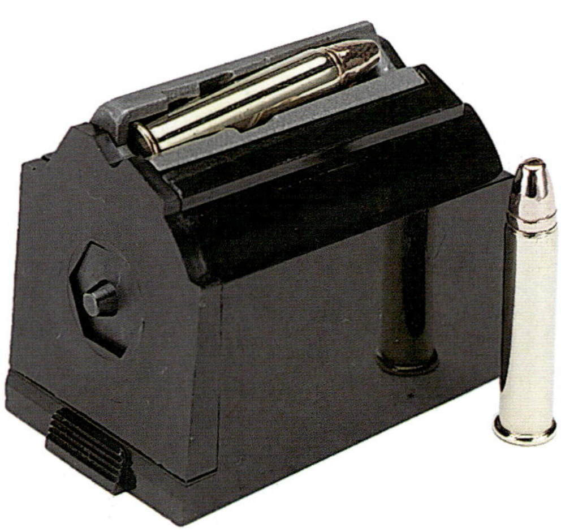

RUGER MINI-14

Die Selbstladebüchse Mini-14 im Kaliber .223 Rem. stellte Ruger 1974 vor. Die Waffe besitzt das bekannte und zuverlässige Verschlusssystem des Garand-Armeegewehrs, allerdings in verkleinerter Version. Wie das Garand ist sie ein Gasdrucklader, bei dem ein Teil des bei der Schussabgabe entstehenden Pulvergases ungefähr in der Mitte des Laufes durch eine Bohrung in einen Gaszylinder abgeleitet wird. Dadurch wird ein Zylinder bewegt, was den Verschluss entriegelt und nach hinten drückt. Bei der Rückwärtsbewegung des Verschlusses wird die abgeschossene Patronenhülse aus dem Lager gezogen und ausgeworfen. Wenn die Kraft der Verschlussfeder dann wieder Oberhand gewinnt und den Verschluss wieder nach vorne schiebt, nimmt dieser die nächste Patrone aus dem Magazin, so dass sie ins Patronenlager eingeführt wird. Gleichzeitig wird die Schlossmechanik wieder gespannt. Vorne angekommen dreht sich der Kopf des Verschlusses um etwa eine halbe Umdrehung und verriegelt im Hülsenkopf des Verschlussgehäuses. Beim nächsten Betätigen des Abzugs gibt die Abzugsmechanik, entsprechend weitergeleitet, das Schlagstück frei, das dann auf den gespannten Schlagbolzen auftrifft. Dieser wiederum schlägt auf das Zündhütchen der neu zugeführten Patrone, der Schuss bricht und der

Ruger All-Weather Ranch Rifle, .223 Rem., Weiterentwicklung des Ruger Mini-14

beschriebene Nachladevorgang beginnt von neuem.
Bei allen Versionen des Mini-14 befindet sich der Sicherungshebel vorne im Abzugsbügel. Die Sicherung blockiert sowohl das Schlagstück als

Zwei Mini-14-Versionen: oben die Ranch Rifle in Stainless und unten in der Standardausführung

auch den Schlagbolzen, was die Waffe sehr fallsicher macht. Die Laufoberseite und das vordere Stück des Spannhebels werden von einem ventilierten Plastik-Handschutz abgedeckt. Besonders amerikanische Farmer schätzen seit langem die Vorzüge des robusten und zuverlässig funktionierenden Selbstladekarabiners; das Mini-14 ist sehr führig und kann leicht in einem Sattel-Scabbard,

Zum Vergleich: Mini-14 Standard (oben), Ranch Rifle Stainless (Mitte) und Ranch Rifle All-Weather (unten)

einem Pick-up-Truck oder auf einem Traktor mitgeführt werden. Die kompakte Waffe ist leicht und entwickelt nur einen geringen Rückstoß.
1979 folgte eine Stainless-Stahl-Version des Mini-14. Die 1982 vorgestellte „Ranch Rifle"-Ausführung ist im Endeffekt die gleiche Waffe wie das Standardmodell, aber speziell für die Anbringung eines Zielfernrohrs konstruiert; sie wurde von vornherein mit Zieloptik-Montageringen zur unmittelbaren Befestigung am Verschlussgehäuse ausgeliefert. Unterschiedlich zur Standardausführung ist im Übrigen auch die Kimme. Die Ranch Rifle in Stainless gab es dann ab 1986 und 1999 stellte Ruger noch eine All-Weather-Version sowohl des Standard Mini-14 als auch der Ranch Rifle vor. Diese Waffen, stets aus Stainless-Stahl, haben einen schwarzen Kunststoffschaft. Die .223er-Waffen, regulär ausgestattet mit einem 5-Schuss-Magazin, haben einen 47-cm-Lauf mit sechs rechtsdrehenden Zügen und Feldern mit einer Dralllänge von 23 cm. Das Waffengewicht beträgt sowohl mit Holzals auch Kunststoffschaft etwa 3 kg.
Zusätzlich zu den Zivil-Versionen des Mini-14 entwickelte Ruger noch diverse, auch vollautomatische, Polizei- und Militär-Varianten, teils auch mit Klappschaft. Auch experimentierte man ab 1985 mit größeren Kalibern für die Waffe, was zur Vorstellung des Modells Mini-14 XG in .243 und .308 Win. mit einem größeren Verschluss führte. Die XG-Variante wies allerdings dermaßen technische Probleme, inklusive einer extrem schlechten Schussleistung auf, dass man die Herstellung bereits 1986 wieder einstellte.

Ruger Mini-30 im russischen Kaliber 7,62x39 mm

Das Modell Mini-30, das Ruger dann 1986 vorstellte, hat die gleichen Dimensionen wie das Mini-14, aber das russische Kaliber 7,62x39 mm. Ihr im Vergleich zur .223er schwereres Geschoss macht diese Patrone ideal zur Bejagung etwa von Rehwild. Auch die Mini-30 wird unmittelbar mit Montageringen für die Anbringung eines Zielfernrohrs ausgeliefert. 1992 erschien eine Stainless-Variante der Waffe in 7,62x39 mm, welche

94 cm lang ist, einen 47-cm-Lauf hat und 2,8 kg wiegt; der Lauf weist ebenfalls sechs rechtsdrehende Züge und Felder auf und die Dralllänge liegt hier bei 25,4 cm. 1999 erschienen auch Stainless All-Weather-Versionen der Mini-30 mit Kunststoffschaft.
2002 kam eine relativ ungewöhnliche Variante der Mini-14-Selbstladebüchse auf den Markt, das Modell Deerfield 99/44 im Revolverkaliber .44 Magnum. Die Firma Ruger hatte bereits 1960 einen kurzen Jagdkarabiner in .44 Magnum entwickelt. Diese Waffe, die bis 1985 gebaut wurde, hatte in etwa dem Modell 10/22 entsprochen und ein 4-Schuss-Röhrenmagazin im Vorderschaft besessen. 2001 entschloss man sich, eine neue .44er-Waffe zu entwickeln, allerdings mit einem herausnehmbaren 4-Schuss-Stangenmagazin.
Das Modell Deerfield 99/44 ist 94 cm lang, hat einen 47 cm langen Lauf mit sechs rechtsdrehenden Zügen und Feldern mit einer Dralllänge von 51 cm und ein Waffengewicht von 2,8 kg.

Ruger Gold Label-Doppelflinte von 2002

Der neue Ruger Deerfield-Karabiner in .44 Magnum

Ruger Gold Label-Doppelflinte

Die drei wichtigsten Forderungen an eine hervorragende, traditionelle Querflinte sind Haltbarkeit, ästhetisches Design und Führigkeit. Solche Waffen werden vornehmlich von Büchsenmachern in Europa gebaut. Da sie zumeist sehr langwierig in Handarbeit gefertigt werden, sind sie in der Regel nur recht begüterten Kunden vorbehalten. Und diesem Umstand hielt Ruger 2002 mit der Vorstellung der Doppelflinte Gold Label entgegen, deren Preis aufgrund der Verwendung neuester Herstellungsmethoden erschwinglich gehalten werden konnte. Die Flinte hat leichte, kalt geschmiedete Läufe mit einem Patronenlager für 76-mm-Hülsen und einen vergrößerten Übergangskonus, was den Rückstoß vermindert. Die Waffe wird mit fünf einschraubbaren Wechselchoke-Einsätzen, mit Voll-, 3/4-, 1/2-, 1/4- und Zylinderchoke, ausgeliefert. Die Gold Label hat einen Einabzug, mit dem beim ersten Abziehen das Schloss für den rechten Lauf ausgelöst wird. Der Sicherungsschieber auf dem Kolbenhals fungiert aber gleichzeitig als Laufwahlschieber, so dass auch zunächst das Schloss für den linken Lauf und dann erst das für den rechten abgeschlagen werden kann. Abgeschossene Patronenhülsen werden von einem selektiven Ejektor-System ausgeworfen, „selektiv" dahingehend, dass nur abgeschossene, und nicht auch noch nicht abgeschossene Patronen ausgeworfen werden. Nicht abgeschossene Patronen werden beim Abkippen des Laufbündels lediglich etwas nach hinten geschoben, so dass man sie besser fassen und von Hand entfernen kann. Die Basküle der Waffe ist aus Stainless-Stahl. Sie ist mit einem Nussbaumschaft, wahlweise mit Pistolengriff oder im geraden, englischen Stil, ausgestattet. Als Version mit Pistolengriff lautet die Modell-

Gold Label-Flinte mit englischem Schaft

bezeichnung KSXS-1228 und als „englische" Version KSXSS-1228. Beide sind 114 cm lang, haben ein Laufbündel, das 71 cm lang ist und bringen ein Gewicht von circa 2,8 kg auf die Waage.

Ruger Red Label-Bockdoppelflinte

Die Bockdoppelflinten der Red Label-Reihe von Ruger stammen aus dem Jahr 1977 und wurden ursprünglich nur im Kaliber 20/76 hergestellt. Sie hatten zur damaligen Zeit feste Chokebohrungen und eine brünierte Stahl-Basküle. Es gab sie in den folgenden Versionen:

- RL-2008 mit 71-cm-Lauf und Voll- und 1/2-Choke-Bohrung,
- RL-2018 mit 71-cm-Lauf und 1/4- und 1/2-Choke-Bohrung, und
- RL-2026 mit 66-cm-Lauf und in beiden Läufen Skeet-Bohrung.

Wechselchoke-Einsätze der Firma Ruger samt Montage-Spezialwerkzeug

Ruger Red Label-Bockdoppelflinte

Erst 1982 folgten Versionen der Waffe auch im Kaliber 12. Ab 1985 bot man die Waffe dann mit einer regulären Stahl-Basküle oder mit einer Basküle aus Stainless-Stahl an und seit 1989 gibt es sie nur noch in Stainless, jeweils mit dem Zusatz „K" an die jeweilige Modellbezeichnung. 1988 hatte man für alle Modelle auswechselbare Choke-Einsätze eingeführt. Seitdem wurden die Waffen der Baureihe mit Wechselchoke-Einsätzen in Voll-, 3/4-, 1/2-, 1/4- und Zylinderchoke ausgeliefert; zudem gab es noch jeweils einen einschraubbaren Skeet- und einen Sporting-Choke-Einsatz. Die Normalversion – bezeichnet als Modell KRL – hat einen Nussbaumschaft mit Pistolengriff. 1992 folgten Versionen mit geradem, englischem Hinterschaft mit den Buchstaben KRLS in der Bezeichnung. Die Red Label-Baureihe verfügt über eine automatische Sicherung, das heißt, die Sicherung wird selbstständig beim Brechen der Waffe aktiviert. Normalerweise wird beim ersten Betätigen des Einabzugs zunächst das Schloss für den unteren Lauf ausgelöst, mittels des kombinierten Sicherungs- und Entspannhebels auf dem Kolbenhals kann die Sequenz jedoch gedreht werden. Wenn der Schieber rechts ist, ist „B" für den unteren Lauf sichtbar, wenn er sich links befindet, sieht man „T" für den oberen Lauf.

Seit 1995 sind die entsprechenden Flinten alle mit so genannten „back-bored"-Läufen ausgestattet, also mit Läufen, die – etwa im Kaliber 12 – nicht, wie üblich, einen Durchmesser von 18,4 mm, sondern von 18,9 mm haben. Dieses 1992 von Rugers Mitbewerber Browning/Winchester entwickelte Feature bringt im Vergleich zum „engeren" Lauf einige Vorteile, so verschmieren weniger Schrote die Laufwandung und es bilden sich weniger Randschrote. Zudem bleibt die Schrotgarbe enger zusammen und behält eine größere Energie bei; die Deckung der Schrote bleibt dichter. Ein weiterer, nicht zu unterschätzender Vorteil ist zudem, dass der Waffenrückstoß durch die Verwendung der „back-bored"-Läufe merklich geringer wird. Die Modellbezeichnungen für Flinten mit den „back-bored"-Läufen erhielten ab 1997 als Hinweis darauf den Zusatz „BR". Im gleichen Jahr, 1997, stellte Ruger auch seine einläufige Trap-Flinte vor, die auf der Red Label-Reihe basierte; außerdem führte man die Red Label-Flinten auch in gravierter Form ein. Die gravierten Modelle tragen die Modellbezeichnung BRE, wobei „BR" für „back-bored" und „E" für „engraving" (graviert) steht. Seit 1997 stellte Ruger auch drei 12er-Modelle als All-Weather-Versionen mit Kunststoffschäften her; diese haben die Modellbezeichnung KRLP. Die diversen Modelle im Kaliber 12 sind dahingehend:

- KRL-1226BR mit einer Gesamtlänge von 109 cm, 66 cm langen Läufen und einem Gewicht von 3,5 kg; die KRLS-1226BR hat einen geraden Schaft im englischen Stil und ist daher mit 3,4 kg etwas leichter; die KRLP-1226BR All-Weather-Version mit Kunststoffschaft wiegt 3,4 kg;
- KRL-1227BR, insgesamt 114 cm lang, mit 71-cm-Läufen; das Gewicht dieser Version mit Standardschaft beträgt 3,6 kg; die KRLS-1227BR mit englischem Schaft wiegt 3,5 kg und die All-Weather-Version KRLP-1227BR bei ansonsten gleichen Dimensionen 3,4 kg;

Die Red Label-Flinte mit englischer Schäftung

- KRL-1236BR hat mit einem 76 cm langen Laufbündel die längsten Läufe, ist insgesamt 119 cm lang und wiegt dennoch nur 3,5 kg; es gibt hiervon keine Version mit englischem Schaft, jedoch mit der KRLP-1236BR eine All-Weather-Version mit dem gleichen Gewicht.

Die Red Label Versionen im Kaliber 20 sind:

- KRL-2029BR mit einer Gesamtlänge von 109 cm, 66 cm langen Läufen und einem Gewicht von 3,2 kg; die KRLS-2029BR mit dem geraden, englischen Schaft wiegt nur 3 kg;
- KRL-2030BR mit 71 cm langen Läufen, einer Waffengesamtlänge von 114 cm und einem Gewicht von 3,3 kg; als KRLS-2030BR mit englischem Schaft beträgt das Gewicht 3,2 kg;
- KRL2036BR, 119 cm lang, mit 76-cm-Läufen und 3,2 kg Gewicht; eine Version mit englischem Schaft gibt es von dieser Variante nicht.

Die Red Label-Reihe im Kaliber 28 besteht aus:

- KRL-2826BR mit 66 cm langen Läufen, einer Gesamtlänge von 109 cm und einem Gewicht von 2,7 kg; die Variante mit englischem Schaft, bezeichnet als KRLS-2826BR, wiegt mit 2,45 kg noch etwas weniger;
- KRL-2827BR mit 71-cm-Lauf, 114 cm lang und 2,75 kg schwer; hier wiegt die KRLS-2827BR mit dem geraden, englischen Schaft 2,7 kg.

Ruger Woodside-Bockdoppelflinte

1995 stellte die Firma Ruger ihre Woodside-Bockdoppelflinten vor. Diese waren mit fünf verschiedenen, einschraubbaren Wechselchoke-Einsätzen ausgestattet, von Vollchoke über 1/2- und 1/4- bis hin zu speziellen Skeet-Choke-Einsätzen. Der aus edlem Nussbaum gefertigte Hinterschaft der Waffe ist geschwungen in die Baskülenseiten gezogen, was der Waffe ein extrem elegantes Aussehen verleiht. Die Chrom-Molybdän-Läufe sind im Monoblock-Verfahren miteinander verbunden und geeignet, auch Stahlschrote zu verschießen. Der obere Lauf der Bockdoppelflinte Woodside ist mit einer ventilierten Laufschiene bestückt. Auch diese Baureihe der Firma Ruger hat vom Lauf-Innendurchmesser her übermäßige, so genannte „backbored"-Läufe, das heißt im Vergleich zu einem 12er-Standardlauf, der einen Durchmesser von 18,4 mm hat, haben die speziellen Läufe von Ruger (und auch Browning/Winchester) einen Innendurchmesser von 18,9 cm. Die Patronen-

Das Modell Red Label in der Stainless All-Weather-Ausführung

Ruger Modell Woodside mit dem bis in die Basküle reichenden Hinterschaft-Holz

lagerlänge der Woodside-Waffen ist für die Verwendung von 76 mm langen Patronenhülsen ausgelegt. Die Verriegelung erfolgt mittels zweier Verriegelungsstücke beidseitig des unteren Laufes. 1999 wurde an die Modellbezeichnungen BR angehängt um damit darauf hinzuweisen, dass sie nun mit „back-bored"-Läufen bestückt waren. Das Modell Woodside besitzt spezielle, patentierte Schlagbolzen und ein zuverlässiges Einabzugssystem. Der Sicherungshebel auf dem Kolbenhals fungiert gleichzeitig als Laufwahlschieber. Die Metallteile der Bockdoppelflinte sind aus Stainless-Stahl. Die Flinte war von Anfang

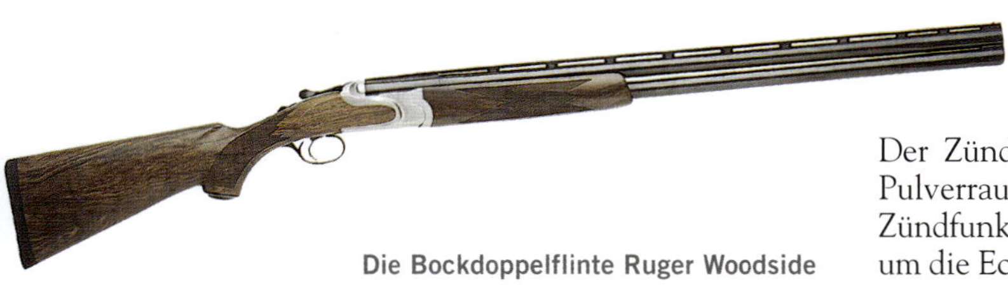

Die Bockdoppelflinte Ruger Woodside

an entweder mit einem englischen Schaft, bezeichnet als KWSS, oder als KWS mit einem Hinterschaft mit Pistolengriff erhältlich. Zur Produktvorstellung erklärte Ruger 1995 zwar, die Woodside in den Kalibern 12 und 20 anzubieten, in 20 wurde die Waffe aber nur bis 1996 gebaut. Es gibt fünf verschiedene Versionen des Modells:

- die KWS-1226BR hat einen Schaft mit Pistolengriff und eine Gesamtlänge von 103 cm, der Lauf ist 66 cm lang und die Waffe wiegt 3,5 kg;
  - die KWSS-1226BR hat einen geraden, englischen Schaft, die Dimensionen entsprechen denen der KWS-1226BR, aber die Waffe ist wegen des Schafts mit 3,4 kg etwas leichter;
  - die KWS-1227BR hat einen Schaft mit Pistolengriff und ist wegen ihrer 71 cm langen Läufe insgesamt 114 cm lang; sie wiegt 3,6 kg;
  - die KWSS-1227BR hat die gleichen Dimensionen wie die KWS-1227BR, wiegt wegen ihres englischen Schafts aber nur 3,5 kg;
- die KWS-1236BR hat 76 cm lange Läufe und eine Gesamtlänge von 119 cm; die Waffe ist nur mit Pistolengriff-Schaft erhältlich und wiegt 3,5 kg.

RUGER 77/50 VORDERLADERBÜCHSE

1997 stellte die Firma Ruger mit dem Modell 77/50RS im Kaliber .50 eine Schwarzpulver-Vorderladerbüchse vor. Die Waffe ist für die in den USA immer populärer werdende Jagd mit Perkussions-Vorderladergewehren konzipiert; in Amerika gibt es sogar separate Jagdzeiten für diese Jagdart. Die Waffe erweckt optisch den Eindruck einer konventionellen Repetierbüchse. Der Kammerstängel dient in diesem Fall aber nur zur Fixierung des Perkussionszündhütchens. Der Verschlusszylinder beinhaltet den Schlagbolzen; am Ende des Zylinders befindet sich die manuelle Sicherung.

Ruger beschreibt die Waffe als „in-line"-Perkussionswaffe. Dies bezieht sich darauf, dass Zylinder, Schlagbolzen und Perkussionszündhütchen in einer Reihe aufgereiht sind – im Gegensatz zur üblichen Anordnung bei alten Vorderladern. Das „inline"-Prinzip hat mehrere Vorteile. Der Zündkanal zwischen dem Piston und dem Pulverraum ist kurz und gerade, weshalb der Zündfunke nicht, wie bei alten Originalwaffen, um die Ecke geleitet wird. Der Verschlusszylinder wird zum Laden etwa 10 cm zurückgezogen, wodurch genügend Platz zum Aufsetzen des Zündhütchens auf das Piston zur Verfügung steht. Auch die Reinigung der Waffe ist einfacher als in alten Zeiten. Das Piston kann mittels eines Spezialwerkzeugs einfach herausgeschraubt werden, wodurch der Lauf sehr leicht gereinigt werden kann; und das Reinigen ist bei Schwarzpulverwaffen ja bekanntermaßen extrem essentiell für deren Präzision. Der Lauf der Waffe, mit acht rechtsdrehenden Zügen und Feldern hat eine Dralllänge von 71 cm, das bedeutet, dass sich das

Ruger 77/50RS-Vorderlader und darunter die Version 77/50RSO Officer's-Modell

Ruger M77/50 RSBBZ in Stainless-Stahl mit Schichtholzschaft (oben) und M77/50RSP in Stainless mit Kunststoffschaft (unten)

Längsgeschoss innerhalb von 71 cm ein Mal dreht. Eine solch lange Dralllänge ist bei der Verwendung von relativ weichen, reinen Bleigeschossen unumgänglich. Der Abstand zwischen den Feldern beträgt genau 12,7 mm, der zwischen den Zügen 12,95 mm. Unter dem 56 cm langen Lauf der 105 cm langen und etwa 3 kg schweren Waffe befindet sich ein Ladestock, mit dem das von vorne geladene Pulver komprimiert und das Geschoss nachgeschoben wird.
Der mit einem Pistolengriff versehene Schaft des Gewehrs ist aus amerikanischem Hartholz und hat eine Gummi-Schaftkappe. Die Waffe ist mit einer höhen- und seitenverstellbaren Kimme ausgestattet. Die 3-Positionen-Sicherung wurde vom Modell 77/22 übernommen. In der mittleren Position der Sicherung ist nur der Abzug blockiert und der Verschlusszylinder kann zum Laden bewegt werden; in der komplett gesicherten Position kann auch der Verschluss nicht bewegt werden, was auf der Jagd von Vorteil sein kann.
1999 stellte Ruger drei weitere Versionen des Modells 77/50 vor. Beim Officer's-Modell 77/50 RSO hat der Schaft eine gerade, englische Form. Der hintere Teil des Schafts ist ausgehöhlt und es kann eine Stahl-Schaftkappe daran befestigt werden. Das zweite neue Modell von 1999 war die Stainless-Variante K77/50 RSBBZ mit einem Schichtholzschaft und einer Gummi-Schaftkappe; alle Metallteile daran sind aus rostträgem Stainless-Stahl. Das dritte neue Modell war eine All-Weather-Version, die K77/50 RSP, in Stainless und mit Kunststoffschaft.

Moderne Geschosse zum Verschießen aus Vorderladerwaffen

S

Sabatti

www.sabatti.com

Markenzeichen der Firma Sabatti

Die Bevölkerung der italienischen Region Val Trompia stellt seit Jahrhunderten Waffen mit großer Kunstfertigkeit, Kreativität und bemerkenswertem Fachverstand her. Die Schusswaffen, die die Büchsenmacher der Region entwickelt haben, sind hervorragende Beispiele größter Innovation auf dem Gebiet der Waffenherstellung. Die Familie Sabatti spielte jahrhundertelang eine wichtige Rolle in der Waffenindustrie von Val Trompia. Viele Mitglieder der Familie waren im Laufe der Jahre auf dem einen oder anderen Gebiet des Waffenbaus besonders hervorragend. So zum Beispiel Lodovico Sabatti (1674–1745), der in Gardone als Büchsenmacher arbeitete und für seine feinen Steinschlosspistolen sowie als Laufmacher bekannt war. Ein weiteres Familienmitglied, Giuseppe Sabatti, der zwischen 1760 und 1815 in Gardone arbeitete, war berühmt für seine Blunderbuss-Vorderlader. Ein weiterer Giuseppe Sabatti war in der ersten Hälfte des 19. Jahrhunderts einer der weltbesten Büchsenmacher, seine Läufe aus Damaststahl waren weit über Italien hinaus bekannt. Zu dieser Zeit hatte sich die Familie Sabatti der Perfektion des Steinschlosssystems verschrieben. Als die Provisionsregierung von Brescia 1894 die Büchsenmacher von Val Trompia aufforderte, nicht ihr Blut, aber ihr ganzes Können für ihr Land zu geben, waren vier der zehn aufgeforderten Büchsenmacher Mitglieder der Familie Sabatti. In dieser Periode hatte sich Domenico Sabatti einen Namen als Laufmacher und Giovanni Sabatti allgemein als Büchsenmacher gemacht. Die unterschiedlichen Familienableger führten ihre Aktivitäten bis zum heutigen Tage fort, entweder als Waffenhersteller oder auch Zulieferer.

Unmittelbar nach dem Zweiten Weltkrieg waren es Antonio Sabatti und Giuseppe Tanfoglio, die sofort wieder mit der Herstellung von Flinten und Flintenteilen begannen. Sie spezialisierten sich vor allem auch auf die Herstellung von Verschlüssen. Ab etwa 1956 begannen sie mit der Produktion von halbautomatischen Pistolen, die unter anderem unter der Bezeichnung SATA (Sabatti & Tanfoglio) vermarktet wurden. Vier Jahre später teilte man sich auf und Tanfoglio konzentrierte sich weiter auf den Bau von Kurzwaffen. Die Söhne von Antonio Sabatti gründeten 1960 ein neues Unternehmen und produzieren seitdem Flinten und Büchsen für jagdliche und sportliche Zwecke mit dem gleichen Erfolg wie ihre Vorfahren. Sabatti ist stets darauf bedacht, die Qualität der Produkte immer noch weiter zu steigern und den Anforderungen der Jäger und Schützen aus aller Welt anzupassen. Heute werden die größeren Flinten- und Büchsenteile von der Firma Metrocast Italiana, einem Sabatti-Subunternehmen, hergestellt. Sabatti selbst hieß bis 1990 FIAS, Kurzform von „Fabbrica Italiana Armi Sabatti". Frühe Waffenmodelle aus dieser Zeit beinhalten etwa die Flinten Airone, Condor, Jaguar, Montreal, Olimpo, Saba und Sirio; einige der frühen Modelle werden heute noch produziert.

SABATTI ADLER

Die Bockdoppelflinte Adler wird von Sabatti in den Kalibern 12/70 und 20/70 hergestellt. Da für die Herstellung der entweder unbehandelten oder brünierten und mit einer einfachen Maschinengravur versehenen Basküle Ergal 55-Aluminium verwendet wurde, wiegt die Waffe nur 2,6 kg. Sie ist mit 66 cm oder 71 cm langen Läufen aus Chrom-Molybdän-Stahl erhältlich und damit dann entweder 107 cm oder 114 cm lang. Auf dem oberen Lauf befindet sich

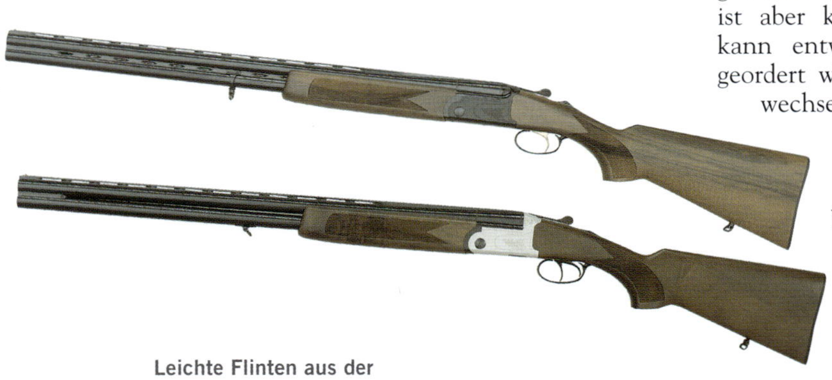

Leichte Flinten aus der Sabatti Adler-Baureihe

eine 8 mm breite, ventilierte Laufschiene. Der Raum zwischen den beiden Läufen ist entweder ausgefüllt oder ebenfalls mit Ventilierungsschlitzen für eine bessere Laufkühlung versehen. Sabatti bietet die Waffe entweder mit einem Doppelzüngelabzug oder mit einem vergoldeten, selektiven Einabzug an. In letzterem Falle dient der Sicherungsschieber auf dem Kolbenhals gleichzeitig als Laufwahl-Selektor. Das Modell Adler ist mit einfachen Patronenausziehern ausgestattet und hat zur Verriegelung einen Laufhaken unter dem Patronenlagerbereich des Laufes. Schaftmaterial ist Nussbaumholz.

SABATTI ALPEN EAGLE

Dieses Bockdoppelflinten-Modell stammt aus 2001 und wird in den Kalibern 12, 20 und 28 hergestellt. Es ist mit selektiven, automatischen Ejektoren ausgestattet und entweder mit einem Doppelzüngel- oder einem Einabzug erhältlich. Mittels des kombinierten Sicherungs- und Laufwahlschiebers auf dem Kolbenhals kann entschieden werden, welches Schloss und damit

Alpen Eagle-Flinten mit gravierten Seitenplatten

welcher Lauf beim ersten Betätigen des Einabzugs zuerst ausgelöst wird. Die Alpen Eagle-Flinte besitzt als Verriegelung den einfachen Laufhakenverschluss des Modells Olimpo. Zwar hat sie gravierte und mit Gold eingelegte Seitenplatten, ist aber keine Seitenschlosswaffe. Die Waffe kann entweder mit festen Chokebohrungen geordert werden oder mit einem Set von auswechselbaren, Stahlschrote „vertragenden" Multi-Choke-Einsätzen aus Stainless-Stahl. Die Länge der aus Chrom-Molybdän-Stahl gefertigten Läufe beträgt 66 oder 71 cm, was eine Waffengesamtlänge von 109 oder 114 cm ergibt. Die Flinte ist wahlweise mit einer niedrigen oder einer höheren, 10 mm breiten, ventilierten Laufschiene lieferbar. Mit ihrer Stahl-Basküle wiegt die Alpen Eagle etwa 3,2 kg. Ihr ölgeschliffener Schaft ist aus ausgesuchtem Nussbaum-Wurzelmaserholz, das am Pistolengriff und am Vorderschaft von Hand mit einem feinen Fischhaut-Design versehen ist.

SABATTI ARTEMIDE

Sabatti produziert das Modell Artemide in den Kalibern 12 und 20. Die Standardversion hat eine gravierte Basküle; die Version Artemide Lusso (nicht abgebildet) weist gravierte Seitenplatten auf. Die Gewehre haben einen selektiven Einabzug und sind mit automatischen Patronen-Ejektoren bestückt. Die Waffe wird standardmäßig mit einem Satz auswechselbarer Wech-

Sabatti Artemide mit selektivem Einabzug und Multichoke-Wechselchoke-Einsätzen

selchoke-Einsätze ausgeliefert. Die Läufe der Flinte sind 66 oder 71 cm lang und die Gesamtlänge beträgt 107 oder 112 cm. Das Laufbündel ist aus Chrom-Molybdän-Stahl, die Basküle aus Chrom-Nickel-Stahl. Das Gewehr wiegt etwa 3,2 kg. Es hat eine 8 mm breite ventilierte Laufschiene und einen Schaft aus ausgesuchtem Nussbaum-Wurzelmaserholz.

SABATTI CLASSIC 92 EXPRESS

Trotz des klassischen, alten Doppelbüchsen-Designs kam das Modell Classic 92 Express erst 2002 auf den Markt. Die Läufe der Waffe sind kaltgeschmiedet und aus besonders hartem Chrom-Molybdän-Stahl. Die Basküle ist aus Chrom-Nickel-Stahl. Die Verriegelung erfolgt

Sabatti Classic 92 Express-Doppelflinte

wie üblich mittels eines Greener-Verschlusses und doppelten Laufhaken. Die Länge der Läufe beträgt 61 cm, die Gesamtlänge 104 cm und das Gewicht 3,5 kg. Das Gewehr wird in den Kalibern 7x65R, .30 R Blaser, 8x57JRS, 9,3x74R, 444 Marlin und .45-70 Govt. produziert. Vorder- und Hinterschaft, von Hand ölpoliert, sind aus ausgesuchtem türkischem Nussbaum-Wurzelmaserholz, der Hinterschaft weist eine lange Backe im bayerischen Stil auf. Das Fischhaut-Design auf dem Vorderschaft und dem Pistolengriff ist handgeschnitten. Zwischen den Läufen befindet sich eine erhöhte Laufschiene; diese ist im hinteren Bereich, wo sich die Express-Kimme befindet und die Zielfernrohr-Montage angebracht wird, etwas höher als vorne. Das Korn ist aus durchscheinendem Kunststoffmaterial. Das Modell Classic 92 Express kann wahlweise mit einem Doppelzüngel- oder einem selektiven Einabzug bestellt werden. Die Waffe verfügt standardmäßig über Patronenauszieher, ist aber auch mit Patronen-Ejektoren erhältlich.

SABATTI EXPRESS MODELL 230/ MODELL 345

Bei den Express-Bockdoppelbüchsen-Modellen 230 und 345 handelt es sich um frühe Modelle. Die Bockdoppelbüchse 230 Express unterscheidet sich nur minimal von der 345 Express, welche eine etwas schwerere Chrom-Nickel-Stahl-Basküle aufweist. Die Verriegelung beider Versionen erfolgt mittels schwerer, doppelter Laufhaken. Auf die Baskülenseiten ist ein Rothirschmotiv eingraviert. Die Läufe sind aus kalt gehämmertem Chrom-Molybdän-Stahl. Die Express-Büchsen weisen regulär Doppelzüngelabzüge auf, können aber auch mit selektiven Einabzügen bestellt werden. Die Läufe beider Modelle sind 61 cm lang; die Gesamtlänge beträgt jeweils 107 cm. Je nach Kaliber variiert das Gewicht zwischen 3,5 kg und 4,1 kg. Sowohl die 230 Express als auch die 345 Express werden hergestellt in 5,6x50R Mag., 5,6x57R, .22-250 Rem., .222 Rem., .222 Rem.Mag., 6,5x55 SE, 6,5x57R, 6,5x68R, .243 Win., .270 Win., 7x65R, .308 Win., .30-06 Springfield, 8x57JRS und 9,3x74R. Die Verriegelung erfolgt durch zwei massive Laufhaken unter dem Patronenlagerbereich. Auf der Visierschiene befindet sich eine Klappkimme, dahinter kann der vordere Teil einer Zielfernrohr-Montage angebracht werden. Auf dem Kolbenhals des aus Nussbaum-Wurzelmaserholz hergestellten Schafts der Waffe befindet sich der übliche Sicherungsschieber. Das Modell 230 Express hat einen standardmäßigen Hinterschaft, beim Modell 345 Express ist er mit einer bayerischen Backe versehen.

Sabatti Express-Büchsen: Express 230, 345 Express und 345 Express-EDL mit Zielfernrohr (von oben)

SABATTI FALCON

Die Sabatti Falcon-Bockdoppelflinte ist außergewöhnlich robust. Die Läufe werden aus Chrom-Molybdän-Stahl im Monoblock-Verfahren hergestellt und sind miteinander mit Silberlot verbunden. Die Lauf-Innenseiten sind poliert und mit einer Schicht aus Hartchrom überzogen. Die Basküle wird aus einem Stück Chrom-Nickel-Stahl gefräst; nach deren Gravierung wird ihre Oberfläche buntgehärtet. Die Verriegelung des

Sabatti Falcon-Bockdoppelflinten in den Kalibern 12 (oben) und 20 (unten)

Gewehrs erfolgt durch doppelte Laufhaken unter dem Patronenlagerbereich des Laufes, die von einem massiven Querriegel gehalten werden. Die Flinte Falcon wird wahlweise mit einem Doppelzüngelabzug oder einem selektiven Einabzug angeboten. Bei letzterem erfolgt die Laufwahl mittels des kombinierten Sicherungs- und Laufwahlschiebers auf dem Kolbenhals; die automatische Umschaltung von einem Schloss zum anderen wird durch den Rückstoß bewerkstelligt. Die Waffe wird in den Kalibern 12 und 20 hergestellt, hat wahlweise 66 oder 71 cm lange, mit einer 8 mm breiten Schiene versehene Läufe und eine Gesamtlänge von 112 cm oder 117 cm. Das Gewicht liegt bei ungefähr 3,5 kg, Schaftmaterial ist ausgesuchtes Nussbaum-Wurzelmaserholz.

SABATTI FOREST

Bei dieser Waffe handelt es sich um eine Bockbüchsflinte. Der obere Lauf hat das Flintenkaliber 12 oder 20 und der untere, gezogene, wahlweise die Büchsenkaliber .22 Hornet, 5,6x50R Mag., 5,6x57R, .22-250 Rem., .222 Rem., .222 Rem.Mag., 6,5x55 SE, 6,5x57R, 7x57R, 7x65R, .308 Win., .30-06 Springfield, 8x57JRS oder 9,3x74R. Die kombinierte Kipplaufwaffe hat ein 61 cm langes Laufbündel, ist insgesamt 104 cm lang und wiegt circa 3,6 kg. Ihre Basküle ist aus einem Block Chrom-Nickel-Stahl gefräst und die Läufe sind kaltgehämmert und aus Chrom-Molybdän-Stahl. Der ölpolierte Schaft ist aus feinem Nussbaum-Wurzelmaserholz. Die Standardausführung hat einen Doppelzüngelabzug, bei der Luxusausführung STE ist der vordere Abzug gleichzeitig ein Rückstecher.

Sabatti Forest-Bockbüchsflinte, oben im Flintenkaliber 12 und unten in 20, mit Zielfernrohr

SABATTI FULGOR

Die Bockdoppelflinte Sabatti Fulgor gab es ursprünglich in Skeet-, Trap- und Mono-Trap-Versionen sowohl im Kaliber 12 als auch 20. Die Verriegelung ist bei ihr wie beim Modell Olimpo, doch hat die Fulgor-Flinte eine massigere Basküle, da Sportwaffen in der Regel mehr beansprucht werden, als Jagdwaffen. Die Fulgor ist mit einer neuen Art von selektiven, automatischen Ejektoren ausgestattet, die gleichzeitig auch mit einem Ausziehersystem verbunden sind. Dabei unterscheidet das System zwischen abgeschossenen Patronenhülsen und nicht abgeschossenen Patronen in den jeweiligen Läufen; abgeschossene Patronenhülsen werden beim Brechen der Waffe ausgeworfen, während noch nicht abgeschossene Patronen nur etwas aus dem Lager geschoben werden, damit man sie besser von Hand entfernen kann. Die Mono-Trap-Ausführung der Waffe hat für diese spezielle Sportart lediglich einen Lauf und darauf eine ventilierte Laufschiene; sie wird aber mit einem Bockdoppelflinten-Wechsellauf ausgeliefert, hat eine Lauflänge von 76 cm und ist insgesamt 119 cm lang. Als Einlaufflinte wiegt sie 3,4 kg und als Bockdoppelflinte 3,6 kg. Die Variante Fulgor Skeet hat wahlweise 66 oder 71 cm lange Läufe, ist damit 109 oder 114 cm lang und wiegt 3,2 oder 3,3 kg. Der Hinter- und Vorderschaft aller Fulgor-Varianten ist aus ausgesuchtem Nussbaum-Wurzelmaserholz.

SABATTI GTX

Bei dieser Bockdoppelflinte von Sabatti handelt es sich um ein relativ neues, erst 1995 vorgestelltes Konzept der Firma. Die Waffe ist von Sabatti-Entwicklern und berühmten sportlichen Trap-Schützen so konstruiert, dass sie sowohl jagdlich als auch für praktisch alle sportlichen Flintendisziplinen hervorragend geeignet ist. Das Grundprinizip der GTX ist ihre modulare Bauweise, dass sie also aus verschiedenen, leicht untereinander austauschbaren Hauptteilen besteht. Der Schütze kann dann so etwa zwischen verschiedenen Hinter- und Vorderschäften und Laufbündeln wählen. Alle GTX-Modelle besitzen ein herausnehmbares Abzugs-

Sabatti GTX zum sportlichen Wurfscheibenschießen

Sabatti Fulgor Mono-Trap (oben) mit Bockdoppelflinten-Wechsellauf und darunter die reguläre Fulgor Trap

system, in das sämtliche Abzugsteile, vom Abzugszüngel und der Abzugsstange bis hin zu sämtlichen Spannfedern und dem Schlagstück, integriert sind. Die Waffe ist perfekt ausbalanicert, robust und sehr zuverlässig. Massive Verriegelungshaken auf beiden Seiten des unteren Laufes greifen in korrespondierende Aussparungen der Basküle und werden durch einen massiven Querriegel gehalten. Der Patronenlagerbereich des Laufes ist aus einem Block Chrom-Nickel-Stahl gefräst; die Läufe selbst sind aus Chrom-Molybdän-Stahl. Die Waffe hat regulär einen nicht selektiven Einabzug. Das kombinierte Auswerfer-/Auszieher-system ist das beim Modell Fulgar beschriebene. Das Modell GTX Trap im Kaliber 12 hat Patronenlager für 70 mm lange Hülsen; ansonsten sind die Patronenlager stets für 76-mm-Patronenhülsen ausgelegt. Die Lauflänge der Trap-Version beträgt 119 cm, das Gewicht 3,4 kg. Die GTX Skeet hat wahlweise 66 oder 71 cm lange Läufe und eine Länge von 109 respektive 114 cm. Die Lauflänge der Version GTX Sporting in der Standardausführung ist entweder 71, 74 oder 76 cm; diese Variante ist dann zwischen 112 und 117 cm lang und wiegt zwischen 3,2 und 3,4 kg.
Die GTX hat stets einen ölgeschliffenen Schaft aus Nussbaum-Wurzelmaserholz. Der Kunde kann zwischen einer unbehandelten Basküle mit einer einfachen Umrahmungsgravur, einer brünierten Basküle mit dieser Gravur oder einer reich und komplett von Hand gravierten Basküle wählen. Das Laufbündel ist mit unterschiedlich breiten und hohen ventilierten Laufschienen sowie mit und ohne Ventilierungsschlitzen zwischen den Läufen erhältlich.

Die Bockbüchsflinte Master im Flintenkaliber 20, kombiniert mit Büchsenkalibern von .22 Hornet bis 9,3x74R.

SABATTI MASTER

Beim Modell Sabatti Master handelt es sich wieder um eine Bockbüchsflinte, deren oberer, glatter Flintenlauf das Kaliber 12 oder 20 besitzt; der untere, gezogene Büchsenlauf ist dagegen in den folgenden Büchsenkalibern erhältlich: .22 Hornet, 5,6x50R Mag., 5,6x57R, .22-250 Rem., .222 Rem., .222 Rem.Mag., .223 Rem., .243 Win., .25-06 Rem., .270 Win., 6,5x55 SE, 6,5x57R, 6,5x68R, 7x57R, 7x65R, .308 Win., .30-06 Springfield, 8x57JRS und 9,3x74R. Die Waffe hat eine sehr robuste Chrom-Nickel-Stahl-Basküle; ihre Läufe sind kalt gehämmert und aus Chrom-Molybdän-Stahl von bester, besonders dichter Qualität. Schaftmaterial ist ausgesuchtes Nussbaum-Wurzelmaserholz, ölgeschliffen; der Hinterschaft weist eine Backe auf und die Fischhaut am Pistolengriff und am Vorderschaft ist handgeschnitten. Die Laufschiene der Waffe wird hinten schmaler. Auf ihr befindet sich neben dem Korn eine einfache Blattkimme und dahinter eine Möglichkeit zur Anbringung der vorderen Zielfernrohr-Montage.
Das Modell Master hat ein 66 cm langes Laufbündel und eine Gesamtlänge von circa 110 cm. Ohne Zielfernrohr und Montage dazu wiegt es ungefähr 3,5 kg. Die Basküle der Variante im Flintenkaliber 12 weist eine einfache Gravur mit Wildschweinmotiven auf, die 20er-Version ist mit Motiven wilder Truthähne graviert.

Sabatti Master-Bockbüchsflinten, Kaliber 12, kombiniert mit einer Vielzahl von verschiedenen Büchsenkalibern

SABATTI OLIMPO

Ursprünglich fertigte die Firma Sabatti das Bockdoppelflinten-Modell Olimpo in den Kalibern 12, 20, 28 und 36 (.410) und mit Patronenlagern zur Aufnahme von sowohl 70-mm- als auch 76-mm-Patronenhülsen. Die Läufe sind mit einem Set Multichoke-Wechselchoke-Einsätzen

Die Flinte Olimpo als Olimpo EA, Olimpo Slug, Olimpo Caccia (Jagd) und Olimpo Waterfowling (von oben nach unten)

zu bestücken. Die Basküle von allen Olimpo-Varianten ist aus einem einzigen Chrom-Nickel-Stahl-Block gefräst; der Rohling wird dann gehärtet, fein bearbeitet und graviert. Auf beiden Seiten des unteren Laufes befindet sich je ein massiver Verriegelungshaken, der am Ende zweigeteilt ist und in entsprechende Aussparungen der Basküle eingreift. Schaftmaterial für alle Olimpo-Flinten ist wieder ausgesuchtes Nussbaum-Wurzelmaserholz, das mit einem leichten Satin-Lack überzogen ist. Die Olimpo-Version für den jagdlichen Gebrauch hat entweder einen selektiven Einabzug oder einen Doppelzüngelabzug. Ihre 66 oder 71 cm langen Läufe sind oben mit einer 8 mm breiten ventilierten Laufschiene versehen. Sie ist insgesamt 109 cm oder 114 cm lang und wiegt 2,95 bis 3,2 kg. Die meisten Olimpo-Versionen besitzen automatische Patronen-Ejektoren. Eine Ausnahme macht hier lediglich die Olimpo Slug-Version. Diese wird nur im Kaliber 12 hergestellt, hat einen selektiven Einabzug und eine durchgehende Laufschiene, auf der sich eine einfache Büchsen-Blattkimme und eine Schwalbenschwanzschiene zur Anbringung einer Zielfernrohr-Montage befindet. Aus beiden, allerdings glatten, 61 cm langen Läufen der Slug-Variante können Flintenlaufgeschosse jeglicher Art verschossen werden. Die Gesamtlänge dieser Version beträgt 107 cm, ihr Gewicht 3,1 kg. Die jagdlichen Versionen der Olimpo-Flinte sind auch komplett in Camouflage-Tarnfarbenoptik gehalten lieferbar.

Die Olimpo-Flinte in Camo-Tarnfarbenoptik

Die Palette von Modellen zum sportlichen Schießen umfasst sowohl Olimpo Skeet-, Trap- und Jagdparcours-Varianten. Das Lauf- und Baskülenmaterial der Sportvarianten ist von der gleichen Beschaffenheit und Qualität wie das der Jagdvarianten. Das Modell Olimpo Trap hat einen Monte-Carlo-Schaft und einen besonders breiten Vorderschaft, wie üblich aus ausgesuchtem Nussbaum-Wurzelmaserholz. Die Lauflänge ist hier 76 cm, die Gesamtlänge 119 cm und das Gewicht 3,5 kg. Die erhöhte Laufschiene ist 10 mm breit und zwischen den Läufen befinden sich ebenfalls ventilierte Schlitze. Die Olimpo Skeet hat ein 66 cm langes Laufbündel und ist 112 cm lang. Die dritte sportliche

Sabatti Olimpo-Bockdoppelflinte in den Versionen Skeet, Trap, Sporting und Sporting Clays

Variante, das 117 cm lange Modell Olimpo Sporting Clay Pro, gibt es nur im Kaliber 12. Deren Lauf ist 76 cm lang und das Gewicht beträgt 3,5 kg. Auch hier ist die vorhandene ventilierte Laufschiene 10 mm breit; ob hier zwischen den Läufen ebenfalls Kühlungsschlitze vorhanden sind, bleibt dem Wunsch des bestellenden Kunden vorbehalten. Die Basküle ist mit einer einfachen Gravur mit dem Motiv einer in Gold eingelegten Wurfscheibe versehen. Das Korn ist aus fluoreszierendem Kunststoff, der Schaft wie üblich aus Wurzelmaserholz und die Waffe wird standardmäßig mit Multichoke-Wechselchoke-Einsätzen ausgeliefert.

Sabatti-Repetierbüchse Rover 600 in den Versionen DL (Deluxe), Standard, Custom und Custom L (von oben nach unten)

Sabatti PG 95 Vorderschaft-Repetierflinte

Sabatti stellte die PG 95 Vorderschaft-Repetierflinte von 1995 bis 2002 her, und zwar ausschließlich im Kaliber 12/76. Im Vorderschaft der Waffe befindet sich ein 5-Schuss-Röhrenmagazin. Der Sicherungsknopf, der nur den Abzug blockiert, befindet sich hinten am Abzugsbügel. Die PG 95 hat ein Fallblocksystem, bei dem ein massiver, sich vertikal bewegender Verschlussblock für die Verriegelung der Waffe sorgt. Es gab drei unterschiedliche Versionen der Flinte. Die jagdliche hat einen Nussbaumschaft, einen wahlweise 66 oder 71 cm langen Lauf, eine Gesamtlänge von 112 oder 117 cm und ein Gewicht von 3,3 oder 3,4 kg; sie wurde mit einem Set von auswechselbaren Choke-Einsätzen ausgeliefert. Das Modell PG 95 Slug kam zur Jagd mit Flintenlaufgeschossen, insbesondere auf Schwarzwild, auf den Markt. Es hat einen 61-cm-Lauf, ist 104 cm lang und bringt 3,2 kg auf die Waage. Auf dem Lauf dieser Version ist eine Büchsenvisierung angebracht; die Kimme davon im Williams-Stil ist verstellbar. Das gleiche Modell gibt es, wie abgebildet, auch komplett in Camouflage-Optik.

Vorderschaft-Repetierflinte PG 95 in Camouflage-Optik

Sabatti Rover 600

Die Repetierbüchse Sabatti Rover 600 basiert auf dem Mauser 98-System. Sie ist identisch mit dem Modell 870 von Sabatti, hat aber ein kürzeres Verschlusssystem. Das Vorgängermodell der 600er-Büchse ist die bis 1995 hergestellte Sabatti-Büchse Rover 73, die es in den Kalibern .243 Win., .308 Win., .22-250 Rem. und 5,6x57 mm gab. Das neue Modell 600 mit seinem noch etwas kürzeren Verschluss wird nur mehr in den Kalibern .222 Rem., .222 Rem.Mag., .223 Rem., 6 mm PPC, 7 mm-08 Rem. und 7,62x39 mm gebaut. Es hat ein herausnehmbares 5-Schuss-Magazin. Der Magazinlöseknopf befindet sich vor dem Abzugsbügel.

Die Modelle Rover 600 DL und EDL sind die Luxusausführungen; sie werden in den gleichen Kalibern angeboten. Alle Versionen der Waffe haben einen 53-cm-Lauf und eine Gesamtlänge von 107 cm; sie wiegen in etwa 3,2 kg. In der Standardausführung gab es die Waffe zunächst mit einem Kornsattel und einer höhenverstellbaren Williams-Kimme. Die Verschlusshülse enthält auf ihrer Oberseite Vorbohrungen für die Anbringung einer Zielfernrohr-Montage. Das Luxusmodell 600 DL ist ab Fabrik mit einem bereits montierten Zielfernrohr nach Wahl lieferbar, angebracht mittels einer speziellen Sa-

Linke Seite der Büchsen Rover 600 DL und EDL

batti-Einhakmontage. Der Sicherungsschieber befindet sich bei der Waffe auf der rechten Seite hinter dem Kammerstängel; die Sicherung blockiert den Abzug und das Schlagstück. Als Schaftmaterial ist entweder Nussbaum oder Schichtholz erhältlich, als Ausgestaltung für den Hinterschaft entweder Monte-Carlo-Stil, bayerische Backe oder gerader Schaft ohne Backe. Die beiden Luxusvarianten basieren auf amerikanischen Varmint-Modellen und haben keine offene Visierung; sie gibt es auch in den Kalibern .243 Win., .25-06 Rem., 6,5x55 SE und .308 Win.

SABATTI ROVER 870

Das Vorgängermodell der Repetierbüchse Rover 870 war das Modell 87, damals erhältlich in

Die Repetierbüchsen Rover 870 Battue (Drückjagd), Standard und Mancini (mit Links-System) (von oben nach unten)

6,5x55 SE, 6,5x57 mm, .270 Win., 7x57 mm, 7x64 mm und .30-06 Springfield. Das neue Modell 870 basiert wie die Büchse Rover auf dem Mauser 98-System und hat deshalb vorne zwei und hinten am Verschlusszylinder eine Verriegelungswarze. Der Chrom-Molybdän-Stahl-Lauf ist kalt gehämmert und dadurch sehr dicht und langlebig. Die Sicherung befindet sich auf der rechten Waffenseite hinter dem Kammerstängel und blockiert den Abzug und das Schlagstück; allerdings kann der Verschlusszylinder auch im gesicherten Zustand geöffnet werden. Sabatti stellt die Waffe in den unterschiedlichsten Kalibern her; dabei hängt die verwendete Lauflänge von den

Sabatti Rover 870 EDL mit verchromter und brünierter Verschlusshülse

ballistischen Kalibereigenschaften ab. Mit einem 56-cm-Lauf wird die Waffe gebaut in 5,6x57 mm, 6x62 Frères, .243 Win., 6,5x55 SE, 6,5x57 mm, 6,5x65 RWS, .270 Win., 7x57 mm, 7x64 mm, .308 Win., .30-06 Springfield, 8x57 mm und 9,3x62 mm; für die Kaliber .25-06 Rem., 7 mm Rem.Mag., .300 Win.Mag. und .338 Win.Mag. wird ein 61 cm langer Lauf verwendet. Das nicht herausnehmbare, von oben zu ladende Magazin fasst maximal fünf Patronen; die Magazinbodenplatte kann mittels des vor dem Abzugsbügel befindlichen Magazinlöseknopfes nach unten geklappt werden. Als Modell Rover 870 Mancini wird auch eine Variante der Waffe mit Links-System hergestellt.

Das Modell Rover 870 gibt es in diversen Versionen. So ist etwa der Repetierer 870 Battue eine klassische Drückjagdbüchse mit der dafür charakteristischen Visierung. Die Luxusausführung EDL

Sabatti Rover 870 in den beiden Camouflage-Versionen

hat insgesamt ein etwas besseres Finish; das Nussbaum-Schaftholz ist schöner gemasert. Eine der aktuellsten Varianten der Rover 870 aus dem Jahr 2000 ist in verschiedenen Camouflage-Tarnfarbenoptiken gehalten; je nach beabsichtigter Verwendung der Waffe gibt es Versionen in weißgrün und grün-braun. Beide sind in sämtlichen Ausführungen erhältlich.

SABATTI SABA

Bei diesem Modell handelt es sich um eine traditionelle Doppelflinte; diese so genannten Querflinten werden in letzter Zeit wieder populärer. Die Flinte gibt es in den Kalibern 12, 16, 20, 28 und 36 (.410). Sie hat einen verbesserten Anson & Deeley-Verschluss und ihre Basküle ist aus Chrom-Nickel-Stahl; nach dem Gravieren wird die Basküle nochmals gehärtet. Die Läufe werden aus massiven Chrom-Molybdän-Stahl-Stäben hergestellt; nach dem Bohren, Schmieden und Polieren werden sie mit Silberlot im Monoblock-Verfahren zusammengefügt und innen hartverchromt. Unter dem Monoblock-Patronenlagerbereich befinden sich hintereinander zwei Laufhaken zur Verriegelung der Waffe. Das Modell Saba ist entweder mit einem selektiven Einabzug oder mit einem Doppelzüngelabzug lieferbar; standardmäßig ist sie mit Patronenausziehern ausgestattet. Als Lauflängen sind 66 cm bis 76 cm erhältlich, was zu einer Waffengesamtlänge zwischen 109 und 124 cm sowie einem Gewicht führt, das zwischen 3,1 und 3,8 kg variiert. Die Slug-Version der Waffe hat einen zylindrischen Lauf von 62 cm Länge und eine Büchsenvisierung, bestehend aus einem Korn auf einem Kornsattel und einer einfachen Klappkimme. Schaft und Vorderschaft sind aus ausgesuchtem Nussbaum-Wurzelmaserholz.

Die Saba-Doppelflinte als Standard, Mono (mit Einabzug) und Slug zur Wildschweinjagd

SABATTI SIRIO

Auch die Flinte Sirio ist eine traditionelle Querflinte, die von ihrer Optik her eine hahnlose Flinte aus dem 19. Jahrhundert imitiert. Wie das Modell Saba hat auch sie einen verbesserten Anson & Deeley-Verschluss, allerdings automatische Ejektoren, die die abgeschossenen Patronenhülsen auswerfen. Standardmäßig wird die Waffe mit einem Doppelzüngelabzug ausgeliefert, sie kann aber auch mit einem nicht selektiven Einabzug bestellt werden. Ein weiteres Charakteristikum der standardmäßigen Version ist deren schlanker, englischer Hinterschaft; auch diesbezüglich ist aber eine Bestellung mit Pistolengriff möglich. Der Schaft ist ölpoliert und aus ausgesuchtem Nussbaum-Wurzelholz. Die Basküle der Waffe ist in Antik-Silber-Finish gehalten und weist eine einfache, aber besonders feine Gravur auf. Die Flinte wird in den Kalibern 12 und 20 mit 66 oder 71 cm langen Läufen produziert. Ihre

Die klassische Querflinte Sabatti Sirio

Gesamtlänge liegt bei 109 oder 114 cm, das Gewicht variiert zwischen 3,2 und 3,4 kg. Die Sirio hat feste Chokebohrungen nach Wahl.

Die Einlaufbüchse Sabatti SKL 98, oben als Deluxe und unten als Deluxe Special-Version, jeweils mit Zielfernrohr

SABATTI SKL 98

Bei dieser 1998 vorgestellten Sabatti-Waffe handelt es sich um eine einläufige, jagdliche Kipplaufbüchse. Das Besondere an ihr ist, dass ihr Schlagbolzen ständig entspannt ist und das Schloss nicht durch das Brechen oder Schließen der Waffe gespannt wird, sondern mittels eines eigenständigen Spannschiebers auf dem Kolbenhals. Es wird erst gespannt, indem der Druckknopf auf dem Schieber eingedrückt und der Schieber gleichzeitig nach vorne geschoben wird. Wenn nicht geschossen werden soll, kann mittels des Spannschiebers auch leicht wieder entspannt werden. Die Büchse verriegelt durch doppelte Laufhaken. Sie wird produziert in den Kalibern .22 Hornet, .222 Rem., 5,6x50R Mag., 6x62R Frères, 6,5x55 SE, 6,5x65 RWS, 6,5x57R, .270 Win., 7x57R, 7x65R, .30-06 Springfield, .30 R Blaser, 8x57JRS und 9,3x74R. Ihre Standard-Lauflänge ist 60 cm, die Gesamtlänge 104 cm und das Gewicht liegt ohne Zielfernrohr und Montage bei etwa 3 kg. Hinten auf dem Lauf befindet sich eine erhöhte Schiene mit einem Klappvisier darauf und einer Einfräsung zur Anbringung der vorderen Zielfernrohr-Montage. Das Modell SKL 98 hat einen Abzugswiderstand von etwa 700 g und ist nicht mit einem Stecher ausgestattet. Die Büchse hat einen Hinterschaft mit bayerischer Backe und einen tulpenförmig ausgeformten Vorderschaft, beides aus ausgesuchtem Nussbaum-Wurzelmaserholz. Obwohl es sich dabei um keine Seitenschlosswaffe handelt, besitzt die Version SKL 98 Deluxe gravierte Seitenplatten.

KK-Selbstladebüchse Sabatti Sporter, .22 l.r.

SABATTI SPORTER

Das Modell Sporter ist eine einfache Selbstladewaffe im Kaliber .22 l.r. Diese hat einen Feder-Masse-Verschluss und wird mittels eines Spannhebels am Systemkasten gespannt. Hinten am Abzugsbügel befindet sich eine Druckknopfsicherung, die nur den Abzug selbst blockiert. Die Magazinkapazität des Trommelmagazins beträgt 10 Patronen, es gibt aber auch Varianten, bei denen die Magazinkapazität auf nur zwei oder drei beschränkt ist. Die Waffe hat eine ein-

Sabatti SKL 98 in den Varianten SKL 98 DL (oben) und SKL 98 Standard (unten)

fache verstellbare Blattkimme. Auf dem Systemkasten befindet sich eine Prismaschiene zur Anbringung einer Zielfernrohr-Montage. Die Standard-Lauflänge beträgt 47 cm, die Waffengesamtlänge 95 cm und das Gewicht der KK-Büchse ist mit 3,25 kg relativ hoch.

SAKO

www.sako.fi

Markenzeichen der Firma Sako

Die heutige finnische Waffenfabrik Sako wurde 1919 vom finnischen Staat unter der Bezeichnung „Waffen- und Maschinenfabrik für das Freiwilligen-Heer" gegründet um dort gebrauchte Militärgewehre zu reparieren und zu modifizieren sowie sie insbesondere zur jagdlichen Verwendung umzubauen. Im April 1921 wurde das Unternehmen zu einem unabhängigen Wirtschaftsbetrieb. Der Firmensitz von Sako ist Riihimäki in Süd-Finnland. Wie viele andere Unternehmen der Branche hatte auch die heutige Firma Sako während der Zeit der Depression in den 30er-Jahren große Probleme. 1937 erhielt sie ihre jetzige Bezeichnung „Oy Sako AB"; neben Schusswaffen produzierte Sako auch Geschosse und Patronen. Im Zweiten Weltkrieg blieb Finnland zwar neutral, man war aber mit Deutschland in Geschäftsbeziehungen, weshalb 1939 die Russen Finnland besetzten. Nach dem Krieg hörte die Firma fast auf zu existieren und musste ab 1946 nahezu komplett neu aufgebaut werden. Ein Problem war die Moskauer Friedensvereinbarung vom 3. November 1944, wonach das finnische Freiwilligen-Heer aufzulösen war. Firmen, die das Freiwilligen-Heer finanziell unterstützt hatten, wurden Eigentum des finnischen Staates, der die Eigentumsrechte daran wiederum an verschiedene Wohlfahrts-Gesellschaften übertrug. So kam es, dass das finnische Rote Kreuz die Mehrheit an den Sako-Firmenanteilen erhielt. 1946 war mit einem gewissen E. Hyden der finnische Armeechef gleichzeitig Leiter der Firma Sako. Unter seiner Führung wurde das Unternehmen modernisiert und produzierte fortan wieder Militär- und Zivilwaffen. Eine der ersten Repetierbüchsen der Firma war das Modell L-46, das Ende 1949 in .22 Hornet und .218 Bee auf den Markt kam und auf dem Mauser-System basierte. 1955 erschienen verschiedene von Winchester und Remington entwickelte neue Büchsenpatronen, etwa die .243 Win. und die .244 Rem.; Sako entwickelte dafür sein neues Modell L-57, nun mit einem längeren Verschluss als beim L-46. 1960 wurde die Produktion der Büchse L-57 eingestellt und dafür eine als L-579 bezeichnete, insbesondere hinsichtlich des Verschlusses modifizierte Waffe eingeführt. Mitte 1963 brachte man mit der L-461 eine verbesserte Version des alten Modells L-46 heraus. Diese Büchse hatte nun die Kaliber .222 Rem., .222 Rem.Mag. und .223 Rem. 1961 stellte Sako dann ein noch längeres Verschlusssystem und dazu das Repetierbüchsenmodell L-61, Kaliber .30-06 Springfield und .300 H&H Mag., vor. Fortan gab es Sako-Büchsen stets mit drei verschieden langen Verschlusssystemen, mit dem kurzen System S491, dem Standardsystem M591 und dem langen Magnumsystem L691. 1988 vereinigten sich die drei finnischen Waffenherstellungsunternehmen Sako, Tikka und Valmet und man stimmte die Produktpaletten aufeinander ab. In den späten 1980er-Jahren brachte Sako ein Scharfschützengewehr heraus, das mit der neuen Sako-Systemserie TRG ausgestattet war. Kurz darauf kamen auch Jagdrepetierer mit TRG-Systemen heraus. Da viele Custom-Büchsenmacher gerne die robusten und zuverlässigen Sako-Systeme verwenden, verkauft die Firma die Systeme auch einzeln. Neben Repetierern hat Sako auch militärische Selbstlader im Programm, etwa das Sako RK-95 in den Kalibern .223 Rem. und 7,62x39 mm, abgeleitet vom Kalaschnikow AK-47. Das Unternehmen produziert auch Munition, sämtliche gängigen Kaliber von .22 Hornet bis .375 H&H Magnum. Die Sako-Geschosse, benannt unter anderem als „Hammerhead", „Powerhead" oder „Speedhead", haben einen hervorragenden Ruf. 1997 stellte die Firma Sako, die im Jahr 2000 Mitglied der italienischen Beretta-Gruppe wurde, mit der Modellreihe Sako 75 eine komplett neue, hervorragende Generation von Repetierbüchsen vor.

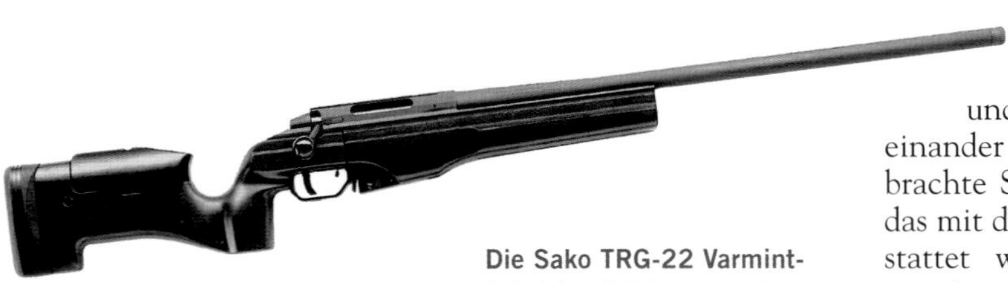

Die Sako TRG-22 Varmint-Präzisionsbüchse aus dem Jahr 2000

Sako Modell L-461/L-579/S-491/M-591/L-691

Die frühen Modelle der Sako-Repetierer waren eingeteilt nach den verschieden langen Verschlusshülsen-Typen. Die Länge hing von der Länge der jeweils verwendeten, spezifischen Patrone ab. Das Modell L-461 oder AI in Nordamerika hat das kürzeste System für die Patronen .17 Rem., .22 PPC, .222 Rem., .223 Rem. und 6 mm PPC. Das kurze System war in diversen verschiedenen Modellvarianten lieferbar, etwa als Hunter, Deluxe, Varmint, Bench Rest und Super Deluxe. Die Gesamtlänge beträgt 105 bis 111 cm, je nachdem ob ein 54- oder 60-cm-Lauf verwendet wird. Das Gewicht der L-461-Versionen variiert zwischen 2,8 kg für die Variante Hunter und 4 kg für die Bench Rest- und Varmint-Modelle. 1980 kam als S-461 eine modifizierte Version des kurzen Systems heraus. Die Büchsen mit dem mittellangen System wurden zunächst als L-57 und dann ab 1961 als L-579 bezeichnet; in den USA waren sie als AII-Modelle bekannt. Dieses System gab es in den Kalibern .22-250 Rem., .243 Win., 7 mm-08 Rem. und .308 Win. L-579-Büchsen variieren in der Länge von 100 cm für den L-579 Stutzen bis 111 cm für das Varmint-Modell; Lauflängen waren 47 bis 55 cm. Das Gewicht des L-579-Stutzens ist 2,7 kg während die Standardmodelle 3 kg wiegen. Ein modifiziertes mittellanges Verschlusssystem, eingeführt 1988, wurde als M591 bezeichnet. Beim langen System handelt es sich um das als L-61 oder in den USA AV bezeichnete; es ist zur Verwendung von stärkeren, längeren Patronen gedacht, etwa .270 Win., .280 Rem., .30-06 Springfield, .300 Win.Mag., .300 Wby.Mag., .375 H&H Mag. und sogar Rem.Mag. Das lange System wird in den Varianten .416 Classic, Deluxe, Fiberglass, Hunter, Laminated, Mannlicher Carbine oder Stutzen, Safari und Super Deluxe produziert. Die Gesamtlänge dieser Büchsen variiert zwischen 103 cm für den Stutzen und 117 cm für den Großteil der anderen Modelle; der Lauf ist zwischen 47 und 61 cm lang und das Gewicht liegt zwischen 3,3 und 3,7 kg. Nach 1988 kam ein als L691 bezeichnetes, verbessertes System zum Zug. Ein Magnum-Sondermodell in .416 Rem.Mag. hat ein nochmals verstärktes, als L-691-Magnum bezeichnetes System.

Frühe Sako-Repetierer, oben mit Schichtholzschaft und unten als Stutzen

Sako Finnfire

Dieses Modell wurde 1994 vorgestellt und wird ausschließlich in .22 l.r. produziert. Die verschiedenen Modellvarianten sind die Büchse Hunter mit offener Visierung, die visierlose Varmint und die Baureihe der Match-Büchsen zum Wettkampfschießen. Alle drei Varianten besitzen eine Prismaschiene auf der Verschlusshülse zur Anbringung eines Zielfernrohrs. Die Finnfire ist letztlich eine verkleinerte Version des Modells 75 mit Nussbaumschaft und kalt gehämmertem, frei schwingendem Lauf. Der Verschlusszylinder weist zwei Verriegelungswarzen auf und die Waffe kann mit

Sako Finnfire Hunter (oben) und Varmint (unten)

Sako mit Kunststoffschaft und als Stutzen

einem herausnehmbaren Magazin für fünf oder 10 Patronen geliefert werden. Die Finnfire Hunter ist 110 cm lang, hat einen 56-cm-Lauf und wiegt etwa 2,6 kg. Die Finnfire Varmint ist 103 cm lang, hat einen dicken, 58 cm langen Lauf und wiegt 3,3 kg. Die Variante Range hat einen ergonomischen Hinterschaft mit einer verstellbaren Schaftkappe und einen dicken Lauf. Gesamtlänge und Lauflänge der Range-Version entsprechen denen des Modells Sako Finnfire Varmint. Das Gewicht beträgt 3,4 kg.

Sako Modell 75

Das Modell 75 stammt aus dem Jahr 1997. Es ist eine komplette Neuentwicklung, basiert aber immer noch auf drei Systemlängen. Der Verschlusszylinder hat stets jeweils drei Verriegelungswarzen. Zum Verriegeln wird er lediglich um 70 Grad gedreht, was ein sehr schnelles Nachladen der jeweils nächsten Patrone ermöglicht. Der kalt gehämmerte Lauf ist frei schwin-

Sako Modell 75 Varmint Laminated Stainless (oben) und Deluxe (unten)

Sako Modell 75 Finnlight Stainless und Synthetic Stainless

gend, was für die Schusspräzision sehr zuträglich ist. Die Sako 75 wird mit einem festen, internen oder einem herausnehmbaren Magazin angeboten. Sie wird mit einem von vier verschieden langen Systemen in verschiedenen unterschiedlichen Modellen hergestellt; zur Einführung gab es sogar fünf verschiedene Systeme, Typ II wurde aber 1999 eingestellt. Ab 2001 konnte der Verschluss mittels eines speziellen Schlüssels abgeschlossen werden; durch das Abschließen wird der Schlagbolzen und das Schloss blockiert und der Verschluss kann nicht mehr bewegt werden. Das Abschließ-System ist für die Modelle Sako 75 Action III und V Standard und für die anderen Modelle und Systeme gegen Aufpreis als Option erhältlich. Das kurze System I oder Action I existiert für die Kaliber .17 Rem., .222 Rem. und .223 Rem. Das System wird in den Modellen 75 Hunter, 75 Hunter Stainless, 75 Deluxe, 75 Varmint und 75 Varmint Laminated Stainless verwendet; Magazinkapazität ist fünf Patronen. Die Modelle Hunter, Stainless Hunter und Deluxe sind 106 cm lang, haben einen 56-cm-Lauf und wiegen zwischen 2,8 und 2,9 kg. Die Varmint und Varmint Laminated Stainless sind 110 cm lang, haben einen 60 cm langen Lauf und wiegen 3,7 bis 3,9 kg. Das System III oder Action III wird für die Kaliber .22 PPC, 6 mm PPC, .22-250 Rem., .243 Win., 7 mm-08 Rem. und .308 Win. hergestellt. Es wird für die Modelle Hunter, Hunter Stainless, Deluxe, Varmint, Varmint Laminated Stainless, Synthetic Stainless und Finnlight verwendet. Die Varmint-Modelle haben eine Gesamtlänge von 112 cm, einen 60 cm langen Lauf und ein zwischen 3,9 und 4,1 kg variierendes Gewicht. Die Synthetic Stainless ist 109 cm lang, hat einen 57-cm-Lauf und wiegt 3,2 kg. Die Modelle Hunter, Hunter Stainless und Deluxe sind ebenfalls 109 cm lang, haben einen 57-cm-Lauf und wiegen 3,2 bis 3,3 kg. Das Modell 75 Finnlight mit dem Action III-System hat eine Gesamtlänge von 103,5 cm, einen 51,5-cm-Lauf und ein Gewicht von 2,8 kg. Das System IV oder Action IV gibt es für die Patronen .25-06 Rem., 6,5x55 SE, .270 Win., 7x64 mm, .30-06 Springfield und 9,3x62 mm. Sako verwendet dieses System in den Modellen Hunter, Hunter Stainless, Deluxe, Varmint, Synthetic Stainless und Finnlight. Die Gesamtlänge dieser Büchsen variiert zwischen 106 und 110 cm, die Lauflänge beträgt 53, 58 oder 60 cm und das Gewicht 3,1 bis 4 kg. Das System V oder Action V gibt es in .270 Wby. Mag., 7 mm Rem.Mag., 7 mm STW, 7 mm Rem.UltraMag., 7 mm Wby.Mag., .300 Win. Mag., .300 Wby.Mag., .300 Rem.UltraMag., .338 Win.Mag., .340 Wby.Mag. und .375 H&H Mag.; 2002 stellte Sako die Kaliber .270 Wby.Mag., 7 mm Wby.Mag. und .340 Wby.Mag. ein und nahm die neue Patrone 7 mm Rem.UltraMag. mit hinzu. Das System V findet in nahezu allen Modellen mit Ausnahme der 75 Varmint Laminated Stainless Anwendung. Gesamtlänge und Lauflänge variieren nicht nur von Modell zu Modell, sondern auch von Kaliber zu Kaliber. Das Modell 75 Hunter hat in 7 mm Rem.Mag., .300 Win.Mag., .338 Win.Mag. und .375 H&H Mag. zum Beispiel eine Gesamtlänge von 116 cm, einen 62 cm langen Lauf und ein Gewicht von 3,9 kg; das gleiche Modell in .270 Wby.Mag., 7 mm Wby.Mag., 7 mm STW, 7 mm Rem.UltraMag., .300 Wby.Mag., .300 Rem.UltraMag. und .340 Wby.Mag. ist 120 cm lang, hat einen 66-cm-Lauf und bringt 4 kg auf die Waage.

SAKO SAFARI 80TH ANNIVERSARY

Die Sako 80th Limited Edition im Kaliber .375 H&H Mag. war ein Sondermodell aus dem Jahr 2002 mit einem System V. Es handelte sich dabei um ein Jubiläumsmodell aus Anlass des 80-jähri-

Sako Safari 80th Anniversary

gen Bestehens der Firma Sako. Die Großwildbüchse hat die klassischen Safari-Features und wird in einem handgemachten Lederkoffer ausgeliefert.

STEYR-MANNLICHER

www.steyr-mannlicher.com

Das Logo der Firma Steyr-Mannlicher

Die Geschichte der renommierten Firma Steyr beginnt eigentlich bereits 1831, als Josef Werndl in dem österreichischen Ort Steyr geboren wurde. Sein Vater, Leopold Werndl, besaß einen Fertigungsbetrieb, der für die Wiener Militärwaffenindustrie Gewehrteile fertigte. Nach seiner Lehrzeit in Wien und Prag kam Josef in den Betrieb seines Vaters, wo er sofort die alten, konservativen Produktionstechniken anprangerte. 1849 beschloss er daher, das Unternehmen des Vaters wieder zu verlassen. Er fing in einer Wiener Gewehrfabrik an, die bereits moderne amerikanische Massenproduktionsmaschinen verwendete. Nachdem Werndl dann eingezogen wurde, verließ er mit Hilfe seines Vaters die Armee schnell wieder und trat erneut in den Betrieb des Vaters ein. Auch dieses zweite Mal gerieten Vater und Sohn aneinander: Josef wollte die Firma modernisieren und sein Vater war zu konservativ dafür. Nachdem Josef 1852 nach Thüringen gegangen war, um dort in verschiedenen der bekannten, dortigen Waffenfirmen zu arbeiten, zog es ihn nach Amerika, wo er bei der Firma Remington und bei Colt in Hartford arbeitete.

Werndl Modell 1867 Infanteriegewehr mit dem Werndl-Holub-Verschluss

Voller Ideen kehrte er Ende 1853 zurück nach Österreich und eröffnete in dem Ort Wehrgraben eine eigene Büchsenmacherwerkstatt. 1855 verstarb sein Vater und Josef Werndl übernahm das Unternehmen seines Vaters und führte es fort. Er modernisierte die Fertigung grundlegend und konzentrierte sich dann besonders auf die Entwicklung eines Hinterladergewehrs. Zu diesem Zweck reiste er zusammen mit seinem Chefentwickler Karel Holub zwei Mal nach Amerika. 1864 gründete Josef zusammen mit seinem Bruder Franz in Steyr die Firma Josef und Franz Werndl & Co. 1866 hatte Werndl es geschafft, den österreichischen Verteidigungsminister dazu zu bringen, die Armee mit dem Werndl-Holub-Hinterladergewehr auszurüsten. Nachdem die Waffe feldmäßig getestet worden war, erhielt Werndl den Auftrag zur Lieferung von 100000 „Modell 1864"-Gewehren. Die Fertigungsstätte in Steyr musste vergrößert und in Budapest eine weitere errichtet werden. Durch all die Investitionen wurde das Betriebskapital sehr angegriffen. Man beschloss, die Firma durch den Verkauf von Anteilen zu verstärken; das Unternehmen wurde in Österreichische Waffenfabriks-Gesellschaft umbenannt und der Firmensitz nach Wien verlegt.
Nachdem Werndl 1873 von der königlich preußischen Armee den Auftrag für 500000 Mauser-Gewehre Modell 1871 erhalten hatte, wurde die Firma mit Aufträgen aus diversen Ländern, auch aus Persien, China und Chile regelrecht überhäuft. 1882, als alle europäischen Armeen inzwischen mit Hinterladergewehren ausgerüstet waren und nun die Großaufträge ausblieben, beschloss Josef Werndl schweren Herzens, seine Kapazitäten zum Bau waffenfremder Produkte zu nutzen; die Firma produzierte während dieser Zeit etwa Dynamos, Elektromotoren und Glühlampen. 1884 war Steyr die erste europäische Stadt mit elektrischen Straßenlampen. 1885 nahm man dann einen neuen Gewehrentwurf in Produktion. Dabei handelte es sich um eine Hinterladerbüchse vom System Mannlicher mit einem 5-Schuss-Magazin; und es wurden auch gleich 87000 Stück davon bestellt. Ferdinand von Mannlicher war Eisenbahn-Ingenieur, gleichzeitig aber auch ein begnadeter Waffentechniker. Neben verschiedenen anderen Waffenteilen entwickelte er auch ein mit einem Patronen-Ladestreifen zu beladendes Magazinsystem, welches erstmals in großen Stückzahlen beim Steyr-Mannlicher-Modell 1886 Infanteriegewehr und dann auch beim Modell 1895 Verwendung fand. Josef Werndl starb 1899. Die Firma war bereits seit 1896 von einer vierköpfigen Gruppe geleitet

worden. Dann übernahm Otto Schönauer die Führung des Unternehmens, welches sich zu einem großen Konzern mit 10000 Mitarbeitern entwickelte und auch immer wieder verschiedene waffenfremde Produkte herstellte, etwa ab 1919 auch Autos und Lastwagen. Nach dem Zweiten Weltkrieg erlaubten die Alliierten der Firma erst 1950 wieder, Waffen herzustellen. Seitdem produzierte der Konzern, seit 1987 Steyr-Daimler-Puch AG genannt, zunächst unter dem Namen Mannlicher-Schönauer vor allem Jagdbüchsen. 1987 wurde die Waffenproduktion unter dem Namen Steyr-Mannlicher AG zusammengefasst. Steyr produziert gegenwärtig diverse Jagd- und Sportwaffen, aber auch Militärwaffen, wie etwa das bekannte Waffensystem AUG (Armee Universal Gewehr).

Steyr Classic

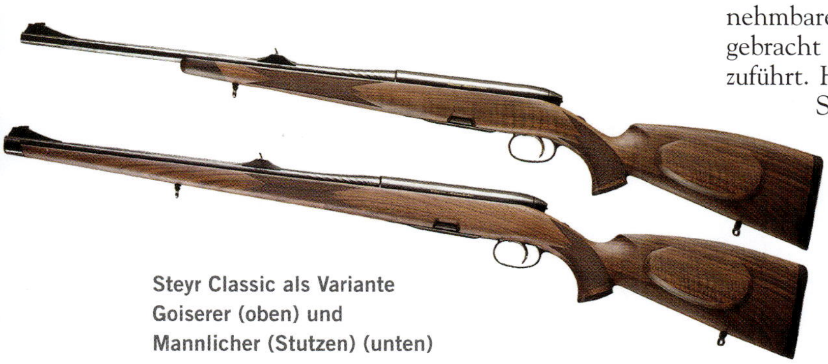

Steyr Classic als Variante Goiserer (oben) und Mannlicher (Stutzen) (unten)

Steyr stellte die Classic-Repetierbüchsen 1997 vor, um damit die Steyr-Mannlicher-Modelle der 1969er-Serie abzulösen. Die neue Waffe besitzt das so genannte SBS oder Safe Bolt System, das die Firma als neues, sich vom Prinzip der Verriegelungswarzen hinten am Verschlusszylinder, unterscheidendes Verschlusskonzept entwickelt hatte. Bei den neuen SBS-Büchsen befinden sich zwei gegenüberliegende Verriegelungswarzen vorne am Verschlusszylinder; zusätzlich ist der Patronenbodenbereich im Patronenlager nochmals zusätzlich gegen erhöhten Gasdruck gesichert. Hinten am System befindet sich die manuelle Sicherung, die drei Positionen hat. In der ersten ist die Waffe entsichert und eine rote Markierung ist sichtbar. in der zweiten Position ist eine weiße Markierung sichtbar, das Schlagstück ist blockiert, der Verschlusszylinder kann jedoch bewegt werden; und in der dritten Position, in der der weiße Punkt und ein weißer Strich sichtbar ist, sind sowohl Schlagstück als auch Verschlusszylinder blockiert. Zudem weist der Schlagbolzen ein weiteres Sicherheits-Charakteristikum auf; wenn nämlich der Kammerstängel stärker nach innen gedrückt wird, wird die Schlagbolzenfeder entspannt und gegebenenfalls der Stecher entstochen. Auch kann das herausnehmbare Magazin in eine Art Standby-Modus gebracht werden, in dem es keine Patrone zuführt. Hinten am Verschlusszylinder steht ein Stift als Lade-Indikator heraus.

Das Modell Classic Mannlicher besitzt einen Stutzen-Schaft, der bis zur Laufmündung vorgezogen ist; solche Waffen werden auch als vollgeschäftet bezeichnet. Die Büchse wird hergestellt in .243 Win., .25-06 Rem., 6,5x55 SE, .270 Win., 7 mm-08 Rem., 7x64 mm, .308 Win., .30-06 Springfield und 8x57JS. Die Magazinkapazität beträgt vier Patronen. Die Gesamtlänge liegt bei 106 cm, der Lauf ist 51 cm lang und das Gewicht beträgt 3,2 kg. Das Modell Classic Goiserer – österreichisch für „Berg“ – hat die gleichen Spezifikationen, ist mit 3 kg aber etwas leichter. Das halbgeschäftete Standardmodell Classic wird in .243 Win., .25-06 Rem., 6,5x55

Die halbgeschäftete Büchse Steyr Classic Standard, oben mit Zielfernrohr und unten von der linken Seite

SE, .270 Win., 7x64 mm, 7 mm-08 Rem., 7 mm Rem.Mag., .300 Win.Mag., .308 Win., .30-06 Springfield, 8x57JS, 8x68S und 9,3x62 mm produziert. Bei den Magnumkalibern ist die Magazinkapazität nur drei statt vier Patronen. Die Gesamtlänge der Büchse beträgt 115 cm und in den Magnumkalibern 119 cm. Die Lauflänge liegt standardmäßig bei 60 cm und für die Magnumvarianten bei 65 cm; das Gewicht variiert zwischen 3,2 und 3,4 kg.

Steyr-Mannlicher Modell L (Leicht/Light)

Das Modell L gehört zur Modellreihe 67, auch bekannt als die Reihe 1969. Diese Diskrepanz rührt daher, dass die entsprechenden Waffen 1967 entwickelt und 1968 vorgestellt wurden und erst 1969 auf den Markt kamen. Die SSG-69-Scharfschützengewehre basieren ebenfalls auf dieser Baureihe. Die Reihe hat einige ungewöhnliche Features. So werden ihre Läufe auf eine spezielle Art kalt geschmiedet, was den Steyr-Büchsen wegen den nach außen scheinenden Zügen und Feldern eine sofort erkennbare Optik verleiht. Zudem erfolgt die Verriegelung mittels sechs in zwei Reihen von jeweils drei Segmenten hinten am Verschlusszylinder befindlichen Verriegelungswarzen. Eine dritte ungewöhnliche Charakteristik ist im Weiteren das Trommelmagazin der Waffen, das auf dem der alten Mannlicher-Schönauer-Repetierer von 1921 basiert; interessanterweise haben die Luxusausführungen der 1969er-Reihe ein normales Stangenmagazin. Das Trommelmagazin hat eine Kapazität von fünf Patronen. Das Modell L wurde bis 1996 in 5,6x57 mm, .243 Win. und .308 Win. hergestellt; 1971 kam das Kaliber .22-250 Rem. und 1976 6 mm Rem. hinzu. Die Gesamtlänge der Versionen Stutzen und Goiserer beträgt 99 cm, die Lauflänge 51 cm und das Gewicht circa 2,8 kg. Die Standardausführung ist 108 cm lang, hat einen 60-cm-Lauf und wiegt 2,9 kg. Das Modell L hat eine verstellbare Kimme; auf seiner Verschlusshülse befinden sich Bohrungen zur Anbringung einer Zielfernrohr-Montage. Die Sicherung ist rechts am System hinter dem Kammerstängel. Auch hier befindet sich hinten am Verschlusszylinder ein Signalstift als Ladezustandsanzeige. Die Büchse hat einen Nussbaumschaft mit Pistolengriff. Der Hinterschaftrücken fällt ab und ist speziell für die Verwendung eines Zielfernrohrs konzipiert – der Schaft hat also einen so genannten „Schweinsrücken".

Steyr-Mannlicher Modell L als Stutzen, Mountain (Goiserer) und Standard (von oben nach unten)

Steyr-Mannlicher Modell M (Medium)

Das Modell M stammt von 1973 und basiert auf dem früheren Modell L, hat aber ein massiveres und längeres System für die Verwendung längerer Patronen. Die Waffe wurde zunächst in 6,5x57 mm, .270 Win., 7x57 mm, 7x64 mm, .30-06 Springfield, 8x57 mm und 9,3x62 mm gebaut; 1977 kamen 6,5x55 mm und 7,5x55 mm hinzu. Die Waffe hat ein 5-Schuss-Trommelmagazin aus Makrolon-Kunststoff.

Steyr-Mannlicher Modell M als Mountain (Goiserer)-Versionen (oben) und als Stutzen (unten)

Die Büchsen Modell M Standard, Professional, Synthetic und eine Version mit Links-System (von oben)

Das Modell M wurde speziell zur Rehwildjagd entwickelt. Diesbezüglich war in Europa stets das Kaliber 7x64 mm am populärsten; in den USA sind .270 Win. und .30-06 Springfield am gebräuchlichsten. Eigentlich sind aber mit Ausnahme der 6,5x57 mm alle Kaliber des Modells M bereits zu stark für Rehwild. Die Versionen Stutzen und Goiserer des Modells M sind insgesamt 101 cm lang und haben einen 51-cm-Lauf. Die Stutzen-Variante, vollgeschäftet, wiegt 3,1 kg und die Goiserer-Variante 3 kg. Die weiteren technischen Details, etwa hinsichtlich Visierung und Sicherung, entsprechen denen des Modells L.

Die einfache Standardausführung des Modells M ist halbgeschäftet. Sie ist in genau den gleichen Kalibern wie die Stutzen- und Goiserer-Versionen erhältlich. Die Waffe hat eine Gesamtlänge von 110 cm, einen 60-cm-Lauf und wiegt 3,15 kg. Einige Zeit lang wurde auch eine spezielle längere Variante des Modells M hergestellt; diese hatte einen 65-cm-Lauf. Steyr baute auch ein Modell M mit einem Links-System, sowohl als Stutzen als auch halbgeschäftet.

Das Modell M Professional von 1994 kam speziell als Waffe zum besonders intensiven Gebrauch durch Berufsjäger heraus. Der Schaft dieser Variante ist aus extrem widerstandsfähigem Cycolac ABS-Kunststoff. Auch auf Grund einer speziellen Beschichtung des Systems und Laufs widersteht diese Waffe sämtlichen Wetterbedingungen. Sie wird hergestellt in den Kalibern 6,5x57 mm, .270 Win., 7x64 mm, .30-06 Springfield und 9,3x62 mm und in 6,5x55 mm, 7,5x55 mm und 8x57 mm nur auf Vorbestellung. Die Dimensionen sind die gleichen wie beim Standardmodell, das Gewicht beträgt allerdings 3,3 kg. 1990 stellte Steyr auch ein Modell M Synthetic vor; dabei handelt es sich im Endeffekt um eine Professional-Büchse ohne offene Visierung.

Repetierbüchse Steyr-Mannlicher Modell S in der Standardversion

STEYR-MANNLICHER MODELL S (SCHWER/HEAVY)

Das Modell S stellte Steyr 1970 in den Kalibern 6,5x68 mm, 7 mm Rem.Mag., .300 Win.Mag., 8x68S und .375 H&H Mag. vor; später folgten .338 Win.Mag., .300 H&H Mag. und 9,3x64 mm. Es hat das größte und längste System, welches noch zusätzlich verstärkt wurde, um den hohen Gasdrücken besonders starker Patronen zu widerstehen. Die Büchse hat ein 4-Schuss-Trommelmagazin aus Makrolon. Zur Verwahrung weiterer Patronen konnte die 110 cm lange und etwa 3,8 kg schwere Büchse auch mit einem speziellen Schaftmagazin im Hinterschaft bestellt werden. Die Lauflänge beträgt 60 cm und das Gewehr hat einen Doppelzüngel-Stecherabzug.

Die großkalibrige Büchse Steyr-Mannlicher ST Tropical

Das Modell SL als Stutzen (oben) und als halbgeschäftete Standardausführung (unten)

STEYR-MANNLICHER MODELL ST TROPICAL

Das Modell ST von 1974 hat das schwere, lange System des Modells S; es wurde für besonders intensiven jagdlichen Gebrauch durch Berufsjäger in Afrika und Asien entwickelt, die damit Nachsuchen auf krankgeschossenes, besonders wehrhaftes Wild durchführen und für die die absolute Zuverlässigkeit ihrer Waffe lebenswichtig ist. Ursprünglich wurde es in den Kalibern .375 H&H Mag. und 9,3x64 mm produziert; .458 Win.Mag. folgte später. Das herausnehmbare Trommelmagazin bietet Platz für vier Patronen. Die Gesamtlänge der Magnumbüchse liegt bei 115 cm, der Lauf ist 65 cm lang und das Gewicht beträgt 4,25 kg. Das Modell ST Tropical hat einen Nussbaumschaft mit Pistolengriff, ein Großwildbüchsen-Visier mit Korntunnel und auf der Verschlusshülse Bohrungen zur Anbringung einer Zielfernrohr-Montage.

STEYR-MANNLICHER MODELL SL (SUPER LEICHT/SUPER LIGHT)

Das leichte Modell SL weist das kürzeste System auf und wird für die Kaliber .222 Rem., .222 Rem.Mag. und .223 Rem. hergestellt, kurzzeitig auch für 5,6x50 Mag. Die Kapazität des Trommelmagazins liegt bei fünf Patronen und die Waffe wurde sowohl als vollgeschäfteter Stutzen als auch in sämtlichen halbgeschäfteten Varianten hergestellt. 1969 erschien sie auch in einer Varmint-Version, Kaliber .222 Rem., mit einem dickeren Lauf und ohne Visierung. Als Stutzen, bei dem sich der Schaft – mit Pistolengriff – bis zur Laufmündung vorzieht, ist das Gewehr 99 cm lang, hat einen 51-cm-Lauf und wiegt 2,85 kg. Die halbgeschäftete Version ist 108 cm lang, 2,8 kg schwer und hat einen 60 cm langen Lauf.

Steyr Pro Hunter Stainless (oben) und Pro Hunter Mountain (unten)

Steyr Scout, hier in der schwarzen, jagdlichen Version

Steyr Pro Hunter

Diese Waffe stammt von 1997 und weist bereits das SBS-(Safe Bolt System)-System auf. Insbesondere die Variante Pro Hunter Stainless ist eine Büchse für den täglichen Gebrauch bei allen Wetterbedingungen. Ihr Schaft ist aus schlagzähem Kunststoff; der Hinterschaft kann mittels Distanzstücken für die Gummi-Schaftkappe leicht verlängert oder auch verkürzt werden. Wie das Modell Classic hat auch diese Repetierbüchse das SBS-Sicherungssystem. Die Version Pro Hunter Mountain Rifle ist mit einem HC-Kit (High Capacity Kit) abgebildet, wodurch ein größeres Magazin für 10 Patronen verwendet werden kann. Beide Varianten gibt es in .243 Win., .25-06 Rem., 6,5x55 SE, .270 Win., 7 mm-08 Rem., 7x64 mm, 7 mm Rem.Mag., .300 Win.Mag., .308 Win., .30-06 Springfield, 8x57JS, 8x68S und 9,3x62 mm; die Pro Hunter Stainless hat im Gegensatz zur Mountain-Version keine offene Visierung. Die Gesamtlänge der Mountain beträgt 101 cm, ihr Lauf ist 51 cm lang und sie wiegt 2,85 kg. Die längerer Pro Hunter Stainless ist 108 cm lang, hat einen 60-cm-Lauf und wiegt 2,95 kg.

Steyr Scout

Diese zusammen mit dem berühmten amerikanischen „Waffen-Papst“ Jeff Cooper entwickelte Büchse stammt von 1998, sie basiert auf dem SBS oder Safe Bolt System. Eine der Besonderheiten der Scout Rifle ist ihr in den Vorderschaft integriertes und dorthin einklappbares Zweibein. Die 100 cm lange und mit einem 51 cm langen, gefluteten Lauf versehene Waffe wird nur in den Kalibern .223 Rem. und .308 Win. hergestellt. Sie wird standardmäßig mit einem Stangenmagazin für fünf Patronen ausgeliefert; mit einem HC-Kit kann die Kapazität auf 10 Patronen erhöht werden. Ein Ersatzmagazin findet unten am Hinterschaft Platz. Die spezielle Jeff Cooper-Version der Waffe ist komplett dunkelgrau gehalten und von vornherein mit einem Leupold M8-Zielfernrohr ausgestattet.

Steyr SSG

Die Steyr SSG basiert auf dem Konzept der Modellreihe 1969. SSG steht für „Scharfschützengewehr“. Von dieser so genannten „Sniper Rifle“, also einer als Waffe für polizeiliche und

Steyr SSG Sport PI (oben) und SSG Police PII (unten)

militärische Präzisionsschützen konzipierten Büchse, gibt es auch verschiedene zivile Versionen. Eine davon ist die Büchse SSG Sport PI, die nur in .243 Win. und .308 Win. hergestellt wurde. Die 3,9 kg schwere Waffe hat ein 4-Schuss-Trommelmagazin. Ihre Gesamtlänge beträgt 113 cm und der Lauf ist 65 cm lang. Zwar wird sie mit offener Visierung ausgeliefert, doch weist die Oberseite des Verschlussgehäuses vorgebohrte Bohrungen zur Anbringung einer Zielfernrohr-Montage auf. Der Schaft ist aus schwarzem oder grünem schlagzähem Kunststoff. Beim Modell SSG Police handelt es sich letztendlich um die gleiche Waffe, aber ohne offene Visierung; es kann auch als Varmint-Jagdwaffe verwendet werden. Ansonsten hat die Police-Variante die gleichen Spezifikationen wie die Sport-Variante. Die anderen SSG-Versionen sind militärischer Art.

T

Tula-Tulsky Oruzheiny Zavod (TOZ)

http://toz.vpk.ru

Logo der russischen Waffenherstellungsfirma Tulsky Oruzheiny Zavod (TOZ)

Während der Zeit Zar Peters des Großen kam in Russland der Wunsch nach einer eigenen Rüstungsindustrie auf; die Einfuhr von Stahl, Schießpulver, Waffenteilen und Schusswaffen als solchen aus anderen europäischen Ländern kostete den russischen Fiskus zu viel Geld. Daher ging man auf Anweisung des Zaren im russischen Tula daran, Fabriken zur Herstellung eigener Waffen einzurichten; die Stadt war bereits durch ihre Eisen- und Stahlindustrie und einige kleinere Waffenherstellungsbetriebe bekannt. Da die ortsansässigen Privatbetriebe nicht in der Lage waren, die Nachfrage der Armee nach Waffen hinreichend zu befriedigen, wurde auf die entsprechende zaristische Order vom 15. Februar 1712 ein staatseigener Betrieb gegründet. Dieses so genannte Staatsarsenal hatte nun die finanziellen Mittel, die neuesten Maschinen, wie etwa wassergetriebene Drehbänke zu erwerben. Die Qualität und die Quantität der produzierten Waffen stieg folglich beträchtlich. Man begann spezielle Formen zu verwenden und erreichte dadurch bereits einen gewissen Standardisierungsgrad. Allein im Jahr 1720 produzierte das Staatsarsenal 22 000 Infanteriegewehre und Steinschlosspistolen. Ab 1749 baute man in Tula auch Säbel und Bajonette.

In der zweiten Hälfte des 19. Jahrhunderts konnten sich die Büchsenmacher mit ihren Fertigkeiten auslassen; reich verzierte und gravierte Waffen aus Tula wurden sehr bekannt. Nach und nach entwickelte man verschiedene neue Techniken zur Bearbeitung von Metall und Holz. Am Ende des 18. Jahrhunderts erlangten einige einzelne Büchsenmacher aus Tula besondere Bekanntheit, unter anderem Iwan Puschkin, Ilja Lualin, der Erfinder des Hinterlade-Steinschlossgewehrs, und auch Iwan Polin, der eine mehrschüssige Steinschlosswaffe entwickelte.

Im 19. Jahrhundert wurde das Staatsarsenal von Tula mehrmals reorganisiert. 1879 begann das Arsenal mit der Produktion des Berdan-Gewehrs. Eine eigene Entwicklungsabteilung für militärische und jagdliche Waffen wurde ins Leben gerufen, was dazu führte, dass sehr unterschiedliche Waffen konstruiert und gebaut wurden, sowohl einläufige als auch mehrläufige Büchsen, Flinten und teils auch kombinierte Kipplaufwaffen. Alte Techniken, wie die Herstellung von Damastläufen, lebten – häufig unter der Federführung des begnadeten Waffenkonstrukteurs Sergej Iwanowitsch – wieder auf. Der Name Sergej Iwanowitsch Mosin bleibt daher stets mit den zaristischen Fabriken Tulsky Oruzheiny Zavod verbunden. Mosin hatte an der Artillerie-Akademie von St. Petersburg studiert und 1875 im

Staatsarsenal die Arbeit aufgenommen. Die Umstände, unter denen die Firma zu dieser Zeit arbeitete, waren ideal zur Umsetzung von Mosins kreativen Ideen.
Die Fabrik war aufgrund ihres modernen Maschinenparks und des qualifizierten Personals damals in Russland praktisch einzigartig. Ende des 19. Jahrhunderts entwickelte Mosin verschiedene Büchsen mit internen Magazinen. 1891 kombinierte er sein eigenes Gewehrdesign mit dem Magazindesign des belgischen Waffenkonstrukteurs Nagant. Daraus entstand das Mosin-Nagant „Dreistrich-Gewehr" oder Modell 1891, welches dann die russische Armee einführte. Das „Dreistrich-Gewehr" und seine Weiterentwicklungen wurden jahrzehntelang von den russischen Soldaten geführt.

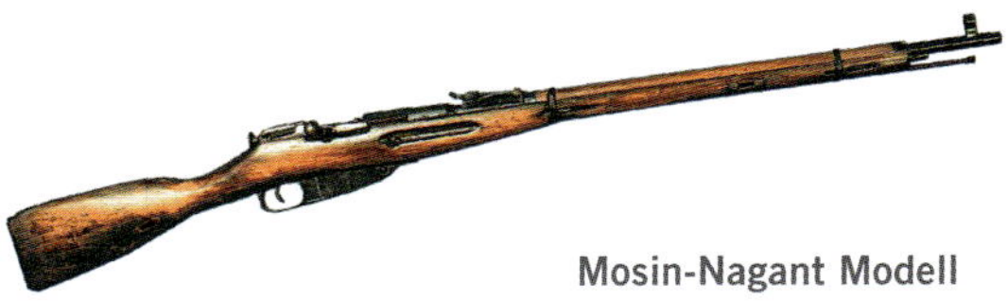

Mosin-Nagant Modell 1891/30 Armeegewehr

Ab 1902 wurden in einem Teil der Waffenfabrik in großen Mengen Schrotflinten hergestellt. Die erste davon war das Modell A ohne außenliegende Hahne, gefolgt von der Iwaschentschew-Flinte mit außenliegenden Hahnen. Das Können der Tulaer Büchsenmacher war von Generation zu Generation weitergegeben worden, und das zeigte sich an diesen Flinten. Einzigartige Büchsenmachertraditionen, die besondere Art des feinen Gravierens der Baskülen und auch der Läufe sowie auch die Schaftherstellung und -bearbeitung waren in Tula zur Perfektion gelangt. Zudem war die Armeewaffenherstellung in Tula die erste, die nach den militärischen Vorgaben vollständig standardisiert wurde. Die Maxim-Maschinengewehre Modell 1910 wurden erstmals aus komplett untereinander austauschbaren Teilen hergestellt.
Zu Beginn des 20. Jahrhunderts produzierte das Staatsarsenal in Tula die Schrotflinte Modell P, den Repetierkarabiner HK-8-2 (nach dem Kotschetow-Design), die KK-Gewehre TOZ-1 und TOZ-3 und die zum sportlichen Wettkampfschießen konzipierten einschüssigen Büchsen TOZ-8 und TOZ-10. 1927 wurde ein weiteres Entwicklungsbüro, speziell für militärische Waffen, etwa Flugzeug-Maschinengewehre, eröffnet. 1939 entwickelte F. V. Tokarew in Tula sein Sturmgewehr SVT-38, das ebenso populär wie das amerikanische Garand-Gewehr wurde. Zwischen 1927 und 1938 begann man, Webstühle für die Textilindustrie sowie auch industrielle Bohrgeräte und Werkzeugmaschinen herzustellen.
Während des Zweiten Weltkriegs entwickelte und produzierte Tula dann diverse Militärwaffen in großen Stückzahlen, unter anderem das Scharfschützengewehr SVT-38/40, den Nagant-Revolver und die Tokarew-Pistole, aber etwa auch Flugzeugkanonen. In der Nachkriegsperiode konzentrierte man sich dann wieder mehr auf die Herstellung von Jagd- und Sportwaffen; darunter fallen etwa die Doppelflinte TOZ-25 und die KK-Gewehre TOZ-8M, TOZ-12 und TOZ-18. Zu dieser Zeit wurde in Tula auch der Halbautomat SKS Simonow gebaut. 1965 ging eine von Korowjakow und Ochnew entworfen Doppelflinte in Produktion. Von 1961 bis 1982 wurden in Tula große Stückzahlen der weltberühmten AK-47 Kalaschnikow hergestellt – in fünf unterschiedlichen Versionen. 1986 begann man in Tula die von Babanin entworfene, halbautomatische Flinte TOZ-87 zu bauen.

Nagant Armeerevover 1895

Die neue Generation der Tulaer Büchsenmacher kennt sich im Umgang mit den unterschiedlichsten Materialien aus, die teils bereits seit vielen, vielen Jahren von der russischen Waffenindustrie verwendet werden, selbst wenn es sich dabei um Gold, Silber, Hirschhorn oder Perlmutt handelt. Tula ist eine der ältesten russischen Waffenindustrien und hat seit 1920 auch ein eigenes Museum. Die russische Armee-Industrie hat heute wegen politischer und finanzieller

Schwierigkeiten viel ihrer internationalen Bedeutung verloren. Der Mangel an Kapital für eine dringend erforderliche, wesentliche Modernisierung der Produktion führt dazu, dass das russische Unternehmen immer weniger wettbewerbsfähig wird; Tulsky Oruzheiny Zavod, kurz TOZ, kämpft derzeit ums Überleben. Zwar hat sich die russische Wirtschaft inzwischen zumindest etwas erholt, doch bleibt es weiterhin fraglich, ob es das berühmte, 1993 privatisierte Unternehmen schafft, sich weiter auf dem Markt zu behaupten.

TOZ-78-Repetierbüchse im Kaliber .22 l.r.

TOZ-34-Bockdoppelflinte

TOZ Modell 34

Das TOZ Modell 34 wurde 1965 von den russischen Konstrukteuren Korowjakow and Ochnew entwickelt. Es handelt sich dabei um eine Bockdoppelflinte in 12, 16, 20, 28 oder 32. Das Laufbündel ist 71 cm lang und die Waffengesamtlänge beträgt 115 cm. Die Läufe sind innen hartverchromt und mit festen Chokebohrungen ausgestattet; der untere Lauf kann mit Zylinder-, $^1/_4$- oder $^1/_2$- Choke bestellt werden, der obere mit $^1/_4$-, $^1/_2$-, $^3/_4$- oder Vollchoke. Das Gewicht der Waffe variiert zwischen 3,1 und 3,2 kg. Das Modell 34-ER hat Ejektoren, die die abgeschossenen Hülsen beim Öffnen oder Brechen der Waffe automatisch auswerfen. Der Sicherungsschieber auf dem Kolbenhals blockiert nur die Abzüge. Schaftmaterial der Standardversion ist Buche oder Birke. Sonderversionen des Modells 34, die TOZ als Souvenir-Modelle bezeichnet, besitzen einen Schaft aus ausgesuchtem Nussbaum-Wurzelmaserholz und sind edel graviert, teils mit Einlagen aus Gold, Silber oder Perlmutt.

TOZ Modell 78

Die KK-Büchse TOZ-78, .22 l.r., wurde 2000 vorgestellt. Die Waffe ist ein einfacher Kammerstängel-Repetierer, dessen erweitertes Aluminium-Abzugssystem sowohl den Sicherungsknopf als auch den Magazinschacht für die mitgelieferten 5- oder 10-Schuss-Magazine beinhaltet. Ein Sicherungs-Feature ist im Weiteren ein Signalstift, der aus der Hinterseite des Verschlusszylinders ragt, wenn die Waffe gespannt ist. Das Gewehr hat eine einfache Blattkimme, das Korn wird durch einen Korntunnel geschützt. Auf Grund der auf dem Verschlussgehäuse befindlichen Prismaschiene lässt sich leicht ein Zielfernrohr anbringen. Die Länge des Laufes der insgesamt 100 cm langen und 2,7 kg schweren TOZ-78 liegt bei 54 cm. Die Waffe ist mit einem Buchen- oder Birkenschaft erhältlich; bei Luxusversionen, wie der abgebildeten, ist der Schaft aus Nussbaumholz und die Metallteile sind graviert und mit Silberdrähten eingelegt.

Modell 87-Selbstladeflinten

TOZ Modell 87

Die Selbstladeflinte Modell 87 wurde 1986 von dem Konstrukteur Babanin entwickelt. Es handelt sich dabei um einen Gasdrucklader. Ein Teil des bei der Schussabgabe entstehenden Gasdrucks wird dabei durch eine Bohrung im Lauf in einen darunter befindlichen Gaszylinder geleitet. Dort treibt es einen Kolben zurück, der wiederum eine mit dem Verschlussstück verbundene Stange bewegt und dadurch den Verschluss öffnet. Bei der Zurückbewegung des Verschlussstücks wird gegebenenfalls die abgeschossene Patronenhülse ausgezogen und ausgeworfen und gleichzeitig der Schlossmechnismus gespannt. Sobald die Kraft der Verschlussfeder wieder Überhand gewinnt, gleitet das Verschlussstück wieder vor, nimmt die nächste Patrone aus dem Röhrenmagazin mit und verriegelt das System wieder; nun kann weitergeschossen werden. Vorn am Abzugsbügel befindet sich die Druckknopfsicherung des Gewehrs. Der größere Druckknopf am Systemkasten unter dem Spannhebel verhindert die Zuführung einer neuen Patrone aus dem Magazin. So kann bei hinten arretiertem Verschluss von Hand eine andere Patrone geladen werden. Das Röhrenmagazin fasst standardmäßig vier, mit der separat erhältlichen Magazinverlängerung aber sieben Patronen. Die Waffe wird nur im Kaliber 12, aber hier in verschiedenen Versionen, gebaut. Die Standard TOZ 87 hat einen glatten, 71 cm langen Flintenlauf und ist 125 cm lang, sie wiegt 3,2 kg und ist mit einer festen Vollchoke-Bohrung ausgestattet. Das Modell 87-01 hat ebenfalls einen 71-cm-Lauf, bestückt aber mit einer ventilierten Laufschiene. Gesamtlänge, Choke und Gewicht entsprechen denen des Standardmodells. Die Variante 87-02 hat einen glatten, 66 cm langen Lauf, ist 120 cm lang und 3,2 kg schwer. Sie hat keine feste Chokebohrung, sondern wird mit einem Set von Wechselchoke-Einsätzen – Zylinder-, $^{1}/_{2}$- oder Vollchoke – ausgeliefert. Die TOZ 87-03 ist nahezu identisch mit der 02, hat aber eine ventilierte Laufschiene. Die Flinte 87-04 hat einen glatten, zylindrischen Slug-Lauf von 54 cm Länge, ist insgesamt 107 cm lang und wiegt 3,1 kg. Die letzte Version ist die TOZ-05. Diese entspricht nahezu dem vorher beschriebenen Modell, hat aber einschraubbare Zylinder-, $^{1}/_{2}$- oder Vollchoke-Wechselchoke-Einsätze. Schaftmaterial ist stets Nussbaum-Maserholz. Alle Varianten sind sowohl als Standard- oder Luxusversionen mit zusätzlichen Verzierungen erhältlich.

Beispiele der TOZ-94-Vorderschaft-Repetierflinte

TOZ Modell 94

Die Vorderschaft-Repetierflinte TOZ-94 mit einem 4- oder 7-Schuss-Röhrenmagazin unter dem Lauf kam 2000 auf den Markt. Sie wird nur im Kaliber 12 hergestellt, allerdings wieder in verschiedenen Versionen. Standardmäßig hat sie einen 71 cm langen, glatten Lauf, ist 125 cm lang und bringt 3,2 kg auf die Waage. Die Variante 94-01 hat die gleichen Dimensionen, aber eine ventilierte Laufschiene. Beide Varianten besitzen eine feste Vollchoke-Bohrung. Das Modell 94-02 hat einen glatten, 66 cm langen Lauf, ist 129 cm lang und wiegt 3,2 kg. Es wird mit einem Set einschraubbarer Wechselchoke-Einsätze – Zylin-

TOZ-99 Kleinkaliber-Selbstladebüchse mit Zielfernrohr

der-, ½- oder Vollchoke – ausgeliefert. Das Modell TOZ-94-03 ist, auch hinsichtlich des Wechselchoke-Sets, nahezu identisch mit der Variante 02, hat aber eine ventilierte Laufschiene. Vorder- und Hinterschaft dieser Waffen sind stets aus Nussbaum-Maserholz. Dagegen hat die abschließende Version 94-04 einen Kunststoffschaft; sie hat einen glatten, zylindrischen, 54 cm langen Lauf, wiegt 3,2 kg und ist insgesamt 107 cm lang.

TOZ Modell 99

Im Jahr 2000 stellte TOZ auch eine neue halbautomatische Kleinkaliberbüchse vor. Diese hat einen reinen Feder-Masse-Verschluss und repetiert vereinfacht ausgedrückt durch den entstehenden Rückstoß. Die TOZ-99 ist sehr einfach und robust konstruiert und hat das typische, von anderen TOZ-Waffen bekannte Abzugsgehäuse. Der Sicherungsknopf befindet sich vor dem Abzug und der Magazinschacht für die mitgelieferten 5- oder 10-Schuss-Magazine wiederum davor. Die Lauflänge der TOZ-99 liegt bei 54 cm, die Gesamtlänge bei 98 cm und das Gewehr bringt 2,4 kg auf die Waage. Die Waffe wird mit Zielfernrohr-Montageteilen zur Anbringung einer Zieloptik auf der oben am Systemkasten befindlichen Prismaschiene ausgeliefert. Der Lauf des Modells TOZ-99-01 ist leicht abnehmbar; ansonsten sind die Spezifikationen die der Standardversion.

TOZ Modell 109

Die Kammerstängel-Repetierbüchse TOZ-109 ist eine einfache, aber sehr zuverlässige Waffe im Kaliber .308 Win.; für den russischen Markt wird sie auch in den russischen Militärkalibern 7,62x39 mm und 7,62x54R der AK-47 „Kalaschnikow“ und des Dragunov-Scharfschützengewehrs gebaut. Die TOZ-109 hat das gleiche Verschlusssystem wie die Modelle MC 20-01 und TOZ-106. Das Verschlussgehäuse besitzt unmittelbar vor dem Kammerstängel eine Brücke. Das herausnehmbare Magazin fasst sieben .308 Win.-Patronen. Der Magazinlöseknopf befindet sich vor dem Abzugsbügel, was leicht an der entsprechenden Abbildung zu erkennen ist. Der Lauf der TOZ-109 ist 51 cm lang und die Waffe insgesamt 105 cm, ihr Gewicht beträgt ohne Zielfernrohr und Montage 3,3 kg. Die Klappkimme des Gewehrs ist sehr einfach gehalten, eine entsprechende Waffe wird aber ohnehin fast ausschließlich mit Zielfernrohr verwendet. Die abgebildete Waffe ist eine Luxusausführung mit einem fein verschnittenen Nussbaumschaft.

Zwei besonders edel verzierte TOZ-Bockdoppelflinten

Der Großkaliber-Repetierer TOZ-109, Kaliber .308 Win.

TOZ Modell 109-12

Die Bockdoppelflinte Modell 109-12 hat zwar die schlanken Linien einer klassischen Querflinte, ist aber tatsächlich eine Bockdoppelflinte. Die Firma TOZ verwendete diese Waffe häufig für spezielle Anlässe, etwa als Geschenk für wichtige Firmenbesucher. Die ausnehmend hervorragende Verarbeitung erkennt man etwa an den feinen Schaftverschneidungen und den exzellenten Gravuren der Seitenschlossplatten. Die Art der eingelassenen Gold- und Silberlinien in der Gravur ist TOZ-typisch einzigartig; spezielle Schaftverschneidungen beinhalten Perlmutteinlagen.

Die fein verzierte und goldeingelegte Querflinte Modell 111

Die Waffe hat einen Kersten-Verschluss, kombiniert mit doppelten Laufhaken. Sie wird nur im Kaliber 12/70 und mit einem Doppelzüngelabzug hergestellt. Die Länge des Laufbündels beträgt 75 cm, was zu einer Waffengesamtlänge von 117 cm führt. Das Gewicht liegt bei 3,5 kg. Der untere Lauf verfügt über eine feste $^3/_4$-Choke-Bohrung, der obere hat eine Vollchoke-Bohrung. Beide Läufe sind mit automatischen Ejektoren ausgestattet, die die abgeschossenen Patronenhülsen auswerfen.

TOZ Modell 111

Bei dieser Waffe handelt es sich um eine traditionelle Doppelflinte mit nebeneinander liegenden Läufen. Sie besitzt echte Seitenschlosse und weist eine hervorragende Gravur mit Jagdmotiven auf; die Umrahmungslinien um die Kammern und Seitenschlossplatten sind goldeingelegt. Der Schaft aus Nussbaum-Maserholz ist fein verschnitten und zum Teil mit Silber und Permutt eingelegt. Die Waffe hat einen Greener-Verschluss, kombiniert mit einer doppelten Laufhakenverriegelung. Das Modell 111 wird nur im Kaliber 12 mit Patronenlagern für 70 mm lange Patronenhülsen hergestellt. Die Läufe sind 75 cm lang und haben feste Chokebohrungen, rechts $^1/_2$- und links Vollchoke. Die Waffengesamtlänge beträgt 117 cm, das Gewicht 3,4 kg.

Mittelteil der sehr atypischen TOZ-112, einer Kombination aus Einlaufflinte und KK-Selbstlader. Bei der oben abgebildeten Waffe handelt es sich um die Standardversion, die untere ist die Luxusausführung mit in Silber eingelegten Gravuren.

TOZ Modell 112

Das Modell 112 ist eine sehr bemerkenswerte und interessante Kombination aus einer Kipplaufwaffe und einer halbautomatischen Kleinkaliberbüchse, also quasi eine Art Bockbüchsflinte. Wenn sie mittels des hinten am Abzugsbügel befindlichen Verschlusshebels geöffnet wird, klappt der Lauf nach unten, so dass eine 20er-Schrotpatrone in den unteren Lauf geladen werden kann. Nach dem Hochschwenken des Laufes kann das Kleinkaliberschloss durch Zurückziehen des beidseitig am Systemkasten herausstehenden Spannhebels gespannt werden. Die .22-l.r.-Patronen aus dem 8-Schuss-Magazin können dann halbautomatisch aus dem oberen Lauf abgefeuert werden. Welcher Lauf und damit welche Patronenart abgeschossen werden soll, wird mittels des auf dem Kolbenhals befindlichen Wahlschiebers bestimmt. Der Sicherungsschieber befindet sich vor dem Abzugsbügel in unmittel-

TOZ-120-Bockdoppelflinte

barer Nähe des .22-l.r.-Stangenmagazins. Die Läufe der 110 cm langen und 3 kg schweren Waffe sind 64 cm lang.

TOZ Modell 120

Bei der Flinte TOZ 120 befinden sich die Läufe übereinander, weshalb es sich um eine Bockdoppelflinte handelt. Deren Verriegelung erfolgt mittels zweier unter dem Patronenlagerbereich des Laufbündels befindlicher Laufhaken, die jeweils von einem Querriegel gehalten werden. Standardmäßig wird die Waffe mit einem selektiven Einabzug ausgeliefert, sie kann aber auch mit einem Doppelzüngelabzug bestellt werden. Normalerweise wird beim ersten Betätigen des Einabzugs das Schloss für den unteren Lauf und dann das für den oberen ausgelöst; diese Sequenz kann durch die selektive Laufwahlmöglichkeit umgedreht werden. Die TOZ-120 wird nur im Kaliber 12 mit einem 70-mm-Patronenlager hergestellt. Ihr Laufbündel ist 75 cm lang und macht die Flinte dahingehend 118 cm lang und 3,4 kg schwer. Die Läufe sind mit festen Chokebohrungen versehen, unten wahlweise mit Zylinder-, 1/4- oder 1/2-Choke, oben mit Zylinder-, 1/4-, 1/2-, 3/4- oder Vollchoke. Die Modellvariante 120-E hat automatische Ejektoren, die die abgeschossenen Patronenhülsen beim Brechen der Waffe auswerfen. Die TOZ 120 ist in Trap- und Skeet-Versionen sowie als Luxusausführung fein graviert und mit edlen Holzverschneidungen, teils mit Perlmutt eingelegt, lieferbar.

MC 20-01 Kammerstängel-Repetierflinten-Versionen mit herausnehmbarem Stangenmagazin

Die Abwandlung TOZ-106 mit besonders kurzem Lauf und Klappschaft

TOZ Modell MC 20-01

Für westliche Augen ist das Modell MC 20-01 ein recht seltsames Stück; man muss sich erst an die Idee einer solchen Kammerstängel-Repetierflinte gewöhnen. Die TOZ-Waffe ist im Grunde sehr praktisch, weil sie mit zwei herausnehmbaren Stangenmagazinen, die jeweils zwei Patronen des Kalibers 20 fassen, ausgestattet ist. Der Lauf der insgesamt 115 cm langen Flinte ist 64 cm lang und dieWaffe wiegt 2,8 kg. Wie an der Abbildung zu sehen gibt es sie entweder als Basisversion mit Birken- oder Buchenschaft oder als Luxusversion mit einem Nussbaumschaft, der wie üblich fein verschnitten und mit Silbereinlagen versehen ist. Das Modell TOZ-106 ist eine kürzere Variante der MC 20-01. Auch da diese Waffe einen Klappschaft hat, mit dem sie in eingeklapptem Zustand leicht unter einem Mantel geführt werden kann, birgt sie die große Gefahr, eine ideale Wildererwaffe zu sein. Die durchaus auch als Combat-Flinte zu bezeichnende und zu verwendende Waffe hat einen nur 30 cm langen Lauf und maximal eine Länge von 82 cm, 53 cm mit eingeklapptem Schaft. Sie wiegt 2,5 kg.

Zwei unterschiedliche Selbstladeflinten TOZ Modell 21-12

TOZ Modell MC 21-12

Bei der TOZ MC 21-12 handelt es sich um eine einläufige, halbautomatische Flinte mit Wechselläufen – interessanterweise ein Rückstoßlader. Der Standardlauf weist eine feste $^3/_4$- oder Vollchoke-Bohrung auf. Als Modellvariante MC 21-12M besitzt das Gewehr einschraubbare Zylinder-, $^1/_2$- und Vollchoke-Wechselchoke-Einsätze sowie einen besonders weit streuenden „Paradox"-Einsatz. Das Röhrenmagazin unter dem Lauf fasst vier Patronen des Kalibers 12. Der Lauf ist innen hartverchromt und hat ein Patronenlager für 70 mm lange Patronenhülsen. Er ist 75 cm lang, was das Gewehr insgesamt 129 cm lang macht. Das Waffengewicht beträgt 3,7 kg. Zusätzlich zu den Standardversionen baut TOZ auch Luxusausführungen mit speziell verschnittenen und eingelegten Schäften, deren Metallteile unterschiedlich gaviert sind. Der Sicherungsdrehknopf der Waffe befindet sich oberhalb des Abzugbügels.

W

WEATHERBY

www.weatherby.com

Roy Weatherby und sein bekannter Firmen-Schriftzug

Roy Edward Weatherby wurde am 4. September 1910 in White City, Kansas, geboren. Seine Eltern, George und Martha, waren arme Farmer, Roy und seine Geschwister mussten auf der Farm mit anpacken. 1923 zog die Familie nach Salina, Kansas, wo der Vater dann eine kleine Tankstelle betrieb. Nachdem Roy zusammen mit seinem Vater bereits im Jahr darauf in einem Bauunternehmen in Florida gearbeitet hatte, folgten für ihn Jahre, in denen er sich mit verschiedenen Jobs durchschlug, so als Verkäufer, Handelsvertreter für Waschmaschinen und Gefrierschränke und Fahrer. Nach der Arbeit besuchte Roy Weatherby Abendkurse und arbeitete dann, nachdem er 1936 Camilla Jackman geheiratet hatte, eine Zeit lang für die Southwestern Bell Telephone Company in South Gate, Kalifornien. Auch dort hielt es ihn aber nicht lange und man zog nach San Diego, wo Roy als Versicherungsvertreter für den Automobile Club of Southern California arbeitete. In seiner Freizeit war er ein begeisterter Jäger und experimentierte mit Waffen und Munition. Indem er das Remington Modell 30 und den Winchester 70-Repetierer modifizierte, begann er 1945, seine eigenen Custom-Repetierbüchsen für Hochgeschwindigkeitspatronen zu bauen. Seine Garage mit der kleinen Werkstatt wurde dafür bald zu klein. Howard Merrill, ein Kollege vom Automobile Club, ermöglichte es Roy schließlich, das Ganze professioneller anzugehen. Für 100 Dollar im Monat vermietete er ihm einen Teil seiner Geschäftsräume in South Gate, worauf Roy Weatherby am 1. September 1945 seinen Versicherungsjob aufgab und eine eigene Waffenfirma gründete. Der Anfangskapital lag bei gerade einmal 5000 Dollar. Im vorderen Teil seiner Räumlichkeiten betrieb Weatherby einen Laden und im hinteren seine Werkstatt. Seine

Verschiedene Weatherby-Patronen: .257 Wby.Mag., .300 Wby.Mag. und .460 Wby.Mag. (von links nach rechts)

ersten gewerblich produzierten Repetierer hatten Mauser-Systeme, er verwendete aber auch solche von Winchester, Remington und Schultz & Larsen. Zudem baute Roy Weatherby einzelne Kundenwaffen individuell nach deren Wünschen um. Zu dieser Zeit hatte er bereits verschiedene eigene Kaliber entwickelt, so etwa die .220

Die Variante Crown Custom ist Weatherbys edelste Repetierbüchse

Rocket und auch die Hochgeschwindigkeitspatronen .257, die .270 und die .300 Weatherby Magnum; seine ersten klassischen Weatherby-Magnumpatronen entstanden auf der Basis der .300 H&H Magnum. Ende 1945 liefen die Geschäfte so gut, dass Weatherby bereits sechs Mitarbeiter beschäftigte. Seine Philosophie war einfach: einen ausnehmend guten Service zu bieten und sich an den Wünschen der Kunden zu orientieren. Die neue Firma zog das Interesse vieler amerikanischer Jagd- und Waffenzeitschriften auf sich. Und auch dadurch, dass Roy 1948 erstmals an der alljährlichen Waffen-Show der National Rifle Association teilnahm, wurden immer mehr Kunden auf das junge Unternehmen aufmerksam. Weatherby musste mehr und mehr Fläche für seine Firma von seinem Ex-Kollegen Merrill anmieten. Zur notwendigen Unternehmens-Kapitalerweiterung gründete Roy im Mai 1949 Weatherby's Inc. und verkaufte Anteile im Wert von 70000 Dollar an seine Jagdfreunde, unter anderem an den reichen Ölmagnaten Herb Klein aus Dallas, Texas, der allein 50000 Dollar investierte. Während eines Jagdausflugs lernte Roy Weatherby 1949 auch Booker McClay kennen, den Chef der Firma Firearms International Corp., damals US-Alleinimporteur der in Belgien bei FN hergestellten Mauser-Repetierbüchsen. Roy bat McClay bei FN anzufragen, ob diese nicht für ihn Weatherby-Systeme herstellen wollten. Und bald darauf konnte er für 33,50 Dollar das Stück seine ersten 100 modifizierten Systeme bei FN bestellen; die Läufe für die Waffe ließ er bei Parker Ackley fertigen. Dank der finanziellen Unterstützung seines Freundes Herb Klein zog Weatherby darauf in neu errichtete, größere Firmengebäude am Firestone Boulevard in South Gate. Weatherby erkannte, dass allein hervorragende Gewehre zu bauen, noch nicht der Schlüssel zum Erfolg war, man musste sie auch erfolgreich an den Mann bringen. So engagierte er 1955 zwei Handelsvertreter, die durch die Staaten reisten und Einzelhändler an Land ziehen sollten. Roy selbst nahm an sämtlichen größeren Waffen-Shows in den USA teil und kam so in Kontakt mit den Repräsentanten verschiedener großer amerikanischer Waffenfirmen, die dann neben ihren eigenen Produkten auch Weatherby-Waffen verkauften. 1955 stellte Weatherby mit der .378 Wby.Mag. seine bis dato wichtigste eigene Patrone vor. Er hatte das Kaliber insbesondere für die Jagd auf die „großen Drei" Afrikas entwickelt, Elefant, Flusspferd und Nashorn. Eines der wichtigsten afrikanischen Jagdländer war damals Kenia, wo man allerdings für die Jagd auf diese Tiere ein Mindestkaliber von .40 forderte. Auf der Basis der .378er-Hülse entwickelte Weatherby daher die mächtige .460 Wby.Mag., lange Zeit die weltstärkste Gewehrpatrone. Den immensen Gasdrucken dieses Kalibers hielten die Mauser-Systeme von FN nicht dauerhaft stand. Und auch eine spezielle Entwicklung des dänischen Unternehmens Schultz & Larsen war Weatherby nicht massiv genug. Daher entwickelte er 1957 zusammen mit seinem Konstrukteur Fred Jennie

Weatherby-Magnumpatronen mit Nosler-Geschossen mit unterschiedlich farbigen Geschossspitzen: .338-378, .30-378, .340, .300, 7 mm, .270, .257 und .240 (von links nach rechts)

ein eigenes, extrem robustes Repetierer-System, das in der neuen Weatherby Mark V-Büchse zum Zuge kam. Der Verschlusszylinder der Mark V-Serie besitzt neun Verriegelungswarzen. Einesteils wird dadurch den extrem hohen Gasdrücken der Weatherby-Patronen besonders gut widerstanden und andernteils muss der Verschlusszylinder wegen der Warzen zum Öffnen nur um 54 Grad gedreht werden – und dies war zur Zeit der Vorstellung der Waffe etwas absolut Besonderes. Da Weatherby in den USA niemanden fand, um sein System zu produzieren, schloss er 1958 mit dem deutschen Unternehmen Sauer & Sohn einen Vertrag, das die Mark V dann bis 1973 komplett herstellte. 1962 entstanden Konflikte zwischen Roy und seinem Finanzier Herb Klein. Lloyd Klein, Herbs Neffe, war inzwischen in die Firma Weatherby eingestiegen und dort für das Finanzmanagement zuständig, er mischte sich aber immer mehr in die allgemeine Firmenführung ein. Herb Klein hatte bis dahin so viel Geld in Weatherbys Unternehmen gesteckt, dass dieser nicht in der Lage war, ihn auszuzahlen. Roy wandte sich daher an Udo van Meeteren, der damals die Häfte der Anteile von Sauer & Sohn innehatte; die andere Hälfte besaß Dynamit Nobel. Und so kam es, dass Roy Weatherby ab Ende 1962 zwei neue Geschäftspartner hatte, Sauer und Dynamit Nobel, die beide jeweils die Häfte der Anteile von Herb Klein übernommen hatten. Doch auch diese Zusammenarbeit war von unterschiedlichen Anschauungen geprägt, so dass schließlich 1966 der US-Finanzier Leo Roethe die Sauer- und Dynamit-Anteile erwarb, 1968 aber die Hälfte davon an John Ally, den damaligen Eigner des Chicago White Sox Baseballteams abgab. 1966 schloss Roy Weatherby einen Vertrag mit der italienischen Firma Angelo Zoli, die mit dem Modell Weatherby Regency die erste Flinte des Unternehmens fertigte. Die Repetierbüchse Mark V wurde weiter von Sauer gebaut, aber die Produktion in Deutschland erwies sich als immer teurer und die Gewinnmarge wurde zu klein. Deshalb entschied Roy 1971, die Mark V-Herstellung nach Japan zu verlegen, wo die Waffe dann unter anderem von den Firmen KTG und Howa gefertigt wurde. 1982 war Roy Weatherby in der Lage, sämtliche Firmenanteile von seinen Finanziers zurückzukaufen und wurde damit wieder Alleineigner. Weatherby hatte marketingmäßig eine besondere Gabe, nicht nur, dass die verschiedensten Fachmagazine über seine Produkte schrieben, er schaffte es auch, die verschiedensten bekannten Persönlichkeiten für seine Produkte zu interessieren und vermarktete dies stets sehr medienträchtig; unter anderem zählten John Wayne, Roy Rodgers, „Bonanza-Papa“ Lorne Greene und der bekannte Jagd- und Waffen-„Papst“ Elmer Keith zu Weatherbys Kunden. Nach Roys Tod übernahm dessen Sohn Edward 1988 die Leitung des Familienunternehmens. Ed entschied 1994, dass die Weatherby-Waffen alle wieder in den USA hergestellt werden sollten und schloss einen Fertigungsvertrag mit der Firma Saco Defense Inc. aus Saco, Maine, ab. Diese gehört zur Chamberlain Manufacturing Corporation und hatte vorher hauptsächlich automatische Waffen für die amerikanische Armee hergestellt.

WEATHERBY MARK V ACCUMARK

Die Weatherby Mark V Accumark wurde 1996 vorgestellt. Sie ist zum extrem präzisen Schießen auf weite Distanzen konzipiert. Der diesbezügliche Erfolg wird unter anderem durch das spezielle Abzugssystem der Waffe erreicht. Abzugsgewicht und -weg sind einstellbar; das Abzugsgewicht ist standardmäßig auf 1800 g eingestellt. Die Waffe ist mit einem Bell & Carlson Monte-Carlo-Schaft aus Kunststoff ausgestattet; dessen Kunststoffmaterial ist eine Kombination aus Aramid, Graphit und Glasfiber. Eine Pachmayr-Decelerator-Schaftkappe reduziert den Rückstoß. Die Basisplatte des Verschlussgehäuses ist aus 6061-T6-Aluminium. Die Magazinkapazität des internen Magazins liegt in allen Kalibern bei drei Patronen. 1996 wurde die Accumark in .257 Wby.Mag., .270 Wby.Mag., 7 mm Rem.Mag., 7 mm Wby.Mag., .300 Win.Mag., .300 Wby.Mag. und .340 Wby.Mag. produziert. Die Standard-Lauflänge ist 66 cm, die Dralllänge der rechtsdrehenden Züge und Felder 25,4 cm und das Gewehr ist insgesamt 118 cm lang und wiegt 3,6 kg. Die Verschlusshülse ist oben mit Vorbohrungen versehen, an denen die Montageteile für eine Zieloptik anzubringen sind. 1997 folgte eine Variante

Die Weatherby Mark V Accumark in Rechts- und Links-Version

der Waffe im Kaliber 7 mm STW (Shooting Times Westerner), was dazu führte, dass die Accumark-Büchse inzwischen in den 20 gängigsten Kalibern – von .223 Rem. bis hin zum neuen .338-378 Wby.Mag. – lieferbar war. Eine Links-Version, die 2001 auf den Markt kam, gab es in den Kalibern .257 Wby.Mag. bis .338-378 Wby.Mag. Diese Accumark hat eine Magazinkapazität von fünf oder für die größeren Kaliber weiterhin drei Patronen, einen 61-cm-Lauf, und wird auch in .30-06 Springfield hergestellt. Die Gesamtlänge beträgt 112 cm und das Gewicht 3,2 kg.

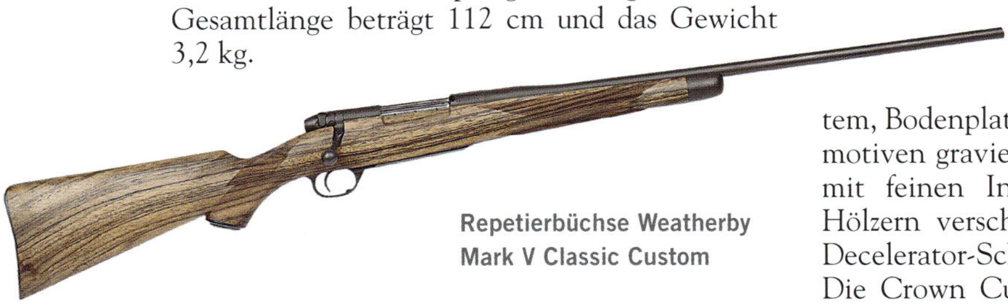

Repetierbüchse Weatherby Mark V Classic Custom

Weatherby Mark V Classic Custom

Die Classic Custom stammt von 1993. Die Repetierbüchse besitzt einen ölpolierten, aus französischem Nussbaumholz hergestellten Schaft, dessen Vorderschaftende aus dunklem Ebenholz ist.

Luxusausführung der Mark V Crown Custom mit Intarsien-Holzeinlagen im Schaft

Die Schaftkappe und der Pistolengriff-Abschluss bestehen aus Metall. Lauf und System sind brüniert. Die Waffe ist in allen Weatherby-Kalibern bis .340 Wby.Mag. erhältlich. Der Sicherungshebel befindet sich rechts hinter dem Kammerstängel; die Sicherung blockiert den Schlagbolzen, das Schlagstück und auch den Kammerstängel. Ein Signalstift hinten am Verschlusszylinder zeigt an, ob der Schlagbolzen gespannt ist. Die Bodenplatte des internen Magazins kann abgeklappt werden; der entsprechende Löseknopf befindet sich vor dem Abzugsbügel. Die Magazinkapazität der Classic Custom-Büchse ist drei Patronen. Ihr Lauf ist 66 cm lang, die Dralllänge der rechtsdrehenden Züge und Felder beträgt 25,4 cm. Die Gesamtlänge der Waffe liegt bei 118 cm und sie wiegt in allen Kalibern etwa 3,9 kg.

Weatherby Mark V Crown Custom

Die Crown Custom-Version, eine der Topwaffen der Firma Weatherby, wurde 1989 vorgestellt. Zwischen 1989 und 1994 wurde sie vom japanischen Unternehmen Howa hergestellt; seit 1995 baut sie die Saco Defense Inc. in den USA. Der Schaft der Waffe weist handgeschnittene Eichenlaubmotive auf. Lauf, System, Bodenplatte und Abzugsbügel sind mit Tiermotiven graviert. Hinter- und Vorderschaft sind mit feinen Intarsien aus verschiedenfarbigen Hölzern verschönert. Eine spezielle Pachmayr-Decelerator-Schaftkappe reduziert den Rückstoß. Die Crown Custom ist in jedem erdenklichen Kaliber lieferbar. Standard-Lauflängen sind 61 oder 66 cm, was zu einer Waffengesamtlänge von 112 oder 118 cm führt.

Weatherby Mark V Custom Outfitter

Die Büchse Custom Outfitter, die 1997 vorgestellt wurde, hat einen speziell entwickelten Kunststoffschaft – aus Aramide, Graphit- und Glasfiber – im Monte-Carlo-Stil, der mit einem 6061-T6-Aluminum-Innenrahmen verstärkt ist und Aluminiumblöcke zur besseren Befestigung des Systems aufweist. Die Schaftoptik ist in Camouflage-Tarnfarben gehalten; eine Pachmayr-Decelerator-Schaftkappe ist montiert. Alle Metallteile sind titanbeschichtet, was die Waffe

Die Repetierbüchse Mark V Custom Outfitter Camouflage-Kunststoffschaft mit Monte-Carlo-Hinterschaft

extrem widerstandsfähig gegen Umwelteinflüsse macht. Eine Besonderheit des Modells ist dessen Stainless Krieger-Criterion-Lauf, der kalt geschmiedet ist und eine versenkte Mündung hat. Die Büchse ist in allen gängigen Kalibern lieferbar. Sie hat standardmäßig einen 61-cm-Lauf, in den Magnumkalibern aber einen 66-cm-Lauf.

Weatherby Mark V Deluxe, eines der ersten Modelle von 1958

WEATHERBY MARK V DELUXE

Bei dieser bereits 1958 vorgestellten und im ersten Jahr bei Weatherby in Southgate selbst produzierten Variante handelt es sich um eine der ersten Weatherby-Büchsen mit dem Mark V-System. Die Seriennummern der Waffe aus der Zeit in Southgate sind 15000 bis 16224. Die Büchse wurde anfänglich in .257 Wby.Mag., .270 Wby.Mag., 7 mm Wby.Mag., .300 Wby.Mag., .375 Wby.Mag., .378 Wby.Mag. und .460 Wby.Mag. hergestellt sowie in den Fremdkalibern .270 Win., .243 Win., .244 Rem., .308 Win., 7 x 57 mm (Mauser), .257 Roberts, .300 H&H Mag. und .375 H&H Mag.; zudem gab es auch eine sehr kleine Serie in .220 Rocket.

Repetierer Mark V DGR (Dangerous Game Rifle) zur Großwildjagd

1959 übernahm Sauer & Sohn in Deutschland die Produktion. Dann wurde die Waffe außer in den vorher genannten Kalibern auch in verschiedenen, klassischen europäischen Kalibern gebaut, in 7 x 64 mm, 8 x 68 mm und 6,5 x 68 mm. Die Seriennummern aus der Sauer & Sohn-Zeit sind 20001 bis 43730. Eine zwischen 1963 und 1973 im zusätzlichen Kaliber .340 Wby.Mag. und die zwischen 1967 und 1973 im zusätzlichen Kaliber .240 Wby.Mag. hergestellte Deluxe-Variante hatten die Seriennummern P23242 bis P63970. 1972 wurde die Herstellung der Mark V Deluxe nach Japan zur Firma Howa verlagert. Die Seriennummern aus der Zeit in Japan waren nicht modellspezifisch.

1995 entschied man bei Weatherby, die Büchsen des Unternehmens wieder in den Vereinigten Staaten produzieren zu lassen und die Firma Saco übernahm die Herstellung. Die Läufe der Waffen in den mächtigen Kalibern .378, .416 und .460 Wby.Mag. sind mit einer speziellen Accubrake-Mündungsbremse ausgestattet. Die Läufe in Nicht-Weatherby-Kalibern sind 61 cm lang, was zu einer Waffengesamtlänge von 112 cm und einem Gewicht von 3,1 kg führt. Bei den leichteren Weatherby-Kalibern beträgt die Lauflänge 66 cm und die Waffengesamtlänge 118 cm. Bei den schwereren Weatherby-Kalibern ist der Lauf inklusive der Mündungsbremse 71 cm lang und die zwischen 3,85 und 4,7 kg schweren, entsprechenden Waffen 124 cm.

WEATHERBY MARK V DGR (DANGEROUS GAME RIFLE)

Die Büchsenvariante Mark V DGR stellte Weatherby 2001 vor; DGR steht für „Dangerous Game Rifle". Dieser Name drückt bereits aus, dass es diese Waffe nur in besonders starken Kalibern gibt; dabei handelt es sich um .375 H&H Mag., .375 Wby.Mag., .378 Wby.Mag., .416 Rem.Mag., .416 Wby.Mag., .457 Win.Mag. und .460 Wby.Mag. Seit 2002 wird das Gewehr auch in .300 Win.Mag., .300 Wby.Mag., .338 Win. Mag. und .340 Wby.Mag. gebaut. In .378, .416 und .460 Wby.Mag. ist die Büchse nur mit der Weatherby-Accubrake-Mündungsbremse erhältlich. Bis zum Kaliber .375 hat die dreischüssige DGR einen 61-cm-Lauf, eine Gesamtlänge von 113 cm und ein Gewicht von 4 kg. In den größeren Kalibern ist der Lauf – inklusive der Accubrake-Mündungsbremse – 66 cm lang und die Waffengesamtlänge beträgt 118 cm.

Die DGR wurde speziell für Berufsjäger zur Nachsuche auf besonders wehrhaftes Wild entwickelt. Ihr Kunststoffschaft ist aus einer Kombination von Aramid und Graphit- und Glasfibern hergestellt und besitzt einen Aluminium-Innenrahmen aus 6061-T6-Leichtmetall. Der Schaft ist mit einer Pachmayr-Decelerator-Schaftkappe zur merklichen Reduzierung des erheblichen Rückstoßes ausgestattet. Die Büchse hat eine Express-Klappkimme und ein goldenes, von einem Korntunnel geschütztes Korn. Die Verschlusshülse weist Vorbohrungen zur Anbringung einer Zielfernrohr-Montage auf.

Die spezielle verstellbare DGR-Kimme

WEATHERBY MARK V EUROMARK/EUROSPORT

Die Mark V Euromark kam 1986 auf den Markt. Howa in Japan baute diese Waffe bis 1994 mit den Seriennummern H193207 bis H211845. Sie war anfänglich in den Weatherby-Kalibern .240, .257, .270, 7 mm, .300, .340, .378 und .460 sowie zusätzlich in .30-06 Springfield erhältlich; 1989 wurde auch eine kleine Serie in .416 Wby.Mag. gebaut. 1995 übernahm die amerikanische Firma Saco die Produktion; dort wurden die Kaliber .240 und .460 Wby.Mag. eingestellt. Später stellte man die Euromark auch in 7 mm Rem.Mag., .300 Win.Mag., .338 Win.Mag. und .375 H&H Mag. her, sowie erneut in .416 Wby.Mag. Die Waffe hat einen speziell lackierten, so genannten Claro-Nussbaumschaft, dessen Vorderschaftabschluss und Pistolengriff-Kappe aus Ebenholz sind. Zur Rückstoßreduzierung ist eine Pachmayr-Decelerator-Schaftkappe angebracht.

Die dreischüssige Euromark in 7 mm Rem.Mag., .300 Win.Mag., .338 Win.Mag. und .375 H&H Mag. hat einen 61-cm-Lauf, eine Gesamtlänge von 113 cm und ein Gewicht von 3,6 kg. In den Kalibern .257, .270, 7 mm, .300 und .340 Wby.Mag. ist der Lauf 66 cm lang, die Waffengesamtlänge beträgt 118 cm und das Gewicht liegt bei 3,9 kg. In den besonders starken .378 und .416 Wby.Mag.-Varianten ist der Lauf samt der Weatherby-Accubrake-Mündungsbremse 71 cm lang und die Waffe insgesamt 124 cm; in .378 wiegt das Gewehr dann 4,3 kg und in .416 4,8 kg. 1991 stellte Weatherby in Europa das Modell Mark V Eurosport vor, in den USA erst 1995. Die älteren Versionen dieser Büchse baute zunächst noch Howa in Japan, seit 1995 wird die Waffe aber in den USA von Saco produziert. Den dreischüssigen Repetierer gibt es in den Weatherby-Kalibern von .257 bis .340 sowie in 7 mm Rem.Mag., .300 Win.Mag., .338 Win.Mag. und .375 H&H Mag. In den Weatherby-Kalibern hat die Waffe einen 66-cm-Lauf, eine Gesamtlänge von 118 cm und ein Gewicht von 3,6 kg. In den Remington-, H&H Mag.- und Winchester-Kalibern ist der Lauf 61 cm lang und die Waffe 113 cm; das Gewicht ist mit 3,6 kg identisch mit Ausnahme der Version in .375 H&H Mag., die 3,7 kg auf die Waage bringt.

Weatherby Mark V Euromark und Eurosport, beide entwickelt speziell für den europäischen Markt

WEATHERBY MARK V FIBERMARK/FIBERMARK STAINLESS

Die Mark V Fibermark stammt aus dem Jahr 1983 und wurde bis 1994 für Weatherby von der japanischen Firma Howa hergestellt. 1995 übernahm Saco Defense aus den USA die Produktion. Ursprünglich lautete die Bezeichnung der Waffe Fibermark Synthetic. Zu ihrer Einführung gab es sie in den Weatherby-Kalibern .240, .257, .270, 7 mm, .300, .340 sowie zusätzlich in .30-06 Springfield. 1987 kam eine Links-Version in den gleichen Kalibern heraus. Später fügte Weatherby der Serie noch weitere Kaliber hinzu, etwa .338 Win.Mag. und .375 H&H Mag. Ab dem Beginn der Produktion in den USA gab es die Waffe in den unterschiedlichsten Kalibern, von

.22-250 Rem. bis .375 H&H Mag. sowie in den Weatherby-Kalibern .240 bis .375 Wby.Mag. Seit 2002 ist sie auch in .416 Rem.Mag. erhältlich.
1992 stellte Weatherby das Modell Fibermark Alaskan, Kaliber .270, 7 mm, .300 und .340 Wby.Mag., vor. Bei dieser, bis 1995 hergestellten Variante sind der Lauf und das System vernickelt. Die Nickel-Version löste 2001 letztendlich das Modell Fibermark Stainless ab. Diese Büchse hat einen Schaft aus Aramid und Graphit- und Glasfibern und besitzt einen Aluminium-Innenrahmen aus 6061-T6-Leichtmetall. Zur Rückstoßreduzierung ist wieder eine Pachmayr-Decelerator-Schaftkappe angebracht. System samt Verschlusszylinder und Lauf sind aus im mattem Finish gehaltenem 410er Stainless-Stahl. Das Modell Fibermark Stainless gibt es in einer vierschüssigen Version im Kaliber .22-250 Rem. Hier ist der Lauf 61 cm lang und das Gewehr ist 3,1 kg schwer und hat eine Länge von 112 cm. Eine fünfschüssige Version in .243 Win., .240 Wby.Mag., 7 mm-08 Rem., .308 Win., .25-06 Rem., .270 Win., .280 Rem. und .30-06 Springfield hat die gleichen Längen- und Gewichtsspezifikationen. Dreischüssig und mit einem 66-cm-Lauf ist die Waffe in den Weatherby-Kalibern .257, .270, 7 mm, .300 und .340 Wby.Mag. und mit einem 61-cm-Lauf in 7 mm Rem.Mag., .300 Win.Mag., .338 Win.Mag. und .375 H&H Mag. erhältlich. Im neuen Kaliber .30-378 Wby.Mag. hat das Gewehr nur eine Magazinkapazität von zwei Patronen. Der Lauf, inklusive der Weatherby-Accubrake-Mündungsbremse, ist hier 71 cm lang, was die starke Waffe 3,9 kg schwer und 124 cm lang macht.

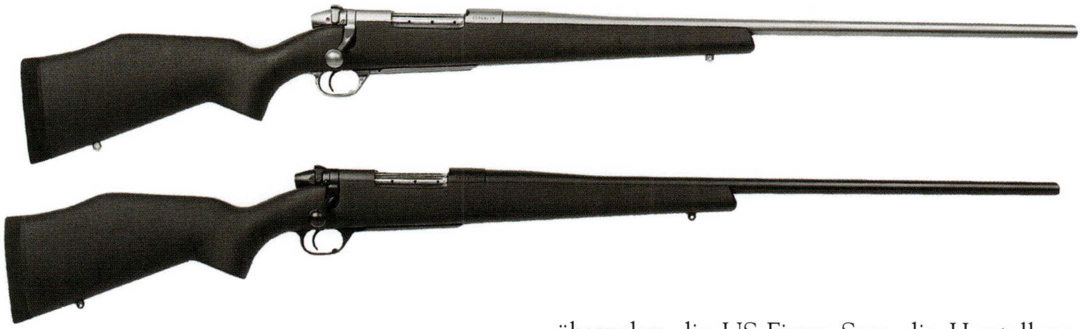

Repetierbüchse Mark V Fibermark (unten) und Fibermark Stainless (oben)

WEATHERBY MARK V LAZERMARK

Weatherby stellte dieses, dann bis 1994 von Howa in Japan gebaute Modell 1981 vor; 1995 übernahm die US-Firma Saco die Herstellung. Bei der Waffe handelt es sich um ein spezielles Stück, bei dem der Holzschaft lasergraviert ist, was für die damalige Zeit sehr unüblich war.
Die Lasermark wurde zunächst in den Weatherby-Kalibern .257 bis .460 Wby.Mag. hergestellt; bis 1995 gab es sie auch in .240 Wby.Mag. Wegen der Weatherby-Kaliber hat die Waffe nur einen 66-cm-Lauf mit einer Dralllänge von 25,4 cm. In den größeren Kalibern .378, .416 und .460 Wby.Mag. hat sie einen 71-cm-Lauf und Dralllängen von jeweils 30,5, 35,6 und 40,6 cm. In .257 bis .340 Wby.Mag. ist die dreischüssige Waffe insgesamt 118 cm lang und wiegt 3,9 kg. In .378 und .416 Wby.Mag. beträgt die Waffengesamtlänge 124 cm und das Waffengewicht 4,3 kg. Im besonders starken Kaliber .460 Wby.Mag. ist die Weatherby-Repetierbüchse, inklusive der Weatherby-Accubrake-Mündungsbremse, ebenfalls 124 cm lang und wiegt stattliche 4,8 kg.

Mark V Lazermark mit speziell lasergraviertem Schaft

WEATHERBY MARK V ROYAL CUSTOM/ SAFARI GRADE CUSTOM

Die Büchse Mark V Royal Custom ist bis dato das aktuellste Stück der Firma Weatherby und kam 2002 auf den Markt. System und Lauf der Waffe weisen eine tiefblaue Brünierung auf. Das Systemgehäuse ist zudem mit einer Rahmengravur verziert, die mit 24-karätigem Gold eingelegt ist; auch die Magazinbodenplatte ist graviert. Die

Weatherby Mark V Royal Custom aus 2002 (oben) und Safari Grade Custom (unten)

Büchse kann in allen gängigen Kalibern bestellt werden. Die Variante Safari Custom stammt aus dem Jahr 1989 und wurde bis 1994 von Howa in Japan hergestellt; ab 1995 baute sie das US-Unternehmen Saco für Weatherby. Die Custom-Büchse war in .300 Wby.Mag., .340 Wby.Mag., .378 Wby.Mag., .416 Wby.Mag. und .460 Wby.Mag. erhältlich. 1992 stellte Weatherby die Safari Classic Mark II auch in .375 H&H Mag. vor, die Herstellung in .375 wurde aber bereits 1996 wieder eingestellt. Die abgebildete Safari Grade Custom brachte Weatherby 1991 auf den Markt. Diese Büchse ist überwiegend mit der früheren Safari Custom identisch, allerdings mit der Ausnahme, dass die Visierung samt Korntunnel geändert wurde. Die Standard-Lauflänge beträgt 66 cm und die Waffenlänge liegt bei 118 cm. Schaftmaterial ist ölpoliertes französisches Nussbaumholz; der Vorderschaftabschluss ist aus Ebenholz. Die Waffe ist standardmäßig mit einem verstellbaren Kimmenblatt und einem Korntunnel ausgestattet, ihr Verschlussgehäuse weist aber auch Vorbohrungen zur Anbringung einer Zielfernrohr-Montage auf. Die Modellbezeichnung „Safari Custom" ist in der Magazinbodenplatte eingraviert.

WEATHERBY MARK V SLS (STAINLESS LAMINATE SPORTER)

Die Stainless Laminate Sporter stammt von 1997. Von ihrer Einführung ab gab es die Waffe in den Kalibern .257 Wby.Mag., .270 Wby.Mag., 7 mm Wby.Mag., .300 Wby.Mag., .340 Wby.Mag., 7 mm Rem.Mag., .300 Win.Mag. und .338 Win.Mag. Mit Weatherby-Kalibern hat sie einen 66-cm-Lauf, ansonsten ist der Lauf 61 cm lang. System und Lauf sind aus Stainless-Stahl, jedoch brüniert. Die Magazinbodenplatte und der Abzugsbügel sind aus Leichtmetall. Als Schaftmaterial wird Schichtholz verwendet; der Schaft ist mit einer Pachmayr-Decelerator-Schaftkappe zur Rückstoßreduzierung ausgestattet. Die Version mit 61-cm-Lauf hat eine Gesamtlänge von 113 cm, die langläufigere Weatherby-Variante von 118 cm; beide wiegen etwa 3,9 kg.

Die Büchse SLS Stainless Laminate Sporter, eine Stainless-Stahl-Waffe mit schwarzem Schichtholzschaft

WEATHERBY MARK V SBGM (SUPER BIG GAME MASTER)

Das Modell Mark V SBGM oder Super Big Game Master war 2002 ein neues Produkt. Es handelt sich dabei um eine Präzisionsbüchse in den bekanntesten Großkalibern. Die Repetierbüchse hat ein spezielles System, das mittels Blöcken aus T-6061-Flugzeug-Aluminium mit dem Kunststoffschaft verbunden ist. Der Krieger-Criterion-Speziallauf hat eine präzisionsfördernde versenkte Mündung und ist für eine bessere Laufkühlung längsgeflutet. Der Schaft ist mit einer Weatherby-Accubrake-Mündungsbremse zur

SBGM Super Big Game Master von 2002 (oben) und SPM Super Predator Master (unten)

Rückstoßminderung ausgestattet. Die Waffe ist mit einem 61-cm-Lauf und einer Waffengesamtlänge von 112 cm in .243 Win., .240 Wby.Mag., 7 mm-08 Rem., .308 Win., .25-06 Rem., .270 Win., .280 Rem., .30-06 Springfield, 7 mm Rem, .338-06 A-Square und .300 Win.Mag. erhältlich; je nach Kaliber variiert das Gewicht zwischen 2,6 und 3,1 kg. In den stärkeren Weatherby-Kalibern .257, .270, 7 mm und .300 Wby.Mag. ist der Lauf 66 cm lang, was zu einer Gesamtlänge von 118 cm und einem Gewicht von 3,1 kg führt.

Weatherby Mark V Sporter von 1993

WEATHERBY MARK V SPM (SUPER PREDATOR MASTER)

Das Modell Mark V Super Predator Master wurde im Jahr 2001 speziell zur Bejagung kleineren bis mittelgroßen Schadwildes vorgestellt. Es handelt sich dabei um eine mit 2,8 kg relativ leichte und damit jagdlich auch sehr führige Waffe. Der spezielle 61 cm lange Krieger-Criterion-Lauf ist zur besseren Kühlung geflutet; die Laufmündung ist versenkt, um dadurch eine bessere Schusspräzision zu bewirken. Der Kunststoffschaft weist eine Pachmayr-Decelerator-Schaftkappe auf, damit hierdurch der Rückstoß gemildert wird. Das Modell SPM ist in den Kalibern .223 Win, .22-250 Rem., .243 Win., 7 mm-08 Rem. und .308 Win. erhältlich; außer in .22-250 Rem., in dem das Magazin nur vier Patronen fasst, beträgt die Magazinkapazität fünf Patronen. Die Waffengesamtlänge liegt bei 112 cm.

WEATHERBY MARK V SPORTER

Dieses Modell stammt aus dem Jahr 1993. Bis 1994 wurde es in Japan bei Howa gebaut, ab dann von Saco Defense in den USA. Zum Zeitpunkt der Einführung war die Waffe in den Weatherby-Kalibern .257, .270, 7 mm, .300 und .340 Wby.Mag. sowie in 7 mm Rem.Mag., .300 Win.Mag., .338 Win.Mag. und .375 H&H Mag. erhältlich. 2000 kamen .22-250 Rem., .243 Win., .25-06 Rem., .270 Win., 7 mm-08 Rem., .280 Rem., .30-06 Springfield, .308 Win. und .240 Wby.Mag. hinzu. Die Büchse hat einen Nussbaumschaft mit Pachmayr-Decelerator-Schaftkappe. Das System ist in einem im Schaft integrierten Stahlblock eingebettet. In den Weatherby-Kalibern .257 bis .340 Wby.Mag. beträgt die Länge des Laufes dieses Modells 66 cm und die Waffengesamtlänge 118 cm. In allen anderen Kalibern sowie auch in .240 Wby.Mag. ist der Lauf 61 cm lang und das Gewehr selbst 112 cm. Das Waffengewicht variiert je nach Kaliber zwischen 3 und 3,7 kg.

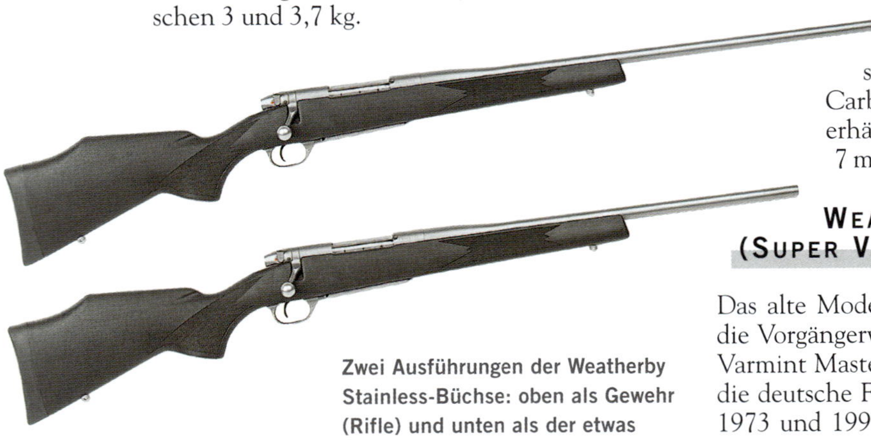

Zwei Ausführungen der Weatherby Stainless-Büchse: oben als Gewehr (Rifle) und unten als der etwas kürzere Karabiner (Carbine)

WEATHERBY MARK V STAINLESS

Das Modell Mark V Stainless von Weatherby wurde 1995 vorgestellt und ist – da die Firma in diesem Jahr ihre komplette Produktion in die USA verlegte – von Anfang an „made in America". System und Lauf der Waffe sind aus Stainless-Stahl, der Schaft ist aus Kunststoff, was zusammen eine sehr witterungsresistente Kombination ergibt. In den Magnumkalibern hat das Gewehr einen 66-cm-Lauf, eine Gesamtlänge von 118 cm und ein Gewicht von 3,6 kg. In den leichteren Kalibern ist der Lauf nur 61 cm lang, die Waffengesamtlänge beträgt 112 cm und das Gewicht 3 kg. 1995 gab es die Mark V Stainless zunächst in .257, .270, 7 mm, .300 und .340 Wby.Mag. und in 7 mm Rem.Mag., .300 Win.Mag., .338 Win.Mag. und .375 H&H Mag. 1997 kam eine Version in .270 Win. und .30-06 Springfield hinzu, 2000 gefolgt von .22-250 Rem., .243 Win., .25-06 Rem., 7 mm-08 Rem., .280 Rem., .308 Win. und .240 Wby.Mag. 2001 folgte mit .30-378 Wby.Mag. ein weiteres Kaliber. Bei dem Modell Mark V Stainless Carbine handelt es sich um eine kürzere Variante der Repetierbüchse. Diese fünfschüssige Waffe hat einen 51-cm-Lauf, eine Gesamtlänge von 102 cm und ein Waffengesamtgewicht von etwa 2,7 kg. Die Carbine-Variante ist ausschließlich erhältlich in den Kalibern .243 Win., 7 mm-08 Rem. und .308 Win.

WEATHERBY MARK V SVM (SUPER VARMINT MASTER)

Das alte Modell Varmint Master von 1964 war die Vorgängerwaffe der aktuellen Variante Super Varmint Master. Das alte Modell stellte bis 1972 die deutsche Firma Sauer & Sohn her; zwischen 1973 und 1994 baute sie das japanische Unternehmen Howa in Japan und seit 1995 wurde sie in den USA bei Saco hergestellt. Im Jahr 2000 brachte Weatherby das Modell Super Varmint Master als Nachfolgemodell auf den Markt. Zu dieser Zeit hatte die Waffe einen zur besseren

Die Einzellader-Version der Super Varmint Master

Kühlung gefluteten 66-cm-Lauf aus Stainless-Stahl und war weiter in den Kalibern .223 Rem., .22-250 Rem., .220 Swift, .243 Win., 7 mm-08 Rem. und .308 Win. erhältlich. Die Büchse ist insgesamt 117 cm lang und wiegt 3,9 kg. Weatherby stellt zwei Versionen davon her, eine einschüssige und ein Repetiermodell mit einer Magazinkapazität von vier Patronen in .22-250 Rem. und fünf in den anderen Kalibern.

SVM (Super Varmint Master) mit internem Magazin

WEATHERBY MARK V SNYTHETIC

Im November 1994 kündigte Weatherby an, Anfang 1995 ein Modell Synthetic herauszubringen. Zur Zeit der Vorstellung gab es die Waffen in Kalibern von .257 bis .340 Wby.Mag., 7 mm Rem.Mag., .300 Win.Mag. und .338 Win.Mag. 1996 folgten .240 Wby.Mag., .270 Win., .30-06

Weatherby Mark V Synthetic als Carbine (oben) und Rifle (unten)

Springfield und .375 H&H Mag. 1999 erschien eine Modellvariante im neuen Kaliber .30-378 Wby.Mag. und 2002 stellte Weatherby auch jeweils eine Mark V Synthetic in 7 mm STW und im neuen Kaliber .338-378 Wby.Mag. vor. Danach folgten noch weitere Kaliber-Optionen,

Drei besondere Weitschuss-Büchsen: die TRR Threat Response Rifle von 2002, die TRR Magnum und die TRR Magnum Custom (von oben nach unten)

etwa .22-250 Rem., .243 Win., 7 mm-08 Rem., .308 Win., .25-06 Rem. und .280 Rem. In den leichteren Kalibern ist der Lauf der dann insgesamt 112 cm langen und 3 kg schweren Waffe 61 cm lang, die stärkeren Kaliber haben einen 66-cm-Lauf, eine Gesamtlänge von 118 cm und ein Gewicht von 3,6 kg; in den Weatherby-Magnumkalibern .30-378 und .338-.378 Wby.Mag. hat das Gewehr sogar einen 71-cm-Lauf und ist damit – inklusive Accubrake-Mündungsbremse – 124 cm lang. Die Synthetic weist einen Krieger-Criterion-Präzisionslauf und einen Kunststoffschaft auf. Als Variante Mark V Synthetic Carbine hat die Waffe einen nur 51 cm langen Krieger-Criterion-Lauf. Diese 2002 vorgestellte, 102 cm lange und 2,7 kg schwere Version gibt es nur in den Kalibern .243 Win., 7 mm-08 Rem. und .308 Win.

WEATHERBY MARK V TRR (THREAT RESPONSE RIFLE)

Weatherby stellte 2002 eine Reihe von speziellen Sniper Rifles, also für den behördlichen und militärischen Gebrauch gedachten Präzisionsbüchsen, vor. Beim Modell Mark V TRR handelt es sich um eine extrem präzise Weitschuss-Büchse mit einem schweren, 56 cm langen Krieger-Criterion-Lauf mit eingesenkter Mündung, deren Abzug komplett verstellbar ist und die einen schwarzen Kunststoffschaft hat. System und Lauf der Waffe sind matt schwarz; auf der Verschlusshülse ist oben eine Talley-Picatinney-Schiene zur Montage verschiedener Zieloptiken anzubringen. Die fünfschüssige, in .223 Rem. und .308 Win. erhältliche Waffe ist insgesamt 107 cm lang und wiegt 3,9 kg. Als zweite Variante gibt es mit dem Modell TRR Magnum auch eine spezielle Magnum-Version. Diese hat in .300 Win.Mag. und .300 Wby.Mag. einen 66-cm-Krieger-Criterion-Lauf und ist damit 118 cm lang oder sie hat in .30-378 und .338-378 Wby.Mag. einen 71-cm-Lauf und ist inklusive der Accubrake-Mündungsbremse 125 cm lang. Das Gewicht der Magnum-Versionen liegt um die 4,3 kg. Eine weitere lieferbare Variante ist ein Custom-Modell der TRR Magnum. Diese Büchse hat einen speziellen Kunststoffschaft mit verstellbarer Backe und vergrößertem Vorderschaft; Kaliber und Lauflängen entsprechen denen des Standard-Magnummodells.

WEATHERBY MARK V ULTRA LIGHTWEIGHT

1998 stellte die Firma Weatherby das Modell Ultra Lightweight vor, sowohl als Rechts- als auch als Links-Version. Diese Waffe ist speziell für längere Bergjagden gedacht. Das System des

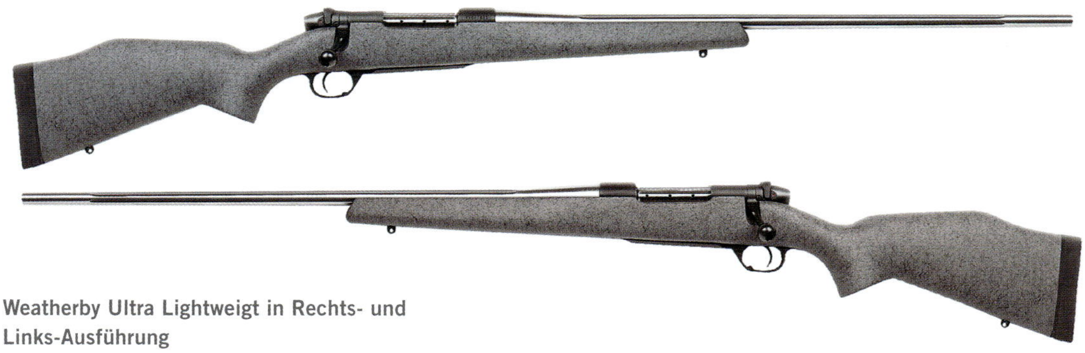

Weatherby Ultra Lightweigt in Rechts- und Links-Ausführung

Gewehrs ist verchromt; es ist mit dem Kunststoffschaft durch darin eingegossene Blöcke aus leichtem T-6061-Aluminium verbunden. Sowohl der Stainless-Stahl-Lauf als auch der Verschlusszylinder sind geflutet und werden durch die entsprechenden Längs-Einfräsungen entsprechend leichter. Die Magazinzuführung und die Magazinbodenplatte sind aus Leichtmetall. Die Pachmayr-Decelerator-Schaftkappe verringert den Waffenrückstoß. Die Rechts-Variante der Ultra Lightweight ist in .243 Win., .240 Wby.Mag., 7 mm-08 Rem., .308 Win., .25-06 Rem., .270 Win., .280 Rem., .30-06 Springfield, .257 Wby. Mag., .270 Wby.Mag., 7 mm Rem.Mag., 7 mm Wby.Mag., .338-06 A-Square, .300 Win.Mag. und .300 Wby.Mag. erhältlich. Die Lauflänge beträgt je nach Kaliber 61 oder 66 cm, die Gesamtlänge liegt bei 112 oder 118 cm und das Gewicht variiert zwischen 2,6 und 3 kg. Die Links-Variante gibt es standardmäßig nur in den Kalibern .257 Wby.Mag., .270 Wby.Mag., 7 mm Rem.Mag., 7 mm Wby.Mag., .300 Win.Mag. und .300 Wby.Mag.; Längen und Gewichte entsprechen denen der Rechts-Varianten.

Die Weatherby-Querflinten Athena und Orion aus dem Jahr 2002

WEATHERBY-DOPPELFLINTEN

WEATHERBY ATHENA-DOPPELFLINTE

Diese klassische Querflinte, für Weatherby von Zabala in Spanien produziert, stellte die Firma 2002 vor. Der schlanke, ölpolierte, englische Schaft dieser Waffe wird aus hervorragendem türkischem Nussbaumholz gefertigt. Als Verschluss wird ein Anson & Deeley-Verschluss, kombiniert mit einer Laufhaken-Verriegelung, verwendet. Die Basküle ist buntgehärtet, ihre Seitenplatten sind mit Rosettenmustern graviert. Beide Schlagbolzen haben Schraubenfedern und die Flinte ist mit selektiven Ejektoren ausgerüstet, bei denen nur abgeschossene Patronenhülsen ausgeworfen werden. Es wird ein Briley-IMC-Wechselchoke-System verwendet, das aus diversen aufschraubbaren Choke-Einsätzen in allen erdenklichen Chokebohrungs-Varianten besteht. Die Standardkaliber sind 12/76 und 20/76. Die Läufe sind 71 cm lang und die Waffengesamtlänge beträgt zwischen 110 und 116 cm. Das Gewicht liegt bei 3,1 bis 3,2 kg. Vom Weatherby Custom Shop ist die Waffe auch mit einem Doppelzüngelabzug und im Kaliber 16 erhältlich.

WEATHERBY ORION-DOPPELFLINTE

Bei der Orion handelt es sich um eine weitere 2002 vorgestellte klassische Querflinte. Wie das Modell Athena wird auch sie in Spanien bei Zabala gebaut. Die Flinte Orion besitzt einen feinen Schaft aus türkischem Nussbaum, der einen am Ende abgerundeten Pistolengriff aufweist, was als Prince of Wales-Stil bekannt ist; der Vorderschaft ist verbreitert. Die kurze Basküle der Waffe ist buntgehärtet. Der Sicherungsschieber hinter dem Verschlusshebel am Kolbenhals dient gleichzeitig als Laufwahlschieber. Die Waffe ist in den Kalibern 12, 20, 28 und 36 (.410) erhältlich.

Die Patronenlager für 12, 20 und 36 sind für 76-mm-Patronenhülsenlängen konzipiert während in die Patronenlager für die anderen Kaliber nur 70-mm-Hülsen passen. Standard-Lauflänge ist 66 oder 71 cm, Gesamtlänge 110 oder 116 cm. Im Kaliber 36 hat die Flinte nur feste 1/2- und 1/4-Choke-Bohrungen, in allen anderen Kalibern wird sie mit austauschbaren IMC-Briley-Wechselchokes ausgeliefert.

Weatherby-Bockdoppelflinten

Weatherby Athena-Bockdoppelflinte

Die Athena-Bockdoppelflinte stammt aus dem Jahr 1982 und wurde für Weatherby von der Firma SKB in Japan hergestellt. Die Flinte hat einen verbesserten Kersten-Verschluss, bei dem sich beidseitig des oberen Laufes Verriegelungsstücke befinden, die beim Schließen der Kipplaufwaffe von oben in den Stoßbodenbereich der Basküle eingreifen und dort dann von einem massiven Querriegel gehalten werden. Solange die Waffe nicht voll geschlossen ist, verhindert eine interne Sicherung, dass ein Schuss ausgelöst werden kann.Die Athena-Flinte besitzt automatische Ejektoren, die die abgeschossenen Patronenhülsen auswerfen; nicht abgeschossene Hülsen werden nur etwas nach hinten geschoben, damit sie besser von Hand entfernt werden können. Der manuelle Sicherungsschieber hinter dem Verschlusshebel am Kolbenhals dient gleichzeitig als Laufwahlschieber. Seit 1984 wird die Athena standardmäßig mit einschraubbaren Briley-IMC-Wechselchoke-Einsätzen aus Stainless-Stahl ausgeliefert; dafür stehen die Chokebohrungs-Varianten Voll-, 1/2-, 3/4-, Zylinder- und Skeet-Choke zur Verfügung. Zwischen 1988 und 1995 gab es die Flinte auch als Version Master Skeet, Kaliber 12, mit Briley-Wechselläufen in den Kalibern 20, 28 und 36 (.410). Aktuell gibt es drei verschiedene Varianten der Athena:

- Athena Grade III Classic Field von 1999 mit ölpoliertem Nussbaumschaft mit abgerundetem Prince of Wales-Pistolengriff. Die in silbergrau gehaltenen Seitenplatten enthalten goldeingelegte Gravuren mit Fasanenmotiven. Auf dem oberen Lauf befindet sich eine ventilierte Laufschiene; in der 12er- und 20er-Version ist der Zwischenraum zwischen den Läufen auch ventiliert. Die Flinte gibt es in den Kalibern 12, 20 und 28 mit einem 66 oder 71 cm langen Laufbündel. In 12 und 20 ist das Patronenlager für 76-mm-Patronenhülsen ausgelegt und in 28 für 70-mm-Hülsen. Die Waffengesamtlänge liegt bei 109 oder 114 cm, das Gewicht entspricht dem der Grade IV;
- Athena Grade V Classic Field, vorgestellt 1993, mit ölpoliertem Schaft aus amerikanischem Nussbaum. Der Pistolengriff ist wieder abgerundet und die Seitenplatten sind silbergrau nitriert und einfach graviert. Auch diese Waffe hat eine ventilierte Visierschiene. In 12/76 und 20/76 beträgt die Lauflänge wahlweise 66 oder 71 cm und die Gesamtlänge dann 109 oder 114 cm. Das Gewicht variiert zwischen 3 und 3,6 kg;
- Athena Grade IV Field von 1982 mit lackiertem Schaft aus amerikanischem Nussbaum. Der Pistolengriff hat einen kantigen Rosenholz-Abschluss. Eine 25 mm dicke Schaftkappe reduziert den Rückstoß. Die Seitenplatten sind wieder silbergrau nitriert und enthalten eine Gravur mit Floralmotiven. Die vorhandene Laufschiene ist ebenso wie der Zwischenraum zwischen oberem und unterem Lauf ventiliert. Die Grade IV Field gibt es in 12/76 und 20/76 mit wahlweise einem 66 oder 71 cm langen Lauf. Die Gesamtlänge der Flinte liegt damit bei 109 oder 114 cm. Im Kaliber 12 wiegt die Waffe 3,3 bis 3,6 kg und im Kaliber 20 zwischen 3 und 3,3 kg.

Von oben nach unten: Athena Grade V Classic Field, Athena Grade IV Field und Athena Grade III Classic Field

Weatherby Orion-Bockdoppelflinte

Die 1982 vorgestellte Orion-Flinte wurde zunächst in Japan von der Firma SKB hergestellt. 1984 verbesserte Weatherby das Modell indem es fortan mit einschraubbaren Wechselchoke-Einsätzen der US-Firma Briley bestückt war. Im Vergleich zur Variante Athena hat die Orion eine kurze Basküle ohne verlängerte Seitenplatten. Die Verriegelung erfolgt wie bei der Athena mittels eines Kersten-Verschlusses, der oft auch als Doppelgreener-Verschluss bezeichnet wird

Die Bockdoppelflinte Orion mit abgenommenem Vorderschaft und abgenommenen Seitenplatten

und bei dem zwei Verriegelungsstücke in den Stoßbodenbereich der Basküle eingreifen. Auch das Modell Orion besitzt automatische Ejektoren, die aber nur die tatsächlich abgeschossenen, leeren Patronenhülsen auswerfen. Die manuelle Sicherung in Form des Sicherungsschiebers auf dem Kolbenhals blockiert nicht nur den Abzug, sondern auch das Schlagstück; eine interne Sicherung sorgt dafür, dass nur geschossen werden kann, wenn die Waffe komplett geschlossen ist. Im Einabzug ist ein Schieber integriert, mittels dem die Wahl des Schlosses für den unteren oder oberen Lauf erfolgen kann. Alle Orion-Ausführungen sind mit IMC-Wechselchokes zu bestücken. Nachfolgend die verschiedenen Versionen der Waffe:

- Die Orion Grade II Classic Field stammt von 1993. Sie hat einen lackierten Nussbaumschaft mit einem abgerundeten Pistolengriff. Ihre Basküle ist mit Floralmotiven und einem fliegenden Fasanenhahn graviert. Die Grade II Classic gibt es in den Kalibern 12/76 mit 66, 71 oder 76 cm langen Läufen. Die Gesamtlänge beträgt 109, 114 oder 119 cm und das Gewicht variiert zwischen 3,3 und 3,6 kg. Die Waffe im Kaliber 20/76 gibt es mit einem 66-cm- oder einem 71-cm-Laufbündel. Die Gesamtlänge beträgt hier entweder 109 oder 114 cm, das Gewicht liegt zwischen 3 und 3,3 kg. In 28/70 gibt es nur einen 66 cm langen Lauf, was diese Variante 109 cm lang und etwa 3 kg schwer macht;
- Die Orion Grade III Classic Field wurde ebenfalls 1993 vorgestellt. Ihr ölpolierter Nussbaumschaft hat einen abgerundeten Prince of Wales-Pistolengriff und ist vorne sehr schlank gehalten. Die Baskülen-Seitenplatten enthalten die goldeingelegte Gravur eines Fasans. Diese Flinte gibt es nur in den Kalibern 12/76 und 20/76, mit einem 66 cm oder 71 cm langen Laufbündel und einer ventilierten Laufschiene. Die Waffengesamtlänge liegt bei 109 oder 114 cm und das Gewicht variiert zwischen 3,3 und 3,6 kg in 12 und zwischen 3 und 3,3 kg in 20;
- Die Orion Grade III English Field kam 1997 auf den Markt. Sie hat einen schlanken Nussbaumschaft im geraden, englischen Stil. Ein Fasan im Flug ist auf den Seiten der silbergrauen Basküle graviert und in Gold eingelegt. Auf dem oberen Lauf befindet sich eine ventilierte Laufschiene. Die Waffe ist im Kaliber 12/76 mit einem 71 cm langen Lauf erhältlich. Sie ist insgesamt 114 cm lang und wiegt 3,6 kg. Im Kaliber 20/76 sind 66 oder 71 cm lange Laufbündel erhältlich. Die Gesamtlänge der 20er-Flinte ist 109 oder 114 cm und das Gewicht variiert hier zwischen 3 und 3,3 kg;

Von oben nach unten: Weatherby Orion Grade II Classic Field, Orion Grade III Classic Field und Orion Grade III English Field

Von oben nach unten: Orion Grade I Field, Orion Grade III Field und Orion Upland

- Bei der Orion Grade I Field handelt es sich um die einfache Basisvariante mit brünierter Basküle. Der Nussbaumschaft weist einen mit einer weißen Linie abgesetzten, kantigen Rosenholz-Abschluss auf. Im Kaliber 20 gibt es 66, 71 oder 76 cm lange Läufe, was zu einer Waffengesamtlänge von 109, 114 oder 119 cm und zu einem Gewicht von 3,3 bis 3,6 kg führt. In 20 gibt es nur 66 oder 71 cm lange Läufe. In der Grade III-Version hat die Waffe eine silbergraue Basküle mit in Gold eingelegter Gravur;
- Das Modell Orion Upland kam 1999 mit einer glatten, brünierten Basküle ohne Gravur und mit einem lackierten Nussbaumschaft mit abgerundetem Pistolengriff auf den Markt. Sie ist mit einem 66 oder einem 71 cm langen Laufbündel erhältlich und hat die Kaliber 12/76 oder 20/76.

Bei den sportlichen Versionen der Flinte Weatherby Orion, die aber durchaus auch jagdlich verwendbar sind, handelt es sich um folgende:

- Orion Grade II Classic Sporting von 1993 mit Nussbaumschaft, abgerundetem Prince of Wales-Pistolengriff und schlankem Vorderschaft. Die Basküle weist ein silbergraues Nitrat-Finish auf und ist einfach graviert. Auf dem oberen Lauf ist eine ventilierte Laufschiene angebracht und auch der Zwischenraum zwischen den Läufen ist ventiliert. Die Waffe ist nur im Kaliber 12/76 und mit entweder einem 71-cm- oder einem 76-cm-Lauf erhältlich. Sie ist damit entweder 114 oder 119 cm lang und wiegt 3,3 oder 3,6 kg. Die Classic Sporting-Flinte hat Skeet-, 1/4- und 1/2-Choke

Drei Weatherby-Flinten zum sportlichen Wurfscheiben-Schießen: Orion Grade II Classic Sporting, Orion Grade II Sporting und Orion Super Sporting Clays (von oben)

Briley-IMC-Wechselchoke-Einsätze inklusive zweier zusätzlicher Einsätze mit Kompensator-Bohrungen;

- Orion Grade II Sporting, vorgestellt 1992 mit lackiertem Nussbaumschaft mit Pistolengriff. Der massige Vorderschaft hat eine spezielle Einfräsung, damit er besser gefasst werden kann. Die Waffe, Kaliber 12/76, ist mit einem 71-cm- oder 76-cm-Lauf erhältlich. Sie ist 114 oder 119 cm lang und wiegt 3,3 oder 3,6 kg. Die Sporting-Flinte wird mit Briley-IMC-Wechselchokes ausgeliefert – mit Skeet-, 1/4- und 1/2-Choke-Einsätzen inklusive zweier zusätzlicher mit Kompensator-Bohrungen;
- Orion Super Sporting Clays von 1998. Diese Waffe hat einen ölpolierten Schaft mit Pistolengriff. Der massige Vorderschaft ist speziell ausgeformt und der Hinterschaft ist überlang gehalten, so dass er leicht auf die individuell erforderliche Schaftlänge gekürzt werden kann. Hinten ist eine Pachmayr-Decelerator-Schaftkappe montiert und auf dem Lauf befindet sich eine mit 12 mm besonders breite, ventilierte Laufschiene. Auch der Laufzwischenraum ist ventiliert; vorne an den Läufen unmittelbar nach deren Laufmündungen befinden sich Kompensator-Bohrungen zur Rückstoßreduzierung. Die Flinte hat einen vergoldeten, verstellbaren Abzug und ist im Kaliber 12 mit den Lauflängen 71, 76 oder 81 cm erhältlich, was zu einer Waffengesamtlänge von 114, 119 oder 124 cm führt. Auch die Super Sporting Clay besitzt das Briley-IMC-Wechselchoke-System mit den beiden zusätzlichen mit Kompensator-Bohrungen versehenen Einsätzen.

WEATHERBY SAS-SELBSTLADEFLINTEN

Zwischen 1972 und 1981 hatte Weatherby mit dem Modell Patrician auch eine Vorderschaft-Repetierflinte im Programm. Diese Waffe wurde bis 1976 von KTG und ab dann von Nikko jeweils in Japan gebaut. Die Patrician wurde dann 1992 vom Modell Ninety-Two ersetzt, welches die Firma KTG bis 1989 herstellte. Seitdem bietet Weatherby keine Vorderschaft-Repetierflinte (Pump-Action-Flinte) mehr an.
Die erste Selbstladeflinte der Firma war 1972 das Modell Centurion, welches von KTG und Nikko bis 1975 hergestellt wurde. Es wurde vom Modell Centurion II ersetzt, das dann bis Ende 1981 erhältlich war.

1982 stellte Weatherby die Selbstladeflinte Eighty-Two vor, die KTG bis Ende 1989 produzierte. Danach dauerte es bis 1999, bis Weatherby eine weitere halbautomatische Flinte auf den Markt brachte. Und dabei handelte es sich um das Modell SAS, die Kurzform von „Semi-Automatic Shotgun“. Diese Waffe besitzt ein selbstregulierendes, gasdruckunterstütztes Repetiersystem zum Abschießen verschiedener Arten von Schrotpatronen. Ein eingebauter Schockabsorber sorgt dafür, dass ein Teil des Rückstoßes absorbiert wird. Eine weitere Besonderheit der

Zwei einläufige Selbstladeflinten von Weatherby, jeweils in Camouflage-Optik: die SAS Break-up (oben) und die SAS Shadow Grass (unten)

Flinte ist ihr komplett herausnehmbares Abzugssystem. Der Systemkasten ist aus speziellem 7075-T6-Flugzeug-Aluminium. Der Spannhebel befindet sich an dessen rechter Seite, darunter ist der Schlittenfangknopf. Die Zuführung aus dem unter dem Lauf befindlichen 3-Schuss-Röhrenmagazin kann manuell unterbrochen werden, so dass eine andere Munitionssorte von Hand ins Patronenlager geladen werden kann. Der innen hartverchromte Lauf ist leicht abzunehmen. Oben auf dem Lauf befindet sich eine breite, ventilierte Laufschiene.
Ursprünglich gab es das Modell SAS in den Kalibern 12 und 20 und wahlweise mit einem Holzschaft oder einem schwarzen oder in Camouflage-Optik gehaltenen Kunststoffschaft. Die italienische Firma Valtro, die unter der Bezeichnung A930 SL selbst auch eine ähnliche Waffe herausbrachte, baute die Waffe zunächst für Weatherby. 2002 überarbeitete Weatherby die Reihe komplett. Seitdem ist die SAS nur mehr im Kaliber 12/76 erhältlich; aus entsprechenden Patronenlagern lassen sich bekanntlich aber ja auch 12/70er-Patronen verschießen. Jede SAS wird standardmäßig mit einem IMC-Wechselchoke-Satz ausgeliefert. Mittels speziellen Schaftzwischenstücken kann die Schaftlänge individuell bestimmt und zum Teil auch andere Schaftcharakteristika verändert werden. Die SAS-Baureihe umfasst heute die nachfolgend genannten Versionen der Waffe.

WEATHERBY SAS BREAK-UP/ SHADOW GRASS

Die SAS Break-up hat einen Kunststoffschaft mit einem dunklen Blätter-Tarnmuster; auch der Systemkasten und der Lauf sind so gehalten. Die Waffe ist im Kaliber 12/76 und mit einem 61-cm- oder einem 66-cm-Lauf erhältlich und damit entweder 104 cm oder 109 cm lang; das Gewicht beträgt 3,2 respektive 3,4 kg. Ausgeliefert wird sie mit einschraubbaren IMC $^1/_2$-, $^3/_4$- und Voll-Wechselchokes. Das Korn ist ein durchleuchtender Kunststoffstab. Die Variante SAS Shadow Grass hat einen Kunststoffschaft, der die helle Camouflage-Tarnfarbenoptik von Stroh aufweist. Auch der Systemkasten, der Lauf und sogar der Abzugsbügel weisen diese Optik auf. Lauflänge der Shadow Grass ist entweder 66 oder 71 cm, was die Waffe insgesamt 109 oder 114 cm lang und ebenfalls etwa 3,2 beziehungsweise 3,4 kg schwer macht. Die Waffe ist mit IMC-Wechselchokes mit Skeet-, $^1/_4$-, $^1/_2$- und $^3/_4$-Bohrungen ausgestattet. Auch sie hat als Korn einen speziellen Kunststoffstab, der lichtdurchlässig ist.

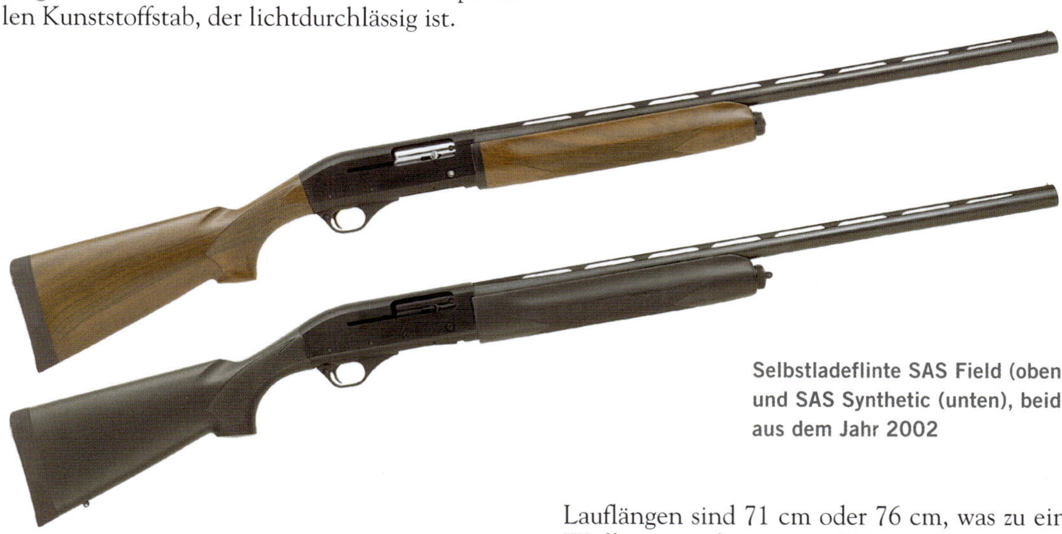

Selbstladeflinte SAS Field (oben) und SAS Synthetic (unten), beide aus dem Jahr 2002

WEATHERBY SAS FIELD/SYNTHETIC

Das neue Modell SAS Field besitzt einen Nussbaumschaft. Lauf und Systemkasten sind brüniert. Die Waffe ist nur im Kaliber 12/76 und mit den Lauflängen 66 cm oder 71 cm erhältlich. Ihre Gesamtlänge beträgt 109 cm beziehungsweise 114 cm und ihr Gewicht 3,2 oder 3,4 kg. Die mitgelieferten, einschraubbaren IMC-Wechselchoke-Einsätze haben die Bohrungs-Varianten $^1/_4$-, $^1/_2$- und Vollchoke. Die Variante SAS Synthetic ist eine vereinfachte Version der Field mit einem matt schwarzen Kunststoffschaft. Auch sie ist nur im Kaliber 12 und mit einem 66-cm- oder 71-cm-Lauf erhältlich und auch hier haben die IMC-Wechselchoke-Einsätze die Bohrungen $^1/_4$-, $^1/_2$- und Vollchoke.

WEATHERBY SAS SPORTING CLAYS

Die Version Sporting Clays der SAS-Baureihe wurde nicht nur zum sportlichen Wurfscheibenschießen entwickelt, sondern auch zur Jagd auf Enten, Tauben und anderes Flugwild. Die Waffe weist einen Nussbaumschaft auf. Ihr Lauf ist unmittelbar nach der Mündung mit Kompensator-Längsbohrungen versehen. Die lieferbaren Lauflängen sind 71 cm oder 76 cm, was zu einer Waffengesamtlänge von 114 respektive 119 cm und einem Gewicht von 3,2 oder 3,4 kg führt. Die einschraubbaren IMC-Wechselchoke-Einsätze haben die Bohrungen Voll-, $^1/_2$-, $^1/_4$- und verbesserte Zylinder-Bohrung; zudem werden zwei mit Kompensator-Bohrungen versehene spezielle Choke-Einsätze mitgeliefert.

Die halbautomatische Weatherby-Selbstladeflinte Modell SAS Sporting Clays

WESTLEY RICHARDS

www.westleyrichards.com

Markenzeichen des britischen Waffenherstellers Westley Richards

Das englische Familienunternehmen Westley Richards wurde 1812 in Birmingham gegründet und eröffnete bereits 1814 in der Londoner Bond Street ein Verkaufshaus. Dort stellte man einen bekannten Sportschützen, William Bishop, als Manager ein. Bishop war ein so hervorragender Mann, dass er bald als „Bischof der Bond Street“ bezeichnet wurde. Er war ein großer Liebhaber von Jagdhunden. Durch seinen politischen Einfluss schaffte er es, im britischen Parlament ein Gesetz einzubringen, das den Diebstahl von Jagdhunden zu einer hoch geahndeten Straftat machte. Gerüchten nach hatte er angeblich die damals immense Summe von 1000 Pfund an verschiedene Politiker bezahlt, damit diese für das Gesetz stimmten. Als sich Bishop zur Ruhe setzte wurde die Londoner Firma an Malcolm Lyell verkauft, der sie unter der Bezeichnung Westley Richards Agency Ltd. führte und dann auch noch Eigentümer der renommierten Waffenherstellungsfirma Holland & Holland wurde. Zu der Zeit, als sie ihr berühmtes Anson & Deeley-Schloss zum Patent anmeldeten, waren John Deeley und William Anson die Chefs von Westley Richards.
Während des Ersten Weltkriegs baute auch

Westley Richards Express-Doppelbüchse in .458 Win.Mag.

Westley Richards Kriegswaffen. Als man 1918 wieder daran ging, ausschließlich Sport- und Jagdflinten zu bauen, musste die Firma erheblich verkleinert werden. Zu Beginn des Zweiten Welt-

Ein Querflintenpaar des Modells William Bishop der Firma Westley Richards

Repetierstutzen, Kaliber .318 WR, basierend auf dem Mauser 98-System

kriegs konnte man nicht genug Kapital für das weitere Bestehen des Unternehmens aufbringen und meldete deshalb freiwillig Konkurs an. Die Firma wurde dann 1946 von dem britischen Armee-Hauptmann D. C. Barclay gekauft, der einen Teil der Fertigung auf Werkzeuge und Harpunen umstellte. Da auch dies nicht ausreichend gewinnträchtig war, verkaufte Barclay die Firma 1957 an den Industriellen Walter Clode. Dieser ist auch heute noch der Inhaber und Direktor der Firma. Unter Clode begann Westley Richards, sich seiner alten Tradition als eines der renommiertesten Waffenherstellungsunternehmen Großbritanniens und der Welt zurückzubesinnen. Man konzentrierte sich wieder auf die Herstellung traditioneller englischer Flinten von höchster Qualität. Walter Clode schaffte es, die modernsten Herstellungsverfahren mit althergebrachter Büchsenmacher-Handarbeit zu kombinieren. Jede Westley Richards-Waffe ist ein Stück individueller Handwerkerkunst, was sich sowohl im Slogan der Firma, „British is Best", als auch im Preis der Waffen ausdrückt.
Neben Repetierern und klassischen Querflinten baut Westley Richards auch Express-Doppelbüchsen für die Großwildjagd. Als Büchsenkaliber werden Riesen, wie die .458 Win.Mag. und die .500 Nitro Express, verwendet, die Waffen sind aber auch in kleineren Kalibern erhältlich. Die abgebildeten Gewehre stellen lediglich Anschauungsmuster dar, denn Westley Richards-Waffen werden ausschließlich nach den individuellen, einzelnen Kundenwünschen gebaut. Die Firma brachte auch verschiedene eigene Büchsenkaliber heraus. 1909 stellte sie für eine Doppelbüchse das von Leslie Taylor, dem damaligen technischen Direktor entwickelte Magnumkaliber .425 Westley Richards vor. Die gleiche Patrone, allerdings mit Rille statt Rand, kam dann für eine Repetierbüchse auf Mauser-Basis heraus und 1910 erschien das Repetiererkaliber .318 Westley Richards.

WINCHESTER

www.winchester-guns.com

Das ehemalige Winchester-Emblem (links) und daneben das aktuelle, seit 2000 verwendete Logo der Firma

Die Geschichte der Firma Winchester hängt eng mit der von Smith & Wesson zusammen. 1855 gründeten Horace Smith, Daniel B. Wesson und C.C. Palmer die Volcanic Repeating Arms Company. Einer der Anteilseigner der Firma war Oliver F. Winchester, ein Kleidungsfabrikant aus New Haven, Connecticut. Die Firma produzierte damals die Volcanic-Unterhebel-Repetierbüchse und Pistolen. 1857 übernahm Oliver Winchester die Anteilsmehrheit und änderte den Firmennamen in New Haven Arms Company. Tyler B. Henry, der Chefentwickler des Unternehmens, meldete 1869 eine Büchse an, die unter dem Namen Henry Rifle berühmt werden sollte. Nachdem die Firma 1866 in Winchester Repeating Arms Company umbenannt worden war, kam als erstes Modell dieser neuen Firma die Winchester 66 heraus. Diese von der Henry Rifle abgeleitete Waffe wurde so populär, dass von ihr, obwohl Nachfolgemodelle folgten, bis 1899 171000 Stück produziert wurden. 1873 brachte die Firma einen verbesserten Unterhebel-Repetierer heraus, das Modell 1873. Bis 1920 wurden von dieser Waffe etwa 19500 Stück gebaut. Es folgte die Winchester 1876, von der fast 64000 Exemplare gebaut wurden.
Weitere Winchester-Modelle waren dann unter anderem die Winchester 1886 und vor allem die legendäre Winchester 1894, von der nach und

Volcanic-Repetierpistole aus den frühen Jahren der Firma Winchester

nach in verschiedenen Versionen mehr als drei Millionen produziert wurden. Auch das nachfolgende Modell 1895 wird heute noch in Kleinserien gebaut. Neben Unterhebel-Repetierern stellt Winchester auch Kammerstängel-Repetierer und Flinten her. Die erste reguläre Winchester-Kammerstängel-Repetierbüchse war das Modell 1883, basierend auf einem Patent von Benjamin B. Hotchkiss; diese Waffe wurde nur bis 1889 gebaut. Es folgte der Lee-Repetierer mit Geradezugverschluss von 1895 für die US-Marine. Diese Waffe wurde als Lee Sporting-Modell auch in einer Sportversion angeboten.

1890 kam Winchester mit seiner ersten Vorderschaft-Repetierbüchse auf den Markt, dem Modell 1890 im Kaliber .22 Randfeuer. Von diesem Modell wurden bis zu seinem Produktionsstopp im Jahr 1932 etwa 849000 Stück gebaut. Die erste einfache KK-Büchse von Winchester war das Modell 1900, ein einfacher Kammerstängel-Einzellader, Kaliber .22 Randfeuer, basierend auf einer Entwicklung des berühmten John M. Browning. Und auch auf dem Gebiet halbautomatischer Waffen war die Firma Winchester aktiv. 1903 brachte man die erste Selbstladebüchse, das Modell 1903 im Kaliber .22 Randfeuer, auf den Markt. Das Modell 1905, Kaliber .32 Winchester-SL und .35 Winchester-SL (SL steht für Self-Loading), kam in ebendiesem Jahr heraus. Diese Waffe verfügte über das erste herausnehmbare Magazin. 1907 folgte das verbesserte Modell 1907 im Kaliber .351 Win.-SL, das bis 1957 produziert wurde, und 1910 gab es im Kaliber .401 Win.-SL das Modell 1910. Während des Ersten Weltkriegs baute Winchester im Auftrag der englischen Armee vornehmlich das Enfield Pattern 14-Militärgewehr, Kaliber .303 Brit.; man produzierte insgesamt 246000 Stück davon. 1917 und 1918 baute Winchester einen Teil seiner Produktionsanlage zur Herstellung des US-Armeegewehrs Modell 1917, Kaliber .30-06 Springfield, um.

Zu Beginn des Zweiten Weltkriegs wurde bei Winchester der legendäre .30 M1-Karabiner entwickelt, wovon das Unternehmen selbst etwa 818000 Stück baute. Der .30 M1 wurde bis zum Ende des Krieges von den verschiedensten US-Firmen in Lizenz hergestellt, unter anderem sogar von IBM; insgesamt wurden mehr als sechs Millionen .30 M1-Karabiner gebaut. Während des Kriegs war Winchester übrigens auch in die Produktion des M1-Garand-Militärgewehrs mit eingebunden.

1972 stellte Winchester, fotan zur Olin-Firmengruppe gehörend, die Flinten-Modellreihe 101, inklusive der Super Grade-Modelle vor. 1981 brachte man die Luxusflinte Grand European auf den Markt. An Winchester-Vorderschaft-Repetierflinten existiert zur Zeit nur mehr die Modellreihe 1300, von der es aber die verschiedensten

Der berühmte, bei Winchester entwickelte .30 M1-Karabiner aus dem Zweiten Weltkrieg, heute eine populäre Sammlerwaffe

Versionen gibt. Die so genannten Pump Guns werden fast alle mit Winchoke-Wechselchoke-Sets ausgeliefert und verfügen über einen Drehkammerverschluss mit vier Verriegelungswarzen. Die 1300er-Pumpflinten sind teils reine, so genannte „Deer Guns", deren Läufe entweder glatt oder auch gezogen sind und die – mit Slugs (Flintenlaufgeschossen) geladen – in den USA zur Jagd auf Schalenwild verwendet werden. Es gibt davon aber auch Varianten zum Wurfscheibenschießen und zur echten Schrotjagd auf Hasen und Federwild sowie auch die „Defender"-Versionen, die als kurze, polizeiliche, so genannte „Riot Guns", aber auch zur Haus- und Hof-Verteidigung Verwendung finden. Das dreischüssige Modell 1400 ist das Selbstlade-Pendant zur Pumpflinte Modell 1300. 1988 gab Olin/Winchester die eigene Waffenherstellung vollständig auf und agierte nur mehr als Großhändler. Auch verkaufte man sämtliche Anteile an der japanischen Firma OK Firearms, die bis dato alle Winchester-Flinten gebaut hatte. Der Verkauf von Winchester-Waffen wurde zeitweise auch der US-Firma Classic Doubles übergeben. Winchester/Olin selbst nannte sich bis 1994 US Repeating Arms Company Inc. (USRAC); um genau zu sein ließ Olin/Winchester seine Waffen von USRAC in Lizenz herstellen. Danach wurde Winchester von Browning übernommen. Dieser multinationale Konzern beinhaltet nun Winchester, Miroku und FN als militärischen Zweig und verfügt in Belgien, Kanada, Japan, Portugal und in den USA über Fertigungsbetriebe. Zudem ist Browning mit dem Winchester-Munitionsherstellungsunternehmen verbunden. Heute orientiert sich Winchester viel mehr an den Wünschen der Kunden, was dazu führt, dass sehr schnell komplett neue Modelle und auch Varianten in neuen Kalibern vorgestellt werden, selbst wenn diese dann eventuell nur für ein oder zwei Jahre existieren.

Winchester Modell 21/22/23

Bereits 1931 stellte Winchester eine Doppelflinte, Kaliber 12, 16, 20 und 28, vor. Man gab der Waffe die Bezeichnung „Hammerless“, weil es zur damaligen Zeit unüblich war, dass eine Querflinte keine außenliegenden Hahne hatte. Das Modell 21 war die erste Winchester-Flinte überhaupt. Vorher hatte die Firma zwar bereits Flinten verkauft, dabei hatte es sich aber um solche gehandelt, die in England produziert worden waren. Die Basküle des Modells 21 ist aus einem Stahlstück gefräst. Die Waffe hatte einen Greener-Verschluss und Laufhaken und Winchester verwendete interessanterweise bereits Spiralfedern dafür. Ursprünglich hatte die Flinte einen Doppelzüngelabzug, einige Jahre später erschien sie aber auch mit einem Einabzug; 1944 wurde die Variante mit dem Doppelzüngelabzug sogar ganz eingestellt. Das Standardmodell 21 selbst wurde bis 1959 gebaut; nach 1959 gab es nur mehr spezielle Custom-Modelle davon, etwa die Versionen Custom Grade, Pigeon Grade und Grand American. Inzwischen testete Winchester den Markt mit dem Standardmodell 22. Diese Flinte hat einen Nussbaumschaft; ihre Basküle ist matt schwarz, es gab aber auch eine Luxusvariante mit vernickelter Basküle mit so genanntem Imperial-Finish. Das Modell 22 hat einen Doppelzüngelabzug. Der Lauf und das Patronenlager sind innen hartverchromt. Die Waffe wurde in den Kalibern 12/70 und 16/70 hergestellt. Lauflänge ist 71 cm und die Läufe haben eine feste $^1/_2$- und Vollchoke-Bohrung. Die Waffengesamtlänge beträgt 115 cm und das Gewicht 3,1 kg. 1978 stellte Winchester das Modell 23 als Ersatz für die älteren Modelle 21 und 22 vor. Wie ihre Vorgänger hat auch diese Waffe ein Kastenschloss. Der Sicherungsschieber der Waffe befindet sich wie üblich auf dem Kolbenhals. Das Modell 23 wurde in 12/76 und mit einer Lauflänge von 71 cm sowie mit fester $^1/_2$- und Vollchoke-Bohrung oder wahlweise auch mit Winchoke-Wechselchoke-Einsätzen angeboten. Eine Besonderheit der Flinte ist ihr abgerundeter Pistolengriff, bekannt als Prince of Wales- oder Imperial-Griff. Die Gesamtlänge beträgt 114 cm und das Gewicht 3,3 kg. Eine weitere Version des Modells 23, erschienen 1979, hat das Kaliber 20/76, ein 69-cm-Laufbündel, Winchoke-Einsätze und einen geraden, englischen Schaft. Die Waffengesamtlänge beträgt 112 cm und die Flinte wiegt 3 kg. Das Modell 23 wurde nur mit Einabzug hergestellt. 1984 stellte man das 12/76er-Sondermodell 23 UK mit geradem, englischem Schaft vor. Dessen 71 cm lange Läufe besitzen feste $^1/_4$- und $^1/_2$-Choke-Bohrungen. 1986 stellte Winchester in 12, 20, 28 und 36 (.410) das Modell 23 Classic vor; dieses hat ein 66 cm langes Laufbündel. Das Modell 23 Classic Wildfowl hat 71 cm lange Läufe und auswechselbare Winchoke-Einsätze. 1990 stellte Winchester die Produktion von Doppelflinten ein.

Winchester-Doppelflinte Modell 23 XTR

WINCHESTER MODELL 70

Die Repetierbüchse Winchester Modell 70, vorgestellt bereits im Jahr 1936, war früher als „Rifleman's Rifle" bekannt um damit auszudrücken, dass es sich dabei um eine Waffe für einen echten Büchsenschützen handelt. Frühe Versionen aus der Anfangszeit waren die Modelle 70 Magnum, African (in .458 Win.Mag.) und Varmint. Damals stellte Winchester unter der Bezeichnung M 670 auch eine einfache Basisvariante her; diese simple Einführungsbüchse hat eine andere Sicherung und wurde mit kürzeren Läufen hergestellt.

Winchester Modell 70 Classic Europe aus dem Jahr 2000

1964 wurde die M 70 mit verschiedenen Modifikationen vorgestellt. Die offensichtlichste davon war der geänderte Patronenauszieher; das vorherige Modell besaß die große, breite Auszieherkralle der alten Mauser 98-Büchsen. Ansonsten blieb das System nahezu identisch mit dem von Mauser. Im Laufe der Jahre stellte die Firma Winchester dann noch mehrere Sondermodelle in der älteren Bauart vor; eine Reihe davon waren zum Beispiel die M 70-Repetierer, die 1996 als die Modelle Ultimate Classic, Ultimate Classic Stainless, Classic Custom Express und Classic Sharpshooter herauskamen. Eigentlich ist auch das nach 1964 erschienene Modell 70 eine hervorragende Waffe und an dem neuen Patronenauszieher ist nichts auszusetzen. Dennoch konnten es die neuen Versionen nicht mit den nostalgischen Repetierern aufnehmen, so dass Winchester beschloss, die alte Variante wieder aufleben zu lassen. So kam es, dass es seit 1994 unter der Zusatzbezeichnung „Classic" wieder M 70-Modelle mit dem Vor-1964-System und -Patronenauszieher gibt; die Nach-1964-Modelle weisen diese Bezeichnung nicht auf. Alle Varianten haben weiterhin die traditionelle 3-Positionen-Sicherung. In der vordersten Position ist entsichert und kann geschossen werden, in der mittleren ist gesichert, der Verschlusszylinder kann aber – etwa zum Entladen – bewegt werden, und in der hintersten sind sowohl der Schlagbolzen als auch der Verschlusszylinder blockiert.

Bis 1984 war ein Nachteil der M 70-Baureihe, dass sie nur eine Systemlänge hatte. So waren das Verschlussgehäuse und der Verschlusszylinder für Kaliber wie .223 Rem. oder .308 Win. eigentlich zu lang. 1984 stellte man dann das Modell 70 XTR Featherweight in den Kalibern .22-250 Rem., .223 Rem., .243 Win. und .308 Win. mit einem kurzen System vor. Das XTR-System ist 13 mm kürzer als das Standardsystem. 1985 brachte man in .22-250 Rem., .223 Rem. und .243 Win. das Modell 70 XTR Sporter Varmint heraus. Bei einem weiteren neuen Modell von 1985 handelte es sich um den Lightweight Carbine mit 51-cm-Lauf in .243 Win. Eine dritte Version von 1985 war das Modell 70 Ranger. Dabei handelte es sich um eine einfache Variante mit einem Buchenschaft. Diese Büchse gab es in .270 Win. und .30-06 Springfield mit einem 56-cm- und in 7 mm Rem.Mag. mit einem 61-cm-Lauf. Das Modell 70 Ranger Youth Carbine stammt ebenfalls von 1985; dieses hat ein kurzes System für .223 Rem. und .243 Win. und einen 51 cm langen Lauf. 1986 stellte Winchester mit dem Modell 70 Featherweight Winlite die erste M 70-Version mit Kunststoffschaft vor; der Schaft war aus Glasfiber, verstärkt mit Kevlar. Diese Büchse hat in .270 Win. und .30-06 Springfield einen 56-cm-Lauf, eine Länge von 108 cm und ein Gewicht von 2,9 kg. Ihr festes Magazin fasst vier Patronen. Gleichzeitig brachte Winchester auch eine Variante Winlite Magnum in 7 mm Rem.Mag. und .338 Win.Mag. heraus. Die nur dreischüssige Winlite Magnum hat einen 61 cm langen Lauf, ist 113 cm lang und wiegt 3,1 kg. Zudem stellte Winchester im gleichen Jahr auch das Modell 70 Lightweight Carbine, Kaliber .250

Winchester-Repetierbüchse Modell 70 Classic Sporter Synthetic

Winchester Modell 70 in den Varianten Custom African Express, Classic Safari Express und Custom Safari Express (von oben nach unten)

Savage, mit kurzem System und 51 cm langem Lauf vor. Das entsprechende Kaliber war vorher als .250-3000 Savage bekannt; der Anhang „3000" drückte die Mündungsgeschwindigkeit der entsprechenden Patrone, 3000 ft/s (900 m/s), aus. Diese Waffe ist 101 cm lang und wiegt 2,7 kg. In den folgenden Jahren erschienen regelmäßig diverse weitere Modelle, von denen einige nach ein bis drei Jahren auch wieder verschwanden. Dabei handelte es sich etwa um das .308 Win.-Modell 70 Sporter und das Modell 70 Sporter Varmint in .22-250 Rem., .223 Rem. und .243 Win. Zwei optisch auffällige M 70-Versionen kamen 1987 als die Modelle 70 Win-Cam und 70 Win-Tuff mit Schichtholzschäften heraus. Im selben Jahr erschien mit dem Modell 70 Magnum in zunächst .300 Wby.Mag. die erste Waffe der Baureihe mit einem längeren System. 1990 stellte Winchester eine Variante der M 70 Varmint, .308 Win., mit einem schweren 66-cm-Lauf vor. Eine weitere Neuvorstellung war 1990 das Modell 70 Super Grade in 7 mm Rem.Mag., .300 Win.Mag. und .338 Win.Mag. Auch 1992 erschienen verschiedene neue M 70-Ausführungen, etwa die Featherweight Classic und Featherweight Walnut, letztere nur im Kaliber 7 mm-08 Rem. Zudem stellte Winchester eine Büchse Featherweight Win-Cam mit Schichtholzschaft, das Modell 70 Stainless mit Kunststoffschaft und Stainless-Metallteilen, das Modell 70 Sporter mit herausnehmbarem Magazin und die M 70 Sporter Synthetic mit Kunststoffschaft vor. Die M 70 Sporting Sharpshooter, eine Sondervariante mit einem dicken, 61 oder 66 cm langen Stainless-Lauf von Schneider und einem dunkelgrauen McMillan-Kunststoffschaft, erschien 1993. Eine weitere Variante aus diesem Jahr war die Büchse M70 DBM-S mit herausnehmbarem Magazin (DBM) und Kunststoffschaft (-S) mit einem 61 cm langen Chrom-Molybdän-Lauf und den Kalibern 223 Rem. bis .300 Win.Mag. Bei der dritten

Links-Versionen der Büchsen Winchester Modell 70 Custom African Express, Classic Safari Express und Custom Safari Express (von oben)

Version von 1993 handelte es sich um das Modell Heavy Varmint, .223 Rem., .22-250 Rem., .243 Win. und .308 Win., mit 66-cm-Matchlauf und aluminiumverstärktem Kunststoffschaft. Eine weitere Variante von 1993 war die M 70 Super Express in .375 H&H Mag. und .458 Win.Mag. 1995 stellte Winchester das so genannte Boss-System für die M 70-Baureihe vor. Boss steht für Ballistic Optimizing Shooting System. Dabei

Winchester M 70 Classic Sporter Boss (oben) und Classic Featherweight All Terrain Boss (unten)

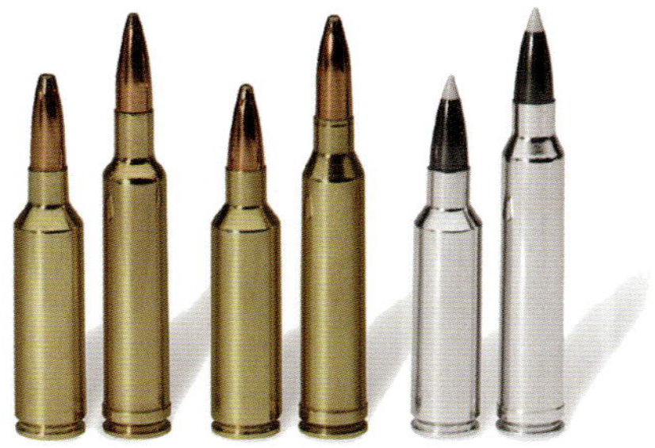

Neue WSM-(Winchester Short-Magnum)-Patronen von 2002 und entsprechende Vergleichskaliber: .270 WSM, .270 Wby.Mag., 7 mm WSM, 7 mm Wby.Mag., .300 WSM, .300 Wby.Mag. (von links nach rechts)

handelt es sich um ein präzisionsförderndes Mündungsfeuer-Dämpfersystem, das 1994 von Browning entwickelt wurde. Der beim Schießen entstehende Gasdruck wird dabei dazu verwendet, der Laufvibration und den Laufschwingungen entgegenzuwirken und damit die Schusspräzision zu verbessern. Die Vibration ist von Schuss zu Schuss minimal unterschiedlich, was zu einer geringeren Präzision führt. Je dünner der Lauf ist, desto mehr tritt dieses Phänomen auf, deshalb stattet man Präzisionsbüchsen oft mit besonders dicken Läufen aus. Mittels des Boss-Systems wird versucht, die Vibrationsfrequenz der einzelnen Schüsse jeweils gleich zu halten. Da das System auch eine kompensatormäßige Rückstoßbremse darstellt, sorgt man dafür gleichzeitig auch für eine Rückstoßminderung um etwa 30 Prozent. 1996 brachten Browning und Winchester unter der Bezeichnung Boss-CR ein verbessertes Boss-System heraus; dieses wirkt wie das normale Boss-System, ist aber leichter individuell einstellbar und hat keine Kompensator-Bohrungen mehr.
1996 stellte Winchester das Modell 70 Featherweight All-Terrain mit Stainless-Metallteilen und einem carbonverstärkten Fiberglasschaft vor; diese Büchse gab es zunächst in .270 Win., .30-06 Springfield, 7 mm Rem.Mag. und .300 Win.Mag. Eine weitere Vorstellung von 1996 war die M 70 Classic Laredo in 7 mm Rem.Mag. und .300 Win.Mag.; sie hat einen schweren 66-cm-Lauf und einen speziellen H-S Precision-Schaft. ein Jahr später erschien die Laredo auch in 7 mm STW (Shooting Times Westerner); dieses Kaliber wurde 1989 von Layne Simpson, einem Fachautor des Magazins American Shooting Times, entwickelt. 1997 stellte Winchester eine Links-Version des Modells 70 Classic Sporter vor. 1998 erschien mit einem dicken Lauf das Modell 70 LRH (Long Range Hunter), Kaliber 7 mm Rem.Mag., .300 Win.Mag. und 7 mm STW. Die M 70 Classic Laminated Stainless war eine andere Variante von 1998, Kaliber .270 Win., .30-06 Springfield, 7 mm Rem.Mag., .300 Win.Mag. und .338 Win.Mag., mit Schichtholzschaft und Stainless-Stahl-Teilen. Eine weitere Variante von 1998 war die M 70 Classic Camo Stainless, Kaliber .270 Win., .30-06 Springfield, 7 mm Rem.Mag. und .300 Win.Mag., die ebenfalls Stainless-Stahl-Metallteile sowie einen in Camouflage-Tarnfarbenoptik gehaltenen Kunststoffschaft aufwies. Eine Sonderausführung von 1998 war das Modell Black Shadow, Kaliber .270 Win., .30-06 Springfield, 7 mm Rem.Mag. und .300 Win.Mag., dessen Metallteile mattschwarz gehalten waren und das einen schwarzen Kunststoffschaft hatte. In der Custom-Baureihe erschien 1998 die Variante Classic Custom Take Down; dies ist eine zerlegbare Großwild-Repetierbüchse in den Kalibern .300 Win.Mag., 7 mm STW, .375 H&H Mag. und .416 Rem.Mag.
Neu von Winchester im Jahr 2000 war das Modell 70 Classic Europe, das einen Monte-Carlo-Schaft und eine verstellbare Drückjagdvisierung mit einem Glasfiberkorn hat. Die Büchse hat einen 56-cm-Lauf und wird in den Kalibern .270 Win., .30-06 Springfield, .300 Win.Mag. und 7 mm Rem.Mag. hergestellt. Ihre Gesamtlänge liegt bei 109 cm, das Gewicht bei 3,6 kg. 2002 stellte man zwei neue M 70-Versionen vor, zum einen die Classic Featherweight, .22-250 Rem., .243 Win., .270 Win. und .30-06 Springfield, mit einem 56-cm-Lauf und einem 61-cm-Lauf für das neue Kaliber .300 WSM (Winchester Short Magnum) und zum anderen die Classic Laminated WSM in .300 WSM, die wieder einen 61 cm langen Lauf hat, 111 cm lang ist und 3,5 kg wiegt. 2003 kündigte Winchester an, verschiedene weitere M 70-Versionen in den neuen WSM-Kalibern auf den Markt zu bringen.

WINCHESTER MODELL 94

Ein wichtiger Tag in der Entwicklung der Unterhebel-Repetierbüchsen war der 21. August 1894: John Moses Browning, der zu dieser Zeit für Winchester arbeitete, erhielt ein Patent für eine neue Waffenentwicklung. Im Gegensatz zu den vorherigen Lever-Action-Modellen war diese Waffe speziell zur Verwendung mit den neuen, stärkeren Patronen mit so genanntem rauchlosem Pulver konzipiert. Als Ersatz für die Vorgängermodelle 1886 und 1892 wurde die neue Büchse als Winchester Modell 1894 bezeichnet. Das legendäre Modell 94 war die erste amerikanische Büchse, die die neuen Nitropulverpatronen verschoss und auch die erste Waffe, die einen Lauf aus Nickelstahl hatte. Aber das ist nicht die ganze Geschichte. Denn die erste Serie wurde im Oktober 1894 für die alten Schwarzpulverpatronen

Vor-1991 Winchester Unterhebel-Repetierbüchsen ohne Sicherungsknopf

.32-40 Win und .38-55 Win. produziert, weil es diverse Probleme mit der Herstellung der neuen rauchlosen Nitromunition gab, und zudem war zu dieser Zeit noch kein Nickelstahl zur Laufproduktion erhältlich. So kam es, dass die ersten 1894er-Modelle in den Nitrokalibern .25-35 Win. und .30 WCF (Winchester Center Fire) nicht vor August 1895 zur Verfügung standen; letztere Patrone wurde dann als die berühmte .30-30 Win. bekannt. Bis Ende 1898 hatte Winchester bereits 150000 Modell 94-Büchsen produziert, mehr als alle Vorgängermodelle zusammen. Ursprünglich gab es die Waffe in zwei Versionen; die Rifle hat einen 61-cm-Lauf mit einem darunter liegenden Röhrenmagazin für acht Patronen und die erheblich erfolgreichere Carbine-Version hat einen 51-cm-Lauf und eine Magazinkapazität von sechs Patronen. Das Modell 94 gab es in den verschiedensten Versionen mit Lauflängen von 36 bis 91 cm. Man konnte die Waffe mit rundem oder Achtkantlauf, mit oder ohne Stecher, mit geradem oder Schaft mit Pistolengriff oder auch als zerlegbare Take Down-Version ordern. Das Kaliber .30-30 Win. wurde so populär, dass die Waffe den Spitznamen „Thirty-Thirty" innehatte.

Bis in die 1970er-Jahre gab es das Modell 94 als Rifle und als Carbine dann nur mehr in .30-30 Win. und .32 Win. Special. Dies änderte sich 1978 mit der Vorstellung des Modells 94 Big Bore XTR in .375 Win., dessen Systemkasten zur Verwendung des starken Kalibers verstärkt ist und bei dem der Patronenauswurf auch schräg nach der Seite und nicht mehr senkrecht nach oben erfolgt (XTR). Die Big Bore hat einen 51-cm-Lauf, ist insgesamt 96 cm lang und wiegt 2,8 kg. Seitdem brachte Winchester weitere mehr oder weniger erfolgreiche XTR-Varianten heraus. Bis 1984 erfolgte der Auswurf der abgeschossenen Patronenhülsen stets senkrecht nach oben, was für die Verwendung eines Zielfernrohrs sehr hinderlich war. Ab 1984 wurden alle M 94-Varianten nach und nach zu so genannten XTR- oder Angle Eject-Büchsen modifiziert. Eine der ersten Versionen hiervon war das Modell 94 XTR Waters im Kaliber 7x30 Waters; diese Patrone wird nach dem bekannten Fachautor Ken Waters bezeichnet, der sie 1976 entwickelt hatte. Die XTR Waters hat eine Gesamtlänge von 106 cm, einen 61-cm-Lauf und wiegt 3,2 kg. 1984 stellte

Moderne Winchester-Unterhebel-Repetierer: Modell 94 Big Game, Modell 94 Ranger und Modell 94 Trapper (von oben nach unten)

Zwei besondere 94er-Varianten: das Modell 94 Win-Tuff (oben) und 94 Wrangler (unten)

Winchester weitere Versionen des Modells 94 Big Bore vor, nun in den Kalibern .307 Win. und .356 Win. Ein weiteres bekanntes Modell von 1984 ist die M 94 Wrangler. Dies ist ein kurzer Karabiner mit einem vergrößerten Unterhebel à la John Wayne, etwa zur Verwendung mit Handschuhen. Das Gewehr mit seinem nur 41 cm langen Lauf gab es anfänglich nur in .32 Win. Special. 1985 erschien mit dem Modell 94 Ranger, Kaliber .30-30 Win., eine kostengünstige Variante der Baureihe, die einen Buchenschaft aufwies und wahlweise einen 41-cm- oder einen 51-cm-Lauf hatte. Die M 94 Trapper von 1985 wird in .30-30 Win., .44 Mag./.44 Special und .45 Colt hergestellt. Die Trapper ist ein kurzer Karabiner mit einem 41 cm langen Lauf, 85 cm lang und 2,9 kg schwer. Verschiedene Versionen gab es als Win-Tuff-Ausführung auch mit Schichtholzschaft. 1987 stellte Winchester eine fünfschüssige Wrangler II-Variante im Angle Eject-System für das Kaliber .38-55 Win. vor. Die Wrangler-Serie verschwand 1990 von der Winchester-Produktpalette, wurde aber 1992 als Wrangler Side Eject in .30-30 Win. und .44 Mag./.44 Special neu vorgestellt.

Seit 1991 haben alle Winchester Unterhebel-Repetierbüchsen seitlich am Systemkasten direkt unter dem Hahn eine eigenständige Druckknopfsicherung, die allerdings nur den Hahn selbst blockiert. 1992 brachte Winchester verschiedene Luxusausführungen auf den Markt, etwa die Walnut Trapper in .357 Mag. und die Large Loop Trapper in .30-30 Win. und .44 Mag. 1994 kamen aus Anlass des 100. Geburtstags der legendären Waffe verschiedene Jubiläumsmodelle heraus. Dabei handelt es sich um das Modell 94 Limited Edition Grade I und Limited Edition High Grade mit in Gold eingelegten Hirsch- und Wildschafmotiven sowie auch um die Custom Limited Edition Centennial Rifle in .30-30 Win. mit althergebrachtem Patronenauswurf senkrecht nach oben. Fast alle 94er-Varianten, die im Jubiläumsjahr hergestellt wurden, tragen die Aufschrift „1894–1994“. 1995 stellte Winchester das Modell 94 Legacy vor. Diese .30-30-Büchse hat einen Schaft mit Pistolengriff und dahingehend einen krummen Unterhebel. 1996 erschien die Waffe in den Kalibern .357 Mag., .44 Mag./.44 Special und .45 Colt mit wahlweise einem 51-cm- oder 61-cm-Lauf.

Mitte der 1990er-Jahre wurde das Cowboy Action-Schießen mehr und mehr populär. Winchester brachte daher 1997 in .357 Mag., .44 Mag. und .45 Colt das Modell 94 Trails End auf den Markt. Dieser klassische Westernkarabiner ist 96 cm lang, hat einen 51 cm langen Lauf und wiegt 3 kg. Als echten Kontrast zu den klassischen Westernwaffen stellte man 1998 die M 94-Version Black Shadow vor. Diese ist komplett in

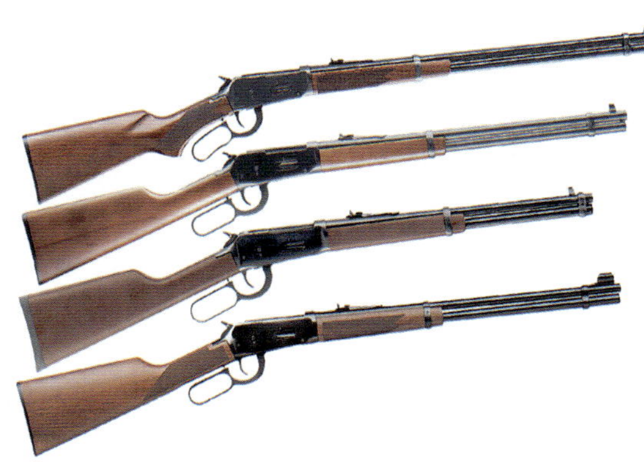

Die neuen Versionen des Modells 94 von 2003: Legacy, Ranger, Ranger Compact und Traditional CW (von oben nach unten)

Einige weitere neue Ausführungen aus dem Jahr 2003: 94 Standard Traditional, 94 Trails End und 94 Trapper (von oben)

matt schwarz gehalten und der schwarze Kunststoffschaft weist einen Pistolengriff auf. Die Black Shadow gibt es in .30-30 Win. und .44 Mag. und wahlweise mit einem 51 oder 61 cm langen Lauf. Als Black Shadow Big Bore kam die Waffe gleichzeitig im Kaliber .444 Marlin auf den Markt. Wie bei allen Black Shadow-Varianten ist auch hier das Röhrenmagazin nur bis zur Hälfte der Lauflänge vorgezogen. 1998 erschien mit der M 94 Ranger Compact auch eine besonders kurze Variante mit 40-cm-Lauf. Das Modell 94 Timber, vorgestellt 2000, hat das Kaliber .444 Marlin, einen 45 cm langen, mit Kompensator-Bohrungen versehenen Lauf, eine Gesamtlänge von 91,5 cm und ein Gewicht von 2,7 kg. 1999 hatte sich Winchester mit den Modellen 94 Traditional CW in .30-30 Win., gefolgt 2000 in .44 Mag., alter Zeiten erinnert. Die Magazinkapazität beträgt sechs respektive 11 Patronen, Lauflänge ist 51 cm, Gesamtlänge 97 cm und das Gewicht liegt bei 2,8 kg. Ohne den Zusatz „CW" und damit ohne Fischhaut-Checkering am Schaft gibt es die Waffe ebenfalls. Im Jahr 2000 stellte man das fünfschüssige Modell 94 Timber, .444 Marlin, mit einem 45 cm langen Lauf mit Kompensator-Bohrungen vor. Dieser Karabiner ist 91 cm lang und wiegt 2,7 kg. 2001 kam das Modell 94 Pack Rifle, Kaliber .30-30 Win. und .44 Mag., heraus, das einen 46-cm-Lauf hat, aussieht wie die M 94 Timber, aber keine Kompensator-Bohrungen aufweist. 2002 kündigte Winchester an, verschiedene Versionen des Modells 94 im neuen Kaliber .480 Ruger herauszubringen. Im Jahr 2003 wurde die 94er-Baureihe erneut modifiziert. Die 1991 vorgestellte Druckknopfsicherung seitlich am Systemkasten wurde durch eine Schiebesicherung am Kolbenhals ersetzt, was wieder mehr zur alten Optik von vor 1991 führt. Ein weiteres Sicherungs-Feature blieb erhalten, so dass der Abzug blockiert ist, solange der Unterhebel noch nicht wieder am Schaft anliegt. Diesbezüglich befindet sich ein entsprechender, vom Unterhebel einzudrückender Stift unten am Hinterschaft.

WINCHESTER MODELL 101

Die Winchester-Bockdoppelflinte Modell 101 stammt aus dem Jahr 1963. Es gab sie zunächst als Field-Version in den Kalibern 12, 20, 28 und 36 (.410). In 12 und 28 waren die Patronenlager für 70 mm lange Hülsen und in 20 und 36 für 76 mm lange Hülsen ausgelegt. Die seinerzeit erhältlichen Lauflängen waren 66, 71 und 76 cm; die Läufe hatten feste verbesserte Zylinder- und 1/2- oder 1/2- und Vollchoke-Bohrungen. Die Gesamtlänge dieser frühen Ausführungen lag bei 108, 113 und 118 cm und das Gewicht variierte zwischen 2,8 und 3,5 kg. Einige Jahre später stellte Winchester weitere Modelle vor, dabei handelte

Winchester-Bockdoppelflinte Modell 101 Lightweight

es sich unter anderem um das Modell 101 Trap, 12/76 und 20/76, mit einem 76-cm-Lauf, das Modell 101 Skeet, Kaliber 12 und 20, mit 66-cm-Lauf, und Kaliber 28 und 36 mit 71-cm-Lauf. Zudem brachte man das Modell 101 Single Barrel Trap mit einem 81-cm- oder einem 86-cm-Lauf heraus sowie auch ein Combination Trap-Set mit

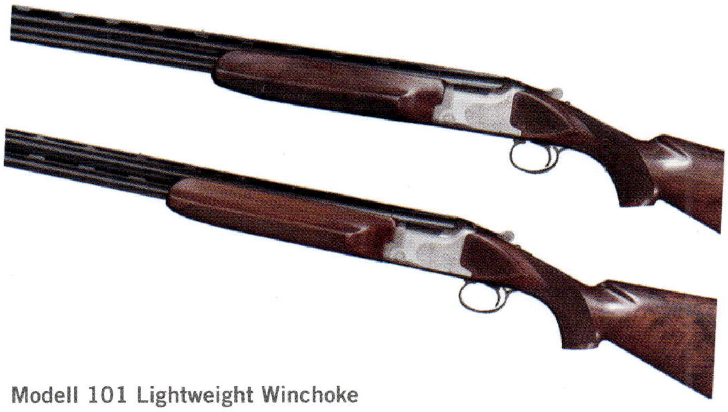

Modell 101 Lightweight Winchoke

Winchester Modell 501
Grand European-Flinte

Wechselläufen in verschiedenen Längen. 1965 erschien in den Kalibern 12/76 und 20/76 das Modell 101 Field Magnum, welches ein 76 cm langes Laufbündel und feste Vollchoke-Bohrungen in beiden Läufen hat. 1973 wurde die Produktion des Combination Trap-Sets eingestellt – offensichtlich um letztendlich von dem 20er Combination Skeet-Set mit Wechselläufen in 28 und 36 (.410) ersetzt zu werden.
Etwa 1974 stellte Winchester das Modell 101 Pigeon Grade vor, eine Luxusausführung mit einer neu entwickelten, ventilierten Laufschiene mit einem Korn vorne über der Laufmündung und einem Behelfskorn auf der halben Schienenlänge. Die nickelfarbene Basküle ist von Hand graviert und Schaftmaterial dieser Waffe ist ausgesuchtes französisches Nussbaumholz. Das Standardmodell 101 kostete damals 450 Dollar während die Pigeon Grade 675 Dollar kostete. Das Modell 101 Waterfowl, speziell für die Wasserjagd, erschien 1981. Diese 12er-Flinte mit 76-mm-Patronenlagern hatte damals feste Chokebohrungen; die Lauflänge war standardmäßig 76 cm. 1986 brachte Winchester alle 101-Varianten mit auswechselbaren Winchoke-Wechselchoke-Einsätzen heraus. Ein Jahr später erschien das Modell 101 Lightweight. 1993 wurde das Modell 101 durch die Flintenserie 1001 ersetzt. Da das Modell 1001 in nahezu den gleichen Varianten wie die früheren 101-Modelle angeboten wurde, war der Modellwechsel eigentlich nur darauf zurückzuführen, dass die Herstellungsrechte noch bei der US Repeating Arms Co. gelegen hatten. 1996 verschwanden die 1001-Flinten komplett aus der Winchester-Produktpalette.

WINCHESTER MODELL 501

Die Bockdoppelflinte Winchester Modell 501 Grand European, auch bekannt als Grand European XTR, erschien 1981 auf dem Markt. Sie wurde in den Kalibern 12 und 20 sowohl als Trap- als auch als Skeet-Flinte gebaut. Die Länge der mit einer ventilierten Schiene versehenen Läufe ist entweder 68, 76 oder 81 cm und der Schaft der Waffe ist aus ausgesuchtem Nussbaum. Die Grand European wurde bis 1986 hergestellt. Eine besondere Luxusausführung davon, mit handgravierter Basküle, gab es nur im Kaliber 12; diese – hergestellt zwischen 1984 und 1987 – hatte einen besonders schönen, ölpolierten Nussbaum-Wurzelholz-Schaft. Zwischen 1983 und 1986 baute Winchester auch eine Bockbüchsflinten-Variante der Waffe. Deren oberer Lauf hatte das Flintenkaliber 12, der untere Büchsenlauf konnte bestellt werden in .222 Rem., .223 Rem., .30-06 Springfield oder 9,3x74R; das letztgenannte Kaliber war vornehmlich für den europäischen Markt gedacht. Die Bockbüchsflinte hatte ein 64 cm langes Laufbündel. Zudem baute Winchester die Grand European XTR von 1984 bis 1986 auch als Express-Doppelbüchse mit zwei gleichkalibrigen, übereinander liegenden Büchsenläufen mit einer Länge von 60 cm; als Basküle hierfür wurde die der 20er-Bockdoppelflinten-Version verwendet. Die verfügbaren Kaliber waren 7x65R, .30-06 Springfield und 9,3x74R; offenbar wurden auch einige Exemplare in .257 Roberts und .270 Win. gefertigt.

WINCHESTER MODELL 1300 VORDERSCHAFT-REPETIERFLINTE

Die Repetierflinte Modell 1300 stammt aus dem Jahr 1978 und wurde im Laufe der Jahre in verschiedenen Versionen in den Kalibern 12/76 und 20/76 hergestellt. Wie üblich wird dadurch repetiert, dass der Vorderschaft nach hinten gezogen und dann wieder nach vorne geschoben wird. Die Verriegelung des Systems erfolgt mittels eines

Winchester Modell 1300 Ranger

Drehkopfverschlusses, dessen Verriegelungswarzen in korrespondierende Aussparungen im Patronenlagerbereich des Laufes eingreifen. Die meisten Versionen der Flinte besitzen einen Lauf mit ventilierter Laufschiene; die Lauflängen variieren zwischen 56 und 81 cm. Es gibt diverse Sondermodelle der Waffe, etwa die Modelle 1300 Police, Slug Hunter, Defender, Marine oder Stainless Security, welche Lauflängen zwischen 33 und 51 cm haben. Einige Versionen, wie das Modell 1300 Deer, 1300 Deer Advantage und 1300 Ranger Deer weisen einen 51-cm-Slug-Lauf mit Zügen und Feldern auf. 1984 stellte Winchester die Variante 1300 Waterfowl für die Wasserjagd vor. Die Vorderschaft-Repetierflinte gab es nur im Kaliber 12/76 und mit einem 76-cm-Lauf, in den Winchoke-Wechselchoke-Einsätze einzuschrauben waren. Die Waffe hatte einen Nussbaumschaft. 1988 erschien eine Win-Tuff-Version mit Schichtholzschaft. Auch das Modell 1300 Featherweight stammt von 1984. Diese Flinte gab es in 12/76 und 20/76 und mit einem 56 cm langen Lauf, der ebenfalls für die Aufnahme von Winchoke-Wechselchoke-Einsätzen vorgesehen war. 1984 wurde das Modell 1300 Ranger, Kaliber 12 und 20, vorgestellt, das einen 66 oder 71 cm langen Lauf mit ventilierter Schiene hatte und ein kostengünstiges Einstiegsmodell mit einem Buchenschaft sein sollte. Die 1987 auf den Markt gekommene Flinte 1300 Win-Cam gab es nur in 12/76 und mit einem 56-cm-Lauf mit Winchoke-Einsätzen. Hinter- und Vorderschaft sind hier aus farbig eingelassenem Schichtholz. Die M 1300 Stainless Marine ist ein Sondermodell aus dem Jahr 1990. Diese Waffe hat ein Röhrenmagazin für sieben 12/70er-Patronen oder sechs 12/76er-Patronen; „Stainless“ bezieht sich bei ihr nur auf den aus Stainless-Stahl gefertigten Lauf, die anderen Metallteile sind hartverchromt. Die Lauflänge beträgt 46 cm, die Waffengesamtlänge 98 cm und das Gewicht 3,1 kg. Schaftmaterial ist schwarzer Kunststoff.

1992 stellte die Firma Winchester das Modell 1300 Combo Pack vor, das einen gezogenen 56-cm-Büchsenlauf und einen glatten 71 cm langen Flinten-Wechsellauf hatte. Die M 1300 Black Shadow stammt von 1994. Diese Waffe hat einen schwarzen Kunststoffschaft und alle ihre Metallteile sind matt schwarz. Die Deer-Version hatte eine verstellbare Büchsenkimme. Eine aktuellere Version der Flinte ist etwa das Modell 1300 Camp Defender von 1999. Diese handliche Waffe gibt es nur mit einem langen 76-mm-Patronenlager. Ihr langes Röhrenmagazin fasst acht Patronen 12/70 oder sieben 12/76. Die Gesamtlänge liegt bei 109 cm, der Lauf ist 56 cm lang und die Flinte wiegt 3,1 kg. Da es sich um eine Repetier- und keine Selbstladeflinte handelt, sind diese großen Magazinkapazitäten in Deutschland zur Verwendung bei der Jagd zugelassen.

Winchester Modell 1895

Das ursprüngliche Modell 1895, von Winchester 1896 vorgestellt, gab es in den verschiedensten Versionen – als Carbine, Rifle und auch als eine extra lange Musketen-Variante. Insgesamt wurden bis 1931, als die Produktion eingestellt wurde, fast 426000 Stück der Waffe hergestellt. Aufgrund der großen Lagerbestände verschwand das Modell 1895 dann erst 1938 aus dem Winchester-Katalog. Wie viele andere Waffen aus dieser Zeit hatte John Moses Browning auch diese Büchse als seine Konstruktion zum Patent angemeldet. Auch beim Modell 1895 war es darum gegegangen, eine adäquat massive Waffe

Winchester Modell 1895
Limited Edition Grade I
Unterhebel-Repetierbüchse

Modell 1895 für das zaristische Russland, Kaliber 7,62x54R

für die Verwendung des neuen rauchlosen Nitropulvers zu entwickeln. Anders als die meisten anderen Unterhebel-Repetierer hat die M 1895 kein Röhren-, sondern unten am Systemkasten ein Kastenmagazin. Dieser Umstand machte es möglich, dass auch Patronen mit Spitzkopfgeschossen verwendet werden konnten. Es gab die Waffe nach und nach unter anderem in den Kalibern .30-40 Krag, .30-03 Govt., .30-06 Govt., .30-06 Springfield, .38-72 Win., .40-72 Win., .303 British, .35 Win. und .405 Win. Unmittelbar nach dem Ersten Weltkrieg wurde die Produktion des Gewehrs in .30-06 Springfield eingestellt, was zu dem Gerücht führte, dass es dem Gasdruck dieser starken Patronen nicht widerstanden hatte. Dann stellte man aber fest, dass einige Soldaten versehentlich konfiszierte 7-mm-Mauser-Munition geladen hatten, was zu Systemsprengungen geführt hatte.

Eine sehr bemerkenswerte und rare Variante des M 1895 ist die „Russian Musket" in 7,62x54R. Etwa 294000 Stück hiervon wurden 1915 bis 1916 für das damals noch zaristische Russland gefertigt, einige davon mit einem ausklappbaren, 41 cm langen Bajonett. US-Präsident Theodor Roosevelt besaß mehrere 1895er-Winchester-Büchsen in .30-40 Krag und .405 Win.; er führte diese Waffen 1909 und 1910 bei seinen berühmten Safaris. 1969 brachte Winchester ein spezielles 1895 Roosevelt-Erinnerungsmodell heraus und verkaufte 50000 Stück davon. Anlässlich des 100-jährigen Jubiläums der Waffe kamen 1995 ein 1895 Limited Edition Grade I- und Limited Edition High Grade-Modell in .30-06 Springfield heraus; 1998 folgten diese Varianten auch in .270 Win. Die Kapazität des Kastenmagazins beträgt vier Patronen und die Jubiläumswaffe hat einen 62-cm-Lauf, eine Länge von 106 cm und ein Gewicht von 3,6 kg. Sie hat einen Sicherungsschieber auf dem Schaftkolbenhals.

WINCHESTER MODELL 9410

Im Jahr 2002 stellte Winchester eine hochinteressante Variante des Unterhebel-Modells 94 vor, die aber keine Büchse ist, sondern einen glatten 61 cm langen Flintenlauf zum Verschießen von Schrotpatronen des Kalibers 36 (.410) aufweist. Die Gesamtlänge dieser Waffe beträgt 107 cm und sie bringt 3,1 kg auf die Waage. Das unter dem Lauf befindliche Röhrenmagazin ist bis unter die Laufmündung vorgezogen und fasst bis zu neun entsprechende Schrotpatronen. Unter dem Hahn befand sich seitlich am Systemkasten eine Druckknopfsicherung; 2003, als Winchester zu den alten Formen zurückkehrte, wurde die Sicherung auf den Kolbenhals verlegt. Das neue Modell 9410 Traditional aus dem Jahr 2003 hat nun einen 61-cm-Lauf mit einer festen Zylinderchoke-Bohrung; als Variante 9410 Invector hat die Waffe auswechselbare Choke-Einsätze. Eine weitere Variante ist das kürzere Modell 9410 Packer, welches einen 51 cm langen Lauf und eine Magazinkapazität von sechs Patronen hat und bei dem die Sicherung seitlich am Systemkasten verblieb.

Das bemerkenswerte Modell 9410 im Schrotkaliber 36 (.410) aus dem Jahr 2002

Winchester Randfeuer-Unterhebel-Repetierbüchsen: Modell 9422 Trapper, 9422 Walnut, 9422 Win-Cam und 9422 Win-Tuff (von oben)

WINCHESTER MODELL 9422

Das Originalmodell 9422 wurde 1972 vorgestellt. Damals wurde die Waffe in zwei Kalibern gebaut, in .22 l.r. und .22 WMR. Erstere Variante verfeuert auch Patronen im Kaliber .22 long und .22 short; das Röhrenmagazin unter dem Lauf fasst daher 15, 17 oder 21 Patronen. Die Variante in .22 WMR hat ein Röhrenmagazin für 11 Patronen. Die Lauflänge des Modells 9422 beträgt 52 cm; die Waffe hat eine einfache, verstellbare Blattkimme und einen Korntunnel. Alle Versionen des Gewehrs können einfach in zwei Teile zerlegt werden, den Hinterschaft mit einem Teil des Systemkastens und das andere Systemkastenteil mit dem Rest. 1979 erschien das Modell 9422 XTR, Kaliber .22 l.r. und .22 WMR, das eine Gesamtlänge von 94,3 cm, einen 52-cm-Lauf und ein Gewicht von 2,95 kg hat. Der gerade, englische Schaft ist aus amerikanischem Nussbaumholz. 1985 stellte Winchester das Modell 9422 XTR Classic vor, das einen 57-cm-Lauf und eine Gesamtlänge von 99,4 cm hat; diese Version ist mit einem Hinterschaft mit Pistolengriff und dahingehend mit einem gebogenen Unterhebel ausgestattet. 1985 kam gleichzeitig auch die Sonderausführung „Boy Scouts of America" heraus. Diese Waffe wurde in der limitierten Anzahl von 15 000 Stück gefertigt; die Seriennummern dieser Reihe beginnen allesamt mit „BSA 1". 1987 stellte Winchester die 9422er-Büchse als Win-Tuff-Version vor; diese hat einen lackierten Schichtholzschaft aus Hartholz. Auch die Magnumausführung in .22 WMR konnte als Win-Tuff sowie auch als Win-Cam-Variante bestellt werden; in der Win-Cam-Variante sind die Holzschichten unterschiedlich farbig eingelassen.

Die Winchester-Modelle 9417 Traditional und 9417 Legacy sowie die Büchse 9422 Legacy (von oben nach unten)

Im Jahr 1990 verabschiedete man sich wieder von dem Modellbezeichnungs-Zusatz „XTR" und im Jahr darauf erhielt die Standardausführung der Waffe die Bezeichnung 9422 Walnut. Die Baureihe beinhaltete damals weiterhin eine Win-Cam- und Win-Tuff-Version, beide sowohl in .22 l.r. als auch in .22 WMR. Das Modell 9422 High Grade kam 1995 als Luxusausführung mit graviertem Systemkasten und besonders ausgesuchtem Schaftholz auf den Markt. Diese Variante gab es nur in .22 l.r. Ein Jahr später folgte eine

kurze Karabinerversion unter der Bezeichnung 9422 Trapper. Sie hatte eine Gesamtlänge von nur 84 cm, einen 42-cm-Lauf und ein Gewicht von 2,5 kg. Ihr Röhrenmagazin hatte eine Kapazität von 11 Patronen .22 l.r., 12 Patronen .22 long und 15 Patronen .22 short. 1997 folgte auch eine Trapper-Version im Kaliber .22 WMR.
1998 brachte Winchester das Modell 9422 Legacy heraus. Diese .22-l.r.-Waffe besitzt die gleichen Dimensionen wie das Standardmodell, ihr Hinterschaft weist jedoch einen Pistolengriff auf. 1999 erschien das auffällige Modell 9422 Large Loop, das einen übergroßen Unterhebel im John Wayne-Stil besitzt. Im Jahr 2000 wurde die Baureihe massiv bereinigt und diverse Versionen verschwanden vom Markt. Vornehmlich verblieb es bei dem Modell 9422 Traditional Walnut, erhältlich weiterhin in .22 l.r. und .22 WMR. Die .22-l.r.-Version hat ein Röhrenmagazin für maximal 15 Patronen, die Gesamtlänge dieser Büchse liegt bei 94 cm, sie hat einen 52-cm-Lauf und ist 2,7 kg schwer. Das .22-WMR-Modell hat eine Magazinkapazität von 11 Patronen; ansonsten entsprechen die Details denen der Variante in .22 l.r.
2003 stellte Winchester dann doch wieder neue Versionen der Unterhebel-Repetierbüchse vor. Unter anderem wurde die 9422 Legacy mit ihrem Pistolengriff aus der Versenkung zurückgeholt. Die 2003er-Version hat einen 57-cm-Lauf, ist insgesamt 99 cm lang und bringt 2,72 kg auf die Waage; sie wird weiterhin sowohl in .22 l.r. als auch .22 WMR gebaut. Auch das Modell 9422 Traditional kam zurück. Als Reaktion auf die Nachfrage des Marktes stellte Winchester die Baureihe dann auch im neuen Randfeuerkaliber .17 HMR (Hornady Magnum Rimfire) vor. Als 9417 Legacy hat das neue Gewehr die gleichen Dimensionen wie das Modell 9422 Legacy; die 9417 Traditional ist mit 94 cm und einer Lauflänge von 52 cm etwas kürzer als die 9422 Traditional und wiegt 2,7 kg.

WINCHESTER MODELL SUPER X2

1999 stellte Winchester mit dem Modell Super X2 eine neue Art von Selbstladeflinten vor. „X2" im Produktnamen bezieht sich auf die Winchester-Flinte Super X, die zwischen 1974 und 1981 hergestellt wurde. Auch bei dieser Waffe handelt es sich um einen Gasdrucklader mit einem Mechanismus, der unterschiedliche Gasdrucke nivelliert, weshalb verschiedene Schrotpatronen mit unterschiedlichen Ladungen verschossen werden können. Die Super X wurde damals mit Lauflängen von 66, 71 oder 76 cm und mit auswechselbaren Choke-Einsätzen angeboten. Mit der Super X Modell I Custom Competition-Flinte brachte Winchester auch eine Luxusausführung heraus, die sich jedoch nicht lange hielt. Das neue Modell Super X2 funktioniert als Gasdrucklader wie üblich: aus dem Lauf in einen darunter befindlichen Zylinder abgeleitete Pulvergase treiben einen Kolben an, der wiederum das Verschlussstück bewegt und den Nachladevorgang ablaufen lässt. Auch die Super X2 verschießt diverse, verschieden starke Patronen weil der Gasdruck nivelliert wird. Die Waffe wird im Kaliber 12 mit einem Patronenlager für 89 oder 76 mm lange Patronenhülsen hergestellt. Die

Winchester Super X2 Sporting Clays-Selbstladeflinte

Winchester Super X2 Practical MK2

Flinte in 12/89 gibt es in den Versionen Magnum Walnut und Magnum Stalker. Beide haben einen 76-cm-Lauf, sind 129 cm lang und wiegen 3,5 kg. Wie der Name ausdrückt hat die Variante Magnum Walnut einen Nussbaumschaft; die Variante Magnum Stalker ist mit einem schwarzen Kunststoffschaft ausgestattet. Das Röhrenmagazin unter dem Lauf hat eine Kapazität von drei 12/89er-Patronen. Die Super X2 in 12/76 gibt es in drei verschiedenen Varianten. Die Flinten Hunter Walnut und die Stalker mit ihrem Kunststoffschaft haben 61, 66 oder 71 cm lange Läufe; ihre Gesamtlänge beträgt damit 119, 124 oder 129 cm und das Gewicht variiert zwischen 3,35 und 3,5 kg. Die dritte Variante ist die Super X2 Camo in Camouflage-Tarnfarben mit einem 76-cm-Lauf, einer Länge von insgesamt 129 cm und einem Gewicht von 3,5 kg. Die Magazinkapazität der standardmäßigen Flinte Super X2 liegt bei vier Patronen.

Im Jahr 2001 erschien das Modell Super X2 Sporting Clays, Kaliber 12/76, das einen 71 cm oder 76 cm langen Lauf hat. Auch stellte Winchester das Modell Super X2 Practical vor, das einen kurzen 56-cm-Lauf und ein verlängertes Röhrenmagazin für acht Patronen hat. Diese Waffe hat eine verstellbare Büchsenkimme und ein TruGlo-Glasfiberkorn und ist für die Aufnahme einer Zielfernrohr-Montage vorbereitet. 2002 erschien mit dem Bezeichnungsanhang „MK2“ eine zweite Version der Practical-Flinte. Bei dieser ist die Büchsenkimme besser verstellbar und das Korn sitzt auf einem Kornsattel, ansonsten entspricht die Waffe dem Ursprungsmodell. Speziell für die Wasserjagd stellte Winchester 2003 die Flinten-Variante Super X2 Greenhead vor, die das Kaliber 12/89, einen 71-cm-Lauf und ein Gewicht von 3,6 kg hat sowie insgesamt 124 cm lang ist. Schaftmaterial ist hier dunkelgrüner Kunststoff. Eine weitere Version aus dem Jahr 2003 war die Super X2 Cantilever Deer. Diese ist speziell zum Verschießen von Flintenlaufgeschossen gedacht. Der Lauf ist 56 cm lang, die Waffengesamtlänge liegt bei 109 cm und das Gewicht beträgt 3,3 kg. Die Cantilever hat einen Kunststoffschaft und erinnert sehr an das Modell Practical 2001.

Winchester Super Grade Combination/Express

Die Winchester Super Grade Combination ist eine etwas seltsame Bockbüchsflinte und war nicht gerade ein Verkaufsschlager. Sie wurde von 1983 bis 1986 hergestellt und basierte auf dem Modell 501. Sie hatte oben das Schrotkaliber 12/70 und auswechselbare Winchoke-Wechselchoke-Einsätze. Der untere Lauf ist gezogen und es gibt ihn für die Büchsenkaliber .222 Rem., .223 Rem., 5,6x57R, 7x65R, .30-06 Springfield, .300 Win.Mag. und 9,3x74R. Die Gesamtlänge betrug 107 cm, das Laufbündel war 64 cm lang

Winchester-Bockbüchsflinte Modell Super Grade

und das Gewicht lag bei etwa 3,6 kg. Die Waffe hatte eine Laufhakenverriegelung und einen Einabzug mit Laufwahlmöglichkeit über einen Schieber am Kolbenhals. Die vergrößerte Laufschiene war mit einer integrierten Klappkimme und der Montagevorbereitung für ein Zielfernrohr versehen. Der Schaft – mit Pistolengriff und Backe – war aus ausgesuchtem Nussbaumholz. 1984 stellte Winchester auch eine Bockdoppelbüchsen-Version mit zwei Läufen in den gleichen Büchsenkalibern vor. Diese wurde bis Ende 1985 in .257 Roberts, .270 Win., 7x65R, .30-06 Springfield und 9,3x74R hergestellt und hatte ein 60 cm langes Laufbündel.

Winchester Supreme

Die neue Winchester Supreme-Bockdoppelflinte erschien im Jahr 2000 auf dem Markt. Auffallend bei ihr ist der Verschluss. Das Laufbündel weist

Die Bockdoppelflinte Supreme Sporting

hinten mittig beidseitig der Patronenlager jeweils tiefe Aussparungen auf, in die beim Schließen der Waffe im Stoßbodenbereich der Basküle befindliche Verriegelungsstifte eingreifen. Dieses System basiert im Endeffekt auf dem altbewährten Flankenverschluss, den Beretta etwa bei seinem Modell 686 verwendet hat. Interessanterweise verwendet Beretta selbst bei dem aktuellen Beretta-Modell DT10 Trident den Flankenverschluss nicht mehr.
Die Variante Winchester Supreme Hunting wird nur im Kaliber 12/70 hergestellt. Ihre Läufe sind 71 cm lang und weisen eine 6 mm breite ventilierte Laufschiene auf. Die Gesamtlänge der Flinte liegt bei 116 cm und das Gewicht bei 3,25 kg. Die „back-bored"-Läufe sind mit auswechselbaren Invector-Wechselchoke-Einsätzen ausgestattet. Die Supreme Hunting hat einen selektiven Einabzug; der Sicherungsschieber auf ihrem Kolbenhals fungiert gleichzeitig als Laufwahlschieber. Schaftmaterial ist feines, ölpoliertes Nussbaumholz. Die Variante Supreme Sporting, Kaliber 12/70, hat 71 cm oder 76 cm lange Läufe und ist 116 oder 120 cm lang und 3,5 kg respektive 3,6 kg schwer. Die Bockdoppelflinte Supreme Sporting ist mit langen Invector-Plus-Wechselchoke-Einsätzen ausgestattet; ihre ventilierte Laufschiene ist 10 mm breit.

WINCHESTER MODELL 96 EXPERT/ XPERT

Die Winchester Xpert oder Modell 96 Expert, wie sie in Nordamerika bezeichnet wird, war ebenfalls nicht unbedingt sonderlich populär, weshalb es sie nur für eine kurze Zeit gab; die Waffe kam 1976 auf den Markt und verschwand bereits 1983 wieder. Sie wurde in drei verschiedenen Versionen hergestellt. Als Xpert Field, Kaliber 12/76 oder 20/76, hatte sie ein 66 cm langes Laufbündel mit einer festen verbesserten Zylinder- und 1/2-Choke-Bohrung. Mit einem 71-cm-Lauf war ihre Chokebohrungskombination 1/2 und Voll und mit einem 76-cm-Lauf hatten beide

Winchester Modell Xpert-Bockdoppelflinte

Läufe eine Vollchoke-Bohrung. Die Bockdoppelflinte Xpert Skeet, Kaliber 12/70 oder 20/70, hat 69 cm lange Läufe und feste Skeetbohrungen und die Variante Xpert Trap, ebenfalls Kaliber 12/70 oder 20/70, hat ein 76 cm langes Laufbündel mit einer Vollchoke-Bohrung in beiden Läufen. Die Gesamtlängen dieser Waffen variieren zwischen 108 und 119 cm und die Gewichte zwischen 3 und 3,2 kg. 1987 kam Winchester mit dem Modell 91 als preiswertere Variante heraus. Diese hatte wahlweise einen Ein- oder Doppelzüngelabzug. Beim Einabzug fungiert der Sicherungsschieber gleichzeitig als Laufwahlschieber.

Y

YILDIZ

www.yildizshotgun.com

Markenzeichen der Firma Yildiz

Die türkische Firma Yildiz wurde 1952 gegründet und hat ihren Sitz in Burdur, etwa 350 km südwestlich von Ankara, der Hauptstadt der Türkei. Das Familienunternehmen hat keinen militärischen Hintergrund; es produzierte von Anfang an Jagdwaffen. Im Laufe der Jahre hat sich Yildiz von einer kleinen Büchsenmacherwerkstatt zu einem ultramodernen Unternehmen mit einer Produktionskapazität von 15 000 Waffen pro Jahr entwickelt. Yildiz bedient sich computergesteuerter CNC-Herstellungstechniken und vergibt keinerlei Aufträge an Fremdfirmen; sämtliche Stadien der Fertigung laufen innerhalb des Unternehmens ab und werden laufend kontrolliert und optimiert. Die Konstruktionsabteilung verwendet die neuesten Cad-Cam-Entwicklungsverfahren. Yildiz veräußerte früher fast alle hergestellten Produkte innerhalb der Türkei, seit 1980 nahm der Export jedoch Jahr für Jahr zu. Die Läufe der Waffen von Yildiz werden mit speziellen Maschinen der Firma Taksan produziert. Als Schaftholz wird abgelagertes, teils jahrhundertealtes Nussbaumholz aus der Türkei verwendet; Yildiz hat ein eigenes, besonderes Trocknungsverfahren für das Holz entwickelt, das dann noch maximal 10 Prozent Feuchtigkeit enthält. Das Unternehmen bietet verschiedene, sehr zuverlässige Waffenmodelle an, von denen es wiederum diverse Versionen gibt. Die halbautomatischen Flinten sind Gasdrucklader, die Firma baut aber auch verschiedene traditionelle Doppelflinten und mit dem Modell „Süper Pozeler" auch eine Bockdoppelflinten-Variante.

YILDIZ MODELL CN-36

Die doppelläufige Querflinte Modell CN-36 wird im Kaliber 36 (.410) mit einer Patronenlagerlänge für 76-mm-Hülsen hergestellt. Sie ist vornehmlich zur Bejagung kleinerer Vögel, die üblicherweise in Nordeuropa gar nicht bejagt werden dürfen, gedacht. Die CN-36 ist mit 60, 65 oder 71 cm langen Läufen lieferbar und damit 101 bis 117 cm lang. Als feste Chokebohrungen sind Voll- bis $^{1}/_{4}$-Choke möglich. Die Flinte hat einen Einabzug, der beim ersten Betätigen das Schloss für den rechten Lauf und dann das für den linken auslöst. Gleichzeitig fungiert aber auch der Sicherungsschieber auf dem Schaftkolbenhals als Laufwahlselektor; indem der Schieber nach links gedrückt wird, wird die vorher beschriebene Feuersequenz umgedreht. Die Flinte hat eine Laufhakenverriegelung und ein Ausziehersystem, das beide Läufe gleichzeitig bedient. Die unbehandelte Basküle ist aus 1040-Stahl hergestellt und

Yildiz CN36-Querflinte

enthält eine leichte Gravur; die Läufe sind aus 1060-Carbon-Stahl. Zwischen den Läufen befindet sich eine konkav ausgeformte Schiene. Das Waffengewicht liegt bei 2,2 kg und Schaftmaterial ist türkisches Nussbaumholz.

YILDIZ ELEGANT

Die Baureihe Elegant von Yildiz besteht aus mehreren Doppelflinten. Das Modell A1 hat das Kaliber 12/70 und entweder ein 61 oder 71 cm langes Laufbündel. Die Läufe können mit festen Voll-, $^3/_4$-, $^1/_2$- und $^1/_4$-Choke-Bohrungen geordert werden. Die Elegant A1 hat einen Einabzug; die Feuersequenz kann mittels des kombinierten Sicherungs- und Laufwahlschiebers geändert werden; auf der entsprechenden Abbildung sind eindeutig die Buchstaben L (links) und R (rechts) zu erkennen. Die Basküle ist aus 1040-Stahl hergestellt und dann, bevor sie abschließend graviert wird, noch verchromt. Die Läufe sind aus 1060-Stahl. Auch die Verriegelung dieser Flinte erfolgt mittels Laufhaken und auch sie hat nur einen kombinierten Auszieher für beide Läufe. Der Schaft ist aus türkischem Nussbaumholz. Das Waffengewicht beträgt etwa 2,85 kg. Die Variante Elegant A2 ist mehr oder weniger mit der A1 identisch, hat aber einen Doppelzüngelabzug und einen reinen Sicherungsschieber auf dem Kolbenhals da die Feuersequenz nicht geändert werden kann. Die Flinte Elegant S ist wiederum praktisch die gleiche wie die A2, die Basküle ist hier jedoch brüniert und ihre Gravur enthält Goldeinlagen. Ansonsten entsprechen die Dimensionen denen der anderen Elegant-Modelle.

Querflinte Yildiz Elegant

Querflinte Yildiz Elegant S

YILDIZ MEGA/PROF

Yildiz stellt halbautomatische Einlaufflinten in verschiedenen Versionen und mit verschiedenen Bezeichnungen her. Alle Selbstladeflinten der Firma sind jedoch Gasdrucklader. Das Modell Mega gibt es in zwei Versionen. Die Mega 71 hat das Kaliber 12/70, einen 71 cm langen Lauf und eine Gesamtlänge von 116 cm. Auf dem Lauf

Halbautomatik-Flinte Yildiz Mega, hier in der Spezialversion

befindet sich eine ventilierte Laufschiene. Der Lauf ist mit einem Wechselchoke-Set ausgestattet; an Einsätzen werden solche mit Voll-, 3/4-, 1/2- und 1/4-Choke-Bohrungen mitgeliefert. Das Waffengewicht beträgt 3,25 kg. Vorder- und Hinterschaft sind aus türkischem Nussbaumholz. Die maximale Kapazität des Röhrenmagazins im Vorderschaft beträgt sieben Patronen, dies kann je nach der verwendeten Munition aber variieren; zudem können die Mega-Modelle auch auf zwei Schuss blockiert ausgeliefert werden. Das Modell Mega 56 hat die gleichen technischen Features, aber einen nur 56 cm langen Lauf; die Gesamtlänge beträgt 102 cm und das Gewicht liegt bei 3,05 kg. Außerdem ist der Schaft aus schwarzem Kunststoff. Auch die Mega 56 wird mit Wechselchokes ausgeliefert. Der Hauptunterschied zwischen den Selbstladeflinten Mega und Prof ist ihre Patronenlagerlänge; bei der Prof ist das Patronenlager für 76 mm lange Patronenhülsen ausgelegt. Lieferbare Lauflängen sind hier 56, 61 und 71 cm. Die Standard-Magazinkapazität des Röhrenmagazins beträgt vier Patronen, kann aber auch anders sein, zum Beispiel sieben Patronen mit einer Magazinverlängerung. Das Schaftmaterial und auch die Wechselchoke-Auswahl entsprechen denen der Variante Mega.

YILDIZ MODELL SPZ

Die Bockdoppelflinte Yildiz SPZ wird ebenfalls in mehreren Versionen hergestellt. Die einfache Basisversion ist oben abgebildet und hat eine nur brünierte Basküle. Die Waffe hat einen Einabzug, der beim ersten Betätigen das Schloss für den unteren Lauf auslöst; allerdings ist auch hier der Sicherungsschieber auf dem Schaftkolbenhals gleichzeitig Laufwahlschieber. Die SPZ wird in den Kalibern 12, 20, 28 oder 36 (.410) mit Patronenlagern für 70 oder 76 mm lange Patronenhülsen hergestellt. Die lieferbaren Lauflängen sind 61, 66 oder 71 cm und das Waffengewicht liegt um die 2,75 kg. Die Läufe sind aus 1060-Stahl hergestellt und innen hartver-

Standardversion der Bockdoppelflinte Yildiz SPZ

Bockdoppelflinte Yildiz SPZ Special

chromt, so dass sie auch die Verwendung von Stahlschroten aushalten; die Basküle ist aus Leichtmetall. Schaftmaterial ist wieder türkisches Nussbaumholz. Alle Versionen dieser Flintenreihe besitzen wieder einschraubare Wechselchoke-Einsätze; die Einsätze werden mit Voll-, $^3/_4$-, $^1/_2$- und $^1/_4$-Choke-Bohrungen ausgeliefert. Die Standardversion der SPZ hat einen kombinierten Auszieher. Die Verriegelung aller Varianten erfolgt mittels doppelter Laufhaken. Die

Yildiz SPZ-ME mit automatischem Ejektor

abgebildete Version SPZ-ME besitzt selektive Ejektoren, die nur die abgeschossenen Patronen auswerfen; nicht abgeschossene Patronen werden lediglich etwas nach hinten geschoben, so dass sie leichter ergriffen werden können. Die SPZ-ME hat einen Einabzug und einen kombinierten Sicherungs- und Laufwahlschieber am Kolbenhals. Yildiz baut dieses Modell sowohl in 12/70 als auch in 12/76. Die Läufe der Waffe sind aus speziellem Chrom-Mangan-Stahl hergestellt und in den Längen 61, 66 oder 71 cm lieferbar. Das Waffengewicht beträgt ungefähr 2,8 kg. Bei der Variante SPZ Special handelt es sich größtenteils um die gleiche Waffe, ihre Basküle ist aber reich graviert. Das abgebildete SPZ-Modell hat einen Patronenauszieher, als SPZ-ME wäre die Waffe jedoch mit einem Auswerfersystem (Ejektoren) ausgestattet.

Yildiz Modell TK-36

Mit der TK-36 hat Yildiz auch eine einläufige Kipplaufflinte im Programm. Die TK-36 wird in 36 (.410) mit einem Patronenlager für 76 mm lange Patronenhülsen hergestellt. Es stehen 51, 65 oder 71 cm lange Läufe zur Verfügung und die Waffe – ausgestattet mit einem Schaft aus türkischem Nussbaum – wiegt nur 1,5 kg. Unter dem Patronenlagerbereich des Laufes befindet sich eine massive Laufhakenverriegelung. Der diesbezügliche Querriegel wird mit dem Hebel vor dem Abzugsbügel bewegt. Der Verschlusshebel kann in Aussparungen im Vorderschaft versenkt werden, so dass die Waffe nahezu um 180 Grad zusammengeklappt werden kann. Auf dem Schaftkolbenhals befindet sich ein Sicherungsschieber, der jedoch nur den Abzug blockiert.

Die zusammenklappbare Einlaufflinte
Yildiz TK-36

Technische Erläuterungen

Die Langwaffen, generell als Gewehre bezeichnet, teilen sich auf in Flinten und Büchsen. Flinten, oft ergänzt zu „Schrotflinten", sind Waffen mit glatten Läufen zum Verschießen von Schroten und Büchsen sind „Kugel"-Waffen zum Verschießen jeweils eines einzelnen Geschosses (Projektils) aus so genannten gezogenen Läufen.

FLINTEN

Die Flinten mit ihren glatten Läufen werden unterteilt in:

Einläufige Flinten:

1. einläufige Kipplaufflinten mit Baskülverschluss;
2. Vorderschaft-Repetierflinten (Pump-Action-Flinten);
3. Zylinderverschluss-Repetierflinten;
4. halbautomatische Flinten.

Dopelläufige Flinten (stets Kipplaufflinten mit Baskülverschluss) mit:

1. nebeneinander liegenden Läufen (Doppel- oder Querflinten;
2. übereinander liegenden, also aufge„bockten" Läufen (Bockdoppelflinten).

Eine Kipplaufflinte besteht stets aus den Teilen des Laufes oder der Läufe samt Chokebohrung/en und Patronenlager, der Basküle mit dem Schloss- und Verschlussmechanismus, und des Schaftes, bestehend aus Hinter- und Vorderschaft.

Die Flintenkaliberbezeichnung, also etwa 12, 16 und 20, stammt aus dem Britischen und ist im Endeffekt die Zahl, die angibt, wie viele gleich große Bleikugeln aus einem englischen Pfund (453,59 g) gegossen werden können; der Durchmesser einer dieser Bleikugeln ist dann der Lauf-Innendurchmesser. 12 Bleikugeln mit je einem Durchmesser von 18,52 mm ergeben zusammen gewogen 453,59 g, deshalb ist der Lauf-Innendurchmesser beim Schrotkaliber 12 18,52 mm. Bezüglich Kaliber 16 ergeben 16 gleich große Bleikugeln mit je einem Durchmesser von 16,81 mm ein englisches Pfund und beim Kaliber 20 20 Kugeln von je 15,62 mm Durchmesser.

Die Flintenkaliber werden allgemein meistens so angegeben, dass neben dem eigentlichen Kaliber auch die Patronenhülsenlänge bezeichnet wird. Bei der gängigen Formulierung 12/70 steht also 12 für das Kaliber der Flinte und 70 (mm) für die Patronenlagerlänge beziehungsweise die Länge der Patronenhülse im abgeschossenen Zustand. Patronen, deren Hülsen im abgeschossenen Zustand länger sind als das Patronenlager der jeweiligen Flinte sollten tunlichst nicht aus die-

ser Flinte verschossen werden. Beim Verschießen könnte die geöffnete, zu lange Papphülse dafür sorgen, dass im Übergangskonus zwischen dem Patronenlager und dem Lauf, in den ihr vorderer Bereich hineingedrückt wird, ein darart hoher Gasdruck entsteht, dass es zu einer Laufsprengung kommt.
Ein wichtiger Punkt bezüglich des Flintenlaufes ist die so genannte Choke- oder Würgebohrung. Diese im Bereich der Laufmündung befindliche Verengung des Lauf-Innendurchmessers sorgt dafür, dass die Schrotgarbe besser „zusammengehalten“ wird, also sich nicht so schnell in die Breite verteilt. Würden Schrote aus rein zylindrischen Läufen verschossen, so würde sich die Garbe zu schnell und zu unkontrolliert ausbreiten und keine gleichmäßige Deckung ergeben.

Büchsen

Büchsen, Waffen mit so genannten gezogenen Läufen zum Verschießen einzelner Geschosse, lassen sich einteilen in ein- und mehrläufige Büchsen sowie hinsichtlich ihres Verschlusssystems wie die entsprechenden Flinten in Waffen mit Baskülverschluss (Kipplaufbüchsen), in Handrepetierer mit Zylinderverschluss, in Unterhebel-Repetierer, in Vorderschaft-Repetierer, und in Selbstladebüchsen.
Die Büchsen-Kaliberbezeichnung ist entweder metrisch in mm oder in Zoll/inches angegeben. Bei der metrischen Angabe wird an das Nenn-Kaliber, also circa dem Geschossdurchmesser in mm, zur genaueren Bestimmung regelmäßig nach einem „x“ als mal-Zeichen noch die Hülsenlänge sowie eventuell noch weitere Zusätze angehängt (Beispiel: 8x57JS) und auch bei der Zollangabe – wobei der vorgestellte Punkt für „0,“ steht – bestimmen eindeutige Anhänge an das Nenn-Kaliber (in Zoll/inches) die jeweilige Patrone genauer (Beispiel: .270 Win.).
Die so genannten Züge und Felder des gezogenen Laufes von Büchsen verleihen dem überkalibrigen Geschoss (das Geschoss würde, wenn es nicht verformbar wäre, gar nicht durch den Lauf passen!) eine Flugstabilisierung um die eigene Längsachse. Wenn das Geschoss nämlich durch die spiralförmigen durch den Lauf verlaufenden Züge und Felder durch den Lauf gepresst wird, wird es durch dieses Lauf-Innenprofil in Rotation gebracht und kommt so nicht ins „Trudeln“ nachdem es den Lauf verlassen hat.

Kombinierte Waffen

So genannte kombininierte Gewehre haben gleichzeitig sowohl einen oder mehrere glatte Flintenläufe zum Verschießen von Schroten als auch einen oder mehrere gezogene Büchsenläufe zum Verschießen von einzelnen Büchsengeschossen. Es gibt:

1. Büchsflinten mit Flinten- und Büchsenlauf nebeneinander;
2. Bockbüchsflinten mit Flinten- und Büchsenlauf übereinander;
3. so genannte Drillinge und Vierlinge mit gleichzeitig Flinten- und Büchsenläufen.

Verschluss

Mittels des Verschlussstücks, bei Repetier- und Selbstladebüchsen und -flinten in der Regel eines dreh- und im System nach hinten und nach vorne bewegbaren, massiven stählernen Verschlusszylinders, wird die Büchsen- oder Schrotpatrone ins Patronenlager als hinteres Teil des Laufes eingeschoben.
Wird nach dem Vorschieben der Patrone ins Patronenlager, bei Repetierwaffen von Hand mittels des so genannten Kammerstängels, der Verschlusszylinder gedreht, so greifen Verriegelungswarzen in korrespondierende Aussparungen im Systemkasten. Dadurch ist das Waffensystem bei der Schussabgabe total verriegelt und der dabei entstehende immense Gasdruck kann nur nach vorne wirken um das Geschoss beziehungsweise die Schrote aus dem Lauf zu treiben. Im Verschlusszylinder befinden sich auch der Schlagbolzen und die Schlagbolzenfeder. Die Schlagbolzenfeder wird durch das vorherige Öffnen des Verschlusses gespannt. Nachdem das Geschoss den Lauf verlassen hat, wird der Verschlusszylinder durch Anheben des Kammerstängels wieder gedreht, die Verriegelungswarzen drehen sich aus den korrespondierenden Aussparungen im Systemkasten heraus und der Zylinder, der auch noch eine Auszieherkralle für die entsprechenden Hülsen aufweist, nimmt beim Zurückziehen die leere Patronenhülse aus dem Lager mit nach hinten, wo sie dann mittels eines Auswerfmechanismus aus dem Auswurffenster des Systemkastens geschleudert wird.

Visier

Das so genannte Visier in der offenen Version besteht stets aus einem Korn in der Nähe der Laufmündung und einer Kimme im hinteren, dem Schützen zugewandten Bereich der Waffe. Ein auf die Waffe montiertes Zielfernrohr wird als geschlossene Visierung bezeichnet. Das Visier dient dazu, das Ziel „anzuvisieren“ und den Schuss so zu platzieren, dass er das Ziel trifft.
Zwar bleibt das Prinzip der offenen Visierung immer gleich, doch gibt es davon eine Vielzahl von Variationen. Einfache offene Visiere haben

hinten lediglich ein einfaches, nicht verstellbares Kimmenblatt mit einem V- oder U-förmigen Ausschnitt in der Mitte, durch den das Korn mit dem Ziel in eine Linie gebracht werden muss. Neben Systemen mit umklappbaren Kimmenblättern gibt es etwa auch so genannte Schiebevisiere, bei denen das Kimmenblatt auf einer verstellbaren Kimmenbodenplatte montiert ist, die mittels eines Schiebers auf die jeweilige Schussentfernung höhenverstellt werden kann. Mehrere knapp hintereinander montierte Kimmenblätter, entweder mit verschieden tiefen Einschnitten oder unterschiedlich hoch montiert, stellen ein so genanntes Express-Visier dar. Express-Visiere werden insbesondere für Großwildbüchsen, sowohl Repetierer als auch doppelläufige Büchsen, verwendet.
Ein so genannter Korntunnel dient bei Jagd- und Militärgewehren zum Schutz des angebrachten Korns; zudem verhindert er gegebenenfalls auch widrige Lichteinfälle auf das Korn, die eventuell zu Zielfehlern führen wurden.

Der Schaft

Gewehrschäfte, falls durch die Basküle/den Systemkasten als Zwischenstück getrennt als separate Vorder- und Hinterschäfte zu sehen, oder ganze, durchgehende Schäfte gibt es in vielen Formen, Materialien und Ausstattungen. Basistypen der Hinterschäfte sind:

1. der englische oder gerade Schaft, dessen Unterseite gerade ohne Ausbuchtungen oder speziellen Handgriff verläuft;
2. der Schaft mit Pistolengriff und eventuell Backe, dessen Unterseite nach dem Abzugsbügel zunächst in eine Art Pistolengriff übergeht; erst nach dessen kantigem Abschluss läuft der Schaft dann gerade aus.

Repetierbüchsen haben fast ausschließlich einen Pistolengriff-Schaft. Bei solchen mit „Backe“ ist seitlich eine unterschiedlich geformte Art Platte ausgeformt, auf der beim Schießen die Wange des Schützen anliegt. Von einem Hinterschaft mit Monte-Carlo-Effekt spricht man, wenn der Schaftrücken, also die obere Kante des Schafts, nicht gerade oder leicht gebogen verläuft, sondern im hinteren Drittel einen deutlichen Knick aufweist, so dass die Schaftkappe, der hintere, auf der Schulter aufliegende Teil des Schafts tiefer liegt und das Gewehr beim Anschlagen höher gehalten wird.
Häufig verwendetes Schaftmaterial ist Nussbaumholz, doch auch das erheblich billigere, allerdings weniger ansehnliche Buchenholz ist bestens geeignet. Sehr modern als Schaftmaterial ist derzeit wieder Schicht- oder Laminatholz. Bei diesem äußerst witterungsbeständigen und sich praktisch nicht verziehenden Schaftmaterial werden dünne Holzschichten miteinander verleimt und daraus der Schaft gefräst.
Ein weiteres modernes Schaftmaterial ist Kunststoff. Hochwertige Kunststoffschäfte bestehen entweder aus mit Kohlenstoff verstärkten Glasfaserschichten oder auch aus den Hi-Tech-Materialien Kevlar oder Zytel. Wie bei den Laminatholzschäften besteht auch der große Vorteil von Kunststoffschäften darin, dass sie sich bei Nässe oder unterschiedlichen Witterungsverhältnissen nicht verziehen. Kunststoffschäfte gibt es in den unterschiedlichsten Farben, manchmal auch in Camouflage, also tarnfarben.

Register

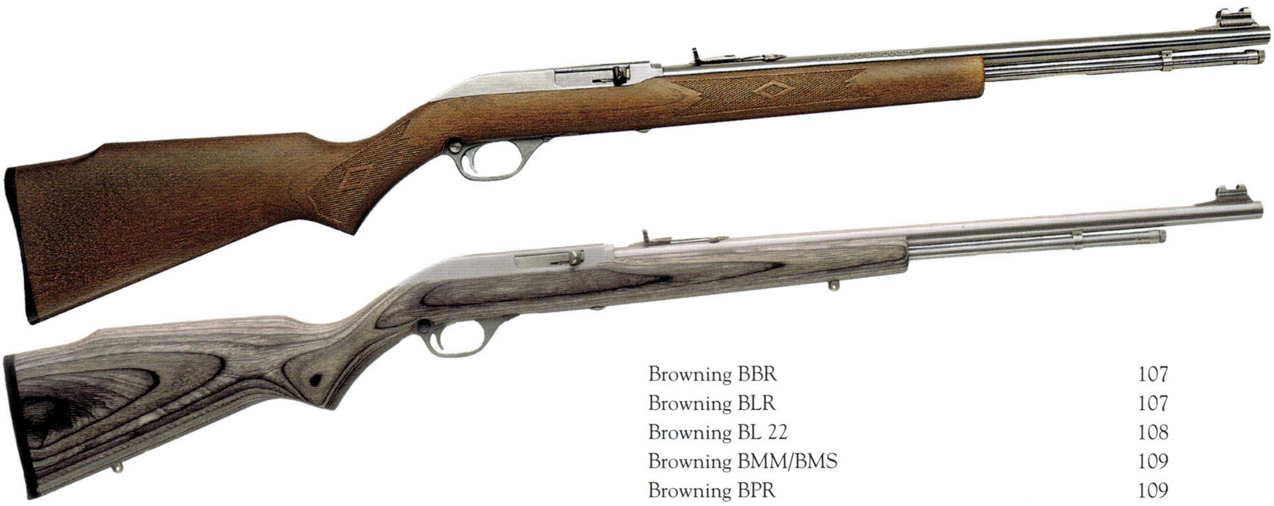

Dakota

Charles Daly

Investarm

Krico

Krieghoff

Lebeau-Courally

Marlin Firearms Company

Merkel

High Velocity
Remington